EUROPA-FACHBUCHREIHE
für Holztechnik

W0229985

Peschel · Nennewitz · Nutsch · Seifert

Tabellenbuch Holztechnik

Tabellen – Formeln – Regeln – Bestimmungen

Bearbeitet von Lehrern an berufsbildenden Schulen
und von Ingenieuren

Lektorat: Peter Peschel, Oberstudiendirektor

6., neu bearbeitete und erweiterte Auflage 2010

VERLAG EUROPA-LEHRMITTEL · Nourney, Vollmer GmbH & Co. KG
Düsselberger Straße 23 · 42781 Haan-Gruiten

Europa-Nr.: 41814

Grundlagen

Holz und Holzwerkstoffe

Werkstoffe

Technisches Zeichnen

Konstruktionen

Bauphysik

Fertigungs- mittel

Betriebs- organisation

Autoren des Tabellenbuches Holztechnik

Peschel, Peter   Oberstudiendirektor   Göttingen
Nennewitz, Ingo   Tischlermeister, Lehrmeister   Bremerhaven
Nutsch, Wolfgang   Dipl.-Ing (FH), Studiendirektor a.D.   Stuttgart
Seifert, Gerhard   Dipl.-Ing (FH), Studiendirektor   Ehingen

Lektorat

Peter Peschel

Bildbearbeitung

Verlag Europa-Lehrmittel, Bildbearbeitung, 73760 Ostfildern

Umschlaggestaltung

Michael M. Kappenstein, 60554 Frankfurt

Das vorliegende Buch wurde auf der **Grundlage der neuen amtlichen Rechtschreib-regeln** erstellt.

Diesem Buch wurden die neuesten Ausgaben der DIN-Blätter sowie anderer Bestimmungen und Richtlinien zugrunde gelegt (Redaktionsschluss 31.10.2009). Verbindlich sind jedoch nur die DIN-Blätter und jene Bestimmungen selbst.
Die DIN-Blätter können von der Beuth-Verlag GmbH, Burggrafenstraße 6, 10787 Berlin, bezogen werden.

6. Auflage 2010
Druck 5 4 3 2 1
Alle Drucke derselben Auflage sind parallel einsetzbar, da sie bis auf die Behebung von Druckfehlern untereinander unverändert sind.

ISBN 978-3-8085-4186-9

© 2010 by Verlag Europa-Lehrmittel, Nourney, Vollmer GmbH & Co. KG, 42781 Haan-Gruiten
      http://www.europa-lehrmittel.de

Satz: rkt, 42799 Leichlingen, www.rktypo.com
Druck: Media-Print Informationstechnologie, 33100 Paderborn

Vorwort

Das „Tabellenbuch Holztechnik" erweitert die bewährte Europa-Fachbuchreihe für Holzberufe. Es kann jedoch seines eigenständigen Charakters wegen sowohl alleine als auch in Verbindung mit anderen Lehrbüchern in der Aus- und Weiterbildung wie in der beruflichen Praxis verwendet werden. Es enthält sowohl Tabellen, Formeln, DIN-Normen, Regeln und Bestimmungen von Behörden und Institutionen als auch viele Stoffwerte und Konstruktionsgrößen. Die Auswahl der technologischen, mathematischen, zeichnerischen und arbeitsplanerischen Inhalte dieser Sammlung erfolgte unter weitgehender Berücksichtigung der Rahmenlehrpläne der Bundesländer für die Berufe im Berufsfeld Holztechnik und der Inhalte der bewährten Lehrbücher. Gleichfalls wurde an die Erfordernisse der Praxis und Weiterbildung gedacht.

Das „Tabellenbuch Holztechnik" eignet sich als Nachschlagewerk für Auszubildende, Schülerinnen und Schüler der Berufsschule, der Berufsfachschule, der Fachoberschule und der Berufsoberschule. Es ist darüber hinaus auch als Informationsquelle bei praktischen Ausbildungsmaßnahmen, bei der Fortbildung in Meister- und Techniker-schulen und der Berufspraxis geeignet.

Für den Bereich Sägewerker sowie Möbel-, Küchen- und Umzugsservice wurden neue Inhalte in den Kapiteln 1, 2 und 5 aufgenommen. Im Kapitel 8 „Betriebsorganisation" wurden die Teilkapitel 8.1 „Tischlerei-Betrieb als Dienstleister" und 8.6 „Präsentationstechniken" ergänzt.

Das Tabellenbuch ist eingeteilt in die Abschnitte

Mathematische und naturwissenschaftliche Grundlagen	**1**
Holz und Holzwerkstoffe	**2**
Werkstoffe	**3**
Technisches Zeichnen	**4**
Konstruktionen	**5**
Bauphysik	**6**
Fertigungsmittel	**7**
Betriebsorganisation	**8**

Ein schneller Zugriff wurde durch das Daumen-Griffregister ermöglicht. Großer Wert wurde auf die Übersichtlichkeit der Darstellung gelegt. Die Teilkapitel sind auf jeder Seite durch die Kopfleiste wiederholt, Tabellen sind durch Grünraster hervorgehoben, wichtige Formeln durch Rahmen eingeschlossen und Beispiele grün abgesetzt.

Neben dem Inhaltsverzeichnis hilft ein umfangreiches Sachwortverzeichnis beim schnellen Finden einzelner Begriffe und Fakten. Das Inhaltsverzeichnis am Anfang des Tabellenbuches wird durch Teilinhaltsverzeichnisse vor dem jeweiligen Hauptkapitel ergänzt. Das Sachwortverzeichnis am Schluss ist besonders ausführlich gehalten und enthält neben den deutschen auch die wichtigsten englischen Bezeichnungen.

Die starke technische Entwicklung und die Europäisierung der Normen erforderten eine grundlegende Überarbeitung. Die wichtigsten Normen und Regelwerke sowie eine Auswahl der einschlägigen Literatur sind jeweils vor den Hauptkapiteln benannt.

Allen, die durch ihre Anregungen zur Entwicklung des Tabellenbuches beigetragen haben – insbesondere den im Quellenverzeichnis genannten Firmen, Institutionen und Verlagen – sei an dieser Stelle herzlich gedankt. Für Anregungen zur Weiterentwicklung, Verbesserungsvorschläge und Fehlerhinweise sind wir jederzeit dankbar.

Göttingen, im Frühling 2010   Autoren und Verlag

Inhaltsverzeichnis

Inhaltsverzeichnis

Inhaltsverzeichnis

In den Umschlaginnenseiten

Physikalische Grundgrößen

vorne:

SI-Basiseinheiten

Abgeleitete physikalische Größen

SI-Vorsätze

Griechisches Alphabet

hinten:

Physikalische Größen, Formelzeichen,
SI-Einheiten, besondere Einheiten und Namen

1 Mathematische und naturwissenschaftliche Grundlagen

Inhaltsverzeichnis

Mathematik

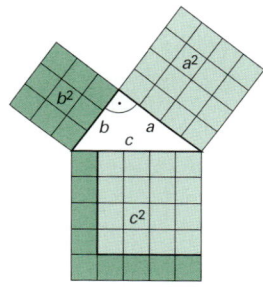

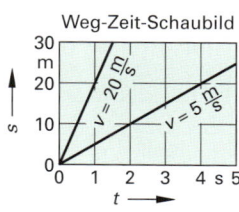

Technische Physik

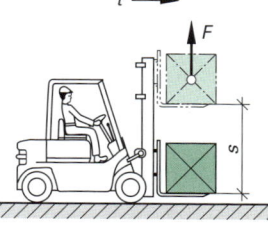

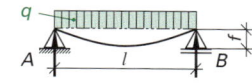

Chemie

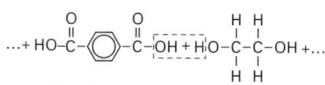

Terephtalsäure
(Benzol-1,4-dicarbonsäure) Ethandiol

Technische Physik

1 Mathematische und naturwissenschaftliche Grundlagen

1.1 Größen und Einheiten

Im Internationalen Einheitensystem (SI) sind die Einheiten im Messwesen festgelegt. Von den sieben Grundeinheiten (Basiseinheiten) sind weitere Einheiten abgeleitet.

Basisgrößen und Basiseinheiten

Größe	Länge	Masse	Zeit	Elektrische Stromstärke	Temperatur	Stoffmenge	Lichtstärke
Einheit	Meter	Kilogramm	Sekunde	Ampere	Kelvin	Mol	Candela
Zeichen	m	kg	s	A	K	mol	cd
Abgeleitete Einheiten	Einheiten, die aus den Grundeinheiten mit dem Faktor 1 oder mit Potenzen abgeleitet werden, z.B. 1 N = 1 kg m/s^2						
Nicht abgeleitete Einheiten	Einheiten, die durch eine anderen Faktor umgerechnet wurden, z.B. 1 min = 60 s						

Vorsätze

Faktor	10^{12}	10^9	10^6	10^3	10^2	10^1	10^{-1}	10^{-2}	10^{-3}	10^{-6}	10^{-9}	10^{-12}
Vorsatz	Tera	Giga	Mega	Kilo	Hekto	Deka	Dezi	Zenti	Milli	Mikro	Nano	Piko
Zeichen	T	G	M	k	h	da	d	c	m	µ	n	p
vergrößernd					⟵		⟶					verkleinernd

Zehnerpotenzen

Werte über 1 mit **positiven** Exponenten, Werte unter 1 mit **negativen** Exponenten

Wert	0,001	0,01	0,1	1	10	100	1000	10 000	100 000	1 000 000
Potenz	10^{-3}	10^{-2}	10^{-1}	10^0	10^1	10^2	10^3	10^4	10^5	10^6

Aufrunden und Abrunden

	Vorgang	Beispiel
Aufrunden	wenn die nächste Stelle eine 5 oder größer ist	3,1415 → 3,142
Abrunden	wenn die nächste Stelle eine 4 oder kleiner ist	3,1415 → 3,14 (auf Hundertstel)

Länge, Fläche, Volumen, Winkel

Größe	Formel-zeichen DIN 1304	Einheit Zeichen	Einheit Bedeutung	Beziehungen zwischen den Einheiten
Länge	l	m	Meter	1 m = 10 dm = 100 cm = 1 000 mm 1 mm = 1 000 µm 1 km = 1 000 m 1 inch = 1 Zoll = 25,4 mm
Fläche	A, S	m^2 a ha	Quadratmeter Ar Hektar	1 m^2 = 100 dm^2 = 10 000 cm^2 = 1 000 000 mm^2 1 a = 100 m^2 (für Grundstücks- 1 ha = 100 a = 10 000 m^2 flächen) 1 km^2 = 100 ha
Volumen	V	m^3 l	Kubikmeter Liter	1 m^3 = 1 000 dm^3 = 1 000 000 cm^3 1 l = 1 dm^3 1 ml = 1 cm^3
Winkel, eben	$\alpha, \beta, \gamma, \dots$	° ' '' rad	Grad Minute Sekunde Radiant	1 ° = 60 ' 1 ' = 60 '' 1 rad = 1 m/m = 57,2957 ° 1° = π/180 rad = 60 '

1.1 Größen und Einheiten

Größe	Formel-zeichen DIN 1304	Einheit		Beziehungen zwischen den Einheiten
		Zeichen	Bedeutung	
Zeitgrößen				
Zeit	t		s	Sekunde
		min	Minute	1 min = 60 s
		h	Stunde	1 h = 60 min = 3 600 s
		d	Tag	1 d = 24 h
Geschwindigkeit	v	m/s	Meter/Sekunde	1 m/s = 60 m/min = 3,6 km/h
Winkel-geschwindigkeit	ω	1/s	1/Sekunde	
Beschleunigung g	a	m/s^2	Meter/Sekunde^2	Fallbeschleunigung g = 9,81 m/s^2
Frequenz	f	Hz	Hertz	1 Hz = 1/s 1 Hz = 1 Schwingung/s
Drehzahl	n	1/min 1/s	1/Minute 1/Sekunde	1/min = 1 min^{-1} 1/s = 60/min = 60 min^{-1}
Mechanische Größen				
Masse	m	kg g t	Kilogramm Gramm Tonne	1 kg = 1 000 g 1 g = 1 000 mg 1 t = 1 000 kg
Dichte	ϱ	kg/m^3	Kilogramm/Meter^3	1 000 kg/m^3 = 1 kg/dm^3 = 1 t/m^3
Kraft	F	N	Newton	1 N = 1 kg m/s^2 = 1 J/m
Gewichtskraft	G, F_g			
Drehmoment	M	Nm	Newtonmeter	1 kNm = 100 daNm = 1 000 Nm
Druck	p	Pa	Pascal	1 Pa = 1 N/m^2 1 bar = 100 000 Pa = 10^5 bar = 10 N/cm^2 1 mbar = 1 hPa
Mechanische Spannung	σ τ	N/m^2	Newton/Meter^2	1 MN/m^2 = 1 N/mm^2 = 1 MPa
Trägheits-moment	I	cm^4	Zentimeter^4	Flächenmoment 2. Grades
Temperatur und Wärme				
Temperatur thermodynamisch	T	K	Kelvin	0 K = – 273 °C 0 °C = 273 K
	t, ϑ	°C	Grad Celsius	Temperaturdifferenz 1 K = 1 °C
Wärmemenge	Q	J	Joule	1 J = 1 Nm = 1 Ws 3 600 kJ = 1 kWh
Spezifischer Heizwert	H	J/kg	Joule/Kilogramm	
Elektrische Größen				
Stromstärke Spannung Widerstand	I U R	A V Ω	Ampere Volt Ohm	1 Ω = 1 V/A
Spezifischer Widerstand Leitfähigkeit	ϱ κ	Ωm S/m	Ohmmeter Siemens/Meter	$\varrho = 1/\kappa$
Arbeit	W	Ws	Wattsekunde	1 Ws = 1 J, 1 kWh = 3,6 · 10^6 Ws
Leistung	P	W	Watt	1 W = 1 Nm/s = 1 J/s = 1 VA

1.1 Größen und Einheiten

Mathematische Symbole

Zeichen	Bedeutung	Zeichen	Bedeutung
=	gleich	$\overline{AB}$	Strecke AB
≠	ungleich	( ), [ ]	Klammern
≙	entspricht	{ }	
≈	ungefähr, etwa		
<	kleiner als	∥	parallel
>	größer als	↑↑	gleichsinnig parallel
≤	kleiner oder gleich	↑↓	gegensinnig parallel
≥	größer oder gleich	⊥	senkrecht auf
...	und so weiter bis	∟	rechter Winkel
+	plus	∢	Winkel
−	minus	△	Dreieck
±	plus-minus	◎	Kreis
×, ·	multipliziert, mal	≅	kongruent zu
/, :, —	dividiert, Bruchstrich	Δx	Delta x (Differenz)
Σ	Summe von ...	ln	natürlicher Logarithmus
π	pi = 3,141...	log	Logarithmus
~	proportional	lg	dekadischer Logarithmus
a^n	potenziert		
$\sqrt{}$	Quadratwurzel	%	Prozent, von Hundert
$\sqrt[n]{}$	n-te Wurzel	‰	Promille, von Tausend
l	Länge	sin	Sinus
A	Fläche	cos	Kosinus
V	Volumen	tan	Tangens
		cot	Kotangens

Griechische Buchstaben

groß/klein	Name
A, α	Alpha
B, β	Beta
Γ, γ	Gamma
Δ, δ	Delta
E, ε	Epsilon
Z, ζ	Zeta
H, η	Eta
Θ, θ	Theta
I, ι	Jota
$K, \varkappa$	Kappa
Λ, λ	Lambda
M, μ	My
N, ν	Ny
Ξ, ξ	Xi
O, o	Omikron
Π, π	Pi
P, ϱ	Rho
Σ, σ	Sigma
T, τ	Tau
Y, υ	Ypsilon
Φ, φ	Phi
X, χ	Chi
Ψ, ψ	Psi
Ω, ω	Omega

Zahlensysteme

Art	Basis	Zeichenvorrat
Dualzahlen	2	0 1
Dezimalzahlen	10	0 1 2 3 4 5 6 7 8 9
Hexadezimalzahlen (Sedezimalzahlen)	16	0 1 2 3 4 5 6 7 8 9 A B C D E F

Darstellung und Umwandlung der Zahlensysteme

Dezimalsystem

Dezimalzahl z_{10} 350

Stelle	$10^2 = 100$	$10^1 = 10$	$10^0 = 1$	
Wert	$3 \cdot 100$	$5 \cdot 10$	$0 \cdot 1$	
Gesamtwert, dezimal	300 +	50 +	0 =	350

Dualsystem

Dualzahl z_2 1101

Stelle	$2^3 = 8$	$2^2 = 4$	$2^1 = 2$	$2^0 = 1$	
Wert	$1 \cdot 8 = 8$	$1 \cdot 4 = 4$	$0 \cdot 2 = 0$	$1 \cdot 1 = 1$	
Gesamtwert, dezimal	8 +	4 +	0 +	1 =	13

Hexadezimalsystem

Dezimalzahl: Umwandlung in   **Dualzahl:**

B 3 E

Stelle	$16^2 = 256$	$16^1 = 16$	$16^0 = 1$
Wert	$11 \cdot 256$	$3 \cdot 16$	$14 \cdot 1$
Gesamtwert:	2816 +	48 +	14 = 2878

B 3 E

Ziffernwert	11	3	14
Gruppe von 4 Bit	1011	0011	1110
Dualzahl:	1011 0011 1110		

1.2 Mathematische Grundlagen

Rechenarten

Art	Bezeichnung		Art	Bezeichnung	
Addition $a + b = c$	a, b	Summand	Potenzierung $a^b = c$	a	Basis
	c	Summenwert		b	Exponent
Subtraktion $a - b = c$	a	Minuend, b Subtrahend		c	Potenzwert
	c	Differenzwert	Radizierung $\sqrt[b]{a} = c$	a	Radikand
Multiplikation $a \cdot b = c$	a, b	Faktor		b	Wurzelexponent
	c	Produktwert		c	Wurzelwert
Division $a : b = c$	a	Dividend, b Divisor	Logarithmierung $\log_b a = c$	a	Logarithmand, b Basis
	c	Quotientwert		c	Logarithmuswert

Bruchrechnung

Begriffe	Bruchart	Kennzeichen	Beispiel
	Positive Brüche	> 0	3/4
Brüche sind	Negative Brüche	< 0	$-2/5$
Teile	Echte Brüche	< 1, Zähler < Nenner	4/15
eines Ganzen	Unechte Brüche	> 1, Zähler > Nenner	7/3
	Gleichnamige Brüche	gleiche Nenner	3/8, 5/8, 7/8
	Ungleichnamige Brüche	ungleiche Nenner	3/12, 4/5, 2/9
	Scheinbruch	Nenner = 1	6/1

Rechen-operation	Regel	Beispiel	
Erweitern	Zähler und Nenner werden mit der gleichen Zahl multipliziert	$\frac{2}{3} = \frac{2 \cdot 2}{3 \cdot 2} = \frac{4}{6}$	$\frac{x}{y} = \frac{x \cdot z}{y \cdot z} = \frac{xz}{yz}$
Kürzen	Zähler und Nenner werden mit der gleichen Zahl dividiert	$\frac{24}{42} = \frac{12}{21}$	
Addieren, Subtrahieren	Brüche müssen gleichnamig sein	$\frac{1}{2} + \frac{3}{5} = \frac{5 + 6}{10} = \frac{11}{10} = 1\frac{1}{10}$	
Multiplizieren	Zähler mit Zähler und Nenner mit Nenner multiplizieren	$\frac{2}{5} \cdot \frac{3}{7} = \frac{6}{35}$	
Dividieren	Bruch mit Kehrwert des anderen Bruches multiplizieren	$\frac{2}{5} : \frac{3}{4} = \frac{2 \cdot 4}{5 \cdot 3} = \frac{8}{15}$	

Vorzeichenregel

Regel	Beispiel	Regel	Beispiel
Zwei Faktoren mit gleichen Vorzeichen ergeben ein positives Ergebnis	$3 \cdot 6 = 18$ $(-x)(-y) = xy$	Dividend und Divisor mit gleichen Vorzeichen ergeben einen positiven Quotienten	$10/2 = 5$ $\frac{-a}{-b} = \frac{a}{b}$
Zwei Faktoren mit ungleichen Vorzeichen ergeben ein negatives Ergebnis	$(-4) \cdot 7 = -28$ $x \cdot (-y) = -xy$	Dividend und Divisor mit ungleichen Vorzeichen ergeben einen negativen Quotienten	$16/-4 = -4$ $\frac{-a}{b} = -\frac{a}{b}$

Punktrechnungen müssen vor Strichrechnungen erfolgen

Klammerrechnung

Regel	Beispiel
Auflösen einer Klammer mit **Plus** vor der Klammer: – Klammer kann entfallen	$x + (y - z) = x + y - z$
Auflösen einer Klammer mit **Minus** vor der Klammer: – Klammer kann entfallen, Vorzeichen in der Klammer werden umgekehrt	$5 - (10 - 4) = 5 - 10 + 4 = -1$
Faktor vor einem Klammerausdruck: – jedes Glied der Klammer wird mit dem Faktor multipliziert	$4(x - y + z) = 4x - 4y + 4z$

1.2 Mathematische Grundlagen

Klammerrechnung (Fortsetzung)

Regel	Beispiel
Multiplizieren von Klammerausdrücken: – jedes Glied der einen Klammer wird mit jedem Glied der anderen Klammer multipliziert	$(a + b) \cdot (c - d) = ac - ad + bc - bd$
Klammerausdruck durch **Divisor**: – jedes Glied der Klammer wird durch den Divisor dividiert – Ein Bruchstrich ersetzt eine Klammer	$\dfrac{18\,a - 12\,b}{3} = \dfrac{18\,a}{3} - \dfrac{12\,b}{3} = 6\,a - 4\,b$
Auflösen von Klammern: – Bei Klammern von innen nach außen auflösen – Bei gemischten Punkt- und Strichrechnungen zuerst Klammer auflösen, danach Punkt- vor Strichrechnung	$6\,x - [\,x + y\,(y - a) + y^2\,]$ $= 6\,x - [\,x + y^2 - ay + y^2\,]$ $= 6\,x - x - 2\,y^2 + ay = 5\,x - 2\,y^2 + ay$
Gemeinsamer Faktor: – ein gemeinsamer Faktor in einem Term wird vor die Klammer gesetzt	$bx - 2\,ax + 3\,x + cx$ $= x\,(b - 2\,a + 3 + c)$

Potenzen

Regel	Beispiel
Potenzen mit dem Exponenten Null haben den Wert 1	$10^0 = 1, \quad (x + y)^0 = 1$
Multiplizieren von Potenzen mit gleicher Basis: – Exponenten werden addiert	$a^2 \cdot a^3 = a^5; \quad a^m \cdot a^n = a^{m+n}$
Dividieren von Potenzen mit gleicher Basis: – Exponenten werden subtrahiert	$\dfrac{a^m}{a^n} = a^{m-n}$
Potenzen mit negativen Exponenten sind gleich dem reziproken Wert der gleichen Potenz	$x^{-n} = \dfrac{1}{x^n}$

Wurzeln

Regel	Beispiel
Wurzeln können als Potenzen geschrieben werden.	$\sqrt{2} = 2^{\frac{1}{2}}, \quad \sqrt[3]{x} = x^{\frac{1}{3}}$
Radikant als Produkt: Wurzel kann entweder aus dem Produkt oder aus jedem Faktor gezogen werden.	$\sqrt{5 \cdot 5} = \sqrt{25} = 5$ $\sqrt{a \cdot b} = \sqrt{a}\ \sqrt{b}$
Radikand als Summe oder Differenz: (Wurzel kann nur aus dem Ergebnis gezogen werden)	$\sqrt{20 + 16} = \sqrt{36} = 6, \quad \sqrt{x - y} = \sqrt{(x - y)}$

Binomische Formeln

$(a + b)^2 = (a + b)\,(a + b) = a^2 + 2\,ab + b^2$

$(a - b)^2 = (a - b)\,(a - b) = a^2 - 2\,ab + b^2$

$(a + b)\,(a - b) = a^2 - b^2$

Höhere Potenzen

$(a \pm b)^3 = a^3 \pm 3\,a^2b + 3\,ab^2 \pm b^3$

$(a \pm b)^4 = a^4 \pm 4\,a^3b + 6\,a^2b^2 \pm 4\,ab^3 + b^4$

Sonderfälle

$a^3 + b^3 = (a + b)\,(a^2 - ab + b^2)$

$a^3 - b^3 = (a - b)\,(a^2 + ab + b^2)$

$a^4 - b^4 = (a^2 + b^2)\,(a^2 - b^2)$

Logarithmen

$\log_a b = c$, wenn $a^c = b$ für $a > 0$ und $b > 0$	
Dekadischer Logaritmus	$\lg a = \log_{10} a$
Natürlicher Logaritmus	$\ln a = \log_e a$ $e = 2{,}711828\ldots$
Sonderfälle	$\lg 1 = 0, \qquad \ln 1 = 0$ $\log_a 1 = 0, \qquad \log_a a = 1$ $\lg 10 = 1, \qquad \ln e = 1$
Gesetze	$\log\,(ab) = \log a + \log b$ $\log a/b = \log a - \log b$ $\log\,(b^n) = n \log b$ $\log \sqrt[n]{b} = \dfrac{1}{n} \log b$
Umrechnungen	$\ln a = \ln 10 \cdot \lg a$ $\lg a = \lg e \cdot \ln a$ $\lg e = M = 0{,}4343\ldots$ $\ln 10 = \dfrac{1}{M} = 2{,}3026\ldots$

1.3 Gleichungen

Gleichungsarten

Begriff	Erklärung	Beispiel
Gleichung	Verbindung von zwei gleichwertigen Termen durch ein Gleichheitszeichen	$3\,m + 4\,m = 7\,m$
Zahlengleichung	enthalten nur Zahlen	$20 - 5 = 3 \cdot 5$
Einheitengleichung	enthalten nur Einheiten	$N = kg \cdot m/s^2$
Verhältnisgleichung	Quotienten sind einander gleich	$l_1 : l_2 = 3\,m : 5\,m$
Größengleichung	enthalten Größen	$(200\,g + 100\,g)/3 = 100\,g$
Bestimmungsgleichung	enthalten unbekannte Größen (Variable)	$5\,a \cdot b = c$
Ungleichung	ungleiche Terme sind durch $<$ oder $>$ verbunden	$2 \cdot 5 + 4 > 10$, $b < 1$
Gleichung: 1. Grades	linear	$a + 10 = c$
2. Grades	quadratisch	$x^2 - ax = y$
Formeln	Gesetzmäßigkeiten aus Technik und Naturwissenschaften	$s = v \cdot t$

Gleichungen umstellen

Regel	Beispiel	
Gesuchter Wert allein auf linker Seite: Durch Addition bzw. Subtraktion des gleichen Wertes auf beiden Seiten	$\begin{aligned} a - 4 &= 8 \\ a - 4 + 4 &= 8 + 4 \\ a &= 12 \end{aligned}$	$\begin{aligned} x + y &= z \\ x + y - y &= z - y \\ x &= z - y \end{aligned}$
Gesuchter Wert allein auf linker Seite: Durch Division bzw. Multiplikation des gleichen Wertes auf beiden Seiten	$\begin{aligned} 4 \cdot a &= 12 \\ \frac{4 \cdot a}{4} &= \frac{12}{4} = 3 \end{aligned}$	$\begin{aligned} \frac{a}{3} &= 5\,b \\ \frac{a \cdot 3}{3} &= 5\,b \cdot 3 = 15\,b \end{aligned}$
Gesuchter Wert allein auf linker Seite: Durch Potenzieren bzw. Radizieren auf beiden Seiten.	$\begin{aligned} \sqrt{a} &= 5 \\ \left(\sqrt{a}\right)^2 &= 5^2 \\ a &= 25 \end{aligned}$	$\begin{aligned} c^2 &= a + b \\ \sqrt{c^2} &= \sqrt{a + b} \\ c &= \pm\sqrt{a + b} \end{aligned}$

Verhältnisgleichung, Proportionen

Zwei Verhältnisse mit gleichen Werten können gleichgesetzt werden und als Gleichung geschrieben werden.

Außenglieder	Eine Verhältnisgleichung kann als Produktengleichung geschrieben werden.
$a : b = 3 : 4$ $\quad$ oder $\quad$ $\dfrac{a}{b} = \dfrac{3}{4}$ Innenglieder $\qquad$ Bruchgleichung	$a : b = 3 : 4$ $3\,b = 4\,a$ Innenglied $\times$ Innenglied = Außenglied $\times$ Außenglied

Gleichungen 1. Grades mit zwei Unbekannten

Zur Bestimmung von zwei unbekannten Werten sind verschiedene Gleichungen notwendig. Aus ihnen stellt man bei der Auflösung eine dritte Gleichung mit nur einer Unbekannten her. Durch die Einsetzungs-, Gleichsetzungs- oder Additionsmethode wird die zweite Unbekannte ermittelt.

Gleichungen 2. Grades (quadratische Gleichungen)

rein quadratisch: $\quad x^2 = 16; \quad x = \sqrt{16} = \pm 4$

gemischt-quadratisch $\quad x^2 + ax + b = 0$

Lösungsformel: $\quad x = -\dfrac{a}{2} \pm \sqrt{\left(\dfrac{a}{2}\right)^2 - b}$

1.4 Dreisatzrechnen und Mischungsrechnen

Verhältnisse beim Dreisatz

Satz	direkt	indirekt
1. Aussagesatz	$x \Rightarrow y$	$x \Rightarrow y$
2. Einheitsatz	$1 \Rightarrow \dfrac{y}{x}$	$1 \Rightarrow y \cdot x$
3. Schlusssatz	$x_1 \Rightarrow \dfrac{y \cdot x_1}{x}$	$x_1 \Rightarrow \dfrac{y \cdot x}{x_1}$

Dreisatz mit geradem Verhältnis (direkt)

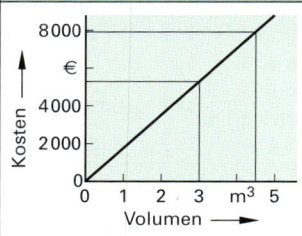

Beispiel: 4,50 m³ Eichenholz kosten 7 875,00 €. Wieviel kosten 3,00 m³?

1. 4,50 m³ Eichenholz kosten 7 875 €

2. 1,00 m³ Eichenholz kosten $\dfrac{7\,875,00\,€}{4,50}$

3. 3,00 m³ Eichenholz kosten $\dfrac{7\,875,00\,€ \cdot 3,00}{4,50}$

$$= 5\,250,00\,€$$

Dreisatz mit umgekehrtem Verhältnis (indirekt)

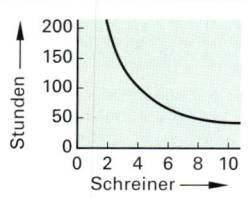

Beispiel: 5 Schreiner benötigen für eine Montagearbeit 80 Stunden. Wie lange dauert die Montage, wenn 8 Schreiner zur Verfügung stehen?

1. 5 Schreiner benötigen 80 h

2. 1 Schreiner benötigt 5 · 80 h

3. 8 Schreiner benötigen $\dfrac{5 \cdot 80\,h}{8} = 50\,h$

Zusammengesetzter (doppelter) Dreisatz

Es werden 3 Größen gegenübergestellt. Die gesuchte Größe wird stufenweise errechnet. In jeder Stufe wird nur eine Größe verändert.

Beispiel: 6 Parkettleger verlegen bei 8-stündiger Arbeitszeit pro Tag 210 m² Parkett. Wie viel m² Parkett verlegen 5 Parkettleger bei einer Arbeitszeit von 9 h/Tag?

1. Dreisatz: 6 Parkettleger verlegen in 8 h 210 m²

1 Parkettleger verlegt in 8 h $\dfrac{210\,m^2}{6}$

5 Parkettleger verlegen in 8 h $\dfrac{210\,m^2 \cdot 5}{6}$

2. Dreisatz: 5 Parkettleger verlegen in 1 h $\dfrac{210\,m^2 \cdot 5}{6 \cdot 8}$

5 Parkettleger verlegen in 9 h $\dfrac{210\,m^2 \cdot 5 \cdot 9}{6 \cdot 8} = 196,875\,m^2$

Mischungsrechnen

Regel	nach Massenteilen	nach Raumteilen	nach Prozent
Mischungsverhältnis = A : B : C : … Gesamtmenge = A + B + C + … Grundmenge GM (Teil 1) $= \dfrac{\text{Gesamtmenge}}{\text{Teile}}$	**Beispiel:** 5 kg Leimpulver zu Streckmittel, wie 15 : 3. Streckmittel $= \dfrac{5\,kg \cdot 3}{15} = 1\,kg$ $GM = \dfrac{(5+1)\,kg}{15+3}$ $= 0,33\,kg$	**Beispiel:** 2 l Mischung aus Stoff A und B im Verhältnis 2 : 3. $GM = \dfrac{2\,l}{2+3} = 0,4\,l$ $A = 2 \cdot 0,4\,l = 0,8\,l$ $B = 3 \cdot 0,4\,l = 1,2\,l$	**Beispiel:** 10%ige Lösung aus Säure und 2 l Wasser. Säure : Wasser = 10 : 100 Säure $= \dfrac{2\,l \cdot 10}{90} = 0,222\,l$ $= 222\,g$

1.5 Prozentrechnen und Zinsrechnen

Prozentrechnen

Rechnen mit reinem Grundwert

- Prozent % $\cong$ 1/100
- Grundwert G
- Prozentwert PW
- Prozentsatz p (%)

$$G = \frac{PW \cdot 100\%}{p}$$

$$PW = \frac{G \cdot p}{100\%}$$

$$p = \frac{PW \cdot 100\%}{G}$$

Beispiel:
Eiche hat einen tangentialen Schwindverlust von 8,9%. Um wie viel mm schwindet ein Seitenbrett mit einer Breite b = 320 mm?

Lösung:

$$PW = \frac{320 \text{ mm} \cdot 8,9\%}{100\%} = 28,48 \text{ mm}$$

Rechnen mit vermindertem Grundwert

- Verminderter Grundwert G_{min}

Verminderter Grundwert	Prozentwert (PW)
100 % – p %	p %
100 % = Grundwert (G)	

$$G_{min} = G - PW$$

$$G = \frac{G_{min} \cdot 100\%}{100\% - p}$$

Beispiel:
Ein Kunde bezahlt wegen mangelhafter Arbeit nur 10% des Bruttopreises und überweist 16 500,00 €. Wie hoch war der Bruttopreis?

Lösung:

$$G = \frac{16\,500,00 \in \cdot 100\%}{100\% - 10\%}$$

$$= 18\,333,33 \in$$

Rechnen mit vermehrtem Grundwert

- Vermehrter Grundwert G_{mehr}

Grundwert (G)	Prozentwert (PW)
100 %	p %
100 % + p % = vermehrter Grundwert	

$$G_{mehr} = G + PW$$

$$G = \frac{G_{mehr} \cdot 100\%}{100\% + p}$$

Beispiel:
Ein Arbeiter erhält nach der Lohnerhöhung von 3,5% einen Stundenlohn von 13,40 €. Errechnen Sie den vorherigen Lohn?

Lösung:

$$G = \frac{13,40 \in \cdot 100\%}{100\% + 3,5\%} = 12,95 \in$$

Zinsrechnen

- Kapital K (€)
- Zinsen Z (€)
- Zinssatz p (%/Jahr)
- Laufzeit t (Jahre)
- 1 Zinsjahr 360 Tage
- 1 Zinsmonat 30 Tage

Mit dem Zinssatz werden die Zinsen für ein Jahr berechnet.

$$K = \frac{Z \cdot 100\%}{p \cdot t}$$

$$Z = \frac{K \cdot p \cdot t}{100\%}$$

$$p = \frac{Z \cdot 100\%}{K \cdot t}$$

$$t = \frac{Z \cdot 100\%}{K \cdot p}$$

Beispiel:
Ein Betrieb erhät eine Kredit über 40 000,00 € mit einem Zinssatz von 8,5%.
a) Berechnen Sie die Zinsen für 2 Jahre.
b) Wie hoch wäre der Zinssatz, wenn bei gleicher Laufzeit 7 400,00 € Zinsen anfallen würden?

Lösung:

$$Z = \frac{40\,000,00 \in \cdot 8,5\% \cdot 2}{100\%}$$

$$= 6\,800,00 \in$$

$$p = \frac{7\,400,00 \in \cdot 100\%}{40\,000,00 \in \cdot 2} = 9,25\%$$

Zinseszinsrechnung

Die Zinsen werden dem Kapital zugerechnet und mitverzinst.

- Anzahl der Jahre n

Kapital nach n Jahren:

$$K_n = K \left(1 + \frac{p}{100}\right)^n$$

Beispiel: Ein Schreiner legt bei einer Bank 5000,00 € festverzinslich an. Wie hoch ist sein Kapital nach 10 Jahren?

Lösung:

$$K_{10} = 5000,00 \in \cdot \left(1 + \frac{4,5\%}{100\%}\right)^{10} =$$

$$K_{10} = 7764,85 \in$$

1.6 Längen

Längenteilung

Teilen der Gesamtlänge in gleiche Abstände

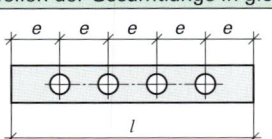

$$e = \frac{l}{n+1}$$

$$z = n + 1$$

l Gesamtlänge, Teilungsstrecke
e Länge der Abstände
n Anzahl der Teilungselemente
z Anzahl der Abstände

Teilen der Gesamtlänge in gleiche Abstände mit Randabstand

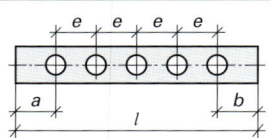

$$e = \frac{l - (a + b)}{n - 1}$$

a, b Randabstände

Teilen der Gesamtlänge in gleiche Abstände mit Unterbrechungen

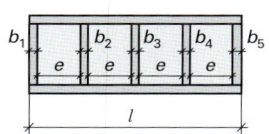

$$e = \frac{l - (b_1 + \ldots + b_n)}{n - 1}$$

$b_1, \ldots, b_n$ Unterbrechungen
e Abstand
n gleiche Abstände

Goldener Schnitt

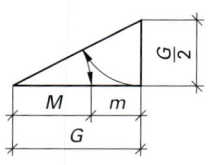

$$M = \frac{G}{2}(\sqrt{5} - 1)$$

$$= G \cdot 0{,}618$$

$$m = M \cdot 0{,}618$$

$$m = G \cdot 0{,}382$$

G Gesamtstrecke
M Major
m minor

▶ Kapitel 4.4

Steigung

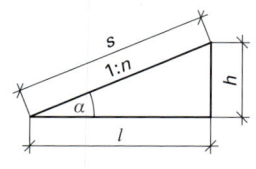

$$m = \frac{h}{l} = \tan \alpha$$

$$m\% = \frac{h \cdot 100\%}{l}$$

$$n = \frac{1}{m} = \frac{l}{h}$$

m Steigungsverhältnis
h Höhe
l Länge
a Steigungswinkel
$m\%$ Steigung in Prozent
n Verhältniszahl der Steigung

Strahlensätze

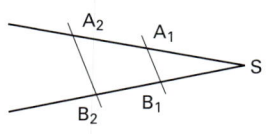

$$\frac{\overline{SA_1}}{\overline{SA_2}} = \frac{\overline{SB_1}}{\overline{SB_2}}$$

$$\frac{\overline{SA_1}}{\overline{A_1A_2}} = \frac{\overline{SB_1}}{\overline{B_1B_2}}$$

Werden zwei Strahlen von Parallelen geschnitten, so verhalten sich die Abschnitte auf dem einen Strahl wie die gleichliegenden Abschnitte auf dem anderen Strahl.

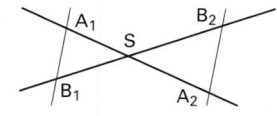

$$\frac{\overline{A_1B_1}}{\overline{A_2B_2}} = \frac{\overline{SA_1}}{\overline{SA_2}}$$

$$\frac{\overline{A_1B_1}}{\overline{A_2B_2}} = \frac{\overline{SB_1}}{\overline{SB_2}}$$

Werden zwei Strahlen von Parallelen geschnitten, so verhalten sich die Abschnitte auf den Parallelen zueinander, wie die vom Scheitel aus gemessenen zugehörenden Strahlenabschnitte.

Quadrat		
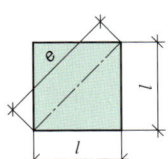	$A = l^2$ $U = 4 \cdot l$ $e = \sqrt{2} \cdot l$	A Fläche U Umfang l Seitenlänge e Diagonale **Beispiel:** $l = 75$ cm $A = l^2 = (75 \text{ cm})^2 = 5625$ cm $e = \sqrt{2} \cdot l = \sqrt{2} \cdot 75 \text{ cm} = 106{,}07$ cm

Raute (Rhombus)		
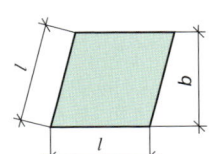	$A = l \cdot b$ $U = 4 \cdot l$	A Fläche U Umfang l Seitenlänge b Breite **Beispiel:** $l = 4{,}5$ m; $b = 3{,}0$ m $A = l \cdot b = 4{,}5 \text{ m} \cdot 3{,}0 \text{ m} = 13{,}5 \text{ m}^2$

Rechteck		
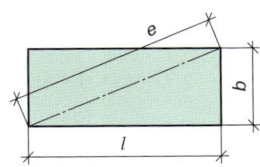	$A = l \cdot b$ $U = 2 \cdot (l + b)$ $e = \sqrt{l^2 + b^2}$	A Fläche l Länge U Umfang b Breite e Diagonale **Beispiel:** $l = 120$ mm; $b = 80$ mm $A = l \cdot b = 120 \text{ mm} \cdot 80 \text{ mm} = 9600 \text{ m}^2$ $e = \sqrt{l^2 + b^2} = \sqrt{(120 \text{ mm})^2 + (80 \text{ mm})^2}$ $\qquad = 144{,}2$ mm

Parallelogramm (Rhomboid)		
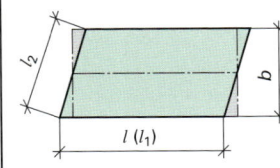	$A = l \cdot b$ $U = 2 \cdot (l_1 + l_2)$	A Fläche U Umfang $l \, (l_1)$ Länge l_2 Seitenlänge b Breite **Beispiel:** $l = 80$ cm; $b = 65$ cm $A = l \cdot b = 80 \text{ cm} \cdot 65 \text{ cm} = 5200 \text{ cm}^2$

Trapez		
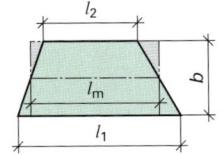	$A = \dfrac{l_1 + l_2}{2} \cdot b$ $U = l_1 + l_2 + l_3 + l_4$ $l_m = \dfrac{l_1 + l_2}{2}$	A Fläche l_1 große Länge U Umfang l_2 kleine Länge b Breite l_3, l_4 Seitenlänge **Beispiel:** $l_1 = 2{,}6$ m; $l_2 = 2{,}0$ m; $b = 1{,}8$ m $A = \dfrac{l_1 + l_2}{2} \cdot b = \dfrac{2{,}6 \text{ m} + 2{,}0 \text{ m}}{2} \cdot 1{,}8$ m $\qquad = 4{,}14 \text{ m}^2$

Dreieck		
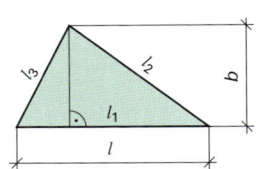	$A = \dfrac{l \cdot b}{2}$ $U = l_1 + l_2 + l_3$	A Fläche l Länge U Umfang b Breite (Höhe) l_1, l_2, l_3 Seitenlängen **Beispiel:** $l = 72$ mm; $b = 31$ mm $A = \dfrac{l \cdot b}{2} = \dfrac{72 \text{ mm} \cdot 31 \text{ mm}}{2} = 1116 \text{ mm}^2$ ▶ Rechtwinklige Dreiecke S. 22

1.7 Flächen

Dreieck	Heronische Dreiecks-Formel	A Fläche

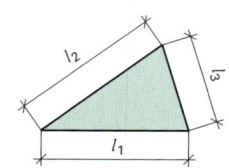

Heronische Dreiecks-Formel

$$s = \frac{1}{2}\left(l_1 + l_2 + l_2\right)$$

$$A = \sqrt{s \cdot (s - l_1) \cdot (s - l_2) \cdot (s - l_3)}$$

A Fläche
s halber Umfang
l_1, l_2, l_3 Seitenlängen

Unregelmäßiges Vieleck

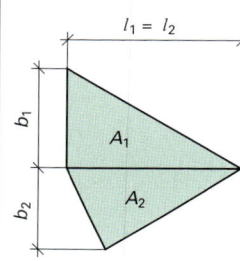

$A = \Sigma$ aller Teilflächen

$A = A_1 + A_2 + \ldots + A_n$

A Gesamtfläche
$A_1, A_2, \ldots, A_n$ Teilflächen
$l_1, l_2 \ldots$ Länge
$b_1, b_2 \ldots$ Breite

Beispiel: $l_1 = l_2 = 110$ cm
      $b_1 = 50$ cm, $b_2 = 45$ cm

$$A_1 = \frac{l_1 \cdot b_1}{2} = 2750 \text{ cm}^2$$

$$A_2 = \frac{l_2 \cdot b_2}{2} = 2475 \text{ cm}^2$$

$$A = A_1 + A_2 = 5225 \text{ cm}^2$$

Regelmäßiges Vieleck

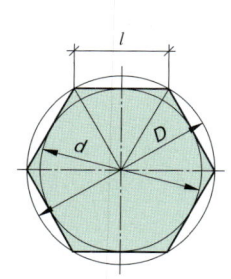

$$A = n \cdot \frac{l \cdot d}{4}$$

$$l = D \cdot \sin\left(\frac{180°}{n}\right)$$

$$d = \sqrt{D^2 - l^2}$$

A Fläche n Anzahl der Ecken
l Seitenlänge
d Inkreisdurchmesser
D Umkreisdurchmesser

Beispiel: Achteck mit $D = 60$ cm

$$l = 60 \text{ cm} \cdot \sin\left(\frac{180°}{8}\right) = 22,96 \text{ cm}$$

$$d = \sqrt{(60 \text{ cm})^2 - (22,96 \text{ cm})^2}$$
$$= 55,43 \text{ cm}$$

$$A = 8 \cdot \frac{22,96 \text{ cm} \cdot 55,43 \text{ cm}}{4}$$
$$= 2545,3 \text{ cm}^2$$

Berechnung regelmäßiger Vielecke

Anzahl der Ecken	Fläche A			Seitenlänge l		Inkreis- durchmesser d		Umkreis- durchmesser D	
	aus l	aus d	aus D	aus d	aus D	aus l	aus D	aus l	aus d
	l^2 mal	d^2 mal	D^2 mal	d mal	D mal	l mal	D mal	l mal	d mal
3	0,433	1,299	0,325	1,732	0,867	0,578	0,500	1,154	2,000
4	1,000	1,000	0,500	1,000	0,707	1,000	0,707	1,414	1,414
5	1,721	0,908	0,595	0,727	0,588	1,376	0,809	1,702	1,236
6	2,598	0,866	0,649	0,577	0,500	1,732	0,866	2,000	1,155
8	4,828	0,829	0,707	0,414	0,383	2,414	0,924	2,614	1,082
10	7,694	0,812	0,735	0,325	0,309	3,078	0,951	3,236	1,052
12	11,196	0,804	0,750	0,268	0,259	3,732	0,966	3,864	1,035

Beispiel: Achteck mit $D = 60$ cm

$A = D^2 \cdot 0,707 = (60 \text{ cm})^2 \cdot 0,707 = 2545,2 \text{ cm}^2$, $d = D \cdot 0,924 = 60 \text{ cm} \cdot 0,924 = 55,44 \text{ cm}$

$l = D \cdot 0,383 = 60 \text{ cm} \cdot 0,383 = 22,98 \text{ cm}$

Kreis		
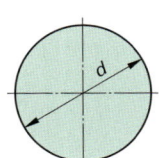	$A = \dfrac{\pi \cdot d^2}{4} = \pi \cdot r^2$ $U = \pi \cdot d = \pi \cdot 2 \cdot r$ $\dfrac{\pi}{4} = 0{,}785$	A Fläche U Umfang d Durchmesser r Radius **Beispiel:** $d = 80$ mm $A = \dfrac{\pi \cdot d^2}{4} = \dfrac{\pi \cdot (80 \text{ mm})^2}{4} = 5026{,}5 \text{ mm}^2$ $U = \pi \cdot d = \pi \cdot 80 \text{ mm} = 251{,}3 \text{ mm}$

Kreisausschnitt		
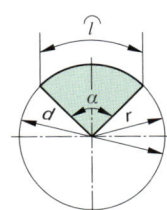	$A = \dfrac{\pi \cdot d^2}{4} \cdot \dfrac{\alpha}{360°}$ $A = \dfrac{\hat{l} \cdot r}{2}$ $\hat{l} = \dfrac{\pi \cdot d \cdot \alpha}{360°}$	A Fläche $\quad$ r Radius d Durchmesser $\quad$ $\hat{l}$ Bogenlänge α Mittelpunktswinkel **Beispiel:** $d = 52$ mm, $\quad \alpha = 80°$ $\hat{l} = \dfrac{\pi \cdot d \cdot \alpha}{360°} = \dfrac{\pi \cdot 52 \text{ mm} \cdot 80°}{360°}$ $\quad = 36{,}3 \text{ mm}$ $A = \dfrac{\hat{l} \cdot r}{2} = \dfrac{36{,}3 \text{ mm} \cdot 26 \text{ mm}}{2}$ $\quad = 471{,}9 \text{ mm}^2$

Kreisabschnitt		
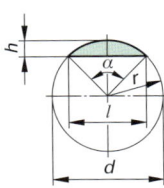	$A = \dfrac{\pi \cdot d^2}{4} \cdot \dfrac{\alpha}{360°} - \dfrac{l \cdot (r-h)}{2}$ **Näherungsformel:** $A \approx \dfrac{2}{3} \cdot l \cdot h$ $l = 2 \cdot r \cdot \sin\dfrac{\alpha}{2}$ $\quad = 2 \cdot \sqrt{h\,(2 \cdot r - h)}$	A Fläche $\quad$ r Radius d Durchmesser $\quad$ l Sehnenlänge α Mittelpunktswinkel $\quad$ h Höhe **Beispiel:** $l = 52$ mm, $\quad h = 15{,}1$ mm $A \approx \dfrac{2}{3} \cdot l \cdot h = \dfrac{2}{3} \cdot 52 \text{ mm} \cdot 15{,}1 \text{ mm}$ $\quad = 523{,}5 \text{ mm}^2$

Kreisring		
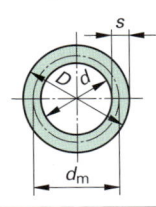	$A = \dfrac{\pi}{4} \cdot (D^2 - d^2)$ $A = \pi \cdot d_m \cdot s$	A Fläche $\quad$ s Breite D großer Durchmesser d kleiner Durchmesser d_m mittlerer Durchmesser **Beispiel:** $D = 75$ cm, $\quad d = 20$ cm $A = \dfrac{\pi}{4} \cdot (D^2 - d^2) = \dfrac{\pi}{4} \cdot ((75 \text{ cm})^2 - (20 \text{ cm})^2)$ $\quad = 4103{,}7 \text{ cm}^2$

Kreisringausschnitt		
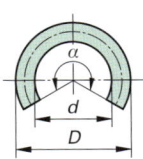	$A = \dfrac{\pi \cdot \alpha}{4 \cdot 360°} \cdot (D^2 - d^2)$	A Fläche D großer Durchmesser d kleiner Durchmesser α Mittelpunktswinkel

Ellipse		
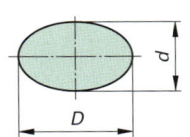	$A = \dfrac{\pi \cdot D \cdot d}{4}$ $U \approx \dfrac{\pi}{2}\,(D + d)$	A Fläche $\quad$ U Umfang D großer Durchmesser d kleiner Durchmesser **Beispiel:** $D = 65$ cm, $\quad d = 40$ cm $A = \dfrac{\pi \cdot D \cdot d}{4} = \dfrac{\pi \cdot 65 \text{ cm} \cdot 40 \text{ cm}}{4}$ $\quad = 2042 \text{ cm}^2$

Flächenmomente, Widerstandsmomente

In nachfolgender Übersicht sind die Schwerpunkte S, die Flächen A, die Flächenmomente I_y, I_z, I_{yz} und die Widerstandsmomente W_y von häufig vorkommenden Flächen dargestellt.

Die allgemeine Berechnung erfolgt auf Seite 21.

Querschnitt	e	A	I_y	I_z	I_{yz}	W_y
1	$\dfrac{h}{2}$	$b \cdot h$	$\dfrac{b \cdot h^3}{12}$	$\dfrac{h \cdot b^3}{12}$	0	$\dfrac{b \cdot h^2}{6}$
2	$\dfrac{\sqrt{2} \cdot h}{2}$	h^2	$\dfrac{h^4}{12}$	$\dfrac{h^4}{12}$	0	$\dfrac{\sqrt{2} \cdot h^3}{12}$
3	$\dfrac{2 \cdot h}{3}$	$\dfrac{b \cdot h}{2}$	$\dfrac{b \cdot h^3}{36}$	$\dfrac{h \cdot b^3}{48}$	0	$W_{yo} = \dfrac{b \cdot h^2}{24}$
4	$\dfrac{2 \cdot h}{3}$	$\dfrac{b \cdot h}{2}$	$\dfrac{b \cdot h^3}{36}$	$\dfrac{h \cdot b^3}{36}$	$-\dfrac{h^2 \cdot b^2}{72}$	$W_{yu} = \dfrac{b \cdot h^2}{12}$
5	r ; $\dfrac{d}{2}$	$\pi \cdot r^2$; $\dfrac{\pi \cdot d^2}{4}$	$\dfrac{\pi \cdot r^4}{4}$; $\dfrac{\pi \cdot d^4}{64}$	$\dfrac{\pi \cdot r^4}{4}$; $\dfrac{\pi \cdot d^4}{64}$	0	$\dfrac{\pi \cdot r^3}{4}$; $\dfrac{\pi \cdot d^3}{32}$
6	$\left(1 - \dfrac{4}{3\pi}\right) \cdot r$; $0{,}5756\,r$	$\dfrac{\pi \cdot r^2}{2}$; $\dfrac{\pi \cdot d^2}{8}$	$\left(\dfrac{\pi}{8} - \dfrac{8}{9\pi}\right) \cdot r^4$; $0{,}1098\,r^4$	$\dfrac{\pi \cdot r^4}{8}$; $\dfrac{\pi \cdot d^4}{128}$	0	$W_{yo} = 0{,}1907\,r^3$; $W_{yu} = 0{,}2586\,r^3$
7	$\left(1 - \dfrac{4}{3\pi}\right) \cdot r$; $0{,}5756\,r$	$\dfrac{\pi \cdot r^2}{4}$; $\dfrac{\pi \cdot d^2}{16}$	$\left(\dfrac{\pi}{16} - \dfrac{4}{9\pi}\right) \cdot r^4$; $0{,}0549\,r^4$	$\left(\dfrac{\pi}{16} - \dfrac{4}{9\pi}\right) \cdot r^4$; $0{,}0549\,r^4$	$-\left(\dfrac{4}{9\pi} - \dfrac{1}{8}\right) \cdot r^4$; $-0{,}0165\,r^4$	$W_{yo} = 0{,}0953\,r^3$; $W_{yu} = 0{,}1293\,r^3$
8	R ; $\dfrac{D}{2}$	$\pi \cdot (R^2 - r^2)$; $\dfrac{\pi}{4} \cdot (D^2 - d^2)$	$\dfrac{\pi}{4} \cdot (R^4 - r^4)$; $\dfrac{\pi}{64} \cdot (D^4 - d^4)$	$\dfrac{\pi}{4} \cdot (R^4 - r^4)$; $\dfrac{\pi}{64} \cdot (D^4 - d^4)$	0	$\dfrac{\pi}{4R} \cdot (R^4 - r^4)$; $\dfrac{\pi}{32D} \cdot (D^4 - d^4)$

1.7 Flächen

<table>
<tr><td>

Schwerpunktabstände Trapez

Der Abstand x_s und y_s des Gesamtschwerpunktes S wird rechnerisch mit Hilfe des Momentensatzes ermittelt.

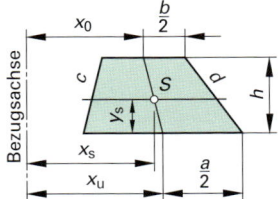

Schwerpunktabstände

$$y_s = \frac{h}{3} \cdot \frac{a + 2\,b}{a + b}$$

$$x_s = x_u - \frac{x_u - x_o}{3} \cdot \frac{a + 2\,b}{a + b}$$

Zeichnerisch lässt sich der Schwerpunkt des Trapezes mittels „verschränkter" Diagonalen bestimmen.

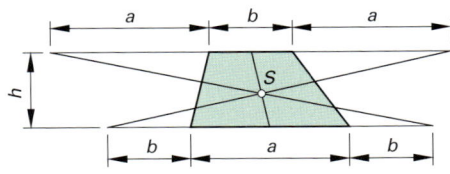

</td><td>

Zusammengesetzte Querschnitte

Fläche

$$A = \sum_{i=1}^{n} A_i$$

Flächenmoment ersten Grades

$$S_{\bar{y}} = \sum_{i=1}^{n} A_i\,\bar{z}_{S_i}$$

$$S_{\bar{z}} = \sum_{i=1}^{n} A_i\,\bar{y}_{S_i}$$

Schwerpunktkoordinaten

$$\bar{y}_S = \frac{S_{\bar{z}}}{A}$$

$$\bar{z}_S = \frac{S_{\bar{y}}}{A}$$

Flächenmomente zweiten Grades (Satz von Steiner)

$$I_y = \sum_{i=1}^{n} (I_{y_i} + A_i \cdot z_{S_i}^2)$$

$$I_z = \sum_{i=1}^{n} (I_{z_i} + A_i \cdot y_{S_i}^2)$$

(Deviationsmoment) $\quad I_{yz} = \sum_{i=1}^{n} (I_{yz_i} - A_i \cdot y_{S_i} \cdot z_{S_i})$

Mit dem Fußzeiger i werden die Einzelquerschnitte benannt. Es sind $\bar{y}_{S_i}$ und $\bar{z}_{S_i}$ die Schwerpunktkoordinaten der Einzelquerschnitte. Es gilt

$$y_{S_i} = \bar{y}_{S_i} - \bar{y}_S \quad \text{und} \quad z_{S_i} = \bar{z}_{S_i} - \bar{z}_S.$$

</td></tr>
</table>

Beispiel: Für den dargestellten zusammengesetzten Querschnitt sind die Querschnittswerte (▶ S. 258) zu bestimmen. Abmessungen der Einzelquerschnitte i

$i = 1 \rightarrow b = 1,0$ cm, $\quad h = 2,0$ cm

$i = 2 \rightarrow b = 3,0$ cm, $\quad h = 4,0$ cm (ohne Loch)

$i = 3 \rightarrow r = 0,5$ cm $\quad$ (Loch als negative Fläche)

Querschnittswerte der Einzelquerschnitte i

$$I_{y1} = \frac{1,0 \text{ cm} \cdot (2,0 \text{ cm})^3}{12} \qquad I_{y1} = 0,67 \text{ cm}^4$$

$$I_{z1} = \frac{2,0 \text{ cm} \cdot (1,0 \text{ cm})^3}{12} \qquad I_{z1} = 0,17 \text{ cm}^4$$

$$I_{y2} = \frac{2,0 \text{ cm} \cdot (4,0 \text{ cm})^3}{12} \qquad I_{y2} = 16,00 \text{ cm}^4$$

$$I_{z2} = \frac{4,0 \text{ cm} \cdot (3,0 \text{ cm})^3}{12} \qquad I_{z2} = 9,00 \text{ cm}^4$$

$$I_{y3} = -\frac{\pi\,(0,5 \text{ cm})^4}{4} \qquad I_{y3} = I_{z3} = -0,05 \text{ cm}^4$$

i	A_i	$\bar{y}_{S_i}$	$A_i\,\bar{y}_{S_i}$	$\bar{z}_{S_i}$	$A_i\,\bar{z}_{S_i}$	y_{S_i}	z_{S_i}	$A_i\,y_{S_i}^2$	I_{z_i}	$A_i\,z_{S_i}^2$	I_{y_i}	$A_i y_{S_i} z_{S_i}$	I_{yz_i}
–	cm²	cm	cm³	cm	cm³	cm	cm	cm⁴	cm⁴	cm⁴	cm⁴	cm⁴	cm⁴
1	2,00	0,50	1,00	1,00	2,00	– 1,70	– 0,85	5,78	0,17	1,45	0,67	2,89	0
2	12,00	2,50	30,00	2,00	24,00	0,30	0,15	1,08	9,00	0,27	16,00	0,54	0
3	– 0,79	2,50	– 1,96	2,00	– 1,57	0,30	0,15	– 0,07	– 0,05	– 0,02	– 0,05	– 0,04	0
–	**13,21**	–	**29,04**	–	**24,43**	–	–	**6,79**	**9,12**	**1,70**	**16,62**	**3,39**	0

$$\bar{y}_S = \frac{29,04 \text{ cm}^3}{13,21 \text{ cm}^2} = 1,85 \text{ cm}$$

Korrektur:

$$\bar{y}_S = \frac{29,04 \text{ cm}^3}{13,21 \text{ cm}^2} = 2,20 \text{ cm}, \qquad \bar{z}_S = \frac{24,43 \text{ cm}^3}{13,21 \text{ cm}^2} = 1,85 \text{ cm}$$

$I_y = 16,62 \text{ cm}^4 + 1,70 \text{ cm}^4 = \mathbf{18,32 \text{ cm}^4}$, $\quad I_z = 9,12 \text{ cm}^4 + 6,79 \text{ cm}^4 = \mathbf{15,91 \text{ cm}^4}$,

$I_{yz} = 0 - 3,39 \text{ cm}^4 = \mathbf{-3,39 \text{ cm}^4}$

1.8 Dreiecksberechnung und Winkelfunktionen

Rechtwinklige Dreiecke

Bezeichnungen	Satz des Thales

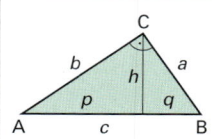

c	Hypotenuse
a, b	Katheten
h	Höhe
p, q	Hypotenusen-abschnitte
A, B, C	Eckpunkte

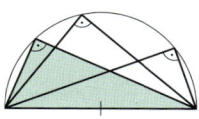

Über dem Durchmesser eines Kreise als Grundlinie ist jedes Dreieck, dessen Spitze auf dem Kreisbogen liegt, ein rechtwinkliges Dreieck.

Lehrsatz des Pythagoras

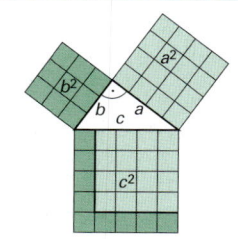

Im rechtwinkligen Dreieck ist die Summe der Flächeninhalte der beiden Kathetenquadrate gleich dem Flächeninhalt des Quadrats über der Hypotenuse.

$$c^2 = a^2 + b^2$$
$$c = \sqrt{a^2 + b^2}$$
$$a = \sqrt{c^2 - b^2}$$
$$b = \sqrt{c^2 - a^2}$$

Pythagoräische Zahlentripel

(ganzzahlige Seitenverhältnisse für rechtwinklige Dreiecke)

a	b	c
3	4	5
5	12	13
7	24	25
8	15	17

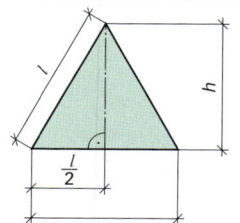

Im gleichseitigen Dreieck ergibt sich für die Höhe nach dem Lehrsatz des Pythagoras:

$$h = \frac{1}{2} \cdot \sqrt{3} \cdot l$$

$$A = \frac{1}{4} \cdot \sqrt{3} \cdot l^2$$

Beispiel:
Gleichseitiges Dreieck, $l = 35$ cm

$h = \frac{1}{2} \cdot \sqrt{3} \cdot l = \frac{1}{2} \cdot \sqrt{3} \cdot 35$ cm
$= 30{,}3$ cm

$A = \frac{1}{4} \cdot \sqrt{3} \cdot l^2 = \frac{1}{4} \cdot \sqrt{3} \cdot (35 \text{ cm})^2$
$= 530{,}4$ cm^2

Lehrsatz des Euklid (Kathetensatz)

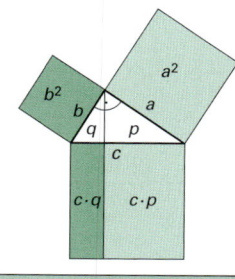

Der Flächeninhalt des Quadrats über einer Kathete ist gleich dem Flächeninhalt eines Rechteckes aus der Hypotenuse und dem anliegenden Hypotenusenabschnitt.

$$a^2 = c \cdot p$$

$$b^2 = c \cdot q$$

Beispiel:
Ein Quadrat mit einer Seitenlänge $a = 5$ cm soll in ein Rechteck mit $l = 7$ cm umgewandelt werden.

$b \cong p = \dfrac{a^2}{c} = \dfrac{(5 \text{ cm})^2}{7 \text{ cm}}$
$= 3{,}57$ cm

Höhensatz (Euklid)

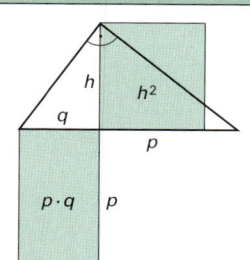

Der Flächeninhalt des Quadrats über der Höhe h ist gleich dem Flächeninhalt des Rechtecks aus den Hypotenusenabschnitten p und q.

$$h^2 = p \cdot q$$

$$h = \sqrt{p \cdot q}$$

Beispiel:
Rechtwinkliges Dreieck mit $p = 80$ mm und $q = 30$ mm

$h = \sqrt{p \cdot q} = \sqrt{80 \text{ mm} \cdot 30 \text{ mm}}$

$h = 49$ mm

1.8 Dreiecksberechnung und Winkelfunktionen

Winkelfunktionen im rechtwinkligen Dreieck

Bezeichnungen	Trigonometrische Funktionen			
c Hypotenuse, a Gegenkathete von α, b Ankathete von α	Sinus	$= \dfrac{\text{Gegenkathete}}{\text{Hypotenuse}}$	$\sin \alpha = \dfrac{a}{c}$	$\sin \beta = \dfrac{b}{c}$
	Cosinus	$= \dfrac{\text{Ankathete}}{\text{Hypotenuse}}$	$\cos \alpha = \dfrac{b}{c}$	$\cos \beta = \dfrac{a}{c}$
c Hypotenuse, a Ankathete von β, b Gegenkathete von β	Tangens	$= \dfrac{\text{Gegenkathete}}{\text{Ankathete}}$	$\tan \alpha = \dfrac{a}{b}$	$\tan \beta = \dfrac{b}{a}$
	Cotangens	$= \dfrac{\text{Ankathete}}{\text{Gegenkathete}}$	$\cot \alpha = \dfrac{b}{a}$	$\cot \beta = \dfrac{a}{b}$

Funktionswerte zu jedem Winkel können den Tabellen Seite 24 entnommen werden. Durch Interpolation können Zwischenwerte gebildet werden.

Winkelfunktionen am Einheitskreis

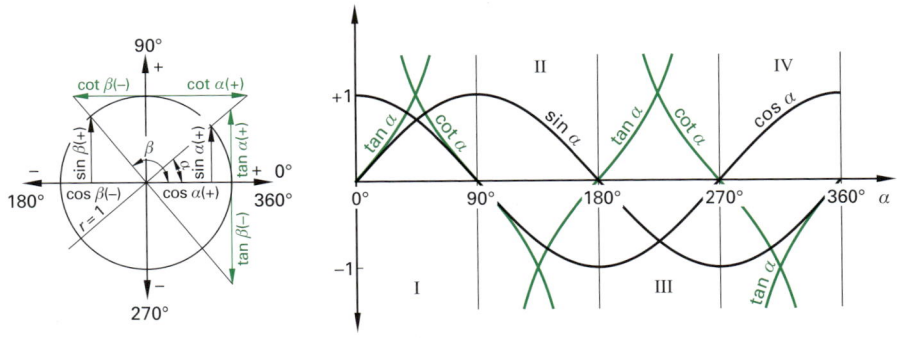

Ermittlung der Funktionswerte für Winkel über 90° nach folgendem Beispiel:
$\sin 140° = \sin (180° – 140°) = \sin 40°$

Beispiel:
$\sin 115° \,10' = \sin (180° – 115° \,10')$
$= \sin 64° \,50'$
$= 0,9051$

Funktionswerte wichtiger Winkel

	0°	30°	45°	60°	90°	180°	270°	360°
sin	0	1/2	$1/2\sqrt{2}$	$1/2\sqrt{3}$	1	0	–1	0
cos	1	$1/2\sqrt{3}$	$1/2\sqrt{2}$	1/2	0	–1	0	1
tan	0	$1/3\sqrt{3}$	1	$\sqrt{3}$	∞	0	∞	0
cot	∞	$\sqrt{3}$	1	$1/3\sqrt{3}$	0	∞	0	∞

Beziehung zwischen den Funktionen für gleiche Winkel

$\sin^2 \alpha + \cos^2 \alpha = 1$	$\tan \alpha \cdot \cot \alpha = 1$	$\tan \alpha = \dfrac{\sin \alpha}{\cos \alpha}$	$\cot \alpha = \dfrac{\cos \alpha}{\sin \alpha}$
$\sin (90° – \alpha) = \cos \alpha$	$\cos (90° – \alpha) = \sin \alpha$	$\tan (90° – \alpha) = \cot \alpha$	$\cot (90° – \alpha) = \tan \alpha$

1.8 Dreiecksberechnung und Winkelfunktionen

Trigonometrische Funktionen

Grad	0° ... 45°		↑	Grad	45° ... 90°		↑
	sin	tan			sin	tan	
0	0,0000	0,0000	90	45	0,7071	1,0000	45
1	0,0175	0,0175	89	46	0,7193	1,0355	44
2	0,0349	0,0349	88	47	0,7314	1,0724	43
3	0,0523	0,0524	87	48	0,7431	1,1106	42
4	0,0698	0,0699	86	49	0,7547	1,1504	41
5	0,0872	0,0875	85	50	0,7660	1,1918	40
6	0,1045	0,1051	84	51	0,7771	1,2349	39
7	0,1219	0,1228	83	52	0,7880	1,2799	38
8	01392	0,1405	82	53	0,7986	1,3270	37
9	0,1564	0,1584	81	54	0,8090	1,3764	36
10	0,1736	0,1763	80	55	0,8192	1,4281	35
11	0,1908	0,1944	79	56	0,8290	1,4826	34
12	0,2079	0,2126	78	57	0,8387	1,5399	33
13	0,2250	0,2309	77	58	0,8480	1,6003	32
14	0,2419	0,2493	76	59	0,8572	1,6643	31
15	0,2588	0,2679	75	60	0,8660	1,7321	30
16	0,2756	0,2867	74	61	0,8746	1,8041	29
17	0,2924	0,3057	73	62	0,8829	1,8807	28
18	0,3090	0,3249	72	63	0,8910	1,9626	27
19	0,3256	0,3443	71	64	0,8988	2,0503	26
20	0,3420	0,3640	70	65	0,9063	2,1445	25
21	0,3584	0,3839	69	66	0,9135	2,2460	24
22	0,3746	0,4040	68	67	0,9205	2,3559	23
23	0,3907	0,4245	67	68	0,9272	2,4751	22
24	0,4067	0,4452	66	69	0,9336	2,6051	21
25	0,4226	0,4663	65	70	0,9397	2,7475	20
26	0,4384	0,4877	64	71	0,9455	2,9042	19
27	0,4540	0,5095	63	72	0,9511	3,0777	18
28	0,4695	0,5317	62	73	0,9563	3,2709	17
29	0,4848	0,5543	61	74	0,9613	3,4874	16
30	0,5000	0,5774	60	75	0,9659	3,7321	15
31	0,5150	0,6009	59	76	0,9703	4,0108	14
32	0,5299	0,6249	58	77	0,9744	4,3315	13
33	0,5446	0,6494	57	78	0,9781	4,7046	12
34	0,5592	0,6745	56	79	0,9816	5,1446	11
35	0,5736	0,7002	55	80	0,9848	5,6713	10
36	0,5878	0,7265	54	81	0,9877	6,3138	9
37	0,6018	0,7536	53	82	0,9903	7,1154	8
38	0,6157	0,7813	53	83	0,9925	8,1444	7
39	0,6293	0,8098	51	84	0,9945	9,5144	6
40	0,6428	0,8391	50	85	0,9962	11,4301	5
41	0,6561	0,8693	49	86	0,9976	14,3007	4
42	0,6691	0,9004	48	87	0,9986	19,0811	3
43	0,6820	0,9325	47	88	0,9994	28,6363	2
44	0,6947	0,9657	46	89	0,99985	57,2900	1
45	0,7071	1,0000	45	90	1,0000	∞	0
↓	cos	cot		↓	cos	cot	
	45° ... 90°		Grad		0° ... 45°		Grad

1.8 Dreiecksberechnung und Winkelfunktionen

Schiefwinklige Dreiecke

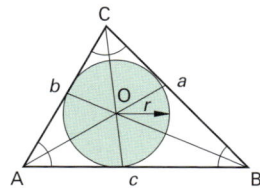

Flächenformel:

$$A = \frac{1}{2}\,a \cdot b \cdot \sin \gamma$$

$$A = \frac{1}{2} \cdot \frac{a^2 \cdot \sin \gamma \cdot \sin \beta}{\sin \alpha}$$

Winkelsumme:

$$\alpha + \beta + \gamma = 180°$$

a, b, c	Seiten
α, β, γ	Winkel (den Seiten a, b, c gegenüber)
A	Fläche
R	Radius des Umkreise
r	Radius des Inkreises
h_a, h_b, h_c	Höhen den Seiten zugehörend

Winkelfunktionen

Sinussatz	Cosinussatz
$a : b : c = \sin \alpha : \sin \beta : \sin \gamma$	$a^2 = b^2 + c^2 - 2\,bc \cdot \cos \alpha$
	$b^2 = a^2 + c^2 - 2\,ac \cdot \cos \beta$
$\dfrac{a}{\sin \alpha} = \dfrac{b}{\sin \beta} = \dfrac{c}{\sin \gamma}$	$c^2 = a^2 + b^2 - 2\,ab \cdot \cos \gamma$

$$\frac{a}{b} = \frac{\sin \alpha}{\sin \beta} \quad ; \quad \frac{b}{c} = \frac{\sin \beta}{\sin \gamma} \quad ; \quad \frac{a}{c} = \frac{\sin \alpha}{\sin \gamma}$$

Durch die Anwendung von Sinus- und Cosinussatz können Winkel bzw. Seiten und Fläche im schiefwinkligen Dreieck berechnet werden.

Winkelhalbierende und Inkreis

Die Winkelhalbierenden eines Dreiecks schneiden sich im Mittelpunkt O des Inkreises.

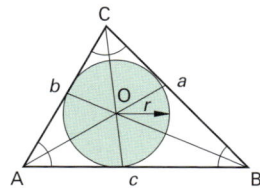

$$r = \frac{2 \cdot A}{a + b + c} = \frac{a \cdot b \cdot c}{2 \cdot R\,(a + b + c)}$$

Mittelsenkrechte und Umkreis

Die Mittelsenkrechten eines Dreiecks schneiden sich im Mittelpunkt M des Umkreises.

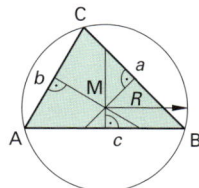

$$R = \frac{a}{2 \cdot \sin \alpha} = \frac{b}{2 \cdot \sin \beta} = \frac{c}{2 \cdot \sin \beta}$$

Seitenhalbierende

Die Seitenhalbierenden schneiden sich im Flächenschwerpunkt S. Der Schwerpunkt teilt die Seitenhalbierenden im Verhältnis 2 : 1.

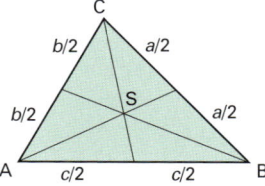

Höhen

Die Höhen schneiden sich im Höhenschnittpunkt H. Die Höhe steht senkrecht auf der Seite oder deren Verlängerung und verläuft durch den gegenüberliegenden Punkt.

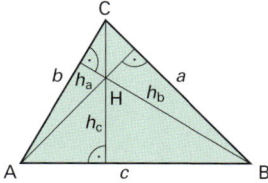

1.9 Körper

Würfel		
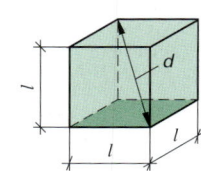	$V = l^3$ $A_0 = 6 \cdot l^2$ $d = l \cdot \sqrt{3}$	V Volumen A_0 Oberfläche l Seitenlänge d Raumdiagonale
Quader		
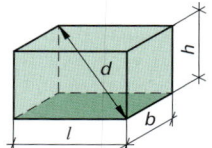	$V = l \cdot b \cdot h$ $A_0 = 2\,(l \cdot b + l \cdot h + b \cdot h)$ $d = \sqrt{l^2 + b^2 + h^2}$	V Volumen A_0 Oberfläche l Länge b Breite h Höhe d Raumdiagonale
Zylinder		
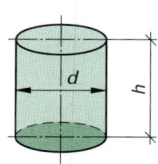	$V = \dfrac{\pi \cdot d^2}{4} \cdot h$ $A_0 = \pi \cdot d \cdot h + 2 \cdot \dfrac{\pi \cdot d^2}{4}$ $A_M = \pi \cdot d \cdot h$	V Volumen A_0 Oberfläche A_M Mantelfläche d Durchmesser h Höhe
Hohlzylinder		
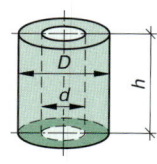	$V = \dfrac{\pi \cdot h}{4} \cdot (D^2 - d^2)$ $A_0 = \pi\,(D + d)\left[\dfrac{1}{2}\,(D - d) + h\right]$	V Volumen A_0 Oberfläche D, d Durchmesser h Höhe
Pyramide		
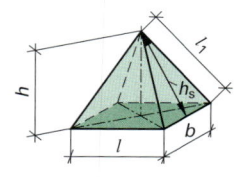	$V = \dfrac{l \cdot b \cdot h}{3}$ $h_s = \sqrt{h^2 + \dfrac{l^2}{4}}$ $l_1 = \sqrt{h_s + \dfrac{b^2}{4}}$	V Volumen l, b Seitenlängen h Höhe h_s Seitenhöhe l_1 Kantenlänge
Kegel		
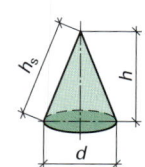	$V = \dfrac{\pi \cdot d^2}{4} \cdot \dfrac{h}{3}$ $A_M = \dfrac{\pi \cdot d \cdot h_s}{2}$ $h_s = \sqrt{\dfrac{d^2}{4} + h^2}$	V Volumen A_M Mantelfläche d Durchmesser h Höhe h_s Mantelhöhe

Pyramidenstumpf 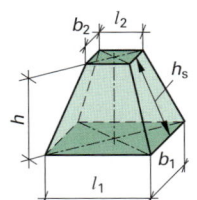	$V = \dfrac{h}{3} \cdot \left(A_1 + A_2 + \sqrt{A_1 \cdot A_2}\right)$ $V \approx \dfrac{h}{2}(A_1 + A_2)$ $h_s = \sqrt{h^2 + \left(\dfrac{l_1 - l_2}{2}\right)^2}$	V Volumen A_1 Grundfläche A_2 Deckfläche h Höhe h_s Mantelhöhe l_1, l_1 Seitenlänge

Prismatoid, Keil 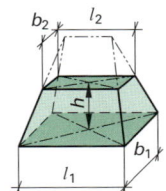	$V = \dfrac{h}{6}\left[l_1 b_1 + l_2 b_2 + (l_1 + l_2) \cdot (b_1 + b_2)\right]$
	
	 Keil:
	
	 $V = \dfrac{h \cdot b_1}{6}(2 \cdot l_1 + l_2)$
		V Volumen
		 l_1, b_1 Längen der
		       Grundfläche
		 l_2, b_2 Längen der
		       Deckfläche
		 h Höhe

Kegelstumpf 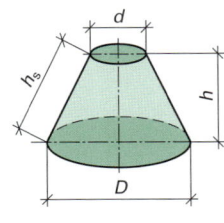	$V = \dfrac{\pi \cdot h}{12} \cdot (D^2 + d^2 + D \cdot d)$ $A_m = \dfrac{\pi \cdot h_s}{2} \cdot (D + d)$ $h_s = \sqrt{h^2 + \left(\dfrac{D - d}{2}\right)^2}$	V Volumen A_M Mantelfläche D, d Durchmesser h Höhe h_s Mantelhöhe
Kugel 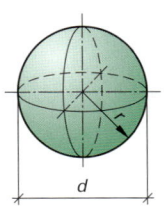	$V = \dfrac{\pi \cdot d^3}{6}$ $A_0 = \pi \cdot d^2$	V Volumen A_0 Oberfläche d Durchmesser
Kugelabschnitt 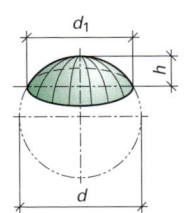	$V = \pi \cdot h^2 \cdot \left(\dfrac{d}{2} - \dfrac{h}{3}\right)$ $A_0 = \pi \cdot h \cdot (2 \cdot d - h)$ $A_M = \pi \cdot d \cdot h$	V Volumen A_M Mantelfläche A_0 Oberfläche d Durchmesser d_1 kleiner Durchmesser h Höhe

1.10 Funktionen und grafische Darstellungen

Mathematische Beschreibung	Graph (Schaubild)

Definition

Funktionen sind eindeutige Zuordnungen, die jedem Element der Menge D (Definitionsmenge, Ausgangsmenge) genau ein Element der Menge W (Zielmenge, Bildmenge, Wertemenge) zuweisen.

Schreibweise und Bezeichnung

$f : x \mapsto f(x), \quad x \in D, \quad f(x) \in W$

Variable x : Argument Urbild
$\mapsto$: Zeichen für Zuordnung
$f(x)$: Funktionswert an der Stelle x, Bild von x
$\in$: Element von; wie $f(x) \in W$

$W = \{f(x) \mid x \in D\}$

Die Gleichung $y = f(x)$ des Schaubildes der Funktion heißt auch Funktionsgleichung.

Die Darstellung der Paarmenge

$$\{(x, y) \mid x \in G \wedge y = f(x)\}$$

in einem Koordinatensystem ist der Graph einer Funktion.

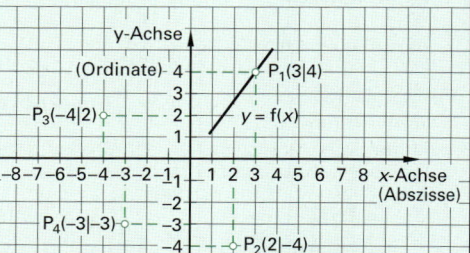

Lineare Funktion (ganzrationale Funktion 1. Grades)

$f : x \mapsto m\,x$

Ursprungsgerade mit Steigung m

$f : x \mapsto m\,x + b$

Gerade mit Steigung m und y-Achsenabschnitt b

Normalform der Geradengleichung:

$y = mx + b$

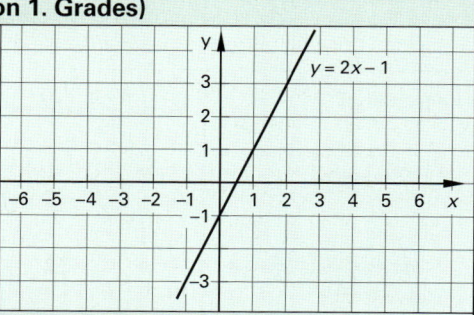

Quadratische Funktion (ganzrationale Funktion 2. Grades)

$f : x \mapsto f(x) \mid f(x) = ax^2$ mit $D = IR$

ist gegenüber der Normalparabel

gestreckt, wenn $\quad |a| > 1$

gestaucht, wenn $\quad |a| < 1$

nach unten geöffnet, wenn $\quad a < 0$

Scheitelfom der Parabel:
$f(x) = a\,(x + c)^2 + b$

$f : x \mapsto x^2 + c \qquad$ Scheitelpunkt $S(0 \mid c)$

$f : x \mapsto (x - b)^2 \qquad$ Scheitelpunkt $S(b \mid 0)$

$f : x \mapsto (x - b)^2 + c \qquad$ Scheitelpunkt $S(b \mid c)$

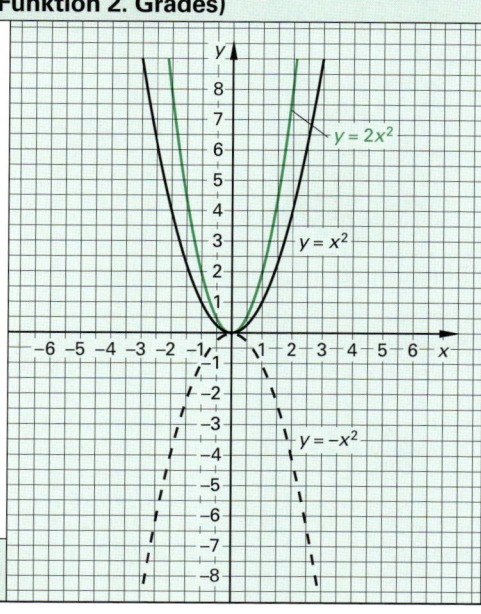

Lösungsformeln für quadratische Gleichungen vgl. Seite 13

1.10 Funktionen und grafische Darstellungen

Diagramme mit quantitativer Darstellung

- **Diagramme mit Netzlinien**

  Die Achsen erhalten eine bezifferte Teilung (Skale).

- **Skalen**

  Die Achsen werden durch von unten lesbare Zahlenwerte beziffert.

  Die negativen Werte werden mit einem Minuszeichen versehen.

  Die Zahlen bei den Netzlinien werden an den linken und an den unteren Rand außerhalb des Koordinatensystems geschrieben.

- **Größenangaben**

  Formelzeichen oder Namen der Größen sitzen am Beginn der Pfeile außerhalb des Diagramms.

  Diese sollen ohne Drehen des Diagramms gelesen werden können. Namen können an der senkrechten Achse von rechts lesbar sein.

- **Einheiten**

  Die Zeichen für die Einheiten stehen zwischen den beiden letzten Zahlen am rechten Ende der Abszisse bzw., am oberen Ende der Ordinate.

  Bei Platzmangel kann die letzte Zahl entfallen.

- **Kombinierte Angaben**

  Für Größenangaben und Einheiten können auch Brüche (Größe/Einheit) an den Pfeilanfang geschrieben werden (Beispiele: p/bar oder P/W).

  Die Einheiten können auch mit dem Zusatz „in" an das Formelzeichen oder den Namen der Größe anschließen (Beispiele: v in m/s oder Holzfeuchte in %).

- **Kurvenschar**

  Sind mehrere Kurven in einem Diagramm, so wird jede Kurve mit ihrem Parameter (Formelzeichen, Beschriftung usw.) versehen.

- **Teilung der Achsen**

  Die Achsen können unterschiedlich geteilt sein, z.B. Nullpunkt und ein Teilbereich weggelassen oder das Netz unterbrochen sein.

  Bei logarithmischer Teilung müssen die Zehnerpotenzen angegeben werden. Für dazwischen liegende Werte reicht eine verkürzte Zahlenangabe.

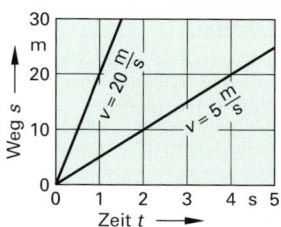

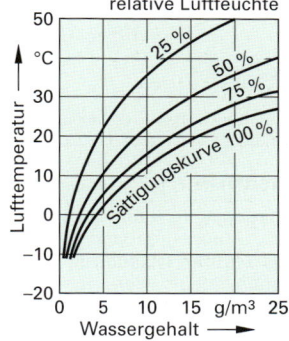

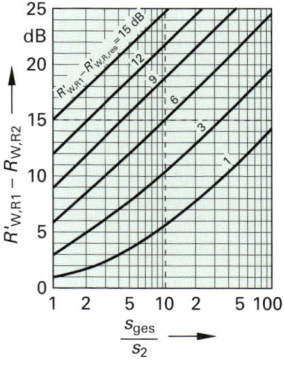

Diagramme mit qualitativer Darstellung

Übersichtsdiagramme

Sie zeigen nur den charakteristischen Verlauf voneinander abhängiger Größen.

Das Koordiantensystem erhält keine Teilung; beide Achsen müssen jedoch linear geteilt sein.

An einer Achse kann eine Veränderliche als Funktion einer anderen Veränderlichen geschrieben werden.

Bei mehreren Kurven können zur Unterscheidung Beschriftungen, verschiedene Linienarten und Farben verwendet werden.

Koordinaten wichtiger Punkte dürfen angegeben werden und durch Kreise in der Kurve gekennzeichnet sein.

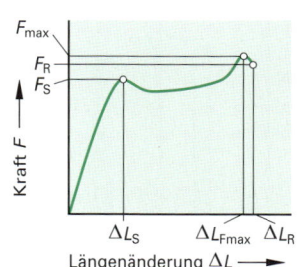

1.10 Funktionen und grafische Darstellungen

Nomogramme

Netztafeln

Der Zusammenhang von 3 und mehr Größen wird in Netztafeln dargestellt.
Bei logarithmischer Teilung von beiden Achsen führt ein proportionaler und umgekehrt proportionaler Zusammenhang zu einer geraden Linie.

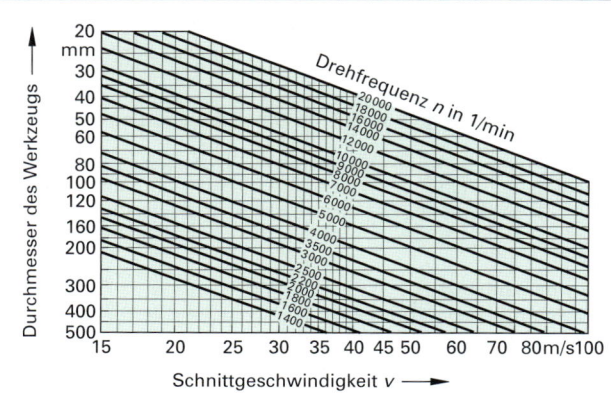

Leitertafeln

Funktionsleitern ermöglichen den Zusammenhang von zwei Größen abzulesen. Sie können linear oder logarithmisch geteilte Skalen besitzen.

Leitertafeln ermöglichen den Zusammenhang von drei Größen abzulesen.

Funktionsleitern

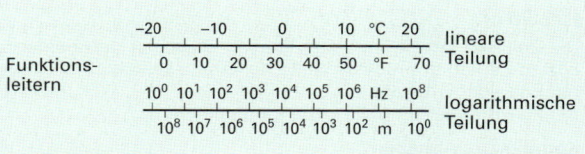

lineare Teilung

logarithmische Teilung

Leitertafel:
Parallele, logarithmisch geteilte Skalen in gleichem Abstand.
Zusammenhang: a = b/c

logarithmische Teilung

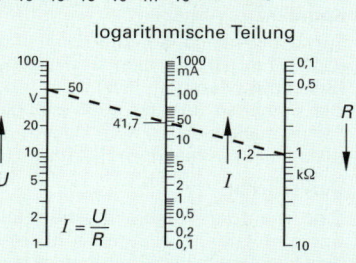

$$I = \frac{U}{R}$$

Schaubilder (Beispiele)

Säulen-Schaubilder

Rohdichte von Holzarten in kg/m³

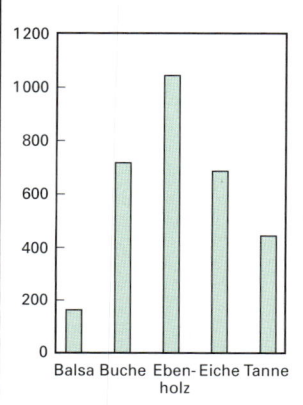

Balsa Buche Eben-holz Eiche Tanne

Kreis-Schaubilder

Waldflächen der Erde

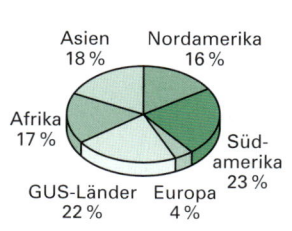

Asien 18 %   Nordamerika 16 %
Afrika 17 %   Süd-amerika 23 %
GUS-Länder 22 %   Europa 4 %

Linien-Schaubilder

Bruchfestigkeit (N/mm²)

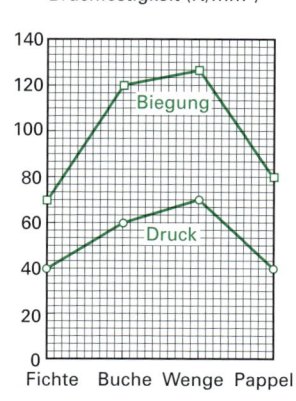

Biegung

Druck

Fichte Buche Wenge Pappel

Taschenrechner

In der Holztechnik werden technisch-wissenschaftliche Rechner eingesetzt. Diese können sehr einfach sein oder ein breites Spektrum an Möglichkeiten bieten, um mathematische und statistische Berechnungen durchzuführen. Hier werden nur grundsätzliche Funktionen oder Tasten aufgezeigt.

Tastenbelegung (Auswahl)

Taste	Funktion	Taste	Funktion	Taste	Funktion
AC	Löschen	x	Multiplizieren	SIN	Sinus
CE/C	Eingabe löschen	÷	Dividieren	COS	Kosinus
2ND	Zweitfunktion	=	Ergebnis	TAN	Tangens
0 … 9	Ziffern	1/x	Kehrwert	STO	Abspeichern
π	Konstante pi	x^2	Quadrieren	RCL	Speicheraufruf
.	Dezimalkomma	$\sqrt{x}$	Quadratwurzel	SUM	Speicheraddition
+/–	Vorzeichenwechsel	y^x	Potenzieren	EXC	Speicherwechsel
( )	Klammern	%	Prozent	MODE	Modusauswahl

Besondere Bedienungselemente

AC/ON	Rechner (Solarrechner) einschalten, alle Rechenbereiche werden gelöscht
→	Letzte Ziffer der Eingabe löschen
CE/C	Letzte numerische Eingabe löschen
CE/E STO	Speicher löschen
MODE	Alternativfunktionen der Tasten einschalten
2ND	Zweitfunktion der Tasten einschalten
EXP	Zehnerpotenz, nachfolgend eingegebene Ziffer wird als Exponent gewertet
STO	Angezeigter Wert abspeichern, ein zuvor gespeicherter Wert wird gelöscht
RCL	Daten aus dem Speicher in die Anzeige aufrufen
SUM	Wert aus der Anzeige wird zum Speicherinhalt addiert
EXC	Wert aus der Anzeige wird gespeichert und gleichzeitig Daten aus dem Speicher in die Anzeige gebracht

Fehlermeldung: E in der Anzeige

Berechnungsbeispiele

Prozent
Beispiel: 6% von 300 =

Eingabe	Taste	Anzeige
300	x	300
6	%	0.006
	=	18

Beispiel: 500 + 19% (MWSt) =

500	+	500
19	%	95
	=	595

Berechnungsbeispiele

Quadrat
Beispiel: $5{,}35^2 =$

Eingabe	Taste	Anzeige
5.35	x^2	28.6225

Quadratwurzel
Beispiel: $\sqrt{8.45} =$

Eingabe	Taste	Anzeige
8.45	$\sqrt{x}$	2.906889

Allgemeine Potenz
Beispiel: $7{,}62^{-0{,}8} =$

Eingabe	Taste	Anzeige
7.62	y^x	7.62
.8	+/–	– 0.8
	=	0.19698

Trigonometrische Funktionen
Beispiel: sin 45° und tan 60° =

Eingabe	Taste	Anzeige
30	SIN	0.5
60	TAN	1.7321

Beispiel: Umkehrfunktionen (Arcus-)
Arcsin 0,7716 =

Eingabe	Taste	Anzeige
0.7716	SIN^{-1}	50.49779

Umwandlung in Grad/Minuten/Sekunden

50.49779	DMS	50 ° 29′ 52″

1.11 Kohäsion und Adhäsion

Kohäsion (Zusammenhangskraft)

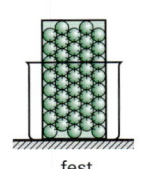

fest

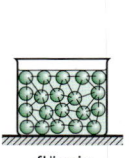

flüssig

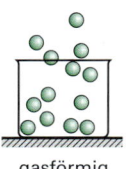

gasförmig

Die Anziehungskräfte zwischen den Molekülen eines Stoffes werden als Kohäsion bezeichnet. Die Größe dieser Molekularkräfte ergibt den Zusammenhang eines Stoffes oder Körpers und damit auch seine Zustandsform (Aggregatszustand). Diese lassen sich durch Energiezufuhr oder Energieentzug ineinander überführen.

Feste Stoffe: Große Kohäsion –
Moleküle befinden sich in einer bestimmten Anordnung innerhalb eines Stoffes. Durch äußere Krafteinwirkung verformen sich diese Körper oder dehnen sich bei Wärmezufuhr aus.

Flüssige Stoffe: Geringe Kohäsion –
(Flüssigkeiten) Moleküle können ihren Platz innerhalb eines Körpers ändern.

Gasförmige Stoffe: Keine Kohäsion
(Gase) Moleküle streben auseinander (Expansion)

Adhäsion (Anhangskraft)

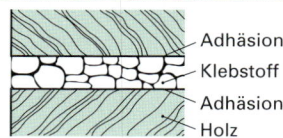

Adhäsion
Klebstoff
Adhäsion
Holz

Die Anziehungskräfte der Moleküle verschiedener Stoffe wird als Adhäsion bezeichnet. Dadurch können Körper aus verschiedenen Stoffen aneinander haften.
Beispiele: – Klebstoffe auf Fügeteile
– Lacke auf Holzoberflächen

Die Anhangskraft wirkt nicht zwischen allen Stoffen.

Oberflächenspannung

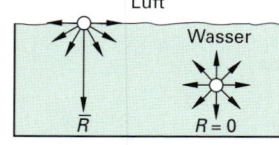

Luft
Wasser
R
$R = 0$

Die Kohäsionskräfte zwischen den Molekülen an der Oberfläche einer Flüssigkeit wirken verstärkt nach innen und verkleinern dadurch die Oberfläche.
Große Kohäsion einer Flüssigkeit bewirkt auch eine große Oberflächenspannung.
Die Oberflächenspannung beeinflusst die Benetzungs- und Fließfähigkeit einer Flüssigkeit, z.B. Klebstoff in Leimfuge.

Kapillarität (Haarröhrchenwirkung)

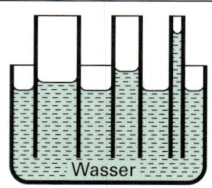

Wasser

Das Verhalten von Flüssigkeiten in Kapillaren und feinen Poren von Körpern wird als Kapillarität bezeichnet.
Die kapillare Steighöhe ist von der Wechselwirkung zwischen Kohäsion der Flüssigkeit, Adhäsion der verschiedenen Stoffe und den Kapillardurchmessern bzw. Porengröße abhängig.
Die maximale Steighöhe wird erreicht, wenn die Gewichtskraft der Flüssigkeitssäule und die resultierende Kraft von Kohäsion und Adhäsion gleich groß sind.

Viskosität

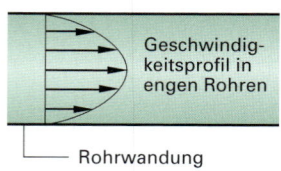

Geschwindigkeitsprofil in engen Rohren

Rohrwandung

Die Viskosität (Zähflüssigkeit) ist ein Maß für den inneren Widerstand einer Flüssigkeit. Diese Widerstandskraft entsteht durch Reibung zwischen den bewegten Molekülen und durch Kohäsionskräfte.

Flüssigkeiten mit hoher Viskosität (Klebstoffe) sind zähflüssig, mit niedriger Viskosität (Wasser) dünnflüssig.

Die Viskosität ist temperaturabhängig, mit steigender Temperatur nimmt sie ab.

1.12 Masse, Dichte, Kräfte

In entsprechenden Normen sind sämtliche Begriffe (Masse, Kraft usw.) in ihrer Bedeutung festgelegt. Das nachfolgende DIN-Muster (Auszug) definiert die Begriffe Masse, Kraft und Gewichtskraft.

Masse, Wägekraft, Kraft, Gewichtskraft, Gewicht, Last Begriffe	DIN 1305

1 Anwendungsbreich

Diese Norm gilt für den Bereich der klassischen Physik und ihrer Anwendung in Technik und Wirtschaft.

2 Masse

Die Masse m beschreibt die Eigenschaft eines Körpers, die sich sowohl in Trägheitswirkungen gegenüber einer Änderung seines Bewegungszustandes als auch in der Anziehung auf andere Körper äußert.

5 Kraft

Die Kraft F ist das Produkt aus der Masse m eines Körpers und der Beschleunigung a, die er durch die Kraft F erfährt oder erfahren würde.

6 Gewichtskraft

Die Gewichtskraft F_G eines Körpers der Masse m ist das Produkt aus Masse m und Fallbeschleunigung g.

$g = 9,81 \text{ m/s}^2 \approx 10 \text{ m/s}^2$

Dichte

$\varrho = \dfrac{m}{V}$	Die Dichte ϱ eines Stoffes wird aus der Masse m und dem Volumen V errechnet. Einheit: $1\,000 \text{ kg/m}^3 = 1 \text{ kg/dm}^3 = 1 \text{ g/cm}^3$
ϱ Dichte, Reindichte	für feste porenlose Stoffe, Gase, Flüssigkeiten; z.B. Metalle, Wasser
ϱ_R Rohdichte	für feste porige Stoffe; z.B. Holz, Holzwerkstoffe, Beton
ϱ_S Schüttdichte	für Korngemenge (lose aufgeschüttete feste Stoffe); z.B. Sand, Schleifkörner

Masse

$m = V \cdot \varrho$	Die Masse m eines Körpers ist ortsunabhängig. Sie kann aus dem Volumen V und der Dichte ϱ berechnet werden. Einheit: Tonne t, Kilogramm kg, Gramm g, Milligramm mg
Beispiel:	Bohle aus Eiche $V = 0,12 \text{ m}^3$ $\qquad m = V \cdot \varrho_R = 0,12 \text{ m}^3 \cdot 800 \text{ kg/m}^2 = 96 \text{ kg}$ $\varrho_R = 800 \text{ kg/m}^3$

Kraft

$F = m \cdot a$	Wird eine Masse m beschleunigt oder verzögert, so ist eine Kraft F erforderlich. Um die Masse 1 kg in 1 s um 1 m/s zu beschleunigen, ist die Kraft von 1 kgm/s^2 notwendig. Beschleunigung a in m/s^2 Einheit: $1 \text{ kgm/s}^2 = 1 \text{ N (Newton)}$
Beispiel:	Bohle wird bewegt $m = 96 \text{ kg}$ $\qquad F = m \cdot a = 96 \text{ kg} \cdot 2 \text{ m/s}^2 = 192 \text{ kgm/s}^2 = 192 \text{ N}$ $a = 2 \text{ m/s}^3$

Gewichtskraft

$F_G = m \cdot g$	Durch die Erdanziehung wird auf die Masse eines Körpers eine Gewichtskraft F_G hervorgerufen Fallbeschleunigung $g = 9,81 \text{ m/s}^2$
Beispiel:	Bohle mit einer Masse $m = 96 \text{ kg}$ $F_G = m \cdot g = 96 \text{ kg} \cdot 9,81 \text{ m/s}^2 = 941,8 \text{ N}$

1.12 Masse, Dichte, Kräfte

Kräfte können nur anhand ihrer Wirkung erkannt und gemessen werden. Sie sind die Ursache einer Bewegungsänderung oder Formänderung eines Körpers. Eine Kraft ist eine gerichtete Größe (Vektor). Sie wird bestimmt durch

    Betrag   **Richtung**   **Angriffspunkt**

Kräfte werden durch Pfeile dargestellt. Der Betrag der Kraft entspricht der Länge des Pfeils multipliziert mit dem Kräftemaßstab M_K, z.B.

M_K = 100 kN/cm bzw. 1 cm ≙ 100 kN

Kräfte können auf ihrer Wirkungslinie beliebig verschoben werden.

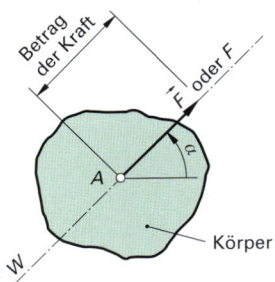

$\vec{F}$	Kraft	W	Wirkungslinie
F	Betrag der Kraft	α	Richtungswinkel
A	Angriffspunkt		

Kräfte

Axiom vom Kräfteparallelogramm

Greifen zwei Kräfte in einem Punkt an, so lassen sie sich in ihrer Wirkung durch eine statisch äquivalente Kraft ersetzten. Die Ersatzkraft heißt Resultierende und wird durch das nebenstehend dargestellte **Kräfteparallelogramm** zeichnerisch ermittelt. Die rechnerische Ermittlung erfolgt mit folgender Formel:

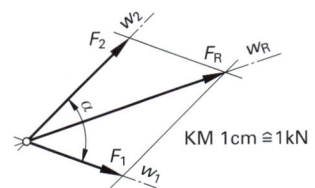

KM 1cm ≙ 1kN

$$F_R = \sqrt{F_1^2 + F_2^2 + 2\,F_1 \cdot F_2 \cdot \cos\alpha}$$

Kräfteparallelogramm

Zusammensetzen von Kräften:

- Kräfte-Addition bei gleicher Wirkungslinie

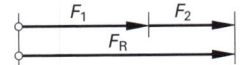

$$F_R = F_1 + F_2$$

Beispiel:

F_1 = 200 N; F_2 = 120 N
$F_R = F_1 + F_2$ = 200 N + 120 N = **320 N**

- Kräfte-Subtraktion bei gleicher Wirkungslinie

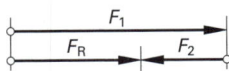

$$F_R = F_1 - F_2$$

Beispiel:

F_1 = 320 N; F_2 = 120 N
$F_R = F_1 - F_2$ = 320 N – 120 N = **200 N**

- Teilkräfte wirken unter einem rechten Winkel

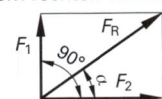

$$F_R = \sqrt{F_1^2 - F_2^2}$$ $$F_1 = F_R \cdot \sin\alpha$$ $$F_2 = F_R \cdot \cos\alpha$$

Beispiel:

F_1 = 250 N; F_2 = 150 N
$F_R = \sqrt{F_1^2 + F_2^2} = \sqrt{(250\text{ N})^2 - (150\text{ N})^2}$
F_R = **291,5 N**

- Teilkräfte wirken unter beliebigem Winkel

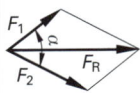

Zeichnerische Lösung

Beispiel:

F_2 = 200 N; F_1 = 90 N; α = 60°
M_K = 5 N/mm;
Gemessen l_R = 52 mm
$F_R = l_R \cdot M_K$ = 52 mm · 5 N/mm = **260 N**

1.12 Masse, Dichte, Kräfte

Kräfte

Zerlegen von Kräften

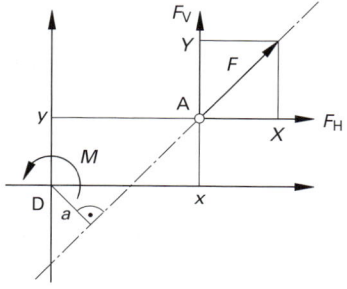

Zeichnerische Lösung

Beispiel: $F_R = 250$ N; $\alpha = 15°$; $\beta = 90°$

$M_K = 5$ N/mm;

Gemessen $l_1 = 13$ mm; $l_2 = 52$ mm

$F_1 = l_1 \cdot M_K = 13$ mm $\cdot$ 5 N/mm = **65 N**

$F_2 = l_2 \cdot M_K = 52$ mm $\cdot$ 5 N/mm = **260 N**

Momente

Moment einer Kraft (ebenes Kräftesystem)

Das Moment einer Kraft in Bezug auf den Drehpunkt ist gleich dem Produkt aus dem Betrag der Kraft und Hebelarm. Der Hebelarm ist der kürzeste Abstand der Wirkungslinie vom Drehpunkt.

Mit **M** wird das Moment einer Kraft **F** um den Drehpunkt **D** bezeichnet. Die Einheit des Momentes ist ein **Newtonmeter (1 Nm)**.

Momentensatz

Momente mehrerer Kräfte um einen gemeinsamen Drehpunkt lassen sich addieren (Vorzeichen beachten).

Moment eines Kräftspaares

Zwei gleich große, aber entgegengesetzte Kräfte auf parallelen Wirkungslinien bilden ein Kräftepaar.

Das mit **Drehkraft** bezeichnete Moment ist gleich dem Produkt aus dem Betrag einer der Kräfte und dem Abstand der Wirkungslinien. Kräftepaare mit gleichem Moment sind statisch äquivalent. Die Summe der Momente der Einzelkräfte ist für jeden Drehpunkt gleich und entspricht dem Moment des Kräftepaares.

Vorzeichenregel:

Positives Moment bei Drehwirkung der Kraft im Uhrzeigersinn.

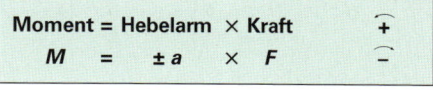

D (0,0) Drehpunkt A (x, y) Angriffspunkt

M_D Moment von $\bar{F}$ um D

F (X, Y) Kraft a Hebelarm

Moment = Hebelarm × Kraft	$\widehat{+}$
M = $\pm a$ × F	$\widehat{-}$

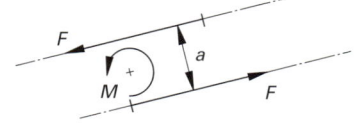

Kräftepaar mit $M = a \cdot F$

Reibung

Die Reibungskraft ist von der Normalkraft (senkrecht zur Berührungsfläche) und der Reibungszahl abhängig. Die Reibungskraft ist unabhängig von der Größe der Berührungsfläche.

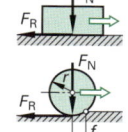

Haft- und Gleitreibung F_N Normalkraft

$F_R = \mu \cdot F_N$ F_R Reibungkraft

Rollreibung μ Reibungszahl

$F_R = \dfrac{f \cdot F_N}{r}$ f Rollreibungzahl r Radius

(wird meist vereinfacht mit der Formel für Gleitreibung berechnet)

Werkstoff–kombination	Haftreibungszahl	Gleitreibungszahl	Rollreibung (vereinfacht)	Rollreibungszahl
Stahl auf Stahl	0,2 ... 0,3	0,1 ... 0,2	0,001	0,001 ... 0,05 cm
Stahl auf Polyamid	0,15 ... 0,3	0,3	–	–
Stahl auf Holz	0,5	0,25 ... 0,5	0,002	–
Holz auf Holz	0,5 ... 0,6	0,3 ... 0,4	0,005	–
Wälzlager, geschmiert	–	0,003 ... 0,001	–	–

1.13 Gleichförmige und beschleunigte Bewegung

Geradlinige Bewegung

Gleichförmige Bewegung

Weg-Zeit-Schaubild

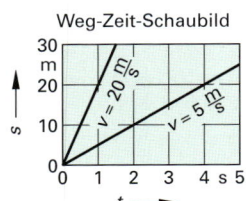

v	Geschwindigkeit
s	Weg
t	Zeit

$$v = \frac{s}{t}$$

Beispiel:
$v = 80 \text{ km/h}, \ t = 20 \text{ min}$

$s = v \cdot t$

$s = 80 \text{ km/h} \cdot 20 \text{ min} \cdot \dfrac{1 \text{ h}}{60 \text{ min}}$

$s = 26{,}67 \text{ km}$

Gleichförmige beschleunigte Bewegung

Geschwindigkeit-Zeit-Schaubild

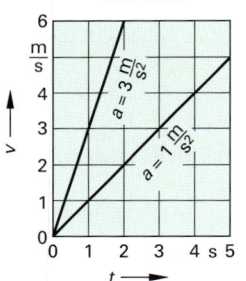

Weg-Zeit-Schaubild

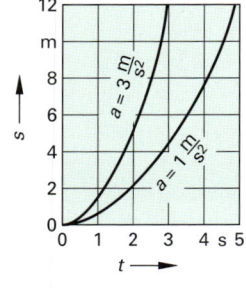

Beschleunigung ist die Zunahme der Geschwindigkeit in 1 Sekunde, **Verzögerung** die Abnahme

v	Endeschwindigkeit
a	Beschleunigung
s	Weg
t	Zeit

Bei Anfangsgeschwindigkeit $= 0$ gilt:

$$v = a \cdot t$$
$$v = \sqrt{2 \cdot a \cdot s}$$

$$s = \frac{v}{2} \cdot t$$
$$s = \frac{a}{2} \cdot t^2$$

Für die Verzögerung gelten die gleichen Formeln, wobei v die Anfangsgeschwindigkeit und die Endgeschwindigkeit $= 0$ ist.

Freier Fall
Fallbeschleunigung
$g = 9{,}81 \text{ m/s}^2$
h Fallhöhe

$$h = \frac{g}{2} \cdot t^2$$

Beispiel:
Beschleunigung
$v = 100 \text{ km/h}, \ t = 11 \text{ s}$

$v = \dfrac{100\,000 \text{ m} \cdot 1 \text{ h}}{1 \text{ h} \cdot 3600 \text{ s}} = 27{,}78 \ \dfrac{\text{m}}{\text{s}}$

$s = \dfrac{v}{2} \cdot t = \dfrac{27{,}78 \text{ m/s}}{2} \cdot 11 \text{ s}$

$s = 305{,}6 \text{ m}$

$a = \dfrac{v}{t} = \dfrac{27{,}78 \text{ m/s}}{11 \text{ s}} = 2{,}5 \ \dfrac{\text{m}}{\text{s}}$

Beispiel:
Verzögerung
$v = 100 \text{ km/h}, \ a = 7 \text{ m/s}^2$

$v = 27{,}78 \text{ m/s}$

$s = \dfrac{v^2}{2 \cdot a} = \dfrac{(27{,}78 \text{ m/s})^2}{2 \cdot 7 \text{ m/s}^2}$

$s = 55{,}1 \text{ m}$

Beispiel:
Freier Fall
$g = 9{,}81 \text{ m/s}^2, \ t = 6 \text{ s}$

$h = \dfrac{g}{2} \cdot t^2 = \dfrac{9{,}81 \text{ m/s}^2}{2} \cdot (6 \text{ s})^2$

$h = 176{,}6 \text{ m}$

Kreisförmige Bewegung

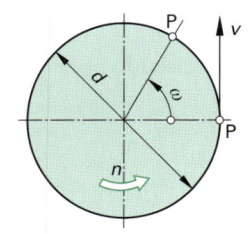

v	Umfangsgeschwindigkeit
ω	Winkelgeschwindigkeit
n	Drehzahl
d	Durchmesser

$$v = \pi \cdot d \cdot n$$
$$v = \omega \cdot \frac{d}{2}$$

$$\omega = 2 \cdot \pi \cdot n$$

Beispiel:
$v = 8000 \ 1/\text{min}, \ d = 210 \text{ mm}$

$n = \dfrac{8000 \text{ min}^{-1}}{60 \text{ s}} = 133{,}3 \text{ s}^{-1}$

$v = \pi \cdot d \cdot n$

$v = \pi \cdot 0{,}12 \text{ m} \cdot 133{,}3 \text{ s}^{-1}$

$v = 50{,}2 \text{ m/s}$

$\omega = 2 \cdot \pi \cdot n = 2 \cdot \pi \cdot 133{,}3 \text{ s}^{-1}$

$\omega = 837 \text{ s}^{-1}$

1.14 Arbeit, Energie, Leistung, Wirkungsgrad

Mechanische Arbeit

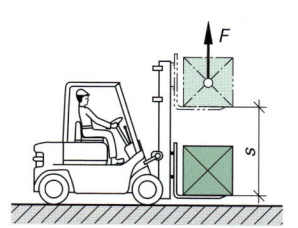

Arbeit wird verrichtet, wenn eine Kraft längs eines Weges wirkt.

W Arbeit; F Kraft
s Weg

$$W = F \cdot s$$

1 Nm = 1 J = 1 Ws

Beispiel:
$F = 500$ N, $s = 12,5$ m

$W = F \cdot s = 500$ N $\cdot$ 12,5 m

$W = 6\,000$ Nm

$W = 6\,000$ J $= 6$ kJ

Energie

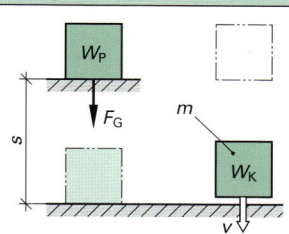

Energie ist Arbeitsvermögen
Potentielle Energie

$$W_P = F_G \cdot s$$

Kinetische Energie

$$W_K = \frac{m}{2} \cdot v^2$$

Einheiten wie bei Arbeit

W_P Energie der Lage
F_G Gewichtskraft des Körpers
s Weg (Höhenunterschied)

W_K Energie der Bewegung
m Masse
v Geschwindigkeit

Mechanische Leistung

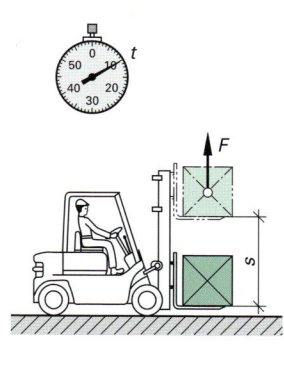

Die in einer Zeiteinheit verrichtete Arbeit wird als Leistung bezeichnet.

P Leistung

$$P = \frac{W}{t}$$

$$P = \frac{F \cdot s}{t}$$

$$P = F \cdot v$$

1 W = 1 Nm/s = 1 J/s

Beispiel:
$F = 500$ N, $s = 80$ m,
$t = 40$ s

$$P = \frac{F \cdot s}{t} = \frac{500 \text{ N} \cdot 80 \text{ m}}{40 \text{ s}}$$

$P = 1\,000$ Nm/s
P = 1\,000 W = 1kW

Beispiel:
$F = 6$ kN,
$v = 80$ km/h $= 22,2$ m/s

$P = F \cdot v = 6$ kN $\cdot 22,2 \dfrac{\text{m}}{\text{s}}$

$P = 133,2 \dfrac{\text{kNm}}{\text{s}} = 133,2$ kW

Wirkungsgrad

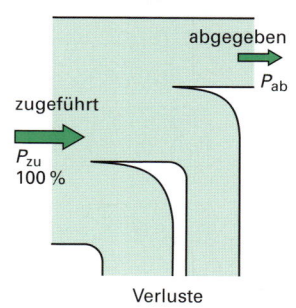

abgegeben
P_{ab}

zugeführt

P_{zu}
100 %

Verluste

Der Wirkungsgrad ist das Verhältnis von zugeführter Leistung zu abgegebener Leistung.

η Wirkungsgrad (eta)
P_{zu} zugeführte Leistung
P_{ab} abgegebene Leistung

$$\eta = \frac{P_{ab}}{P_{zu}}$$

$\eta < 1$ bzw. $< 100\%$

Gesamtwirkungsgrad

$$\eta = \eta_1 \cdot \eta_2 \cdot \eta_3$$

$\eta_1 \, \eta_2 \, \eta_3$ Teilwirkungsgrade

Beispiele für Wirkungsgrade:

Ottomotor	$\approx 0,27$
Drehstrommotor	$\approx 0,85$
Dampfturbine	$\approx 0,23$
Hobelmaschine	$\approx 0,70$

Drehmoment und Hebel

Drehmoment	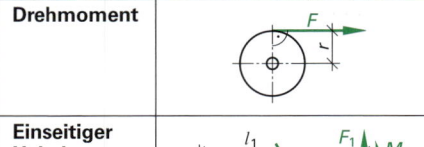	$M = F \cdot r$	M Drehmoment r Hebelarm = rechtwinkliger Abstand zwischen Drehpunkt und Wirkungslinie

Einseitiger Hebel

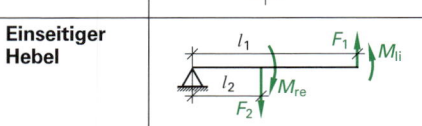

Hebelgesetz:
Ein Hebel befindet sich im Gleichgewicht, wenn die Summe der rechtsdrehenden Momente gleich der Summe der linksdrehenden Momente ist.

Zweiseitiger Hebel

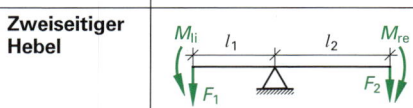

$$\sum M_{li} = \sum M_{re}$$

$\sum M_{li}$ Summe aller links drehenden Momente
$\sum M_{re}$ Summe aller rechtsdrehenden Momente

Winkelhebel

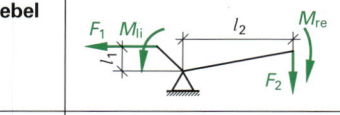

bei 2 wirksamen Kräften gilt:

$$F_1 \cdot l_1 = F_2 \cdot l_2$$

Anzahl der rechts- und linksdrehenden Momente kann beliebig sein.

Auflagerkräfte

Auflager A $\quad F_1 \quad F_2 \quad$ Auflager B

$F_A \qquad F_B$

Ein Auflagerpunkt wird als Drehpunkt angenommen:

$$F_A = \frac{F_1 \cdot l_1 + F_2 \cdot l_2 \dots}{l}$$

$$F_A + F_B = F_1 + F_2 \dots$$

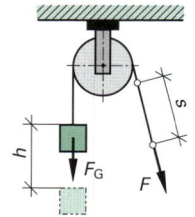

Feste Rolle

$$F = F_G$$

$$s = h$$

Richtung der Kraft wird geändert.

Kräfte an der schiefen Ebene

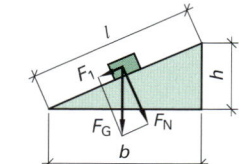

$$F_N = F_G \cdot \frac{b}{h}$$

$$F_1 = F_G \cdot \frac{h}{l}$$

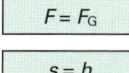

Lose Rolle

$$F = \frac{F_G}{2}$$

$$s = 2 \cdot h$$

Anwendungen:
Schiefe Ebene   **Keil**

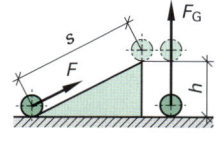 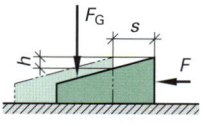

$$F \cdot s = F_G \cdot h$$

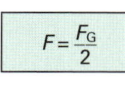

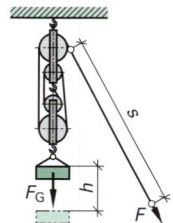

Flaschenzug

$$F = \frac{F_G}{n}$$

$$s = n \cdot h$$

n Anzahl der tragenden Seilstränge (Rollen)

Schraube

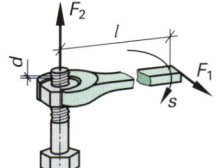

$$F_1 \cdot \pi \cdot 2 \cdot l = F_2 \cdot p$$

$$s = \pi \cdot 2 \cdot l$$

Bei allen Anwendungen gilt: **Was an Kraft gewonnen wird, geht an Weg verloren.**

1.15 Einfache Maschinen und Antriebe

Antriebe und Kraftübertragung

indirekt	direkt
Riemen · Zahnräder · Ketten	Motor überträgt die Drehbewegung direkt auf die Arbeitswelle

Riementriebe

Keilriemen
Normalkeilriemen weitgehend durch leistungsfähigere **Schmalkeilriemen** ersetzt.

Flachriemen
meist Mehrschichtriemen aus Leder-, Kunststoff- und Gewebeschichten

Synchronriemen (Zahnriemen)
formschlüssige Kraftübertragung, schlupflose (synchrone) Übertragung bei kleiner bis mittlerer Leistung

Schmalkeilriemen (DIN 7753)

Riemen-Profil

Keilriemen-scheiben DIN 2211

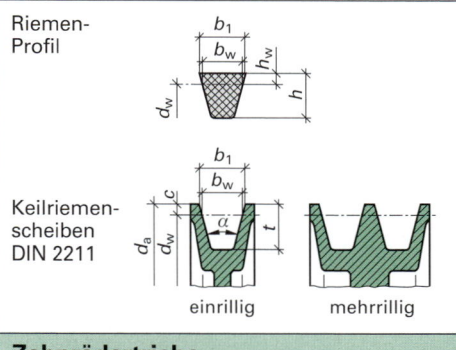

einrillig   mehrrillig

Bezeichnungen	Maße in mm für Schmalkeilriemen, Keilriemenscheiben			
Riemenprofil n. ISO	SPZ	SPA	SPB	SPC
$b_0 = b_1$	9,7	12,7	16,3	22
b_w	8,5	11	14	19
h	8	10	13	18
$h_w = c$	2	2,8	3,5	4,8
t	11	13,8	17,5	23,8
d_w (kleinstmöglich)	63	90	140	224
d_a	$d_w + 2\,c$			
α (abhängig von d_w)	34° bzw. 38°			

Zahnrädertriebe

Zahnräder übertragen Drehmomente formschlüssig und damit schlupflos bei kleinen bis sehr hohen Drehzahlen. Der Achsabstand kann gering sein und wird durch die Größe der Zahnräder begrenzt. Je nach Lage der Achsen unterscheidet man verschiedene **Zahnradarten** (Auswahl):

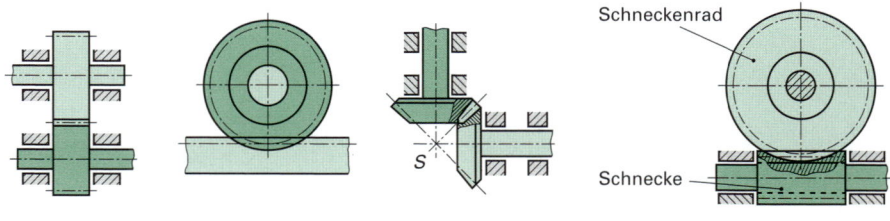

Stirnräder   Stirnrad mit Zahnstange   Kegelräder   Schnecke mit Schneckenrad

Kettentriebe

Ketten übertragen Drehbewegungen formschlüssig und daher schlupflos. Sie dienen zur Kraftübertragung bei großen Achsabständen, haben geringe Reibungsverluste und eine große Laufruhe.

Meist werden Rollenketten verwendet.

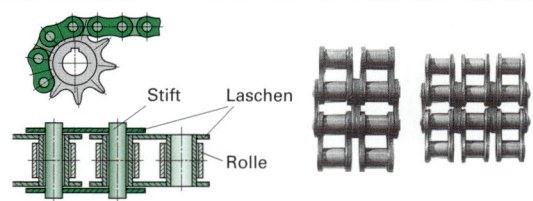

Rollenketten   Mehrfach-Rollenketten

1.15 Einfache Maschinen und Antriebe

Riementriebe

Einfache Übersetzung

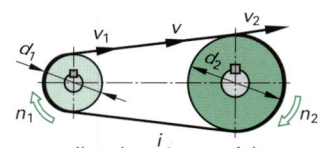

treibend ⟹ getrieben

$$v = v_1 = v_2$$

$$n_1 \cdot d_1 = n_2 \cdot d_2$$

$$i = \frac{n_1}{n_2} = \frac{d_2}{d_1}$$

Doppelte Übersetzung

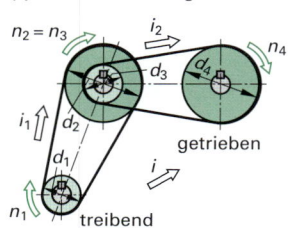

getrieben

treibend

$$i = i_1 \cdot i_2$$

$$i = \frac{n_1 \cdot n_3}{n_2 \cdot n_4} = \frac{d_2 \cdot d_4}{d_1 \cdot d_3}$$

v, v_1, v_2 Umfangs-
           geschwindigkeit

Treibende Scheibe:
n_1, n_3 Drehzahlen
d_1, d_3 Durchmesser

Getriebene Scheibe:
n_2, n_4 Drehzahlen
d_2, d_4 Druckmesser
i Übersetzungsverhältnis
i_1, i_2 Teilübersetzungs-
       verhältnisse

Beispiel:

$n_1 = 2\,800$ min^{-1}, $d_1 = 280$ mm,
$n_2 = 8\,000$ min^{-1}

$$d_2 = \frac{n_1 \cdot d_1}{n_2} = \frac{2\,800 \text{ min}^{-1} \cdot 280 \text{ mm}}{8\,000 \text{ min}^{-1}}$$

$d_2 = 98$ mm; $i = 1 : 2{,}86$

Zahnradtrieb

Einfache Übersetzung

treibend ⟹ getrieben

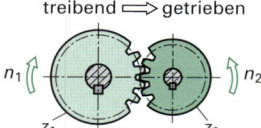

$$n_1 \cdot z_1 = z_2 \cdot d_2$$

$$i = \frac{n_1}{n_2} = \frac{z_2}{z_1}$$

Doppelte Übersetzung

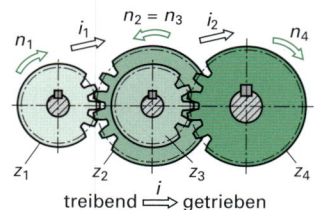

treibend ⟹ getrieben

$$i = i_1 \cdot i_2$$

$$i = \frac{n_1 \cdot n_3}{n_2 \cdot n_4} = \frac{z_2 \cdot z_4}{z_1 \cdot z_3}$$

Treibende Räder:
n_1, n_3 Drehzahlen
z_1, z_3 Zähnezahlen

Getriebene Scheibe:
n_2, n_4 Drehzahlen
z_2, z_4 Zähnezahlen
i Übersetzungsverhältnis
i_1, i_2 Teilübersetzungs-
       verhältnisse

Beispiel:

$i_1 = 3{,}5 : 1$, $z_3 = 24$, $z_4 = 60$

$$i_2 = \frac{z_4}{z_3} = \frac{60}{24} = 2{,}5$$

$$i = i_1 \cdot i_2 = 3{,}5 \cdot 2{,}5 = 8{,}75$$
$$\Rightarrow \quad 8{,}75 : 1$$

Schneckentrieb

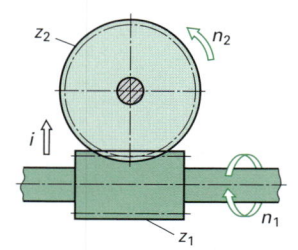

$$n_1 \cdot g = n_2 \cdot z_2$$

$$i = \frac{n_1}{n_2} = \frac{z_2}{g}$$

Schnecke:
g Gangzahl
n_1 Drehzahl

Schneckenrad:
z_2 Zähnezahl
n_2 Drehzahl

i Übersetzungsverhältnis

1.16 Grundlagen der Statik und Festigkeitslehre

Statische Systeme/Elemente der Statik

Statische Systeme stellen idealisierte tragende Konstruktionen dar und dienen zur Berechnung von Auflagerkräften, Schnittkräften und Verfomungen. Mit diesen werden in der Festigkeitslehre die Belastbarkeit (notwenige Querschnitte, zulässige Verformungen) von Bauteilen bestimmt.

Stäbe (Balken, Träger, Stützen) linienförmige Elemente, b und $h \ll l$ 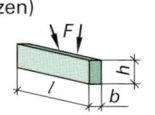 $\ll$ (viel kleiner)	**Scheiben, Platten** – flächenförmige Elemente, $d \ll l$ und h bzw. a und b 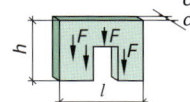 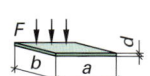
Stabwerke aus Stäben zusammengesetzt, die durch Biegung, Zug und Druck beansprucht werden 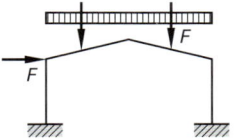	**Fachwerke** ebene Stabwerke, nur durch Normalkräfte beansprucht 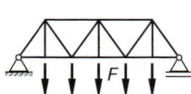

Gleichgewichtsbedingungen

Für die Statik ist das Gleichgewicht eine notwendige Bedingung.

Das **Kräftegleichgewicht** ist erfüllt, wenn die Resultierenden aller an einem Körper angreifenden Kräfte verschwindet.

Zur rechnerischen Ermittlung des Kräftegleichgewichts in der Ebene werden alle an einem Körper angreifenden Kräfte in **Vertikalkomponenten** (Y-Richtung) und **Horizontalkomponenten** (X-Richtung) zerlegt. Verschwindet zusätzlich das resultierende Moment bezüglich eines frei gewählten Drehpunktes, so ist auch das **Momentengleichgewicht** erfüllt.

> **Gleichgewichtsbedingungen**
> $\Sigma V = 0$ oder $\Sigma F_V = 0$
> $\Sigma H = 0$ oder $\Sigma F_H = 0$
> **(Kräftegleichgewicht)**
>
> $\Sigma M = 0$ oder $\Sigma M_D = 0$
> **(Momentengleichgewicht)**
>
> F, F_V — Sammelbezeichnung für Vertikalkräfte
> H, F_H — Sammelbezeichnung für Horizontalkräfte
> M, M_D — Sammelbezeichnung für Momente um einen Drehpunkt D

Aktionskräfte und Reaktionskräfte

Alle von außen auf einen Körper einwirkenden Kräfte heißen **Aktionskräfte** (z. B. **Gewichtskräfte, Lasten** oder **Einwirkungen**).

Reaktionskräfte sind Zwangskräfte, die zu einer Einschränkung der Bewegungsmöglichkeit des Körpers führen. Sie sind Kontaktkräfte an den Auflagerungspunkten des Körpers und heißen auch **Auflagerkräfte** oder **Auflagerreaktionen**.

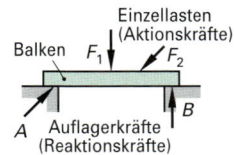

Lagerungsarten und Lagerungssymbole

Es gibt feste, bewegliche und eingespannte Lager, die durch Symbole dargestellt werden.

Lagerungsart und Bewegungsmöglichkeit			
	festes Auflager	bewegliches Auflager	eingespanntes Auflager
Symbol und Auflagerreaktionen	H / V	V	H / M / V

1.16 Grundlagen der Statik und Festigkeitslehre

Belastungsfälle	Auflagerkräfte	Biegemomente	Durchbiegung
Statisch bestimmte Träger			
	$A = q \cdot l$	$M_A = -\dfrac{q \cdot l^2}{2}$	$f = \dfrac{q \cdot l^4}{8\,E \cdot I}$ E Elastizitätsmodul I Flächenmoment 2. Grades
	$A = \dfrac{q \cdot l}{2}$	$M_A = -\dfrac{q \cdot l^2}{6}$	$f = \dfrac{q \cdot l^4}{30\,E \cdot I}$
	$A = F$	$M_A = -F \cdot l$	$f = \dfrac{F \cdot l^3}{3\,E \cdot I}$
	$A = B = \dfrac{q \cdot l}{2}$	$\max M = \dfrac{q \cdot l^2}{8}$ in Feldmitte	$\max f = \dfrac{5\,q \cdot l^4}{384\,E \cdot I}$ $\max f = \dfrac{M \cdot l^2}{9{,}6\,E \cdot I}$
	$A = \dfrac{F}{2}$ $B = \dfrac{F}{2}$ mit $a = b$	$\max M = \dfrac{F \cdot l}{4}$ in Feldmitte	$\max f = \dfrac{1}{48} \cdot \dfrac{F \cdot l^3}{E \cdot I}$ $\max f = \dfrac{1}{12} \cdot \dfrac{M \cdot l^2}{E \cdot I}$
	$A = F(1-\alpha)$ $B = F \cdot \alpha$ mit $\alpha = \dfrac{a}{l}$	$\max M = F \cdot l \cdot \alpha\,(1-\alpha)$ bei $x = a$	$\max f = \dfrac{F \cdot l^3}{27\,E \cdot I} \cdot$ $\cdot\, \alpha \sqrt{3\,(1-\alpha^2)^3}$ für $\alpha \leqq 0{,}5$ bei $x = \dfrac{1}{3}\,l\sqrt{3\,(1-\alpha^2)}$
Statisch unbestimmte Träger (beidseitig eingespannt)			
	$A = B = \dfrac{q \cdot l}{2}$	$M_A = M_B = -\dfrac{q \cdot l^2}{12}$ $\max M = \dfrac{q \cdot l^2}{24}$ in Feldmitte	$\max f = \dfrac{q \cdot l^4}{384\,E \cdot I}$ in Feldmitte
	$A = F(1-\alpha)^2\,(1+2\,\alpha)$ $B = F \cdot \alpha^2\,(3-2\,\alpha)$ mit $\alpha = \dfrac{a}{l}$	$M_A = -F \cdot l \cdot \alpha\,(1-\alpha)^2$ $M_B = -F \cdot l \cdot \alpha^2\,(1-\alpha)$ $M_1 = 2\,F \cdot l \cdot \alpha^2\,(1-\alpha)^2$	$\max f = \dfrac{2\,F \cdot l^3}{3\,E \cdot I} \cdot$ $\cdot\, \dfrac{\alpha^2\,(1-\alpha)^3}{(3-2\,\alpha)^2}$ für $\alpha \leqq 0{,}5$ bei $x = 1/(3-2\,\alpha)$

A,B	Auflagerkräfte	M	Biegemoment in Ncm	q	Streckenlast
f	Durchbiegung	E	Elastizitätsmodul in N/mm²	I	Flächenmoment 2. Grades in cm⁴

1.16 Grundlagen der Statik und Festigkeitslehre

Festigkeitsbegriffe und Beanspruchungsarten

Wirkt eine Kraft auf eine Fläche, so wird der Quotient aus Kraft F pro Flächeneinheit A als **Spannung** bezeichnet, ihre Komponente senkrecht zur Angriffsfläche heißt **Normalspannung** σ, die in der Ebene der Fläche liegende Komponente **Schubspannung** τ.

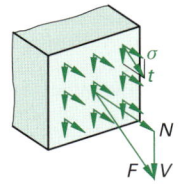

Spannung gleich Kraft durch Fläche	$\sigma = \dfrac{F}{A}$

Einheiten der Spannung
In der Praxis übliche Einheit ist N/mm².

$1\,\text{Pa} = 1\,\dfrac{\text{N}}{\text{m}^2}$	$1\,\dfrac{\text{MN}}{\text{m}^2} = 1\,\dfrac{\text{N}}{\text{mm}^2} = 1\,\text{MPa}$	$1\,\dfrac{\text{kN}}{\text{cm}^2} = 10\,\text{MPa}$

N	Normalkraft
V	Querkraft
σ	Normalspannung
τ	Schubspannung

Beanspruchungsarten

Art	Zug/Druck	Biegung	Schub
	Normalspannungsverteilung σ infolge N	Normalspannung σ infolge M	Spannungsverteilung τ im Trägerquerschnitt infolge V
Spannung	Zug-/Druckspannung $\sigma_{z/d} = N/A$ Druckspannungen sind negativ	Biegespannung $\sigma_b = M_b/W$ M_b Biegemoment W Widerstandsmoment	Schubspannung $\tau = \dfrac{V \cdot S_y}{I_y \cdot b}$ (Allgemeine Formel)
Formänderung E Elastizitätsmodul	Dehnung $\varepsilon = \Delta l/l$ $\sigma = E \cdot \varepsilon$ Hooke'sches Gesetz	Krümmung $\varkappa = l/R$ Biegesteifigkeit $E \cdot I$ $M = E \cdot I \cdot \kappa$	

Knickung von Stäben

Druckstäbe können ab einer bestimmten Last seitlich ausweichen. Diese Last heißt bei elastischen Stäben **Euler'sche Knicklast** F_k und errechnet sich aus der Biegesteifigkeit und der **Knicklänge** l_K.

Knickung	Knickspannung σ_k	Knickfestigkeit σ_{kB}	–	–	$F_{k\,zul} = \dfrac{\pi^2 \cdot E \cdot I}{l_k^2 \cdot \nu}$
	Fall I	Fall II	Fall III	Fall IV	$F_{k\,zul}$ zulässige Knickkraft l_k freie Knicklänge vom Belastungsfall abhängig
	$l_k = 2\,l$	$l_k = l$	$l_k = \dfrac{l}{\sqrt{2}}$	$l_k = \dfrac{l}{2}$	

Festigkeitswerte ausgesuchter Hölzer

Holzart	Werte in N/mm² parallel zur Faser, Holzfeuchtigkeit $u = 10\% \ldots 15\%$				
	Zugfestigkeit	Druckfestigkeit	Biegefestigkeit	Schubfestigkeit	Härte
Ahorn	82	49	95	9	67
Eiche	110	52	95	11,5	69
Esche	130	50	105	13	76
Fichte	80	40	68	7,5	27
Kiefer	100	45	80	10	30
Lärche	105	48	93	9	38
Rotbuche	135	60	120	10	78
Tanne	80	40	68	7,5	34

1.16 Grundlagen der Statik und Festigkeitslehre

Zustandslinien

Schnittgrößen sind von der Lage des Schnittes und damit von der Stabkoordinate x abhängig. Werden die Schnittgrößen getrennt nach **Querkraft, Normalkraft** und **Biegemoment** in das statische System eingetragen, so ergeben sich die **Zustandslinien.**
Positive Schnittgrößen werden auf der Seite der gestrichelten Zone angetragen und bei mehrfarbiger Darstellung durch eine grüne Linie gekennzeichnet. Negative Schnittgrößen werden gegenüberliegend angetragen und durch eine rote Linie gekennzeichnet.
Zur Bestimmung der **Auflagerreaktionen** über **Gleichgewichtsbedingungen** am statischen bestimmten ebenen Stabwerk gilt:

$$\Sigma H = 0 \qquad \Sigma V = 0 \qquad \Sigma M_D = 0 \qquad \text{(D beliebiger Drehpunkt)}$$

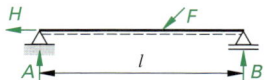
System und Belastung

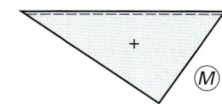
Zustandslinie **M**

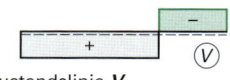
Zustandslinie **V**

Beispiel

Der nebenstehend dargestellte Einfeldträger mit Kragarm ist durch zwei Einzelkräfte belastet. Es sind die Auflagerreaktionen zu berechnen und die Zustandslinien zu zeichnen.
$l = 6\,\text{m}$, $l_k = 2\,\text{m}$, $F_1 = 3\,\text{kN}$, $F_2 = 4\,\text{kN}$.
Mit den Gleichgewichtsbedingungen $\Sigma M_A = 0$, $\Sigma M_B = 0$ und $\Sigma H = 0$ lassen sich die Auflagerreaktionen bestimmen.

$$\Sigma H = 0 = -H_A + F_2 \qquad H_A = F_2 \qquad \boldsymbol{H_A = 4\,\text{kN}}$$

$$\Sigma M_A = 0 = l\,B - (l + l_k)\,F_1 \qquad B = \frac{l + l_k}{l} \cdot F_1$$

$$B = \frac{6\,\text{m} + 2\,\text{m}}{6\,\text{m}}\,3\,\text{kN} \qquad \boldsymbol{B = 4\,\text{kN}}$$

$$\Sigma M_B = 0 = -l\,A - l_k\,F_1 \qquad A = \frac{-l_k}{l}\,F_1$$

$$A = \frac{-2\,\text{m}}{6\,\text{m}}\,3\,\text{kN} \qquad \boldsymbol{A = -1\,\text{kN}}$$

Durch Schneiden und Freimachen lassen sich an dem Teilkörper mit den Gleichgewichtsbedingungen $\Sigma H = 0$, $\Sigma V = 0$ und $\Sigma M_x = 0$ die Schnittgrößen bestimmen.

● Für das **Feld 1** ergibt sich:
$$\Sigma H = 0 = -H_A + N \qquad N = H_A \qquad \boldsymbol{N = 4\,\text{kN}}$$
$$\Sigma V = 0 = -A + V \qquad V = A \qquad \boldsymbol{V = -1\,\text{kN}}$$
$$\Sigma M_x = 0 = -x\,A + M \qquad M = x\,A \qquad \boldsymbol{M = x\,(-1\,\text{kN})}$$

● Für den **Kragarm k** ergibt sich:
$$\Sigma H = 0 = -H_A + N \qquad N = H_A \qquad \boldsymbol{N = 4\,\text{kN}}$$
$$\Sigma V = 0 = -A - B + V \qquad V = A + B \qquad \boldsymbol{V = 3\,\text{kN}}$$
$$\Sigma M_x = 0 = -x\,A - (x - l)\,B + M$$
$$M = -l\,B + x\,(A + B) \qquad \boldsymbol{M = -24\,\text{kN} + x\,(3\,\text{kN})}$$

Der Verlauf der Querkraft und der Normalkraft ist im Feld 1 und im Kragarm jeweils konstant. Das Biegemoment ist jeweils linear veränderlich und hat am Auflager A ($x = 0$) und am Kragarmende ($x = 8\,\text{m}$) den Wert 0 kNm. Über dem Auflager B ($x = 6\,\text{m}$) hat das Biegemoment den Wert:

$$M_B = (6\,\text{m}) \cdot (-1\,\text{kN}) = -24\,\text{kNm} + (6\,\text{m}) \cdot (3\,\text{kN})$$
$$\boldsymbol{M_B = -6\,\text{kNm}}$$

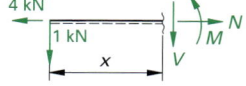
System und Belastung

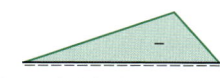
Schnittgrößen im Feld

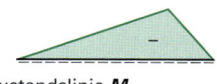
Schnittgrößen am Kragarm

Zustandslinie **M**

Zustandslinie **V**

Zustandslinie **N**

1.16 Grundlagen der Statik und Festigkeitslehre

Einwirkungen auf Tragwerke – DIN 1055-100
Grundlagen der Tragwerksplanung – Sicherheitskonzept – Bemessungsregeln

Die Aufgabe bei der Tragswerksplanung ist es, das Bauwerk unter Berücksichtigung aller Einwirkungen sowie einer vorgegebenen Lebensdauer ausreichend sicher und ökonomisch zu konstruieren. Dieses Ziel soll in den vorliegenden Normen durch ein **Sicherheitskonzept** für das gesamte Bauwesen in Europa erreicht werden.

Durch die neuen Ansätze ist es möglich geworden, sehr ähnliche Nachweisverfahren für alle Baustoffe zu entwickeln sowie eine Vereinheitlichung bei der Verwendung von Formelzeichen zu erreichen.

Bisher wurden bei der Bemessung von Bauteilen die vorhandene Spannung (vorh σ) mit der zulässigen Spannung (zul σ) verglichen. Mit der Einführung der DIN 1055-100 beruht das Bemessungskonzept auf den Nachweis, dass die Grenzzustände nicht überschritten werden. Es werden **Grenzzustände der Tragfähigkeit** (z. B. Tragfähigkeit $\sigma_{t,d}$), **Grenzzustände der Gebrauchstauglichkeit** (z. B. Durchbiegung u_{fin}) und die **Anforderung an die Dauerhaftigkeit** unterschieden.

Grenzzustand der Tragfähigkeit

Zustände, die mit dem Einsturz oder mit ähnlichen Arten des Tragwerksversagen verbunden sind.

Mit dem Nachweis der Tragfähigkeit ist rechnerisch zu zeigen, dass der Verlust des statischen Gleichgewichts, eine übermäßige Verformung und der Bruch des Tragwerks während der definierten Lebensdauer des Bauwerks nicht eintritt.

Es ist nachzuweisen (der Tragwiderstand wird nach baustoffspezifischen Normen festgesetzt).

$$E_d \leq R_d$$

mit E_d als Bemessungswert der Beanspruchung

mit R_d als Bemessungswert des Tragwiderstandes bzw. der Beanspruchbarkeit

Einwirkungskombinationen für die Tragfähigkeit

Ständige und vorübergehende Bemessungssituation (Grundkombination)

$$E_d = \Sigma\,(\gamma_{G,i} \cdot G_{k,i}) \oplus \gamma_p \cdot P_k \oplus \gamma_{Q,j} \cdot Q_{k,j} \oplus \Sigma\,(\gamma_{Q,i} \cdot \Psi_{0,i} \cdot Q_{k,i})$$

γ	Teilsicherheitsbeiwerte
Ψ	Kombinationsbeiwerte
$\oplus$	… in Kombination mit …
dst	instabil
stb	stabil
A	Auflagerkraft

mit G_k wird die Größe der ständigen Einwirkung
mit P_k wird die Größe der Einwirkung der Vorspannung
mit Q_k wird die Größe der veränderlichen Einwirkung benannt

Nicht häufige Bemessungssituation

$$E_d = \Sigma\,(\gamma_{G,i} \cdot G_{k,i}) \oplus \gamma_p \cdot P_k \oplus \Psi_{1,j} \cdot Q_{k,j} \oplus \Sigma\,(\Psi_{2,i} \cdot Q_{k,i}) \oplus \Sigma\,(\gamma_A \cdot Q_{k,i})$$

Teilsicherheitsbeiwerte
Teilsicherheitsbeiwerte der DIN 1055-100
Teilsicherheitsbeiwerte für die Bemessung im Holzbau der DIN 1052

Nachweis-situation	ständige Einwirkung γ_G	veränderliche Einwirkung γ_Q	Vorspannung γ_P	Stahlbeton-fertigteile γ	Verlust der Lagesicherheit γ_G
günstig	1,0	0	1,0	1,15	0,9 (0,95)
ungünstig	1,35	1,5	1,0	1,15	1,1 (1,0)

Kombinationsbeiwerte Ψ_0, Ψ_1 und Ψ_2 Auszug (Beiwerte aus der DIN 1055-100)

Einwirkungen			Ψ_0	Ψ_1	Ψ_2
Kategorie A, B:	Wohnräume, Aufenthaltsräume, Büroräume	Nutzlast $Q_{k,1}$ auf Decken	0,7	0,5	0,3
Kategorie C, D:	Versammlungsräume, Verkaufsräume		0,7	0,7	0,6
Kategorie E:	Lagerräume		1,0	0,9	0,8
Schneelasten $Q_{k,2}$ Orte bis 1000 m ü. NN			0,5	0,2	0
Orte über 1000 m ü. NN			0,7	0,5	0,2
Windlasten $Q_{k,3}$			0,6	0,5	0
Temperatureinwirkungen $Q_{k,4}$			0,6	0,5	0

1.16 Grundlagen der Statik und Festigkeitslehre

Grenzzustand der Gebrauchstauglichkeit

Zustände, bei deren Überschreitung die festgelegten Nutzungsanforderungen nicht mehr erfüllt sind. Mit dem Nachweis der Gebrauchstauglichkeit (z.B. der Durchbiegung) ist rechnerisch zu zeigen, dass Verformungen das Erscheinungsbild oder die beabsichtigte Nutzung des Bauwerkes (z.B. der Geschossdecke) nicht beeinträchtigt.

$$E_d \leq C_d$$ mit C_d wird der Nennwert des Gebrauchstauglichkeitskriteriums benannt. Die entsprechenden Werte werden in den baustoffspezifischen Normen festgesetzt.

Einwirkungskombinationen für die Gebrauchstauglichkeit

Häufige Kombinationen

$$E = \Sigma\, G_{k,i} \oplus P_k \oplus \Psi_{1,i} \cdot Q_{k,j} \oplus \Sigma\, (\Psi_{2,i} \cdot Q_{k,i})$$

Quasi-ständige Kombinationen

$$E = \Sigma\, G_{k,i} \oplus P_k \oplus \Sigma\, (\Psi_{2,i} \cdot Q_{k,i})$$

Seltene Kombinationen

$$E = \Sigma\, G_{k,i} \oplus P_k \oplus Q_{k,j} \oplus \Sigma\, (\Psi_{0,i} \cdot Q_{k,i})$$

Statische Festigkeit

Für den Nachweis der Tragfähigkeit und Gebrauchstauglichkeit eines Bauwerks ist die tragende Konstruktion auf

- **statische Festigkeit** (zulässige Spannungen, Materialversagen),
- **Stabilität** (Knickung, Kippung, Beulung) und
- **Durchbiegung** (allg. Verschiebung, Gebrauchstauglichkeit)

zu untersuchen. Der Nachweis der statischen Festigkeit ist geführt, wenn keine der in den Tragwerksteilen auftretenden Spannungen die zulässigen Spannungen überschreitet. Zulässige Spannungen bzw. Grenzzustände sind durch Normen festgelegt.

Die sich aus den Schnittgrößen und den Querschnittswerten ergebenden Spannungen (vorh σ, vorh τ) werden den vom Baustoff und vom Sicherheitskonzept abhängenden zulässigen Spannungen (zul σ, zul τ) gegenübergestellt. Die Bedingungen lauten:

| vorh $\sigma \leq$ zul σ | vorh $\tau \leq$ zul τ | $S_d/R_d < 1$ |

Spannungen aus Biegung und Normalkraft sind zu überlagern.

$$\sigma = \frac{N}{A} + \frac{M}{I_y} \cdot z \qquad |\sigma| \leq \text{zul. } \sigma$$

für die Faser mit Koordinate z

$$\sigma = \frac{N}{A} \pm \frac{M}{W}$$

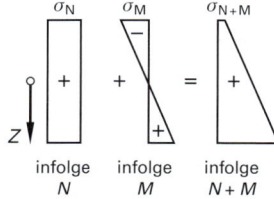

infolge N · infolge M · infolge N + M

Sicherheitskonzept nach DIN 1055-100 / Bemessungskonzept der DIN 1052

Beanspruchung

charakteristischer Wert einer Einwirkung
$q_{G,k}$ $q_{Q,k}$ $F_{G,k}$ $F_{Q,k}$

Teilsicherheits-beiwerte
γ_G γ_Q γ_A

Kombinations-beiwerte
Ψ_0 Ψ_1 Ψ_2

Bemessungswert einer Einwirkung
$q_{G,d}$ $q_{Q,d}$ $F_{G,d}$ $F_{Q,d}$

Bemessungswert einer Beanspruchung
$$E_d = E\left\{ \sum_{j \geq 1} \gamma_G \cdot G_{k,j} \oplus \gamma_{Q,1} \cdot Q_{k,1} + \sum_{i > 1} \gamma_{Q,i} \cdot \psi_{k,i} \cdot Q_{k,i} \right\}$$
oder $$E_d = E\left\{ \sum_{j \geq 1} \gamma_G \cdot G_{k,j} \oplus 1{,}35 \cdot \sum_{i \geq 1} Q_{k,i} \right\}$$

Widerstand

charakteristischer Wert der Baustoffeigenschaft oder des Verbindungsmittels
$f_{m,k}$ $f_{c,0,k}$ $f_{v,k}$ $f_{t,k}$ R_k

Modifikationsfaktor
$k_{mod} = f(E_d)$

Teilsicherheits-beiwert
γ_M

Bemessungswert der Baustoffeigenschaft oder des Verbindungsmittels
$f_{m,d}$ $f_{c,0,d}$ $f_{v,d}$ $f_{t,d}$ R_d
$$f_d = \frac{k_{mod} \cdot f_k}{\gamma_M} \qquad R_d = \frac{k_{mod} \cdot R_k}{\gamma_M}$$

$$E_d \leq R_d$$

1.17 Flüssigkeiten und Gase

Druck

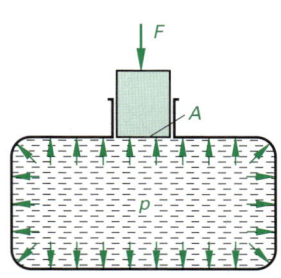

$$p = \frac{F}{A}$$

$1\,\frac{N}{m^2} = 1\,Pa = 10^{-5}\,bar$

$1\,bar = 10\,\frac{N}{cm^2}$

$1\,mbar = 1\,hPa$

p Druck
F Kraft
A Fläche

Beispiel:
$p = 8$ bar, $d = 60$ mm
(Kolben-$\varnothing$)

$$F = p \cdot A = p \cdot \frac{\pi \cdot d^2}{4}$$

$$F = 8\,\frac{N}{cm^2} \cdot \frac{\pi\,(6\;cm)^2}{4} = 226{,}2\;N$$

Hydrostatischer Druck

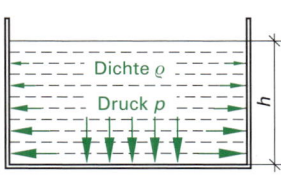

Der Druck in einer Flüssigkeit ist von ihrer Dichte und der Flüssigkeitstiefe abhängig.

$$p = g \cdot \varrho \cdot h$$

$$g = 9{,}81\,m/s^2$$

p Druck ϱ Dichte
g Fallbeschleunigung
h Flüssigkeitstiefe

Beispiel:
Wassertiefe $h = 10$ m

$p = 9{,}81\,\dfrac{m}{s^2} \cdot 1000\,\dfrac{kg}{m^3} \cdot 10\;m$

$p = 98\,100\,\dfrac{N}{m^2} = 0{,}981$ bar

$p \approx 1$ bar

Luftdruck, absoluter Druck, Überdruck

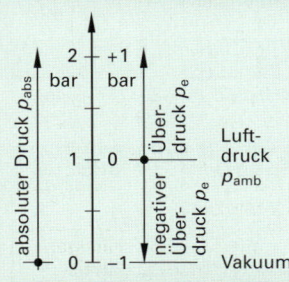

$$p_e = p_{abs} - p_{amb}$$

$p_e +$, wenn $p_{abs} > p_{amb}$

$p_e -$, wenn $p_{abs} < p_{amb}$

$p_{amb} \approx 1$ bar

p_e Überdruck
p_{abs} absoluter Druck
p_{amb} Luftdruck

Beispiel:
Pneumatik-Zylinder mit
$p = 6$ bar

$p_{abs} = p_e + p_{amb} = (6 + 1)$ bar

$p_{abs} = 7$ bar

Zustandsgleichung bei Gasen

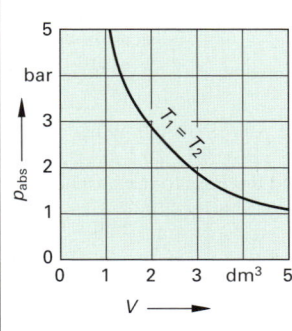

Allgemeine Gasgleichung:

$$\frac{p_1 \cdot V_1}{T_1} = \frac{p_2 \cdot V_2}{T_2}$$

Gesetz von **Boyle-Mariotte:**
(Temperatur konstant)

$$p_1 \cdot V_1 = p_2 \cdot V_2$$

Das Normalvolumen V_n bei Gasen wird bei einem Druck $p_{abs} = 1{,}013$ bar und einer Temperatur $T = 273$ K angegeben.

p_1, p_2 Drücke
V_1, V_2 Volumen
T_1, T_2 absolute Temperaturen

Beispiel:
Verdichter $V_1 = 10$ m³,
$p_1 = 1$ bar, $T_1 = 293$ K
$p_2 = 8$ bar, $T_2 = 433$ K

$$V_2 = \frac{p_1 \cdot V_1 \cdot T_2}{T_1 \cdot p_2}$$

$$V_2 = \frac{1\;bar \cdot 10\;m^3 \cdot 433\;K}{293\;K \cdot 8\;bar}$$

$V_2 = 1{,}847$ m³

1.18 Elektrotechnik

Stromarten

Gleichstrom DC –	Wechselstrom AC ~ (1-Phasen-Wechselstrom)	3-Phasen-Wechselstrom (Drehstrom)
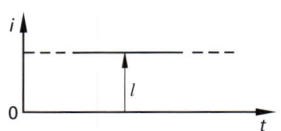	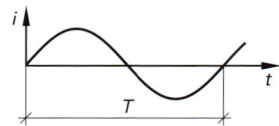	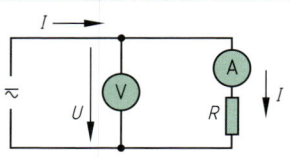
Zeitlich konstanter Strom in einer Richtung	Strom ändert im periodischen Verlauf Stärke und Richtung. $f = 50$ Hz	Drei 1-Phasenwechselströme sind in 3 Leitern 120° zeitlich verschoben.

Ohmsches Gesetz

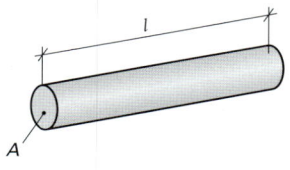

$$I = \frac{U}{R}$$

I Strom in A
U Spannung in V
R Widerstand in Ω

Beispiel: $I = 3{,}5$ A
$\qquad\quad R = 60$ Ω

$U = R \cdot I = 60\ \Omega \cdot 3{,}5\ \text{A} = 210$ V

Leiterwiderstand

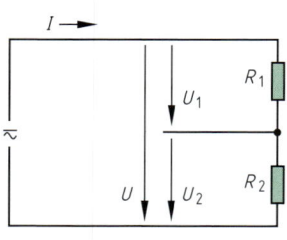

$$R = \frac{\varrho \cdot l}{A}$$

R Widerstand
ϱ spezifischerWiderstand
l Leiterlänge
A Leiterquerschnitt

Spezifischer Widerstand ϱ in
$$\frac{\Omega \cdot \text{mm}^2}{\text{m}}$$
(Werte siehe Kapital 3.9 Seite 181)

Leitfähigkeit $\gamma = \dfrac{1}{\varrho}$ in $\dfrac{\text{m}}{\Omega \cdot \text{mm}^2}$

Reihenschaltung und Parallelschaltung von Widerständen

Reihenschaltung

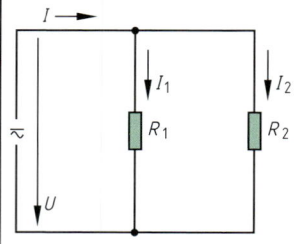

$$R = R_1 + R_2 + \ldots$$
$$U = U_1 + U_2 + \ldots$$
$$\frac{U_1}{U_2} = \frac{R_1}{R_2}$$

R_1, R_2 Einzelwiderstände
U_1, U_2 Teilspannung
I_1, I_2 Teilströme
R Gesamtwiderstand
U Gesamtspannung
I Gesamtstrom

$$I = I_1 + I_2 + \ldots$$
$$\frac{1}{R} = \frac{1}{R_1} + \frac{1}{R_2} + \ldots$$
$$\frac{I_1}{I_2} = \frac{R_2}{R_1}$$

Beispiel: $R_1 = 20\ \Omega$, $R_2 = 40\ \Omega$
$\qquad\qquad U = 220$ V

$R = R_1 + R_2 = 20\ \Omega + 40\ \Omega$
$R = 60$ Ω

$I = \dfrac{U}{R} = \dfrac{220\ \text{V}}{60\ \Omega} = 3{,}67$ A

$U_1 = R_1 \cdot I = 20\ \Omega \cdot 3{,}67$ A
$U_1 = 73{,}4$ V

$U_2 = R_2 \cdot I = 40\ \Omega \cdot 3{,}67$ A
$U_1 = 146{,}6$ V

Parallelschaltung

Beispiel: $R_1 = 20\ \Omega$, $R_2 = 40\ \Omega$
$\qquad\qquad U = 220$ V

$R = \dfrac{R_1 \cdot R_2}{R_1 + R_2} = \dfrac{(20 \cdot 40)\Omega^2}{(20 + 40)\ \Omega^2}$

$R = 13{,}33$ Ω

$I = \dfrac{U}{R} = \dfrac{220\ \text{V}}{13{,}33\ \Omega} = 16{,}5$ A

$I_1 = \dfrac{U}{R_1} = \dfrac{220\ \text{V}}{20\ \text{V}} = 11$ A

$I_2 = I - I_2 = 16{,}5\ \text{A} - 11\ \text{A} = 5{,}5$ A

1.18 Elektrotechnik

Elektrische Leistung

Gleichstrom und
Wechselstrom
(Ohmsche Verbraucher)

$$P = U \cdot I$$

$$P = I^2 \cdot R$$

$$P = \frac{U^2}{R}$$

Beispiel: $U = 230$ V
$I = 4$ A

$P = U \cdot I = 230$ V $\cdot 4$ A $= 920$ W

**Wechselstrom und
Drehstrom**

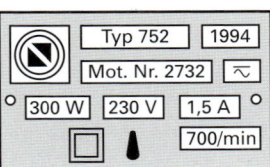

Wechselstrom

$$P = U \cdot I \cdot \cos \varphi$$

Drehstrom

$$P = \sqrt{3} \cdot U \cdot I \cdot \cos \varphi$$

$\cos \varphi$ Leistungsfaktor (<1)
$\sqrt{3}$ Verkettungsfaktor

Beispiel: Wechselstrommotor
$U = 230$ V, $I = 4$ A
$\cos \varphi = 0{,}85$

$P = U \cdot I \cdot \cos \varphi$
$P = 230$ V $\cdot 4$ A $\cdot 0{,}85 = 782$ W

Beispiel: Drehstrommotor
$U = 400$ V, $I = 5{,}5$ A
$\cos \varphi = 0{,}87$

$P = \sqrt{3} \cdot U \cdot I \cdot \cos \varphi$

$P = \sqrt{3} \cdot 400$ V $\cdot 5{,}5$ A $\cdot 0{,}87$

$P = 3{,}315$ kW

Elektrische Arbeit

Zähler

$$W = P \cdot t$$

1 Wh = 3 600 Ws
1 kWh = 3 600 000 Ws

Beispiel: $P = 4$ kW, $t = 30$ min

$W = P \cdot t = 4$ kW $\cdot 0{,}5$ h

$W = 2$ kWh

Stern-Dreieckschaltung (3-Phasen-Wechselstrom)

Sternschaltung Y

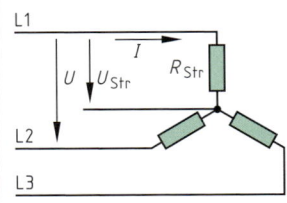

L1
L2
L3

Dreieckschaltung Δ

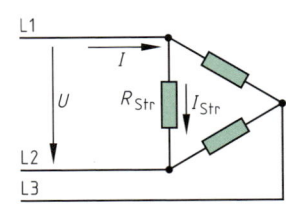

L1
L2
L3

Sternschaltung

$$U = \sqrt{3} \cdot U_{Str}$$

Dreieckschaltung

$$I = \sqrt{3} \cdot I_{Str}$$

$$P_Y : P_\Delta = 1 : 3$$

Netzform (gebräuchlich) und Spannungen

TN-S-Netz

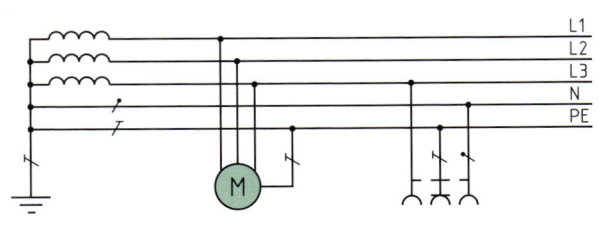

L1
L2
L3
N
PE

Bedeutung:

T Direkte Erdung mindestens
   eines Punktes im Netz

N Neutralleiter irgendwo
   mit dem Schutzleiter
   verbunden

S N und PE im betreffenden
   Teil des Netzes getrennt

Nennspannung (DIN IEC 38):
230/400 V

Schaltzeichen für Installationspläne
(Auswahl nach DIN 40900)

Symbol	Bezeichnung	Symbol	Bezeichnung
▭ m	Leitung auf Putz	ᕁ	Ausschalter, einpolig
▭ m	Leitung im Putz	ᕁ	Gruppen-schalter
▭ m	Leitung unter Putz	ᕁ	Serienschalter
○	Leitung in Rohr	ᕁ	Wechsel-schalter
▬··▬	Fernsprech-leitung	◎	Taster
▬···▬	Rundfunk-leitung	ᕁ	Dimmer
⟋	Leitung nach oben	⟟	Einfachsteckdose mit Schutzkontakt
⟋	Leitung nach unten	⟟ 3	Mehrfachsteck-dose, z.B. 3 Dosen
○	Dose, allgemein	⟟ 3/N/P	Schutzkontaktsteck-dose für Drehstrom
⊡	Drehstrom-Haus-anschlusskasten	⟶✕	Leuchtenauslass, allgemein
⊥⊥⊥⊥	Verteilung	5×20W ⊢—⊣	Leuchtenband, z.B. mit 5 Lampen
⊟	Zählertafel	⊣E	Elektrogerät, allgemein

Installationszonen
(Auszug nach DIN 18015)

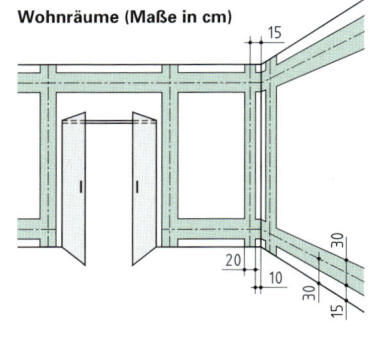

Wohnräume (Maße in cm)

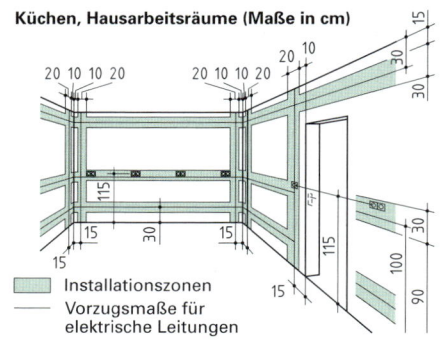

Küchen, Hausarbeitsräume (Maße in cm)

▬ Installationszonen
— Vorzugsmaße für elektrische Leitungen

Sonderinstallation

Anwendung	Betriebsmittel	Bemerkungen
Rahmenkonstruk-tionen aus Holz und Holzwerkstoffen,	Kleinverteiler Verbindungs- und Gerätedosen	VDE 0606 oder Umhüllung mit 12 mm Silikat-Asbest oder Umhüllung mit 100 mm Glas- oder Steinwolle
z.B. Trennwände	Installationsgeräte	Einbau in Dosen, nicht nur Krallenbefestigung
Betriebsmittel ragen in Hohlräume	Kabel und Leitungen	Umhüllung aus flammwidrigem Kunststoff, Steg-leitung nicht zulässig, Entlastung von Zug und Schub

Kurzzeichen an elektrischen Betriebsmitteln

	„Geprüfte Sicherheit" Sicherheitszeichen zum Maschinenschutzgesetz
	VDE-Prüfzeichen
	Schutzklasse I: Schutzmaßnahme mit Schutzleiter Schutzklasse II: Schutzisolierung
	Schutzklasse III: Schutzkleinspannung

CEE-Steckvorrichtung (gebräuchlich)

Spannung 50 V … 750 V

Nennströme 16 A, 32 A, 63 A, 125 A

Lage des Schutzkontaktes nach Stellung des Stundenzeigers, z.B. 6 h, je nach Spannung und Frequenz

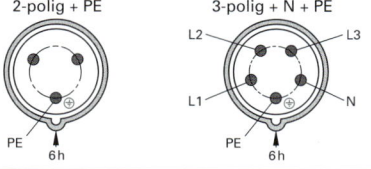

2-polig + PE   3-polig + N + PE

1.18 Elektrotechnik

Fehlerarten an Elektroanlagen

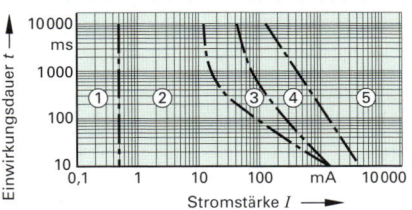

Kurzschluss, Körperschluss, Erdschluss

Physiologische Wirkungen

Gleichstrom ist nicht so gefährlich wie Wechselstrom
1 Nicht wahrnehmbar
2 keine schädlichen Wirkungen
3 Noch kein Herzkammerflimmern
4 Mögliches und
5 wahrscheinliches Herzkammerflimmern

Schutzmaßnahmen (nur die wichtigsten Maßnahmen)

Berührungsart	Maßnahmen	Bemerkungen
Direkt	Isolierung aktiver Teile Abstand, Abdeckung usw.	Berühren spannungsführender Teile wird verhindert. Speisung aus besonderen Stromquellen mit maximaler Spannung AC 25V oder DC 60V.
Indirekt	Basisisolierung, zusätzlich **Schutzkleinspannung**	wie bei direktem Berühren, aber AC 50V und DC 120V Schutzklasse III
	Basisisolierung und **Schutzisolierung**	zusätzliche Isolierung zur Basisisolierung Schutzklasse II
	Basisisolierung und **Schutzleiter**	Leitfähige Körper müssen an einen Schutzleiter angeschlossen werden, im Fehlerfall muss Anlage in vorgeschriebener Zeit abgeschaltet werden Schutzklasse I
Zusätzlich	**Fehlerstrom-**Schutzeinrichtung	Ergänzung von Maßnahmen gegen direktes Berühren, als alleinige Maßnahme nicht zulässig

Beispiele für Schutzmaßnahmen

TN-S-Netz (siehe Seite 49)

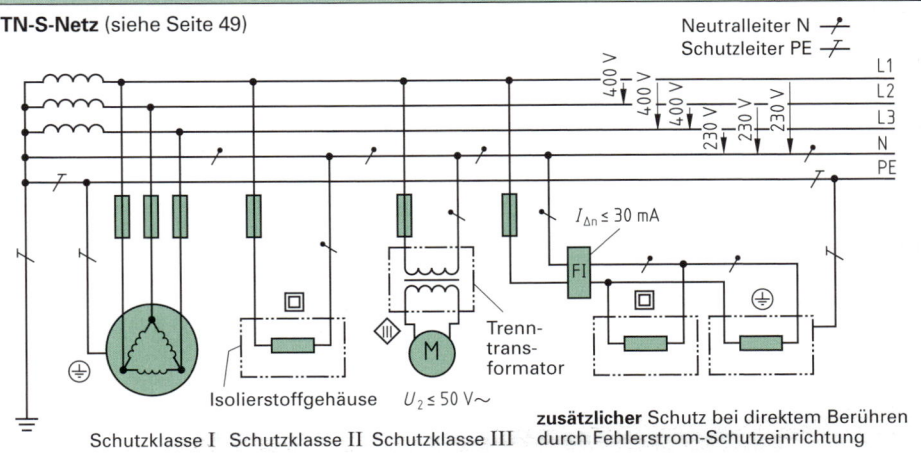

Neutralleiter N
Schutzleiter PE

$I_{\Delta n} \leq 30$ mA

Trenn-transformator

Isolierstoffgehäuse $U_2 \leq 50$ V~

Schutzklasse I Schutzklasse II Schutzklasse III

zusätzlicher Schutz bei direktem Berühren durch Fehlerstrom-Schutzeinrichtung

1.18 Elektrotechnik

Ausbildungsberuf Fachkraft für Küchen-, Möbel- und Umzugsservice

Geräteanschlussdose

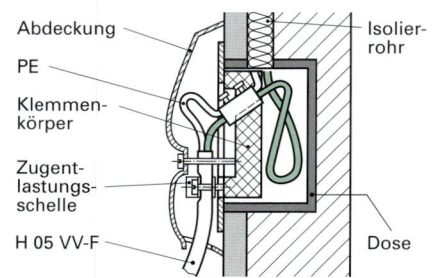

Abdeckung
PE
Klemmen-körper
Zugent-lastungs-schelle
H 05 VV-F
Isolier-rohr
Dose

Geräteanschlussdose
(DIN 49440-5 und 49073-1)

● Geräteanschluss über flexible Kabel für orts-veränderliche Verbraucher (z.B. Elektroherde)

● Leitungen müssen eine Zugentlastung haben

● Adern nicht verlöten, Aderendhülsen verwenden

● Querschnitt nach DIN VDE 0100 bei Absiche-rung ≥ 16 A 2,5 mm² Cu.

Anschlüsse eines Elektroherdes

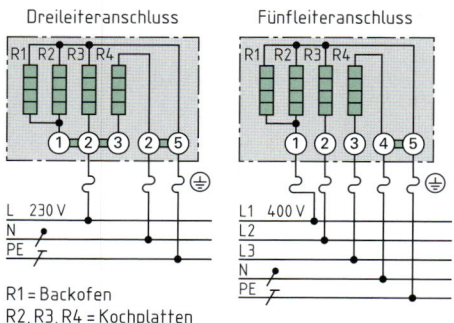

Dreileiteranschluss
Fünfleiteranschluss

R1 R2 R3 R4
① ② ③ ② ⑤
L 230 V
N
PE

R1 R2 R3 R4
① ② ③ ④ ⑤
L1 400 V
L2
L3
N
PE

R1 = Backofen
R2, R3, R4 = Kochplatten

Aderfarben

für Leitungen und Kabel nach DIN VDE 0293
Für den Schutzleiter PE und den PEN-Leiter ist die Aderfarbe Grüngelb vorgeschrieben.

Aderzahl	Mit Schutzleiter	Ohne Schutzleiter
2	— —	BU BN
3	GN YE BU BN	BU BN BK
		BN BK GY
4	GN YE BU BN BK	BU BN BK GY
	GN YE — BN BK GY	— — — —
5	GN YE BU BN BK GY	BU BN BK GY BK

In Drehstromkreisen werden für die drei Außen-leiter L1, L2 und L3 die Adern Schwarz, Braun und Grau empfohlen.

Sicherheit elektrischer Anlagen

Für die Sicherheit elektrischer Anlagen und Betriebsmittel sind das VDE-Vorschriftenwerk und die Unfallverhütungsvorschriften der Berufsgenossenschaften BGV zu beachten.

Erstprüfungen: – Elektrische Anlagen DIN VDE 0100, Teil 610

Instandsetzung, Änderung: – Elektrische Geräte DIN VDE 0701, Teil 1

Wiederholungsprüfungen: – Elektrische Geräte DIN VDE 0702, Teil 1

Prüfungen sind durch eine Elektrofachkraft durchzuführen.

DIN VDE 0100, Teil 610

Besichtigen umfasst die Feststellung der normgerechten Errichtung bei abgeschalteter Anlage

z. B. Prüfen auf Sicherheitsanforderungen; Vorhandensein von Abdeckungen, Umhüllungen usw.; Ordnungsgemäße Leiterverbindungen

Erproben und Messen, ob Funktion erfüllt und Schutzmaßnahmen wirksam sind

z. B. Messen des Isolationswiderstandes; Messen der Schleifenimpedanz und Berechnen des Kurzschlussstromes; Prüfung der Fehlerstromschutzschaltung

1.19 Chemische Grundlagen

Chemische Grundbegriffe

Begriff	Erläuterung
Atom	Kleinstes, chemisch nicht weiter zerlegbares Teilchen eines Elements
Wertigkeit	• Zahl der Elektronen, die ein Atom beim Verbinden mit anderen Atomen aufnehmen oder abgeben kann. • Zahl der Wasserstoffatome, die ein Atom binden oder ersetzen kann.
Äquivalentgewicht	Das Äquivalentgewicht eines Stoffes wird als Molgewicht geteilt durch Wertigkeit definiert.
Element (Grundstoff)	Stoff, der sich chemisch nicht mehr zerlegen lässt. Es gibt 92 natürliche und 13 durch Atomumwandlung künstlich hergestellte Elemente.
Chemie	Die Chemie befasst sich mit der Synthese oder mit der Analyse von Stoffen und deren veränderbaren Eigenschaften.
Chemische Verbindung	Aus verschiedenen Elementen aufgebauter Stoff, der andere Eigenschaften als seine Elemente hat.
Molekül	Aus mehreren Atomen aufgebaute kleinste Einheit einer chemischen Verbindung oder Atomgruppe.
Makromolekül	Sehr große Moleküle, die aus vielen Monomeren aufgebaut sind.
Synthese	Herstellung (Aufbau) einer chemischen Verbindung
Analyse	Zerlegung einer chemischen Verbindung (auch Feststellen ihrer Zusammensetzung)
Oxidation	• Verbinden eines Stoffes mit Sauerstoff • Elektronenabgabe eines Atoms oder Ions
Reduktion	• Sauerstoffentzug • Elektronenaufnahme eines Atoms oder Ions
Gemenge	Mischung beliebiger Stoffe in beliebigen Mengenverhältnissen
Dispersion	Gemenge, bei denen die Stoffe im Lösungsmittel nicht gelöst, sondern nur verteilt sind.
Lösung	Eine Flüssigkeit, in der ein oder mehrer Stoffe in feinster Verteilung als Einzelmoleküle vorhanden sind.
Legierung	Erstarrte Lösungen von Metallen, die im geschmolzenen Zustand ineinander gelöst werden.
Säure	Verbindungen, die positive Wasserstoffionen abspeichern können.
Base (Lauge)	Verbindungen, die in Lösung Hydroxidionen bilden können. Lauge ist die Lösung einer Base in Wasser.
Salz	Verbindungen, die positive Metallionen oder NH_4-Ionen und negative Säurerest-Ionen enthalten.
pH-Wert	Der Wert gibt an, wie stark eine Lösung sauer oder basisch ist. Destilliertes Wasser hat einen pH-Wert = 7 (neutral).

1.19 Chemische Grundlagen

DAS PERIODENSYSTEM DER ELEMENTE (PSE)

Das Periodensystem gibt Auskunft über die Wertigkeit, über die relative Atommasse und über den Aufbau der Atome.

Erklärung:

Ordnungszahl = Protonenanzahl und Elektronenanzahl	
Bezeichnung des Elementes	
Wertigkeit	
Symbol des Elementes	
Relative Atommasse	

26 — Eisen — II, III — **Fe** — 55, 847
103 — Lawrencium — Lr

Periodenzahl = Anzahl der Elektronenschalen
Gruppennummer = Elektronenanzahl auf der Außenschale
Hohlschrift = künstlich hergestelltes Element

Edelmetalle

Hauptgruppen — Nebengruppen — Hauptgruppen

Perioden 1.–7.

Hauptgruppen I

1 Wasserstoff	**H** 1,00797
3 Lithium	**Li** 6,941
11 Natrium	**Na** 22,9898
19 Kalium	**K** 39,10
37 Rubidium	**Rb** 85,47
55 Cäsium	**Cs** 132,905
87 Francium	**Fr** (223)

Hauptgruppen II

4 Beryllium	**Be** 9,0122
12 Magnesium	**Mg** 24,312
20 Calcium	**Ca** 40,08
38 Strontium	**Sr** 87,62
56 Barium	**Ba** 137,34
88 Radium	**Ra** (226)

Nebengruppen

III a
- 21 Scandium III **Sc** 44,96
- 39 Yttrium III **Y** 88,905
- 57 Lanthan III **La** 138,91
- 89 Actinium III **Ac** (227)

IV a
- 22 Titan IV, III **Ti** 47,90
- 40 Zirkonium IV **Zr** 91,22
- 72 Hafnium IV **Hf** 178,49
- 104 Kurtschatovium Ku (261)

V a
- 23 Vanadium V, IV, II **V** 50,942
- 41 Niob V, III **Nb** 92,906
- 73 Tantal V **Ta** 180,948
- 105 Hahnium Ha (262)

VI a
- 24 Chrom VI, III, II **Cr** 51,996
- 42 Molybdän VI, V, IV, III, II **Mo** 95,94
- 74 Wolfram VI, V, IV, III, II **W** 183,85

VII a
- 25 Mangan II, III, IV, VI, VII **Mn** 54,938
- 43 Technetium VII Tc (98)
- 75 Rhenium VII, VI, IV, II, –I **Re** 186,2

VIII a
- 26 Eisen II, III, VI **Fe** 55,847
- 27 Cobalt II, III **Co** 58,933
- 28 Nickel II, III **Ni** 58,71
- 44 Ruthenium II, III, IV, VI, VIII **Ru** 101,07
- 45 Rhodium III **Rh** 102,905
- 46 Palladium II, IV **Pd** 106,4
- 76 Osmium II, III, IV, VI, VIII **Os** 190,2
- 77 Iridium IV, III, II, VI **Ir** 192,2
- 78 Platin II, IV **Pt** 195,09

I a
- 29 Kupfer II, I **Cu** 63,54
- 47 Silber III, I **Ag** 107,87
- 79 Gold III, I **Au** 196,967

II a
- 30 Zink II **Zn** 65,37
- 48 Cadmium II **Cd** 112,40
- 80 Quecksilber II, I **Hg** 200,59

Hauptgruppen III
- 5 Bor III **B** 10,81
- 13 Aluminium III **Al** 26,9815
- 31 Gallium III, II **Ga** 69,72
- 49 Indium III, I **In** 114,82
- 81 Thallium I, III **Tl** 204,37

IV
- 6 Kohlenstoff ± IV, II **C** 12,0115
- 14 Silicium IV, II **Si** 28,086
- 32 Germanium IV, II **Ge** 72,59
- 50 Zinn IV, II **Sn** 118,69
- 82 Blei IV, II **Pb** 207,19

V
- 7 Stickstoff ± III, IV, V, II **N** 14,0067
- 15 Phosphor ± III, V **P** 30,9738
- 33 Arsen III, V **As** 74,922
- 51 Antimon III, V **Sb** 121,75
- 83 Bismut III, V **Bi** 208,98

VI
- 8 Sauerstoff –II **O** 15,9994
- 16 Schwefel ± II, IV, VI **S** 32,064
- 34 Selen IV, II, VI **Se** 78,96
- 52 Tellur IV, VI **Te** 127,6
- 84 Polonium II, IV **Po** (210)

VII
- 9 Fluor –I **F** 18,9984
- 17 Chlor ± I, IV, VII **Cl** 35,453
- 35 Brom I, V **Br** 79,909
- 53 Iod I, III, V, VII **I** 126,9
- 85 Astat I, III, V **At** (210)

VIII
- 2 Helium 0 **He** 4,0026
- 10 Neon 0 **Ne** 20,183
- 18 Argon 0 **Ar** 39,948
- 36 Krypton 0, II **Kr** 83,80
- 54 Xenon II **Xe** 131,3
- 86 Radon 0 **Rn** (222)

Lanthaniden-Elemente
- 58 Cer III, IV **Ce** 140,12
- 59 Praseodym III **Pr** 140,907
- 60 Neodym III **Nd** 144,24
- 61 Promethium III Pm 145
- 62 Samarium III, II **Sm** 150,35
- 63 Europium III, II **Eu** 151,96
- 64 Gadolinium III **Gd** 157,25
- 65 Terbium III, IV **Tb** 158,924
- 66 Dysprosium III **Dy** 162,50
- 67 Holmium III **Ho** 164,93
- 68 Erbium III **Er** 167,26
- 69 Thulium III, II **Tm** 168,93
- 70 Ytterbium III, II **Yb** 173,04
- 71 Lutetium III **Lu** 174,970

Actiniden-Elemente
- 90 Thorium IV **Th** 232,04
- 91 Protactinium V, IV **Pa** (231)
- 92 Uran VI, V, IV, III **U** 238,03
- 93 Neptunium VI, V, IV, III Np 237
- 94 Plutonium IV, VI, V, III Pu 244
- 95 Americium III, IV, V, VI Am (243)
- 96 Curium III Cm (247)
- 97 Berkelium III, IV Bk (247)
- 98 Californium III Cf (251)
- 99 Einsteinium III Es (252)
- 100 Fermium III Fm (257)
- 101 Mendelevium III Md (258)
- 102 Nobelium No (260)
- 103 Lawrencium Lr (260)

1.19 Chemische Grundlagen

Atomaufbau chemischer Elemente

Atombestandteile		
Proton	Kernbaustein mit der Masse von $1,6725 \cdot 10^{-24}$ g und positiver elementarer Ladung	
Neutron	Kernbaustein mit der Masse von $1,6748 \cdot 10^{-24}$ g und ohne elektrische Ladung	
Elektron	Teilchen der Atomhülle mit der Ruhemasse von $9,1089 \cdot 10^{-28}$ g und negativer Elementarladung	
Atommassenzahl	= Anzahl der Protonen + Neutronen	
Protonenzahl	= Ordnungszahl im Periodensystem	

Rutherford-Bohrsches Atommodell

Beispiel: Aluminium

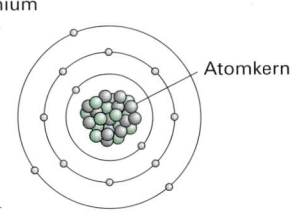

Elektronen-hülle

Atomkern

Symbol:
Protonenzahl ——— 13
Atommassenzahl ——— 27 **Al** chemisches Zeichen

Elemente (Auswahl nach Reihenfolge der Ordnungszahl)

Wasserstoff	H	farbloses, geruchloses Gas	Kalium	K	weiches, leicht brennbares Metall
Kohlenstoff	C	fest: Diamant, Graphit, Ruß	Calcium	Ca	weiches Metall, wasserlöslich
Stickstoff	N	farbloses, geruchloses Gas	Titan	Ti	sehr hartes Leichtmetall
Sauerstoff	O	farbloses, geruchloses Gas	Chrom	Cr	korrosions-beständiges Metall
Fluor	F	gelbes, sehr giftiges Gas			
Natrium	Na	weiches, leicht brennbares Metall	Eisen (Ferum)	Fe	sprödes Schwermetall, magnetisch
Magnesium	Mg	leicht brennbares Metall	Nickel	Ni	Schwermetall, korrosionsbeständig
Aluminium	Al	leichtes, zähfestes Leichtmetall			
			Kupfer	Cu	hellrotes Metall, guter Leiter
Silicium	Si	fester, schwer brennbarer Stoff	Zink	Zn	bläulich-weißes Metall
Phosphor	P	fester, giftiger Stoff, brennbar	Silber	Ag	Edelmetall, höchste Leitfähigkeit
			Zinn	Sn	silberweißes Metall
Schwefel	S	fester, gelber Stoff	Gold	Au	weiches, rotgelbes Metall
Chlor	Cl	grünes, stechend riechendes Gas	Blei	Pb	schweres Weißmetall

Chemische Bindungen

Elektronenpaarbindungen	Ionenbindung	Metallbindung
Nichtmetall + Nichtmetall	Metall + Nichtmetall	Metall + Metall
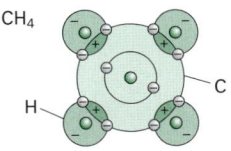	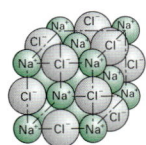	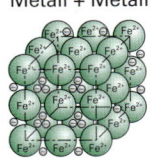
Die Bindungspartner sind auf ihrer Außenschale nicht voll mit Elektronen besetzt. Durch Überlagerung von gemeinsamen Elektronen findet ein Ausgleich und damit eine Bindung statt.	Durch Abgabe bzw. Aufnahme von Elektronen entstehen Ionen. Durch die entgegengesetzten Ladungen zwischen den Ionen bilden sich Anziehungskräfte in allen Richtungen und damit Kristalle.	Metalle haben im festen Zustand frei bewegliche Elektronen (Elektronengas). Die Metallbindung beruht auf der Anziehung zwischen den positiven Atomrümpfen und dem Elektronengas. Es bilden sich Kristalle.

1.19 Chemische Grundlagen

Organische Verbindungen (Übersicht)

Gruppen-Name	Typische Atomanordnung/ Funktionsgruppe		Beispiele
Alkane	$C-C$	Einfachbindung	Ethan, Methan, Propan, Butan, Pentan; Halogenalkane: Trichlormethan, Tetrachlormethan, Trichlorethen
Alkene	$C=C$	Doppelbindung	Ethen, Propen, Buten, Butadien
Alkine	$C\equiv C$	Dreifachbindung	Ethin (Acetylen), Butin, Propin
Aromate	⬡	Benzolring	Benzol, Naphthalin, Toluol, Styrol, Phenol
Alkohole	$-OH$	Hydroxyl-gruppe	Methanol, Ethanol, Propanol, Butanol, Pentanol Spiritus (Ethanol und Zusätze)
Aldehyde	$-C{\scriptsize{\nwarrow_H^O}}$	Aldehyd-gruppe	Methanal (Formaldehyd), Ethanal
Ketone	$-\overset{\mid}{\underset{\parallel O}{C}}-$	Carbonyl-gruppe	Aceton, Butanon, Cyclohexanon
Ester	$-C{\scriptsize{\nwarrow_{O-}^{O}}}$	Ester-gruppe	Ethansäuremethylester, Butensäuremethylester, Butansäureethylester
Ether	$-O-$		Diethylether, Methyl- und Butylglykol
Amine	$-NH_2$	Aminogruppe	Harnstoff, Anilin

Makromolekulare Verbindungen

Makromoleküle werden aus **Monomeren** (einzelne Moleküle) mit verschiedenen Reaktionsmechanismen verknüpft. Da diese Stoffe aus vielen Einzelmolekülen aufgebaut sind, nennt man sie **Polymere**.

Polymerisation

Ungesättigte Monomere werden unter Aufhebung der Doppelbindung zu fadenförmigen Makromolekülen – Polymerisate – verknüpft. Beispiel: Bildung von Polyethen (Polyethylen)

Ethen   Ethen   Ethen   Polyethen (Polyethylen)

Polykondensation

Verschiedenartige Grundmoleküle verbinden sich unter Abspaltung eines niedermolekularen Stoffes, z.B. Wasser, zu Makromolekülen – Polykondensate – Beispiel: Bildung von Polyester

Terephtalsäure
(Benzol-1,4-dicarbonsäure)   Ethandiol   Polyester   Wasser

Polyaddition

Fadenförmige oder räumlich vernetzte Makromoleküle – Polyaddukte – entstehen aus gleichen oder verschiedenen Monomeren ohne Abspaltung von Nebenprodukten. Beispiel: Bildung von Polyurethan

Diol   Diisocyanat   Polyurethan

1.19 Chemische Grundlagen

Oxide (Auswahl)

Bezeichnung	Formel	Bemerkung
Wasser	H_2O	Verbreitetste chemische Verbindung in der Natur
Wasserstoffperoxid	H_2O_2	fast farblose, leicht bläuliche Flüssigkeit, große Neigung sich zu zersetzten, konzentriertes H_2O_2 explosionsgefährlich, Lösungen als Bleichmittel
Kohlenstoffmonoxid	CO	farbloses, geruchloses und sehr giftiges Gas, brennbar
Kohlenstoffdioxid	CO_2	farbloses, geruchloses und ungiftiges Gas, unbrennbar, 1,5-mal schwerer als Luft, zu hoher Anteil in der Luft verhindert Atmung
Eisenoxid	Fe_2O_3	Vorkommen als Rost (rotbraune Substanz) und als Eisenerz (Roteisenstein)

Chemie des Wassers

In der Natur vorkommendes Wasser ist kein chemisch reines Wasser H_2O, sondern enthält eine Reihe von Inhaltsstoffen.

Chemisch reines Wasser hat eine Dichte (bei 4 °C) von $\varrho = 1\ g/cm^3$ und ist eine farblose, geschmack- und geruchlose Flüssigkeit.

Gesamthärte

Härtebereich	
weich	... **1,5 mmol/l**
mittel	**1,5 mmol/l ... 2,5 mmol/l**
hart	**2,5 mmol/l ... 3,8 mmol/l**
sehr hart	**3,8 mmol/l**

Die früher gültige Härteeinheit Deutscher Härtegrad (°dH) ist nicht mehr zulässig.
1 °dH = 0,179 mol/l

Inhaltsstoffe von Grundwasser und Oberflächenwasser

Suspendierte und kolloide Stoffe (Schwebstoffe)	Sande, Tone, Silikate Humusstoffe, Algen, Bakterien, Viren
Molekular gelöste Stoffe:	
Nichtelektrolyte	Kieselsäure, Huminstoffe CO_2, O_2, N_2
Kationen (positiv geladen)	Na^+, Mg^{2+}, Ca^{2+}, K^+, Fe^{2+}, Mn^{2+}
Anionen (negativ geladen)	HCO_3^-, CO_3^{2-}, NO_3^-, SO_4^{2-}, HPO_4^{2-}

pH-Wert | Indikation: Neutrales Lackmuspapier färbt sich durch Säure rot und durch Lauge blau.

Der pH-Wert (potentia Hydrogenii) ist ein Maß für die Stärke einer Lauge oder Säure. Er gibt die Konzentration der H^+-Ionen in einer Lösung an. In einer neutralen Lösung (pH = 7) ist die Menge der H^+-Ionen und HO^--Ionen gleich.

Art der Lösung	zunehmend sauer						neutral	zunehmend basisch						
ph-Wert	0	1	2	3	4	5	6	7	8	9	10	11	12	13	14
Konzentration H^+ in g/l	10^0	10^{-1}	10^{-2}	10^{-3}	10^{-4}	10^{-5}	10^{-6}	10^{-7}	10^{-8}	10^{-9}	10^{-10}	10^{-11}	10^{-12}	10^{-13}	10^{-14}
	starke Säure				schwache			Wasser	schwache			Lauge			starke

Äquivalentmasse (Aquivalentgewicht)

Die Wasserhärte ist im Wesentlichen von den Ionen der einwertigen Elemente Natrium (Na) und Kalium (K) sowie der zweiwertigen Elemente Magnesium (Mg) und Calcium (Ca) abhängig. Um diese Tatsache qualitativ zu berücksichtigen, bedient man sich der **Äquivalentmasse**, ausgedrückt in **val** oder **eq**.

Definition	Molarität	Wertigkeit	Beispiel
Molmasse/ Wertigkeit	1 Mol	einwertig	Na+ = 1 Mol/1 = 1 eq (1 val)
	1 Mol	zweiwertig	Ca++ = 1 Mol/2 = 0,5 eq (0,5 val)

1.19 Chemische Grundlagen

Säuren sind wässrige Lösungen, die Wasserstoffionen und Säurerestionen enthalten. Sie enstehen bei Lösungen von Nichtmetalloxiden und Halogenwasserstoffen in Wasser. Die Stärke einer Säure ist durch die Konzentration der Wasserstoffionen in der Lösung bestimmt (siehe Tabelle Seite 57).

Säuren in der Holztechnik		Eigenschaft und Verwendung
Essigsäure	CH_3COOH	leicht flüchtig, zum Neutralisieren von Laugenrückständen im Holz, verdünnt zum Entfernen von Kaseinleim-Durchschlägen
Gerbsäure		aus pflanzlichen Stoffen – Tannin, Pyrogallol, Brenzkatechin, Katechu – in manchen Hölzern (EI, NB) enthalten
Kleesäure		(Sauerkleesalz KHC_2O_4) giftig, zum Bleichen von Eiche, Entfernen von Glutinleim-Durchschlägen
Kohlensäure	H_2CO_3	entsteht durch Lösen von CO_2-Gas in Wasser (Luftfeuchte), sehr schwache Säure, Entfernen von Glutinleim-Durchschlägen
Oxalsäure	$(COOH)_2$	sehr giftig, in Kristallform im Handel, Bleichmittel für gerbstoffhaltige Hölzer
Salzsäure	HCl	giftig, ätzend, farblos, verdünnt zum Neutralisieren von Laugenrückständen, verdünnte und eisenfreie Säure zum Fleckentfernen, Bleichen von harzreichen Holzarten
Schwefelsäure	H_2SO_4	starke Säure, wasserklare, ölige, schwere Flüssigkeit, stark ätzend und greift die meisten Metalle an
Zitronensäure	$C_6H_8O_7$	ungiftig, Bleichen von gerbstoffhaltigen Hölzern

Laugen sind wässrige Lösungen der Metallhydroxide. Die Stärke einer Lauge ist durch den Gehalt einer Lösung an Hydroxid-Ionen bestimmt. **Basen** sind eingedampfte Laugen, also Feststoffe.

Laugen in der Holztechnik		Eigenschaft und Verwendung
Kalklauge	$Ca(OH)_2$	schwach, gibt auf gerbstoffhaltigen Hölzern dunkle Flecken
Kalilauge	KOH	(Ätzkali), gleicht in ihren Eigenschaften der Natronlauge
Natronlauge	NaOH	(Ätznatron), starke Lauge, zum Laugen von Eichenholz, greift die meisten Metalle und Glas an
Salmiakgeist	NH_4OH	(Ammoniakwasser), schwache Lauge, zum Räuchern von Eichenholz, Zusatz beim Bleichen

Salze bestehen aus Metallionen und einem Säurestion. Sie entstehen durch:
- Neutralisation von einer Säure mit einer Lauge
- Verbindungen von Metall mit Säurerest
- Einwirkung einer Säure auf ein Metall oder Metalloxid
- Reaktion verschiedener Salze

In Wasser gelöste Salze bilden bei der Verdunstung Kristalle, die bei Feuchtigkeitsaufnahme ihr Volumen vergrößern. Diese Volumenvergrößerung kann in Baustoffen zu Rißbildung oder Absprengungen führen. Salzhaltige Feuchtigkeit kann an den Außenflächen von Mauerwerken durch Verdunsten des Wassers zu Ausblühungen führen. Das auskristallisierte Salz bildet einen weißen bzw. grauen, flächigen Niederschlag.

Salze	Beispiele	Salze	Beispiele
Carbonate	Calciumcarbonat $CaCO_3$ (Kalkstein), Kaliumcarbonat K_2CO_3 (Pottasche) und Natriumcarbonat Na_2CO_3 (Soda) für Nachbeizen	Nitrate	Kaliumnitrat KNO_3 (Salpeterdünger), Silbernitrat $AgNO_3$
		Phosphate	Calciumphosphat $Ca_3(PO_4)_2$
Chloride	Calciumchlorid $CaCl_2$, Natriumchlorid NaCl (Kochsalz)	Silikate	Aluminiumsilikat $Al_2(SiO_2)_3$
		Sulfate	Kupfersulfat $CuSO_4$ (Kupfervitriol) für Nachbeizen, Calciumsulfat $CaSO_4$ (Gips)
Chromate	Kaliumchromat K_2CrO_4 und Kaliumbichromat $K_2Cr_2O_7$ für Nachbeizen		
		Sulfite	Natriumsulfit Na_2SO_3
Fluoride	Calciumfluorid CaF_2 (Flussspat)		

1.20 Wärmetechnik

Wärme und Temperatur

Wärme ist eine Energieform – Bewegungsenergie der Moleküle
Einheit: 1 J (Joule) = 1 Ws = 1 Nm

Temperatur ist der Wärmezustand eines Körpers

Temperaturskalen:

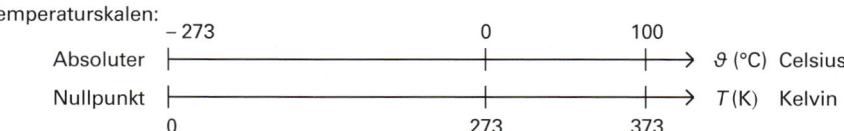

Umrechnung: $T = 273\ K + \vartheta$

Temperaturunterschiede werden in Kelvin angegeben, z.B. $\Delta\vartheta = \vartheta_1 - \vartheta_2 = 45\,°C - 20\,°C = 25\ K$

Normaltemperatur: $\vartheta_n = 0\,°C$; $T_n = 273{,}15\ K$ Normaldruck: $p_n = 1013\ hPa = 1{,}013\ bar$

Flammpunkt ist die Temperatur eines Stoffes, bei der er brennbare Gase entwickelt

Kritische Temperatur ist die Temperatur, oberhalb der sich ein Gas auch bei Drucksteigerung nicht mehr verflüssigen lässt

Wärmemengen

bei Temperaturänderung	beim Schmelzen und Verdampfen	durch Verbrennung
Wärmemenge $$Q = c \cdot m \cdot \Delta\vartheta$$	Schmelz- und Verdampfungswärme $$Q = q \cdot m$$ $$Q = r \cdot m$$	Verbrennungswärme $$Q = H \cdot m$$ $$Q = H \cdot V$$
c spezifische Wärmekapazität in kJ/kg · K	q, r spezifische Schmelzwärme bzw. Verdampfungswärme in kJ/kg	H spezifischer Heizwert in MJ/kg oder MJ/m³ bei Gasen

Stoffwerte von c in kJ/kg · K	Stoffwerte (Auswahl in kJ/kg):		Stoffwerte (Auswahl von H in MJ/kg):	
		q	r	
Holz (lufttrocken) 2,1 … 2,9	Eis	332		Holz 15 MJ/kg … 17 MJ/kg
Heizöl 2,07	Aluminium	356		Steinkohle 30 MJ/kg … 34 MJ/kg
▶ Kapitel 3.9 Umwelt- und Arbeitsschutz	Stahl	205		Heizöl 40 MJ/kg … 43 MJ/kg
	Wasser		2256	Benzin 43 MJ/kg
	Benzin		419	Erdgas 34 MJ/m³ … 36 MJ/m³
	Spiritus 95%		854	Acetylen 57 MJ/m³

Längenänderung durch Wärme

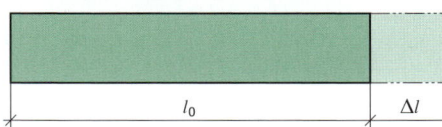

l_0 Δl

Längenausdehnung und Spannungsermittlung

$$\Delta l = l_0 \cdot \alpha_T \cdot \Delta\vartheta$$

$$\frac{\Delta l}{l_0} = \frac{\sigma}{E}$$

$$\text{vorh } \sigma = \frac{\Delta l}{l_0} \cdot E$$

Δl Längenänderung
l_0 Ausgangslänge
α_T Temperaturdehnzahl
$\Delta\vartheta$ Temperaturdifferenz
σ Spannung (Druck, Zug)
E Elastizitätsmodul

Bauteile oder Baukörper dehnen sich infolge einer Temperaturerhöhung aus und ziehen sich bei Abkühlung zusammen

Beispiel: Längenausdehnung

Der Flügel eines Holzfensters wird außen mit Aluminiumprofilen verkleidet. Das Aluminiumprofil hat eine max. Länge von 2450 mm. Welche Längenänderung tritt ein, wenn das Profil bei einer Einbautemperatur von 13 °C im Winter auf –38 °C abkühlt?

Längenänderung (Schrumpfung):

Δl_w = 2450 mm · 0,024 mm/mK · (13 °C – (–38 °C))

= 2450 mm · 0,024 mm/mK · (51 °C)

= 3,00 mm (Schrumpfung)

1.21 Grundlagen der Akustik

Schalltechnische Begriffe

Begriff	Erklärung		
Schall	Mechanische Schwingungen, die durch einen schwingungsfähigen Körper erzeugt werden und sich in festen Körpern, Flüssigkeiten und Gasen ausbreiten.		
Frequenz f	Anzahl der Schwingungen pro Sekunde, Einheit 1/s = 1 Hz (Hertz) Die Tonhöhe ist frequenzabhängig – hohe Frequenz $\cong$ hoher Ton.		
	Hörbereiche		
	Infraschall 0 Hz ... 16 Hz	Normalschall 16 Hz ... 16 kHz	Ultraschall > 16 kHz
Wellenlänge λ	Eine Schallschwingung, Wellenlänge λ = Ausbreitungsgeschwindigkeit/Frequenz λ = c/f in m		
Ausbreitungs-geschwindigkeit c	Auch Schallgeschwindigkeit; ist in verschiedenen Medien unterschiedlich, z.B. in Hartholz 3400 m/s, Glas 5200 m/s, Stahl 5000 m/s, Wasser 1450 m/s, Luft 340 m/s		
Schallart Ausbreitung	**Luftschall** durch schwingende Luftmoleküle	**Körperschall** in festen Körpern	**Trittschall** beim Begehen einer Decke bzw. Fußboden
Geräusch Lärm	Schall, der sich aus veschiedenen Tönen zusammensetzt. Störendes und belästigendes Geräusch		

Schalldruck, Schallpegel

Der **Schalldruck p** ist ein durch Schwingungen erzeugter Wechseldruck, der sich dem atmosphärischen Druck der Luft überlagert.
Einheit: 1 N/m² = 10 µbar
Der **Schallpegel** ist ein Maß für die Schallintensität. Die Bezugsgröße ist die Hörschwelle des menschlichen Ohres von $p_0 = 2 \cdot 10^{-5}$ N/m² ($2 \cdot 10^{-4}$ µbar) bei einer Frequenz f von 1000 Hz.

Einheit: Dezibel (dB)

$$L = 20 \lg \frac{p}{p_0}$$

Erklärung: Ein Schallpegel von z.B. 50 dB bedeutet, dass die Schallstärke das 316-fache des Schalldrucks ist, der eine Hörempfindung hervorruft. Eine Pegelzunahme von $\approx$ 10 dB bewirkt eine Verdopplung der subjektiven Lautstärke.

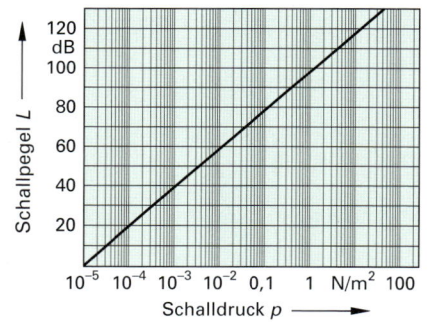

Schalldruckpegel L in Abhängigkeit vom Schalldruck

Die **Lautstärke** ist eine subjektive Größe und berücksichtigt die Eigenart des menschlichen Ohrs, die Töne in ihrer Intensität frequenzabhängig zu empfinden. **Einheit: phon**
Die genaue Messung der Lautstärke ist schwierig, daher werden Geräusche durch den **bewerteten Schallpegel (A-Schallpegel)** in **dB(A)** festgelegt. Der Schallpegel muss nach der A-Bewertungskurve (DIN 45633) korrigiert werden.

dB (A)	Schallpegelgrenzwerte/Geräusche
0 ... 6	Hörschwelle
35	obere zulässige Grenze der Nachtgeräusche in Wohngebieten/leises Sprechen
45	obere zulässige Grenze der Taggeräusche in Wohngebieten/übliche Unterhaltung
65	Beginn der Schädigung des vegetativen Nervensystems/laute Straße
90	Beginn von Gehörschäden/Kreissäge
120	Schmerzschwelle/Motorflugzeug (3 m)

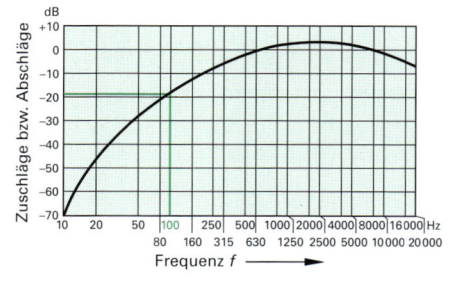

Bewertungskurve A für den bewerteten Schallpegel

Beispiel:

Schallpegel 70 dB, Frequenz 100 Hz
Korrekturwert 19 dB (aus Kurve)

A-Schallpegel: (70 – 19) dB = 51 dB(A)

2 Holz und Holzwerkstoffe

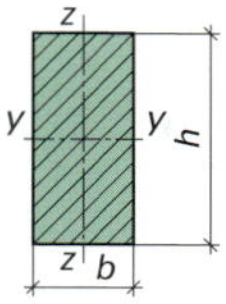

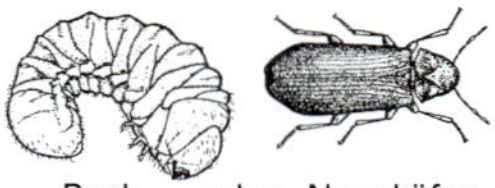

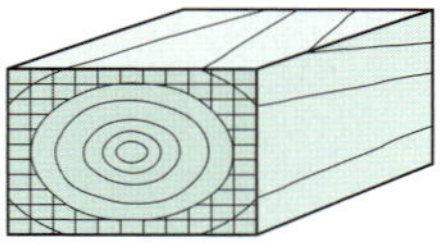

Inhaltsverzeichnis

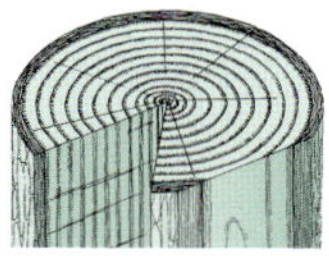

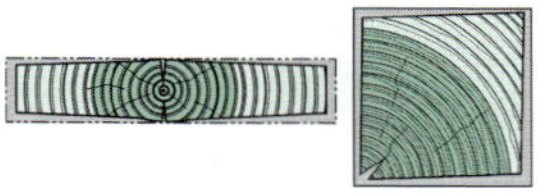

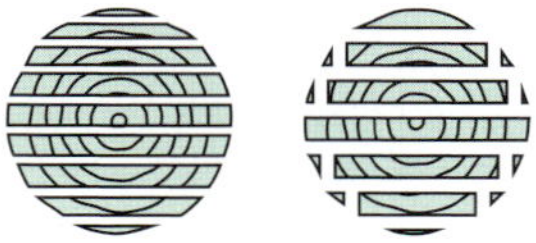

Poch-   oder   Nagekäfer

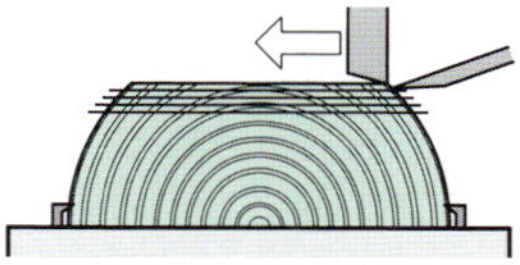

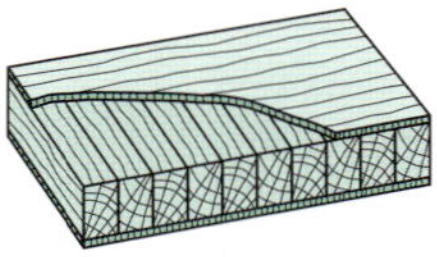

2

Firmenverzeichnis

Bundesforschungsanstalt für
Forst- und Holzwirtschaft
Leuschnerstraße
21031 Hamburg
Telefon: 040 73962-0
email: bfafh@holz.uni-hamburg.de

Universität Hamburg
Ordinariat für Holzbiologie
Leuschnerstraße
21031 Hamburg
Telefon: 040 73962-423
www.holzwirtschaft.org

Überwachungsgemeinschaft
Konstruktionsvollholz aus deutscher
Produktion e.V.
Bahnstraße 4
65051 Wiesbaden
Telefon: 0611 97706-0
email: info@kvh.de

Bundesverband Holz und Kunststoff
Littenstraße 10
10179 Berlin
Telefon: 030 308823-0
email: schreiner@tischler.org

Iwotech Ltd.
Jyllandvey 9
DK-7330 Brande
Telefon: 0045 97 1810-80
email: iwt@iwt.dk
www.iwt.dk

Universität Göttingen
Fakultät Ressourcenmanagement HAWK
Bürgerweg 1A
37077 Göttingen
Telefon: 0551 5032-0
www.hawk-hhg.de

Glunz AG
Postfach 1355 · 49716 Meppen
Telefon: 05931 405-0
www.glunz.de

Moralt Tischlerplatten GmbH & Co. KG
Lenggrieser Straße 52
83646 Bad Tölz

Verlag und Autoren danken den genannten Firmen und Institutionen für die Unterstützung der aktuellen und praxisnahen Gestaltung des Tabellenbuches.

Literatur und Normen

Peschel, Peter u.a.,Tabellenbuch Bautechnik, Europa-Lehrmittel, Auflage 2010
Lohmann, Ulf; u.a., Holzlexikon,DRW-Verlag, 4. Auflage 2003
Wileitner/Schwab; Holz-Außenverwendung im Hochbau, Verlagsanstalt Alexander Koch, 1981
Niemz, Peter; Physik des Holzes und der Holzwerkstoffe, DRW-Verlag, 1993
Forst-HKS; Handelsklassen für Rohholz, 1969; Ergänzungen durch die jeweiligen Bundesländer
TG; Tegernseer Gebräuche, 1985; Gebräuche im inländischen Handel mit Rundholz, Schnittholz
DIN 1052; 12/2008; Entwurf, Berechnung und Bemessung von Holzbauwerken
DIN 4070; 1958; Nadelholz; Querschnittsmaße und statische Werte für Schnittholz
DIN 4074-1, 5; 12/2008; Sortierung von Holz nach der Tragfähigkeit, Nadel- und Laubschnittholz
DIN 4076; 1985; Benennungen und Kurzzeichen auf dem Holzgebiet, Holzarten
DIN 18355; 2006; VOB Vergabe- und Vertragsordnung für Bauleistungen, Tischlerarbeiten
DIN 68364; 2003; Kennwerte von Holzarten – Rohdichte, Elastizitätsmodul und Festigkeiten
DIN 68283; 1991; Parkett-Rohfriesen aus Eiche und Rotbuche
DIN EN 300; 2006-09; Platten aus langen ausgerichteten Spänen (OSB)
DIN EN 309; 2005-04; Spanplattem – Definition und Klassifizierung
DIN EN 313-1; 1996-05; Sperrholz – Klassifizierung und Terminologie
DIN EN 316; 1999-12; Holzfaserplatten – Definition, Klassifizierung und Kurzzeichen
DIN EN 335; 2006; Dauerhaftigkeit von Holz und Holzprodukten
DIN EN 338; 2003; Bauholz für tragende Zwecke, Festigkeitsklassen
DIN EN 460; 1994; Dauerhaftigkeit von Holz und Holzprodukten, Gefährdungsklassen
DIN EN 622-2, 3, 5; 2004; Faserplatten, Anforderungen an harte Platten
DIN EN 636; 2003; Sperrholz, Anforderungen
DIN EN 844; 1995-1997; Rund- und Schnittholz, Begriffe
DIN EN 942; 1996; Holz in Tischlerarbeiten, Allgemeine Sortierung nach der Holzqualität
DIN EN 1313-1, 2; 1999, Rund- und Schnittholz, Nadelschnittholz und Laubschnittholz
DIN EN 1316-1; 1997; Laub-Rundholz, Qualitäts-Sortierung, Eiche und Buche
DIN EN 13329; 2006; Laminatböden, Elemente mit einer Deckschicht
DIN EN 13986; 2005-03; Holzwerkstoffe zur Verwendung im Bauwesen
DIN EN 14220; 12/2007; Holz und Holzwerkstoffe für Außenfenster, -türen und -zargen
DIN EN 14221; 01/2007; Holz und Holzwerkstoffe für Innenfenster, -türen und -zargen
DIN EN 14755; 2006-01; Strangpressplatten – Anforderungen
DIN EN 14519; 2006; Innen- und Außenbekleidungen aus massivem Nadelholz, Profilholz
DIN 68705-2; 2003-10; Sperrholz – Stab- und Stäbchensperrholz für allgemeine Zwecke

2 Holz und Holzwerkstoffe

2.1 Aufbau und Schnitte

Chemische Zusammensetzung des Holzes

Holz ist ein natürlicher, gewachsener Werkstoff. Es ist grundsätzlich inhomogen, weil es aus unterschiedlichen Zellarten aufgebaut ist. Der Werkstoff ist ausgesprochen anisotrop, da er in Faserrichtung völlig andere Eigenschaften besitzt, als quer zur Faser. Auch zwischen der Radial- und der Tangentialrichtung weichen die Eigenschaften voneinander ab.

```
                              ┌─────────┐
                              │  Holz   │
                              └─────────┘
Hauptbestandteile                              Nebenbestandteile
```

Lignin	Holzcellulose		primäre Bestandteile	sekundäre Bestandteile

			primäre Bestandteile	sekundäre Bestandteile
Cellulose	Holzpolyosen		• Fette • Stärke • Zucker	• Kernholzstoffe • Mineralstoffe • Gerbstoffe • Farbstoffe • Harze • ätherische Öle • Alkaloide • Kautschuk

Hexosane	Pentosane
• Mannan • Glucan • Galactan	• Xylan • Araban

Aufbau und Schnittrichtungen des Holzes

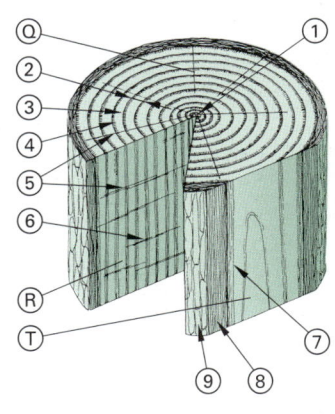

Markröhre	①	für den Baum ohne Bedeutung
Jahrring Frühholz Spätholz	② ③ ④	Zuwachszone einer Vegetationsperiode Beginn der Holzbildung im April Ende der Holzbildung im September
Holzstrahl Primär- holzstrahl Sekundär- holzstrahl	 ⑤ ⑥	Speicherzellen beginnen an der Markröhre oder weiter im Radius und enden im Bereich des Bastes (Parenchymzellen)
Kambium	⑦	Wachstumszone, Bereich der Zellbildung
Bast	⑧	Innenrinde
Rinde	⑨	Außenrinde
Querschnitt	Ⓠ	Hirnschnitt, senkrecht zur Stammachse
Radial- schnitt	Ⓡ	Spiegelschnitt, parallel zur Stammachse, in Richtung der Holzstrahlen
Tangential- schnitt	Ⓣ	Flader- oder Sehnenschnitt, parallel zur Stammachse, quer zu den Holzstrahlen

Mikroskopischer Aufbau des Holzes

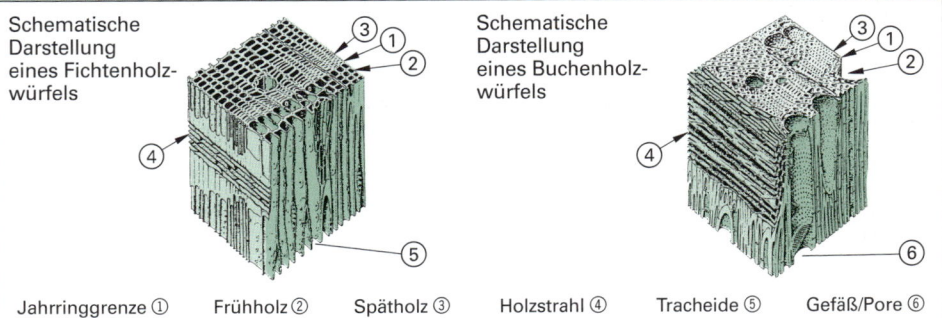

Schematische Darstellung eines Fichtenholzwürfels

Schematische Darstellung eines Buchenholzwürfels

Jahrringgrenze ①   Frühholz ②   Spätholz ③   Holzstrahl ④   Tracheide ⑤   Gefäß/Pore ⑥

2.1 Aufbau und Schnitte

Merkmale zur Holzartenbestimmung

Eine eindeutige Beschreibung ist auf Grund seiner vielen verschiedenen Standorte nur schwer möglich. Die makroskopische Beschreibung kann daher nur von allgemeiner Art sein. Das aufgeführte Bestimmungsraster entspricht dem in den holzbe- und holzverarbeiteten Betrieben üblichen Verfahren aus Erfahrung und Vergleich. Es entspricht nicht dem wissenschaftlichen Bestimmungsverfahren.

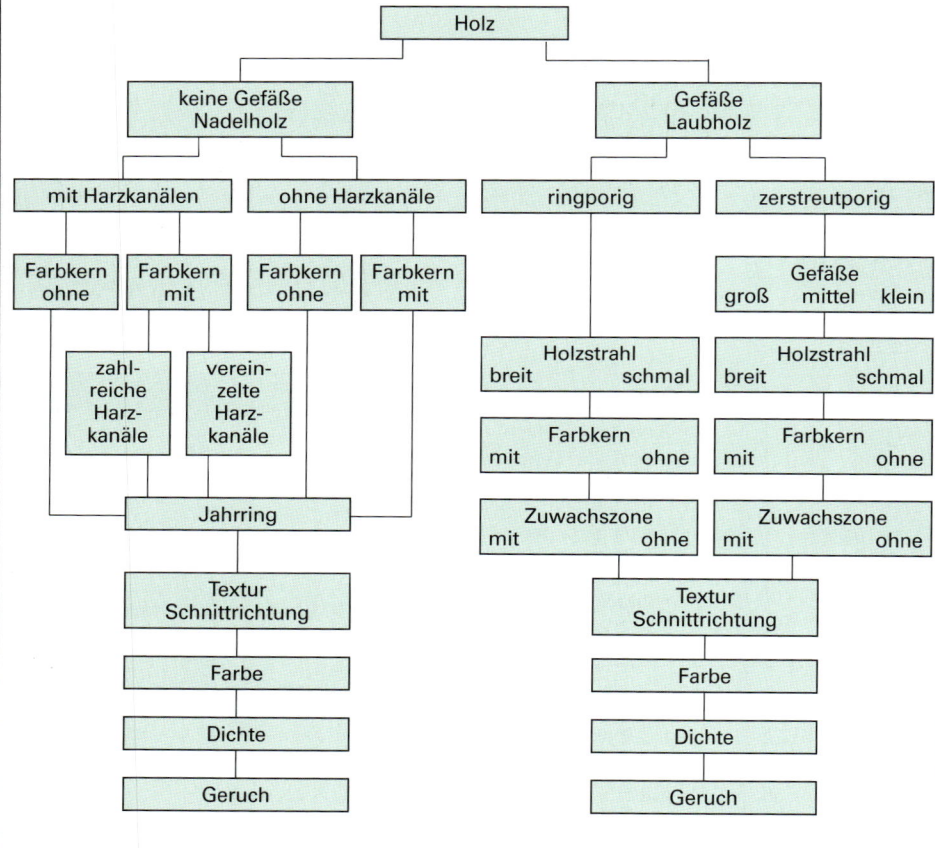

Bestimmungskriterien (Auswahl)

Farbkern	Mit der Verkernung werden die Holzzellen mit Ablagerungsstoffen gefüllt. Die damit einher gehende Farbveränderung beginnt an der Markröhre und schreitet mit der Verkernung nach außen fort. Das übrige Holz ist das Splintholz. Kernholzbaum: Kern- und Splintholz sind deutlich abgegrenzt Splintholzbaum: Holz mit gleicher Farbe und Festigkeit Reifholzbaum: verkernter Innenbereich ohne Farbunterschied
Textur	Zeichnung des Holzes bestimmt durch die Schnittrichtung, Jahrring, allgemeiner oder baumtypischer Faserverlauf wie Drehwuchs, Wechseldrehwuchs
Dichte	Masse des Holzes bezogen auf sein Volumen
Geruch	Nach der Bearbeitung bei einigen Hölzern typischer Geruch durch eingelagerte Inhaltsstoffe wie Harze, Öle usw.

2.2 Holzarten

2.2.1 Nadelholz

Die Holzarten werden nach ihrer botanischen Gattung in Nadel- oder Laubholz unterschieden.

Ein weiteres Unterscheidungsmerkmal ist die Herkunft wie europäische oder außereuropäische Hölzer.

Nadelholz gehört zur Gruppe der nacktsamigen Pflanzen, mit einem verhältnismäßig einfachen und regelmäßigen Aufbau.

Nadelholz (Auswahl)

Holzart Kurzzeichen	Merkmale und Eigenschaften	Verwendung
1 Holzart Kurzzeichen 2 Botanischer Name 3 weitere Namen 4 Verbreitung 5 kultiviert	Merkmale und Eigenschaften K: Kernholz S: Splintholz G: Gefäße H: Holzstrahl	Verwendung

1 DOUGLASIE DGA
2 Pseudotsuga
  menzieslie Franco
3 Douglas fir, Oregon Pine
4 Nordamerika
5 Europa
	K: rötlichbraun, nachdunkelnd
	S: weiß – gelblich
	H: feine, helle Linien, unregelmäßig
	  Harzkanäle
	  gut zu bearbeiten
	  Hautreizungen
		Bau- und Konstruktionsholz
		für innen und außen,
		Parkett, Wand- und
		Deckenverkleidung

1 FICHTE FI
2 Picea abies (L.) Karst.
3 –
4 Europa
5 –
	Reif- und Splintholz ohne farblichen
	Unterschied
	S: gelblich – weiß
	H: unregelmäßg, sehr feine Linien
	  Harzkanäle im Spätholz deutlich
	  gut zu bearbeiten
		Bau- und Konstruktionsholz
		für innen und außen,
		Dachstuhl, Dielen, Unter-
		konstruktion, Klangholz
		für Musikinstrumente

1 HEMLOCK HEM
2 Tsuga heterophylla Sarg.
3 Western Hemlock
4 Nordamerika,
5 Großbritannien
	Kern- und Splintholz nicht zu
	unterscheiden
	S: hell bräunlichgrau
	  keine Harzkanäle, Harzarm
	  gut zu bearbeiten
		wenig beanspruchte
		Konstruktion, Fenster,
		Profilbretter

1 KIEFER KI
2 Pinus sylvestrris L.
3 Föhre
4 Europa
5 –
	K: rötlich weiß, stark nachdunkelnd
	S: gelblichweiß – rötlichweiß
	H: sehr fein, unregelmäßig
	  Harzkanäle sehr zahlreich; Haut-
	  reizungen; sehr gut zu bearbeiten
		Bau- und Konstruktionsholz
		für innen,
		Möbel, Dielen,
		Furniere, Furnierplatten

1 KIEFER, WEYMOUT-
  KIW
2 Pinus strobus L.
3 Strobe
4 östliches Nordamerika
5 Europa
	K: hell rötlich – rötlichbraun
	S: weiß gelblich – rötlich
	H: sehr fein, unregelmäßig
	  Harzkanäle zahlreich
	  sehr gut zu bearbeiten
		Konstruktionsholz für innen,
		Modellholz mit gutem Steh-
		vermögen

1 LÄRCHE LA
2 Larix decidua Mill.
3 –
4 Europa, Japan
5 –
	K: rötlichbraun, nachdunkelnd
	S: gelblichweiß – gelb
	H: fein, unregelmäßig
	  Harzkanäle vorwiegend im Spätholz
	  gut zu bearbeiten
		stark beanspruchtes
		Bau- und Konstruktionsholz
		innen und außen,
		Möbel, Furnier

1 REDCEDAR, WESTERN-
  RCW
2 Thuja plicatta D.Don
3 –
4 Nordwestl. Nordamerika
5 –
	K: rotbraun nachdunkelnd
	S: weiß – bräunlich grau
	H: fein, unregelmäßig
	  keine Harzkanäle
	  Hautreizungen
	  leicht zu bearbeiten
		Konstruktionsholz für innen
		und außen bei geringer
		Beanspruchung, Wand-
		und Deckenbekleidung,
		Schindeln

1 TANNE TA
2 Abiies alba Mill.
3 Weißtanne
4 Europa, Nordamerika
5 –
	Kern- und Splintholz ohne Farbunterschied
	S: fast weiß – weißgrau rötlich
	H: fein, unregelmäßig
	  keine Harzkanäle
	  sehr gut zu bearbeiten
		Bau- und Konstruktionsholz
		für innen,
		Möbel, Furnier,
		wird oft unter dem Begriff
		Fichte/Tanne gehandelt

2.2 Holzarten

2.2.2 Laubholz

Die Holzarten werden nach ihrer botanischen Gattung in Nadel- oder Laubholz unterschieden. Ein weiteres Unterscheidungsmerkmal ist die Herkunft wie europäische oder außereuropäische Hölzer. Laubholz gehört zur Gruppe der bedecktsamigen Pflanzen, mit unterschiedlichem Aufbau.

Laubholz (Auswahl)

1 Holzart Kurzzeichen 2 Botanischer Name 3 weitere Namen 4 Verbreitung 5 kultiviert	Merkmale und Eigenschaften K: Kernholz S: Splintholz G: Gefäße H: Holzstrahl	Verwendung
1 ABACHI, WAWA ABA 2 Triplochiton scleroxylon K. Schum. 3 Samba, Wawa, Oboeche 4 Westafrika 5 –	Kern- und Splintholz fast ohne Farbunterschied S: blaßgelb – bräunlichgelb G: mittelgroß, zerstreut H: fein, hell, unregelmäßig Schleimhautreizungen sehr gut zu bearbeiten	Verkleidungen, Rahmen, Leisten, Furnier, FU-Mittellage
1 AFZELIA AZF 2 Afzelia bipindensis Harms 3 Doussie 4 Westafrika 5 –	K: hellbraun – rotbraun, stark nachdunkelnd S: weißgrau – gelblichgrau G: groß, zerstreut H: sehr fein, hell Reizungen mäßig gut zu bearbeiten, stark stumpfend	stark beanspruchtes Bau- und Konstruktions-holz innen und außen, Parkett, Fenster, Stufen, Furnier
1 AHORN AH 2 Acer pseudoplatanus L. 3 Berg- Spitzahorn 4 Europa 5 –	S: weiß – gelblichweiß, grauweiß nachdunkelnd G: sehr fein, zerstreut H: breit, dicht, regelmäßig leicht zu bearbeiten, bei Riegelwuchs schwierig	Tischplatten, Verkleidungen, Parkett, Möbeldeckfurnier, Drechselholz
1 AZOBE, BONGOSSi AZO 2 Lophira alata Banks ex Gaertn. 3 Bongossi, Ekki 4 Westafrika 5 –	K: tief rotbraun mit etwas violettem Farbton S: hell rötlichbraun – hellrotbraun G: groß, oval, zerstreut H: fein, hell, unregelmäßig Hautreizungen feuchtes Holz ist gut zu bearbeiten	hoch beanspruchtes Bau- und Konstruktionsholz, vorwiegend außen, Schwellen
1 BIRKE BI 2 Betula pubescens Ehrh. 3 Gemeine Birke 4 Europa 5 –	K: kein Farbunterschied zum Splint S: weiß gelblich – rötlichweiß G: klein, oft paarweise, zerstreut H: sehr fein, hell gut zu bearbeiten	Tische, Stühle, Parkett, Furnier, FU-Platten
1 BIRNBAUM BB 2 Pirus communis L. 3 Schweizer Birnbaum 4 Mittel- und Südeuropa 5 –	K: kein Farbunterschied zum Splint S: hell rötlich braun, nachdunkelnd G: sehr fein, zerstreut H: sehr fein, kaum sichtbar gut zu bearbeiten	Möbel, Furnier, Drechselholz
1 BUCHE BU 2 Fagus sylvatica L. 3 Rotbuche 4 Europa 5 –	K: kein Farbunterschied zum Splint S: gelblich – rötlichbraun G: sehr fein, zerstreut H: breit und sehr fein Reizungen; gut zu bearbeiten	Möbel, Treppen, Parkett, Furnier, FU-Platten
1 EICHE EI 2 Quercus robur L. 3 Stiel-, Sommereiche 4 Europa 5 –	K: gelblich – hellbraun, stark nachdunkelnd S: gelblich – grauweiß G: sehr groß, ringporig H: sehr breit, daneben sehr feine Reizungen; gut zu bearbeiten	Bau- und Konstruktions-holz innen und außen, Möbel, Parkett, Furnier, FU-Platten

2

2.2 Holzarten

Laubholz (Auswahl) Fortsetzung

1 Holzart Kurzzeichen 2 Botanischer Name 3 weitere Namen 4 Verbreitung 5 kultiviert	Merkmale und Eigenschaften K: Kernholz S: Splintholz G: Gefäße H: Holzstrahl	Verwendung
1 ERLE ER 2 Alnus glutinosa (L.) Gaertn. 3 – 4 Europa 5 –	K: kein Farbunterschied zum Splint S: rötlichgelb – rötlichbraun, nachdunkelnd G: fein, ring- und zerstreutporig H: sehr fein, deutliche Scheinstrahlen Reizungen; leicht zu bearbeiten	Schälfurnier, Blindholz, Drechsel- und Schnitzholz, Ersatzholz
1 ESCHE ES 2 Fraxinus exelsior L. 3 Gemeine Esche 4 Europa 5 –	K: kein Farbunterschied zum Splint, Falschkern S: weiß – hellgelblich G: groß, ringporig H: fein, unregelmäßig gut zu bearbeiten	Konstruktionsholz für starke Beanspruchung, Möbel, Furnier, Parkett, Sportgeräte
1 KHAJA MAA 2 Khaja ivorensis A. Chev. und andere 3 Khaja, African Mahagony 4 West- und Ostafrika 5 –	K: hell - rotbraun, nachdunkelnd S: hellgrau - gelblichgrau G: groß, zerstreut H: mittel, regelmäßig Reizungen gut zu bearbeiten Wechseldrehwuchs	Innenausbau, Möbel, Furnier, Parkett, Fenster
1 KIRSCHBAUM KB 2 Prunus avium L. 3 – 4 Europa 5 –	K: gelblichbraun, rötlichbraun nachdunkelnd S: gelblich – rötlichweiß G: fein, ring- und zerstreutporig H: fein, wellig gut zu bearbeiten	Innenausbau, Möbel, Furnier, Musikinstrumente, Drechselholz
1 KOTO KTO 2 Pterygota macrocarpa K. Schum. 3 – 4 Westafrika 5 –	K: kein Farbunterschied zum Splint S: strohgelb – gelblichweiß G: groß, zerstreut H: unterschiedlich breit, wellig gut zu bearbeiten	Innenausbau, Möbel, Furnier, Drechselholz
1 LIMBA LMB 2 Terminalia superba Engl. & Diels 3 – 4 Westafrika	K: hellgelb oder dunkelbraun – olivgrau S: graugelb – grünlichgelb G: groß, zerstreut H: sehr fein, unregelmäßig gut zu bearbeiten	Innenausbau, Furnier, Rahmen, Leisten
1 MERANTI, LR MEW 2 Shorea leprosula 3 Light red Meranti 4 Südostasien 5 –	K: rot – braun S: rötlich weiß G: groß, zerstreut H: schmal unregelmäßig	Innenausbau, Furnierplatten Fenster, Türen
1 MUTENYE MUT 2 Guibourtia arnoldiaJ.L. 3 Jaspis-Nussbaum 4 Zentral- und Westafrika 5 –	K: gelbgrün – braun Farbstreifen schwarz S: deutlich heller G: groß, zerstreut H: sehr fein gut zu bearbeiten	Innenausbau, Treppen, Parkett, Furnier
1 NUSSBAUM NB 2 Juglas regia L. 3 European Walnut 4 Europa 5 –	K: grau – dunkelbraun, oft gestreift S: weiß – gelbgrau G: groß – mittel, zerstreut H: sehr fein, unregelmäßig gut zu bearbeiten	Innenausbau, Möbel, Furnier, Parkett, Drechselholz

2.2 Holzarten

Laubholz (Auswahl) Fortsetzung

1 Holzart Kurzzeichen 2 Botanischer Name 3 weitere Namen 4 Verbreitung 5 kultiviert	Merkmale und Eigenschaften K: Kernholz S: Splintholz G: Gefäße H: Holzstrahl	Verwendung

1 PAPPEL   PA
2 Populus canescens Sm.
   P. nigra L., P. alba L.
3 Schwarz-, Weiß-,
   Silberpappel
4 Europa, Vorderasien
	K: hell-, grau-, grünlichbraun
	S: weißgrau – gelblichweiß
	G: mittelgroß – klein, zerstreut
	H: fein, hell
	   Reizungen
	   gut zu bearbeiten
		Zeichentischplatten,
		Furnier, Sperrfurnier,
		Möbelteile, Blindholz

1 POCKHOLZ   POH
2 Guaiacum guatemalense
   Pl. und andere
3 –
4 Nördliches Süd- und
   Mittelamerika
	K: grünlichbraun – olivbraun, nachdunkelnd
	S: gelblich – gelb
	G: unterschiedlich klein, zerstreut
	H: sehr fein, sehr eng
	   schwierig zu bearbeiten
	(unterliegt einer strengen Kontrolle nach dem
	Washingtoner Artenschutzabkommen)
		Spezialholz für
		mechanisch stark
		beanspruchte Teile,
		Hobelsohlen

1 ROBINIE ROB 2 Robinia pseudoacacia L. 3 Falsche Akazie 4 Östliches Nordamerika 5 Europa	K: grünlichbraun – olivgelb, nachdunkelnd S: grünlichweiß – hellgelb G: groß, ringporig, im Spätholz zerstreut H: schmal, unregelmäßig Reizungen; gut bis mäßig zu bearbeiten	Konstruktionsholz für starke Beanspruchung, Fenster
1 ROTEICHE EIR 2 Quercus ruba L. 3 Amerikanische Roteiche 4 Nordamerika 5 –	K: rosa – bräunlich, etwas nachdunkelnd S: hell – gelbrötlichgrau G: groß, ringporig H: breit, unregelmäßig gut zu bearbeiten	Konstruktionsholz für starke Beanspruchung, Möbel, Furnier
1 RÜSTER RU 2 Ulmus carpinifolia Gled. 3 Feldulme, Rotrüster 4 Europa 5 –	K: hellbraun – braun S: gelblich braun G: groß, ringporig H: schmal, regelmäßig befriedigend zu bearbeiten	Möbel, Furnier, Parkett

1 SAPELLI   MAS
2 Entandrophragma
   cylindricum Sprague
3 Sapele
4 West- und Zentralafrika
	K: rötlichbraun – rotbraun, nachdunkelnd
	S: hellgrau – gelblichgrau
	G: mittelgroß, zerstreut
	H: schmal, unregelmäßig,
	   befriedigend zu bearbeiten,
	   Wechseldrehwuchs
		Konstruktionsholz für
		mittlere Beanspruchung,
		Treppen, Furnier

1 SIPO, UTILE   MAU
2 Entandrophragma utile
   Sprague
3 Utile, Sipo
4 West- und Ostafrika
5 –
	K: rosa – rotbraun, nachdunkelnd
	S: hell – rötlichgrau
	G: mittelgroß, zerstreut
	H: fein, wellig, unregelmäßig
	   Hautreizungen
	   gut zu bearbeiten, Wechseldrehwuchs
		Konstruktionsholz für
		mittlere Beanspruchung,
		Fenster, Treppen, Furnier,
		FU-Platten, Parkett,
		Schiffbau

1 TEAK   TEK
2 Tectona grandis L. f.
3 –
4 Südasien
5 übrige Tropen
	K: gelblichbraun – mittelbraun,
	   nachdunkelnd
	S: gelblichgrau – grau
	G: groß – mittel, zerstreut oder paarweise
	H: schmal, unregelmäßig
	   Reizungen; gut zu bearbeiten
		Innenausbau, Treppen,
		Möbel, Furnier, Schiffbau

1 WENGE   WEN
2 Millettia laurentii De Wild.
3 –
4 West- und Ostafrika
5 –
	K: hell-, dunkel-, schwarzbraun,
	   nachdunkelnd
	S: grau – gelblichweiß
	G: groß, zerstreut
	H: sehr fein, Reizungen
	   gut zu bearbeiten, Splitterbildung
		Innenausbau, Möbel,
		Furnier, Parkett

2

2.2 Holzarten

Laubholz Fensterholz (Auswahl)

1 Holzart Kurzzeichen 2 Botanischer Name 3 weitere Namen 4 Verbreitung 5 kultiviert	Merkmale und Eigenschaften K: Kernholz S: Splintholz G: Gefäße H: Holzstrahl	Kennwerte (Auswahl)		
		DIN 4076 Rohdichte[1] g/cm³	DIN 68364 Rohdichte[2] g/cm³	E-Modul $E_{\parallel}$ (E_m) N/mm²	DIN EN 350[3] Dauerhaftigkeitsklasse
1 EUKALIPTUS EUK 2 Eukalyptus grandis 3 Tasmanische Eiche (Oak) 4 Tasmanien, Südaustralien 5 Plantagen	K: hellbraun S: hellgelblich – rosabraun G: groß, zerstreut H: schmal	*0,33*	*0,37*	*7600*	*3 … 4*
1 FRAMIRE FRA 2 Terminalia ivoransis A. Chev 3 Black afra, Idigbo, Emeri 4 Tropisches Afrika 5 –	K: grünlichgelb – hellbraun, nachdunkelnd S: wie Kernholz G: groß, zerstreut H: sehr fein; Hautreizungen, gut zu bearbeiten	0,45 … 0,50	0,55	9600	2 … 3
1 IROKO, KAMBALA IRO 2 Milicia excelsa (Welw) C.C.Berg 3 Kambala 4 Tropisches Afrika 5 –	K: gelblich-olivbraun, nachdunkelnd S: gelblichweiß – grau G: groß, zerstreut H: fein gut zu bearbeiten	0,60 … 0,65	0,65	13000	1 … 2
1 MAKORE MAC 2 Tieghemella africana Pierre T. heckelii Pierre ex A. Chev. 3 Baku, Douka 4 Tropisches Afrika 5 –	K: rötlich – dunkelbraun S: rötlichbraun G: mittel, zerstreut H: mittel, regelmäßig schwer zu bearbeiten Splitterneigung	0,62	0,66[4]	11000[4]	1
1 MENGKULANG MEN 2 Heritiera simplicifolia (Mast.) Kosterm. 3 Palapi, Teraling 4 Südostasien 5 –	K: rotbraun – violett, nachdunkelnd S: hellrotbraun G: mittel, zerstreut H: breit schwer zu bearbeiten	0,60 … 0,65	0,66	13000	4
1 MERANTI, DR MER 2 Shorea curtisii Dyer ex King 3 Dark red Meranti 4 Südostasien 5 –	K: rötlichbraun – rotbraun S: rötlichweiß - rötlichgrau G: groß, zerstreut H: schmal, unregelmäßig Reizungen gut zu bearbeiten	0,55 … 0,70	0,68	14500	2 … 4
1 MERBAU MEB 2 Intsia bijuga O.Ktze. (Colebnr.) 3 Ipil, Kwila 4 Südostasien, Neuguinea 5 –	K: hell – rötlichbraun, nachdunkelnd S: gelblichweiß G: groß, zerstreut H: sehr fein gut zu bearbeiten	0,77	0,80	16000	1 … 2
1 NIANGON NIA 2 Tarrietia utilis, Heritiera utilis 3 Ogoue, Wishmote 4 Westafrika 5 –	K: hell – dunkelrotbraun S: rötlichgrau G: groß, zerstreut H: mittel, regelmäßig Wechseldrehwuchs	0,62 … 0,68	0,68	11000	3
1 WHITE SERAYA SEW 2 Parashorea malaanoan Merr. u.a. 3 Urat Mata, Light white Seraya 4 Borneo, Malaysia 5 –	K: hell – rosabraun – olivbraun S: hellgrau G: mittel, zerstreut H: mittel, reglmäßig gut zu bearbeiten	0,43 … 0,60	*0,46 … 0,70*	*10000*	*4 … 5*

[1] Rohdichte bei $u = 0\%$ [2] Rohdichte bei $u = 12\%$
[3] Vergleiche Seite 78 [4] DIN EN 350
kurviv = Angaben des Johann Heinrich von Thünen-Institut, Hamburg

2.2 Holzarten

2.2.3 Kennwerte

Kennwerte sind Rechenwerte für die einzelnen Holzarten bei einer bestimmten Qualität und Holzfeuchte, erweitert um Werte für die Berechnung und Ausführung von tragenden und aussteifenden Bauteilen nach DIN 1052.

Kennwerte für Holzarten gute Tischlerqualität (Auswahl)

Holzart ⟶ Begriffe Seite 71	DIN 4076 Kurz-zei-chen	DIN 4076 Roh-dichte[1] g/cm³	DIN 68364 mittlere Roh dichte[2] g/cm³	DIN 68100 differentielles Schwindmaß[5] V in % je % Holz Feuchteänderung radial	tangential	DIN 68364 mittlere Bruchfestigkeit N/mm² Druck f_c	Biegung f_m	DIN 68364 Elasti-zitäts-modul $E_{||}$ (E_m) N/mm²	DIN EN 350 Dauer-haftig-keits-klasse[3]
Nadelholz	**NH**								
Douglasie Mitteleuropa	DGA	k 0,52	0,58	0,15	0,27	54	100	13000	3 3…4
Fichte	FI	0,43	0,46	0,19	0,39	45	80	11000	4
Hemlock	HEM	0,46	0,49	*0,21*	*0,33*	47	85	10000	4
Kiefer	KI	0,48	0,52	0,19	0,36	45	80	9100	3…4
Kiefer, Weymouth (Strobe)	KIW	0,37	0,41	*0,08*	*0,20*	34	58	9000	4
Lärche	LA	0,55	0,60	0,14	0,30	55	99	13800	3
Tanne	TA	0,43	0,46	0,14	0,28	40	68	10000	4
Redcedar, Western-	RCW	0,34	0,37	*0,08*	*0,20*	35	54	8000	2 k 3
Laubholz	**LH**								
Abachi, Wawa	ABA	0,36	0,39	*0,11*	*0,19*	35	65	6000	4
Ahorn	AH	0,57	0,63	*0,20*	*0,30*	50	95	10500	5
Afzelia	AFZ	0,70…0,76	0,80	0,11	0,22	70	115	13500	1
Azobe	AZO	1,04	1,06	0,31	0,40	95	180	17000	2 v
Birke[4]	BI	0,61	0,66	0,29	0,41	60	120	14000	5
Birnbaum	BB	0,66	*0,69*	*0,18*	*0,33*	*54*	*98*	*8000*	*4*
Buche	BU	0,66	0,71	0,20	0,41	60	120	14000	5
Eiche	EI	0,62…064	0,71	0,16	0,36	52	95	13000	2
Erle	ER	0,49	0,53	*0,20*	*0,31*	51	*80*	9500	5
Esche	ES	0,65	0,70	0,21	0,38	50	105	13000	5
Khaja	MAA	0,45…0,55	0,52	0,12	0,22	43	75	9500	3
Kirschbaum	KB	0,54	*0,57*	*0,14*	*0,33*	50	98	10250	*3…4*
Koto	KTO	0,58…0,63	0,56	*0,19*	*0,38*	49	86	9000	5
Limba	LMB	0,52	0,55	*0,17*	*0,26*	45	85	10500	4
Meranti LR	MEW	0,50…0,60	0,52	*0,15*	*0,28*	50	90	11000	*3…4*
Mutenye	MUT	0,76	0,82	*0,22*	*0,39*	*77*	*160*	*15400*	3
Nussbaum	NB	0,61	0,67	0,18	0,29	65	133	11850	3
Pappel	PA	0,40…0,45	0,44	0,13	0,31	32	60	8800	5
Pockholz	POH	1,23	*1,22*	*0,35*	*0,46*	*105*	*130*	*12500*	*1*
Ramin	RAM	0,58	0,63	*0,19*	*0,38*	71	*110*	15500	5
Robinie	ROB	0,69	0,74	*0,26*	*0,38*	73	150	13500	1…2
Roteiche	EIR	0,66	0,70	*0,20*	*0,36*	55	125	13000	4
Rüster	RU	0,61	0,65	0,20	0,23	51	81	11000	4
Sapelli	MAS	0,63	0,65	0,24	0,32	58	105	10500	3
Sipo, Utile	MAU	0,60	0,59	0,20	0,25	58	100	11000	2…3
Teak	TEK	0,63	0,68	0,16	0,26	58	100	13000	1 k 1…3
Wenge	WEN	0,79	0,85	0,22	0,34	80	145	16000	2

1) Rohdichte bei $u = 0$% 　　　2) Rohdichte bei $u = 12$% 　　3) vergleiche Seite 78
4) die angegebenen Festigkeiten gelten für eine Rohdichte von 0,65 g/cm³ 　　k = kultiviert 　　v = sehr variabel
kursiv ≙ Angaben des Johann Heinrich von Thünen-Institut, Hamburg
5) Formelzeichen nach DIN 68100 V, oft üblich q

2.2 Holzarten

Begriffe zu den Kennwerten vor Holzarten

Rohdichte $\varrho = \dfrac{m}{V}$	Quotient aus der Masse m und dem Volumen V. Die Rohdichte für Holz liegt zwischen 0,1 g/cm³ (Balsa) und 1,3 g/cm³ (Pockholz) bei einem Trockenheitsgrad u_0 = Darrtrocken. Rohdichte bei leichten Hölzern $\qquad\qquad$ $\varrho \leq 0,5$ g/cm³ Rohdichte bei mittelschweren Hölzern $\qquad$ $\varrho \leq 0,8$ g/cm³ Rohdichte bei schweren Hölzern $\qquad\quad$ $\varrho > 0,8$ g/cm³ Die Reindichte ist die Dichte der reinen Holzsubstanz und beträgt für alle Hölzer 1,5 g/cm³
Feuchte $\qquad\quad$ u $\qquad\qquad\qquad$ u_N $\qquad\qquad\qquad$ u_0	Feuchtesatz des Holzes in %, im Verhältnis zum darrtrockenem Holz. Gleichgewichtsfeuchte, die sich im Holz bei einem Normklima z.B. 20/65 einstellt (20 °C bei 65% relativer Luftfeuchtigkeit) Darrtrocken, die Holzprobe wird bei 103 °C bis zur Gewichtskonstanz getrocknet
relative Luftfeuchte	in %, als Verhältnis der vorhandenen Dampfmasse zur maximalen Dampfmasse bei gesättigter Luft
Bruchspannung $\quad$ $ß_D$ Druck Bruchspannung $\quad$ $ß_B$ Biegung	die Druckfestigkeit $ß_D$ ist die auf den Anfangsquerschnitt A bezogene Höchstkraft F_{max} bei der Druckbeanspruchung die Biegefestigkeit $ß_B$ ist die bis zum Bruch auftretende größte rechnerische Biegespannung
Elastizitätsmodul $\quad$ E	die Widerstandsfähigkeit gegen eine Formveränderung bei gegebener Belastung, es ist die Kenngröße für die Verformsteifigkeit im elastischen Bereich

Terrassenholz – Gartenholz (Auswahl)

Holzart (Laubholz)	Rohdichte g/cm³ u = 12 %	Schwindmaß (max.)		Biege- festigkeit N/mm²	Elastizitäts- modul N/mm²	Dauer- haftigkeits- klasse
		tangential %	radial %			
Bangkirai	0,65 … 1,3	9,3 … 10,2	4,2 … 6,8	124	15 000 … 20 100	2
Bilinga	0,63 … 0,78	≅ 8	≅ 4,8	105	10 200 … 13 400	1
Bongossi	≅ 1,04	8,3 … 10,8	6,7 … 9,2	180	17 000 … 19 000	2
Cumaru	1,1 … 1,2	7,2 … 7,9	4,5 … 5,6	152 … 190	20 000 … 22 200	1
Garapa	0,79 … 1,01	≅ 7,5	≅ 4,2	116	15 880	2 … 3
Ipe	0,95 … 1,15	7,3 … 8,0	4,9 … 6,6	160 … 205	18 300 … 26 300	1 … (2)
Itauba	0,75 … 0,95	6,6 … 8,3	2,4 … 4,3	80 … 130	12 600 … 15 000	1 … 2
Jatoba	0,94	7,15	3,89	160 … 198	20 870	2 … 3
Kapur	0,6 … 0,94	≅ 9,1	≅ 4,45	62 … 114	10 900 … 18 600	1 … 2 (3)
Massaranduba	0,9 … 1,11	9,0 … 10,2	6,0 … 6,8	166 … 220	18 600 … 28 000	1 … (2)
Okan	0,77 … 1,1	7,3 … 9,6	4,0 … 6,3	103 … 187	15 200 … 20 600	1
Red Balau	0,80 … 0,85	≅ 8,8	≅ 4,8	120	14 800	3 … 4
Tali	0,91	≅ 8,4	≅ 5,1	128	19 490	1
Tatajuba	0,80	≅ 5,2	≅ 3,7	109	21 490	1 … (2)

Johann Heinrich von Thünen-Institut Hamburg, Institut für Holztechnologie und Holzbiologie, Hamburg
( ) Abweichungen möglich

Thermoholz $\qquad\qquad\qquad$ TMT: Thermaly Modified Timber, Thermisch Modifiziertes Holz

Thermoholz ist durch eine gezielte Hochtemperaturbehandlung (170 °C … 230 °C) in seinen Eigenschaften verändertes Holz. Durch die Hochtemperaturbehandlung verändern sich die Wasseraufnahme, seine mechanischen Eigenschaften und seine Dauerhaftigkeit. Es gibt verschiedene Verfahren zur Erzeugung von Thermoholz.

Eigenschaften positiv	Eigenschaften negativ
Erhöhte Dauerhaftigkeit Verringertes Quell- und Schwindverhalten Geringe Holzausgleichsfeuchte Erhöhte Dimensionsstabilität Neue Farbtöne	Erhöhte Sprödigkeit und Elastizität Gefahr von Splitter; Keine scharfen Kanten Vergrößert Spanwinkel am Werkzeug Erhöhte Schnittgeschwindigkeit fürs Werkzeug Keine Zahnteilung am Werkzeug

2.2 Holzarten

Kennwerte und Berechnungen für Bauholz (DIN 1052)

Die Werte gelten für die Berechnung und Ausführung von tragenden und aussteifenden Bauteilen.
Vollholz: entrindete Rundhölzer und Bauschnittholz aus Nadel- und Laubholz
Brettschichtholz: aus mindestens drei breitseitig faserparallel verleimten Nadelholzbrettern

Rechenwerte für Elastizitäts- und Schubmodul in N/mm² für Vollholz und Brettschichtholz

Holzart Holzfeuchte $u \leq 20\%$		Sortier-klassen nach DIN 4074-1 DIN 4074-5	Festigkeits-klasse nach DIN EN 338	Elastizitätsmodul E N/mm² parallel zur Faser-richtung $E_{\parallel}$	rechtwinklig zur Faser-richtung $E_{\perp}$	Schub-modul G N/mm²
Nadelholz	Fichte, Tanne	S7	C 16	8000	270	500
	Kiefer, Lärche	S10	C 24	11000	370	690
	Douglasie, Southern Pine	S13	C 30	12000	400	750
	Western Hemlock		C 35	13000	430	810
	Yello Cedar		C 40	14000	470	880
	Brettschichtholz		GL24h	11600	390	720
	h homogenes Brettschichtholz frühere Bezeichnung GL24 = BS11 GL 28 = BS14 GL32 = BS16 GL36 = BS18		GL28h	12600	420	780
			GL32h	13700	460	850
			GL36h	14700	490	910
Laubholz	Eiche, Teak, Keruing	LS10	D30	10000	640	600
	Buche	LS10	D35	10000	690	650
	Buche	LS13	D40	11000	750	700
	Afzelia, Angelique (Basralocus)	LS10	D40	11000	750	700
	Azobe (Bongossi)	LS10	D60	17000	1130	1060
	Ipe ([x] Rohdichte mind. 1000 gk/m³)	LS10	D60[x]	17000	1130	1060

Die Sortierkriterien beziehen sich auf eine Holzfechte von 20 % (Messbezugsfeuchte).

Charakteristische Festigkeiten f_k werden für Nadelholz-Vollholz (C), Laubholz-Vollholz (D) und Brettschichtholz (GL) mit h homogen und c kombiniert ausgewiesen.

Charakteristische Festigkeitswerte in MN/mm² und charakteristische Rohdichten in kg/m³

Bezeich-nung	Art der Beanspruchung	Vollholz-Nadelholz			Vollholz-Laubholz		Brettschichtholz	
		S7 C16	S10 C24	S13 C30	LS D30	LS D35	BS11 GL24c	BS14 GL28c
$f_{m,k}$	Biegerandspannung	16	24	30	30	35	24	28
$f_{t,0,k}$	Zugspannung $\parallel_{Fa}$	10	14	18	18	21	14	16,5
$f_{t,90,k}$	Zugspannung $\perp_{Fa}$	0,4	0,4	0,4	0,5	0,5	0,5	0,5
$f_{c,0,k}$	Druckspannung $\parallel_{Fa}$	17	21	23	23	25	21	24
$f_{mc,90,k}$	Druckspannung $\perp_{Fa}$	2,2	2,5	2,7	8	8,4	2,4	2,7
$f_{v,k}$	Schubspannung	2,0	2,0	2,0	3	3,4	2,5	2,5
ϱ_k	Rohdichte	310	350	380	530	560	350	380

Teilsicherheitsbeiwerte für Tragfähigkeitsnachweis		Modifizierungsfaktor k_{mod} für Vollholz VH, Brettschichtholz und Balkenschichtholz					
Holz und Holzwerkstoffe	1,3	Klasse der Last-einwirkungsdauer	Ständig	Lang	Mittel	Kurz	Sehr kurz
Stahl für		1	0,6	0,7	0,8	0,9	1,1
Verbindungen	1,1	2	0,6	0,7	0,8	0,9	1,1
Nagelplatten	1,25	3	0,5	0,55	0,65	0,7	0,9
f_k chrakteristischer Wert f_σ Bemessungswert		**Beispiel:** $f_{c,0,d} = \dfrac{f_{c,0,k} \cdot k_{mod}}{\gamma_M} = \dfrac{24 \text{ N/mm}^2 \cdot 0,8}{1,3} = 14,8 \text{ N/mm}^2$					

2.2 Holzarten

Querschnittmaße und statische Werte von Nadelholz (DIN 4070)

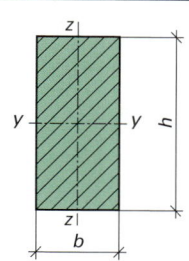

$$W_y = \frac{b \cdot h^2}{6} \qquad I_y = W_y \cdot \frac{h}{2} \qquad i_y = \sqrt{\frac{I_y}{A}}$$

$$W_z = \frac{h \cdot b^2}{6} \qquad I_z = W_z \cdot \frac{b}{2} \qquad i_z = \sqrt{\frac{I_z}{A}}$$

Zusammengesetzte Querschnitte

$$I_y = \sum_{i=1}^{n} (I_{y_i} + A_i z_{s_i}^2) \qquad I_z = \sum_{i=1}^{n} (I_{z_i} + A_i z_{s_i}^2)$$

$y-y$	y-Achse
$z-z$	z-Achse
b	Breite in cm
h	Höhe in cm
A	$b \cdot h$ Fläche in cm^2

W Widerstandmoment in cm^3
I Flächenmoment 2. Grades in cm^4
Mit dem Fußzeiger i werden die Einzelquerschnitte benannt. Es sind y_{s_i} und z_{s_i} die Schwerpunktkoordinaten der Einzelquerschnitte.
i Trägheitshalbmesser in cm

Benennung	Breite/Höhe b/h cm/cm	Fläche A cm^2	W_y cm^3	I_y cm^4	W_z cm^3	I_z cm^4	i_y cm	i_z cm
Kantholz	8/8	64	85	341	85	341	2,31	2,31
	8/10	80	133	667	107	427	2,89	2,31
	8/12	96	192	1152	128	512	3,46	2,31
	8/16	128	341	2731	171	683	4,62	2,31
	10/10	100	167	833	167	833	2,89	2,89
	10/12	120	240	1440	200	1000	3,46	2,89
	12/16	192	512	4096	384	2304	4,62	3,46
	14/14	196	457	3201	457	3201	4,04	4,04
	16/18	288	864	7776	768	6144	5,20	4,62
Balken	10/20	200	667	6667	333	1667	5,78	2,89
	10/22	220	807	8873	367	1833	6,35	2,89
	12/20	240	800	8000	480	2880	5,78	3,46
	12/24	288	1152	13824	576	3456	6,93	3,46
	16/20	320	1067	10667	853	6827	5,78	4,62
	18/22	396	1452	15972	1188	10692	6,35	5,20
	20/20	400	1333	13333	1333	13333	5,78	5,77
	20/24	480	1920	23040	1600	16000	6,93	5,77

Zulässige Spannungen für Vollholz in N/mm^2 (DIN 1052)

Art der Klassifizierung und Beanspruchung	Vollholz (Nadelhölzer)					Vollholz (Laubhölzer)					
	Fichte Tanne	Kiefer Lärche	Douglasie Southern Pine	Western Hemlock	Yello Cedar	Eiche Teak Keruing	Buche	Buche	Afzelia Merbau Angélique	Azobe	Ipe
Sortierklasse nach DIN 4074-1	S7	S10	S13	–	–	LS10	LS10	LS13	LS10	LS10	LS10
Güteklassen nach DIN 4074-2	C16M	C24M	C30M	C35M	C40M	Zuordnung von Laubholzarten und Sortierklassen nach DIN 4074-5					
Festigkeitsklasse	C16	C24	C30	C35	C40	D30	D35	D40	D40	D60	D60
Biegung	16	24	30	35	40	30	35	40	40	60	60
Zug parallel	10	14	18	21	24	18	21	24	24	36	36
Zug rechtwinklig	0,4					0,5					
Druck parallel	17	21	23	25	26	23	25	26	26	32	32
Druck rechtwinklig	2,2	2,5	2,7	2,8	2,9	8,0	8,4	8,8	8,8	10,5	10,5
Schub u. Torsion	2,0					3,0	3,4	3,8	3,8	5,3	5,3
E-Modul parallel	8000	11000	12000	13000	14000	10000	10000	11000	11000	17000	17000
E-Modul rechtw.	270	370	400	430	470	640	690	750	750	1130	1130
Schubmodul	500	690	750	810	880	600	650	700	700	1060	1060
Rohdichte kg/m^3	310	350	380	400	420	530	560	590	590	700	1000

2.2 Holzarten

Biegeknicknachweis von Hölzern

„Biegeknicken" ist der plötzliche Übergang der ursprünglich geraden Achse eines schlanken stabförmigen Körpers in eine gekrümmte Form unter dem Einfluss einer Druckkraft. Um einen knickgefährdeten Druckstab zu bemessen, ist die Schlankheit λ des Stabes für beide Richtungen (y und z) zu bestimmen. Mit der größeren Schlankheit kann der nachfolgenden Tabelle der Knickbeiwert k_c als Abminderungsfaktor $f_{c,0,d}$ entnommen werden. Die Klassifizierung von Bauholz für tragende Zwecke erfolgt nach den charakteristischen Werten der Hölzer für die Festigkeit, Steifigkeit und Rohdichte je Klasse. Die Werte der betreffenden Holzgrundgesamtheit werden durch die Holzart, Holzartgruppe, Herkunft und Sortierklasse (DIN EN 384) bestimmt.

Schlankheitsgrad in der y-Achse und der z-Achse	Schlankheitsgrad in der y-Achse	Schlankheitsgrad in der z-Achse	Nachweis Druck ohne Knicken II zur Faser
$\lambda = \max\{\lambda_y; \lambda_z\}$	$\lambda_y = \dfrac{l_{ef,y}}{i_y}$	$\lambda_z = \dfrac{l_{ef,z}}{i_z}$	$\dfrac{N_0/A}{k_c \cdot f_{c,0,d}} \leq 1$

Knickbeiwerte k_c

λ	C24	C30	D30	D35	D40	D60	GL24 h	GL24 c	GL28 h	GL28 c	GL32 h	GL32 c	GL36 h	GL36 c
50	0,794	0,793	0,803	0,781	0,796	0,849	0,898	0,918	0,895	0,911	0,894	0,909	0,895	0,906
60	0,673	0,671	0,687	0,655	0,677	0,756	0,806	0,848	0,800	0,833	0,798	0,828	0,799	0,822
70	0,550	0,548	0,565	0,531	0,554	0,645	0,675	0,736	0,667	0,713	0,664	0,706	0,666	0,697
80	0,446	0,445	0,460	0,429	0,450	0,538	0,548	0,311	0,541	0,587	0,538	0,580	0,539	0,570
90	0,365	0,364	0,377	0,351	0,368	0,447	0,446	0,502	0,440	0,480	0,437	0,474	0,439	0,466
100	0,303	0,302	0,313	0,290	0,305	0,374	0,368	0,416	0,362	0,397	0,360	0,391	0,361	0,384
110	0,254	0,253	0,263	0,244	0,257	0,316	0,307	0,349	0,303	0,332	0,301	0,328	0,302	0,322
120	0,216	0,216	0,224	0,207	0,218	0,270	0,260	0,296	0,256	0,282	0,255	0,278	0,256	0,273
130	0,186	0,185	0,193	0,178	0,188	0,232	0,223	0,254	0,220	0,242	0,218	0,238	0,219	0,234
140	0,162	0,161	0,167	0,155	0,163	0,202	0,193	0,220	0,190	0,210	0,189	0,207	0,190	0,203
150	0,142	0,141	0,147	0,136	0,143	0,178	0,169	0,193	0,167	0,183	0,165	0,181	0,166	0,177
160	0,125	0,125	0,130	0,120	0,126	0,157	0,149	0,170	0,147	0,162	0,146	0,159	0,146	0,156
170	0,111	0,111	0,116	0,107	0,113	0,140	0,133	0,151	0,130	0,144	0,130	0,142	0,130	0,139
180	0,100	0,099	0,103	0,095	0,101	0,125	0,118	0,135	0,117	0,128	0,116	0,127	0,116	0,124
190	0,090	0,090	0,093	0,086	0,091	0,113	0,107	0,121	0,105	0,116	0,104	0,114	0,105	0,120
200	0,081	0,081	0,084	0,078	0,082	0,102	0,096	0,110	0,095	0,104	0,094	0,103	0,095	0,101

Beispiel: Druckstütze

Eine Druckstütze aus Brettschichtholz GL 24h mit b/h = 160 mm/160 mm wird mit einer ständigen Einzellast G_k = 160 kN und einer veränderlichen Einzellast Q_k = 60 kN belastet. Die Ersatzstablänge beträgt l = 2,60 m. Es liegt der Regelfall (Euler 2) vor.

Tragfähigkeitsnachweis:

$E_d = N_d = \gamma_G \cdot G_k + \gamma_Q \cdot Q_k = 1{,}35 \cdot 160 \text{ kN} + 1{,}50 \cdot 60 \text{ kN} = 306 \text{ kN}$ (Bemessungseinwirkung)

$\sigma_{c,0,d} = \dfrac{N_d}{A} = \dfrac{306 \cdot 10^3}{160^2} = 12{,}0 \text{ N/mm}^2$ (Beanspruchung) (10^3 Umrechnung kN in N)

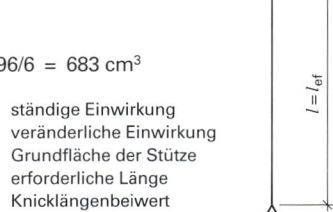

$l_{ef} = \beta \cdot h \quad = 1 \cdot 2{,}60 \text{ m} \quad\quad = 2{,}60 \text{ m}$

$W = b \cdot h^2/6 = 16 \text{ cm} \cdot 16^2 \text{ cm/6} = 16 \text{ cm} \cdot 256 \text{ cm}^2/6 = 4096/6 = 683 \text{ cm}^3$

$I = W \cdot h/2 = 683 \text{ cm}^3 \cdot 8 \text{ cm} = 5464 \text{ cm}^4$

$i = \sqrt{I/A} \quad = \sqrt{54644 \text{ cm}^4 / 256 \text{ cm}^2} = \sqrt{21{,}344 \text{ cm}^2}$

$i = 4{,}62 \text{ cm}$

$\lambda = l_k/i \quad = 260 \text{ cm}/4{,}62 \text{ cm}$

$\lambda = 56{,}3 \quad | \quad k_c = 0{,}840$ (interpoliert)

$k_c \cdot f_{c,0,d} = 0{,}84 \cdot 14{,}8 = 12{,}4 \text{ N/mm}^2$ (Beanspruchbarkeit)

Nachweis: $\dfrac{\sigma_{c,0,d}}{k_c \cdot f_{c,0,d}} = \dfrac{12 \text{ N/mm}^2}{0{,}84 \cdot 14{,}8 \text{ N/mm}^2} = \mathbf{0{,}965 \leq 1}$

γ_G ständige Einwirkung
γ_Q veränderliche Einwirkung
A Grundfläche der Stütze
l_{ef} erforderliche Länge
β Knicklängenbeiwert
I, W, i ▶ Seite 20
λ Schlankheitsgrad
f_d Bemessungswert der Druckspannung ▶ Seite 72

2.3 Holzfehler

Holzschädlinge und Holzfehler

Holzschädlinge sind tierische oder pflanzliche Schädlinge, die das Holz befallen. Die Beeinträchtigung der Holzeigenschaften durch Schädlinge ist unterschiedlich, sie reicht von unbedeutenden Fluglöchern bis zur Zerstörung des Holzes.

Holzfehler sind Abweichungen im Wuchs, in den Eigenschaften und in der Beschaffenheit vom normal gewachsenen Holz.

Tierische Holzschädlinge

Falter	Nonne, Foreule, Kiefernspinner u.a., die Raupen fressen die Blätter und Nadeln der Bäume.
Hautflügler	Holzwespe, sie legt ihre Eier vorzugsweise in saftfrisches Nadelholz. Ihre Entwicklungszeit beträgt 2 Jahre … 4 Jahre, daher schlüpft sie oft erst aus dem verbauten Holz. Der Durchmesser der Fluglöcher beträgt 4 mm … 10 mm.
Käfer	Borkenkäfer: Buchdrucker, Kiefernholzbohrer, Buchen-Nutzholz-Borkenkäfer u.a. Die Rindenbrüter legen zwischen dem Holz und der Rinde einen Muttergang an, die ausgeschlüpften Larven fressen dann eigene Gänge. Die Gänge liegen in der Kambiumschicht oder im Splintholz.
	Bockkäfer: Fichten-, Pappel- und Eichenbock u.a. Die Larven fressen sich durch die Rinde. Anfangs leben sie in der Kambium- und Bastschicht, später dringen sie ins Splintholz und z.T. auch ins Kernholz ein. Die Entwicklungszeit beträgt je nach Art zwischen 1 Jahr … 4 Jahre.
	Hausbock, er legt seine Eier in den Rissen von verbautem Nadelholz. Die Larve frisst ihre Gänge im Splint- oder Reifholz ohne die Holzoberfläche zu zerstören. Ihre Entwicklungszeit beträgt etwa 3 Jahre … 6 Jahre. Die ovalen Fluglöcher sind 5 mm … 10 mm groß. Die günstigsten Umgebungsbedingungen sind 28 °C … 30 °C bei 30% Holzfeuchte.
	Gewöhnlicher Nagekäfer (Anobium) auch Klopf- oder Pochkäfer genannt. Die Fraßgänge der Larven sind besonders im Frühholz des Splintes von Laub- und Nadelholz. Er kommt oft in Möbeln, Treppen, Verkleidungen u.a. vor. Die Entwicklungszeit beträgt 1 Jahr … 3 Jahre. Bei einer Temperatur um 22°C und einer Holzfeuchte um 23% hat er seine günstigsten Bedingungen. Das runde Flugloch hat einen Durchmesser von 1 mm … 2 mm.
	Brauner Splintholzkäfer auch Parkettkäfer genannt. Er befällt hauptsächlich Laubhölzer mit ausreichender Stärke und Eiweißanteilen im Frühholz. Die Entwicklungszeit beträgt 1 Jahr bei einer Holzfeuchte ab 7%. Das runde Flugloch hat einen Durchmesser von 1 mm … 1,5 mm.

Pflanzliche Holzschädlinge – Pilze

Echter Hausschwamm	Das weiße, watteartige Pilzgeflecht (Mycel) wächst auf der Oberfläche und im Holz. Er befällt fast alle Holzarten, vor allem Nadelholz und erzeugt durch den Abbau von Zellulose der Holzzellwände Destruktionsfäule. Das Holz verfärbt sich braun (Braunfäule) und zerfällt im trockenen Zustand würfelförmig. Die günstigsten Bedingungen sind bei einer Temperatur von 20 °C und 28% Holzfeuchte. Er ist anzeigepflichtig!
Keller-, Warzenschwamm	Das junge Oberflächenpilzgeflecht ist erst gelblichweiß und wird später schwarzbraun. Er erzeugt ebenfalls Destruktionsfäule. Die besten Lebensbedingungen sindbei einer Holzfeuchte von 50% …. 60% und bei 22 °C … 24 °C. Sein rasches Wachstum hat eine große Zerstörungskraft. Längere Trockenzeiten überlebt er nicht.
Tannen- und Zaunblättling	Sie befallen hauptsächlich im Freien verbautes Nadelholz aber auch ungeschütztes Rahmenholz. Der Abbau des Holzes beginnt mit der Innenfäule, die Holzoberfläche bleibt zunächst unversehrt, und endet dann mit der Destruktionsfäule. Die günstigsten Bedingungen sind bei 29 °C … 34 °C und bei 40% … 60% Holzfeuchte. Sie können eine 4-jährige Trockenzeit überstehen.
Bläuepilz	Er befällt das Splintholz von Kiefer und Fichte, selten Laubholz. Er ernährt sich von den Zellinhaltsstoffen, die Zellwände werden kaum zerstört. Eine Minderung der Festigkeit tritt nicht ein, es ist keine Holzfäule. Befallenes und behandeltes Holz kann deckend gestrichen werden. Die optimalen Bedingungen sind bei 15 °C und bei 28% … 30% Holzfeuchte. Trockenes Holz verhindert das Wachstum des Pilzes.

2.3 Holzfehler

Fehler in der Stammform

Abholzigkeit
Verringerung des Stammdurchmessers von mehr als 1 cm je m Länge.

Krummschäftigkeit
Gewachsene Krümmung des Stammes. Einschnürig, einseitig gekrümmter Stamm. Unschnürig, es kann kein ebener Schnitt durch den Stamm gesägt werden.

Zwieselbildung
Zweiteilung, es entstehen zwei Hauptsprossen. Bei allen Holzarten anzutreffen.

Hohlkehligkeit
Unter den Astansatzstellen auftretende Aushöhlung oder Längsrinne, auch unter abgestorbenen Ästen. Besonders bei Rotbuchen.

Fehler im Querschnitt

Spannrückigkeit
Vertiefungen und wulstige Erhöhungen ergeben eine grobwellige Anordnung der Jahresringe.

Exentrischer Wuchs
Aus der Mitte des Stammquerschnittes verlagerte Markröhre, meist verbunden mit starker Abweichung von der Kreisform.

Fehler im anatomischen Aufbau des Holzes

Reaktionsholz-Druckholz, Buchs
An der Unterseite von schiefgestellten Nadelhölzern bildet sich rötliches Druckholz. Kein Unterschied zwischen Früh- und Spätholz.

Reaktionsholz-Zugholz
Auf der Oberseite von schiefgestellten Laubhölzern bildet sich das weiß oder silberfarbene (Weißholz) Zugholz.

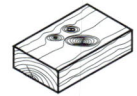

Ästigkeit
Anzahl, Größe, Form und Lage von Ästen im Stamm oder Schnittholz. Rund-, Flügel-, Randäste

Drehwuchs
Spiralförmiger Faserverlauf um die Stammachse.
Sonniger D: – linksgedreht
Widersonniger D: – rechtsgedreht

Gallen
Mit Harz gefüllte Hohlräume im Holz. Harzgallen fast nur bei Nadelhölzern vorkommende Harzkanäle.

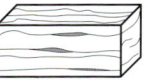

Gallen
Mit mineralischen Bestandteilen gefüllte Hohlräume. Häufige Einschlüsse: Siliciumdioxid (SiO_2), Kalziumkarbonat ($CaCo_3$).

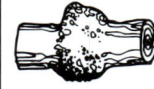

Maserwuchs
Durch Wundreiz nicht ausgetriebene Knospen, führen zu verschlungenem Verlauf von Holzfasern.

Falschkern
Durch Thyllenbildung und Oxydation entstandener dunkler Kern bei farbkernlosen Bäumen. Rot-, Braun- oder Frostkern.

Wilder Wuchs
Sammelbezeichnung für einige Holzfehler, wie starker Wechseldrehwuchs, mit vielen Überwallungen, oder Verwachsungen.

Wimmerwuchs
Ungerichteter, wellenförmiger Verlauf der Fasern oder Jahresringe.

Fehler durch äußere Einwirkung

Frostleiste
Längsverdickung am Stamm durch Überwallung des ständig nachreißenden Frostrisses.

Mondringe
Durch Frosteinwirkung für mehrere Jahre unterbliebene Kern-Holzbildung. Sichel- oder ringförmig mit geringem Gebrauchswert.

Risse
Trocken-, Kern- und Spannungsrisse verlaufen radial, Ringrisse verlaufen entlang der Jahresringe und trennen sie voneinander.

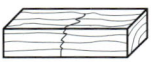

Faserstauchung
Durch Wind- oder Schneedruck überbeanspruchte Holzfasern, es entstehen feine Querrisse. Der Bruch beeinflusst die Festigkeit.

2

2.4 Holzschutz

Holzschutz ist ein Oberbegriff und beinhaltet drei große Aufgabenbereiche für die Holzbearbeitung. Er hat für die Vorbeugung und Bekämpfung gleichfalls Gültigkeit. Ausführung zum „Brandverhalten von Holz" werden in Kapitel 6 Brandschutz beschrieben.

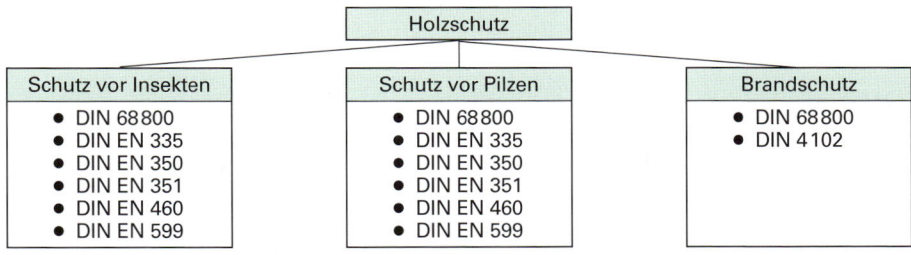

Schutz vor Insekten	Schutz vor Pilzen	Brandschutz
• DIN 68 800 • DIN EN 335 • DIN EN 350 • DIN EN 351 • DIN EN 460 • DIN EN 599	• DIN 68 800 • DIN EN 335 • DIN EN 350 • DIN EN 351 • DIN EN 460 • DIN EN 599	• DIN 68 800 • DIN 4 102

Begriffe zum Holzschutz

Holzschutz	Es sind vorbeugende oder bekämpfende, konstruktive und/oder chemische Maßnahmen zur Erhaltung von verbautem Holz
natürlicher Holzschutz	Berücksichtigung der Inhaltsstoffe und Eigenschaften von Holzarten
baulicher Holzschutz	Fachliche Konstruktion und Werkstoffe besonders im Hinblick auf die Feuchtigkeitsbelastung
physikalischer Holzschutz	Hydrophobierende Imprägnierungen und Anstrichstoffe verhindern das Eindringen von Wasser in das Holz. Als bekämpfenden Holzschutz: Heißluftverfahren
chemischer Holzschutz	Die Anwendung von fungiziden und bioziden (insektiziden) Wirkstoffen sowie Feuerschutzmittel

2.4.1 Schutz vor Insekten und Pilzen

Der beste Schutz vor Holzschädlingen ist, ihnen keine Möglichkeiten wie Feuchtigkeit, Sauerstoff, Temperatur und Nahrung zur Entwicklung zu geben. Die Gebrauchsbedingungen, unter denen Holz gegenüber Organismen anfällig ist, werden in fünf Gefährdungsklassen unterteilt.

Gefährdungsklassen

Zusammenfassung der Feuchtebedingungen und dem Auftreten von Organismen in Gefährdungsklassen bei Vollholz (DIN EN 335)

Gefähr-dungs-klasse		allgemeine Gebrauchs-bedingungen	Beschreibung der Exposition gegen-über Befeuchtung während des Gebrauches	Holz-feuchte gehalt u %	Auftreten von Organismen			
					Holzverfärbende Pilze und		Insekten	
					Fäulnis-pilze	Moder-pilze	Käfer[1]	Ter-miten
1		Innenbereich, abgedeckt	trocken	≤ 20 %	–	–	U	L
2		Innenbereich oder abgedeckt	gelegentlich feucht	> 20 %	U	–	U	L
3	3.1	Außenbereich, ohne Erdkontakt, geschützt	gelegentlich feucht	> 20 %	U	–	U	L
	3.2	Außenbereich, ohne Erdkontakt, ungeschützt	häufig feucht	> 20 %	U	–	U	L
4	4.1	Außenbereich in Kontakt mit Erde und/oder Süßwasser	vorwiegend oder ständig feucht	> 20 %	U	U	U	L
	4.1	Außenbereich in Kontakt mit Erde (hohe Beanspru-chung) und/oder Süßwasser	ständig feucht	> 20 %	U	U	U	L
5		im Meerwasser	ständig feucht	> 20%	U	U	U	L

U: tritt universell in ganz Europa auf   L: tritt lokal in Europa auf
1) das Befallrisiko kann in bestimmten Einsatzbedingungen unbedeutend sein

2.4 Holzschutz

Dauerhaftigkeitsklassen

Klassifikationssysteme für die natürliche Dauerhaftigkeit von Vollholz, basierend auf der Widerstandsfähigkeit gegenüber einem Befall durch verschiedene holzzerstörende Organismen. Das Splintholz aller Holzarten sollte als Dauerhaftigkeitsklasse 5 angesehen werden. Die Gebrauchsdauer eines Holzteiles hängt von vielen Faktoren ab, nicht nur von der Dauerhaftigkeitsklasse gegen holzzerstörende Organismen.

Einsatz von Holzschutz gegen Pilze bei den Gefährdungsklassen (DIN EN 460)

Gefähr-dungs-klasse	Dauerhaftigkeitsklasse					Sym-bole	Beschreibung
	1	2	3	4	5		
1	0	0	0	0	0	0	natürliche Dauerhaftigkeit ausreichend
2	0	0	0	(0)	(0)	(0)	natürliche Dauerhaftigkeit üblicherweise ausreichend, bei einer bestimmten Gebrauchsbehandlung Holzschutz empfehlenswert
3	0	0	(0)	(0)–(X)	(0)–(X)	(0)–(X)	natürliche Dauerhaftigkeit kann ausreichend sein, eine Schutzbehandlung kann notwendig sein
4	0	(0)	(X)	X	X	(X)	eine Schutzbehandlung ist üblicherweise empfehlenswert
5	0	(X)	(X)	X	X	X	Schutzbehandlung notwendig

Beispiel:
In einem freistehendem Einfamilienhaus sollen Fenster aus Lärchenholz eingebaut werden. Unter welchen Bedingungen ist der Einbau möglich?
Zur Ermittlung der Gefährdung wird die Gefährdungsklasse bestimmt. Die Fenster sind der Witterung aber nicht immer dem Regen ausgesetzt (Wetterseite). Daraus ergibt sich die Gefährdungsklasse 2 und 3 (Wetterseite) mit der Schutzmaßnahme gegen Bläue und Schimmelpilz. Das Lärchenholz hat die Dauerhaftigkeitsklasse 3 und kann mit einer Schutzbehandlung eingebaut werden.

Holzschutzmittel (Auswahl)

Mittel	Beschreibung
Holzschutz-mittel	Sind chemische Zubereitungen, die aufgrund ihrer abgestimmten Mischung dazu dienen, einen Befall von Pilzen oder Insekten vorzubeugen oder zu bekämpfen und das Holz vor weiterer Zerstörung zu schützen. Das Mittel besteht mindestens aus einem Wirkstoff und einem Lösungsmittel. Die Wirkstoffe sind anorganische Metallsalze oder organische Verbindungen.
Holzschutz-grundierung	Es sind Mittel auf der Basis öliger Holzschutzmittel mit Zusätzen, die die Haftung von Folgeanstrichen positiv beeinflussen.
Holzschutz-lasuren	Durch die lichtechten Farbpigmente wird die Holzoberfläche vor UV-Strahlen geschützt und und gleichzeitig dekorativ gestaltet. Der durchtränkte Bereich ist durch die chemische Verbindung vor Schädlingen geschützt.
Wetterschutz-mittel	Die wasserabweisenden und pigmentierten Mittel schützen die Oberfläche. Sie gibt es als lasierend oder deckend.
Salze	Es sind anorganische Wirkstoffe auf der Basis von wasserlöslichen Metallsalzen, sie werden als wässrige Lösung eingesetzt. Die Salze können durch Streichen, Spritzen, Tauchen, Kesseldruck- oder Vakuumtränkung eingebracht werden, sie sind z.T. auswaschbar nicht fixierbar. Die Holzfeuchte darf bis 30% betragen. Die behandelten Holzteile dürfen nur bedingt der Witterung ausgesetzt werden. Die Einbringmenge und das Einbringverfahren richtet sich nach den späteren Anforderungen. Die Metallsalze sind hoch toxisch. CF-Salz: Chrom und Fluorverbindung; CK-, CKA-, CKB-, CKF- oder CFB-Salz: Bichromate und Kupfersalze mit Arsen-, Bor- oder Fluorverbindungen; SF- und HF-Salze: Silicofluoride oder Hydrogenfluoride, sie sind korrosiv und dürfen nicht mit Lebensmitteln und Futtermitteln in Kontakt kommen. B-Salze: organische Borverbindungen, sie sind kaum giftig, Ersatz für Chrom-Verbindungen
ölige, lösungs-mittelhaltige Schutzmittel	Teeröl- und steinkohlenteerölhaltige Mittel, nur für den Außenbau zugelassen. Organische Wirkstoffe (Insektizide und Fungizide) in organischen Lösungsmitteln. Für halbtrockene und trockene Hölzer im Innen- und Außenbau, meistens Lasuren mit Pigment-Anteilen. Nicht für den allgemeinen Oberflächenschutz geeignet.

2.4 Holzschutz

Eindringtiefeanforderungen (DIN EN 351)

Eindring-tiefe-klasse	Mindest-Eindringtiefe	Eindring-tiefe-klasse	Mindest-Eindringtiefe
P 1	keine	P 6	≥ 12 mm seitlich im Splintholz
P 2	≥ 3 mm seitlich; ≥ 4 mm in ≥ 40 mm axial im Splintholz	P 7	≥ 20 mm seitlich im Splintholz nur bei Rundholz
P 3	≥ 4 mm seitlich im Splintholz	P 8	gesamtes Splintholz
P 4	≥ 6 mm seitlich im Splintholz	P 9	gesamtes Splintholz und ≥ 6 mm im freiliegenden Kernholz
P 5	≥ 6 mm seitlich und > 50 mm in ≥ 50 mm axial im Splintholz		

Begriffe der Holzschutzmittelverteilung (DIN 52175, DIN 68 800)

Es wird unterschieden nach: Oberflächen-, Rand-, Tief- und Teilschutz

Anforderungen an die Holzschutzmittel (DIN 68800)

Gefähr-dungs-klasse	Anforderungen an das Holzschutzmittel	Prüf-prädi-kat	Gefähr-dungs-klasse	Anforderungen an das Holzschutzmittel	Prüf-prädi-kat	Prüf-zei-chen	Beschreibung
0	nicht erforderlich	–	3	insektenvorbeugend pilzwidrig witterungsbeständig	Iv P W	Iv	insektenvorbeu-gend wirksam
1	insektenvorbeugend	Iv				P	gegen Pilze vor-beugend wirksam
2	insektenvorbeugend pilzwidrig	Iv P	4	insektenvorbeugend pilzwidrig witterungsbeständig moderfäulewidrig	Iv P W E	W	gegen Witterung beständig
						E	im Erdkontakt beständig

Bei der Anwendung der DIN EN Normen ist z.Z. im Einzelfall zu prüfen ob die baurechtliche Ein-führung schon erfolgt ist. Die DIN EN und die überarbeitete DIN 68 800 bilden eine Einheit.

2.4.2 Brandschutz für Holzbauteile

Der Brandschutz ist neben dem Schutz vor Insekten und Pilzen ein Teil des Holzschutzes. Er kann auf zweierlei erfolgen, durch Feuerschutzmittel oder durch Beplankung. Die Ausführung und Ein-stufung wird in der DIN 68000 „Holzschutz im Hochbau" und in der DIN 4102 „Brandverhalten von Baustoffen und Bauteilen" (vergleiche Kapitel 6) beschrieben.

Die Feuerschutzmittel werden in zwei Verarbeitungsverfahren unterschieden

Salzhaltige Feuerschutzmittel	Durch Druckimprägnierung werden das Holz und die Holzwerkstoffe behan-delt. Dieses bewirkt eine rasche Verkohlung des Holzes und erreicht dadurch einen Schutz vor dem Verbrennen.
Dämmschicht-bildende Feuerschutzmittel	Durch die Hitzeeinwirkung schäumt die Oberflächenbeschichtung auf und ver-hindert so den direkten Kontakt zwischen der Flamme und dem Holz. Die Schutzmittel müssen allseitig auf die Holzwerkstoffe aufgetragen werden, so-fern diese nicht vollflächig auf einen massiven mineralischen Untergrund be-festigt sind. Vor dem Auftrag des Schutzmittels ist die Haftfähigkeit auf den Un-tergrund zu prüfen.

Durch Feuerschutzmittel kann das Brandverhalten von Holz und Holzwerkstoffen derart beeinflusst werden, dass sie die Anforderungen der Baustoffklassen B1 bzw. B2 nach DIN 4102 erfüllen (ver-gleiche Kapitel 6). Die Holzarten haben ein unterschiedliches Brandverhalten. Nadelhölzer brennen aufgrund ihres Aufbaues leichter als Laubhölzer, **Hölzer mit einer geringeren Rohdichte brennen besser als Hölzer mit einer höheren Rohdichte.**

$\varrho \le 300$ kg/m³ sehr gut brennbar

$\varrho > 300$ kg/m³ und $\varrho \le 1000$ kg/m³ mittelmäßig brennbar

$\varrho > 1000$ kg/m³ schlecht brennbar

2.5 Holzfeuchte

Fasersättigungsbereich

Fasersättigungsbereich u_F ist der Bereich in dem die Zellwände vollständig mit Wasser gesättigt sind und in den Kapillarstrukturen kein freies Wasser ist. Beim Einschneiden von Hölzern ist der Fasersättigungsbereich zu beachten.

Holzart	u_F %	Holzart	u_F %	Holzart	u_F %
Ahorn	32 … 35	Kiefer[2,3]	26 … 28	Rotbuche	32 … 35
Birke	32 … 35	Kirschbaum[1]	22 … 24	Roteiche[1]	22 … 24
Birnbaum[1]	32 … 35	Lärche[2,3]	26 … 28	Rüster[1]	22 … 24
Douglasie[2,3]	26 … 28	Lauan	32 … 35	Sapelli	32 … 35
Eiche[1]	22 … 24	Meranti DR	32 … 35	Sipo	32 … 35
Erle	32 … 35	Nussbaum[1]	22 … 24	Tanne	30 … 34
Esche	22 … 24	Pappel	32 … 35	Teak	22 … 24
Fichte	30 … 34	Redcedar	30 … 34	Weißbuche	32 … 35
Hemlock	30 … 34	Robinie[1]	25 … 25	Weymouthskiefer	22 … 24

[1] Splint u_F % 32 – 35   [2] Splint u_F % 30 – 34   [3] Kern mit hohem Harzgehalt u_F % 32 – 35

Nach dem Einschnitt hat das Holz noch eine Feuchtigkeit von 18% … 30% bezogen auf das Darrgewicht. Um es weiter verarbeiten zu können, muss es noch getrocknet werden. Die angestrebte Holzfeuchte u richtet sich nach dem zu erwartenden Klima während der Nutzung.
Zwischen dem Klima (relativer Luftfeuchtigkeit und Temperatur) und der Holzfeuchte u entsteht ein Gleichgewicht – das **Holzfeuchtegleichgewicht u_{gl}.**

Tabelle zur Bestimmung des Holzfeuchtegleichgewichtes nach Egner

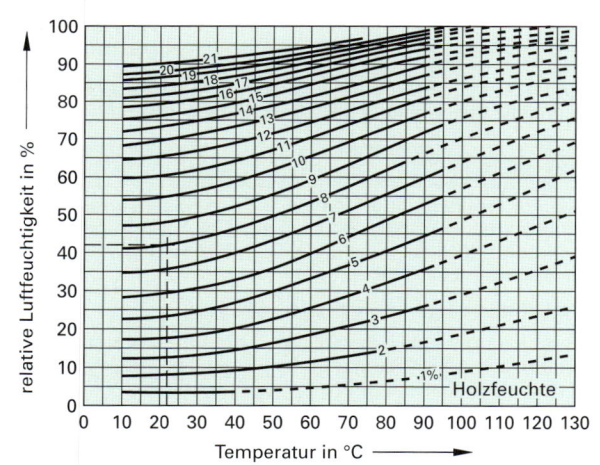

Beispiel:

In einem Raum wird eine Lufttemperatur von 22 °C und eine relative Luftfeuchtigkeit von 42% gemessen.

Wie hoch ist die Holzfeuchte u_{gl}?

Holzfeuchte u_{gl} = 8%

Normalklima oder Normklima

Bei diesen Bedingungen werden die Holzproben gelagert damit sich die entsprechende Holzfeuchte u_{gl} einstellt, während der Prüfung wird das Klima nicht verändert.

Normalklima (DIN 50 014)

Kurz-zeichen	Luft-temperatur	relative Luftfeuchte	Holzfeuchte u_{gl} %
23/50	23 °C	50%	9
20/65	20 °C	65%	12
27/65	27 °C	65%	11,6

Mittlere relative Luftfeuchtigkeit in verschiedenen Verwendungsbereichen (DIN 68 100)

Verwendungsbereich		mittlere rel. Luftfeuchte %	Verwendungsbereich	mittlere rel. Luftfeuchte %
geschlossene Räume	mit Zentralheizung	40	offene Räume überdacht	75
	mit Ofenheizung	50	im Freien, der Witterung ausgesetzt	80
	mit Heizung	65	grobe Mittelwerte für Mitteleuropa	

2.5 Holzfeuchte

Gleichgewichtsfeuchte

Gleichgewichtsfeuchte ist die auf Grund des hygroskopischen Gleichgewichts mit einem bestimmten Klima, ausschlaggebend ist die relative Luftfeuchtigkeit, entstehende Holzfeuchte u_{gl}.
Sie endet bei der Fasersättigung.

mittlere Holzfeuchte (DIN 1052)

Nutzungsklasse	1	2	3	Die meisten Nadelhölzer der jeweiligen Nutzungsklasse überschreiten die kursiven u_{gl}-Werte nicht.
Holzfeuchte u_{gl}	5% ... *12*% ... 15%	10% ... *20*%	12% ... *24*%	

Nutzungsklasse 1: allseitig geschlossene und beheizte Bauwerke, im Regelfall bei 20 °C und ≤ 65% rel. Luftfeuchtigkeit
Nutzungsklasse 2: überdachte Bauten, bei einer Temperatur von 20 °C und einer relativen Luftfeuchtigkeit ≤ 85%
Nutzungsklasse 3: Konstruktionen, die der Witterung ausgesetzt sind

mittlere Holzfeuchte (DIN 18355 VOB/ATV)

Verwendung	Holzfeuchte u_{gl}	Verwendung	Holzfeuchte u_{gl}
Innenausbau[1], die nicht der Außenluft ausgesetzt sind	≤ 10%[4]	Bauteile[2], die ständig der Außenluft ausgesetzt sind	≤ 15%[4]

mittlere Holzfeuchte (DIN EN 942)

Einsatzbedingungen	Holzfeuchte u_{gl}	Einsatzbedingungen	Holzfeuchte u_{gl}
beheizte Gebäude, Innen[1] Raumtemperatur 12 °C ... 21 °C	9% ... 13%	unbeheizte Gebäude, Innen[1]	12% ... 16%
beheizte Gebäude, Innen[1] Raumtemperatur > 21 °C	6% ... 10%	Außenbereich[2, 3]	12% ... 19%

[1] Innenausbau: Zimmertüren, Einbauschränke, Wand- und Deckenbekleidungen, Möbel

[2] Bauteile mit Schutz: Fenster, Haustüren   [3] Bauteile ohne Schutz: Pergola

[4] Holzfeuchte beim Verlassen des Herstellungsbetriebes; ist auf Verlangen nachzuweisen

Maßveränderung durch Schwinden und Quellen

Durch die Abgabe oder Aufnahme von Feuchtigkeit verändert das Holz seine Maße. Die Schwindmaße und Quellmaße sind in den drei holzanatomischen Richtungen sehr unterschiedlich und verhalten sich etwa wie:

Durchschnittswerte zur überschlägigen Ermittlung des Holzschwundes		
Schwind-richtung	maximales Schwindmaß β in %	differentielles Schwindmaß q in % pro 1 % Feuchteänderung
axial	β_l 0,3 %	q_l 0,01 %
radial	β_r 4 %	q_r 0,13 %
tangential	β_t 8 %	q_t 0,27 %
diagonal*	β_d 6 %	q_d 0,20 %
* Mittelwert zwischen radial und tangential		

Berechnung der Holzfeuchte:

$$\text{Holzfeuchte } u = \frac{m_u - m_o}{m_o} \cdot 100 \text{ in } \%$$

m_u Masse der feuchten Holzprobe
m_o Masse der darrtrockenen Holzprobe

Beispiel:
Die feuchte Holzprobe wiegt 230 g.
Die darrtrockene Holzprobe wiegt 200 g.

$$u = \frac{230 \text{ g} - 200 \text{ g}}{200 \text{ g}} \cdot 100\%$$

$$u = \frac{30 \text{ g}}{200 \text{ g}} \cdot 100\% \qquad \text{Holzfeuchte } u = 15\%$$

2.5 Holzfeuchte

Ausgewählte Werte für den Holzfeuchtegehalt und ihre Normen

Kennzeichen TG: Tegernseer Gebräuche (Holzfeuchte aufsteigend)	DIN	Holzfeuchte u%
darrtrocken, ofentrocken	–	0
Innenausbauteile	VOB/18355	≤ 10
Fußbodendielen geheizte Innenräume	EN 13990	7 … 11
Profilholz (Seekiefer) Bereich u ≤ 11%	EN 14519	8 … 14
Profilholz (Nadelholz) Bereich u ≤ 12%	EN 14519 u. EN 15146	10 … 14
Laubschnittholz für den Treppenbau	68368	10 … 14
Profilbretter mit Schattennut, hobeltrocken	68126	12 … 16
Holz für Innenfenster, Türen, Zargen, beheizt	DIN EN 14221	≤ 13
Bauteile der Außenluft ausgesetzt	VOB/18355	≤ 15
Holz für Außenfenster, Türen, Zargen	EN 14220	≤ 16
Holz für Innenfenster, Türen, Zargen, unbeheizt	EN 14221	≤ 16
Bretter, Fußleisten, Bohlen, Messbezugsfeuchte, vorzugsweise	4071…/68122…	16 … 18
Profilholz (Nadelholz) Bereich u ≤ 17%	EN 14519	15 … 19
Laubschnittholz, Messbezugsfeuchte	TG	18
Lufttrockenes Holz	EN 844-4	< 20
Laub- und Nadelschnittholz, Messbezugsfechte	1052/EN 1313	20
Fußbodendielen, andere Verwendung	EN 13990	15 … 19
verladetrockenes Holz	EN 844-4	< 25
Grenzwert für die Bezeichnung „halbtrocken" für Bauholz, Dimensions- und Listenware bei nicht zu großen Querschnitts-abmessungen ≤ 200 cm²	TG	30
frisches Holz, Fasersättigung	EN 844-4	≈ 30

Abgrenzung zwischen Holzqualität und Holztrocknung

Holzqualität wird beeinflusst durch die natürlichen Eigenschaften des Rohstoffes Holz vor seiner Trocknung. Trocknungsqualität wird durch die Prozessführung der Trocknung beeinflusst.

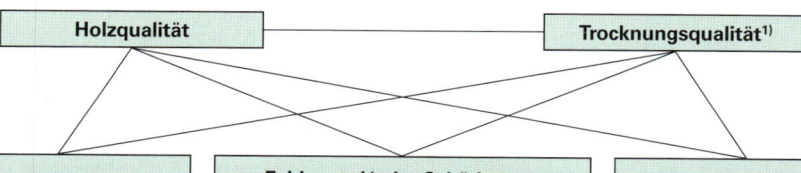

Holzqualität		Trocknungsqualität[1]
Schäden am Holz, verursacht durch Holzeigenschaften	**Fehler und/oder Schäden am Holz verursacht durch Holz-eigenschaften bei bestimmten Trocknungsbedingungen**	**Fehler, verursacht durch unsachgemäße Trocknungsbedingungen**

Übersicht über holzspezifische Merkmale und trocknungsbedingte Eigenschaften von Schnittholz

Holzeigenschaften oder Holzqualität	Eigenschaften beeinflusst durch Trocknung

Mechanische Eigenschaften
Rohdichte
Schwindung
Faserabweichung
Drehwuchs
Wechseldrehwuchs
Reaktionsholz
Juvenile wood (Jugendholz)
Äste
Wachstumsspannungen
Ringschäle
Gallen
Risse: Markrisse
          Wechseldrehwuchsrisse
          Wachstumsrisse
	mittlere Holzfeuchte
	Streuung der Holzfeuchte:
	    ● über die Brettdicke
	    ● über die Brettlänge
	    ● innerhalb der Lieferung
	Verschalung
	Innenrisse
	Hirnrisse
	Kollaps
	bestimmte Verwerfungen
	Deformation durch falsches Stapeln
	bestimmte Verfärbungen und Farbveränderungen:
	    ● Oberflächen-Innenverfärbungen
	    ● fleckige, streifige Verfärbungen
	    ● durch die Stapelleisten

1) Zur Zeit werden Richtlinien und/oder Normen zur Spezifikation und Bestimmung der Trocknungsqualität erarbeitet.

2

2.5 Holzfeuchte

Holztrocknung

wird die Feuchtigkeitsveränderung im Holz zwischen dem Fasersättigungsbereich, im Mittel bei $u \leq 30\%$, und der Verarbeitungsfeuchte, bis zu $u = 8\%$, bezeichnet. Die Trocknung kann durch zwei Verfahren erreicht werden: **Freilufttrocknung und Technische Trocknung**

Freilufttrocknung

Natürliche Freilufttrocknung	Das Holz wird auf Leisten gestapelt und mit einem Dach (Wetterschutz) versehen. Durch das umgebende Klima und den Wind wird das Holz je nach Holzart und Materialdicke in 60 Tagen … 300 Tagen auf ca. $u_{gl} = 5\%$ … 20% getrocknet.
Beschleunigte Freilufttrocknung	Das Holz wird in einer Halle auf Leisten gestapelt und während der Trocknung technisch belüftet (Ventilator). Hierdurch verkürzt sich die Trockenzeit gegenüber der natürlichen Freilufttrocknung auf die Hälfte bis zu einem Drittel. Diese Trocknung muss regelmäßig überwacht werden, damit es nicht zu Trockenschäden kommt.

Technische Trocknung

$$TG = \frac{u_m}{u_{gl}}$$

TG Trocknungsgefälle
u_m augenblickliche, mittlere Holzfeuchte
u_{gl} Gleichgewichtsfeuchte des jeweiligen Kammerklimas

Technische Trocknung i ist eine voll gesteuerte Trocknung durch zugeführte Wärmeenergie und gleichzeitige Zwangsbelüftung. Die Trockenzeit richtet sich nach der Holzart, der Holzfeuchte und der Materialdicke. Eine zu schnelle Trocknung führt zu Trocknungsschäden wie Verschalen, Verfärben, Hirnrisse usw. Zur Vermeidung von Schäden ist das Trocknungsgefälle zu beachten. Es darf den Wert 4 nicht überschreiten.

Diagramm zur Ermittlung des Gleichgewichtsfeuchtesatzes bei der Trocknung von

Laubholz	Nadelholz
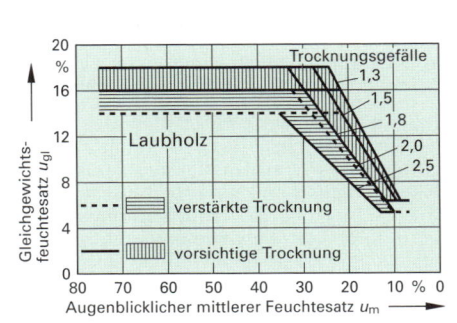	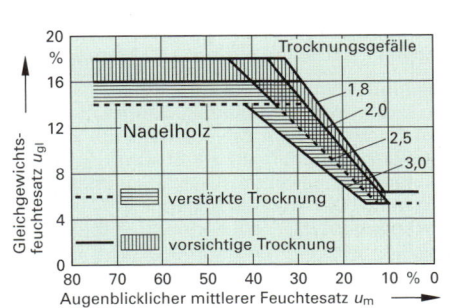

Richtwerte zum Trocknungsgefälle

Holzdicke in mm	< 30	> 30 … < 50	> 50	**Holzart**
schwer zu trocknen	3	2,5	2	Eiche
mittelmäßig zu trocknen	3,5	3	2,5	Buche
leicht zu trocknen	4	3,5	3	Fichte

Luftströmungsrichtungen bei der Holztrocknung

Querbelüftung

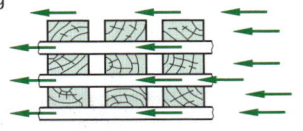

Längsbelüftung

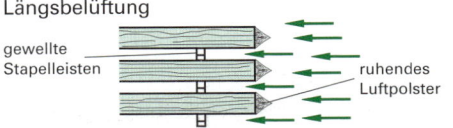

gewellte Stapelleisten

ruhendes Luftpolster

Frischluft-Abluft-Trocknung,
nach diesem Verfahren arbeiten die meisten Trocknungsanlagen. Die feuchte Luft wird abgeführt und durch trockene Frischluft ersetzt. Die Feuchtigkeitsbewegung erfolgt durch Diffusion. Das Holz wird auf eine Temperatur von 30 °C… 100 °C, ideal ist 60 °C … 80 °C, erwärmt. Das Holzfeuchtegleichgewicht u_{gl} wird um 4% über die Ausgangsholzfeuchte erhöht. Bei der Trocknung ist der augenblickliche u_{gl} niedriger als die Holzfeuchte. Zum Ende der Trocknung wird das Holzfeuchtegleichgewicht leicht erhöht, zum Ausgleich der Trockenspannung und um ein weiteres Abtrocknen zu verhindern.

Vorteil: für fast alle Holzarten und Holzdicken geeignete preiswerte Holztrocknung
Nachteil: helle Hölzer verfärben durch Oxidation

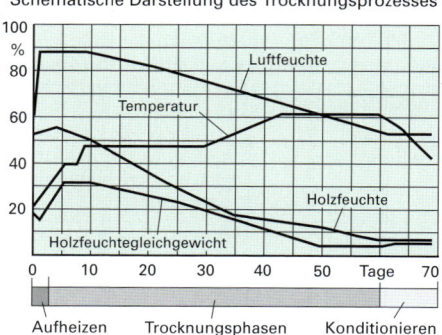

Schematische Darstellung des Trocknungsprozesses

Luftfeuchte
Temperatur
Holzfeuchte
Holzfeuchtegleichgewicht

Aufheizen — Trocknungsphasen — Konditionieren

Hochtemperaturtrocknung,
arbeitet nach dem gleichen Prinzip wie die Frischluft-Abluft-Trocknung. Es wird hier zwischen Heißlufttrocknung (heißer, trockener Luft) und Heißdampftrocknung (überhitzter Wasserdampf) unterschieden. Das Holz wird auf zwischen 100 °C … 130 °C erwärmt und die Luftströmungsgeschwindigkeit erhöht. Die Feuchtebewegung im Holz erfolgt durch Diffusion und Dampfströmung.

Vorteil: schnelle Trocknung von Nadelschnittholz
Nachteil: vorwiegend für Nadelhölzer geeignet, es führt leicht zu Holzverfärbungen, keine großen Qualitätsanprüche an die Trocknungsqualität.

Kondensationstrocknung,
arbeitet nach dem System einer Klimakammer, mit einem Wärmeteil und einem Kälteteil. Die Feuchtebewegung im Holz erfolgt durch Diffusion. Die Trocknungstemperatur liegt unter 55 °C. Die erwärmte feuchte Luft wird im Kältebereich abgekühlt, das Wasser kondensiert, die Luft wird wieder erwärmt und erneut dem Holz zugeführt. Es handelt sich um einen geregelten Kreislauf.

Vorteil: geringerer Energiebedarf, schonende Trocknung
Nachteil: Trocknung nur bis $u = 12\%$ möglich, längere Trocknungszeiten.

Vakuumtrocknung,
es wird zwischen kontinuierlicher (Plattenverfahren) und diskontinuierlicher (plattenloses Verfahren) Trocknung unterschieden. Bei der **kontinuierlichen Trocknung** liegt das Schnittholz zwischen beheizten Platten. Nach der Erwärmung wird die Kammer teilweise evakuiert. Das Vakuum bleibt während der gesamten Trocknung erhalten. Die Feuchtebewegung im Holz erfolgt durch Dampfströmung. Die Trocknungstemperatur liegt zwischen 30 °C … 70 °C. Bei der **diskontinuierlichen Trocknung** ist das Holz normal gestapelt. Das Holz wird durch Luftzirkulation erwärmt, zum Entfeuchten wird ein Vakuum hergestellt. Die Trocknung erfolgt im Wechsel erwärmen/entfeuchten. Die Feuchtebewegung im Holz erfolgt durch Diffusion und Dampfströmung. Die Trocknungstemperatur liegt zwischen 35 °C … 75 °C.

Vorteil: kurze Trocknungszeiten, keine Holzverfärbungen, alle Holzarten und Querschnitte
Nachteil: hohe Investitionskosten

Heißdampf-Vakuumtrocknung,
das gestapelte Holz wird mit fast reiner Dampfatmosphäre erwärmt. Es werden sehr hohe Luftströmungsgeschwindigkeiten, mind. 10 m/s … 15 m/s, benötigt. Die Feuchtebewegung im Holz erfolgt durch Dampfströmung. Die Trocknungstemperatur liegt bei 50 °C … 90 °C, in der Regel bei 60 °C. Der Kammerinnendruck beträgt 80 mbar … 180 mbar.

Vorteil: kürzere, schonendere Trocknung, keine Holzverfärbungen, fast alle Holzarten
Nachteil: höhere Investitionskosten, bedingt geeignet bei sehr permeablen (gasdurchlässigen) Hölzern mit geringen Dimensionen

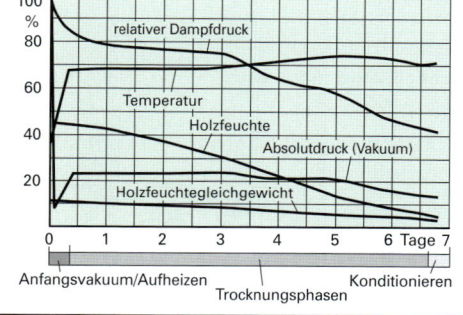

relativer Dampfdruck
Temperatur
Holzfeuchte
Absolutdruck (Vakuum)
Holzfeuchtegleichgewicht

Anfangsvakuum/Aufheizen — Trocknungsphasen — Konditionieren

2.6 Holz als Handelsware

Damit Schnittholz gehandelt werden kann, wird der Stamm im Wald ausgehalten (nach Stärke- und/oder Güteklassen sortiert). Im Sägewerk wird dann das Holz gemäß der weiteren Verwendung eingeschnitten.

Rundholz ist unvergütetes Vollholz wie Stämme, Masten usw. Für die Vermessung, Stärke- und Güteklasseneinteilung sind mehrere Vorschriften von Bedeutung.
- Richtlinie 68/69 (EWG-Richtlinie) vom 28.01.1968
- Gesetz über gesetzliche Handelsklassen für Rohholz (HKIG) vom 25.02.1969
  Rohholz: gefälltes, entwipfeltes und entastetes Holz, es kann entrindet oder zugesägt sein
  Mindestmerkmale: Sortierung nach Verwendungszweck, Güte, Stärke und Länge
- Verordnung über gesetzliche Handelsklassen für Rohholz (HKIVO) vom 31.07.1969
  Handelsklassen: Sortierung der Holzarten nach Stärke, Güte und Verwendungszweck
  Kennzeichen: Langholz entsprechend den Güteklassen mit den Buchstaben A, B, C oder D
- Verordnung über gesetzliche Handelsklassen für Rohholz (Forst-HKS) vom 31.07.1969
- Ergänzende Bestimmungen der einzelnen Bundesländer

Handelsklassen für Rohholz (Forst-HKS)

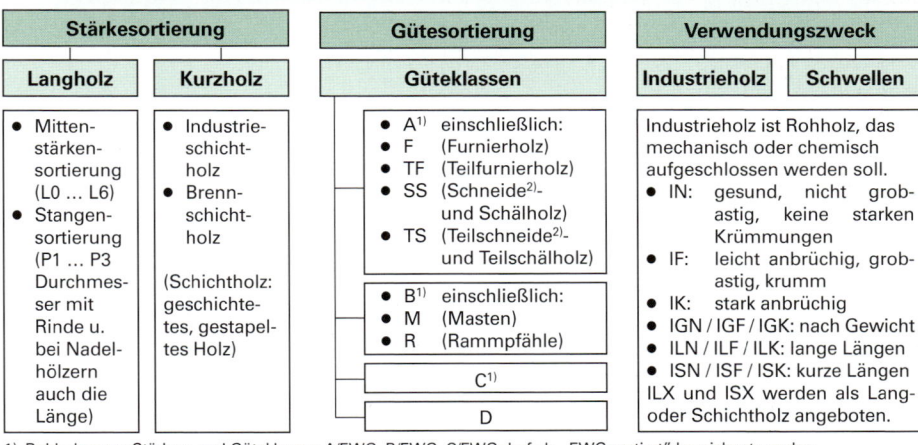

Stärkesortierung		Gütesortierung	Verwendungszweck	
Langholz	**Kurzholz**	**Güteklassen**	**Industrieholz**	**Schwellen**
• Mittenstärkensortierung (L0 … L6) • Stangensortierung (P1 … P3) Durchmesser mit Rinde u. bei Nadelhölzern auch die Länge)	• Industrieschichtholz • Brennschichtholz (Schichtholz: geschichtetes, gestapeltes Holz)	• A[1] einschließlich: • F (Furnierholz) • TF (Teilfurnierholz) • SS (Schneide[2]- und Schälholz) • TS (Teilschneide[2]- und Teilschälholz) • B[1] einschließlich: • M (Masten) • R (Rammpfähle) C[1] D	Industrieholz ist Rohholz, das mechanisch oder chemisch aufgeschlossen werden soll. • IN: gesund, nicht grobastig, keine starken Krümmungen • IF: leicht anbrüchig, grobastig, krumm • IK: stark anbrüchig • IGN / IGF / IGK: nach Gewicht • ILN / ILF / ILK: lange Längen • ISN / ISF / ISK: kurze Längen ILX und ISX werden als Lang- oder Schichtholz angeboten.	

1) Rohholz sowe Stärken- und Güteklassen A/EWG, B/EWG, C/EWG darf als „EWG-sortiert" bezeichnet werden.
2) Schneideholz: gutes Stammholz der Güteklasse A

Mittenstärkensortierung

Klasse	Mittendurchmesser ohne Rinde in cm	Klasse	Mittendurchmesser ohne Rinde in cm
L0	< 10	L3a	30 … 34
L1a	10 … 14	L3b	35 … 39
L1b	15 … 19	L4	40 … 49
L2a	20 … 24	L5	50 … 59
L2b	25 … 29	L6	≥ 60

Güteklassen (Forst-HKS)

Güteklassen	Anforderungen
A	gesundes Holz, fehlerfrei oder nur unbedeutende Fehler
B	Holz von normaler Qualität, mit kleinen Fehlern
C	fehlerhaftes Holz, über die Grenzwerte der Güteklasse B
D	es ist noch zu mindestens 40 % gewerblich verwertbar

Kennzeichnung und Messstellen für die Langholzsortierung

Beispiel für Stammkennzeichnung	Messstellen bei Langholz
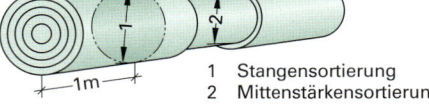 1 Güteklasse (von B abweichend) 2 Stammnummer 3 Stammlänge (m) 4 Mittendurchmesser (cm)	1 Stangensortierung 2 Mittenstärkensortierung

2.6 Holz als Handelsware

Abgrenzung der Güteklassen für Stammholz (Forst-HKS, Auswahl, vorzugsweise Nadelholz)

Merkmale	Güteklassen (gefordert bzw. zulässig)			
	A	**B**	**C**	**D**
astreine Schichten	$^2/_3$ bis $^1/_2$ des $\varnothing$ (d.h. außerhalb des inneren Drittels oder der inneren Hälfte, bezogen auf den $\varnothing$)	$^1/_2$ bis 0 des $\varnothing$	keine	Holz, das wegen seiner Fehler nicht in die Güteklassen A/EWG, B/EWG, C/EWG aufgenommen wird; es muss noch mindestens 40 % gewerblich verwendbar sein
Astdurchmesser oberhalb des Astanlaufes	Astlänge und Astlage ist im allgemeinen wichtiger als Astdurchmesser (maximale Astdurchmesser im Nadelholz bei 2 cm, im Laubholz bei ca. 3 cm)	gesunde Äste bis ca. 5 cm, 2 Äste lfd/m Fauläste 1 Ast 3 cm … 5 cm auf 1 lfd/m	dicke Äste von mindestens 8 cm … 12 cm Durchmesser Fauläste 1 Ast > 8 cm auf 4 lfd/m	
Astnarben	Restnarben und Narbenformen, bei denen Längs- zu Querdurchmesser 1 : 4 und mehr betragen; außerdem eine deutliche Narbe oder Klebast an geraden Abschnitten	jegliche (außer sehr großen Beulen etc. siehe C)	sehr große Beulen oder große Rindennarben über dicken Aststümpfen	
Krümmungen	≤ 2 cm/lfd m (LA ≤ 3 cm/lfd m)	≤ 4 cm/lfd m (bei $\varnothing$ unter 20 cm kann 2 cm schon als starke Krümmung gelten)	> 4 cm/lfd m	
Drehwuchs	≤ 6 cm/lfd m	≤ 15 cm/lfd m	> 15 cm/lfd m	
Abholzigkeit	NH ≤ 1 cm/lfd m LH ≤ 2 cm/lfd m	NH ≤ 2 cm/lfd m LH ≤ 3 cm/lfd m	NH ≤ 2 cm/lfd m LH ≤ 3 cm/lfd m	
Querschnittsform	≤ 1 : 1,2 zwischen großem und kleinem Durchmesser	1 : 1,2 … 1,5 zwischen großem und kleinem Durchmesser	keine Einschränkung	
Gesundheit	Stammtrockenheit ohne Sekundärschäden	Stammtrockenheit ohne weitere Folgeerscheinungen, leichte Verfärbungen, einzelne kleine Faulflecken, Faulstellen im Wurzelanlauf	Rot-Weißfäule, wesentliche Pilzzerstörungen, tiefgehende insektenschäden	
einzelne Wunden	im innersten Drittel und dicht unter der Stammoberfläche	keine Einschränkung	keine Einschränkung	
Risse und Ringschäle	im innersten Drittel größere nur in der nachweislichen Beschränkung auf die Abschnittsenden; gerader Frostriss als Einzelfehler an geraden Abschnitten	wie A, zusätzlich Mantelrisse > 3 cm im äußeren Stammdrittel, Markrisse > 3 cm im inneren Drittel	Ablösung der Ringschäle im innersten oder äußersten Radiusdrittel; große Markrisse über $^1/_2$ der inneren Radiuslänge; größere Kernrisse	
kleine Verfärbungen	im innersten Drittel und dicht unter der Stammoberfläche	keine Einschränkung	völlig verfärbt, stark fleckig oder streifig, Spritzkern bei Buche	
Jahrringbau	keine Reaktionsbildung; Jahrringbreiten holzartenweise von unterschiedlicher bedeutung	Reaktionsholzbildung innerhalb der zulässigen Querschnittsverformung, jedoch nicht mehr als $^1/_3$ des $\varnothing$	keine Einschränkung	
Sonstiges	Merkmale, die die Verwendung nicht beeinträchtigen, sind zulässig	die Zulässigkeitsgrenze eines der obigen Merkmale kann bei sonstiger guter Qualität überschritten werden	für Buche und Eiche gibt es ergänzende Beschreibungen	

Die einzelnen Bundesländer haben zusätzliche verwaltungs- und betriebsinterne Sortierungsbestimmungen erlassen. Die Aushaltung durch die Forstämter richtet sich nach der Forst-HKS und den Ergänzungen.

2.6 Holz als Handelsware

Sortierregeln Eiche (Quercus, DIN EN 1316)

Qualitätsmerkmale ↓ Klasse →		Q-A	Q-B	Q-C	Q-D
Mindestmaße[1][2]: Länge		2,5 m	3 m	2 m	unbegrenzt
Mittendurchmesser →		40 cm ohne Rinde	35 cm o. R.	30 cm o. R.	
Splint		≤ 3 cm	≤ 4 cm	zulässig	zulässig, kann keiner anderen Klasse zugeordnet werden, ≥ 40 % des Volumens müssen verwendbar sein
Jahresringbreite		≤ 4 cm	zulässig	zulässig	
Farbe		homogen[2]	zulässig[2]	zulässig	
Ast	gesund, überwallt	≤ 15 cm / 2,5 m[3]	[4]	zulässig	
	Faulast, unüberwallt	unzulässig		≤ 50 cm / 2 m	
Rindenmerkmale (Anzahl/m) (Wasserreisser, Rosen, u.ä.)		1 Wasserreisser/ 2,5 m[3]	1 Wasserreisser = Ast mit 5 mm ⌀	zulässig	
Drehwuchs		≤ 5 cm/m	≤ 9 cm/m	zulässig	
Exzentrizität		< 10 %	< 20 %	zulässig	
Ovalität		< 10 %	zulässig	zulässig	
Einfache Krümmung		≤ 2 cm/m	≤ 4 cm/m	≤ 10 cm/m	
Mondring, Weichfäule		unzulässig	unzulässig	unzulässig[2]	
Einfacher Kernriss		im inneren 1/3 des ⌀ zulässig	keine durchgehenden Risse	zulässig	
Sternriss		unzulässig	im inneren 1/5 des ⌀ zulässig	im inneren 2/3 des ⌀ zulässig	
Frostriss		unzulässig	unzulässig	unzulässig[2]	
Schwindrisse		unzulässig	zulässig	zulässig	
Ringschäle		unzulässig	im inneren 1/5 des ⌀ am dick. Ende zulässig	am dickeren Ende zulässig	
Insektenfraßgänge		unzulässig	unzulässig	im Splint zulässig	
Faulflecken		unzulässig	im Kern 15 % des ⌀ zulässig	zulässig	
Braunkern		unzulässig	unzulässig	im inneren 1/3 des ⌀ zulässig	

Sortierregeln Buche (Fagus, DIN EN 1316)

Qualitätsmerkmale ↓ Klasse →		F-A	F-B	F-C	F-D
Mindestmaße[1][2]: Länge		3 m	3 m	2 m	unbegrenzt[2]
Mittendurchmesser →		35 cm ohne Rinde	30 cm o. R.	25 cm o. R.	
Jahresringbreite		≤ 4 cm	zulässig	zulässig	zulässig, kann keiner anderen Klasse zugeordnet werden, ≥ 40 % des Volumens müssen verwendbar sein
Farbe		homogen[2]	zulässig[2]	zulässig	
Ast	überwallt, unüberwallt	unzulässig	3 Äste / 3 m	gesunde Äste zulässig	
	davon unüberwallt		[5]	[6]	
Drehwuchs		≤ 5 cm/m	≤ 9 cm/m	zulässig	
Exzentrizität (Kern)		< 10 %	< 20 %	zulässig	
Ovalität		< 15 %	zulässig	zulässig	
Krümmung		≤ 2 cm/m	≤ 4 cm/m	≤ 8 cm/m	
Spannrückigkeit		unzulässig	unzulässig[2]	zulässig	
Einfacher Kernriss		unzulässig	zulässig	zulässig	
Sternriss		unzulässig	unzulässig	zulässig	
Insektenfraßgänge		unzulässig	unzulässig	unzulässig	
Weißfäule		≤ 10 % des Kern-⌀	≤ 15 % des Kern-⌀	≤ 25 % des Kern-⌀	
Rotkern		≤ 20 % des ⌀[7]	≤ 10 % des ⌀[7]	zulässig	
Spritzkern		unzulässig	≤ 10 % des ⌀	≤ 4 % des ⌀	
Verfärbung / T-Flecken		unzulässig	unzulässig	zulässig	
Faulflecken		unzulässig	im Kern 15 %	zulässig	

[1] Die Messungen für die Maße und Merkmale erfolgen nach DIN EN 1309, DIN EN 1310, DIN EN 1311.
[2] Wenn nicht anders vertraglich vereinbart.
[3] Sofern kein anderes abstufendes Merkmal vorhanden ist.
[4] Höchstsumme: 100 mm / 3 m bei Ästen (alle Merkmale), gesunder überwallter Ast darf nicht > 60 mm ⌀, und die Summe der Fauläste ≤ 20 mm ⌀ sein.
[5] Σ der Durchmesser ≤ 200 mm / 3 m (davon 40 mm max. kranker Ast / 3 m).
[6] Σ der Durchmesser fauler und kranker Äste ≤ 200 mm / 3 m.
[7] Eine Unterklasse „A Rot" oder „B Rot" erlaubt 100 % des gesunden und homogenen Rotkerns.

2

2.6 Holz als Handelsware

Rundholz-Einschnittarten

Kantholzschnitte **Brett-, Dielen-, Rift- und Spiegelschnitte**

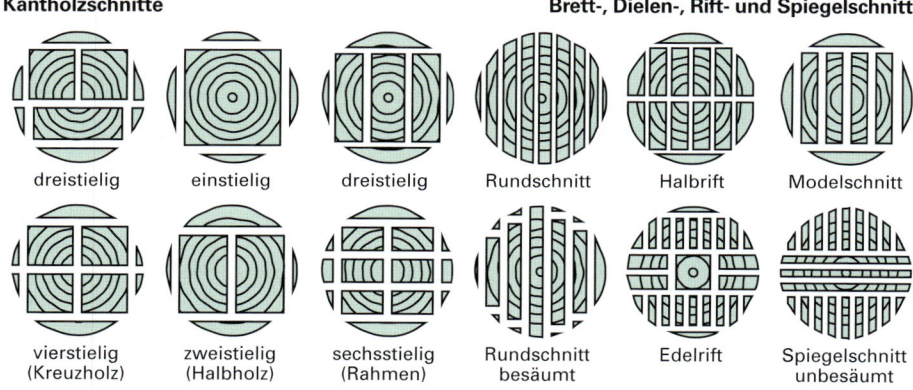

| dreistielig | einstielig | dreistielig | Rundschnitt | Halbrift | Modelschnitt |
| vierstielig (Kreuzholz) | zweistielig (Halbholz) | sechsstielig (Rahmen) | Rundschnitt besäumt | Edelrift | Spiegelschnitt unbesäumt |

Schnittholz

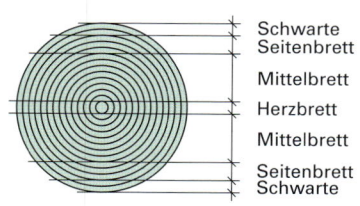

Schwarte
Seitenbrett

Mittelbrett

Herzbrett

Mittelbrett

Seitenbrett
Schwarte

Schnittholz wird durch Sägen oder Zerspanen von Rund-holz oder größeren Holzquerschnitten in Längsrichtung erzeugt und evtl. gekappt und/oder bearbeitet, um eine bestimmte Maßgenauigkeit zu erreichen.

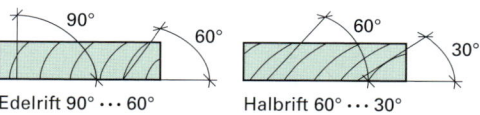

Edelrift 90° ··· 60°   Halbrift 60° ··· 30°

Güteklassen

DIN	Beschreibung	DIN	Beschreibung
(TG)	Tegernseer Gebräuche	EN 844	Rund- und Schnittholz
4074	Sortierung von Nadelholz	EN 942	Holz für Tischlerarbeiten
68 126	Sortierung für Profilbretter	EN 975	Sortierung für Eiche, Buche
68 365	Bauholz für Zimmerarbeiten	EN 1310	Messung von Merkmalen
68 368	Laubschnittholz für Treppenbau	EN 1316	Qualitätssortierung – Laub-Rundholz
EN 350	Natürliche Dauerhaftigkeit, Vollholz	EN 1611	Sortierung für Nadelschnittholz
EN 338	Festigkeitsklassen	EN 12246	Holz für Paletten
EN 518	Bauholz für tragende Zwecke	EN 13990	Fußbodendielen, Nadelholz
EN 519	Bauholz für tragende Zwecke	EN 14519	Profilholz, Nadelholz

Form und Maße

DIN	Beschreibung	DIN	Beschreibung
(TG)	Tegernseer Gebräuche	EN 1309	Messung der Maße
EN 1315	Dimensions-Sortierung Laub-Rundholz	EN 1310	Messung der Merkmale
EN 336	Maße, zulässige Abweichungen	EN 1311	Messung von Schädlingsbefall
EN 844	Begriffe zu Maßen	EN 1312	Bestimmung des Losvolumens
		EN 1313	Laub-, Nadelschnittholz, Vorzugsmaße

(TG) Tegernseer Gebräuche[1]

Die Gebräuche gelten für den inländischen Handel mit inländischem Rund-, Schnittholz, Holzwerkstoffen und anderen Holzhalbwaren. Sie sind *Handelsbrauch*[2], uns sie sind als Verkehrssitte heranzuziehen und anzuwenden, es sei denn, sie werden vertraglich ausgeschlossen. Sie gelten nicht im Handel zwischen der Forstwirtschaft und ihren Abnehmern.

[1] Mitherausgeber: Bundesverband Deutscher Holzhandel e.V., Wiesbaden
[2] Die TG-Sortierung entspricht nicht der Sortierung nach DIN.

2.6 Holz als Handelsware – Nadelholz

Sortierklassen DIN 4074
(Kanthölzer und vorwiegend hochkant (K) biegebeanspruchte Bohlen und Bretter)

Sortiermerkmale (visuelle Sortierung)	Sortierklassen (Nadelschnittholz)		
	S 7, S7K	S 10, S10K	S13, S13K
Äste	≤ $^3/_5$ Ästigkeit	≤ $^2/_5$ Ästigkeit	≤ $^1/_5$ Ästigkeit
Faserneigung	≤ 16 %	≤ 12 %	≤ 7 %
Markröhre	zulässig	zulässig	nicht zulässig[1]
Jahrringbreite – allgemein – Douglasie	≤ 6 mm ≤ 8 mm	≤ 6 mm ≤ 8 mm	≤ 4 mm ≤ 6 mm
Risse – Schwindrisse[2] – Blitzrisse / Ringschäle	≤ $^3/_5$ der kurzen Kante nicht zulässig	≤ $^1/_2$ der kurzen Kante nicht zulässig	≤ $^2/_5$ der kurzen Kante nicht zulässig
Baumkante K[3]	≤ $^1/_3$ der Querschnittsseite	≤ $^1/_3$ der Querschnittsseite	≤ $^1/_4$ der Querschnittsseite
Krümmung[2] – Längskrümmung – Verdrehung	≤ 12 mm bei 2 m Länge ≤ 2 mm je 25 mm Breite / 2 m	≤ 8 mm bei 2 m Länge ≤ 1 mm je 25 mm Breite / 2 m	≤ 8 mm bei 2 m Länge ≤ 1 mm je 25 mm Breite / 2 m
Verfärbung – Bläue – nagelfeste braune und rote Streifen – Rotfäule / Weißfäule	zulässig ≤ $^3/_5$ Umfang nicht zulässig	zulässig ≤ $^2/_5$ Umfang nicht zulässig	zulässig ≤ $^1/_5$ Umfang nicht zulässig
Druckholz	≤ $^3/_5$ Umfang	≤ $^2/_5$ Umfang	≤ $^1/_5$ Umfang
Insektenfraß	Fraßgänge bis 2 mm von Frischholzinsekten zulässig		
Sonstige Merkmale	sind in Anlehnung an die übrigen Sortiermerkmale sinngemäß zu berücksichtigen		

[1] Bei Kantholz mit einer Breite < 120 mm zulässig.
[2] Diese Sortiermerkmale bleiben bei nicht trocken sortierten Hölzern unberücksichtigt.
Zusätzliche visuelle Sortierkriterien für Schnittholz bei maschineller Sortierung siehe DIN 4074-1 Tab. 5

Sortierklassen DIN 4074 (Bohlen, Bretter)

Sortiermerkmale (visuelle Sortierung)	Sortierklassen (Nadelschnittholz)		
	S 7	S 10	S13
Äste – Einzelast – Astansammlung – Schmalseitenast	≤ $^1/_2$ der Breite ≤ $^2/_3$ der Breite –	≤ $^1/_3$ der Breite ≤ $^1/_2$ der Breite ≤ $^2/_3$ der Breite	≤ $^1/_5$ der Breite ≤ $^1/_3$ der Breite ≤ $^1/_3$ der Breite
Faserneigung	≤ 16 %	≤ 12 %	≤ 7 %
Markröhre	zulässig	zulässig	nicht zulässig[1]
Jahrringbreite – allgemein – Douglasie	≤ 6 mm ≤ 8 mm	≤ 6 mm ≤ 8 mm	≤ 4 mm ≤ 6 mm
Risse – Schwindrisse[2] – Blitzrisse / Ringschäle	zulässig nicht zulässig	zulässig nicht zulässig	zulässig nicht zulässig
Baumkante K[3]	≤ $^1/_3$ der Querschnittsseite	≤ $^1/_3$ der Querschnittsseite	≤ $^1/_4$ der Querschnittsseite
Krümmung[2] – Längskrümmung – Verdrehung – Querkrümmung	≤ 12 mm bei 2 m Länge ≤ 2 mm je 25 mm Breite / 2 m ≤ $^1/_{20}$ der Breite	≤ 8 mm bei 2 m Länge ≤ 1 mm je 25 mm Breite / 2 m ≤ $^1/_{30}$ der Breite	≤ 8 mm bei 2 m Länge ≤ 1 mm je 25 mm Breite / 2 m ≤ $^1/_{50}$ der Breite
Verfärbung – Bläue – nagelfeste braune und rote Streifen – Rotfäule / Weißfäule	zulässig ≤ $^3/_5$ Umfang nicht zulässig	zulässig ≤ $^2/_5$ Umfang nicht zulässig	zulässig ≤ $^1/_5$ Umfang nicht zulässig
Druckholz	≤ $^3/_5$ Umfang	≤ $^2/_5$ Umfang	≤ $^1/_5$ Umfang
Insektenfraß	Fraßgänge bis 2 mm von Frischholzinsekten zulässig		
Sonstige Merkmale	sind in Anlehnung an die übrigen Sortiermerkmale sinngemäß zu berücksichtigen		

[1] Dieses Sortiermerkmal gilt nicht für Bretter und für Brettschichtholz.
[2] Diese Sortiermerkmale bleiben bei nicht trocken sortierten Hölzern unberücksichtigt.
[3] siehe Seite 91

2

2.6 Holz als Handelsware – Laubholz

Sortierklassen DIN 4074
(Kanthölzer und vorwiegend hochkant (K) biegebeanspruchte Bohlen und Bretter)

Sortiermerkmale (visuelle Sortierung)	Sortierklassen (Laubschnittholz)		
	LS 7, LS7K	**LS 10, LS10K**	**LS13, LS13K**
Äste – allgemein – Eiche	$\leq \frac{3}{5}$ Ästigkeit $\leq \frac{3}{5}$ Ästigkeit	$\leq \frac{2}{5}$ Ästigkeit $\leq \frac{2}{5}$ Ästigkeit	$\leq \frac{1}{5}$ Ästigkeit $\leq \frac{1}{6}$ Ästigkeit
Faserneigung[1]	$\leq 16\ \%$	$\leq 12\ \%$	$\leq 7\ \%$
Markröhre	nicht zulässig[2]	nicht zulässig[2]	nicht zulässig
Jahrringbreite	–	–	–
Risse – Schwindrisse[3] – Blitzrisse / Frostrisse / Ringschäle	$\leq \frac{3}{5}$ der kurzen Kante nicht zulässig	$\leq \frac{1}{2}$ der kurzen Kante nicht zulässig	$\leq \frac{2}{5}$ der kurzen Kante nicht zulässig
Baumkante K[4]	$\leq \frac{1}{3}$ der Querschnittsseite	$\leq \frac{1}{3}$ der Querschnittsseite	$\leq \frac{1}{4}$ der Querschnittsseite
Krümmung[3] – Längskrümmung – Verdrehung	≤ 12 mm bei 2 m Länge ≤ 2 mm je 25 mm Breite / 2 m	bis 8 mm bei 2 m ≤ 1 mm je 25 mm Breite / 2 m	bis 8 mm bei 2 m ≤ 1 mm je 25 mm Breite / 2 m
Verfärbung, Fäule – nagelfeste braune und rote Streifen – Fäule	$\leq \frac{3}{5}$ Umfang nicht zulässig	$\leq \frac{2}{5}$ Umfang nicht zulässig	$\leq \frac{1}{5}$ Umfang nicht zulässig
Insektenfraß	Fraßgänge bis 2 mm von Frischholzinsekten zulässig		
Sonstige Merkmale	sind in Anlehnung an die übrigen Sortiermerkmale sinngemäß zu berücksichtigen		

[1] Dieses Sortiermerkmal bleibt bei Buche unberücksichtigt.   [2] Bei Eichenkantholz zulässig.
[3] Bei Eichenkantholz mit einer Breite > 100 mm zulässig.
[4] Diese Sortiermerkmale bleiben bei nicht trocken sortierten Hölzern unberücksichtigt.
Zusätzliche visuelle Sortierkriterien für Schnittholz bei maschineller Sortierung siehe DIN 4074-5 Tab. 4.

Sortierklassen DIN 4074 (Bohlen, Bretter)

Sortiermerkmale (visuelle Sortierung)	Sortierklassen (Laubschnittholz)		
	S 7	**S 10**	**S13**
Äste – Einzelast – Astansammlung – Schmalseitenast[1]	$\leq \frac{1}{2}$ der Breite $\leq \frac{2}{3}$ der Breite –	$\leq \frac{1}{3}$ der Breite $\leq \frac{1}{2}$ der Breite $\leq \frac{2}{3}$ der Breite	$\leq \frac{1}{5}$ der Breite $\leq \frac{1}{3}$ der Breite $\leq \frac{1}{3}$ der Breite
Faserneigung[2]	$\leq 16\ \%$	$\leq 12\ \%$	$\leq 7\ \%$
Markröhre	nicht zulässig[3]	nicht zulässig[3]	nicht zulässig
Jahrringbreite	–	–	–
Risse – Schwindrisse – Blitzrisse / Frostrisse / Ringschäle	zulässig nicht zulässig	zulässig nicht zulässig	zulässig nicht zulässig
Baumkante K[4]	$\leq \frac{1}{3}$ der Querschnittsseite	$\leq \frac{1}{4}$ der Querschnittsseite	$\leq \frac{1}{8}$ der Querschnittsseite
Krümmung[5] – Längskrümmung – Verdrehung – Querkrümmung	≤ 12 mm bei 2 m Länge ≤ 2 mm je 25 mm Breite / 2 m $\leq \frac{1}{20}$ der Breite	≤ 8 mm bei 2 m Länge ≤ 1 mm je 25 mm Breite / 2 m $\leq \frac{1}{30}$ der Breite	≤ 8 mm bei 2 m Länge ≤ 1 mm je 25 mm Breite / 2 m $\leq \frac{1}{50}$ der Breite
Verfärbung, Fäule – nagelfeste braune und rote Streifen – Fäule	$\leq \frac{3}{5}$ Umfang nicht zulässig	$\leq \frac{2}{5}$ Umfang nicht zulässig	$\leq \frac{1}{5}$ Umfang nicht zulässig
Insektenfraß	Fraßgänge bis 2 mm von Frischholzinsekten zulässig		
Sonstige Merkmale	sind in Anlehnung an die übrigen Sortiermerkmale sinngemäß zu berücksichtigen		

[1] Dieses Sortiermerkmal gilt nicht für Bretter für Bretterschichtholz.
[2] Dieses Sortiermerkmal bleibt bei Buche unberücksichtigt.
[3] Ist bei Eiche zulässig.
[4] Diese Sortiermerkmale bleiben bei nicht trocken sortierten Hölzern unberücksichtigt.   [5] siehe Seite 91
Maßhaltigkeit nach DIN EN 336, Messbezugsfeuchte $\mu = 20\ \%$

2.6 Holz als Handelsware

Zuordnung der Sortier- und Festigkeitsklassen

Holzarten	Sortierklassen[1] DIN 4074	Festigkeitsklassen[2] DIN EN 338	Sortiermerkmale[3] DIN 4074 z.B. Baumkante
Fichte	S 7	C 16	
Tanne	S 7	C 16	
Kiefer	S 7	C 16	
Lärche	S 7	C 16	
Douglasie ≥ 60 mm	S 7	C 16	
Fichte	S 10	C 24	
Tanne	S 10	C 24	
Kiefer	S 10	C 24	
Lärche	S 10	C 24	
Douglasie ≥ 60 mm	S 10	C 24	
Fichte	S 13	C 30	
Tanne	S 13	C 30	
Kiefer	S 13	C 30	
Lärche	S 13	C 30	
Douglasie ≥ 60 mm	S 13	C 30	

$$K = \frac{h - h_1}{h}$$

$$K = \frac{b - b_1}{b}$$

$$K = \frac{b - b_2}{b}$$

K: Bruchteil der zugehörigen Querschnittsseite

Beispiel:

$$K = \frac{20\ cm - 16\ cm}{20\ cm} = \frac{1}{5} \leq \frac{1}{3}$$

Die Zuordnung erfolgt nach DIN EN 1912. Vorwiegend hochkant biegebeanspruchte Bohlen und Bretter sind wie Kanthölzer zu sortieren. [1] vgl. Seite 73   [2] vgl. Seite 72   [3] vgl. Seite 87/89/90

Maßhaltigkeit DIN 4074 (nach DIN EN 336)

Maßtoleranzklasse 1	Breite ≤ 100 mm + 3 mm ... – 1 mm	Breite ≤ 100 mm + 3 mm ... – 2 mm
Maßtoleranzklasse 2	Breite ≤ 100 mm + 1 mm ... – 1 mm	Breite ≤ 100 mm + 1,5 mm ... – 1,5 mm

Negative Längenabweichungen sind nicht zulässig. Die Messbezugsfeuchte beträgt 20 %. TS: Trockensortiertes Schnittholz, das bei ≤ 20 % Holzfeuchte sortiert wurde. Der Rechenwert für das mittlere Schwind- und Quellmaß in radialer/tangentialer Richtung ist 0,24 % je 1 % Holzfeuchteveränderung bei europäischen Nadelhölzern.

Sortierklassenbeschreibung DIN 4074

S7, S7K, LS7, LS7K	Schnittholz mit geringer Tragfähigkeit
S10, S10K, LS10, LS10K	Schnittholz mit üblicher Tragfähigkeit
S13, S13K, LS13, LS13K	Schnittholz mit überdurchchnittlicher Tragfähigkeit
MS17	Schnittholz mit besonders hoher Tragfähigkeit

M: zusätzliche Kennzeichnung für maschinell sortiertes Holz
L: zusätzliche Kennzeichnung für Laubschnittholz
K: zusätzliche Kennzeichnung für Bretter und Bohlen die wie Kantholz sortiert sind

Bezeichnung des Schnittholzes (Beispiel)

Kantholz DIN 4074 – S 10TS-FI	Kantholz sortierkalsse S 10, trockensortiert (TS), Fichte
Bohle DIN 4074 – S 13K-KI	Bohle Sortierklasse S 13 als Kantholz sortiert (K), Kiefer
Brett DIN 4074 – C 40M-LA	Brett Festigkeitsklasse C 40 maschinell (M) sortiert, Lärche

Kennzeichnung des Schnittholzes

Bauprodukte nach dieser Norm müssen auf dem Produkt oder deren Lieferschein mit dem Übereinstimmungszeichen (Ü-Zeichen) gekennzeichnet sein.

Holzkanteln und Halbfertigprofile für nicht tragende Anwendungen (DIN EN 13307-1)

Merkmal	Schnittholz	gehobeltes Holz
Längskrümmung der Breitseite	$F = (L/1000)^2$ oder 2 mm	$F = (L/1000)^2/2$ oder 1 mm
Längskrümmung der Schmalseite	$F = (L/1000)^2 \times b/50$ oder 2 mm	$F = (L/1000)^2 \times b/100$ oder 1 mm
Querkrümmung	$b/100$ oder 1 mm	$b/200$ oder 1 mm
Grenzabweichung Querschnitt	+ 2 mm ... – 1 mm	+ 0,5 mm ... 0 mm
Grenzabweichung Länge	keine Minusabweichung	
Holzqualität der einzelnen Breitseite nach festgelegter Klasse DIN EN 942		
Holzfeuchte bei Lieferung 12 %	Keilverzinkung möglich nach DIN EN 942	
Nutzungsklasse 1, 2 und 3 vergl. Seite 107.		

2.6 Holz als Handelsware

Konstruktions voll holz

Konstruktionsvollholz KVH®/ Massivholz MH®[1)]

aus Fichte, Tanne, Kiefer, Lärche, Douglasie

Bund **D**eutscher **Z**immerer

Sortiermerkmal	Anforderungen an KVH® und MH®				Anmerkungen
	Sichtbarer Bereich		NichtSichtbarer Bereich		
	KVH - Si	MH-Plus - Si	KVH - NSi	MH-Fix - NSi	
Sortierklasse	DIN 4074-1 Sortierklasse mind. S 10 TS		DIN 4074-1 Sortierklasse mind. S 10 TS		Materialeigenschaften ergeben sich aus der DIN 1052.
Holzeinbaufeuchte	u = 15 % ± 3 %		u = 15 % ± 3 %		$u \geq 20$ % bei Bauschnitt-holz
Einschnittart / Markröhre auf Wunsch herzfrei	herzgetrennt		herzgetrennt		**herzgetrennt:** Bei einem ideal gewachsenen Stamm würde die Mark-röhre bei zweistieligem Einschnitt durchschnitten **herzfrei:** Herzbohle mit $d \geq 40$ mm
Baumkante	nicht zulässig		schräg gemessen ≤ 10 % der kleineren Querschnittseite		$\frac{s}{b} \leq \frac{1}{10}$
Maßhaltigkeit des Querschnitts	DIN EN 336, Maßhaltigkeitsklasse 2 ≤ 10 cm = ± 1 mm > 10 cm = ± 1,5 mm				Die Maßhaltigkeit für die Längenabmessungen ist zu vereinbaren.
Äste $A = \frac{d_1}{b}$ bzw. $A = \frac{d_2}{h}$	S 10: $A \leq \frac{2}{5}$ S 13: $A \leq \frac{1}{5}$ nicht über 70 mm		S 10: $A \leq \frac{2}{5}$ S 13: $A \leq \frac{1}{5}$ nicht über 70 mm		Astigkeit wird nach DIN 4074-1 ermittelt. Bei ma-schineller Sortierung gilt für **KVH/MH - NSi** bleiben die Astgrößen unberücksichtigt für **KVH/MH - Si** gilt $A \leq 2/5$
Rindeneinschluss	nicht zulässig		DIN 4074-1		
Risse radiale Schwindrisse (Trockenrisse)	Rissbreite $b \leq 3$ % der je-weiligen Querschnittseite, nicht mehr als 6 mm		DIN 4074-1		$\frac{b}{h} \leq 0,03$ $b \leq 6$ mm
Harzgallen	Breite $b \leq 5$ mm		DIN 4074-1		
Verfärbungen	nicht zulässig		DIN 4074-1		
Insektenbefall	nicht zulässig		DIN 4074-1		Borken-käfer
Verdrehung	Das zulässige Maß der Verdrehung wird nicht näher definiert, da bei Einhaltung aller anderen Kriterien keine untolerierbaren Verdrehungen zu erwarten sind.				
Längskrümmung	bei herzgetrenntem Einschnitt ≤ 8 mm / 2,000 m bei herzfreiem Einschnitt ≤ 4 mm / 2,000 m		bei herzgetrenntem Einschnitt ≤ 8 mm / 2,000 m		2000
Oberflächen-beschaffenheit	gehobelt und gefast		egalisiert und gefast		egalisieren = Holzober-fläche gleichmäßig machen
Ausschreibungstext von KVH	… m³ Konstruktionsvollholz NSi (Nicht Sichtbar), Festigkeitsklasse C 24 nach DIN 1052, u = 15 + 3 %, Einschnitt herzgetrennt, Oberfläche egalisiert und gefast, Maßhaltig-keitsklasse 2 nach DIN EN 336.				

[1)] Entsprechend den BDZ-Vereinbarungen mit der Überwachungsgemeinschaft Konstruktionsvollholz e.V. (**KVH**®) und der Herstellergemeinschaft MH Massivholz e.V. (**MH**®) vom 11.2003.

2.6 Holz als Handelsware

Sortierung nach Tegernseer Gebräuchen[1] (Auswahl)

Merkmale	Bretter und Bohlen unbearbeitet						Laubschnitt-holz
	Fichte / Tanne			FI / TA Kiefer / Lärche / Douglasie			
	0	I	II	III	IV	Rohhobler[2]	
Farbe	blank[3]	vereinzelt leicht farbig	leicht farbig	mittelfarbig	farbig, Kiefer	vereinzelt leicht farbig, Kiefer leicht angeblaut	angestockte Stellen Abschlags-messung
Äste	pro m 1 kleiner Ast, ≤ 5 cm lang	kleine fest verwachsene ≥ 5 cm lang, pro m 1 kleiner Durchfallast	je m 2 kleine Durchfalläste, auf beiden Seiten fest verwachsene < 10 cm, bessere Seite keine gegen-überliegende vom Kern ausgehend	vereinzelt mittelgroß, aber gesunde Äste	nicht mehr der Klasse III entsprechend	mittelgroß, gesund, ≥ 7 cm, keine Durch-falläste	faule Äste, Abschlags-messung
Harzgallen	klein oder kleiner Ast	vereinzelt klein	kleine	geringe mittelgroße	nicht mehr der Klasse III ensprechend	klein, ohne Beeinträch-tigung	
Risse	vereinzelt kleine	vereinzelt kleine, kurze End-risse bleiben unberück-sichtigt	vereinzelt kleine, kurze End-risse bleiben unberück-sichtigt	mittelgroß	nicht mehr der Klasse III ensprechend	vereinzelt kleine, kurze End-risse bleiben unberück-sichtigt	Abschlags-messung
Baumkante	vereinzelt klein	vereinzelt klein	klein	mittelgroß	groß	klein	Abschlags-messung
Insekten-fraßstellen				gering	nicht mehr der Klasse III ensprechend		Abschlags-messung
sonstige Merkmale	nicht Rothart[4]	nicht Rothart			kann verschnitten sein	≤ 55 mm stark	Messbezugs-fechte 18 %
Normal-länge	3 m ... 6 m	3 m ... 6 m	3 m ... 6 m	3 m ... 6 m	2 m ... 6 m	2 m ... 6 m	3 m ... 6 m 15 % kann auch 2,5 m ... 2,9 m lang sein
Breite	8 cm aufwärts	8 cm aufwärts	8 cm aufwärts	8 cm aufwärts	8 cm aufwärts ohne DB[5]	8 cm ... 18 cm	halbe Baumkante vermessen
Kante besäumt			Krümmung < 2 cm je m		nicht mehr der Klasse III ensprechend		
Kante unbesäumt	Krümmung < 2 cm je m	Krümmung < 2 cm je m	Krümmung einseitig < 3 cm je m	Krümmung	nicht mehr der Klasse III ensprechend		
Vermessung	brettweise	brettweise	brettweise	brettweise oder Flächenmaß	brettweise oder Flächenmaß	brettweise	brettweise Länge in Dezi- und Viertelmeter

[1] Die Sortierregeln der Tegernseer Gebräuche finden im Baurecht keine Anwendung. Das Baurecht bezieht sich auf die DIN 1052 und die DIN 4074, beide sind bauaufsichtlich eingeführt.

[2] Rohhobler ist nicht standardisiertes Schnittholz zur Herstellung von Hobelware.

[3] Als blank wird Ware ohne Farbveränderung bezeichnet.

[4] Dunkles Reaktionsholz, Druckholz, wird auch als Rotholz oder Buchs bezeichnet, schwer bearbeitbar.

[5] DB: Durchschnittsbreite

2.6 Holz als Handelsware

Schnittholzgrößen

Schnittholzart	Schnittholzeinteilung				Allgemeiner Sprachgebrauch
	DIN 4074 / DIN 68365		TG		
	Dicke / Höhe	Breite	Dicke / Höhe	Breite	
Balken	–	–			Schnittholz: Dicke ≥ 6 mm
Kreuzholz (Rahmen)	–	–	Querschnittsfläche > 32 cm²		Schnittholz: Dicke ≥ 6 mm
Kantholz	$b \le h \le 3\,b$	$b > 40$ mm	–	–	Leisten: Dicke: 2 mm … ≤ 40 mm Breite: 2 mm … ≤ 75 mm
Bohle	$d \ge 40$ mm	$b > 3\,d$	Querschnittsfläche > 32 cm²	$b > 80$ mm	Leisten: Dicke: 2 mm … ≤ 40 mm Breite: 2 mm … ≤ 75 mm
Brett	$d \le 40$ mm	$b \ge 80$ mm	Querschnittsfläche > 32 cm²	$b > 80$ mm	Brett: Dicke: 8 mm … ≤ 36 mm Breite: ≥ 80 mm
Latte	$d \le 40$ mm	$b < 80$ mm	Querschnittsfläche > 32 cm²	$b < 80$ mm	Brett: Dicke: 8 mm … ≤ 36 mm Breite: ≥ 80 mm

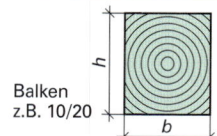
Balken z.B. 10/20

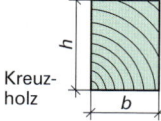
Kreuz-holz

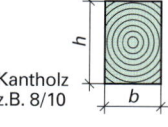
Kantholz z.B. 8/10

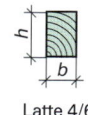
Latte 4/6

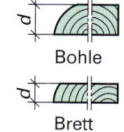
Bohle

Brett

TG: Tergernseer Gebräuche   b: Breite   d: Dicke   h: Höhe

Holz für Tischlerarbeiten

Bei der Auswahl einer Holzart bzw. eines Stammteiles müssen einige Punkte berücksichtigt werden: Ästhetik, Wirtschaftlichkeit, Dauerhaftigkeit (DIN EN 350), Beanspruchung, Brauchbarkeit, Bearbeitbarkeit. Ihre Gewichtung richtet sich nach den einzelnen Erfordernissen des Bauteiles.

Auswahl der Holzarten für Tischlerarbeiten

ästhetische Auswahl	Farbe, Maserung, Textur fein, mittel, grob für Oberflächenbehandlungen geeignet
wirtschaftliche Auswahl	Verfügbarkeit als Massivholz oder Furnier: ständig, schwankend, beschränkt handelsübliche Maße; Kosten: gering, durchschnittlich, hoch
mechanische Auswahl	Dichte: leicht, mittel, schwer; Festigkeit (DIN EN 338, DIN 1052) Wuchseigenschaften (DIN 4074, DIN EN 942, DIN EN 1611) Härte (Beständigkeit gegen Oberflächenabrieb)
Bearbeitung Auswahl	Trocknungsverhalten: leicht bis schwierig, schnell bis langsam; Härte (Bearbeitung): sehr gut bis schwierig; Verleimung: gut bis problematisch
Brauchbarkeit Auswahl	Maßänderung (Schwinden, Quellen) nach der Trocknung: gering, mittelmäßig, groß Gefährdungsbedingungen nach dem Einbau (DIN EN 335)
Dauerhaftigkeit Auswahl	natürliche Dauerhaftigkeit, siehe Seite 77/78; Tränkbarkeit mit Holzschutzmitteln (DIN EN 350-2); Reaktion mit anderen Materialien (Metall)

Erforderliche Bestellangaben (Beispiel) (DIN EN 942)

Bestellangaben	Merkmale		
	Sichtbare Flächen	Halb verdeckte Flächen	Verdeckte Flächen
1. Namen der geforderten Holzart	Eiche EI (DIN EN 13556; QXCE)		
2. geforderte Klasse nach der angegebenen Sortierung ▶ Seite 95	J5	J10	J30
3. geforderter Feuchtgehalt nach dem jeweiliegen Verwendungszweck ▶ Seite 81	6 % … 10 %		
4. Verwendungszweck nach dem Einbau	Einbauschrank		
5. Beschichtung durchsichtig oder undurchsichtig	Hydro-Zweikomponenten-Lack, offenporig, DIN 68861-2 2 B	2 B	2 F

2.6 Holz als Handelsware

Holzmerkmale für Tischlerarbeiten (DIN EN 942)

Merkmale	Klasse						
	J2	J5	J10	J20	J30	J40	J50
	A	B	C	D	E	F	G
Drehwuchs	nicht zulässig	nicht zulässig	≤ 10 mm	≤ 10 mm	≤ 10 mm	≤ 20 mm	≤ 20 mm
Faserneigung	≤ 20 mm	≤ 20 mm	≤ 50 mm	≤ 50 mm	≤ 50 mm	≤ 100 mm	unbegrenzt
Äste	max. % der Oberfläche						
	10	20	30	30	30	40	50
	max. Durchmesser						
	2 mm	5 mm	10 mm	20 mm	30 mm	40 mm	50 mm
Harzgallen, Rindeneinwuchs	nicht zulässig	≤ 3 mm x 30 mm je 2 m Länge	≤ 3 mm x 75 mm je 2 m Länge	≤ 3 mm x 75 mm je 2 m Länge	≤ 3 mm Breite; keine Begrenzung der Länge	≤ 3 mm Breite; keine Begrenzung der Länge	≤ 3 mm Breite; keine Begrenzung der Länge
	Wenn mehr als eine je Meter, darf die Gesamtlänge die für die Klasse angegebene Länge nicht überschreiten.						
Risse	max. Breite						
	nicht zulässig	nicht zulässig	0,5 mm	0,5 mm	1,5 mm	1,5 mm	1,5 mm
	max. Einzellänge der Risse						
	nicht zulässig	nicht zulässig	50 mm	100 mm	200 mm	300 mm	300 mm
	max. Gesamtlänge der Risse als Prozentsatz der Länge jeder Oberfläche						
	nicht zulässig	nicht zulässig	10 %	10 %	25 %	50 %	50 %
Sichtbare Markröhre	nicht zulässig	nicht zulässig	nicht zulässig	nicht zulässig	zulässig	zulässig	zulässig
Verfärbtes Splintholz (einschl. Bläue)[1]	nicht zulässig	nicht zulässig	nicht zulässig	nicht zulässig	zulässig, wenn ausgebessert	zulässig, wenn ausgebessert	zulässig, wenn ausgebessert
Schädigung durch Ambrosiakäfer	nicht zulässig	nicht zulässig	zulässig, wenn ausgebessert	zulässig, wenn ausgebessert	zulässig, wenn ausgebessert	zulässig, wenn ausgebessert	zulässig, wenn ausgebessert

1) In den Klassen J30 bis J50 darf Bläue durch die Anwendung einer speziellen Behandlung (z.B. leicht getönter Lack) überdeckt werden. Auf einer verdeckten Fläche ist jedes Merkmal zulässig, wenn die Gebrauchstauglichkeit nicht beeinträchtigt wird.
Beispiel der Lesart: J10 – D1 Drehwuchs ≤ 10 mm/m; D3 Ast-∅ < 10 mm; D5 Risse < 0,5 mm Breite < 50 mm Länge

Klassifizierung der sichtbaren Holzmerkmale (DIN EN 942, DIN 18355)

Bezeichnung	Beschreibung
J	joinery, Tischlerei, Holzklassen, Merkmale siehe Tabelle oben
10	10 mm Grenzmaß als maximaler Ast-∅ < 10 mm gemessen nach DIN EN 1310, Ast-∅ > 10 mm Größe müssen in Längsrichtung einen Abstand > 150 mm haben
30%	prozentualer Anteil der Äste an der gesamten Breite oder Dicke des Holzfertigproduktes, auf dem der Ast oder die Astansammlung auftritt
J10, J30, J40, J50	Breiten- und Schichtverleimung, Keilzinkung zulässig
Holzarten	müssen für den Verwendungszweck geeignet sein, Dauerhaftigkeit prüfen (DIN EN 350-2, DIN EN 351-1, DIN EN 460), Schwind- und Quelleigenschaften sind zu beachten
Ausbesserungen	mit Pfropfen oder Füllmittel zulässig, siehe Tabelle oben
Holzfeuchte	kein Einzelwert darf das Maximum des mittleren Feuchtegehaltes um mehr als 3 Holzfeuchteprozente überschreiten, Wert siehe Seite 81
Splint	zulässig, besondere Anforderungen an die Farbabstimmung sollten vereinbart werden
Baumkante	zulässig, wenn sie im bearbeiteten Einzelteil verdeckt wird
Maße	bei den Dicken der bearbeiteten Hölzer sind Abweichungen nur nach DIN EN 1313-1 zulässig, siehe Seite 98
Offene Fläche	Flächen, die nach dem Einbau nicht ständig verdeckt sind. Flächen beweglicher Teile (Fensterflügel, Türblätter), die im geöffneten Zustand sichtbar sind, werden als offene Flächen betrachtet
Verdeckte Fläche	Flächen, die nach dem Einbau ständig durch andere Bauteile oder Einzelteile (Metall, Kunststoff) verdeckt sind

2.6 Holz als Handelsware

Holz und Holzwerkstoffe für Außenfenster, Außentüren und Außentürzargen (DIN EN 14220)

Empfohlene Mindest-Sortierung für Rahmenflächen (ohne Nationale Klassen)
(Klassen nach DIN EN 942)

Element	sichtbare Fläche		halbverdeckte Fläche		verdeckte Fläche
	nicht deckende Beschichtung	deckende Beschichtung	nicht deckende Beschichtung	deckende Beschichtung	
Rahmen und Zarge für Fenster und Türen	J10	J30	J30	J30	J50
Drehflügel, Schiebetür	J10	J10	J10	J10	J40
Aufrechte Flügel- und Rahmenteile und Teile des Türblattrahmens	J30	J30	J30	J30	J40
Falz	J2	J2	J2	J2	J2
Rundleisten und ähnliche kleine Profile	J10	J10	J10	J10	J10
Türschwellen, Unterstücke	J10	J30	J10	J30	J30
Bekleidung und Füllung	J10	J30	J30	J40	J50

	Empfehlung
Keilzinkung	möglich, nur die Zinken sichtbar, bei nicht deckender Beschichtung vereinbaren.
max. Feuchtigkeit	$u \leq 16\,\%$ bei allen Elementen
Mindest-Rohdichte	Nadelholz $\geq 350\ kg/m^3$ \ \ \ \ Laubholz $\geq 450\ kg/m^3$

Empfohlene Mindest-Sortierung für Rahmenflächen (Nationale Klassen Deutschland)
(Klassen nach DIN EN 942)

Element	sichtbare Fläche		halbverdeckte Fläche		verdeckte Fläche
	nicht deckende Beschichtung	deckende Beschichtung	nicht deckende Beschichtung	deckende Beschichtung	
Rahmen und Zarge für Fenster und Türen	J10	J10 (J30)	J10 (J30)	J30	J30
Drehflügel, Schiebetür	J10	J10 (J30)	J10 (J30)	J30	J30
Aufrechte Flügel- und Rahmenteile und Teile des Türblattrahmens	J10	J10 (J30)	J10 (J30)	J30	J30
Falz	J10	J10 (J30)	J10 (J30)	J10	J10
Rundleisten und ähnliche kleine Profile	J2	J2	J2	J2	J2
Türschwellen, Unterstücke	J10	J10 (J30)	J10 (J30)	J30	J30
Bekleidung und Füllung	J10	J10 (J30)	J10 (J30)	J30	J30

	Empfehlung
Keilzinkung	möglich, nur die Zinken sichtbar, bei nicht deckender Beschichtung vereinbaren.
max. Feuchtigkeit	$u \leq 13\,\% \pm 2\,\%$ (11 % … 15 %) bei allen Elementen
Mindest-Rohdichte	Nadelholz $\geq 350\ kg/m^3$ \ \ \ \ Laubholz $\geq 450\ kg/m^3$

Die Klasse J 30 nur bei Nadelholz und deckender Beschichtung ohne Längsrisse.

Holz mit einer Rohdichte unter 500 kg/m³ sind mit geeigneten Schutzmitteln zu bearbeiten.

2.6 Holz als Handelsware

Holz und Holzwerkstoffe
für Innenfenster, Innentürblätter und Innentürzargen (DIN EN 14221)

Empfohlene Mindest-Sortierung für Rahmenflächen (ohne Nationale Klassen)
(Klassen nach DIN EN 942)

Element	sichtbare Fläche		halbverdeckte Fläche		verdeckte Fläche
	nicht deckende Beschichtung	deckende Beschichtung	nicht deckende Beschichtung	deckende Beschichtung	
Rahmen und Zarge für Fenster und Türen	J10	J30	J30	J30	J50
Drehflügel, Schiebetür	J10	J10	J10	J10	J40
Aufrechte Flügel- und Rahmenteile und Teile des Türblattrahmens	J30	J30	J30	J30	J40
Falz	J2	J2	J2	J2	J2
Rundleisten und ähnliche kleine Profile	J10	J10	J10	J10	J10
Türschwellen, Unterstücke	J10	J30	J10	J30	J30
Bekleidung und Füllung	J10	J30	J30	J40	J50

	Empfehlung
Keilzinkung	möglich, nur die Zinken sichtbar, bei nicht deckender Beschichtung vereinbaren.
max. Feuchtigkeit	$u \leq 16~\%$ bei allen Elementen
Mindest-Rohdichte	Nadelholz $\geq 350~\text{kg/m}^3$ Laubholz $\geq 450~\text{kg/m}^3$

Empfohlene Mindest-Sortierung für Rahmenflächen (Nationale Klassen Deutschland)
(Klassen nach DIN EN 942)

Element	sichtbare Fläche		halbverdeckte Fläche		verdeckte Fläche
	nicht deckende Beschichtung	deckende Beschichtung	nicht deckende Beschichtung	deckende Beschichtung	
Rahmen und Zarge für Fenster und Türen	J10	J10	J10	J30	J30
Drehflügel, Schiebetür	J10	J10	J10	J30	J30
Aufrechte Flügel- und Rahmenteile und Teile des Türblattrahmens	J10	J10	J10	J30	J30
Falz	J10	J10	J10	J10	J10
Rundleisten und ähnliche kleine Profile	J2	J2	J2	J2	J2
Türschwellen, Unterstücke	J10	J10	J10	J30	J30
Bekleidung und Füllung	J10	J10	J10	J30	J30

	Empfehlung
Keilzinkung	möglich, nur die Zinken sichtbar, bei nicht deckender Beschichtung vereinbaren.
max. Feuchtigkeit	$u \leq 13~\% \pm 2~\%$ (11 % … 15 %) bei allen Elementen
Mindest-Rohdichte	Nadelholz $\geq 350~\text{kg/m}^3$ Laubholz $\geq 450~\text{kg/m}^3$

2

2.6 Holz als Handelsware

Aufmaß von Schnittholz (DIN EN 1309, DIN EN 1312, Tegernseer Gebräuche (TG))

Aufmaß	Beschreibung	Darstellung	Aufmaß	Beschreibung	Darstellung
Dicke t auf 0,1 mm	an 3 Stellen, mindestens 150 mm vom Ende, die 3. Stelle nach dem Zufall; geringste, gemessene Dicke		**Breite b** besäumtes Schnittholz auf 0,1 mm	an 3 Stellen, rechtwinklig, mindestens 150 mm vom Ende, die 3. Stelle nach dem Zufall, geringste Breite	
Breite b unbesäumtes Schnittholz Bretter auf 0,1 mm	gemessen an der schmalen Seite DIN Dicke < 40 mm TG Dicke < 35 mm auf volle cm abgerundet		**Breite b** unbesäumtes Schnittholz; Bohlen auf 0,1 mm	Mittelwert aus den Breitenmaßen beider Seiten oder Blockliegend DIN Dicke < 40 mm TG Dicke < 35 mm	
Länge l auf 0,01 m mindestens 0,05 m	kürzester Abstand zwischen den rechtwinkligen Enden TG Vermessung erfolgt nach Dezi- und Viertelmeter		**Volumen** von 0,001 m³	errechnet aus der Dicke, Breite, Länge in m³ $V = t \cdot b \cdot l$	
blockliegend	bei Stamm oder Blockware, die einzelnen Bretter oder Bohlen werden nur auf ihrer Oberseite (nach Lage im richtig gestapelten Block) gemessen. Die obere Hälfte des Blockes wird also schmalseitig und die untere Hälfte breitseitig gemessen		**Blockware**	zu Brettern oder Bohlen aufgestapelte Stammteile, die blockweise in Stapeln gesetzt und zumeist auch blockweise, d.h. als ganze (zusammenbleibend) Blöcke gehandelt werden	

Anmerkung: Das Breitenaufmaß gilt nicht für Dimensionsware.
Dimensionsware: Schnittware, die auf Bestellung in bestimmten Dicken, Breiten und/oder Längen erzeugt wird.

Flächenberechnung

Unbesäumte Bretter	Unbesäumte Bohlen	Profilbretter (Halbfabrikate)
$A = b_m \cdot l$	$t \geq 40$ mm $A = \dfrac{(b_{m1} + b_{m2}) \cdot l}{2}$	Brettmaß $A = b_F \cdot l$ Deckmaß $A = b_D \cdot l$

Volumenberechnung

Unbesäumte Bretter	Unbesäumte Bohlen	Stammvolumen (Blockmaß)
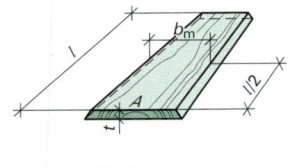 $V = b_m \cdot t \cdot l$	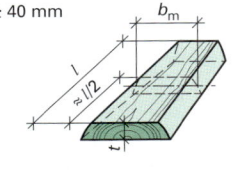 $t \geq 40$ mm $V = t \cdot b_m \cdot l$	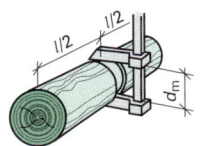 $V = d_m^2 \cdot \pi/4 \cdot l$

2.6 Holz als Handelsware

Verschnittberechnung

Rohmenge	R	ist die Menge des zu verarbeitenden Schnittholzes
Fertigmenge	F	ist die Schnittholzmenge des fertig verarbeiteten Werkstückes
Schnittverlust (Verschnitt)	V	ist die Menge des bei der Be- und Verarbeitung einer Rohmenge entstandenen Abfalls $V = R - F$
Verschnittabschlag	VA	ist der Schnittverlust (V) in %, wenn bei der Berechnung von der Rohmenge ausgegangen wird (Bruttorechnung)
Verschnittzuschlag	VZ	ist der Schnittverlust (V) in %, wenn bei der Berechnung von der Fertigmenge ausgegangen wird (Nettorechnung)

Es gibt zwei Verfahren zur Verschnittberechnung

$$\text{Verschnittabschlag } VA\,(\%) = \frac{(R - F) \cdot 100\%}{R} \qquad \text{Verschnittzuschlag } VZ\,(\%) = \frac{V \cdot 100\%}{F}$$

Beispiel

Die Fertigmenge ist nach der Holzliste für die Vorkalkulation mit 1,27 m³ errechnet worden. Der Verschnittzuschlag beträgt 58%.

$$\text{Rohmenge} \quad R = F \cdot \frac{(100\% + V\%)}{100\%} \qquad\qquad \text{Rohmenge} \quad R = F + \frac{F \cdot VZ\%}{100\%}$$

$$= 1{,}27 \text{ m}^3 \cdot \frac{100\% + 58\%}{100\%} = \mathbf{2{,}007 \text{ m}^3} \qquad = 1{,}27 \text{ m}^3 + \frac{1{,}27 \text{ m}^3 \cdot 58\%}{100\%} = \mathbf{2{,}007 \text{ m}^3}$$

Bei den Berechnungen sollten die Abkürzungen V (Verschnittmenge), R (Rohmenge) und F (Fertigmenge) als Indizes dem Formelzeichen der jeweiligen Größe zugeordnet werden.
Beispiel: A_V = Verschnittmenge

Verhältniszahlen der Raummaße

Rundholz: Festmeter (fm)	**Schichtholz:** Raummeter (rm) (Ster)	**Hackschnitzel:** Schüttelraummeter (Srm)
1 fm $\approx$ 1,4 rm $\approx$ 2,5 Srm	**1 rm** $\approx$ 0,7 fm $\approx$ 1,8 Srm	**1 Srm** $\approx$ 0,4 fm $\approx$ 0,6 rm

Ergänzende Begriffe

Nordische Hölzer sind Schnittholz aus Norwegen, Schweden, Finnland sowie Hölzer die unter dem Begriff „russische Seeware" gehandelt werden.

Messbezugsfeuchte ist der Feuchtegehalt des Holzes, bei der die genormten Maße vorhanden sein müssen. Sie brauchen also nicht dem Holzfeuchtegehalt bei Lieferung oder Einbau zu entsprechen. Der Feuchtegehalt ist ab Hobelwerk halbtrocken, überwiegend u = 12% ... u = 16%. Die angegebenen Maße gelten bei u = 14% ... u = 20% für DIN 4072, DIN 68122, DIN 68123, DIN 68125, DIN 68126 und DIN 68127 – für DIN EN 1313-1 gilt u = 20%.
DIN 1052-05/2000 bezieht die Nennmaße der Holzquerschnitte auf eine Holzfeuchte von 20%.

Gütebedingungen richten sich nach den Beschreibungen in DIN 68365, DIN EN 975 und DIN EN 942. Für die Profilbretter mit Schattennut sind in der DIN 68126 die Anforderungen für die A-Sortierung und B-Sortierung festgelegt. Gespundete Bretter, Rauhspund, Fasebretter, Stülpschalungsbretter und Profilbretter werden auch in anderen Dicken und Breiten angeboten.

2.6 Holz als Handelsware

Laubschnittholz Vorzugsmaße (DIN EN 1313-2) in mm

Dicke	zul. Abw.	Länge	Stufung	zul. Abw.	Breite	Stufung	zul. Abw.
18, 20, 22, 24, 25, 27, 30, 32	– 1 + 3	Schnittholz < 1 m	50	– 0, + 3% höchstens 90	50 ... 90	10	$b < 100 - 2 + 6$ $b > 100 - 3 + 9$
35, 40, 45, 50, 52, 60,63, 65, 70, 80, 100	– 2 + 4	Schnittholz > 1 m	100		100 ... 145	20	$b < 200 - 3 + 9$
		unbesäumt, Blockware	100			0	$b > 200 - 4 + 12$

Nadelschnittholz Vorzugs-Querschnittmaße (DIN EN 1313-1) in mm

Dicke ↓ Breite →	60	80	100	120	125	140	150	160	175	180	200	225	240	260
38			×		×		×							
40		○												
50			×		×		×		×		×	×		
60		○		○		○		○			○	○		○
63			×		×		×		×					
75						×		×			×	×		
80		○	○	○		○		○			○	○		○
100			○	○								×		
120				○							○			○
140														
160							○						○	○

Zulässige Abweichungen: Dicke und Breite ≤ 100 mm + 3 mm ... – 1 mm, Länge ± 0; × Vorzugsmaße
Dicke und Breite > 100 mm + 4 mm ... – 1 mm, Länge ± 0; ○ zusätzliche Vorzugsmaße in Deutschland

Akustikbretter (DIN 68 127) in mm

Glattkant-bretter	Europäische Hölzer	zul. Abw.	Nordische Hölzer	zul. Abw.	Überseeische Hölzer	zul. Abw.
Dicke t	17 19,5	±0,5	16 19,5	± 0,5	16 19,5	± 0,5
	21		22	± 1	22	± 1
Breite b	78	± 1	70	± 1	68	± 1
	94	± 1,5	95	± 1,5	94	± 1,5

Akustik-Glattkantbretter

Akustik-Profilbretter

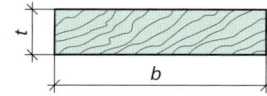

Europäische Hölzer			Nordische Hölzer			Überseeische Hölzer		
Länge	Stufung	zul. Abw.	Länge	Stufung	zul. Abw.	Länge	Stufung	zul. Abw.
>1500 ... >3000	500	+ 50 – 25	1800	300	± 50	1520	300	± 50
>3000 ... >4500	250		...			...	...	
>4500 ... >6000	500		6300			6400	310	

Einsteckfeder: b = 30 mm für 10 mm Fugenbreite zwischen den Brettern
                b = 35 mm für 15 mm Fugenbreite zwischen den Brettern

Balkonbretter (DIN 68 128) in mm

	Europäische Hölzer	zul. Abw.	Nordische Hölzer	zul. Abw.	Überseeische Hölzer	zul. Abw.
Dicke t	26	± 1	27	± 1	26	± 1
Breite b	150	± 2	143	± 2	140	± 2
	190		193		190	

Länge	Stufung	zul. Abw.	Länge	Stufung	zul. Abw.	Länge	Stufung	zul. Abw.
≥ 1500 ≤ 4500	250	+ 50 – 25	1800 ...	300	± 50 – 25	1830 ...	300 ...	+ 50 – 25
< 4500 ≤ 6000	500		6300			6100	310	

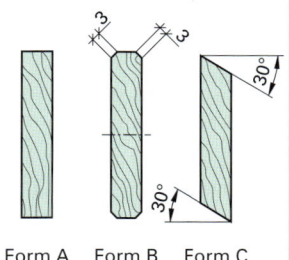

Form A   Form B   Form C

2.6 Holz als Handelsware

Fußleisten (DIN 68 125) in mm

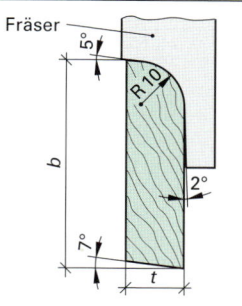

Europäische Hölzer				Nordische Hölzer			
Dicke t	Abw.	Breite b	Abw.	Dicke t	Abw.	Breite b	Abw.
15		73				58	
19,5	± 0,5	42	± 1	12	± 0,5		± 1
21		42				70	

Europäische Hölzer			Nordische Hölzer		
Länge	Stufung	Abw.	Länge	Stufung	Abw.
≥ 1500 ... ≤ 3000	500	+ 50			+ 50
> 3000 ... ≤ 4500	250		1800 ... 6000	300	
> 4500 ... ≤ 6500	500	− 25			− 25

Gespundete Bretter aus Nadelholz (DIN 4072) in mm

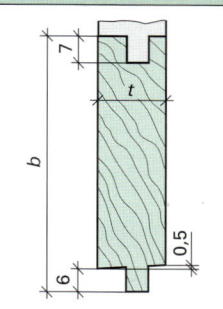

Europäische Hölzer				Nordische Hölzer			
Dicke t	Abw.	Breite b	Abw.	Dicke t	Abw.	Breite b	Abw.
15,5	± 0,5	95	± 2,5	19,5	± 0,5	96	± 1,5
19,5		115		22,5		111	
25,5	± 1	135	± 2	25,5	± 1	121	± 2
35,5		155					

Europäische Hölzer			Nordische Hölzer		
Länge	Stufung	Abw.	Länge	Stufung	Abw.
≥ 1500 ... ≤ 4500	250	+ 50			+ 50
> 4500 ... ≤ 6000	500	− 25	1800 ... 6000	300	− 25

Profilholz aus Nadelholz mit Nut und Feder (DIN EN 14519) Maße in mm

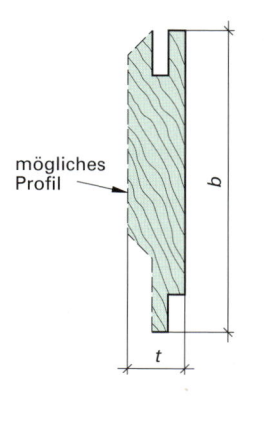

Dicke Zielmaße u ≤ 12%		Dicke Zielmaße u ≤ 17%	
Dicke t	Dickenbereich	Dicke t	Dickenbereich
10	9,5 ... 10		
12	11,5 ... 12	12	11,5 ... 12,5
13	12,5 ... 13	14	13,5 ... 14
15	14,5 ... 15	16	15,5 ... 16
18	17,5 ... 18,5	19	18,5 ... 19,5
20	19,5 ... 20,5	21	20,5 ... 21,5

Breite Zielmaße u ≤ 12%		Breite Zielmaße u ≤ 17%	
Breite b	Breitenbereich	Breite b	Breitenbereich
69	67 ... 69	71	69 ... 71
75	73 ... 75		
94	92 ... 94	96	94 ... 96
114	112 ... 114	116	114 ... 116
119	117 ... 119	121	119 ... 121
144	142 ... 144	146	144 ... 146

Die in der Norm aufgelisteten Dicken und Breiten sind Beispiele für Profile. Die in der Tabelle angegebenen Maße entsprechen einem Bezugsfeuchtegehalt von (12 ± 2)% bzw. (17 ± 2)%. Der Feuchtegehalt muss zum Zeitpunkt der Lieferung ab Fertigungswerk im Bereich von (12 + 2)% bzw. (17 + 2)% liegen, bei Seekiefer (11 + 3)%. Die Sortierklassen A oder B gelten für Fichte/Tanne, Kiefer, Lärche und europäische Douglasie. Für die Seekiefer gelten die Klassen O (SN) oder B (NO). (SN), (PN) und (NO) sind Handelsbezeichnungen für Seekiefer. Die Längenstufungen sind 300 mm oder 500 mm, die Grenzmaße sind (– 0 ... + 50 mm).

2

2.6 Holz als Handelsware

Nadelholz-Fußbodendielen (DIN EN 13990)   Maße in mm

	Feuchtegehalt 9 %			Feuchtegehalt 17 %	
Dicke t	Profilbreite b_p	Deckbreite b_f	Dicke t	Profilbreite b_p	Deckbreite b_f
18	70	62	19	72	65
	94	87		96	89
21	109	102	22	111	104
	114	107		116	109
24	119	112	25	121	114
	134	127		136	129
27	144	137	28	146	159
	154	145		156	147
34	168	159	35	170	161
	172	163		175	166
	192	181		195	184

(Dicke t: Grenzabmaße $\pm$ 1,0 mm)

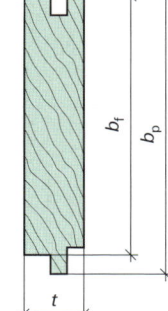

Längen: mindestens 1,5 m; mit oder ohne profilierte Enden
Stufungen: 0,1 m; 0,3 m; 0,5 m

Feuchtegehalt: geheizte Innenräume u: 9 % $\pm$ 2 % (7 % … 11 %)
andere Verwendung u: 17 % $\pm$ 2 % (15 % … 19 %)

Sortierung: Sichtseite bei Fichte, Tane, Kiefer, Lärche, Douglasie

Sortierungsklassen: Sortierung A, Sortierung B, freie Sortierung

Eine Keilverzinkung ist möglich, sie muss aber gekennzeichnet sein.

Profilholz ohne Nut und Feder (DIN EN 15146)

Maße		zu. Abw.
Dicke t	$\geq$ 13 mm	$\pm$ 0,5 mm
Profilbreite p	$\geq$ 40 mm	$\pm$ 1,0 mm
	$\geq$ 100 mm	$\pm$ 1,5 mm
	$\geq$ 140 mm	$\pm$ 2,0 mm
Längen Stufung	300 mm und 500 mm	+ 50 mm … – 20 mm passgenaue Profilhölzer $\pm$ 2,0 mm

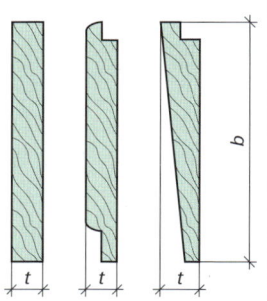

gebräuchliche Profile

Feuchtegehalt: Innen-Anwendung u: 12 % $\pm$ 2 % (10 % … 14 %)
Außen-Anwendung u: 17 % $\pm$ 2 % (15 % … 19 %)

Sortierung: Sichtseite bei Fichte, Tanne, Kiefer, Lärche, Douglasie
Sortierungsklassen: Sortierung A, Sortierung B, freie Sortierung

Sortierung: Sichtseite bei Seekiefer
Sortierungsklassen: Sortierung 0 (SN), Sortierung A (PN)
Sortierung B (NO) und freie Sortierung

Eine Keilverzinkung ist möglich, sie muss aber gekennzeichnet sein.

Profilbretter mit Schattennut aus Laubholz (DIN 68126-1)

Europäische Hölzer				Überseeische Hölzer			
Dicke t in mm	zul. Abw.	Breite b in mm	zul. Abw.	Dicke t in mm	zul. Abw.	Breite b in mm	zul. Abw.
12,5	– 0,5	96	– 1	9,5	– 0,5	69	– 2
15,5				11		94	
19,5	– 1	115		12,5			

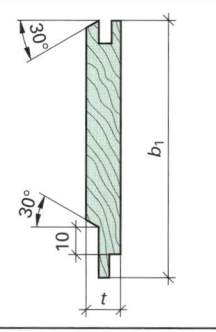

Europäische Hölzer			Überseeische Hölzer	
Länge in mm	Stufung	zul. Abw.	Länge in mm	zul. Abw.
$\geq$ 1500 … $\leq$ 4500	250	+ 50	1830, 2130, 2440, 2740, 3050, 3350, 3660, 3960, 4270, 4570, 4880, 5180, 5790, 5790, 6100	+ 50
> 4500 … $\geq$ 6000	500	– 25		– 25

2.7 Furniere

Furniere nach der Herstellung

Furniere	Furniere sind bis 5 mm dünne Blätter aus Holz, die durch Sägen, Schälen oder Messern vom gedämpften oder gekochten Stamm oder Abschnitt hergestellt werden. Sie werden nach Herstellungsverfahren oder Verwendung unterschieden.
Rundschäl-furnier	Furnier, das durch Schälen eines zentrisch eingespannten, rotierenden Stammes hergestellt wird. Die rechte bzw. offene Seite ist gerissen. Die Textur ist unregelmäßig, keine besondere dekorative Maserung.
Exenterschäl-furnier	Furnier, das durch Schälen eines exzentrisch eingespannten Stammes oder Stammteiles hergestellt wird. Die rechte oder offene Seite ist gerissen. Die Textur ähnelt dem des Messerfurnieres.
Messerfurnier	Furnier, das durch Messern von Halbstämmen oder Stammteilen entsteht. Die offene untere Seite ist gerissen. Die Textur ist je nach Schnittrichtung schlicht (Spiegel- oder Quartierschnitt) oder mit Fladerung (Fladerschnitt).
Sägefurnier	Furnier, das durch Sägen mit Furniergatter oder Furnierkreissäge hergestellt wird. Es ist keine Seite gerissen. Die Textur ist die des Messerns. Das Furnier behält seine natürliche Färbung.

Furniere nach der Verwendung

Deckfurnier	die äußere dekorative Furnierlage	**rechte Seite**	der Stammmitte zugewandte Seite
Gegenfurnier	ohne dekorative Ansprüche, soll ein Verziehen verhindern	**linke Seite**	der Stammmitte abgewandte Seite
Außenfurnier Innenfurnier	Deckfurnier auf Innenflächen von Möbeln	**offene Seite**	beim Messern/Schälen dem Messer zugewandte Seite
Absperrfurnier	verläuft im Winkel von 90° zum Deckfurnier und Mittellage	**geschlossene Seite**	Gegenseite der offenen Seite, dem Messer abgewandt

Fehler beim Furnieren

Fehler	Ursache	Beseitigung
Kürschner	Leim bereits angetrocknet kein oder zu wenig Leim kein oder zu geringer Pressdruck	Furnier aufschneiden, Leim zwischenschieben und die Stelle großflächig nachpressen
Leimwülste	ungleichmäßiger Leimauftrag zu dickflüssiger Leim; zu viel Leim	bei KPVAc-Leim die Fläche anfeuchten und nachpressen, längere Presszeit
Leim-durchschlag	zu poriges Furnier zu sehr eingerissenes Furnier zu dünnflüssiger Leim	bei KPVAc-Leim sofort nach dem Pressen mit warmen Wasser und einer Messing- oder Wurzelbürste ausbürsten
Eindruck-stellen	Unebenheiten auf den Zulagen Furnierstücke oder Späne zwischen Werkstück und Zulage	mit Feuchtigkeit und Wärme die Stelle hochquellen
Risse im Furnier	stark welliges Furnier Spannung im Furnier keine ausreichende Sicherung durch Fugenpapier zu lange Lagerung auf der beleimten Trägerpatte	große Risse mit passendem Furnier ausfüllen kleine Risse auskitten
Verfärbung des Furniers	zu hohe Presstemperatur/Presszeit Reaktion durch Leim (pH-Wert) Reaktion durch Zulagen oder Trennmittel	durch abschleifen durch bleichen
Durchscheinen durch das Furnier	zu dünne helle Furniere zu dicker Klebefaden; Span zwischen Trägerplatte und Furnier	nicht mehr möglich ggf. Oberfläche beizen

2.7 Furniere

Nenndicke der Furniere in mm (DIN 4079, Auswahl)

Langfurnier (Kurzzeichen L)

Holzart	Kurz-zeichen	Nenn-dicke	Holzart	Kurz-zeichen	Nenn-dicke
Abachi (Wawa, Samba)	ABA	0,70	Mahagoni, Afrikanisch	MAA; MAK;	
Afromosia (Asamela)	AFR	0,55		MAS; MAT	0,55; 0,50[1]
Ahorn Bergahorn	AH	0,60		MAU	
Zuckerahorn	AHZ	0,60	Mahagoni, Echtes	MAE	0,55
Aningeri (Aningre)	ANI	0,55	Makore	MAC	0,50
Antiaris (Bonkonko, Ako)	AKO	0,60	Mansonia (Bete)	MAN	0,55
Birke (Gemeine)	BI	0,55	Mutenye	MUT	0,55
Birnbaum	BB	0,55	Nussbaum	NB	0,50
Bubinga (Kevazingo)	BUB	0,55	Okoume (Gabunholz)	OKU	0,60
Buche	BU	0,55	Palisander Ostindisch	POS	0,55; 0,50[1]
Dibetou (Dibolo)	DIB	0,55	Rio	PRO	0,50
Douglasie (Origon Pine)	DGA	0,85	Pappel	PA	0,60
Ebenholz	EBE	0,60	Red Pine (Carolina P.)	PIR	0,85
Edelkastanie	EKA	0,65	Rüster	RU	0,60
Eiche	EI	0,65; 0,60[1]	Satinholz, Ostindisch	SAO	0,55
Erle	ER	0,60	Sen	SEN	0,60; 0,55[1]
Esche (Gemeine)	ES	0,60	Sweetgum (Satin-Nussb.)	SWG	0,55
Fichte	FI	1,00	Tanne	TA	1,00
Kiefer	KI	0,9	Tchitola	TCH	0,55
Kirschbaum	KB	0,55	Teak	TEK	0,60; 0,55[1]
Koto	KTO	0,60	Wenge	WEN	0,75
Lärche	LA	0,90	Whitewood	WIW	0,55
Limba	LMB	0,60	Zingana (Zebrano)	ZIN	0,55
Linde	LI	0,65			[1] Spiegel (Rift) schnitt

Maserfurnier (M)

Ahorn	AH	0,55	Nussbaum	NB	0,50
Esche	ES	0,60	Pappel	PA	0,65
Madrona, Pacific Madr.	MAD	0,55	Rüster	RU	0,60
Myrte	MYR	0,55			

Leimmenge, Presszeit

Für die Verleimung von Furnieren auf Holzwerkstoffen werden in der Regel nur zwei Klebergruppen benötigt, der Polyvinylacetat-Leim (KPVAC) und der Harnstoff-Formaldehyd-Leim (KUF).
Die Auftragsmenge richtet sich nach der Oberfläche und der Saugfähigkeit der Trägerplatte.
Für die Verleimung auf eine Standard Spanplatte gelten folgende Durchschnittswerte.

Durchschnittswerte für Auftragsmenge, Offene Zeit, Pressdruck[1]

Leimart	Holzfeuchte u %	Auftragsmenge in g/m²	Offene Zeit in min	Pressdruck in N/mm²	Temperatur in °C	Mindest-Presszeit in min
PVAc Standard	6 ... 10	100 ... 160	6 ... 8	0,2 ... 0,4	20	20
	6 ... 10	100 ... 160	6 ... 8	0,2 ... 0,4	50	4
Furnier-Leim	6 ... 10	80 ... 150	5 ... 7	0,2 ... 0,4	20	2 ... 5
	6 ... 10	80 ... 150	5 ... 7	0,2 ... 0,4	50	1 ... 2
	6 ... 10	80 ... 150	5 ... 7	0,2 ... 0,4	90	1
KUF Standard	6 ... 10	100 ... 150	20 ... 25	> 0,2	80	6
	6 ... 10	100 ... 150	20 ... 25	> 0,2	100	3
	6 ... 10	100 ... 150	20 ... 25	> 0,2	120	1
Kurztakt	6 ... 10	100 ... 150	10	> 0,2	100	1,5
	6 ... 10	100 ... 150	10	> 0,2	120	0,5
KMF	6 ... 10	80 ... 130	15 ... 20	0,2	60	12

[1] Die technischen Datenblätter der Leimhersteller sind zu beachten

2.8 Parkett

Parkett	Parkett ist ein Holzfußboden, der aus Parkettstäben, Parkettriemen, Tafeln für Tafelparkett, Mosaikparkettlamellen, Parkettdielen, Tafelparkett und Fertigparkett-Elementen nach DIN EN-Normen gefertigt wird.		
Bezeichnung	Massivholz-Parkettstäbe mit Nut und/oder Feder	Massivholz-Lamparkett Produkte [1] Lamparkettelemente [2] Große Lamparkettelemente und Parkettdiele [3] Maxi-Lamparkettelemente	[1] Massivholz-Overlay Parkettstäbe [2] Parkettblöcke mit einem Verbindungssystem
Norm	DIN EN 13226	DIN EN 13227	DIN EN 13288
Feuchtegehalt	7% bis 11% Kastanie und Seekiefer 7% bis 13%	7% bis 11% Kastanie 7% bis 13%	7% bis 11% Kastanie 7% bis 13%
Dicke t	≥ 14 mm übliche Dicke 22 mm	[1] 9 mm bis 11 mm [2] 6 mm bis 10 mm [3] 13 mm bis 14 mm	[1] 8 mm bis 14 mm [2] ≥ 13 mm
Länge l	≥ 250 mm	[1] 120 mm bis 400 mm [2] ≥ 400 mm [3] 350 mm bis 600 mm	[1] 200 mm bis 2000 mm [2] 200 mm bis 400 mm
Breite b	≥ 40 mm	[1] 30 mm bis 75 mm [2] 60 mm bis 180 mm [3] 60 mm bis 80 mm	[1] 40 mm bis 100 mm [2] 40 mm bis 80 mm

DIN EN	Profile
13226	Stab Typ 1 Stab Typ 2
13228	Overlay-Parkettstab Parkettblock

Mosaikparkettelemente nach DIN EN 13488

Mosaikparkettlamelle	Mosaikwürfel	Mosaikparkett-Verlegeeinheit	Mosaikparketttafel
Element aus Massivholz mit kleinen Abmessungen und rechteckiger Form Feuchtegehalt 7% bis 11% Dicke 8 mm Länge 115 mm ... 165 mm Breite ≤ 35 mm	Kante an Kante zusammengefügte Parkettlamellen mit gleichen Abmessungen, die ein Quadrat bilden	Vorgefertigte Verlegeeinheit, die durch bestimmte Anordnung der Mosaikparkettlamellen ein wiederholbares Muster ergibt	Vorgefertigte Verlegeeinheit, die aus Mosaikwürfeln gleicher Abmessung Kante an Kante schachbrettartig zusammengefügt ist

2.8 Parkett

Mehrschichtparkettelemente nach DIN EN 13489

Element einer mehrschichtigen Konstruktion, das aus einer Nutzschicht aus Massivholz und einer oder mehreren zusätzlichen Holz- oder Holzwerkstoffschichten besteht, die miteinander verleimt sind.   Nutzschicht: Feuchtegehalt 5% bis 9%   Dicke ≥ 2,5 mm

Typ 1   Typ 2

Massive Laubholzdielen nach DIN EN 13629

Ein breites und im Allgemeinen langes massives und aus mehreren Riemen zusammengesetztes (verleimtes) Laubholzelement: Feuchtegehalt 6% bis 12%

Dicke 10 mm
Breite 110 mm
Länge 900 mm

Das Element muss präzis bearbeitet, sachgerecht geschliffen und an allen Schmalseiten mit Feder und/oder Nut versehen sein, um ein Verlegen zu ermöglichen. Das Produkt kann mit einer Oberflächenbeschichtung geliefert werden, welche eine sofortige Inbetriebnahme nach der Verlegung gestattet.

Das **Erscheinungsbild** der Oberseite sowie der nicht sichtbaren Teile von Parketthölzer wird durch Sortierregeln festgelegt.
Die Sortierung erfolgt in drei Erscheinungsklassen und einer Sortierung „Freie Klasse".

Tabelle – Sortierregeln (Auszug) am Beispiel DIN EN 13226

Oberseite des Stabes			
Merkmale	Klasse		
	○	△	□
Gesunder Splint	Unzulässig	Zulässig	Leichte Beeinträchtigung zulässig
Äste Schädlingsbefall	Tabelle unvollständig		

Nicht sichtbare Teile

Alle Merkmale ohne Einschränkung hinsichtlich Größe und Menge zulässig, sofern sie die Festigkeit oder Haltbarkeit des Holzfußbodens nicht beeinträchtigen.

Laminatboden (DIN EN 13329)

Deckschicht:	Dekorative harte, widerstandsfähige Lage aus imprägnierten Papieren (HPL, CPL oder DPL; Seite 142/143)
Trägermaterial:	Kernschicht, in der Regel Spanplatte (EN 309), Faserplatte MDF (EN 316) bzw. HDF
Gegenzug:	Schicht um das Produkt zu stabilisieren aus HPL, CPL, imprägnierten Papieren oder Furnieren

Neuer Stand: Deckschicht aus elektronenstrahl-gehärtetem Acrylatschichtstoff mit mineralischen Anteilen

Klassifizierung (Auszug) DIN EN 685

Beanspruchungsklasse	Wohnen			Gewerblich		
	Mäßig	Normal	Stark	Mäßig	Normal	Stark
Klasse	21	22	23	31	32	33
Beständigkeit gegen Abrieb	AC1	AC2	AC3		AC4	
Kennzeichnung und Klassifizierungssymbol (Beispiele)						

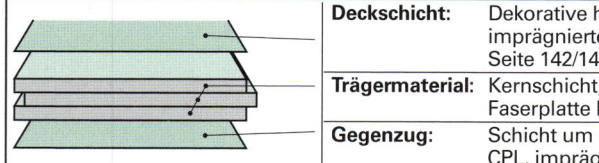

2.9 Holzwerkstoffe

Holzwerkstoffe werden aus Holzschichten, Holzspänen oder Holzfasern mit Klebstoffen zu Platten oder Formteilen gepresst. Bestehende DIN-Normen sind teilweise durch EN-Normen ersetzt worden. Die vielfältigen Holzwerkstoffe lassen sich dem Aufbau nach in vier Gruppen einteilen.

Lagenwerkstoffe	Verbundwerkstoffe	Holzspanwerkstoffe	Holzfaserwerkstoffe
Unverdichtetes Lagenholz • Furniersperrholz • Schichtholz • Formlagenholz	Mittellagen-Sperrholz • Stabsperrholz • Stäbchensperrholz	Flachpressplatten Spanformteile	• Poröse Faserplatten • Mittelharte Faserplatten • Harte Faserplatten
Verdichtetes Lagenholz • Kunstharzpressholz	Verbundsperrholz Leichtbauverbund-werkstoffe	Strangpressplatten	Mitteldichte Faserplatten

2

DIN EN 13986 definiert **Holzwerkstoffe**, roh, beschichtet, furniert oder lackiert für die Verwendung im **Bauwesen** und legt deren wesentlichen Eigenschaften fest. Die Norm gilt für folgende Holzwerkstoffe:

- Massivholzplatten
- Furnierschichtholz
- Sperrholz
- Platten aus langen, schlanken, ausgerichteten Spänen
- Kunstharz- und zementgebundene Spanplatten
- Faserplatten nach dem Nass- und Trockenverfahren

Klassifizierung der Holzwerkstoffe nach **Verwendungszweck**
- Allgemeine Zwecke
- Inneneinrichtung einschließlich Möbelbau
- Spezielle Zwecke
- Tragende Zwecke (Bauteile)
- Nichttragende Zwecke (Bauteile)
- Hochbelastbar tragende Zwecke

Entsprechend des Einsatzbereiches werden Holzwerkstoffe in drei **Nutzungsklassen** eingeteilt:

Trockenbereich	Feuchtbereich	Außenbereich
Nur einige Wochen im Jahr höherer Feuchtgehalt im Material als sich bei 20 °C und 65 % rel. Luftfeuchte einstellt: Nur bei Innenverwendung im Trockenbereich	Nur einige Wochen im Jahr höherer Feuchtegehalt im Material als sich bei 20 °C und 85 % rel. Luftfeuchte einstellt: Bei Innenverwendung oder geschützter Außenverwendung im Feuchtbereich	Klimaverhältnisse, die zu höheren Materialfeuchten führen als in Nutzungsklasse 2: Bei konstruktiv geschützter Verwendung im Außenbereich
Nutzungsklasse **1**	Nutzungsklasse **2** nach pr EN 1995-1-1	Nutzungsklasse **3**
Gefährungsklasse 1	Gefährdungsklasse 1 und 2 nach EN 335-3	Gefährdungsklasse 1, 2, 3
vergleichbar HWK 20	vergleichbar HWK 100 nach DIN 68800-2	vergleichbar HWK 100G

Weiterhin gilt die Vorgabe gemäß **DIN 68800-2** (Holzschutz für tragende und aussteifende Bauteile aus Holz oder Holzwerkstoffen), dass Einbausituationen auf die Höchstwerte der Feuchte im Gebrauchszustand bezogen werden müssen.

Höchstwerte der Feuchte von Holzwerkstoffen max. u in %, bezogen auf das Darrgewicht, im Gebrauchszustand   [1] Für Holzfaserplatten beträgt der Höchstwert max. u = 12 %.

Holzwerkstoffklasse	Feuchte max. u %	Verwendung
20	15[1]	Räume mit niedriger Luftfeuchtigkeit
100	18	Räume mit zeitweise höherer Luftfeuchtigkeit
100 G	21	Räume mit langfristig hoher Luftfeuchtigkeit Außenbereich (Holzschutz gegen Pilzbefall)

2.9 Holzwerkstoffe

2.9.1 Sperrholz

Sperrholz (Terminologie und Klassifizierung nach EN 313) ist ein Holzwerkstoff aus miteinander verklebten Lagen, wobei die Faserrichtungen aufeinanderfolgender Lagen meist rechtwinklig zueinander verlaufen.

Klassifizierung

1. Nach dem **allgemeinen Aussehen**
   nach dem **Plattenaufbau**
   - Furniersperrholz
   - Mittellagensperrholz
     Stabsperrholz
     Stäbchensperrholz
   - Verbundsperrholz
   nach der **Form**
   - eben
   - geformt

2. Nach den **Haupteigenschaften**
   nach der **Dauerhaftigkeit**
   - Verwendung im Trockenbereich
     und Feuchtbereich
   - Verwendung im Außenbereich
     nach dem **Aussehen der Oberfläche**
     nach den **mechanischen Eigenschaften**
     nach dem **Oberflächenzustand**
   - nicht geschliffen, geschliffen
   - grundiert, beschichtet

3. Nach den **Anforderungen des Verbrauchers**

Einteilung von Sperrholz nach Aussehen der Oberfläche (DIN EN 635)

Kategorie der Fehler	Erscheinungsklasse				
	E	I	II	III	IV
Natürliche, holzeigene Fehler: Äste und Löcher, Risse Befall durch Insekten, Pilzbefall und pflanzliche Parasiten Harzgallen, Harzzonen, eingewachsene Rinde Verfärbungen, unregelmäßige Holzstruktur	Die zulässigen Fehler und Merkmale sind bezüglich Anzahl, Größe oder Ausdehnung in DIN EN 635-2 DIN EN 635-3 <center>**Laubholz** **Nadelholz**</center>festgelegt. Klasse **E** ist praktisch einwandfrei				
Fertigungsbedingte Fehler: Offene Fugen, Überlappungen, Kürschner Fehlstellen, Rauigkeit, Fremdpartikel, Durchschliff Ausbesserungen, Fehler an Plattenkanten	Die Klasse beschreibt zuerst die Klasse der Vorderseite *Anmerkung:* Holzeigene Merkmale sind zulässig, wenn die Verwendbarkeit nicht beeinträchtigt wird.				

Formaldehydabgabe-Klassen für Sperrholz (DIN EN 1084)

Abgabeklasse	Gasanalysewert in mg HCHO/m² h	Bemerkungen
A	$\leq 3{,}5$	Bestimmt nach der Gasanalyse-Methode DIN EN 717-2
B	< 8	Formaldehydabgabe-Klassen B
C	≥ 8	und C in Deutschland nicht zulässig

Sperrholz-Terminologie (DIN EN 313-2)

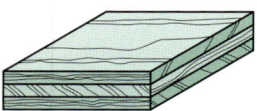 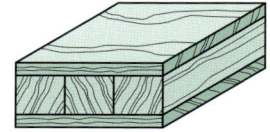 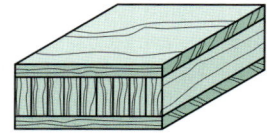

Furniersperrholz
besteht aus parallel zur
Plattenebene liegenden
Furnieren kreuzweise
verleimte Schälfurniere

Stabsperrholz
Mittellage besteht aus verklebten oder nicht verklebten
7 mm bis 30 mm breiten
Vollholzstäben

Stäbchensperrholz
Mittellage besteht aus maximal 7 mm breiten und hochkant angeordneten, verklebten
Schälfurnieren

2.9 Holzwerkstoffe

Anforderungen an Sperrholz (DIN EN 636)

Allgemeine Zwecke „G"		Tragende Zwecke „S"	
Verwendung im			
Trockenbereich	Feuchtbereich		Außenbereich
Bedingungen gekennzeichnet durch einen Feuchtegehalt des Materials			
Siehe Tabelle Seite 105			
Nutzungsklasse 1	Nutzungsklasse 2		Nutzungsklasse 3

Verklebungklassen für Sperrholz (DIN EN 314-2, DIN EN 636)

Klasse	Definition
Klasse 1: **Trockenbereich**	Normales Klima, Anwendung ohne Gefahr der Durchnässung
Klasse 2: **Feuchtbereich**	Für Außenklima bei Schutz gegen direkte Bewitterung, auch bei kurzzeitiger Wettereinwirkung beständig. Innenverwendung, wenn Feuchtebeanspruchung das Niveau der Klasse 1 übersteigt.
Klasse 3: **Außenbereich**	Für Verwendung bei langfristiger Wettereinwirkung

Stab- und Stäbchensperrholz für allgemeine Zwecke (DIN 68705-2: 2003-10)

Festlegungen für Furniersperrholz sind nicht mehr enthalten.

Stabsperrholz ST Stäbchensperrholz STAE	Einsatz: Gehäuse- und Möbelbau, Behälter- und Fahrzeugbau Maschinen- und Anlagenbau, Vorrichtungsbau
Oberfläche: Verklebung:	Erscheinungklassen E, I und II IF beständig in Räumen mit niedriger Luftfeuchte (nicht wetterbeständig) AW beständig bei erhöhter Feuchtebeanspruchung (bedingt wetterbeständig)
Bezeichnungsbeispiel:	Sperrholz DIN 68705 – ST IF E-I – 19

Sperrholz (DIN 68705-4: 1981-12)

Bau-Stabsperrholz BST Bau-Stäbchensperrholz BSTAE	aufgrund definierter und überwachter elastomechanischer Eigenschaften für **aussteifende Zwecke** im Bauwesen

Plattentypen

BST 20 bzw. **BSTAE 20**	nicht wetterbeständig, Holzwerkstoffklasse 20 Harnstoffharz zulässig
BST 100 bzw. **BSTAE 100**	wetterbeständig, Holzwerkstoffklasse 100 Phenolharz /Resorcinharz
BST 100 G bzw. BSTAE 100G	Holzarten hoher Resistenz, Holzschutzmittel
Bezeichnungsbeispiel:	Sperrholz DIN 68705 – BST 20 – 18 Bau Stabsperrholz des Plattentyps BST 20 mit 18 mm Dicke

Die Biegefestigkeiten längs und quer zur Deckfurnier-Faserrichtung müssen jeweils 20 N/mm² betragen.

Vorzugsmaße für Sperrholz (für Hersteller nicht bindend)

Maße in mm	Furniersperrholz	Stab- und Stäbchensperrholz
Dicke	4, 5, 6, 8, 10, 12, 15, 18, 20, 22, 25, 30, 35, 40, 50	13, 16, 19, 22, 25, 28, 30, 38
Länge[1]	1220, 1250, 1500, 1530, 1830, 2050, 2200, 2440, 2500, 3050	1220, 1530, 1830, 2050, 2500, 4100
Breite	1220, 1250, 1500, 1530, 1700, 1830, 2050, 2440, 2500, 3050	2440, 2500, 3500, 5100, 5200, 5400

[1] Die Länge wird längs zur Faserrichtung des Deckfurniers gemessen. Die Breite kann deshalb größer als die Länge sein. Reihenfolge der Maßangabe: Dicke, Länge, Breite

2.9 Holzwerkstoffe

Furnierschichtholz (DIN EN 14279) (Laminated Veneer Lumber)

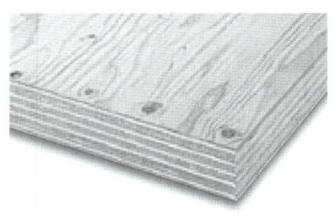

Verbund aus Furnieren, in dem die Furniere überwiegend in derselben Faserrichtung ausgerichtet sind (schließt Furnierschichtholz mit Querlagen nicht aus).
Furniergüte DIN EN 635-2 und 635-3
(Erscheinungsklassen Sperrholz)

Typ	Verwendung	Verklebung	Allgemeine Zwecke	Tragende Zwecke
LVL/1	Trockenbereich	Klasse 1	Symbol G	Symbol S
LVL/2	Feuchtbereich	Klasse 2		

Massivholzplatten (DIN EN 12775, DIN EN 13353)

Platte, die aus Holzstücken besteht, die an ihren Schmalseiten und, falls mehrlagig, an den Breitseitenn miteinander verklebt sind.
(Holzstücke: Bretter, Lamellen, Kanteln usw.)

Einlagige Platten für allgemeine Zwecke
Mehrlagige Platten für tragende Zwecke

SWP	**Massivholzplatte**	
SWP/1	Trockenbereich	Innenverwendung ohne Gefahr einer Durchfeuchtung
SWP/2	Feuchtbereich	Außenklime bei Schutz gegen direkte Bewitterung
SWP/3	Außenbereich	Ungeschützte Außenverwendung

Einlagige Massivholzplatte mit Symbol „L1"

Mehrlagige Massivholzplatte mit Buchstben „L" und Zahl der Lagen

Für **tragende** oder **nicht tragende** Zwecke werden bestimmte mechanische Anforderungen an Rohdichte, Biegefestigkeit und Elsatizitätsmodul gestellt.

Feuchtegehalt: Für die Verwendung im Trockenbereich $8 \pm 2\,\%$
Für die Verwendung im Feuchtebereich $10 \pm 3\,\%$
Für die Verwendung im Außenbereich $12 \pm 3\,\%$

Multiplexplatten (nicht genormt)

Marktübliche Bezeichnung für Sperrholz in Standardqualität

Ausführung: AW bzw. BFU 100	Furnierdicken: 2,5 mm bis 3 mm	Dicke: bis zu 80 mm (vielagig)

Plattentypen (handelsüblich)

mit Innenlagen ohne besondere Ansprüche	mit ausgewählten Innenlagen, weitgehend dicht, sichtbarer Furnieraufbau	mit Deckfurnieren ausgesuchter Qualität, Innenlagen ohne besondere Ansprüche	mit Deckfurnieren und Innenlagen ausgesuchter Qualität
Modellholz	Buchenfurniere ca. 1,6 mm dick, Deckfurniere und Innenlagen ausgesuchter Qualität		
Feinholz	Furnierdicken ab 0,2 mm, sehr feinschichtig		
Ahornplatten	Furnierdicken ca. 1,6 mm, Furniere gefügt und von ausgesuchter Qualität		

2.9 Holzwerkstoffe

2.9.2 Holzspanwerkstoffe

Holzspanwerkstoffe sind plattenförmige Holzwerkstoffe, die durch Verpressen von kleinen Teilen aus Holz und/oder anderen lignozellulosehaltigen Teilchen mit Klebstoff hergestellt werden.

Einteilung der Spanplatten nach DIN EN 312 – (2003) (Auszug)
Diese Norm legt Anforderungen an kunstharzgebundenen, unbeschichteten Spanplatten fest.

Plattentypen	P1	P2	P3	P4	P5	P6	P7
Verwendung	Allgemeine Zwecke	Innenein-richtungen (Möbel)	Nicht tragende Zwecke	Tragende Zwecke		Hochbelastbar Tragende Zwecke	
	Trockenbereich		Feucht-bereich[1]	Trocken-bereich	Feucht-bereich[1]	Trocken-bereich	Feucht-bereich[1]

[1] Der Feuchtbereich ist durch die Nutzungsklasse 2 nach ENV 1995-1-1 definiert (Temperatur 20 °C und relative Luftfeuchtigkeit der umgebenden Luft, die nur einige Wochen pro Jahr einen Wert von 85 % übersteigt.

Allgemeine Anforderungen an alle Plattentypen bei Auslieferung (Auszug)

		Formaldehydabgabe nach DIN EN 13986	
Grenzabmaße			
– Dicke (geschliffene Platte)	± 0,3 mm	– Klasse **E1**	Gehalt ≤ 8 mg / 100 g
– Länge und Breite	± 5 mm	Perforatorwert	absolut trockene Platte
Plattenfeuchte	5 % bis 13 %	– Klasse **E2**	Gehalt > 8 mg / 100 g
		Perforatorwert	≤ 30 mg/100g
			absolut trockene Platte

Anforderungen an die mechanischen Eigenschaften und an die Quellung
(DIN EN 312) – Ausgesuchte Werte für 2 Plattentypen (P2 und P5)

Platten-typ	Eigen-schaft	Ein-heiten	Dickenbereich (mm, Nennmaß)							
			> 3 bis 4	> 4 bis 6	>6 bis 13	>13 bis 20	>20 bis 25	>25 bis 32	>32 bis 40	> 40
P2	Biege-festigkeit	N/mm^2	13	14	13	13	11,5	10	8,5	7
P5			20	19	18	16	14	12	10	9
P2	Querzug-festigkeit	N/mm^2	0,45	0,45	0,40	0,35	0,30	0,25	0,20	0,20
P5			0,50	0,50	0,45	0,45	0,40	0,35	0,30	0,25
P2	Dicken-quellung	%	–	–	–	–	–	–	–	–
P5			13	12	11	10	10	10	9	9

Kennzeichnung:

- Hersteller, Handelsmarke oder Zeichen
- Nummer EN 312
- Plattentyp
- Nenndicke
- Formaldehyd-Klasse
- Chargennummer oder Herstellungswoche und -jahr

Farb-Kennzeichnung der Spanplatten (freiwillig):

Weiß, Weiß, Blau	P1
Weiß, Blau	P2
Weiß, Grün	P3
Gelb, Gelb, Blau	P4
Gelb, Gelb, Grün	P5
Gelb, Blau	P6
Gelb, Blau	P7

Allgemeine physikalische Eigenschaften von Spanplatten

Eigenschaften	Nenndickenbereich in mm				
	bis 13	> 13…20	> 20…25	> 25…32	> 32…40
Rohdichte (kg/m^3)	750…680	720…620	700…600	680…580	650…550
Feuchte (%)	5…10	6…11	6…11	7…12	7…12
Wärmeleitfähigkeit (W/mK)	0,13				
Wasserdampfdiffusions-widerstandsfaktor μ innen außen	50 100				
Lineardehnung im Wechselklima (%)	0,3…0,4				
Temperaturbeständigkeit Langzeit (°C)	50…60				
Temperaturbeständigkeit Kurzzeit (°C)	100…120				
Brandverhalten	müssen mindestens der Baustoffklasse B 2 entsprechen				

2.9 Holzwerkstoffe

Spanplatten für Sonderzwecke im Bauwesen (DIN 68762)

LF	Leichte Flachpressplatte mit höherer Schallabsorption, mit oder ohne Beschichtung oder Beplankung	für akustisch wirksame und/oder dekorative Wand- und Decken-verkleidungen
LRD	Strangpress-Röhrenplatte mit durchbrochener Oberfläche und höherer Schallabsorption, beidseitig beschichtet oder beplankt	
LMD	wie LRD, aber Strangpress-Vollplatte	
LR	Strangpress-Röhrenplatte mit geschlossener Oberfläche, beidseitig beschichtet oder beplankt	

Rohdichte und Schallabsorption von Spanplatten für Sonderzwecke

Platten-typ	Rohdichte kg/m³	Schallabsorptionsgrad Hz	α_S	
LF	250 … 500	125 … 250	0,2[1]	[1] Mindestwerte der mittleren Schallabsorption im jeweiligen Frequenzbereich.
		250 … 4000	0,5	[2] Schrankenwerte für den Absorptionsgrad dürfen auch von vollflächig aufliegenden Platten in einem wenigstens zwei Oktaven breiten Frequenzbereich nicht unterschritten werden.
LRD	300 … 600		0,5[2]	
LMD	550 … 850		0,2	

Spanplatten nach dem Strangpressverfahren (DIN 14755)

Strangpressplatten für nichttragende Zwecke im Trockenbereich
Plattenfeuchte bei Auslieferung 5 % bis 13 %

ES	Extruded Solid	Platte ohne Hohlräume (Röhren) mit einer Rohdichte von min. 550 kg/m³
ET	Extrude Tubes	Platte mit durchgehenden Hohlräumen (Röhren) mit einer Rohdichte von min. 500 kg/m³ und einer Wanddicke von min. 5 mm
ESL	Extruded Solid light	Platte ohne Hohlräume (Röhren) mit einer Rohdichte von weniger als 550 kg/m³
ETL	Extruded Tubes light	Platte mit durchgehenden Hohlräumen (Röhren) mit einer Rohdichte von weniger als 550 kg/m³ oder einer Wanddicke von weniger als 5 mm

Mechanische Eigenschaften (Mindestwerte)

Platten-typ	Dickenbereich	Biegefestigkeit $\perp$ zur Herstellrichtung (N/mm²)	Zugfestigkeit in Herstellrichtung (N/mm²)
ES	≤ 16	4	0,17
	≥ 16 < 50	3	0,17
ET	< 30	2,5	0,17
	≥ 30 < 45	1,7	0,17
	≥ 45 < 70	1	0,17
ESL ETL	alle Dicken	1 1	0,1 0,1

Zementgebundene Spanplatten

Holzspanplatten nach DIN EN 633 und DIN EN 634
Platten aus Holz (63,5 %), Zement (25 %), Wasser (10 %) und Zusatzstoffen (1,5 %)

Anwendung:

- Ein- und zweischalige Wände
- Dachausbau, Deckenbekleidungen
- Ausbau von Nassräumen
- Brüstungselemente
- Fußbodenelemente
- Landwirtschaft

Oberflächenbeschaffenheit:
roh – eben oder strukturiert
geschliffen, beschichtet, beplankt (z. B. dekoratives Laminat, harzgetränktes Dekopapier usw.)

2.9 Holzwerkstoffe

Zementgebundene Holzspanplatten

Standardformate:	2600 mm × 1250 mm
	3100 mm × 1250 mm
Dicken in mm:	8; 16; 24; 40
	10; 18; 28
	12; 20; 32

Fußboden-Verlegeplatten (mit Nut und Feder):
625 mm × 1250 mm
Dicken in mm: 18; 22; 25

Deckenplatten: 620 mm × 1250 mm
10 mm dick

Besondere Eigenschaften

Mindestbiegefestigkeit	$9,0 \text{ N/mm}^2$ (rechtwinklig zur Plattenebene)
Zugfestigkeit	$4,0 \text{ N/mm}^2$ (in Plattenebene)
Querzugsfestigkeit	$0,4 \text{ N/mm}^2$
Dickenquellung	1,0% ... 2,0%
Rohdichte	1250 kg/m^3
Wärmeleitfähigkeit λ_R	0,35 W/mK
Brandverhalten	B1/A2

witterungsbeständig und verrottungsfest
beständig gegen Pilz- und Termitenbefall

Platten aus langen, schlanken, ausgerichteten Spänen (DIN EN 300)

Flache, lange Späne, richtungsorientiert verleimt, 3-schichtiger Aufbau, Späne in Außenschichten parallel zur Plattenlänge oder Plattenbreite

OSB-Platten (Oriented Strand Board) — Kennzeichnung

OSB/1	für allgemeine Zwecke im Trockenbereich, Innenausbau und Möbel	(Streifen: weiß, blau)
OSB/2	für tragende Zwecke im Trockenbereich, Innenwände im Fertighausbau	(Streifen: gelb, gelb, blau)
OSB/3	für tragende Zwecke im Feuchtbereich	(Streifen: gelb, gelb, grün)
OSB/4	hochbelastbare Platten für tragende Zwecke im Feuchtbereich, Wände	(Streifen: gelb, grün)

Allgemeine Anforderungen an OSB-Platten

Grenzabmaße		Plattenfeuchte		Formaldehydgehalt (pr EN 300)
Dicke (geschliffen)	± 0,3 mm	OSB/1, OSB/2	2% ... 12%	für unbeschichtete Platten
Dicke (ungeschliffen)	± 0,8 mm	OSB/3, OSB/4	5% ... 12%	Formaldehyd Potentialklasse 1
Länge und Breite	± 3,0 mm			(≤ 8 mg/100g Perforatorwert)

Anforderungen an mechanische Eigenschaften und Quellung

Dicken-bereich in mm	Biegefestigkeit (Hauptachse) in N/mm^2				Querzugfestigkeit in N/mm^2				Dickenquellung (24 h) in %			
	OSB/1	OSB/2	OSB/3	OSB/4	OSB/1	OSB/2	OSB/3	OSB/4	OSB/1	OSB/2	OSB/3	OSB/4
6 ... 10	20	22	22	30	0,30	0,34	0,34	0,50	25	20	15	12
> 10 < 18	18	20	20	28	0,28	0,32	0,32	0,45				
18 ... 25	16	18	18	26	0,26	0,30	0,30	0,40				

Handelsübliche Standardformate von OSB-Platten

Plattentyp	Stärke in mm	Format in mm
Standardplatte	6 bis 25	2440 × 1220, 4880 × 2440
Verlegeplatte (Nut und Feder)	15, 18, 22	2440 × 590

Handelsübliche Plattenmaße in mm

Nenndicken: 6, 8, 10, 13, 16, 19, 22, 25, 28, 32, 36, 40, 45, 50, 60, 70

	Plattentyp	Dicke	Länge	Breite
Span-platten	Flachpressplatten	3, 4, 8	2820	2100
		10, 13, 16, 19, 22, 25, 28	5200	2050
		32, 36	4100	1850
	MFB	8, 10, 13, 16, 19, 20, 25	2670	2050
	Bodenverlegeplatten	10, 13, 16, 19, 22, 25, 28	2050	950
Faser-platten	Mittelharte Platten	1,6; 2,0; 2,5	1300, 1730, 2600, 5200	2050
	Harte Platten	3,0; 3,2; 3,5	2550, 5100	1830
	MFB	4, 5, 6, 8		
	Poröse Platten	6, 8, 10, 12, 15	1250, 2000, 2500, 2750	1000, 1250
		20, 25, 30, 35, 40, 50	3000, 3500, 5000	1500, 2000
	In der Tabelle erfolgt keine Zuordnung von Dicke zu Länge und Breite			

2.9 Holzwerkstoffe

2.9.3 Holzfaserwerkstoffe

Faserplatten, mit einer Dicke von 1,5 mm und größer, hergestellt aus Lignozellulosefasern unter Anwendung von Druck und/oder Hitze. Die Bindung der Fasern erfolgt durch Verfilzung sowie inhärenter Verklebungseigenschaft oder Zugabe von Klebstoffen.

Klassifizierung der Faserplatten nach dem Herstellungsverfahren (DIN EN 316)

nach dem **Naßverfahren**			nach dem **Trockenverfahren**		
Harte Platten **HB**	Mittelharte Platten **MB**	Poröse Platten **SB**	HDF	**MDF** Leicht-MDF	Ultraleicht-MDF
Dichte in kg/m³					
≥ 900	≥ 400 bis 900	≥ 230 bis 400	≥ 800	≤ 650	≤ 550

Weitere Klassifizierungkriterien für Faserplatten (DIN EN 316)

Anwendungsbedingungen	Kurz-zeichen	Verwendungszweck	Kurz-zeichen
Trockenbereich	–	Allgemeine Verwendung	–
Feuchtbereich	H	Tragende Verwendung	L
Außenbereich	E	– alle Kategorien der Lasteinwirkungsdauer	A
		– nur für Momentan- und Kurzzeitbelastung	S

Faserplatten (Plattentypen, Kurzzeichen) (DIN EN 316)

Faserplattentyp	Kurz-zeichen	Anmerkung, zusätzliche Eigenschaften durch spezielle Behandlung oder Zusätze	
Harte Platten	HB	Feuerschutz, Feuchtebeständigkeit, Resistenz gegen biologischen Befall, Bearbeitbarkeit, spezielle Behandlung (z.B. Härtung), Zusätze	
Mittelharte Platten geringer Dichte	MBL	400 kg/m³ bis 560 kg/m³	Feuerschutz
Mittelharte Platten hoher Dichte	MBH	560 kg/m³ bis 900 kg/m³	Feuchtebeständigkeit
Poröse Platten	SB	Thermische und akustische Dämmeigenschaften Feuerschutz, verbesserte Feuchtebeständigkeit	
Platten nach dem Trockenverfahren	MDF	Feuerschutz, Feuchtebeständigkeit, Resistenz gegen biologischen Befall, Bearbeitbarkeit	

Beispiel: Kurzzeichen

MDF.HLS   MDF zur tragenden Verwendung im Feuchtbereich, nur für Momentan- und Kurzzeitbelastung, nach DIN EN 622-5

HB.HLA2   hochbelastbare Platte zur tragenden Verwendung im Feuchtbereich, für alle Kategorien der Lasteinwirkungsdauer

1 Platte für tragende Zwecke   2 hoch belastbare Platte für tagende Zwecke

Allgemeine Anforderungen an Faserplatten (DIN EN 622-1)

Diese Norm legt Anforderungen an einige Eigenschaften fest, die für alle unbeschichteten Faserplatten gleich sind.

Eigenschaft	Plattentyp			
	HB	**MB**	**SB**	**MDF**
Grenzabmaße in mm: – Dicke (abhängig von Nenndicke)	± 0,3 bis 0,7	± 0,7 bis 0,8	± 0,7 bis 1,8	± 0,2 bis 0,3
– Länge und Breite	± 2 mm/m, höchstens ± 5			
Plattenfeuchte	4 % bis 9 %			4 % bis 11 %

2.9 Holzwerkstoffe

Anforderungen an harte Platten (DIN EN 622-2) (für Typ **HB** und **HB.H**)

Typ	Eigenschaft	Einheit	Nenndickenbereich in mm		
			≤ 3,5	> 3,5 bis 5,5	> 5,5
HB **HB.H**	Dickenquellung	%	37	30	25
			25	20	20
HB **HB.H**	Biegefestigkeit	N/mm²	30	30	25
			35	32	30

Anforderungen an mittelharte Platten (DIN EN 622-3) (für Typ **MBH.LA1** und **MBH.HLS2**)

Eigenschaft	Einheit	Nenndickenbereich in mm			
		≤ 10		> 10	
	Plattentyp ⟶	**MBH.LA1**	**MBH.HLS2**	**MBH.LA1**	**MBH.HLS2**
Dickenquellung	%	15	9	15	9
Biegefestigkeit	N/mm²	18	28	15	25

MBH.LA1   tragende Zwecke, Trockenbereich, für alle Klassen der Lasteinwirkungsdauer

MBH.HLS2   tragende Zwecke, hoch belastbar, Feuchtbereich

Eigenschaften: Schraubenausziehwiderstand 30 N/mm

DIN EN 13986   Angaben über Wärmeleitfähigkeit, Wasserdampfdurchlässigkeit und Brandverhalten

Poröse Faserplatte (DIN EN 622-4)

Plattentypen: **SB**   **SB.H**   **SB.E**   **SB.LS**   **SB.HLS**

Dickenquellung 10 % bis 6 %   (Werte abhängig von Plattentyp und Nenndickenbereich)

Biegefestigkeit 0,8 bis 1,3 N/mm²

Faserplatten nach dem Trockenverfahren (MDF) (DIN EN 622-5)

Faserplatten mit homogenem Aufbau, guten Bearbeitungseigenschaften sowie Lackierungs- und Beschichtungsmöglichkeiten

Verwendung	Trockenbereich	Feuchtbereich	Ultraleicht-MDF	Unterdeckplatten
Allgemeine Zwecke (Möbel, Innenausbau)	**MDF**	**MDF.H**	**UL-MDF** Rohdichte	(für Dachdeckungen und Wände)
Tragende Zwecke	**MDF.LA**	**MDF.HLS**	450 kg/m³	**MDF.RWH**
Leicht-MDF	**L-MDF**	**L-MDF.H**	500 kg/m³	

Anforderungen an Platten Typ MDF (DIN EN 622-5)

Eigenschaft	Einheit	Nenndickenbereiche in mm								
		1,8 bis 2,5	> 2,5 bis 4,0	> 4 bis 6	> 6 bis 9	> 9 bis 12	> 12 bis 19	> 19 bis 30	> 30 bis 45	> 45
Dickenquellung	%	45	35	30	17	15	12	10	8	6
Querzugfestigkeit	N/mm²	0,65	0,65	0,65	0,65	0,60	0,55	0,55	0,50	0,50
Biegefestigkeit	N/mm²	23	23	23	23	22	20	18	17	15
Biege-Elastizitätsmodul	N/mm²	–	–	2700	2700	2500	2200	2100	1900	1700

2.9.4 Melaminbeschichtete Platten für den Innenbereich (DIN EN 14322)

Diese Norm gilt für dekorative melaminbeschichtete Spanplatten und Faserplatten (nicht für Laminatboden).

MFB	**Melaminbeschichtete Platte** die ein- oder beidseitig durch direktes Verpressen mit Papieren beschichtet wird, die mit härtbaren Aminoplastharzen imprägniert sind. Die Plattenoberfläche kann ein- oder beidseitig eben oder strukturiert sein und dekorative Farben oder Muster aufweisen.

Allgemeine Anforderungen (MFB)

Grenzabmaße für Länge und Breite: – handelsübliche Maße ± 5 mm – Zuschnitte ± 2,5 mm	Verzug ≤ 2 mm/m (Dickenbereich ≥ 15 mm)

Formaldehydabgabe Klasse **E1** oder **E2** (Prüfverfahren ENV 717-1 oder ENV 717-2)
Die melaminbeschichtete Platte gilt als E1, wenn die Trägerplatte als E1 klassifiziert ist.

In der Regel wird eine Spanplatte (P2) nach EN 312, eine Hartfaserplatte (HB) nach EN 622-2 oder eine Mitteldichte Faserplatte (MDF) nach EN 622-5 als Trägerplatte verwendet.

Deshalb werden mechanischen Eigenschaften und Maßtoleranzen in diesen Normen angegeben.

Klassifizierung nach der Abriebbeständigkeit						Informationen über weitere Eigenschaften, z.B. Verhalten gegen Zigarettenglut, Stoßbeanspruchung, Glanzgrad usw. liefern die Hersteller. Die Prüfverfahren sind in DIN EN 14323 festgelegt.
Klasse	1	2	3A	3B	4	
Festlegung der Abriebbeständigkeit (WR) und für den Anfangsabriebpunkt (IP)						

Bearbeitung von melaminbeschichteten Platten (MFB)

Geeignete Zahnformen	Eintritts- und Austrittswinkel der Sägezähne
1. Zahn 2. Zahn hohle Zahnbrust hohle Zahnbrust + gefaster Rücken Wechselzahn Hohlzahn Hohlzahn-Fase	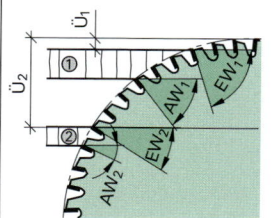 Ü Überstand EW Eintrittswinkel AW Austrittswinkel

Formaldehyd-Klassen (DIN EN 13986)

Werden bei der Herstellung formaldehyd-haltige Stoffe verwendet, ist das Produkt zu prüfen und nach den Klassen **E1** und **E2** zu klassifizieren.
Anforderungen an die Formaldehyd-Klasse E1 (in Deutschland zugelassen)

Holzwerkstoff		
unbeschichtet	unbeschichtet	lackiert, beschichtet o. furniert
Spanplatten OSB MDF	Sperrholz Massivholzplatten Furnierschichtholz	Spannplatten, OSB, MDF Sperrholz, Massivholzplatten Furnierschichtholz Faserplatten (Nassverfahren) Zementgebundene Spanplatten
Gehalt ≤ 8 mg/100 g atro (absolut trockene Platte)	**Abgabe ≤ 3,5 mg/m² h** oder ≤ 5 mg/m² h innerhalb von 3 Tagen nach Herstellung	

2.9 Holzwerkstoffe

2.9.5 Leichtbau-Verbundwerkstoffe (Auswahl)

Leichtbauverbundwerkstoffe sind innovative und funktionelle Verbundwerkstoffe aus Holzwerkstoffen und anderen Werkstoffen mit geringem Gewicht, hoher Festigkeit und modernem Design für Möbel- und Innenausbau sowie Fahrzeug- und Schiffskabinen. Es sind mehrschichtige Platten mit festen Decklagen und einem leichteren Kern.

Plattentyp	Beschreibung	
Leichtbauplatte (Eurolight®) Decklagen Riegel Wabenkern	Dünnspan-Decklagen 3,0 mm; 4,0 mm und 8,0 mm Wabenkern als Sechskantwabe mit 15 mm Zellweite Klebesystem PUR	
	Rahmenlose Platte für Möbel- und Innenausbau Format: 5610 mm x 2070 mm Dickenbereich: 15 mm … 100 mm	
	Platten mit Riegel für Zuschnitt im Fixformat Mindestgröße 310 mm x 310 mm	
	Weitere Eigenschaften: Formaldehydgehalt E1 Dickenquellung 3,30% (nach 24h) Dichte[1] 123 kg/m³ … 325 kg/m³ Biegefestigkeit EN 310[1] 5,0 N/mm² … 9,0 N/mm²	
	[1] in Abhängigkeit der Plattendicke und Decklagendicke	

	Dekorative Papierwabenplatte	Dekorative Kunststoffwabenplatte
	 beidseitig mit 0,8 mm Brilliant-HPL belegt Papierwabenkern mit beidseitigem HDF-Deck, 3,3 mm	 beidseitig mit 1,2 mm Brilliant-HPL belegt Mittellage als Kunststoffwabenplatte
Baustoffklasse	B2	B2, nicht tropfend
Verklebung	D3	PUR
Rohdichte	280 kg/m³ … 440 kg/m³ (nach Plattendicke)	210 kg/m³ … 230 kg/m³
Biegefestigkeit	8 N/mm² bei 26,6 mm Gesamtdicke	10 N/mm² bei 24,4 mm Gesamtdicke
Format in mm	2750 x 2020, Dicke 26,6 und 51,6 (Länge x Breite)	2750 x 2020, Dicke 24,4 und 29,4
Bearbeitung	auf allen herkömmlichen Bearbeitungsanlagen und Bearbeitungszentren möglich mit hartmetallbestückten Werkzeugen	
Anwendung	Dekorativer und allgemeiner Möbel- und Innenausbau, Schiffs-, Fahrzeug- und Caravanbau Tisch- und Arbeitsflächen, Trennwände und mobile Elemente	Trennwände in Nass- und Feuchträumen sowie Möbel in Feuchtbereichen

2.9 Holzwerkstoffe

Arbeitsplatten

1) gefräst 2) einseitig mit Kante 3) Postforming	1) 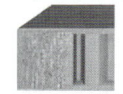	2) 	3) 

Trägerplattendicke	38 mm, 50 mm und 60 mm	
Abmessungen (mm)	4100 × 600 und 920	4100 × 620 – einseitig 4100 × 920 – zweiseitig

Durchbiegung von Fachböden (Leichtbauverbund-Platten) – Dauerstandsmessung DIN 68874-1

Prüfgewicht 150 kg/m²		Stützweite 975 mm		Zulässige Biegung 9,75 mm

Plattendicke	Plattenaufbau	Durchbiegung in mm		
		5 min	14 Tagen	28 Tagen
38 mm	4 mm / 32 mm / 4 mm	2,37	5,66	6,59
40 mm	4 mm / 34 mm / 4 mm	2,74	3,26	4,36
50 mm	4 mm / 42 mm / 4 mm	1,00	1,58	2,36

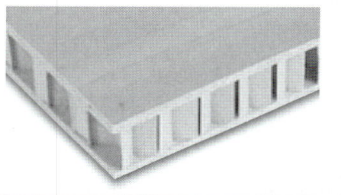

	Bearbeitung	
	Sägen	wie Vollspanplatte, wenn möglich mit Vorritzer
	Bohren	wie Vollspanplatte
	Fräsen	im Gegenlauf
	Beschichten	Pressdruck beachten
	Bekanten	mit Stütz- und/oder Dekorkante

Verbindungsmittel für Leichtbau-Verbundplatten

Für unterschiedlichen Aufbau sind verschiedene Verbindungsmittel erforderlich.

 mit Riegel

Standarbeschläge einsetzbar

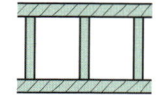 ohne Riegel

Spezielle Verbinder, Muffen usw. notwendig.

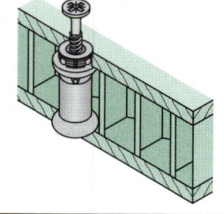

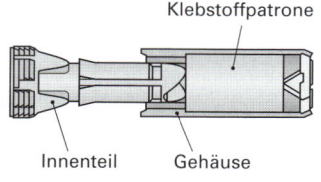

Klebstoffpatrone

Innenteil   Gehäuse

Klebermuffe
für die Leichtbauplatten ohne Riegel

In die Muffe können Schrauben, Verbindungsteile usw. eingeschraubt werden.

Axialer Auszugswert
700 N bis 950 N

3 Werkstoffe

Inhaltsverzeichnis

Sicherheitsdatenblatt
gemäß 91/155/EWG

3

3 Werkstoffe

Firmenverzeichnis

Lignal GmbH
Warendorfer Straße 21
59075 Hamm
Telefon: 02381 963-0
email: info@hesse.lignal.de

Lamello AG
Hauptstraße 149
CH-4416 Bubendorf
Telefon: 0041 61 935-3636
email: info@lamello.com

Interpane Glas Industrie AG
Sohnreystaße 21
37697 Lauenförde
Telefon: 05273 809-0
email: info@ag.interpane.net

ihd Institut f. Holztechnologie Dresden gGmbH
Zellescherweg 24; 01217 Dresden
Telefon: 0351 4662-0
www.ihd-dresden.de

Jowat AG
Enst-Hilker-Straße 10 – 14; 32758 Detmold
Telefon: 05231 749-0
www.jowat.de

fischer Deutschland Vertriebs GmbH & CO. KG
Postfach 1152
72176 Waldachtal
Telefon: 07443 12-6000
www.fischerwerke.de

sia Abrasives Industrie AG
CH-8501 Frauenfeld –1
Telefon: 0041 52 724-4111
email: sia@sia-abrasives.com

Flachglas MarkenKreis GmbH
Auf der Reihe 2
45884 Gelsenkirchen
Telefon: 0209 91329-0
email: info@flachglas-markenkreis.de

Henkel KGaA
Henkelstraße 67
40589 Düsseldorf
Telefon: 0211 797-0

KLEIBERIT Klebstoffe Klebchemie
M. G. Becker GmbH + Co. KG
Max-Becker-Straße 4
76356 Weingarten

Verlag und Autoren danken den genannten Firmen und Institutionen für die Unterstützung der aktuellen und praxisnahen Gestaltung des Tabellenbuches.

Literatur und Normen

Fischer, Ulrich; u.a.; Tabellenbuch Metall, Europa-Lehrmittel, Auflage 2008
Peschel, Peter; u.a.; Tabellenbuch Bautechnik, Europa-Lehrmittel, Auflage 2010
Pilkington Deutschland; 2007; Berechnungen für Glasscheiben
DIN 571; 1986, Sechskant Holzschrauben
DIN 1102; 1989-1; Holzwolle-Leichtbauplatten und Mehrschicht-Leichtbauplatten
DIN 1259-2; 2001; Begriffe für Glaserzeugnisse
DIN 4108-7; 2001; Wärmeschutz und Energie-Einsparung in Gebäuden
DIN 10020; 2000; Begriffsbestimmungen für die Einteilung der Stähle
DIN 17007-4; 1963; Werkstoffnummern; der Hauptgruppen 2 und 3: Nichteisenmetalle
DIN 18180; 2007; Gipsplatten – Arten und Anforderungen
DIN 18182-2; 2008; Zubehör für die Verarbeitung von Gipskartonplatten
DIN 68861-2/4/6; 1981/2; Möbeloberflächen; Abrieb-, Kratzbeanspruchung, Zigarettenglut
DIN 68861-1/7/8; 2001; Möbeloberflächen; chemischer Beanspruchung, trockene, feuchte Hitze
DIN EN 204; 2001; Klassifizierung thermoplastischer Holzklebstoffen
DIN EN 336; 2003; Bauholz für tragende Zwecke
DIN EN 438-1; 2005; Dekorative Hochdruck-Schichtpressstoffplatten (HPL)
DIN EN 572; 2004; Glas im Bauwesen, Definitionen und Eigenschaften
DIN EN 10025; 2005; Warmgewalzte Erzeugnisse aus Baustählen
DIN EN 10027; 1992/2005; Bezeichnungssysteme für Stähle, Kurznamen; Nummernsysteme
DIN EN 10230; 2000; Nägel aus Stahldraht; lose Nägel für allgemeine Verwendungszwecke
DIN EN 12720; 1997; Möbel – Bewertung von Oberflächen gegen kalte Flüssigkeiten
DIN EN 12721; 1997; Möbel – Bewertung von Oberflächen gegen feuchter Hitze
DIN EN 12722; 1997; Möbel – Bewertung von Oberflächen gegen trockene Hitze
DIN EN 24032; 2004; Mechanische Verbindungselemente – Muttern
DIN EN ISO 2409; 1994; Lacke und Anstrichstoffe – Gitterschnittprüfung
DIN EN ISO 4014; 2001; Sechskantschrauben mit Schaft
DIN EN ISO 10077, 2006, Wärmetechnische Verhalten von Fenstern, Türen und Abschlüssen
DIN ISO 513; 2005; Klassifizierung und Anwendung von harten Schneidstoffen
DIN ISO 603; 2000; Schleifkörper aus gebundenem Schleifmittel

3   Werkstoffe

3.1   Mineralische Plattenwerkstoffe

Plattenwerkstoffe mit verschiedenen, überwiegend mineralischen Bestandteilen können wie folgt eingeteilt werden:
- Mineral-Kunststoff-Platten (vgl. Kapitel 3.5)
- Gipsfaserplatten
- Gipskartonplatten
- Faserzementplatten
- Holzwolleleichtbauplatten

3.1.1   Gipskartonplatten und Gipsplatten

Gipsplatten nach DIN EN 520		Gegenüberstellung	

Typ **A**	Standard-Gipsplatte
Typ **D**	Gipsplatte mit definierter Dichte
Typ **F**	Gipsplatte mit verbessertem Gefüge-zusammenhalt bei hohen Temperaturen
Typ **H**	Gipsplatte mit reduzierter Wasseraufnahmefähigkeit (H1, H2 und H3)
Typ **I**	Gipsplatte mit erhöhter Oberflächen-härte
Typ **R**	Gipsplatte mit erhöhter Festigkeit
Typ **E**	Gipsplatte für die Beplankung von Außenwandelementen

DIN EN 520	DIN 18180
Typ A	GBK
Typ DF	GKF
Typ H2	GKBI
Typ DFH2	GKFI
Typ P	GKP

Mit DIN EN 520 wird das **Brandverhalten** nach DIN EN 13501-1 klassifiziert. In der Regel nicht brennbar: **A2-s1, d0**

A2 nicht brennbar,   s1 kein Rauch
d0 kein brennendes Abfallen/Abtropfen

Kurz-zeichen	Bezeichnungen	Anwendung
GKB	Gipskarton-Bauplatten B	Wand-Trockenputz für Wand- und Deckenverkleidungen
GKF	Gipskarton-Bauplatten F Feuerschutzplatten	Anforderungen an die Feuerwiderstandsdauer der Bauteile sowie für die Beplankung aussteifender Wände
GKBI	Gipskarton-Bauplatten B imprägniert	wie GKB-Platten, jedoch mit verzögerter Wasseraufnahme
GKFI	Gipskarton-Bauplatten F imprägniert	wie GKF-Platten, jedoch mit verzögerter Wasseraufnahme
GKP	Gipskarton-Putzträgerplatten	als Putzträger, meist auf Unterkonstruktion
	Gipskartonverbundplatten DIN 18184	Gipskarton-Bauplatten mit Schaumkunststoffplatten für erhöhten Wärmeschutz

Abmessungen (DIN 18180)			Kantenausbildungen

Dicke (mm)	Breite (mm)	Länge (mm)
9,5 **12,5**	1250	2000; 2250; 2500; 2750; 3000; 3500; 3750; 4000
15	1250	2000; 2250; 2500; 2750; 3000
18	1250	2000; 2250; 2500
25	600	2500; 2750; 3000; 3250; 3500
9,5	400	1500; 2000

Gips — Kartonummantelung
abgeflachte Längskante

volle Längskante bei Bauplatten

Längskante einer Putzträgerplatte

Querschnitt einer Schallschluckplatte

121

3.1 Mineralische Plattenwerkstoffe

3.1.2 Faserzementplatten

Platten aus mineralischen und synthetischen Fasern, Zement und Wasser

Anwendung und Verarbeitung:
- bearbeitbar mit HM-Werkzeugen
- Wand- und Deckenverkleidung in Feuchträumen
- Befestigungselemente nichtrostend ausgeführt

Rechteckschablonen	Bogenschnittschablonen
Abmessungen: 30 cm × 60 cm; 40 cm × 40 cm; 20 cm × 40 cm; 30 cm × 30 cm; 30 cm × 20 cm; 30 cm × 15 cm; Befestigung: 2 Nägel (Schieferstifte) und 1 Plattenhaken	Abmessungen: 30 cm × 30 cm 40 cm × 40 cm ü = 5 cm … 12 cm

3.1.3 Gipsfaserplatten

Platten aus Gips und Zellulosefasern (Altpapier), ohne zusätzliche Bindemittel, durchgehend faserverstärkt.

Typ	Besondere Eigenschaften, Verwendung
Ausbau-Platte Estrich-Platte Verbund-Platte (10 mm + 15 mm … 50 mm Schaumkunststoff)	Baustoffklasse A2, F30 … F90, hohe Luft- und Trittschalldämmung, wärme- und schalldämmend, mit und ohne Dampfsperre (Al-Folie)
Formate	**Verarbeitung**
150 cm × 100 cm; 200 cm × 124,5 cm 250 cm × 124,5 cm; 254 cm × 124,5 cm 275 cm × 124,5 cm; 300 cm × 124,5 cm Dicke in mm: 10; 12,5; 15; 18	bis 10 mm Plattenrand schraub- und nagelbar leicht bearbeitbar Bei Verarbeitung DIN 18181 und DIN 18183 berücksichtigen!

3.1.4 Holzwolleplatten (DIN EN 13168)

Wärmedämmstoffe für Gebäude – werkmäßig hergestellte Produkte aus Holzwolle (HW) und mineralischen Bindemitteln (Magnesit, Zement).

Auswahl von 3 Plattentypen (magnesiumgebundene Holzwolleplatten)

Beschreibung	Universell einsetzbare Platte, wärme- und schalldämmend	Platte mit erhöhter Maßgenauigkeit, wärme- und schalldämmend, sicher gegen Nager- und Pilzbefall	Mehrschichtplatte Polystyrolkern- Zweischichtplatte, beidseitig 5 mm
	diffusionsoffen, schwerentflammbar		schwerentflammbar
Dicke in mm	15 ; 25; 35; 50	25; 35; 50	60; 75; 100
Masse in kg/m²	8,5; 11,5; 14,5; 19,5	11,0; 14,0; 15,5	4,5; 5,1; 5,7
Länge/Breite in mm	2000/600	1250/500	1000/600

Technische Daten

Eigenschaft	universell einsetzbare Platte				Mehrschichtplatte		
Brandverhalten	B1; Euroklasse B-s1, d0				B1		
Wärmeleitfähigkeit λ (W/mK)	0,090				Polystyrol 0,035 Deckschicht 0,11		
Dicke (mm)	15	25	35	50	60	75	10
Wärmedurchlasswiderstand R (m²K/W)	0,17	0,28	0,39	0,556	1,62	20,05	2,76
Druckspannung bei 10 % Stauchung (kPa)	≥ 200	≥ 200	≥ 200	≥ 150	≥ 50		
Wasserdampfdiffusionswiderstandszahl μ	2/5				Deckschicht 2/5 PS 20/50		

3.2 Glas

3.2.1 Glasarten und Glaserzeugnisse

Glas ist ein anorganisches nicht metallisches Schmelzprodukt und besteht hauptsächlich aus Quarzsand, Kalk und Soda.

Begriffe zu Glasarten und Glaserzeugnissen (DIN 1259)

Flachglas	Oberbegriff für alle ebenen und gebogenen Scheiben
Fensterglas	alte Bezeichnung Tafelglas, es ist plan und durchsichtig, gleichmäßig dick und beide feuerblanken Oberflächen sind fast eben
Spiegelglas	Flachglas mit einer planparallelen und polierten Oberflächen, rückseitig mit einer reflektierender Schicht versehen
Kristall-spiegelglas	eine aufwertende Bezeichnung für Spiegelglas
Floatglas	durch Fließen der geschmolzenen Glasmasse auf einem Zinnbad hergestelltes Spiegelglas mit parallelen und feuerpolierten Oberflächen
Mattglas	durch eine gleichmäßig aufgeraute Oberfläche streut das Licht diffus. Das Aufrauen erfolgt durch Ätzen (Säurematt) oder Sandstrahlen (Sandmatt)
Drahtglas	ein Erzeugnis mit einer Drahtnetzeinlage. Die Oberfläche gibt es planparallel (Drahtspiegelglas) mit Struktur (Drahtglas) oder reliefartig (Drahtornamentglas)
Ornamentglas	durch kontinuierliches Gießen und Walzen hergestellt. Es ist farblos oder farbig mit einer ein- oder beidseitig reliefartig geformten Oberfläche
Kathedralglas	ein Ornamentglas. Die Oberfläche ist unregelmäßig klein- oder grobgehämmert
Wärmeschutz-glas	Flachglas oder Flachglaskombination. Es bewirkt niedrige bis hohe Transmission im sichtbaren und hohe Reflexion im infraroten Bereich des Spektrums
Brandschutz-glas	Flachglas, es besteht aus Silikatglasscheiben mit zwischengelagerten Brandschutzschichten. Es ist geeignet zur Herstellung von Verglasungen der Feuerwiderstandsklassen G, F und muss den Anforderungen nach DIN 4102-13 erfüllen. Beim Einbau sind die Zulassungsvorschriften zu beachten.

Sicherheits-glas	ein Flachglas, das nach Aufbau und Sicherheitswirkung unterschieden wird in:	
	Drahtglas	durch die Drahtnetzeinlage bleibt im Bruchfall das Scheibengefüge erhalten
	Einscheiben-Sicherheits-glas	durch die Vorspannung verfügt es über eine stark erhöhte Schlag- und Biegefestigkeit sowie Temperaturwechselbeständigkeit. Beim Bruch zerfällt es in eine Vielzahl kleiner Krümel.
	Verbund-Sicherheits-glas	die Glasscheiben werden durch organische Zwischenfolien, meistens aus Polyvinylbutyral, fest verbunden. Beim Bruch haften die Glasstücke fest an der Folie.
	Angriff-hemmende Verglasung	alte Bezeichnung Panzerglas, der ein- oder mehrschichtige Aufbau richtet sich nach den Widerstandsklassen der DIN EN 356, DIN EN 1063 und DIN EN 13541 durchwurfhemmende-, durchbruchhemmende-, durchschusshemmende- oder sprengwirkungshemmende Verglasung

Schallschutz-glas	in der Regel ein Mehrscheiben-Isolierglas mit abgestimmten Glasdicken und Zwischenräumen, als Verbundglas mit organischer Zwischenschicht. Die Anforderungen aller Schalldämmklassen sind in der DIN 4109 bzw. VDI-Richtlinie 2719 festgelegt. Bei Mehrscheiben-Isolierglas ist die DIN EN 1279 anzuwenden.

Zuschnitt

Eine rechteckig geforderte Scheibe muss von einem Rechteck eingeschlossen sein, dessen Seiten den zulässigen Höchstmaßen entsprechen und ein Rechteck einschließen, dessen Seiten den zulässigen Mindestmaßen entsprechen. Bei Mehrscheibenisolierglas ist die DIN EN 1276 anzuwenden.

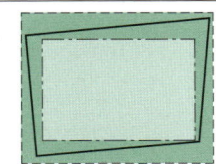

- - - zulässiges Höchstmaß

—·— zulässiges Mindestmaß

——— mögliche Scheibenform

3.2 Glas

3.2.2 Flachglas

Eigenschaften	Richtwerte (DIN EN 572)	Glasarten – Maße (DIN EN 572)				
		Glasart	Dicke	Tafelgröße		zulässige
				Länge H	Breite B	Maßab- weichung
			in mm	in mm	in mm	in mm
Dichte p	2,5 kg/m^2 je mm Glasdicke	gezogenes Flachglas	2, 3, 4, 5, 6, 8, 10, 12	1600 ... 2160	2440 ... 2880	± 5
Härte (Knoop) $HK_{0,1/20}$	6 GPA					
Elastizitätsmodul E	$7 \cdot 10^{10}$ Pa					
Poisson-Zahl μ	0,2					
Biegezug- festigkeit $f_{g,h}$	$45 \cdot 10^6$ Pa[a]					
Wärmekapazität spezifische c	$0,72 \cdot 10^3$ J (kgK)	Floatglas	2, 3, 4, 5, 6, 8, 10, 12, 15, 19, 25	4500 5100 6000	3120	± 5
Längenausdehnungs- koeffizient a	$9,0 \cdot 10^{-6}$ K^{-1}					
Wärmeleitfähigkeit λ	1 W/(m · K)	Drahtglas (D)	6 10	1650 ... 3820	1980 ... 2540	± 4
Mittlerer Brechungs- index N	1,5					
Emissivität (korrigiert) ε	0,837	Drahtorna- mentglas (DO)	6, 7, 8, 9	1380 ... 4500	1500 ... 2520	±4
Lichtdurchlässigkeit	89% ... 93%	Ornament- glas (O)	3, 4, 5, 6	2100 ...	1260 ...	± 3
Biegespannung (Floatglas)	30 N/mm^2 Rechenwert für die Glasdicke		8, 10	4500	2520	±4
Gesamtenergiedurch- lässigkeit „g-Wert"	87% bis 3 mm Glasdicke	Einscheiben- Sicherheits- glas (ESG)	4, 5, 6	entsprechend den Basis- produkten		< 500 ± 1 ... > 3500 ± 5
Druckfestigkeit	700 N/mm^2 ... 900 N/mm^2		8, 10, 12, 15			< 1500 ± 2 ... > 3500 ± 5
Mittlerer Durchlass- faktor („b-Faktor")	$b = g/0,87$					
Schalldämm-Maß R_w	22 dB ... 34 dB (3 mm ... 5 mm Dicke)	Dünnglas (nicht genormt)	0,5; 0,7; 0,9; 1,1; 1,3; 1,6	firmen- spezifisch		
DIN EN 572 09.2004	DIN EN 572 01.1995					

Glaskanten (DIN 1249)

Benennung	Kurz- zeichen	Beschreibung	Verbundsicher- heitsglas
Geschnitten	KG	Die Schnittkante ist eine unbearbeitete, scharf- kantige Glaskante. Quer zu ihren Rändern weist sie leichte Wellenlinien (Wallnerlinien) auf.	
Gesäumt	KGS	Die gesäumte Kante entspricht der Schnittkante, deren Ränder mit dem Schleifwerkzeug mehr oder weniger gebrochen sind.	
Maß- geschliffen	KMG	Die Scheibe wird durch Schleifen auf das er- forderliche Maß gebracht. Blanke Stellen sind zulässig.	
Geschliffen	KGN	Die Kante ist durch Schleifen ganzflächig bear- beitet. Sie hat ein schleifmattes Aussehen und keine blanken Stellen.	
Poliert	KPO	Die polierte Kante ist eine verfeinerte geschliffene Kante.	
Gehrungs- kante	GK	Die Gehrungskante hat einen Winkel von $\alpha = 45° ± 3°$. Aus fertigungstechnischen Gründen bleibt eine Restkante (Fase) stehen.	
Facettenkante	FK	Flachfacette – wie GK Winkel $\alpha < 45°$ Steilfacette – wie GK Winkel $\alpha > 45°$	

3.2 Glas

3.2.3 Mehrscheiben-Isolierglas (MIG)

Mehrscheiben-Isolierglas ist eine Verglasungseinheit, hergestellt aus zwei oder mehreren gleich- oder ungleichartigen Glasscheiben. Durch den unterschiedlichen Randverbund wird das Isolierglas in drei Systemgruppen eingeteilt:

- Ganzglas: zwei Scheiben werden im Randbereich erhitzt, abgekröpft und miteinander verschweißt

- Gelötetes Glas: beide Scheiben sind im Randbereich verkupfert und werden dann mit einem Bleisteg verlötet

- Anorganisch geklebter Randverbund:
  Eine Dichtungsebene: der perforierte Abstandsrahmen ist mit hochaktiven Absorbern gefüllt, der Raum zwischen Rahmen und Scheibenkante wird mit dauerelastischem Dichtstoff gefüllt.
  Zwei Dichtungsebenen: zwischen den Scheiben und dem perforierten Abstandhalterrahmen kommt je eine dauerplastische Dichtstoffschicht, der verbleibende Raum wird Randversiegelt.

Aufbau von Mehrscheiben-Isolierglas nach ihrem Verwendungszweck

Wärmefunktionsglas	die innere Scheibe erhält auf der Innenseite eine Wärmefunktionsschicht meistens aus Silber mit einer Stärke von 0,010 µm ... 0,012 µm, der Scheibenzwischenraum wird mit Edelgas, in der Regel Argon, gefüllt
Sonnenschutzglas	die Außenscheibe erhält auf der Innenseite eine reflektierende oder reflektierende und absorbierende Edelmetalloxydschicht, der Scheibenzwischenraum wird mit Edelgas gefüllt
Schallschutzglas	die Dicke beider Scheiben ist unterschiedlich, die zur Schallquelle zeigende Scheibe ist eine dickere Fensterglasscheibe oder eine Gießharz-Verbundscheibe, der Scheibenzwischenraum ist mit Edelgas gefüllt
Verbund-Sicherheitsglas (VSG)	die Außenscheibe besteht aus zwei- oder mehrscheibigem Verbundsicherheitsglas mit Folien- oder Gießharzverbund, die Ausführung richtet sich nach den Widerstandsklassen
Brandschutzglas	die dem Feuer zugewandte Seite besteht aus mehreren Silikatglasscheiben mit zwischengelagerten Brandschutzschichten, im Brandfall springt die äußere Glasscheibe und die Brandschutzschicht schäumt auf

Mehrscheiben-Isolierglas Kennwerte (Auswahl)

System	Aufbau Glas/ SZR[1]/ Glas in mm	Gewicht kg/m²	U_g-Wert W/m²K	Schall-dämm-Maß R_w in dB	System	Aufbau Glas/ SZR/ Glas in mm	Gewicht kg/m²	U_g-Wert W/m²K	Schall-dämm-Maß R_w in dB
Standard (ohne Funktion)	4/12/4 (L)[2]	20	2,9	32	Wärmefunktionsglas	4/16/4 B[3]	20	1,4	32
	5/12/5 (L)	25	2,8	32		4/16/4 B	20	1,2	32
	6/12/6 (L)	30	2,8	32		4/10/4 B	20	1,0	32
	8/12/8 (L)	40	2,8	32		4/12/4/12/4 B	30	0,7	–
	10/12/10 (L)	50	2,8	32		4/12/4/12/4 B	30	0,5	–
Schallschutzglas	8/16/4 (G)[2]	28	1,2	37	Verbundsicherheitsglas	P1A[4]-20	30	1,2	37
	10/16/4 (G)	30	1,2	38		4/16/8			
	4/16/8,8L (G)	30	1,2	39		P2A-20	30	1,2	37
	8/16/9 GH (G)	40	1,2	42		4/16/9			
	10/14/9 (G)	46	1,5	47		P3A-20	30	1,2	37
	13GH/20/9 GH (G)	53	1,6	54		4/16/9			

[1] SZR Scheibenzwischenraum
[2] Zwischenraumfüllung L (Luft), G (Gas)
[3] B. Beschichtung
[4] P 1 A Widerstandsklassen DIN EN 356

3.2 Glas

Rechenwerte der Wärmedurchgangskoeffizienten (DIN 4108 und DIN EN ISO 10077)

Beschreibung der Normalglas-Verglasung	Seite 125	Verglasung U_g W/m²K	Beschreibung der Normalglas-Verglasung	Seite 125	Verglasung U_g W/m²K
Einfachverglasung (DIN V 4108-4)		5,8	Isolierverglasung mit zwei LZR		2,3
Isolierverglasung 4-6-4		3,3	4-6-4-6-4		
Isolierverglasung 4-9-4		3,0	Isolierverglasung mit zwei LZR		2,0
Isolierverglasung 4-12-4		2,9	4-9-4-9-4		
Isolierverglasung 4-15-4		2,7	Isolierverglasung mit zwei LZR		1,9
Isolierverglasung 4-20-4		2,7	4-12-4-12-4		

(Spalten „Seite 125": Aktuelle Werte vergl.)

LZR Luftzwischenraum	Beispiel: 4-6-4 Scheibendicke 4 mm – LZR 6 mm – Scheibendicke 4 mm	vgl. S. 125

Schallschutzklassen und die Zuordnung von Verglasung und Fenstern (VDI 2719)

Schall-schutz-klasse	Bewertetes Schalldämm-Maß R'_w des am Bau funktionsfähig eingebauten Fensters in dB	Erforder-licher R_w-Wert der Verglasung in dB	Bewertetes Schalldämm-Maß R'_w des am Bau funktionsfähig eingebauten Fensters in dB	Erforder-licher R_w-Wert der Verglasung in dB
1	25 … 29	> 27	25 / 27	27 / 29
2	30 … 34	> 32	30 / 34	32 / 36
3	35 … 39	> 37	35 / 39	37 / 42
4	40 … 44	> 45	43	46
5	45 … 49	–	46	49
6	> 50	–	–	–

Eine Schallschutzklasse umfasst jeweils einen 5-dB-Bereich des bewerteten Schalldämm-Maßes R_w. Die Einstufung erfolgt nach der Tabelle.

R'_w: bewertetes Schalldämm-Maß in dB mit Schallübertragung über flankierende Bauteile

R_w: bewertetes Schalldämm-Maß in dB ohne Schallübertragung über flankierende Bauteile

R_{wR}: Rechenwert des bewerteten Schalldämm-Maßes in dB

VDI 2719 hat keine bauaufsichtliche Zulassung.

Widerstandsklassen

Kann eine Verglasung nach ihrer angriffshemmenden Wirkung klassifiziert werden, wird sie den entsprechenden Widerstandsklassen zugeordnet.

- DIN EN 356: Durchwurfhemmende Verglasung;   P1A geringe … P5A stärkere Wirkung
  Durchbruchhemmende Verglasung;   P6B geringe … P8B stärkere Wirkung

- DIN 52290: Durchbruchhemmende Verglasung (zurückgezogene deutsche Norm)

Die Kennzahl zeigt die Art und den Umfang des Prüfverfahrens an. Mit steigender Widerstandsklasse erhöht sich die angriffshemmende Wirkung einer Verglasung. Drahtglas und sog. Sicherheitsglas (vorgespanntes Glas, Einscheibensicherheitsglas) gelten nicht als einbruchhemmendes Glas. Die Richtlinien des VdS enthalten Mindestanforderungen an eine angriffshemmende Verglasung mit durchbruchhemmenden Eigenschaften.

Zuordnung der Widerstandsklassen

Widerstandsklassen DIN EN 356	VdS	DIN (52290)	Anwendungsbereiche	Widerstandsklassen DIN EN 356	VdS	DIN (52290)	Anwendungsbereiche
P1A	–	–	Keine direkte Zuordnung	P6B	EH1	B1	Teilbereiche von Kaufhäusern, Foto- und Videogschäfte, Apotheken, Rechenzentren
P2A	–	A1	Mehrfamilienhäuser in dichter Bebauung				
				P7B	EH2	B2	Kaufhäuser, Museen, Galerien, Antiquitätengeschäfte
P3A	–	A2	Mehrfamilienhäuser				
P4A	EH01	A3	Wohnhäuser	P8B	EH3	B3	Kürschner, Juweliere
P5A	EH02	–	Wohnhäuser mit hochwertiger Einrichtung sowie entlegene Ferienwohnungen	VdS Schadenverhütung GmbH, Köln Die DIN-Klassen und die Vds-Klassen sind nur annähernd deckungsgleich. Im Einzelfall sind die maßgebenden Richtlinien bindend.			

3.3 Metalle

3.3.1 Bezeichnungssysteme für Stähle durch Werkstoffnummern

Metallische Werkstoffe können entweder mit Werkstoffnummern oder mit Kurznamen bezeichnet werden, z. B.

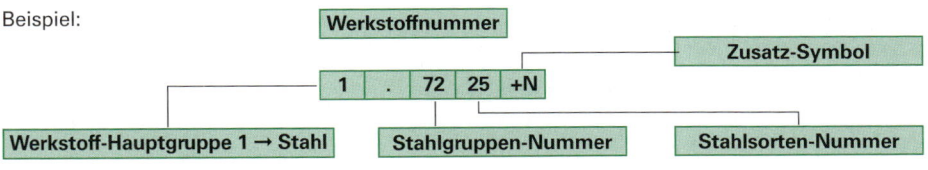

	Werkstoffnummer (Zusatzsymbol + N)		**Kurznamen**
Bezeichnung von Stahl	1.7225+N	oder	42CrMo4+N

Das Ordnungssystem nach **DIN EN 10027-2** ist für die Datenverarbeitung geeignet und besteht aus einer Zahlenkombination mit jeweils sechs Stellen.

Beispiel:

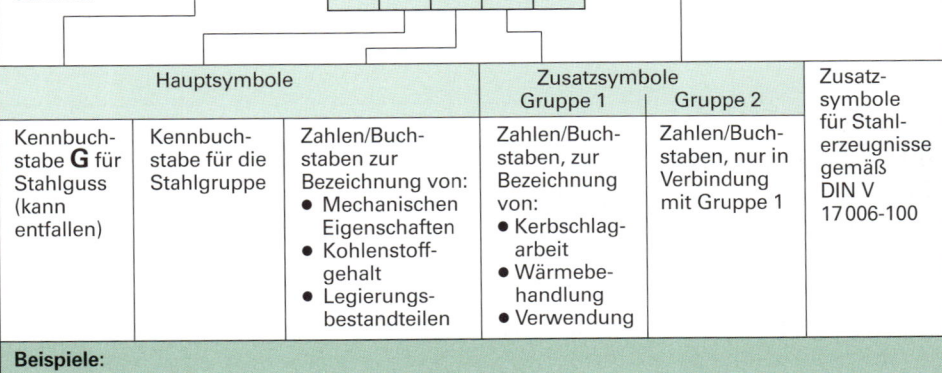

Werkstoffnummer

Zusatz-Symbol

1 . 72 25 +N

Werkstoff-Hauptgruppe 1 → Stahl   **Stahlgruppen-Nummer**   **Stahlsorten-Nummer**

3.3.2 Bezeichnungssysteme für Stähle durch Kurznamen

Die Kurznamen nach **DIN EN 10027-1** geben Hinweise auf den Verwendungszweck und Eigenschaften oder auf die chemische Zusammensetzung.

Schema:

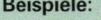

Hauptsymbole			Zusatzsymbole Gruppe 1	Gruppe 2	Zusatzsymbole für Stahlerzeugnisse gemäß DIN V 17006-100
Kennbuchstabe **G** für Stahlguss (kann entfallen)	Kennbuchstabe für die Stahlgruppe	Zahlen/Buchstaben zur Bezeichnung von: • Mechanischen Eigenschaften • Kohlenstoffgehalt • Legierungsbestandteilen	Zahlen/Buchstaben, zur Bezeichnung von: • Kerbschlagarbeit • Wärmebehandlung • Verwendung	Zahlen/Buchstaben, nur in Verbindung mit Gruppe 1	

Beispiele:

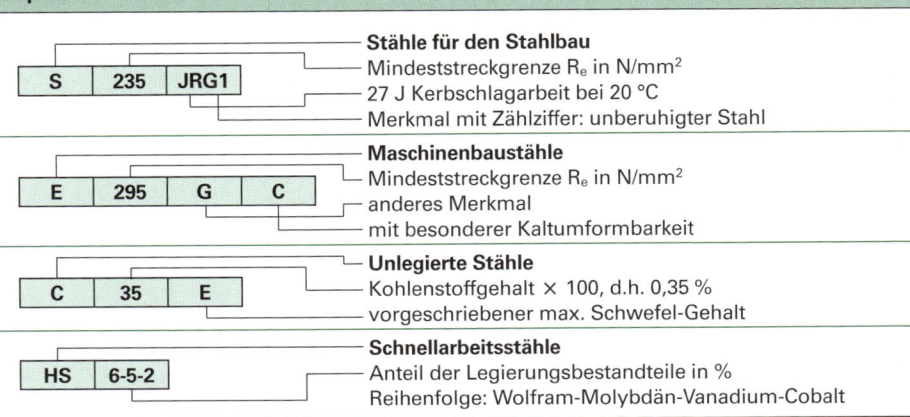

| S | 235 | JRG1 |

Stähle für den Stahlbau
Mindeststreckgrenze R_e in N/mm²
27 J Kerbschlagarbeit bei 20 °C
Merkmal mit Zählziffer: unberuhigter Stahl

| E | 295 | G | C |

Maschinenbaustähle
Mindeststreckgrenze R_e in N/mm²
anderes Merkmal
mit besonderer Kaltumformbarkeit

| C | 35 | E |

Unlegierte Stähle
Kohlenstoffgehalt × 100, d.h. 0,35 %
vorgeschriebener max. Schwefel-Gehalt

| HS | 6-5-2 |

Schnellarbeitsstähle
Anteil der Legierungsbestandteile in %
Reihenfolge: Wolfram-Molybdän-Vanadium-Cobalt

3.3 Metalle

Beispiele (Fortsetzung):

| 100 | Cr | 6 |

Legierte Stähle < 5 % Legierungsbestandteile
Kohlenstoffgehalt × 100, d.h. 1,00 %
Symbole für Legierungsbestandteile
mittlerer Gehalt der Legierungsbestandteile × Multiplikator

| X | 36 | CrMo | 17 |

Legierte Stähle > 5 % (hochlegiert)
Kohlenstoffgehalt × 100, d.h. 0,36 %
Legierungsbestandteile (Reihenfolge nach Anteil)
mittlerer Gehalt des Legierungselements (ohne Multiplikator)
Mo (Molybdän) nicht angegeben

Legierungsbestandteile (nur bei niedriglegierten Stählen)

Multiplikator 4	Cr Chrom	Co Kobalt	Mn Mangan	Ni Nickel
	Si Silicium	W Wolfram		
Multiplikator 10	Al Aluminium	Cu Kupfer	Mo Molybdän	Pb Blei
	Ta Tantal	Ti Titan	V Vanadium	
Multiplikator 100	C Kohlenstoff	S Schwefel	N Stickstoff	

Einfluss auf Eigenschaften (Auswahl)

Eigenschaft	Legierungsbestandteil			+ Verbesserung		− Verminderung		
	Cr	Ni	Al	W	V	Mo	Si	Mn
Zugfestigkeit	+	+		+	+	+	+	+
Verschleißfestikeit	+	−		+	+	+	−	−
Kaltumformbarkeit				−		−	−	−
Korrosionsbeständigkeit	+				+			
Schweißbarkeit	−	−	+		+	−		−

3.3.3 Einteilung der Stähle

Hauptgüteklassen nach DIN EN 10 020		Chemische Zusammensetzung	
unlegierte Stähle	legierte Stähle	unlegierte Stähle	legierte Stähle
		bestimmte Grenzgehalte von Legierungselementen dürfen nicht überschritten werden	Grenzgehalt ist mindestens von einem Legierungselement überschritten

Grundstähle	Qualitätsstähle	Edelstähle	Qualitätsstähle	Edelstähle
nicht für eine Wärmebehandlung vorgesehen	keine sichere Wärmebehandlung	für Wärmebehandlung vorgesehen	nicht für eine Wärmebehandlung vorgesehen	für eine Wärmebehandlung vorgesehen
keine besonderen Gebrauchseigenschaften	besondere Gebrauchseigenschaften	für Randschichthärtung und Vergütung vorgesehen	ähnlich wie unlegierte Qualitätsstähle, aber mit bestimmten Eigenschaften	genaue chemische Zusammensetzung mit besonderen Eigenschaften

Stähle nach Verwendungszweck	
Baustähle	Werkzeugstähle
allgemeiner Baustahl, Feinkornstahl, Automatenstahl, Einsatzstahl	Kaltarbeitsstahl, Warmarbeitsstahl, Schnellarbeitsstahl

3

3.3 Metalle

Unlegierte Baustähle (DIN EN 10025) (Auswahl)

Bezeichnung der Stahlsorte neu DIN EN 10027	alt DIN 17100	Zugfestigkeit R_m N/mm²	Streckgrenze R_e in N/mm² bei Erzeugnisdicken (mm) < 16	> 16 < 40	> 40 < 63	Bruch-deh-nung %	Anwendung
S185	St 33	290 bis 510	185	175	–	18	Untergeordnete Teile
S235JR	St 37-2	340 bis 470	235	225	–	26	gering bis mäßig beanspruchte Teile
S275JR	St 44-2	410 bis 560					
S355JO	St 52-3 U	490 bis 630	355	345	335	22	hohe Beanspruchung
E295	St 50-2	470 bis 610	295	285	275	20	mittlere und höher beanspruchte Teile
E335	St 60-2	570 bis 710	335	325	315	16	
E360	St 70-2	670 bis 830	360	355	345	11	

Werkzeugstähle (DIN EN ISO 4957) (Auswahl von unlegierten und legierten Edelststählen)

Kurzname	Werkstoff-Nummer	Härte (HB)	Bezeichnung in Holztechnik[1]	Zusammensetzung	Anwendung
Unlegierte Kaltarbeitsstähle					
C 45 U	1.1730	190	Werkzeugstahl WS	C-Gehalt zwischen 0,5 und 1,4%	Aufbauteile und Schäfte von HSS- und HM-Werkzeugen
C 80 U	1.1525	190			
Legierte Kaltarbeitsstähle					
21 MnCr 5	1.2162	215	Spezialstahl SP	Legierungsbestandteile weniger als 5%	Werkzeuge für Kunststoff-Bearbeitung
102 CV 6	1.2067	230			Holzbearbeitungswerkzeuge
115 CrV 3	1.2210	223			Stemmeisen, Fräsketten
105 WCr 6	1.2419	229			Holzbearbeitungwerkzeuge
X 153 CV Mo V 12	1.2379	250	Hochleistungs-stahl HL	Legierungsbestandteile mehr als 5%	Höher beanspruchte Holzbearbeitungswerkzeuge
X 210 CrW 12	1.2436	255		bevorzugt für die Holzbearbeitung: 2% C, 12% Cr	(einteilige Hobel- und Fräswerkzeuge)
Schnellarbeitsstähle					
HS 6-5-2 HS 6-5-2-5 HS 10-4-3-10	1.3343 1.3343 1.3207	240 bis 300	Hochleistungs-Schnellarbeits-Stahl HSS	Legierungsbestandteile mindestens 12%	Bohrer, Kreissägeblätter und andere hochbeanspruchte Werkzeuge

[1] Bezeichnungen können nicht direkt den aufgeführten Stahlsorten, sondern nur Gruppen zugeteilt werden.

Stahlbleche

Arten	DIN-Nr.	Kurzname Beispiele	Dicke in mm	Beschreibung
Feinstbleche Weißbleche	EN 10205 EN 10203	T50 ... T65	bis 0,5	kaltgewalztes Halbzeug aus weichem, unlegiertem Stahl mit Zinnbeschichtung
Feinbleche	1623 EN 10130	FE 360 B FE P01	0,5 bis 3	aus unlegiertem Stahl für nachfolgende Oberflächenbehandlung bestimmt
Mittelbleche	–		3 bis 4,75	vorwiegend allgemeine Baustähle auch Einsatz- und Vergütungsstähle
Grobbleche			> 4,75	
Flacherzeug-nisse aus Druckbehäl-terstählen	EN 10028	P235GH 13 Mo3	–	früher Kesselbleche unlegierte Qualitätsstähle oder legierte Edelstähle (hochbeansprucht, warmfest)

3.3.4 Eisen-Gusswerkstoffe (Auswahl)

Gusseisen mit Lamellengraphit (GG)	Temperguss (GT)	Stahlguss (GS)
Grauguss, C-Gehalt 2,6 bis 3,6%	nach dem Gießen warmbehandelt	in Formen gegossener Stahl

3.3 Metalle

Stahl-Fertigerzeugnisse

Querschnitt Form	DIN EN	Bezeichnung, Kurzzeichen, Nennmaßbereich	Querschnitt Form	DIN EN	Bezeichnung, Kurzzeichen, Nennmaßbereich
	10060	**Rundstahl** $d = 8 \dots 200$ (Maße in mm)		1027	**Z-Stahl** $h = 30 \dots 200$
	10059	**Vierkantstahl** $a = 8 \dots 120$		10056-1	**Gleichschenkliger Winkelstahl** $a = 20 \dots 250$
	10058	**Flachstahl** $b \times s =$ $10 \times 5 \dots 150 \times 60$		10056-1	**Ungleichschenkliger Winkelstahl** $a \times b =$ $30 \times 20 \dots 200 \times 150$
	10210-2	**Quadratisches Hohlprofil** $a = 40 \dots 400$		1025-1	**Schmaler I-Träger** I-Reihe $a = 40 \dots 400$
	10210-2	**Rechteckiges Hohlprofil** $a \times b =$ $50 \times 25 \dots 500 \times 300$		1025-5	**Mittelbreiter I-Träger** IPE-Reihe $h = 80 \dots 600$
	10210-1	**Rundes Hohlprofil** $D \times s =$ $21,3 \times 2,3 \dots$ 1219×25		1025-2	**Breiter I-Träger** IPB-Reihe[1] $h = 100 \dots 1000$
	10055	**Gleichschenkliger T-Stahl** $b = h =$ $30 \dots 140$		1025-3	**Breiter I-Träger** IPBl-Reihe[1] $h = 100 \dots 1000$
	1026-1	**U-Stahl** $h = 30 \dots 400$		1025-4	**Breiter I-Träger** IPBv-Reihe[1] $h = 100 \dots 1000$

[1] Nach EURONORM 53-62: IPB = HE…B, IPBl = HE…A, IPBv = HE…M

3.3 Metalle

3.3.5 Nichteisenmetalle (NE-Metalle)

Schwermetalle und ihre Legierungen Dichte $\varrho > 5$ kg/dm³			Leichtmetalle und ihre Legierungen Dichte $\varrho < 5$ kg/dm³		
Buntmetalle	Cu Ni Zn	und ihre Legierungen	Aluminium	Al	Legierungen mit Mg, Cu, Si, Sn
Weißmetalle	Pb Sn	und ihre Legierungen	Magnesium	Mg	Legierungen mit Al, Zn, Si
Legierungsmetalle	W, Mo, Ta				
(höchst-, hoch- und niedrigschmelzend)	Cr, Mn, V, Co		Titan	Ti	Legierungen mit Al, V, Mo usw.
	Cd, Bi				
Edelmetalle	Au, Ag, Pt				

Wichtige NE-Metalle

Name	Kurz-zeichen	Dichte kg/dm³	Schmelz-punkt (°C)	Zug-festigkeit N/mm²	Dehnung %	Eigenschaften
Kupfer	**Cu**	8,93	1083	200 … 300	50 … 35	korrosionsbeständig, hohe Leitfähigkeit
Nickel	**Ni**	8,90	1455	400 … 500	50 … 40	silberweiß, korrosionsbeständig gegen viele Chemikalien
Zink	**Zn**	7,10	419	30	1	bläulich-silberglänzend, starke Wärmeausdehnung
Blei	**Pb**	11,30	327	15 … 20	50 … 30	mattgrau, beständig gegen viele Chemikalien
Zinn	**Sn**	7,30	232	40 … 50	40	silberweiß bis grau, gut gießbar
Alumi-nium	**Al**	2,70	658	90 … 120	25 … 3	silberweiß, guter Leiter für Wärme u. elektrischen Strom
Magne-sium	**Mg**	1,75	650	100 … 130	10 … 5	silbergrau, brennt in Span- und Pulverform leicht
Titan	**Ti**	4,50	1650 … 1700	290 … 740	30 … 15	silberweiß, korrosionsbeständig, große Härte, zäh

3

NE-Metall-Legierungen

Durch Legieren werden die Werkstoffeigenschaften verändert. Reine Metalle haben meist eine geringere Festigkeit als ihre Legierungen und sind weich. Beim Legieren werden die Dehnung und die elektrische Leitfähigkeit verringert sowie der Schmelzpunkt erniedrigt.

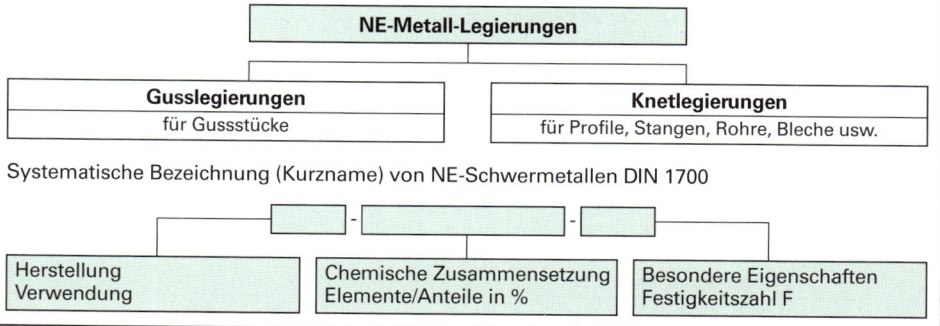

Systematische Bezeichnung (Kurzname) von NE-Schwermetallen DIN 1700

3.3 Metalle

Kurznamen für Aluminium und Aluminiumlegierungen

Knetlegierungen

Beispiel: EN AW – AlMg1SiCu – H111

EN Europäische Norm AW Aluminium-Halbzeug	Chemische Zusammensetzung Reinheitsgrad	Werkstoffzustand z. B. kaltverfestigt

Gusslegierungen

Beispiel: EN AC – AlMg5KF

EN Europäische Norm AC Aluminium-Gussstück	Chemische Zusammensetzung Reinheitsgrad	Gießverfahren Werkstoffzustand

Auswahl von NE-Metall-Legierungen

Beispiel (Kurzzeichen)	Zugfestigkeit N/mm^2	Eigenschaften	Anwendung
Kupfer-Zink-Legierungen (Messing)			
CuZn37	310 ... 440	gut umformbar und zerspanbar, korrosionsbeständig	Schrauben, Beschläge, Ziergegenstände
Kupfer-Zinn-Legierungen (Bronze)			
CuSn8	390 ... 620	korrosionsbeständig, verschleißfest, polierbar	Zierbeschläge, Armaturen, Lager
Aluminium-Legierungen			
EN AW-AlMgSi	120 ... 215	korrosionsbständig, polierbar, gut kaltumformbar, gut schweißbar	Tür- und Fensterprofile, Fassaden, Fensterbänke, Beschläge

Profile aus Aluminium und Al-Legierungen (Maße in mm)

L-Profile	$h \times b \times s$	U-Profile	$h \times b \times s \times t$	T-Profile	$h \times b \times s$
	$10 \times 10 \times 1{,}5$ $20 \times 10 \times 2$ $20 \times 20 \times 2{,}5$ $30 \times 20 \times 3$ $40 \times 20 \times 4$ $40 \times 40 \times 5$ $50 \times 25 \times 4$ $50 \times 30 \times 5$ $60 \times 30 \times 4$ $60 \times 60 \times 5$ $80 \times 40 \times 6$ $80 \times 80 \times 8$		$40 \times 20 \times 2 \times 2$ $40 \times 20 \times 3 \times 3$ $40 \times 30 \times 3 \times 3$ $40 \times 40 \times 4 \times 4$ $40 \times 40 \times 5 \times 5$ $50 \times 30 \times 3 \times 3$ $50 \times 30 \times 4 \times 4$ $50 \times 40 \times 5 \times 5$ $60 \times 30 \times 4 \times 4$ $60 \times 40 \times 5 \times 5$ $80 \times 45 \times 6 \times 8$		$20 \times 30 \times 3$ $25 \times 40 \times 3$ $30 \times 30 \times 3$ $30 \times 45 \times 4$ $30 \times 60 \times 5$ $40 \times 40 \times 4$ $40 \times 60 \times 5$ $40 \times 80 \times 7$ $50 \times 50 \times 4$ $50 \times 70 \times 6$ $80 \times 80 \times 9$

3.3.6 Hartmetalle

Hartmetalle sind Sinterwerkstoffe, bestehend aus
- Bindemittel: Kobalt und Nickel
- Karbiden: Wolframkarbid (WC), Titankarbid (TiC) und Tantalkarbid (TaC)

Eigenschaften: sehr hart, spröde, schlag- und stoßempfindlich

Herstellung: Pulverherstellung – Pulvermischung – Pressen – **Sintern**
Beim **Sintern** entsteht durch Glühen von gepresstem Metallpulver ein zusammenhängendes Kristallgefüge.

Hartmetall-Sorten für die Holzbearbeitung (DIN ISO 513)

Zerspanungshauptgruppe **K**, Kennfarbe **Rot**	(Zuordnung zu bestimmten Werkstoffgruppen)
Anwendungsgruppen 01 ... 50	(höhere Anhängezahl = höhere Festigkeit)

Plattenwerkstoffe	Vollholz
K 01 ... K 10	K 20 ... K 40

3.3 Metalle

3.3.7 Korrosion und Korrosionsschutz

Korrosion ist der Angriff und die Zerstörung von metallischen Werkstoffen durch chemische oder elektrochemische Vorgänge mit korrosiven Mitteln.
Korrosive Mittel: Wirkstoffe der Umgebung, z.B. Luft, Wasser, Erdboden, Chemikalien usw.

Elektrochemische Korrosion		Chemische Korrosion
Vorgänge laufen auf der Metalloberfläche in einer elektrisch leitenden Flüssigkeit, dem Elektrolyt, ab.		Werkstoff reagiert direkt mit angreifendem Wirkstoff, ohne Mitwirkung von Wasser
an Korrosions-elementen	Sauerstoffkorrosion auf feuchten Stahl-oberflächen	z.B. Oxidation von Stahl
Elektrochemische Korrosion an Korrosionselementen		Elektrochemische Sauerstoffkorrosion feuchter Stahloberflächen

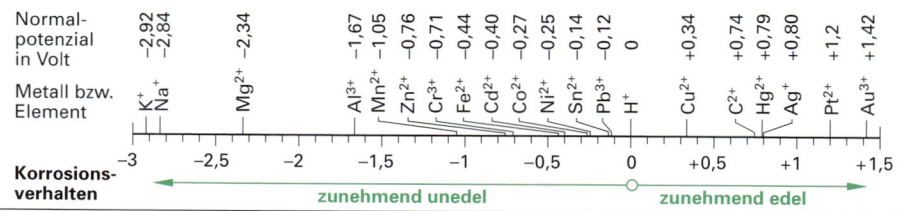

Elektrochemische Spannungsreihe

Normalpotenzial: Spannung zwischen einer mit Wasserstoff umspülten Platinelektrode und einem Elektrodenwerkstoff

Normal-potenzial in Volt	Metall bzw. Element
$-2{,}92$ / $-2{,}84$	K^+ / Na^+
$-2{,}34$	Mg^{2+}
$-1{,}67$	Al^{3+}
$-1{,}05$	Mn^{2+}
$-0{,}76$	Zn^{2+}
$-0{,}71$	Cr^{3+}
$-0{,}44$	Fe^{2+}
$-0{,}40$	Cd^{2+}
$-0{,}27$	Co^{2+}
$-0{,}25$	Ni^{2+}
$-0{,}14$	Sn^{2+}
$-0{,}12$	Pb^{3+}
0	H^+
$+0{,}34$	Cu^{2+}
$+0{,}74$	C^{2+}
$+0{,}79$	Hg^+
$+0{,}80$	Ag^+
$+1{,}2$	Pt^{2+}
$+1{,}42$	Au^{3+}

Korrosions-verhalten: -3 ← $-2{,}5$ — -2 — $-1{,}5$ — -1 — $-0{,}5$ — 0 — $+0{,}5$ — $+1$ — $+1{,}5$

zunehmend unedel ← → zunehmend edel

Beispiel: Cu $\Rightarrow$ Sn = + 0,34 V – (– 0,14 V) = 0,48 V $\Rightarrow$ **Zink wird zerstört**

Korrosionsschutzmaßnahmen

Maßnahme	Beschreibung
Auswahl geeigneter Werkstoffe	Werkstoffe, die bei zu erwartenden Umgebungseinflüssen beständig sind, Berücksichtigung der elektrochemischen Spannungsreihe
Schutzgerechte Konstruktionen	Kontaktkorrosionsstellen vermeiden; Spalte vermeiden, glatte Oberflächen
Schutzschichten	Einölen und Einfetten
	Anstriche
	Aufbringen von Kunststoffen
	Metallische Überzüge: Feuerverzinken, Galvanische Metallüberzüge (Nickel, Chrom)
Eloxieren	Bei Aluminium kann durch anodische Oxidation eine Eloxalschicht (Al2O3) aufgebracht werden, die hart und kor-rosionsbeständig ist
Katodischer Korrosionsschutz	Bauteil wird durch unedlere Opferanode geschützt

3.4 Verbindungsmittel

3.4.1 Drahtstifte und Klammern (Auswahl)

DIN EN 10230-1   Nagel   3,8 · 100   Senkkopf   glatter Schaft   Diamantspitze   unbeschichtet

DIN EN 10230-1	Art	Nennmaß (charakteristisch) in mm	Länge in mm	Kopf Art / Oberfläche	Schaft Form	Spitze Art/Form	Oberflächen-überzug

Übersicht / Definition / Begriffe (Auswahl)

Kopfform (Auswahl)		Spitzen		Bezeichnung am Nagel
Flachkopf rund		Diamant		1. Kopf
Senkkopf		Diamant versetzt		2. Schaft
Senkkopf flach		Rundspitze		3. Länge
Stauchkopf rund		Meisselspitze		4. Durchmesser
Stauchkopf oval		Glatter Abschnitt		Nennmaß (charakteristisch)

Ausführung	Darstellung	Länge in mm	Ausführung	Darstellung	Länge in mm
Nagel Schaft glatt Flachkopf rund Senkkopf rund Senkkopf mit Einsenkung DIN EN 10230-1		10/15/20/25 30/40/45/50 60/70/80/90 100/110/120 140/150/160 180/200/280	Nagel Schaft gerillt Flachkopf rund Senkkopf rund DIN EN 10230-1		20/25/30/40/50 60/70/80/90/100 110/120/130/140 150/160/170 180/200/220 250/280/200
Nagel Vierkantschaft Flachkopf rund Senkkopf rund DIN EN 10230-1		15/20/25/30/35/40 45/50/55/60/65/75 80/90/95/100/125 130/150/160/175 180/190/200/210 260	Nagel Schaft glatt Stauchkopf rund DIN EN 10230-1		10/15/20/25/30 40/45/50/60/70 80/90/100/110 120/140
			Nagel Vierkantschaft Stauchkopf rund DIN EN 10230-1		15/20/25/30/35 40/45/50/55/60 65/75/80/90 95/100/125
Nagel Schaft gerillt Stauchkopf rund DIN EN 10230-1		20/25/30/35/40 50/60/70/80/90 100/110/120 130/140/150			
Nagel Flachkopf extra groß DIN EN 10230-1		20/25/30 35/40/50 60	Nagel Schaft glatt Senkkopf 32° DIN EN 10230-1		15/20/25 30/40
Federkopf-Schraubnagel DIN EN 10230-1		50/60/70 75/80/80 100	Nagel Schaft glatt, oval Stauchkopf oval Flach, angeschrägt		20/25/30/40 45/50/60/65 75/90/100 125/150
Leichtbauplatten-Stifte Schaft glatt DIN EN 10230-1		20/25/30/35 40/45/50/65 75/100	Gipsplattennagel Schaft glatt DIN EN 10230-1		40/50/60 70/80 90/100
Nagel (Gipskartonplatte) DIN 18182 glatt		37 ... 70	Nagel, (Gips-kartonplatte) DIN 18182 gerillt		28 ... 70
Maschinenstift DIN 1143		35/40/45/50 55/60/65/70 80/90	Tapezierstifte DIN 1157		10/13/16 20/25
			Antispalt-Schraubnagel DIN 68163		38/70 90 Form A
Konvexringnagel DIN 68163 Form Kt		38/70 90	Hakenstift DIN 1158		30/35/50 65/80
Schlaufe (Krampe) DIN 1159		16/20/25 31/34/38 42/46	Klammer (nicht genormt)		$b = 1,8 ... 25$ $l = 3 ... 100$

Nägel in den Ausführuhngen nach DIN EN 10230-1 werden in verschiedenen Durchmessern bei gleicher Länge hergestellt.

3.4 Verbindungsmittel

3.4.2 Holzschrauben

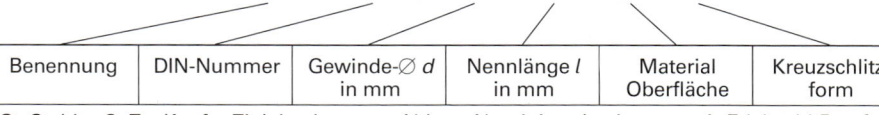

Holzschraube DIN 7996 – 4 × 40 – St – H

Benennung	DIN-Nummer	Gewinde-∅ d in mm	Nennlänge l in mm	Material Oberfläche	Kreuzschlitz-form
St Stahl; CuZn Kupfer-Zink-Legierung; Al-Leg Aluminium-Legierung; A Edelstahl-Rostfrei					

Antriebs-fläche — Schlitz — Kreuzschlitz Form H Form Z — Sechskant — Innen-sechskant — Innen-stern

Oberfläche: blank, verzinkt, vernickelt, brüniert, galvanisiert

Gewinde, Schraubenspitze

Bezeichnung an der Schraube
1. Kopf-∅
2. Länge
3. Kern-∅
4. Gewinde-∅ Schaft-∅

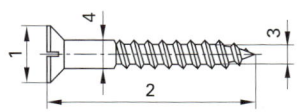

Holzsschrauben (Auszug)

Aus-führung	Länge in mm	2,5	3,0	3,5	4,0	4,5	5,0	6,0
mit Schlitz DIN 95 DIN 96 DIN 97 mit Kreuz-schlitz DIN 7995 DIN 7996 DIN 7997	10	•						
	12	•	•	•	•			
	16	•	•	•	•	•		
	20	•	•	•	•	•	•	•[1]
	25	•	•	•	•	•	•	•[1]
	30	•	•	•	•	•	•	•[1]
	35		•	•	•	•	•	
	40		•	•	•	•	•	•
	45		•	•	•	•	•	•
	50			•	•	•	•	•
	60			•	•	•	•	•
	70						•	•
	80						•	•

[1] nur Senkkopf

Kopfform	mit Schlitz	mit Kreuzschlitz
Linsen-senkkopf	DIN 95	DIN 7995
Halbrundkopf	DIN 96	DIN 7996
Senkkopf	DIN 97	DIN 7997

Kopfdurchmesser ≈ 2 · d
Gewindekerndurchmesser ≈ 0,7 · d

Aus-führung	Länge in mm	4,0	5,0	6,0	8,0	10	12	16	20
Sechs-kant-Holz-schraube DIN 571 (Schlüssel-schrauben)	16	•	•						
	20	•	•	•					
	25	•	•	•	•				
	30	•	•	•	•	•			
	35	•	•	•	•	•	•		
	40	•	•	•	•	•	•		
	45		•	•	•	•	•		
	50		•	•	•	•	•	•	
	55		•	•	•	•	•		
	60			•	•	•	•	•	•
	65			•	•	•	•	•	•
	70			•	•	•	•	•	•
	75			•	•	•	•	•	•
	80			•	•	•	•	•	•
	90			•	•	•	•	•	•
	100			•	•	•	•	•	•
	110						•	•	•
	120						•	•	•
	130							•	•
	140							•	•
	150							•	•
	160							•	•
	170								•
	180								•
	190								•
	200								•

3.4 Verbindungsmittel

Spanplattenschrauben (nicht genormt, Auszug)

Länge in mm	Senkkopf Vollgewinde 2,3	3,0	3,5	4,0	4,5	5,0	6,0	Teilgewinde 3,0	3,5	4,0	4,5	5,0	6,0	Linsensenkkopf 3,0	3,5	4,0	4,5	5,0	6,0	Rundkopf Pan Head 3,0	3,5	4,0	4,5	5,0	6,0
13	•		•	•										•						•	•	•	•	•	
15	•	•	•	•	•	•								•	•					•	•	•	•	•	
17		•	•	•	•	•								•	•	•				•	•	•	•	•	
20		•	•	•	•	•		•	•	•				•	•	•				•	•	•	•	•	•
25		•	•	•	•	•		•	•	•				•	•	•				•	•	•	•	•	
30		•	•	•	•	•		•	•	•	•	•		•	•	•				•	•	•	•	•	•
35		•	•	•	•	•		•	•	•	•	•		•	•	•				•	•	•	•	•	
40		•	•	•	•	•	•	•	•	•	•	•	•	•	•	•	•				•	•	•	•	•
45		•	•	•	•	•		•	•	•	•	•	•	•	•	•	•	•			•	•	•	•	•
50		•	•	•	•	•			•	•	•	•	•	•	•	•	•	•	•		•	•	•	•	•
55			•	•	•	•			•	•	•	•		•	•	•	•	•				•		•	
60			•	•	•	•			•	•	•	•		•	•	•	•	•				•	•	•	
65			•	•	•	•			•	•	•	•		•	•	•	•	•							
70			•	•	•	•				•	•	•		•	•	•	•	•					•	•	•
75			•	•	•	•				•	•	•		•	•	•	•	•							
80			•	•	•	•				•	•	•		•	•	•	•	•							•
90				•	•									•	•							•			
100				•	•									•	•							•			
110														•	•							•	•		
120														•	•							•	•		
130														•	•							•	•		
140														•	•							•	•		
150														•	•							•	•		
160														•	•							•	•		
180															•										
200															•										
220															•										
240															•										
260															•										

Tellerschrauben/ Rückwandschrauben

Länge in mm	Gewinde-∅ in mm 3,0	3,5	4,0
20	•		•
25	•	•	•
30	•	•	•
35	•	•	•
40			•
45			•

Klavierband- schrauben
mit kleinerem Kopf

Länge in mm	∅ in mm 3,0
10	•
12	•
16	•
20	•
25	•

Spanplattenschraube

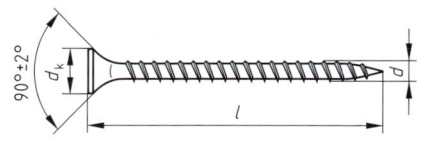

$90° \pm 2°$, d_k, d, l

Kante gerundet
Kopfdurchmesser = 2 · d
Kerndurchmesser ≈ 0,65 · d

3

3.4 Verbindungsmittel

Schnellbauschrauben (DIN 18182 Auswahl)

Kopfform	Form	Darstellung	Gewindeart	∅	Größe in mm	*l*
Trompetenkopf	TN		doppelgängig	3,5; 4,0; 4,3	25, 35, 45, 55	
			doppelgängig oder eingängig	5,1; 5,5	70, 80, 90, 100 110, 120, 130	
Flachrundkopf	FN		doppelgängig oder eingängig	4,3; 5,1; 5,5	3,5	
Trompetenkopf	TB		Blechschrauben-gewinde ST 3,5 DIN EN ISO 1478	3,5	25, 35, 45, 55	
Senkkopf	SN		Blechschrauben-gewinde ST 3,5 DIN EN ISO 1478	3,5	30, 35	
Linsenkopf (Form nach DIN ISO 7049)	LB		Blechschrauben-gewinde ST 3,5 DIN EN ISO 1478	3,5	9,5	

Gewindeart:
eingängig doppelgängig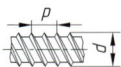

d Außendurchmesser, Nennmaß
p Steigung

Nägel (DIN 18182)

	Kurzzeichen	Darstellung	Durchmesser in mm	Länge in mm
Nagel glatt	G 22		2,2	37 mm ... 50 mm
	G 25		2,5	40 mm ... 70 mm
	G 28		2,8	52 mm ... 70 mm
Nagel gerillt	R 22		2,2	28 mm ... 50 mm
	R 25		2,5	30 mm ... 70 mm
	R 28	-	2,8	41 mm ... 70 mm

Schraubhaken (DIN 81408 Auswahl)

Hakenform	Form	Darstellung	Größe in mm	Ausführung
Geschirrhaken	A		Innen-∅ 25, 35	Messing poliert, vernickelt, verchromt, matt oder hochglänzend
Schraubhaken ohne Bund mit Bund	B C		Innen-∅ 24	Aluminium poliert, eloxiert
Schlüsselhaken	D		*l* = 22	nur Messing
Schraubhaken	nicht genormt		*l* = 15 ... 140	Stahl verzinkt, eloxiert
Schraubhaken mit und ohne Schlitz	nicht genormt		*l* = 15 ... 150	Stahl verzinkt, eloxiert

Stockschrauben

Schraube	Darstellung	Größe in mm	Ausführung
Stockschraube		*d* = M4 ... M 12 *l* = 40 ... 120	Stahl verzinkt

3

3.4 Verbindungsmittel

3.4.3 Gewindeschrauben

Sechskantschraube DIN EN 24014 – M 10 × 60 – 8.8

Benennung	DIN-Nummer	Metrischer Gewinde-∅ d in mm Regelgewinde Feingewinde	Nennlänge l in mm	Festigkeits- klasse

Die Festigkeitsklasse der Schraube richtet sich nach der zu erwartenden Beanspruchung. Sie ist auf dem Schraubenkopf gekennzeichnet.

Schrauben (Auswahl)

Ausführung	Darstellung	Größe in mm	Ausführung	Darstellung	Größe in mm
Sechskant-schraube Regel-gewinde DIN EN ISO 4014		$d = 5,0 \ldots 64$ $l = 25 \ldots 500$	Sechskant-schraube Feingewinde DIN EN ISO 8765		$d = 8 \ldots 64$ $8 \times 1 \ldots 64 \times 4$ $l = 40 \ldots 500$
Sechskant-schraube Regel-gewinde DIN EN ISO 4017		$d = 1,6 \ldots 64$ $l = 2 \ldots 200$	Sechskant-schraube Feingewinde DIN EN ISO 8676		$d = 8 \ldots 64$ $8 \times 1 \ldots 64 \times 4$ $l = 16 \ldots 500$
Zylinder-schraube mit Schlitz DIN EN ISO 1207		$d = 1,6 \ldots 10$ $l = 2 \ldots 80$	Zylinder-schraube mit Innen-sechskant DIN EN ISO 4762		$d = 1,6 \ldots 64$ $l = 2,5 \ldots 300$
Senk-schraube mit Schlitz DIN EN ISO 2009		$d = 1,6 \ldots 10$ $l = 2,5 \ldots 80$	Senk-schraube mit Kreuz-schlitz DIN EN ISO 7046		$d = 2 \ldots 10$ $l = 3 \ldots 60$
Senk-schraube mit Innen-sechskant DIN EN ISO 10642		$d = 3 \ldots 20$ $l = 8 \ldots 100$	Linsen-senk-schraube mit Schlitz DIN EN ISO 2010		$d = 1,6 \ldots 10$ $l = 2,5 \ldots 80$
Linsensenk-schraube mit Kreuzschlitz DIN EN ISO 7047		$d = 1,6 \ldots 10$ $l = 3 \ldots 60$	Schloss-schraube Flachrund-schraube mit Vierkantsatz DIN 603		$d = 5 \ldots 20$ $l = 16 \ldots 200$
Gewinde-stange DIN 976-1		$d = 2; 2,5; 3; 4;$ $5; 6; 8; 10; 12;$ $16; 20; 24; 30;$ $36; 42; 48; 56;$ 64 $l = 1000$	Halbrund-schraube mit Nase DIN 607		$d = 8 \ldots 16$ $l = 16 \ldots 160$

Beispiel der Festigkeitsklasse 8.8: erste Zahl x 100 (Zugfestigkeit) $R_m = 8 \times 100 = 800$ N/mm²
erste Zahl x zweite Zahl x 10 (Streckgrenze) $R_e = 8 \times 8 \times 10 = 640$ N/mm²

3.4 Verbindungsmittel

3.4.4 Muttern und Unterlegscheiben

Sechskantmutter DIN EN ISO 24032 – M10 – 8.8

Benennung	DIN-Nummer	Metrischer Gewinde-$\varnothing$ d in mm Regelgewinde Feingewinde	Festigkeits- klasse

Die Festigkeitsklasse der Mutter richtet sich nach der Festigkeitsklasse der zu verwendenden Schraube. Bei Muttern aus NE-Metallen wird der Werkstoff angegeben.

Muttern (Auswahl)

Ausführung	Darstellung	Größe	Ausführung	Darstellung	Größe
Sechskant- mutter $m \geq 0,8 \times d$ DIN EN ISO 4032		M 1,6 ... M 64	Sechskant- mutter Fein- gewinde DIN EN ISO 8673		M 8 × 1 ... M 64 × 4
Sechskant- mutter $m \geq 0,5 \times d$ DIN EN ISO 4035		M 1,6 ... M 64	Flügelmutter DIN 315		M 4 ... M 24
Hutmutter DIN 917		M 4 ... M 48	Hutmutter DIN 1587		M 4 ... M 24
Sicherungs- mutter DIN EN ISO 7040		M 3 ... M 36	Gewindedurchmesser d Mutternhöhe m		

Unterlegscheiben (Auswahl)

Ausführung	Darstellung	Größe	Ausführung	Darstellung	Größe
Scheibe für Holzkonstruk- tion Form R DIN EN ISO 7094		$d_1 = 5,0 ... 56$ $d_2 \cong 18 ... 125$	Scheibe für Holzkonstruk- tion Form V DIN 440		$d_1 = 5,5 ... 24$ $d_2 \cong 18 ... 80$
Scheibe für Holz- konstruktion DIN 436		$d_1 = 11 ... 56$ $d_2 \cong 30 ... 160$	Scheibe f. Zylin- der- und Halb- rundschraube DIN EN ISO 7092		$d_1 = 1,7 ... 37$ $d_2 \cong 3,5 ... 60$
Scheibe für Sechskant- schraube DIN EN ISO 7089		$d_1 = 1,6 ... 64$ $d_2 \cong 4 ... 115$	Scheibe für Sechskant- schraube DIN EN ISO 7090		$d_1 = 5,0 ... 64$ $d_2 \cong 10 ... 115$
Federring gewölbt		$d_1 =$ 2,1 ... 36,5	Zahnscheibe		$d_1 = 1,7 ... 31$
Zahnscheibe Form A		$d_1 = 1,7 ... 31$	Innendurchmesser d_1 Außendurchmesser d_2 Scheibendicke h		

3.4.5 Gewinde, Bohrung, Senkung

Metrisches ISO-Gewinde (DIN 13) (Auswahl)

Gewinde-bezeich-nung	Stei-gung P	Kern-$\varnothing$ Bolzen d_1	Kern-$\varnothing$ Mutter D_1	Kern-loch-bohrer $\varnothing$	Durchgangs-loch-$\varnothing$ für Schrauben fein	Durchgangs-loch-$\varnothing$ für Schrauben mittel	Sechs-kant-schlüssel-weite
M 1	0,25	0,693	0,729	0,75	1,1	1,2	3
M 1,2	0,25	0,893	0,929	0,95	1,3	1,4	3,5
M 1,6	0,35	1,170	1,221	1,3	1,7	1,8	3,5
M 2	0,4	1,50	1,567	1,6	2,1	2,4	4
M 3	0,5	2,387	2,459	2,5	3,2	3,4	5,5
M 4	0,7	3,141	3,242	3,3	4,3	4,5	7
M 5	0,8	4,019	4,134	4,2	5,3	5,5	8
M 6	1	4,773	4,917	5,0	6,4	6,6	10
M 8	1,25	6,466	6,647	6,7	8,4	9	13
M 10	1,5	8,160	8,376	8,5	10,5	11	17
M 12	1,75	9,853	10,106	10,2	13	14	19
M 16	2	13,546	13,835	14	17	18	24

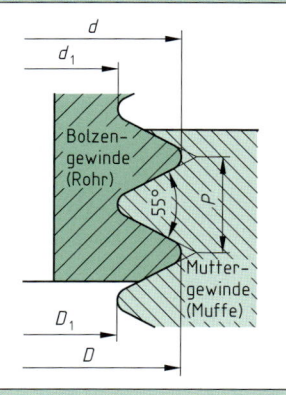

Nenndurchmesser $d = D$ Steigung P
Kern-$\varnothing$ des Bolzengewindes $d_1 = d - 1,2269 \cdot P$
Kern-$\varnothing$ des Muttergewindes $D_1 = d - 1,0825 \cdot P$
Kernlochbohrer-$\varnothing$ $t = d - P$

Rohrgewinde (DIN EN ISO 228, DIN 2999) (Auswahl)

Angaben in Zoll

DIN ISO 228 Außen- und Innengewinde zylindrisch	DIN 2999 Außen-gewinde kegelig	DIN 2999 Innen-gewinde zylindrisch	Außen-durch-messer $d = D$	Kern-durch-messer $d_1 = D_1$	Stei-gung P	Gang-zahl auf 25,4 mm Z
1/16	R 1/16	Rp 1/16	7,72	6,56	0,91	28
1/8	R 1/8	Rp 1/8	9,73	8,57	0,91	28
1/4	R 1/4	Rp 1/4	13,16	11,45	1,34	19
3/8	R 3/8	Rp 3/8	16,66	14,95	1,34	19
1/2	R 1/2	Rp 1/2	20,96	18,63	1,81	14
3/4	R 3/4	Rp 3/4	26,44	24,12	1,81	14
1	R 1	Rp 1	33,25	30,29	2,31	11
1 1/4	R 1 1/4	Rp 1 1/4	41,91	38,95	2,31	11
1 1/2	R 1 1/2	Rp 1 1/2	47,80	44,85	2,31	11
2	R 2	Rp 2	59,61	56,66	2,31	11

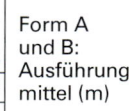

Bohrung und Senkung (DIN 74) (Auswahl)

		Für Gewinde-$\varnothing$	2	3	4	5	6	8	10	12	16	20
Form A	mittel (m)	d_1	2,4	3,4	4,5	5,5	6,6	9	11	13,5	17,5	22
		d_2	4,6	6,5	8,6	10,4	12,4	16,4	20,4	23,9	31,9	40,4
		$t_1 \approx$	1,1	1,6	2,1	2,5	2,9	3,7	4,7	5,2	7,2	9,2
Form B	mittel (m)	d_1	–	3,4	4,5	5,5	6,6	9	11	13,5	17,5	22
		d_2	–	6,6	9	11	13	17,2	21,5	25,5	31,5	38
		$t_1 \approx$	–	1,6	2,3	2,8	3,2	4,1	5,3	6	7	8

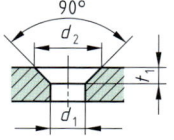

Form A und B: Ausführung mittel (m)

		Für Nenn-$\varnothing$	2,2	2,9	3,5	3,9	4,2	4,8	5,5	6,3
Form E		d_1	2,4	3,1	3,7	4,2	4,5	5,1	5,8	6,7
		d_2	4,6	5,9	7,2	8,1	8,7	10,1	11,4	13
		$t_1 \approx$	1,3	1,7	2,1	2,3	2,5	3	3,4	3,8

Form E

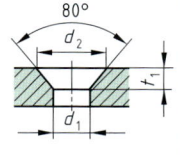

Bezeichnung einer Senkung Form B, Ausführung mittel für Gewinde-$\varnothing$ 4 mm: Senkung DIN 74 – B m 4

3.4 Verbindungsmittel

3.4.6 Blechschrauben, Bohrschrauben und Blindniete

Blechschrauben (Auswahl)

Ausführung	Darstellung	Gewinde-∅ in mm / ST Bezeichnung für Blechschraubengewinde								
		ST 2,2	ST 2,9	ST 3,5	ST 4,2	ST 4,8	ST 5,5	ST 6,3	ST 8,0	ST 9,5
Sechskantkopf DIN ISO 1479		l=4,5 … 16	l=6,5 … 19	l=6,5 … 22	l=9,5 … 25	l=9,5 … 32	l=13 … 32	l=13 … 38	l=13 … 50	l=16 … 50
Zylinderkopf Längsschlitz DIN ISO 1481		4,5 … 16	6,5 … 19	6,5 … 22	9,5 … 25	9,5 … 32	13 … 32	13 … 38	16 … 50	16 … 50
Senkkopf Längsschlitz DIN ISO 1482		4,5 … 16	6,5 … 19	9,5 … 25	9,5 … 32	9,5 … 32	13 … 38	13 … 38	16 … 50	19 … 50
Linsensenkkopf Längsschlitz DIN ISO 1483		4,5 … 16	6,5 … 19	9,5 … 22	9,5 … 25	9,5 … 32	13 … 32	13 … 38	16 … 50	19 … 50
Linsenkopf Kreuzschlitz DIN ISO 7049		4,5 … 16	6,5 … 16	9,5 … 25	9,5 … 32	9,5 … 38	13 … 38	13 … 38	16 … 50	16 … 50
Senkkopf Kreuzschlitz DIN ISO 7050		4,5 … 16	6,5 … 19	9,5 … 25	9,5 … 32	9,5 … 32	13 … 38	13 … 38	16 … 50	16 … 50
Linsensenkkopf Kreuzschlitz DIN ISO 7051		4,5 … 16	6,5 … 19	9,5 … 25	9,5 … 32	9,5 … 32	13 … 38	13 … 38	16 … 50	16 … 50

Stufung der Nennmaße l in mm: 4,5; 6,5; 9,5; 13; 16; 19; 22; 25; 32; 38; 45; 50

Schraubenform

Form C   Form F   Kreuzschlitzform H oder Z

Bohrschraube mit Blechschraubengewinde, Maße in mm

Maße	Ausführung	Darstellung	Ausführung	Darstellung
d = 2,9; 3,5 4,2; 4,8 5,5; 6,3	Sechskant-Bohrschraube DIN EN ISO 15480	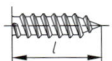	Senk-Bohrschraube mit Kreuzschlitz DIN EN ISO 15482	
l = 9,5; 13; 16; 19; 22; 25; 32; 38; 45; 50	Flachkopf-Bohrschraube mit Kreuzschlitz DIN EN ISO 15481	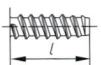	Linsensenk-Bohrschraube mit Kreuzschlitz DIN EN ISO 15483	
Kreuzschlitz Form H oder Z	Mechanische u. funktionelle Eigenschaften DIN EN ISO 10666			

Blindniet (DIN EN ISO 15977, DIN EN ISO 15978, Auswahl) Maße in mm

	Nennmaß d_1 Form		d_2 Form		Nietloch ∅	Niethülse AlA l		Klemmlänge	
	A	B	A	B		Form A	Form B	Form A	Form B
Flachkopf Form A DIN EN ISO 15977	2,4	2,4	5,0	5,0	2,5/2,6	4 … 12	4 … 12	0,5 … 9,5	–
	3	3	6,3	6,3	3,1/3,2	4 … 25	6 … 25	0,5 … 22,0	1,5 … 9,5
	3,2	3,2	6,7	6,7	3,3/3,4	4 … 25	6 … 25	0,5 … 22,0	2,0 … 22,0
	4	4	8,4	8,4	4,1/4,2	6 … 25	8 … 25	1,0 … 21,0	2,0 … 22,0
Senkkopf Form B DIN EN ISO 15798	4,8	4,8	10,1	10,1	4,9/5,0	6 … 30	8 … 30	1,5 … 25,0	2,0 … 21,0
	5	5	10,5	10,5	5,1/5,2	6 … 30	6 … 30	1,5 … 25,0	2,5 … 25,0
	6	–	12,6	–	6,1/6,2	8 … 30	–	2,0 … 25,0	–
	6,4	–	13,6	–	6,5/6,6	12 … 30	–	3,0 … 23,0	–

Stufung der Nennlänge l über 30 mm in 5-mm-Schritten und nach Verfügbarkeit der Hersteller.
Niethülse: Aluminium   Stift: Stahl

3.4 Verbindungsmittel

3.4.7 Holzdübel, Federn und Einschraubmuttern

Holzdübel (DIN 68150)

Durch-messer in mm	Länge in mm										
	25	30	35	40	45	50	60	80	120	140	160
5	•	•	•								
6	•	•	•	•							
8	•	•	•	•	•	•					
10		•	•	•	•	•	•				
12			•	•	•	•	•	•			
14						•	•	•	•	•	•
16						•	•	•	•	•	•
18							•	•	•	•	•
20						•		•	•		•

Formen

Form A Riffel-dübel	Form B Glatt-dübel	Form C Quell-dübel

AM Form A maschinelle Verarbeitung
BU Buche

Dübel aus Kunststoff sind nicht genormt.

Rundstab (Buche)

Form	Durchmesser in mm	Länge in mm
glatt	3, 4, 5, 6, 8, 10, 12, 14, 16, 18, 20, 22, 25, 30, 35	1000

Dübelstange (Buche)

Form	Durchmesser in mm	Länge in mm
geriffelt	6, 8, 10, 12, 14, 16, 18, 20	1000

Winkelfedern

Sperr-holz		Breite × Dicke in mm	Kunst-stoff		Breite × Dicke in mm
		10 × 3, 12 × 4, 14 × 5, 16 × 6, 22 × 8, 53 × 10			15 × 2

Formfedern (Buche, Auswahl)

Größe/ Material	Maße $l × b × d$ in mm	Werkzeug $\varnothing$ in mm	Nuttiefe in mm	Nutlänge in mm	
0/BU	47 × 15 × 4	100	8,0	54	
10/BU	53 × 19 × 4	100	10,0	60	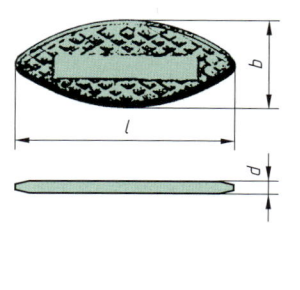
20/BU	56 × 23 × 4	100	12,3	66	
1/BU	43 × 18 × 4	75	9,5	50	
2/BU	49 × 24 × 4	75	12,5	56	
3/BU	55 × 30 × 4	75	15,5	61	
H9/BU	38 × 12 × 3	78	6,5	44	
C20/PP	61 × 23 × 4	100	12,3	66	
S6/BU	85 × 30 × 4	100	20,0	90	
K20/POM	60 × 24 × 4	100	12,3	66	

Schraubdübel (Einschraubmutter, DIN 7965)

Innengewinde	M3	M4	M5	M6	M8	M10	M12	M16	M20	
Länge in mm	8	10	12	15	18	25	30	30	30	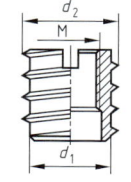
d_1 in mm	4,5	5,5	7,5	9,5	10,2	15	18	20,5	24	
d_2 in mm	6	8	10	12	16	18,5	22	25	29	

Die Einschraubdübel werden vorzugsweise zum Einschrauben in Holz oder holzähnlichen Werkstoffen eingesetzt.

Baustoff (Ankergrund)

Die Art und Beschaffenheit des Baustoffs, in dem verankert werden soll, bestimmt ganz entscheidend die Auswahl des Dübelsystems.

Beton

Zu Beton gehören die beiden Untergruppen Leichtbeton und Normalbeton.

Mauerwerksbaustoffe

Mauerwerk ist ein Verbundwerkstoff aus Steinen und Mörtel. Dabei ist die Druckfestigkeit der Steine bei Altbaumauerwerk oft höher als die des Mörtels. Eine Verankerung sollte deshalb im Mauerwerksstein erfolgen.

Vollbausteine mit dichtem Gefüge

Diese Baustoffe sind sehr gut zur Verankerung von Dübeln geeignet, da sie überwiegend keine Hohlräume haben und sehr druckfest sind.

Lochbausteine mit dichtem Gefüge (Loch- und Hohlkammersteine)

Sie sind meist aus den gleichen druckfesten Materialien wie die Vollsteine hergestellt, jedoch mit Hohlräumen versehen. Werden höhere Lasten an diesen Baustoffen befestigt, sollten spezielle Dübel verwendet werden, die Hohlräume überbrücken oder ausfüllen können.

Vollbaustoffe aus porigem Gefüge

Diese Baustoffe haben meist eine geringe Druckfestigkeit und sehr viele Poren. Geeignet sind Dübel mit langer Spreizzone oder stoffschlüssige Dübel.

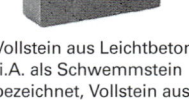
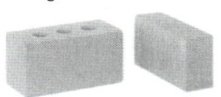

Vollstein aus Leichtbeton (i.A. als Schwemmstein bezeichnet, Vollstein aus Blähton, z.B. „Liapor", Leca")

Porenbeton („Ytong", „Hebel, „Siporex", „Durox", „Greisel")

Lochbaustoffe mit porigem Gefüge (Leicht-Lochsteine)

Sie haben meist eine geringe Druckfestigkeit, Hohlräume und Poren. Geeignet sind Dübel mit langer Spreizzone oder formschlüssig wirkende Injektionsanker.

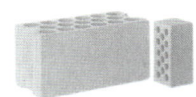

Leichthochlochziegel (z.B. Unipor, Poroton)

Leichtbetonhohlblockstein, (z.B. aus Bims oder Blähton)

Platten und Tafeln (Plattenbauelemente)

Zu dieser Gruppe gehören dünnwandige Baustoffe, die häufig eine geringe Festigkeit aufweisen. Geeignet sind Dübel mit langer Spreizzone oder stoffschlüssige Dübel (Hohlraumdübel).

Bohrverfahren

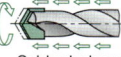
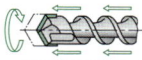

Drehbohren   Schlagbohren   Hammerbohren

Der Baustoff bestimmt das Bohrverfahren. Grundsätzlich gilt: Vollbaustoffe mit dichtem Gefüge → Schlag- und Hammerbohren.

Lochbausteine, Baustoffe mit geringer Festigkeit und Porenbeton nur im Drehgang bohren, damit das Bohrloch nicht zu groß wird und in Lochsteinen die Stege nicht ausbrechen.

Montage

Rand- und Achsabstand, Bauteildicke

Um ein Abplatzen des Baustoffs oder Rissebildung zu vermeiden und um die erforderliche Last mit Dübeln übertragen zu können, müssen Rand- und Achsabstände sowie die erforderliche Bauteilbreite und -dicke nach Vorschrift eingehalten werden. Bei Kunststoffdübeln kann üblicherweise von einem Randabstand $c_3 \geq 2 \times h_{ef}$ (h_{ef} Verankerungstiefe) und einem Achsabstand $s \geq 4 \times h_{ef}$ ausgegangen werden.

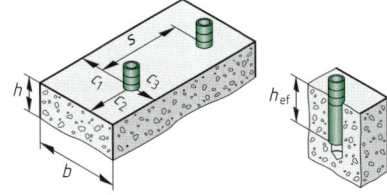

Bohrlochtiefe

Die Bohrlochtiefe muss größer sein als die Verankerungstiefe. Nach dem Bohren muss das Bohrmehl entfernt werden. Ein ungesäubertes Bohrloch reduziert die Haltewerte!

Nutzlänge

Die Nutzlänge d_a (auch üblich: t_{fix} Klemmdicke) entspricht meist der Dicke des befestigten Montagegegenstandes. Ist der Ankergrund mit Putz oder Isoliermaterial verkleidet, müssen Schrauben oder Dübel gewählt werden, deren Nutzlänge mindestens der Putzstärke und der Dicke des Montagegegenstandes entspricht.

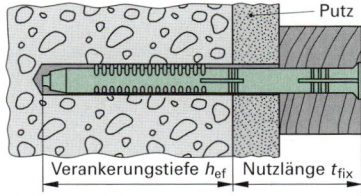

Putz

Verankerungstiefe h_{ef} Nutzlänge t_{fix}

Verankerungstiefe

Die Verankerungstiefe h_{ef} entspricht bei Kunststoff und Stahldübeln der Distanz zwischen Oberkante des tragenden Bauteiles bis zur Unterkante des Spreizteiles.

3

Beanspruchungsart

Größe und Art der Belastung:

Ebenso wichtig wie die Abmessungen des Ankergrundes sind für die Dübelauswahl die Lasten bzw. Kräfte, welche bei der Befestigung eines Gegenstandes auftreten.

Dübel nehmen keine Druckkräfte auf. Druckübertragung erfolgt durch das Anbauteil direkt auf den Baustoff.

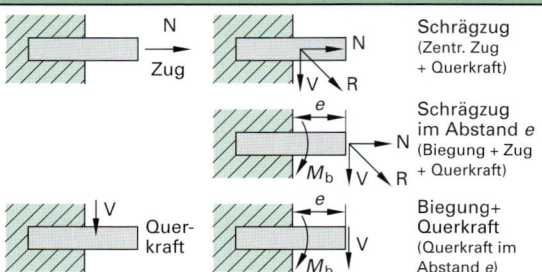

Schrägzug (Zentr. Zug + Querkraft)

Schrägzug im Abstand e (Biegung + Zug + Querkraft)

Biegung+ Querkraft (Querkraft im Abstand e)

Ankereinteilung und Wirkungsweise von Dübeln

Tragmechanismus	Wirkung	Beispiele
Reibschluss	Das Spreizteil des Dübels wird an die Bohrlochwandung gepresst und trägt durch Reibung die äußeren Zuglasten.	
Formschluss	Dübelgeometrie passt sich der Form des Untergrundes bzw. Bohrlochs an.	
Stoffschluss	Mörtel oder Kunstharz verbindet sich mit Dübel- und Ankergrund.	

Vorschriften für die Anwendung von Dübeln (Auswahl)

Anwendungsbereich Verankerung von	Vorschriften für die Anwendung	Aussage zur Verankerung
Tragende Konstruktionen	Musterbauordnung in der Fassung vom November 2002. Paragraph 3 (1).	Anlagen sind so anzuordnen, zu errichten, zu ändern und instand zu halten, dass die Sicherheit und Ordnung insbesondere Leben, Gesundheit und die natürlichen Lebensgrundlagen nicht gefährdet werden.
Hinterbelüftete Außenwandverkleidungen	DIN 18516, Teil 1	Es dürfen nur Dübel verwendet werden, deren Brauchbarkeit für den Verwendungszweck nachgewiesen ist, z.B. durch eine bauaufsichtliche Zulassung.
Wärmeverbundsysteme mit Mineralfaserdämmstoffen sowie WDVS mit Hartschaumdämmung und Eigenlasten über 0,1 kN/m²	IfBt-Mitteilung Heft 4/90	Bei Gebäudehöhen über 8 m sind für die Verankerung der Dämmung bauaufsichtlich zugelassene Dübel erforderlich, siehe IfBt-Mitteilung, geregelt durch Systemzulassung.
Feuerschutztüren in massiven Wänden aus Mauerwerk und Beton	DIN 18093	Es dürfen nur Dübel verwendet werden, deren Brauchbarkeit für den Verwendungszweck nachgewiesen ist, z.B. durch eine bauaufsichtliche Zulassung.
Leichte Deckenbekleidungen und Unterdecken	DIN 18168	Es dürfen nur Dübel verwendet werden, deren Brauchbarkeit für den Verwendungszweck nachgewiesen ist, z.B. durch eine bauaufsichtliche Zulassung.
Hängende Drahtputzdecken	DIN 4121	Für die zulässige Belastung der Dübel ist von den Angaben der Dübelhersteller auszugehen, die von einer amtlich anerkannten Prüfanstalt bestätigt sein müssen. Z.B. allgemeine bauaufsichtliche Zulassung.
Holzwolleleichtbauplatten an Decken	DIN 1102	Die Brauchbarkeit der Befestigungsdübel für diesen Zweck ist nachzuweisen.
Holzwolleleichtbauplatten an Wänden über 8 m Höhe	DIN 1102	Bei Fassaden dürfen nur Dübel verwendet werden, deren Brauchbarkeit für den Verwendungszweck nachgewiesen ist. Für Fassaden bis 8 m und an Innenwänden siehe DIN.

3.4 Verbindungsmittel

Schraubenlänge

Die Schraubenlänge richtet sich nach
- der Dübellänge A
- der Dicke des zu befestigenden Bauteils B
- der Unterkonstruktion und
- dem Schraubendurchmesser C.

Z.B. A + B + C = 50 mm + 20 mm + 6 mm = 76 mm
Standardlänge 80 mm

▲ = DIBt-Zulassung   ■ = ETA-Zulassung   ● = gut geeignet
DIBt   Deutsches Institut für Bautechnik
ETA   European Technical Approval
       (europäische technische Zulassung)

	Zugelassen für					Werk-stoff			Verankerungsgrund													
	gerissener Beton	ungerissener Beton	Fassadenbefestigungen	abgehängte Decken	Mauerwerk	Stahl galvanisch verzinkt	Edelstahl A4	Hochkorrosionsbeständ. Stahl 1.4529	Beton	Spannbeton-Hohldeckenplatten	Naturstein dichtes Gefüge	Vollziegel	Kalksand-Vollstein	Vollstein aus Leichtbeton	Porenbeton	Vollgips-Platten	Hochlochziegel	Kalksand-Lochstein	Hohlblockstein aus Leichtbeton	Hohldecken aus Ziegel, Beton o.ä.	Gipskarton- und Gipsfaserplatten	Spanplatten
Allgemeine Befestigungen																						
Dübel SX — SX									●		●	●	●	●		●	●	●	●	●		
Dübel S — S									●		●	●	●	●			●	●	●			
Universaldübel — UX									●		●	●	●	●		●	●	●	●	●	●	●
Gasbetondübel — GB			▲	▲											●							
Dämmstoffdübel — FID																						
Turbo Porenbetonanker — FTP/FTPK															●							
Metallspreizdübel — FMD									●	●	●	●	●	●		●	●	●	●	●		
Flüssigdübel fill & fix									●	●	●	●	●	●		●	●	●	●	●	●	●
Balkonbefestigung mit Abdeckklappe — BBF																						
Treppenbefestigung — TB/TBB									●			●	●	●	●							
Hohlraum-Befestigungen																						
Hohlraum-Metalldübel — HM						●															●	●
Kippdübel — KD						●									●						●	●
Plattendübel — PD																					●	●
Gipskartondübel — GK																					●	
Gipskartondübel — GKM																					●	

3

145

3.4 Verbindungsmittel

fischer Dübel S

Dübel S

Holzschraube

Spanplattenschraube

fischer Dübel S		gerissener Beton	ungerissener Beton	Fassadenbefestigungen	abgehängte Decken	Mauerwerk	Stahl galvanisch verzinkt	Edelstahl A4	Hochkorrosionsbest. Stahl 1.4529	Beton	Spannbeton-Hohldeckenplatten	Naturstein dichtes Gefüge	Vollziegel	Kalksand-Vollstein	Vollstein aus Leichtbeton	Porenbeton	Vollgips-Platten	Hochlochziegel	Kalksand-Lochstein	Hohlblockstein aus Leichtbeton	Hohldecken aus Ziegel, Beton o.ä.	Gipskarton- und Gipsfaserplatten	Spanplatten
Langschaftdübel																							
Langschaftdübel	SXS	▲	▲				•	•		•		•	•	•	•			•				•	
Universal-Rahmendübel	FUR			▲			•	•		•		•	•	•	•			•	•	•	•		
Langschaftdübel	SXR			■ ▲			•	•		•		•	•	•	•		•	•	•	•	•	•	
Nageldübel	N						•	•		•		•	•	•	•		•	•	•	•	•	•	
Nagelhülse	FNH									•		•	•	•	•								
Fensterschraube	FS 45					•																	
Fensterrahmendübel	F-S					•				•		•	•	•	•		•	•	•	•	•		
Metall-Rahmendübel	F-M					•				•		•	•	•	•		•	•	•	•	•		
Fensterrahmen-Schraube	FFS/FFSZ					•				•		•	•	•	•		•	•	•	•	•		
Justierdübel S 10 J						•				•		•	•	•	•		•	•					
Justierschraube	JUSS JS					•																	
Abstandschraube Universal	ASL					•																	
Elektro-Befestigungen – E-fix																							
Steckfix plus Leitungsschlaufe SF plus LS; Einzelschelle ES; Zwillingsschelle ZS		•		•	•	•				•		•	•	•									
Steckdübel SD; Kabelbügel KB; Rohrclip SF plus RC		•		•	•	•				•		•	•	•									
Kabelbügel KB; Sammelhalter SHA; Rohrclip RC		•		•	•																		
Nagelschelle NS; Kabelbinder BN		•		•																			
Einschlagnagel ED; Setzwerkzeug SZE																	•	•	•	•	•		

flammwidrig nach:
VCE 0471
DIN IEC 695-2

3.4 Verbindungsmittel

▲ = DIBt-Zulassung ■ = ETA-Zulassung ● = gut geeignet

		Zugelassen für					Werkstoff			Verankerungsgrund															
		gerissener Beton	ungerissener Beton	Fassadenbefestigungen	abgehängte Decken	Mauerwerk	Stahl galvanisch verzinkt	Edelstahl A4	Hochkorrosionsbest. Stahl 1.4529	Beton	Spannbeton-Hohldeckenplatten	Naturstein dichtes Gefüge	Vollziegel	Kalksand-Vollstein	Vollstein aus Leichtbeton	Porenbeton	Vollgips-Platten	Hochlochziegel	Kalksand-Lochstein	Hohlblockstein aus Leichtbeton	Hohldecken aus Ziegel, Beton o.ä.	Gipskarton- und Gipsfaserplatten	Spanplatten
Schwerlast-Befestigungen – Stahl																								
Ankerbolzen	FAZ II	■	■				●	●	●	●		●												
Bolzen	FBN II		■				●	●	●	●		●												
Schwerlast-dübel	TAM		■				●			●		●												
Einschlag-anker	EA II		■		■		●			●		●												
Nagelanker	FNA II				■		●			●	●	●	●		●									
Deckennagel	FDN				■		●				●	●	●		●									
Beton-schraube	FBS	■ ▲	■ ▲			▲	●			●	●	●	●		●									
Hohldecken-anker	FHY						●				●	●	●											
Schwerlast-Befestigungen – Chemie																								
Highbond-Anker	FHB II FHB II-P FIS HB	■	■				●	●	●	●														
Reaktions-anker R (Eurobond)	RM RG M		■				●	●	●	●		●												
Injektions-System FIS A für Beton	FIS V		■				●	●	●	●														
Injektions-System FIS V für Mauerwerk	FIS E FIS A FIS HK					▲	●	●	●		●		●	●	●	●		●	●	●	●			
Injektions-System PBB für Porenbeton	FIS A					▲	●	●								●								

147

3.5 Kunststoffe

Kunststoffe sind makromolekulare Stoffe, die durch chemische Synthese (Polymerisation, Polykondensation und Polyaddition) oder durch Umwandlung von Naturstoffen hergestellt werden.

Übersicht und Kurzzeichen (DIN 7728)

Abgewandelte Naturstoffe	Synthetische Kunststoffe		
	Polymerisate	Polykondensate	Polyaddukte
CN Cellulosenitrat **CA** Celluloseacetat **CS** Casein-Kunststoff	**Thermoplaste**		
	PAN Polyacrylnitril **PE** Polyethylen **PIB** Polyisobutylen **PMMA** Polymethyl-methacrylat **POM** Polyoxy-methylen **PP** Polypropylen **PS** Polystyrol **PTFE** Polytetra-fluorethylen **PVAC** Polyvinylacetat **PVC** Polyvinylchlorid Copolymere: **ABS** Acrylnitril/Butadien/Styrol	**PA** Polyamid **PC** Polycarbonat	**PETP** Polyethylen-terephthalat (lineare Polyurethane)
	Duroplaste		
	UP Polyester, ungesättigt	**MF** Melamin-Formaldehydharz **PF** Phenol-Formaldehydharz **RF** Resorcin-Formaldehydharz **UF** Harnstoff-Formaldehydharz **SI** Silikon	**EP** Epoxidharz **PUR** Polyurethan hart

Elastomere		
CR Polychloropren-Kautschuk **SI** Silicon-Kautschuk	**IIR** Butyl-Kautschuk **SR** Polysulfid-Kautschuk	**PUR** Polyurethan-Kautschuk

Einteilung nach dem Vernetzungsgrad

Thermoplaste unvernetzte, faden-förmige Makro-moleküle (amorph und teilkristallin)	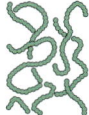	**Duroplaste** engmaschig vernetzte Makromoleküle		**Elastomere** weitmaschig vernetzte Makromoleküle	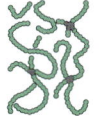

Besondere Eigenschaften

Kennbuch-stabe	Eigenschaft	Kennbuch-stabe	Eigenschaft	Kennbuch-stabe	Eigenschaft
C	chloriert	I	schlagzäh	R	erhöht, Resol
D	Dichte	L	linear, niedrig	U	ultra, weichmacherfrei
E	verschäumt	M	Masse, mittel	V	sehr
F	flexibel, flüssig	N	normal, Novolak	W	Gewicht
H	hoch	P	weichmacherhaltig	X	vernetzt, vernetzbar

Beispiele: **PE-LLD** Polyehtylen, linear mit niedriger Dichte
PVC-P Polyvinylchlorid, weichmacherhaltig

3.5 Kunststoffe

Unterscheidungsmerkmale wichtiger Kunststoffe

Kunststoff Kurzzeichen	Dichte g/cm³	Brennverhalten	Klang beim Auffallen	Mechanisches Verhalten
ABS	1,06 bis 1,12	brennt nach Anzünden weiter, stark rußend, gelb leuchtende Flamme	klingt dumpf	zäh, mittlere Flexibilität
CA	1,20 bis 1,30	schwer entflammbar, tropft und sprüht, gelbe Flamme, riecht nach Essigsäure	dumpf	zäh, stark verformungsfähig, mittlere Flexibilität, angenehmer Griff
PA	1,02 bis 1,14	schwer anzündbar, brennt nach Anzünden knisternd weiter, tropft und zieht Fäden, blaue Flamme mit gelbem Rand, riecht nach Horn	dumpf	zähhart, stark verformungsfähig, unzerbrechlich
PC	1,20	brennt in Flamme rußend, erlischt außerhalb, leuchtend gelbe Flamme, riecht nach Phenol	klingt scheppernd	steif, schlagzäh, unzerbrechlich
PE	0,92 bis 0,96	brennt nach Anzünden tropfend ab, gelbe Flamme mit blauem Kern		unzerbrechlich
PMMA	1,18	leicht entflammbar, brennt knisternd weiter mit leuchtender Flamme, riecht fruchtig	dumpf	steif, fest, schwer zerbrechlich
POM	1,41	brennt mit schwach blauer Flamme, tropft, riecht nach Formaldehyd	klingt scheppernd	zähhart, steif, unzerbrechlich
PP	0,91	brennt nach Anzünden tropfend ab, gelbe Flamme mit blauem Kern	dumpf	zäh, flexibel bis steif, unzerbrechlich
PS	1,05	brennt stark rußend (Flocken), gelb leuchtende, flackernde Flamme, süßlicher Geruch	metallisch blechern	steif, spröde, zerbrechlich
PTFE	2,20	kaum anzündbar, verkohlt		flexibel, plastisch formbar
PVC-P (weich)	1,20 bis 1,25	brennt in der Flamme rußend, gelb leuchtende Flamme,		sehr flexibel
PVC-U (hart)	1,38 bis 1,40	hartes PVC schwer entflammbar, starker Geruch nach Salzsäure	scheppernd (PVC-U)	steif, zähhart
EP	1,20	brennt nach Anzünden rußend weiter, gelbe Flamme		steif, zähhart
PUR	1,14 bis 1,26	brennt leuchtend gelb, schäumend, stechender Geruch		von elastisch bis zähhart; Härte einstellbar (Schaum)
MF	1,50	kaum anzündbar, erlischt außerhalb der Flamme, verkohlt, weiße Kanten, riecht fischig	scheppernd	steif, spröde, unzerbrechlich (bezieht sich auf reines MF)
PF	1,40	schwer entflammbar, erlischt außerhalb der Flamme, rußt	scheppernd	steif, spröde, schwer zerbrechlich
UF	1,50	wie MF	scheppernd	wie MF
UP	1,20	brennt in Flamme rußend weiter	scheppernd	steif, spröde, schwer zerbrechlich

Angaben beziehen sich auf die reinen Kunststoffe (ohne Füllstoffe und Verstärkungen)	
Schwimmprobe	Kunststoffe schwimmen nicht; außer PE und PP.

3

149

Kunststoffe für die Holztechnik (Auswahl)
Thermoplaste

Sie bestehen aus linearen oder verzweigten Makromolekülen, die bei Erwärmung wiederholbar erweichen und sich bei Abkühlung wieder verfestigen. Die fadenförmigen Polymere können amorph als auch teilkristallin vorliegen.

Name	Kurz-zeichen	Eigenschaften		Verwendung	Handels-name
		mechanisch	thermisch		
Acrylnitril/ Butadien/ Styrol	**ABS**	steif, zäh, hohe Härte, hohe Schlag- und Kerb-schlagzähigkeit	gute Wärmebe-ständigkeit, einsetzbar von – 40°C bis + 85°C	Stühle, Sitzschalen, Schrankelemente, Kunststoffkante	Novodur Terluran
Polyamid	**PA**	gute Festigkeit bei hoher Zähig-keit, gute Gleit-eigenschaften und Verschleiß-widerstand (je nach Typ)	Gebrauchstempe-ratur 80°C bis 120°C, kurzfristig wesentlich höher	Türbänder und Scharniere, Tür-schnäpper, Gleit-beschläge, Dübel, Rückenlehnen, beschichtete Gartenmöbel	Trogamid T Durethan Ultramid Vestamid
Polyethylen	**PE-LD** (hart)	je nach Typ von weich bis steif	Gebrauchstempe-ratur 80°C bis 95°c	Beschlagsteile, Gleitschienen, Schubkästen, Behälter, Folien	Hostalen Baylon
	PE-HD (weich)	Festigkeiten ab-hängig von Kristallinitätsgrad	bis 105°C		Lupolen Vestolen
Polycarbonat	**PC**	hohe Festigkeit, hohe Schlag-zähigkeit, große Härte bei guter Zähigkeit	Formbestän-dig-keit bis 130°C	Möbelbeschlags-teile, durchsichtige Bauteile, Verglasun-gen (hochfest und schussfest)	Makrolon Orgalan
Polymethyl-methacrylat (Acrylglas)	**PMMA**	Gute Festigkeit, geringe Verfor-mungsfähigkeit, steif, hart	Gebrauchstem-peratur 65 °C, bei bestimmten Typen bis 95 °C	Verglasungen, Sicherheits-abdeckungen, Zwischenschicht bei Verbundglas	Plexiglas Deglas Resartglas
Polypropylen	**PP**	etwas höhere Festigkeit und Härte als PE	obere Gebrauchs-temperatur 110 °C	Werkzeugkästen Behälter	Novolen Vestolen P Hostalen PP
Polystyrol	**PS**	hart, spröde, steif, kerbempfindlich	bis 70°C einsetzbar	Beschlagsteile, Schubkästen, Wärmedämmung (geschäumt)	Polystyrol Hostyren Vestyron
Polytetrafluor-ethylen	**PTFE**	Flexibel und zäh, niedrige Härte und Festigung (abhängig von Kristallinität)	Gebrauchstem-peratur – 270°C bis + 80°C	Beschichtungen	Hostaflon Teflon
Polyvynil-chlorid	**PVC-P** (weich)	gummielastisch, abriebfest	bis ca. 60°C ein-setzbar, Versprö-dung bei – 10°C bis – 50°C	Dichtungen für Fenster und Türen, Kantenumleimer, Folien zur Ober-flächenbeschichtung, Kunstlederüberzüge, Zierprofile	Hostalit Vestolit Trosiplast
	PVC-U (hart)	hart, steif hohe Festigkeit	einsetzbar bis 60°C (90°C)	Profile für Fenster usw., Beschichtungen	

3.5 Kunststoffe

Duroplaste

Sie bestehen aus chemisch eng vernetzten Makromolekülen. Die Härte, der nicht umkehrbaren ausgehärteten Duroplaste, ist bis zum thermo-chemischen Abbau weitgehend temperaturunabhängig.

Name	Kurz-zeichen	Eigenschaften		Verwendung	Handels-name
		mechanisch	thermisch		
Epoxidharz	EP	steif bis elastisch, zäh, abriebfest, hohe Festigkeit	Gebrauchs-temperatur 80°C (kaltgehärtet) und bis 180°C (heißgehärtet)	Lacke Klebstoffe	Araldit Epoxin Hostapox
Harnstoffharz	UF	hart, spröde, steif	Einsatz bis 80°C	Lacke, Klebstoffe Schichtpressstoff-platten, Schäume	
Melaminharz	MF		Einsatz bis 130°C		
Phenolharz	PF	hart, spröde	Gebrauchs-temperatur 100°C bis 150°C	Klebstoffe, Press-schichtholz, Schichtpressstoff-platten, Schäume	Bakelite Trolitan Pertinax
Polyurethanharz	PUR	hart bis elastisch	Obere Gebrauchs-temperatur bis 110°C (vernetzt)	Lacke, Klebstoffe, Schäume (hart) als Ortschaum und Wärmedämmung oder Schäume (weich) für Polster	
Ungesättigtes Polyesterharz	UP	elastisch bis steif, zäh bis spröde (je nach Aufbau)	Grenztemperatur je nach Typ 80°C bis 160°C	Lacke, Kleber, Laminate für Sitz- und Liegemöbel, GFK- Teile	Alpodit Leguval Palatal

Elastomere

Sie sind weitmaschig miteinander vernetzte Makromoleküle, die elastische, gummiartige Kunststoffe ergeben. Diese Elastizität ist weitgehend temperaturunabhängig.

Name	Kurz-zeichen	Eigenschaften	Verwendung
Butyl-Kautschuk	IIR	gute Chemikalien- und Alterungs-beständigkeit	Dichtungsmassen Fugendichtungsbänder
Polychloropren-Kautschuk	CR	lederzäh, wetterfest	Dichtungsmassen Klebstoff, Dichtungsprofile
Polysulfid-Kautschuk	SR	sehr lösungsmittel- und alterungsbe-ständig, ein- oder zweikomponentig	Bewegungs- und Abschlussfugen Fensterversiegelung
Polyurethan-Kautschuk	PUR	alterungsbeständig, gute Chemikalienbeständigkeit	Schäume
Silikon-Kautschuk	SI	wärmebeständig, alterungs-beständig, wasserabweisend	Fensterversiegelung wasserfeste Anschlussfugen

Erkennen von Kunststoffarten durch äußere Erscheinungen

Aussehen		Anfassen	Biegen und Zerbrechen von Hand				Verhalten beim Erwärmen
glasklar, farbig, durchsichtig	trüb	Wachsartiger Griff: PE; PP; POM; PTFE	flexibel	steif	zäh	spröde	Plastomere erweichen und schmelzen, Duro-plaste und Elastomere zersetzen sich ohne zu erweichen
CA, EP, PC PS, PMMA, PVC, UP	ABS; PA, PE POM, PP, PTFE	Einritzen mit Fingernagel: PE, PP teilweise CA	Weich-PE Weich-PVC PA; ABS	Hart-PVC POM PC; PS PMMA	PE PP PA ABS POM	PS PMMA GFK	

151

3.5 Kunststoffe

Chemische Beständigkeit (gegen ausgewählte Medien)

Die Beständigkeit kann sich durch Verändern der Struktur oder durch Beimengungen verändern. So können Füllstoffe und Weichmacher die Beständigkeit gegen Chemikalien herabsetzen.

Medium / Kunststoff	Aceton	Alkohol	Alkoholische Getränke	Benzin	Essigsäure (10%)	Fluorkohlenwasserstoff	Fruchtsäfte	Geschirrspülmittel	Milch	Mineralöle, Fette	Salzsäure (25%)	Schwefelsäure (40%)	Speiseöl	Toluol	Wasser, kalt	Wasser, heiß
ABS	○	◗	●	●	●	○	●	●	●	●	●	◗	●	○	●	●
PA	●	●	●	●	○	●	●	◗	●	●	○	○	●	●	●	◗
PE	◗	●	●	◗	●	○	●	●	●	●	●	●	●	◗	●	●
PC	○	●	●	●	○	●	◗	●	●	●	◗	●	●	○	●	◗
PMMA	○	●	●	●	●	○	●	●	●	●	○	◗	●	○	●	●
PP	●	●	●	◗	●	◗	●	●	●	◗	●	●	●	◗	●	●
PS	○	●	●	○	●	●	●	●	●	◗	●	●	○	○	●	●
PTFE	●	●	●	●	●	◗	●	●	●	●	●	●	●	●	●	●
PVC-P	○	○	◗	○	●	○	◗	◗	◗	◗	◗	◗	◗	○	●	◗
PVC-U	○	●	●	●	●	○	●	●	●	●	●	●	●	○	●	●
EP	○	●	●	●	○	◗	◗	●	●	●	●	●	●	●	●	●
UF	◗	●	◗	●	◗	◗	●	◗	●	●	○	●	●	●	●	●
MF	◗	●	◗	●	◗	◗	●	◗	●	●	○	●	●	●	●	●
PF	◗	●	◗	●	◗	◗	●	●	●	●	○	●	●	●	●	◗
PUR	◗	◗	◗	◗	◗	○	◗	◗	●	●	○	○	●	◗	●	○
UP	○	◗	◗	●	○	◗	◗	◗	●	●	○	○	●	◗	●	○

● = beständig   ◗ = bedingt beständig   ○ = unbeständig

Weitere Kennwerte (Auswahl)

Kunststoff (Kurzzeichen)	Farbe	Gefüge	Zugfestigkeit (ungefüllt) N/mm²	Wärmeleitfähigkeit λ W/m K	Wärme-Form-Beständigkeit ISO/R75 °C	Füll- und Verstärkungsstoffe
PA	milchig opak, fast glasklar (amorph)	teilkristallin bis amorph, je nach Typ	50 bis 90	0,21 bis 0,35	50 bis 110	Glas- und Kohlenstofffasern, Mineralstoffmehle, Kreide
PE	milchig weiß	teilkristallin	8 bis 30	0,29 bis 0,51	35 bis 50	Glasfasern
PC	glasklar	amorph, unverzweigt	55 bis 70	0,21 bis 0,23	130 bis 140	Glasfasern Mineralien
PMMA	glasklar	amorph	50 bis 80	0,18 bis 0,19	80 bis 105	
PP	schwach transparent, opak	teilkristallin	25 bis 40	0,20 bis 0,22	48 bis 65	Glasfasern, Talkum, Ruß Holzmehl
PS	glasklar	amorph, geschäumt	40 bis 60	0,15 bis 0,17	70 bis 90	Glasfasern
PVC-P	meist transparent	amorph, Weichmacher eingelagert	15 bis 25	0,12 bis 0,15		Quarzmehl, Ruß, Kreide, Kaolin
PVC-U	glasklar oder transparent	amorph	40 bis 80	0,14 bis 0,16	60 bis 75	
EP	klar	vernetzt	30 bis 50	0,13 bis 0,24	60 bis 110	Glasfasern, mineralische Füllstoffe, Kohlenstoff

3.5 Kunststoffe

Weitere Kennwerte (Auswahl)

Kunststoff (Kurzzeichen)	Farbe	Gefüge	Zugfestigkeit (gefüllt) N/mm²	Wärmeleitfähigkeit λ W/m K	Wärme-Form-Beständigkeit ISO/R75 °C	Füll- und Verstärkungsstoffe
UF	farblos	vernetzt,		0,35	130	Zellstoff,
MF		meist gefüllt	15 bis 30	0,35 bis 0,70	180	Holzmehl, Glasfasern
PF	hellgelb bis braun	vernetzt, meist gefüllt	15 bis 100	0,30 bis 0,70	150	Zellstoff, Holzmehl, Gesteinsmehl Glimmer, Glasfasern
PUR	durchscheinend, bräunlich	thermoplastisch oder wenig bis stark vernetzt	25 bis 55 (ungefüllt)			
UP	fast glasklar bis gelblich	vernetzt, meist mit Verstärkungsstoffen	20 bis 1000	0,11 bis 0,20	55 bis 90	Glasfasern

Schichtpressstoffe (Auswahl)

Hartpapier (Hp), Hartgewebe (Hgw) DIN 7735

Typ	Harz	Biegefestigkeit (N/mm²)	Grenztemperatur (°C)
Hp 2061		150	120
Hp 2063	Phenolharz	80	120
Hgw 2072		200	130
Hgw 2082		130	110
Hgw 2272	Melaminharz	270	130
Hgw 2372	Epoxidharz	350	130
Hgw 2572	Silikonharz	125	180

Kunstharz-Pressholz DIN 7707

	Schichten		
KP 20211	parallel	120	90
KP 20217		180	120
KP 20221	kreuzweise	70	90
KP 20226		110	120
KP 20236	sternförmig	110	120
KP 20237		100	120

Rotbuche-Furniere sind mit härtbarem Kunstharz verklebt, mindestens 5 Schichten/cm Dicke

Mineral-Kunststoffplatten

Handelsname: Corian, Varicor
Aufbau: Aluminiumhydroxid (ca. $^2/_3$) und Kunstharz (Bindemittel)

Eigenschaften:	Dichte	1,78 g/cm³
	Zugfestigkeit	34,9 bis 39,5 N/mm²
	Biegefestigkeit	57 bis 66 N/mm²
	Längenausdehnungskoeffizient	$30,5 \times 10^{-6}$/K

Beständigkeit gegen kochendes Wasser
Hochtemperaturbeständig
Witterungsbeständig
Hohe Abriebfestigkeit
Weitgehend chemikalienbeständig
Schwerentflammbar B1

Verarbeitung: Verarbeitungstemperatur mindestens + 17 °C
spanend mit HM-Werkzeugen
Schleifen mit K80 bis K2400
Verformen bei 150 bis 160 °C
Kleben mit Spezialkleber
(Aushärtzeit ca. 45 min)

Handelsübliche Plattenmaße in mm:
Dicke: 6; 12; 13; 18; 19
Breite $\times$ Länge: 760 $\times$ 2490 und 760 $\times$ 3680

Dekorative Schichtstoffe

Dekorative Hochdruck-Schichtpressstoffplatten HPL	Kontinuierlich hergestellte Laminate CPL	Polyester-Schichtstoffe DPL
Zellulosebahnen mit härtbaren Kunstharzen imprägniert und unter Hitze und Druck (ca. 100 bar) verpresst, eine oder beide Plattenseiten zeigen dekorative Eigenschaften	Rollfähige dekorative Laminate, Handelsform: Rollen Dicke 0,3 mm bis 1,3 mm	
	Aufbau wie HPL	Dekor- und Kernpapiere mit Polyesterharz getränkt, gut nachformbar

3.5 Kunststoffe

Dekorative Hochdruck-Schichtpressstoffplatte HPL (DIN EN 438-1)

Typ S B2	Standard-Qualität	Aufbau:
	Kompaktschichtpressstoff in Standard-Qualität	
Typ P B2	bei bestimmter Temperatur nachformbar (postformig)	
Typ F B1	mit bestimmtem Brandverhalten	
	dto. als Kompaktschichtpressstoff	

Getränkte Papiere — Harz
Überpresser (Overlay) — MF
Dekor — MF
Barriere (Sperrbogen) — MF
Kern — PF
Pressbleche
evtl. Gegenzug — MF

Anwendungsklassen (Zahlen 1 … 4)

1. Kennzahl	Verhalten bei Abriebbeanspruchung
2. Kennzahl	Verhalten bei Stoßbeanspruchung
3. Kennzahl	Verhalten bei Kratzbeanspruchung

Anforderungsprofil (Beispiele)		Bezeichnung
111	geringer Abriebwiderstand	Möbelkorpus	Materialien können sowohl nach dem Typ/Kennzahl oder nach dem alphabetischen Klassifizierungs-System bezeichnet werden.
	geringe Stoßfestigkeit		
	geringe Kratzfestigkeit		
434	sehr hoher Abriebwiderstand	Fußböden	Beispiel: (Typ/Kennzahl)
	hohe Stoßfestigkeit	Zahltheken	HPL-EN-438-P333
	sehr hohe Kratzfestigkeit		

Sollwerte für die Anwendungsklassen				Vorzugsmaße
Klasse	Abrieb Anzahl der Umdrehungen	Stoß Federkraft (N)	Kratzen Gewichtskraft (N)	(Handelsübliche Maße in mm)
1	> 50	> 12	> 1,5	Dicke: 0,6; 0,8; 1,2
2	> 150	> 15	> 1,75	1,5 … 20 (Kompakt)
3	> 350	> 20	> 2,0	Formate: 3550 × 1300 / 2600 × 2040
4	> 1000	> 25	> 3,0	5200 × 1300

Dichtstoffe

Basis	Eigenschaften	Dauerbewegungsaufnahme	Anwendung
Silicon	säurehärtend oder neutralvernetzend, elastisch Klasse E nach DIN 18 545	15 bis 25%	Fensterversiegelung Abdichten von Dehnungsfugen (neutralvernetzend auch im Außenbereich)
Polysulfid	ein- und zweikomponentig, elastisch	15 bis 25%	Fensterversiegelung (Thiokol), Fugenabdichtung
Acrylat	elastisch-plastisch elastifiziertes Acrylpolymer	10 bis 20%	Fugenmasse für Fugen mit geringer Dehnung
Hybrid-Polymer	elastisch feuchtigkeitshärtend (Luftfeuchte), DIN 18 545 E	20 bis 25%	Fensterversiegelung, Abdichten von Fensteranschlussfugen, Verfugung im Hochbau
Butyl/Polyisobutylen	plastisch	0 bis 5%	Fugendichtungsmassen
Polyurethan	ein- und zweikomponentig elastisch	20 bis 25%	Abdichtung und Verklebung verschiedener Werkstoffe

Dichtstoffgruppen (DIN 18 545)

Gruppe	A	B	C	D	E
Eigenschaften	Bestimmte Anforderungen in Bezug auf Rückstellvermögen, Haft- und Dehnverhalten, Kohäsion, Volumenänderung und Standvermögen				

Montageschäume:

PUR; ein- und zweikomponentig, mit und ohne Treibgas, zweikomponentige Schäume härten schneller aus, je nach Typ in ca. 15 min oder 120 min bei 20 °C

3

Möbelkanten

Möbelkanten bieten einen dekorativen Kantenschutz gegen verschiedene Beanspruchungen, wie beispielsweise mechanische Belastung oder Feuchtigkeit, die von außen auf eine Platte einwirken können.

Kantenarten	Varianten	Eigenschaften	Einsatz	Verarbeitung
PVC Polyvinylchlorid	Unifarben Dekorbedruckt	lichtecht/robust/hart lackierbar Gesundheitsrisiko durch Weichmacher!	Möbel und Innenausbau **Auslaufmodell**	Kanten dürfen nicht in Kleinfeuerungsanlagen verbrannt werden!
PP Polypropylen	Unifarben Dekorbedruckt weniger Auswahl als bei ABS	keine Weichmacher! schlecht lackierbar lichtecht; nicht geeignet für stark lösemittelhaltige Reinigungsmittel	Möbel und Innenausbau **Ökokante**	Schmelz- und Lösemittelkleber Schmierneigung → nur bedingt polierfähig
ABS Acrylnitrill Butadien-Styrol	Dünnkanten (ca. 0,4 mm) Starkkanten (bis ca 12 mm) Unifarben Dekorbedruckt **durchgemasert**	hervorragende Anwendungs- u. Verarbeitungseigenschaften; schlagfest, abriebfest, biegbar lackierbar (nicht mit NC-Lack); lichtecht thermisch belastbar	Möbel und Innenausbau Messe- und Ladenbau, … **robuster Alleskönner**	Schmelz- und Lösemittelkleber Weißbruchgefahr bei Außenradius < 25 mm
Acryl Polymethylmethacrylat	Unifarben 3D-Acryl mit rückseitig aufgebrachtem Dekor	Hochglanzoptik! schlagfest, hygienisch und resistent nicht lackierbar lichtecht	Möbel und Innenausbau Messe- und Ladenbau **robuste Hochglanzoptik**	Schmelzkleber keine Lösemittelkleber
Polyester	unterschiedliche Glanzgrade und Strukturen	sehr gut lackierbar lichtecht	Möbel und Innenausbau	einfache mechanische Bearbeitung
Melamin Melamin- und Phenolharz	Unifarben/ Dekore Grundierkanten Blindkanten mit/ohne Schmelzkleberbeschichtung	Standardkante (ca. 0,3 – 0,9 mm) stoß- und kratzfest chemikalienresistent	Möbel und Innenausbau **vor allem günstige Massenware**	alle üblichen Kleber
HPL	höherwertig (dicker) als Melaminkanten		**sehr robust**	
Materialmix	Lack-Furnier-ABS-Kante Alu-Sandwichkanten	abhängig von den eingesetzten Materialien	Möbel und Innenausbau Arbeitsplatten	abhängig von den eingesetzten Materialien
Holz	Dünnfurnier Starkfurnier Querfurnier Mehrschicht	abhängig von Stärke und Bauart	Möbel und Innenausbau **moderne Klassiker**	alle üblichen Kleber
Aluminium	Stangenware Rollenware matt- glänzend edelstahlfarbig	sehr robust kühle, edle Optik	Möbel und Innenausbau Messe und Ladenbau **robust – kühl – edel**	alle üblichen Kleber Schmelzkleber Kante muss vor dem Verleimen erwärmt werden

Kunststoff — Thermoplast (PVC, PP, ABS, Acryl, Polyester) / Duroplast (Melamin, HPL)

Herstellervorgaben beachten! Maschinelle (Kantenanleimmaschine) und manuelle (Kantenpresse, Kantenzwingen, Verleimständer) Verarbeitung möglich.

statisch aufgeladene Werkstoffe → starke Absaugung erforderlich!

antistatische Werkstoffe → normale Absaugung ausreichend!

Entsorgung über Verbrennung (TA-Luft beachten)

3

3.6 Klebstoffe

Klebstofftechnische Begriffe

Klebstoff	Nichtmetallischer Werkstoff, mit dem andere Werkstoffe durch Adhäsion und Kohäsion fest miteinander verbunden werden. Klebstoff ist der Oberbegriff für Leime und Kleber.
Füllmittel	Feingemahlene Stoffe ohne eigene Klebekraft (Kreide, Gesteins- und Holzmehl usw.)
Streckmittel	Quellfähige organische Stoffe mit eigener Klebekraft (Getreidemehl, Stärke usw.) Zweck: Leimkosten senken, Viskosität der Leimflotte regeln, Füllkraft erhöhen, Leimdurchschlag vermindern, Fugeneigenschaften verbessern.
Reifezeit	Zeit vom Ansetzen eines Klebstoffes bis zum verarbeitungsfähigen Zustand
Gebrauchsdauer (auch Topfzeit)	Zeit vom verarbeitungsfähigen Zustand bis zum Beginn des Abbindens im Gefäß
Wartezeit: offen	Zeit vom Auftragen des Klebstoffes bis zum Zusammenlegen der Teile
geschlossen	Zeit nach dem Zusammenlegen bis zum Erreichen des vollen Pressdruckes
Abbindezeit	Zeit bis Fugenfestigkeit erreicht wird und der Pressdruck aufgehoben werden kann
Abbindetemperatur	Temperatur während der Abbinde- bzw. Aushärtezeit – Kaltverleimung 5 bis 25 °C – Heißverleimung über 90 °C – Warmverleimung 40 bis 70 °C
Pressdruck	Druck auf die Klebefuge während der Abbindezeit
Presszeit	Zeit zwischen Beginn und Ende des vollen Pressdruckes
Adhäsion	Anhangskräfte zwischen den Molekülen verschiedener Stoffe; z.B. Kräfte zwischen Klebstoff und Holzwerkstoff bzw. Fügeteil
Kohäsion	Zusammenhangskräfte zwischen den Molekülen gleicher Art; z.B. Kräfte innerhalb einer Klebstoffschicht
Dispersion	Verteilungszustand eines nicht gelösten Stoffes in einer Flüssigkeit, in der dieser Stoff fein verteilt (dispersiert) ist.
Fugendicke	Dünne Leimfuge maximal 0,1 mm, Dicke Leimfuge über 0,1 mm
Härter	Säuren bzw. Salze, die die unterbrochene Kondensation einleiten
Untermischverfahren	Beim Leimansetzen wird Leim und Härter gemischt
Vorstrichverfahren	getrennter Auftrag von Leim und Härter auf je eine Fugenseite

Beanspruchungsgruppen (DIN EN 204)

Beanspruchungs-gruppe	Klimabedingungen und Anwendungsbereiche
D1	Innenbereich, wobei die Temperatur nur gelegentlich und kurzzeitig mehr als 50 °C und die Holzfeuchte maximal 15% beträgt
D2	Innenbereich mit gelegentlicher kurzzeitiger Einwirkung von abfließendem Wasser oder Kondenswasser und/oder kurzzeitiger hoher Luftfeuchte mit einem Anstieg der Holzfeuchte bis maximal 18%
D3	Innenbereich mit häufiger kurzzeitiger Einwirkung von abfließendem Wasser oder Kondenswasser und/oder eine langzeitige Einwirkung hoher Luftfeuchte. Außenbereich, vor der Witterung geschützt.
D4	Innenbereich mit häufig starker Einwirkung von abfließendem Wasser oder Kondenswasser; Außenbereich, der Witterung ausgesetzt, jedoch mit angemessenem Oberflächenschutz

Natürliche Klebstoffe (Leime)

Glutinleime KG	Kaseinleime KC
Montage- und Furnierleim nur für trockene Innenräume Kalt- und Heißbinder mit und ohne Härter	Montageleim für Innen- und Außenbereich (nicht frei bewittert)
elastisch, nicht feuchtigkeits- und wärmebeständig, schimmelanfällig	elastisch, feucht- und schimmelfest, gute Festigkeit

3.6 Klebstoffe

Abbinde- bzw. Härtevorgänge

Klebstoffart	physikalisch	chemisch
Dispersions-Klebstoffe	Abwandern von Wasser und Zusammenlagern der Klebstoffteilchen, Aufbau von Kohäsions- und Adhäsionskräften, zusätzliche mechanische Verankerung	
Kondensations-Klebstoffe	Wie oben	Chemische Reaktion durch Zugabe von Härter und/oder Hitze, Vernetzung
Kontakt-Klebstoffe lösemittelhaltig	Verdunsten der Lösemittel, Zusammenlagern der Klebstoffmoleküle, nach Ablüften pressen – Adhäsionskräfte zwischen den Oberflächenmolekülen	Mit Härter teilweise Vernetzung
Zweikomponenten-Klebstoffe lösemittelfrei		Chemische Reaktion zwischen den beiden Komponenten
Schmelz-Klebstoffe	Sofortige Verfestigung nach Unterschreiten der Schmelztemperatur	Bei reaktiven Schmelzklebern zusätzliche Vernetzung

Gebräuchliche Klebstoffe in der Holztechnik

Klebstoffe			Gruppe nach EN 204	Temperaturbeständigkeit (°C)	Anwendung
Dispersions-Klebstoffe	1	Polyvinylacetat PVAC	D2/D3	– 20 bis 100	Montage-, Flächen- und Lackleime
	2	Polyvinylacetat PVAC Zwei-Komp.	D4	– 20 bis 120	Wasserfeste und wetterbeständige Verleimungen
Kondensations-Klebstoffe	3	Harnstoffharz (gefüllt)	D2/D3		Furnier- und Flächenverleimungen
	4	Harnstoff-Melaminharz	D3	– 20 bis 150	Furnierleime
	5	Phenol-/Resorcinharz	D3/D4		Wasser- und wetterbeständige Verleimungen
Kontakt-Klebstoffe	6	ohne Härter	keine Klassifizierung	– 20 bis 70	Verklebungen von verschiedenen Werkstoffen
	7	mit Härter		– 20 bis 100	wie 6, aber bessere Wärme- und Feuchtigkeitsbeständigkeit
Reaktions-Klebstoffe	8	Epoxidharzkleber	D3/D4	– 20 bis 100	Sonderverklebungen
	9	Polyurethan-Kleber PUR-Kleber			Verleimungen mit hoher Wasser- und Temperaturbeständigkeit
Schmelz-Klebstoffe	10	Ethylenvinyl-acetat EVA	keine Klassifizierung	– 10 bis 60	Verkleben und Vorbeschichten verschiedener Kantenmaterialien
	11	Polyamid		– 20 bis 130	
	12	Polyolefin			
	13	PUR		< 150	

Synthetische Klebstoffe und ihre Kurzzeichen (DIN 4076)

Polyvinylacetat	KPVAC	Phenol-Formaldehydharz	KPF	Epoxidharz	KEP
Harnstoff-Formaldehydharz	KUF	Resorcin-Formaldehydharz	KRF	Polyacrylsäureester	KPMMA
Melamin-Formaldehydharz	KMF	Polychloropren	KPCP	Schmelzkleber	KSCH

3.6 Klebstoffe

Richtwerte der gebräuchlichsten **Klebstoffe der Holztechnik**

Klebstoff-Type		Anwendung	Härter-zugabe	Auftrags-menge (g/m²)	Offene Zeit (min)	Druck (N/cm²)	Press-Tempe-ratur (°C)	Zeit (min)
PVAC-Leim (Weißleim)	1	Montageleim		150 ... 200 100 ... 150	ca. 10		20	6 ... 12
		Schnellbinder (Fugen, Korpus)		130 ... 200 100 ... 120	ca. 5		20	3 ... 5
		Lackleim		150	6 ... 8		20	ab 15
		Furnierleim		150 100 ... 120	bis 20	20 ... 50	20 ... 70	ab 20 6
PVAC-Leim (wasserfest)	2	Mischleim	5%	120 ... 200	6 ... 10	70 ... 100	20 ... 80	ab 15 ab 2
Harnstoffharz-leim	3	Furnierleim	einge-baut	80 ... 120	max. 10 ... 15	20 ... 60	70 ... 120	10 3
Melaminharz-leim	4	Furnierleim	15 GT	140 ... 180	ca. 10	20 ... 70	90 ... 110	7 3,5
Phenolharz-leim	5	Furnierleim	10%	160 ... 200	bis 15	40	90 ... 140	10 5
Kontaktkleber	6	ohne Härter		125 ... 150	18 ... 25	30 ... 50	20	kurz
	7	mit Härter	3%	je Seite	8 ... 15			
PUR-Leim	9	1-komponentig		100 ... 200	ca. 90	60	20 ... 60	360 ... 420 60 ... 120
Schmelzkleber	10	EVA-Copolymere	Arbeitstemperataur 200 °C ... 240 °C, Raumtemperatur > 18 °C Vorschubgeschwindigkeit 8 m/min ... 40 m/min					

Richtwerte sind Durchschnittswerte von handelsüblichen Klebstoffen

Fugeneigenschaften obiger Klebstoffe

Klebstoff-Type		Beschreibung
PVAC-Leim	1	Hohe Bindefestigkeit nach DIN EN 205, gute Feuchtebeständigkeit, D2 zähelastisch, werkzeugschonend
PVAC-Leim (wasserfest)	2	einkomponentig D3, zähelastisch, farblos zweikomponentig D4, zähhart, leicht gelblich
Harnstoffharz-leim	3	Verleimqualität IF, formaldehydarm, hart, spröde, glasklar
Melaminharz-leim	4	Verleimqualität A100 und D4, hart, spröde, glasklar
Phenolharz-leim	5	Verleimqualität AW100 und D4 (wetter- und tropenbeständig) elastisch, dunkelbraun
Kontaktkleber	6 7	ohne Härter thermoelastisch, mit Härter elastisch, höhere Wärme- und Wasserbeständigkeit
PUR-Leim	9	duroplastische Fuge, hohe Temperaturbeständigkeit, wetterbeständig D4 hohe Festigkeitswerte, fugenfüllend
Schmelzkleber	10	Temperaturbeständigkeit von – 20 °C bis 80 °C, kurzzeitige Wasserbeständigkeit

Vergleich von Schmelzklebstoffen

Klebstoffsystem	EVA	Polyamid	Polyolefine (APAO)	Polyurethane
Arbeitstemperatur	180 °C bis 210 °C	190 °C bis 210 °C	120 °C bis 150 °C	120 °C bis 150 °C
Fugeneigen-schaften	feuchtfest, wärme-beständig bis ca. 70 °C (110 °C)	höhere Reiß- und Dehnfestigkeit, bes-sere Wärmestand-festigkeit, bis 130 °C	hohe Kohäsion und Wärmebeständig-keit	Höchste Festigkei-ten, Temperaturbe-ständigkeit – 40 bis 140 °C
Beschreibung	problemlos verar-beitbar, gutes Auf-schmelzverhalten, billig	empfindlicher ver-arbeitbar, höhere Kosten	gute Hitzeklebrig-keit und gute An-fangshaftung	reaktiver Schmelz-kleber, besondere Maschinentechno-logie, Schutzgas

3.7 Oberflächenmittel

3.7.1 Mittel zur Vorbehandlung

Die Oberflächenbehandlung hat die Aufgabe, das Holz vor Schmutz, Feuchtigkeit, mechanischen und chemischen Einwirkungen zu schützen, die Oberfläche zu beleben und ihr ein dekoratives Aussehen zu verleihen.

Schleifen	Massivholz	Körnung P80, P100, P120, P150, P180 abgestuft je nach weiterer Bearbeitung, Vor- bzw. Nachschliff
	Furnier	Körnung P100, P120, P150, P180 abgestuft Vor- bzw. Nachschliff
	Folie	Körnung P180 ... P220 anschleifen
	MDF	Körnung P150 ... P220 ebnen und anschleifen
	Lack	Körnung P220 ... P320 ... P400 abgestuft je nach weiterem Lackauftrag (matt oder hochglänzend)
Wässern	Massivholz Furnier	Türen und ähnliche Teile beidseitig wässern **Heißes Wasser,** überschüssiges Wasser sofort entfernen, 12 Stunden trocknen, schleifen P120 ... P180 **Warmes Wasser,** überschüssiges Wasser sofort entfernen, 12 Stunden trocknen, schleifen P150 ... P180
Entharzen	Massivholz Furnier	**Harzlösend:** Terpentin, Alkohol, Aceton usw. einwirken lassen, mit warmen Wasser und Wurzelbürste reinigen **Verseifend:** Kern-, Schmier-, neutrale Holzseife usw. 3% ... 4% Lösung in heißem Wasser, 10 min ... 15 min einwirken lassen, mit einer Wurzelbürste und warmen Wasser reinigen, bei Bedarf mit einer verdünnten Essigsäure neutralisieren. Lösemittelhaltige Entharzer mit einer Bürste kräftig durchbürsten und die Fläche anschließend reinigen.
Entfetten	Massivholz Furnier	Zellulose-Verdünnung, Aceton, Leichtbenzin usw. zuerst den Fleck, dann die ganze Fläche behandeln, mit einer 3% Holzseifenlösung nachwaschen.
Leimdurch-schlag	PVAC	Noch nicht ausgehärteter Leim mit warmen Wasser ausbürsten.
	KPF, KUF, KMF	Kondensationsharz-Kleber lassen sich nicht entfernen.
Bleichen	gerbstoff-haltige Hölzer	**Aufhellen.** Oxalsäure oder Kleesalz, 30 g ... 50 g Pulver auf 1 l heißem Wasser, Vorsicht Gift, feuchte Fläche mit warmen Wasser reinigen. Zitronensäure 30 g ... 50 g auf 1 l heißem Wasser, mit einer Kunststoffbürste durcharbeiten, die feuchte Fläche mit warmen Wasser reinigen. Eisenfreie Salzsäure (1:10) auftragen, trocknen (3 bis 4 Std.) mit warmen Wasser oder verdünnter Essigsäure (1:20) reinigen
	gerbstoffarme Hölzer	Wasserstoffperoxyd und 3% ... 5% Salmiakgeistzusatz, bei kleinen Flächen im Untermischverfahren, bei großen Flächen nacheinander Nass in Nass auftragen, getrennte Pinsel, Reaktionszeit ca. 12 Stunden, auf eine Beiz- und Lackverträglichkeit achten. Vorsicht „Ätzende Stoffe"
Strukturieren	Bürsten	Drahtbürste, von Hand oder maschinell erfolgt ein Abtrag des weicheren Frühholzes, je nach Dauer der Bearbeitung entsteht ein mehr oder weniger tiefes Strukturrelief.
	Sandeln	Sandstrahlgebläse, mit scharfkantigem Quarzsand, Körnung 0,5 ... 1,0 werden auf der linken Holzseite die weicheren Frühholzteile herausgearbeitet.
	Brennen	Lötlampe oder Gasbrenner, mit einer breiten Flamme wird die rechte Seite etwas ausgekohlt, mit einer Drahtbürste je nach gewünschtem Effekt ausgebürstet. Wasserstoffperoxyd oder Brennsalz verbessern die Brennwirkung, die noch feuchte Fläche wird mit dem Brenner bearbeitet.

3.7 Oberflächenmittel

3.7.2 Beizmittel und Färbemittel

Beizen: Chemische Reaktion durch Lösungen von Chemikalien mit holzeigenen oder zugeführten beizaktiven Stoffen, die in der Holzfaser eine gesteuerte Färbung bewirken. Heute wird der Begriff „Beizen" für beide Verfahren verwendet.

Färben: Farbstoff- oder Pigmentbeizen, durch Aufbringen von Farbstoffen auf die Holzfaser wird der Farbstoff nur an der äußeren Oberfläche der Zellsubstanz angelagert, bei Nadelhölzern entsteht ein „negatives Beizbild".

Beizen	Doppelbeize (chemische Beize)	Vorbeize	Gerbstoffe wie Tannin, Parmin, Pyrogallol, Brenzkatechin werden in kochendem Wasser gelöst, satt aufgetragen, nachtragen, nach dem Trocknen nicht mehr schleifen, die Lösung ist nur etwa 12 Stunden haltbar. Ergiebigkeit: 7 m²/Liter ... 10 m²/Liter
		Nachbeize	Metallsalze werden in kochendem Wasser gelöst, 5% Stammlösung; alle eisensalzfreien Beizen erhalten einen 10% Ammoniakzusatz, kalt und satt auftragen, nach dem Trocknen mit einer Beizglättebürste oder mit Rosshaar die Fläche abreiben, Reaktionszeit ca. 24 Stunden. Ergiebigkeit: 7 m²/Liter... 8 m²/Liter
	Farbstoffbeize	Wasserbeize	Edelholz-, Nadelholz-, Colorbeize, Positiv-Beize als Pulver oder gebrauchsfertig in Wasser gelöst, meist untereinander mischbar, satt auftragen, mit dem Pinsel oder der Spritzpistole, anziehen lassen und das überschüssige Material mit einem Schwamm oder Vertreiber entfernen. Ergiebigkeit: 6 m²/Liter ... 8 m²/Liter
		Lackbeize	Rustikal- oder Farbbeize gebrauchsfertig, untereinander mischbar, streichen oder spritzen, satt auftragen, anschließend abreiben und überschüssiges Material entfernen. Ergiebigkeit: 8 m²/Liter ... 10 m²/Liter
		Wachsbeize	Wachshaltige Beize, für Hart- und Nadelholz, für weniger stark beanspruchte Flächen geeignet, gebrauchsfertig, streichen oder spritzen, trocknen und anschließend auf den gewünschten Effekt bürsten. Ergiebigkeit: 6 m²/Liter ... 8 m²/Liter
		Räucherbeize	ammoniakhaltige Eichenholzbeize, Reaktion wie beim Räuchern, geringe Eindringtiefe, schnelle Weiterverarbeitung. Ergiebigkeit: 6 m²/Liter ... 8 m²/Liter
besondere Färbetechniken	Kalken		Als Pulver oder gebrauchsfertig in Wasser oder Grundierung gemischter Porenfüller, für offenporige Hölzer, die gebeizt und/oder grundiert sind, den dünnflüssigen Brei satt auftragen und quer zur Faser einreiben, trocknen lassen und überschüssiges Material abwischen oder abschleifen, der Decklack darf nicht gestrichen werden, die Poren werden sonst ausgewischt. Ergiebigkeit: 10 m²/Liter ... 12 m²/Liter
	Räuchern		Chemische Reaktion von Ammoniakgas und Gerbsäure, gerbstoffreiche oder mit Gerbstoff behandelte Hölzer werden Ammoniakdämpfen ausgesetzt, durch die Reaktion erhält das Holz eine braune Färbung, die Eindringtiefe beträgt bis zu 6 mm, die maximale Einwirkzeit beträgt 12 Stunden, das Räuchern geschieht in einer geschlossenen Kammer, alle Metallteile müssen wegen der Oxidation vorher entfernt werden. Ergiebigkeit: 100 cm³ Ammoniakgas pro 1 m³ Raum
	Laugen		Kalkmilch oder Natronlauge erzeugen einen natürlichen Alterungsfarbton durch die Reaktion mit beizaktiven Stoffen im Holz, 50 g Natronlauge in 1 Liter Wasser einmischen, kreisförmig auftragen, 30 min ... 40 min Einwirkzeit, danach mit einer sauren Wasserlösung (50 cm³ Salzsäure und 500 cm³ Wasser) gründlich abwaschen und trocknen lassen, Reaktionszeit eine halbe bis mehrere Stunden

3.7 Oberflächenmittel

3.7.3 Beschichtungsstoffe

Öle (Auswahl)

Öle, Standard	Außen- und Innenbereich für wenig beanspruchte Flächen, offenporig, Belebung der Holzfarbe und Textur Holzschliff P180, mit dem Ballen oder Pinsel auftragen oder einschleifen, Trockenzeit ca. 8 Stunden ... 12 Stunden, evtl. Zwischenschliff P320, 2. Auftrag, Trockenzeit 24 Stunden, Trocknung durch Oxydation Ergiebigkeit: 20 m²/Liter ... 30 m²/Liter pro Arbeitsgang
Hartöle	Innenbereich für beanspruchte Flächen, offenporig, Belebung der Holzfarbe Holzschliff P180, mit dem Pinsel oder durch Spritzen auftragen, anziehen lassen und den Überschuss entfernen, Trockenzeit ca. 8 Stunden ... 12 Stunden, evtl. Zwischenschliff P320, weitere Anstriche bei Bedarf, Trockenzeit je Anstrich ca. 24 Stunden, Parkett und Holzfußböden 2 ... 4 Anstriche, Kork 3 ... 5 Anstriche, Innenausbau 2 ... 4 Aufträge „Nass in Nass" Pinsel und Ballen gesondert in geschlossenen Behältern aufbewahren, Selbstentzündung! Ergiebigkeit: 12 m²/Liter ... 20 m²/Liter pro Arbeitsgang
Leinölfirnis	Außen- und Innenbereich für normal beanspruchte Flächen, offenporig, Belebung der Holzfarbe und Textur Holzschliff P180, mit dem Pinsel dünn auftragen, Trockenzeit ca. 24 Stunden, evtl. Zwischenschliff P240, letzter Auftrag bei Bedarf mit 5% ... 10% Sikkativ und 10% ... 20% Standöl, Pinsel und Ballen gesondert in geschlossenen Behältern aufbewahren, Selbstentzündung! Ergiebigkeit: 10 m²/Liter ... 12m²/Liter pro Arbeitsgang
Teaköl	zur Behandlung von Teakflächen im Innenbereich, offenporig, matt Belebung des Rohholzeffektes Holzschliff P220, mit dem Ballen oder Pinsel auftragen oder mit dem Schleifpapier einschleifen, Trockenzeit ca. 4 Stunden ... 6 Stunden, weitere Behandlung bis zum gewünschten Effekt Pinsel und Ballen gesondert in geschlossenen Behältern aufbewahren, Selbstentzündung!

Wachse (Auswahl)

Herkunft: tierisch Schmelzpunkt 62 °C ... 66 °C	Bienenwachs	Innenbereich für wenig bis gering beanspruchte Flächen, offenporig, Wachsmischung mit dem Hauptbestandteil Bienenwachs, nicht anfeuernd Holzschliff P180, mit dem Pinsel oder Ballen bei Zimmertemperatur oder leicht erwärmt auftragen, Trockenzeit 1 Stunde ... 2 Stunden, dann mit der Polierbürste oder dem Tuch auf den gewünschten Effekt reiben Ergiebigkeit: 25 m²/Liter
Herkunft: pflanzlich Schmelzpunkt 80 °C ... 90 °C	Karnaubawachs	Innenbereich mit normaler Beanspruchung, offenporig, Wachsmischung mit dem Hauptbestandteil Karnaubawachs, gering anfeuernd, Holzschliff P 180, mit dem Pinsel oder Ballen dünn auftragen, Trockenzeit ca. 24 Stunden, dann mit der Polierbürste oder Tuch auf den gewünschten Effekt in Faserrichtung polieren Ergiebigkeit: 12 m²/Liter ... 15 m²/Liter pro Arbeitsgang
Herkunft: synthetisch Montan-Paraffinwachs Schmelzpunkt 50°C ... 85 °C	Spritzwachs	Innenbereich für wenig beanspruchte Flächen, offenporig, Wachsmischung mit überwiegend synthetischen Wachsen, Belebung der Holzfarbe Holzschliff P180, durch Spritzen oder Heißspritzen (auch mit dem Pinsel oder Ballen möglich) auftragen, Trockenzeit ca. 2 Stunden, dann auf den gewünschten Effekt bürsten oder bei Bedarf Zwischenschliff P280 und einem zweiten Auftrag, nach dem Trocknen bürsten Ergiebigkeit: 10 m²/Liter ... 15 m²/Liter pro Arbeitsgang
	Hydro-Wachs	Innenbereich für wenig beanspruchte Flächen, offenporig, Wachsmischung mit überwiegend synthetischen Wachsen, der Lösemittelanteil ist verringert und durch Wasser ersetzt worden, sonst wie Spritzwachs.

3.7 Oberflächenmittel

Lasuren (Auswahl)

Lasuren	transparente, schwach pigmentierte Beschichtungsstoffe, sie dringen ca. 2 mm … 3 mm in das Holz ein, Innen und Außen geeignet, geringer UV-Schutz bei farbloser Beschichtung; lösemittelhaltige Systeme: Basis Naturharze, Alkydharze lösemittelarme, Systeme: Basis Alkydharze, wasserverdünnbare Acrylate
Dünn-schicht-Lasur	für die Außenanwendung z.T. mit Biozide, Holzschliff P150, mit dem Pinsel oder durch Spritzen auftragen, Schichtdicke 4 μm … 6 μm pro Auftrag, Innen 1 … 2, Außen 2 … 3 Beschichtungen mit Zwischenschliff P220, Trockenzeit ca. 12 Stunden … 24 Stunden pro Auftrag Ergiebigkeit: 12 m²/Liter … 15 m²/Liter pro Arbeitsgang
Dick-schicht-Lasur	Holzschliff P150, mit dem Pinsel auftragen, Schichtdicke ca. 20 μm pro Auftrag Innen 1 … 2, Außen 2 … 3 Beschichtungen mit Zwischenschliff P220, Trockenzeit ca. 24 Stunden … 48 Stunden pro Auftrag Ergiebigkeit: 12 m²/Liter … 15 m²/Liter pro Arbeitsgang
High-Solid-Lasur	wie Dickschichtlasur nur mit einem höheren Festkörperanteil, zur Erzielung der notwendigen Gesamtschichtdicke werden 1 … 2 Arbeitsgänge weniger benötigt Ergiebigkeit: 12 m²/Liter … 16 m²/Liter pro Arbeitsgang
Hydro-Lasur	in der Regel Dickschichtlasur, Holzschliff P150, mit dem Pinsel auftragen, Schichtdicke ca. 30 μm pro Auftrag, 3 Beschichtungen mit Zwischenschliff P220 Trockenzeit ca. 3 Stunden … 4 Stunden pro Auftrag Ergiebigkeit: 10 m²/Liter … 12 m²/Liter pro Arbeitsgang

Lacke (Auswahl)

Lacke	transparente, schwach oder stark pigmentierte oder farbstoffhaltige Beschichtungsstoffe, sie bestehen aus den schichtbildenden Harzen, den Löse- und/oder Verdünnungsmitteln, einige Lacke benötigen noch einen Härter, Innen und/oder Außen geeignet
	lösemittelhaltige Systeme: Basis Alkydharze, Polyesterharze, Acrylharze, Nitrocellulose, Polyurethanharze
	lösemittelarme Systeme: Basis Alkydharze, wasserverdünnbare Acrylharze
	In der Regel bestehen die Lacke aus Harzgemischen
Alkyd-Lack (lang-ölig)	Innen- und Außenbereich, offen- oder geschlossenporig, normale bis höhere Beanspruchung, Holzschliff P180, Auftrag durch Streichen oder Spritzen, Viskosität 25 DIN/s … 35 DIN/s, grundieren Auftragsmenge 110 g/m² … 130g/m², Trockenzeit ca. 5 Stunden … 10 Stunden, bei höherer Beanspruchung Zwischenbeschichtung, Zwischenschliff P220, entstauben, Deckschicht Auftragsmenge 110 g/m² … 130 g/m², Gesamtschichtdicke 90 μm … 120 μm, Endtrocken nach ca. 16 Stunden; Ergiebigkeit: 10 m²/Liter … 14 m²/Liter pro Arbeitsgang
Acryl-Lack	Innen- und Außenbereich, offen- oder geschlossenporig, normale bis höhere Beanspruchung, Holzschliff P150, Auftrag durch Spritzen oder Gießen, Viskosität 27 DIN/s, grundieren Auftragsmenge 100 g/m² … 120g/m², Trockenzeit ca. 2 Stunden, bei geschlossenporiger Fläche Zwischenbeschichtung, Zwischenschliff P280, entstauben, Deckschicht Auftragsmenge 100 g/m² … 120 g/m², Gesamtschichtdicke 20 μm … 40 μm, Endtrocken nach ca. 12 Stunden Ergiebigkeit: 7 m²/Liter … 9 m²/Liter pro Arbeitsgang
Ein-schicht-Lack	Innenbereich, offen- oder geschlossenporig, höhere Beanspruchung, Zweikomponentenlack Stammlack und Härter Mischungsverhältnis 5:1, trocknet oxidativ, Holzschliff P280, Auftrag durch Spritzen, Viskosität 23 DIN/s, Auftragsmenge 150 g/m² … 170 g/m², Schichtdicke 10 μm … 20 μm, Endtrocken ca. 12 Stunden Ergiebigkeit: 4 m²/Liter … 7 m²/Liter pro Arbeitsgang

3

Lacke (Fortsetzung)

Lacke	Poly-urethan-Lack PUR (DD)	Innenbereich, Grund- und Decklack, offen- oder geschlossenporig, höhere Beanspruchung, Zweikomponentenlack Stammlack und Härter im Mischungsverhältnis 10:1 ... 1:1, Holzschliff P180, Auftrag durch Spritzen oder Gießen, Viskosität 20 DIN/s ... 25 DIN/s, grundiere Auftragsmenge 140 g/m^2 ... 160 g/m^2, Trockenzeit ca. 2 Stunden, Zwischenschliff P220 ... P280, entstauben, bei geschlossenporigen Flächen erfolgen 2 ... 3 Zwischenbeschichtungen, Deckschicht Auftragsmenge 120 g/m^2 ... 160 g/m^2, Gesamtschichtdicke 60 µm ... 120 µm, Endtrocken nach ca. 12 Stunden ... 16 Stunden, Ergiebigkeit: 6 m^2/Liter ... 8m^2/Liter pro Arbeitsgang	
	Poly-urethan-Alkyd/-Acryl-Lack	Innenbereich, Grund- und Decklack, offen- oder geschlossenporig, mittlere bis höhere Beanspruchung, Zweikomponentenlack Stammlack und Härter im Mischungsverhältnis 10:1 ... 2:1, Holzschliff P150, Auftrag durch Spritzen oder Gießen, Viskosität 20 DIN/s, grundieren Auftragsmenge 100 g/m^2 ... 130 g/m^2, Trockenzeit ca. 1 Stunde ... 2 Stunden, Zwischenschliff P280 ... P320, entstauben, bei geschlossenporig Zwischenbeschichtung wie grundieren, Deckschicht Auftragsmenge 100 g/m^2 ... 120 g/m^2, Gesamtschichtdicke 30 µm ... 120 µm, Endtrocken nach ca. 12 Stunden Ergiebigkeit: 5 m^2/Liter ... 7 m^2/Liter pro Arbeitsgang	
	Poly-ester-Lack UP (ungesättigt)	Innenbereich, Grund- und Decklack, geschlossenporig, mittlere bis höhere Beanspruchung, Zweikomponentenlack Stammlack und Härter im Mischungsverhältnis 10:1, Holzschliff P150, Auftrag durch Spritzen oder Gießen, Viskosität 20 DIN/s, grundieren Haft- und Isoliergrund MV 1:1, Auftragsmenge 80 g/m^2 ... 100 g/m^2, Trockenzeit ca. 3 Stunden, Zwischenschliff P220, entstauben, Deckschicht Auftragsmenge 300 g/m^2 ... 800 g/m^2, Gesamtschichtdicke 300 µm ... 500 µm, Endschliff (Paraffin) P180 ... P320, für Hochglanz Flächen bis P400 dann polieren, Endtrocken nach 24 Stunden ... 48 Stunden Ergiebigkeit: 1,5 m^2/Liter ... 3 m^2/Liter pro Arbeitsgang	
	Cellu-lose-Lack (CN)	Grundierung	Innenbereich, offenporig, geringe bis normale Beanspruchung, Holzschliff P180, Auftrag durch Streichen, Spritzen oder Gießen, Viskosität 25 DIN/s ... 35 DIN/s, Auftragsmenge 150 g/m^2 ... 200 g/m^2, Schichtdicke 40 µm ... 50 µm, Endtrocken nach ca. 3 Stunden Ergiebigkeit: 5 m^2/Liter pro Arbeitsgang
		Schicht-lack	Innenbereich, offen- oder geschlossenporig, normale Beanspruchung, Grund- und Decklack, Holzschliff P150, Auftrag durch Spritzen oder Gießen, Viskosität 25 DIN/s ... 28 DIN/s, grundieren Auftragsmenge 120 g/m^2 ... 150 g/m^2, Trockenzeit 2 Stunden, Zwischenschliff P280 ... P320, entstauben, bei einer geschlossenporigen Fläche 1 ... 2 Zwischenbeschichtungen, Deckschicht Auftragsmenge 100 g/m^2 ... 150 g/m^2, Gesamtschichtdicke ca. 80 µm, Endtrocken nach ca. 12 Stunden; Ergiebigkeit: 6 m^2/Liter ... 8 m^2/Liter pro Arbeitsgang
	Hydro-2-Komponenten-Lack	Innenbereich, offen- oder geschlossenporig, normale bis höhere Beanspruchung, Zweikomponentenlack Stammlack und Härter im Mischungsverhältnis 10:1 ... 20:1, Verdünnung durch Wasser, Holzschliff P150 ... P180, Auftrag durch Spritzen oder Gießen, Viskosität 35 DIN/s ... 40 DIN/s, grundieren MV 20:1, Auftragsmenge 60 g/m^2 ... 100 g/m^2, Trockenzeit ca. 2 Stunden, Zwischenschliff P280, entstauben, bei einer geschlossenporigen Fläche 1 ... 2 Zwischenbeschichtungen, Deckschicht Auftragsmenge 90 g/m^2 ... 100 g/m^2, Gesamtschichtdicke 80 µm ... 120 µm, Endtrocken nach ca. 12 Stunden Ergiebigkeit: 7 m^2/Liter ... 10 m^2/Liter pro Auftrag	

3

Die Viskosität bezieht sich auf die Viskositätsprüfung nach DIN EN ISO 2431 bei einer Temperatur von 20 °C ... 23 °C und einem Becherinhalt von 100 ml mit einer Düse von 4 mm Durchmesser.
Die Auftragsmenge g/m^2 bezieht sich auf den noch nassen Lack einschließlich Spritzverluste.
Die Gesamtschichtdicke bezieht sich auf den ausgehärteten und fertig bearbeiteten Lack, sie wird benötigt um die Anforderungen an seine Beanspruchung zu erfüllen. Die angegebenen Werte sind Durchschnittswerte, im Einzelfall sind die Verarbeitungsrichtlinien des Lackherstellers zu beachten.

3.7 Oberflächenmittel

VOC-Richtline (Auswahl)

VOC-Richtlinie hat den Zweck bei Farben und Lacken die Lösemittelemission zu reduzieren.
VOC: volatile organic compounds, flüchtige organische Verbindungen

Lfd. Nr.	Produktkategorie	Typ	Stufe 1 (g/l) (ab 01.01.2007)	Stufe 2 (g/l) (ab 01.01.2010)
d	Beschichtungsstoffe für Holz-, Metall- oder Kunststoffe, innen und außen	Wb Lb	150 400	130 300
e	Klarlacke und Lasuren einschließlich sogenannter deckender Lasuren, innen und außen	Wb Lb	150 500	130 400
f	Minimal filmbildende Lasuren (Lasuren mit einer Trockenschichtdicke < 5 µm)	Wb Lb	150 700	130 700
g	absperrende Grundbeschichtungsstoffe (Stoffe mit Versiegelungs- oder absperrenden Eigenschaften)	Wb Lb	50 450	30 350
h	verfestigende Grundbeschichtungsstoffe (z.B. zum Schutz des Holzes vor Bläuepilzbefall)	Wb Lb	50 750	30 750
i	Einkomponenten-Speziallack (Filmbildender Beschichtungsstoff)	Wb Lb	140 600	140 500
j	Zweikomponenten-Speziallack für bestimmte Verwendungszwecke, z.B. Bodenbehandlung (wie i)	Wb Lb	140 550	140 500

Wb: Wasserbasis (Viskosität mit Wasser eingestellt)
Lb: Lösemittelbasis (Viskosität mit Lösemittel eingestellt)

Die Lackmischungen geben flüchtige Lösemittel ab, diese werden in g/l gemessen. Die Grenzwerte in g VOC pro Liter Beschichtungsstoff gelten für die gebrauchsfertige Mischung. Der gesamte VOC-Gehalt eines Produktes darf den festgesetzten Grenzwert nicht überschreiten. Lacke mit einem höheren Gehalt an organischen Lösemitteln dürfen für fest eingebaute Bauteile (Fenster, Türen, Zargen, Treppen, Fußböden und fest eingebaute Vertäfelungen) in oder an Gebäuden nicht mehr verwendet werden.

Lagerung von Lacken und Lösemitteln

Die flüssigen Beschichtungsstoffe werden nach ihren Flammpunkten in unterschiedliche Gruppen eingeteilt: hochentzündlich (Flammpunkt unter 0 °C, Siedepunkt bis 35 °C)
                leichtentzündlich (Flammpunkt 0 °C ... < 21 °C)
                entzündlich (Flammpunkt > 21 °C ... < 55 °C)

Diese müssen in besonderen Räumen gelagert werrden. Die Räume müssen gegen Auslaufen und Brand mit Baustoffen der Baustoffklasse DIN 4102-A gesichert sein.
Eine Lagerung in Arbeitsräumen, Durchgängen, Durchfahrten, Treppenräumen, Fluren, Dächern oder Dachräumen ist nicht zulässig.
Lager mit mehr als 10000 l Beschichtungsstoffen sind erlaubnisbedürftig.
In Lackierräumen und gesonderten Bereichen (Vorraum) darf höchsten der Bedarf einer Arbeitsschicht gelagert werden.
Die Lager- und Arbeitsräume müssen den Brand- und Explosionsschutz-Bestimmungen entsprechen.
Die Lagerräume müssen ausreichend be- und entlüftet werden.

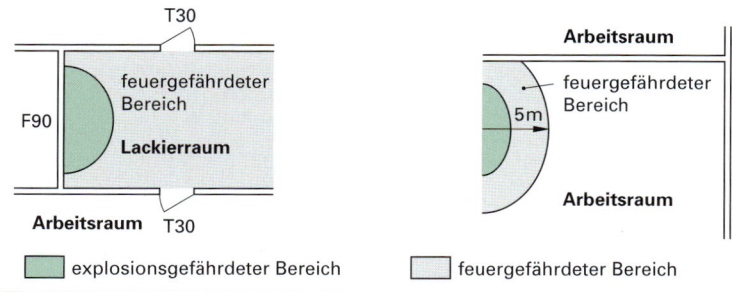

■ explosionsgefährdeter Bereich   □ feuergefährdeter Bereich

3.7 Oberflächenmittel

3.7.4 Auftragstechnik

Bei der Oberflächenbehandlung mit flüssigen Beschichtungsstoffen sind verschiedene Auftrags-techniken (Applikationsmethoden) im Einsatz. Bei der Festlegung der optimalen Beschichtungs-methode sind folgende Punkte zu beachten: betriebliche Gegebenheiten, gewünschte Ober-flächenqualität, Werkstückform, Werkstückdurchsatz und Umweltschutz.
Beim Umgang mit Chemikalien, Beizen und Lacken sind die Hinweise auf besondere Gefahren (R-Sätze) und die Sicherheitsratschläge (S-Sätze) der jeweiligen Hersteller und die UVV zu beachten.

Auftragstechniken (Auswahl)

Beschichtungs-verfahren	Auftragswirkungs-grad in % abhängig von Größe und Form	Einschränkung		Bemerkung
		Größe	Form	
Streichen	98	–	–	keine gleichmäßige Schichtdicke
Rollen	98	–	keine kleinen Profile	–
Niederdruck-Spritzen	50 ... 65	–	–	Spritzdruck 0,2 bar ... 1,5 bar
Hochdruck-Spritzen	30 ... 65	–	–	Spritzdruck 2 bar ... 7 bar
Airless-Hochdruckspritzen	40 ... 80	–	–	Spritzdruck 60 bar ... 240 bar
Air-mix-Spritzen	40 ... 70	–	–	Spritzdruck 20 bar ... 60 bar
Heißspritzen	40 ... 70	–	–	Lacktemperatur < 80 °C
Gießen	95 ... 98	begrenzte Arbeitsbreite	nur ebene Flächen	–
Walzen	95 ... 98	begrenzte Arbeitsbreite	nur ebene Flächen	–
Tauchen	80 ... 98	begrenztes Arbeitsvolumen	keine schöpfen-den Teile	–
Fluten	80 ... 90	begrenzte Arbeitsbreite	keine schöpfen-den Teile	–
Trommel-beschichtung	80 ... 90	begrenztes Arbeitsvolumen	keine scharf-kantigen Teile	–
Spritzen elektrostatisch	50 ... 70	–	keine Faraday-schen Käfige	–
Pulverbeschichtung elektrostatisch	80 ... 95	–	–	für die Beschichtung von Metallen

Feststoffgehalt von Möbellacken (Auswahl)

Lack (farblos)	Feststoffgehalt in %	Lack (farblos)	Feststoffgehalt in %
Dickschichtlasur	35 ... 40	Polyurethanlack	30 ... 50
Celluloselack	20 ... 50	Säurehärtender Lack	25 ... 50
Hydro-Lack	30 ... 60	Polyesterlack	85 ... 95

Klassifikation der Festkörperanteile

Klasse	Festkörperanteil in %	Klasse	Festkörperanteil in %
Low-Solid	10 ... 30	Medium-Solid	60 ... 80
Standard-Solid	30 ... 60	High-Solid	80 ... 100

Lacktrocknung und Härtung

physikalische Trocknung	Verdunsten von Löse- , Verdünnungs-, oder Dispersionsmittel; ermöglicht die Verbindung der Lackteilchen zur zusammenhängenden Beschichtung
chemische Trocknung (Härtung)	der Übergang vom flüssigen in den festen Zustand durch eine chemische Reak-tion kann durch Oxidation, Polykondensation, Polyaddition und Polymerisa-tion erfolgen.

3.7 Oberflächenmittel

3.7.5 Haftungsprüfung und Beanspruchungsgruppen

Die Haftfestigkeit ist das Maß für den Widerstand den ein Anstrich einer mechanischen Trennung vom Untergrund entgegensetzt.

Die Haftfestigkeit alter und neuer Beschichtungen, z.B. auf Holz oder Kunststoff, kann durch eine Gitterschnittprüfung geprüft werden. Geprüft wird die Adhäsionskraft zwischen dem Untergrund und der Beschichtung sowie zwischen den einzelnen Beschichtungsschichten.

Bei der Gitterschnittprüfung (DIN EN ISO 2409) werden sechs je Richtung sich kreuzende Schnitte in die Beschichtung geritzt. Der Schnittabstand ist abhängig von der Schichtdicke.

Beurteilung der Gitterschnitt-Kennwerte

Schnittbild-beschreibung	Gitterschnitt-bild (Beispiel)	Gitterschnitt Kennwert	Beurteilung der Beschichtung
Schnittlinien glatt, keine Ausbrüche		0	gute Haftung
Schnittpunkte mit Ausbrüchen, 5% der Teilflächen abgeplatzt		1	noch geeignete Haftung
an Schnittlinien und Schnittpunkten Ausbrüche, ca. 5% der Teilflächen abgeplatzt		2	bedingte Haftung
Schnittlinien ganz oder teilweise abgeplatzt, ca. 35% der Teilflächen abgeplatzt		3	ungeeignete Haftung
wie Kennwert 3 bis 65% der Fläche betroffen		4	kaum noch Haftung
wie Kennwert 3 mehr als 65% der Fläche betroffen		5	keine Haftung

Bestimmung des Schnittabstandes

Schichtdicke in µm	Schnitt-abstand in mm
harter Untergrund ≤ 60 µm	1
weicher Untergrund ≤ 60 µm	2
61 µm ... 120 µm	2
121 µm ... 250 µm	3

1 mm ... 3 mm

Klebebandtest

Die Haftfestigkeit einer Altbeschichtung lässt sich einfach mit einem aufgeklebten Stück Klebeband überprüfen. Das Klebeband wird ruckartig vom Lack abgerissen. Bleiben Lackteile am Klebeband hängen, so ist keine ausreichende Haftung vorhanden. Die Lackschicht muss ganz entfernt werden.

Beanspruchungsgruppen

Sie gelten für sichtbare Möbeloberflächen im gebrauchsfertigem Zustand, nicht für Gartenmöbel.
Nach folgenden Normen werden die Oberfächen geprüft:

DIN 68861	Abriebbeanspruchung, Kratzbeanspruchung, Zigarettenglut siehe Seite 167
DIN EN 12720	kalte Flüssigkeit siehe Seite 167
DIN EN 12721,	DIN EN 12722 feuchte, trockene Hitze siehe Seite 167
DIN 4102	Schwerentflammbarkeit
DIN EN 71-3	Bestimmung des Schwermetallgehaltes
DIN EN 120	EN 717-1 Formaldehydmessung
ISO 4211 T4	Bestimmung der Stoßfestigkeit
DIN V53160	Prüfung der Speichel- und Schweißfestigkeit
DIN 53387	Prüfung der Lichtbeständigkeit

Lebensmittel- und Bedarfsgegenständegesetz (Migrationstest, sensorische Prüfung), gem. § 31, Abs. 1
VOC-Restemission Bestimmung der Migration flüchtiger organischer Verbindungen aus der Fläche

3.7 Oberflächenmittel

Beanspruchungsgruppen von Möbeloberflächen (Auswahl)

Anforderungen	Beanspruchungs-gruppen/ Bewertung DIN	DIN EN	Prüfbedingungen/ Prüfergebnis		Bemerkungen
Verhalten bei Abrieb-beanspruchung (DIN 68861-2)	2A 2B 2C 2D 2E 2F	– – – – – –	> 650 > 350 ... < 650 > 150 ... < 350 > 50 ... < 150 > 25 ... < 50 < 25	erreichte Umdre-hungen bis der Untergrund sichtbar oder zu 50% ange-griffen ist.	Prüfmittel: Schmirgelkorn: Edelkorund (Aluminiumoxid Al$_2$O$_3$) Korngröße: S-33 (ähnlich P280)
Verhalten bei Kratz-beanspruchung (DIN 68861-4)	4A 4B 4C 4D 4E 4F	– – – – – –	> 4,0 > 2,0 ... < 4,0 > 1,5 ... < 2,0 > 1,0 ... < 1,5 > 0,5 ... < 1,0 < 0,5	Gewichtskraft in N, die keine in sich geschlossene Markierung hervorruft	Prüfmittel: Diamant ritzt in die sich drehende Oberfläche, eine Umdrehung
Verhalten bei Zigarettenglut (DIN 68861-6)	6A 6B 6C 6D 6E	– – – – –	keine Veränderung der Oberfläche Glanzänderung erkennbar Glanzänderung, geringe Verfärbung deutliche Verfärbung zerstörte Oberfläche		Prüfmittel: 3 Zigaretten werden nacheinander 10 mm ange-raucht und dann auf die Ober-fläche gelegt und nach einem 40 mm Abbrand abgenommen.
Verhalten bei chemischer Bean-spruchung, kalten Flüssigkeiten (DIN 68861) (DIN EN 12720)	Stufe 5 bei 26 Fl. 1A 26 Fl. 1B 10 Fl. 1C 10 Fl. 1D 2 Fl. 1E 2 Fl. 1F	5 4 3 2 1 n.b.	keine sichtbaren Veränderungen leichte Glanz- oder Farbänderungen leichte Markierung starke Markierung Oberflächenstruktur verändert Prüffläche stark verändert		DIN EN 12720 28 Tage/7 Tage 24 h/16 h/6 h/1 h/10 min/2 min 10 s Einwirkzeit: DIN 68861 16 h/10 min/2 min 10 s Einwirkzeit bei 26 ... 2 Prüfflüssigkeiten
Verhalten bei feuchter Hitze (DIN 68861) (DIN EN 12721)	Stufe 5 bei 100° – 8A 70° – 8B 55° – 8C	5 4 3 2 1 n.b.	keine sichtbaren Veränderungen leichte Glanz- oder Farbänderungen leichte Markierungen starke, deutliche Markierungen starke Markierungen, Oberflächen stark beschädigt		Prüftemperatur: 55 °C, 70 °C, 85 °C, 100 °C Einwirkzeit: 20 min Prüfflüssigkeit: destilliertes Wasser Ruhezeit nach Einwirkzeit: 16 h ... 24 h
Verhalten bei trockener Hitze (DIN 68861) (DIN EN 12722)	Stufe 5 180° – 7A 140° – 7B 100° – 7C 70° – 7D 55° – 7E	5 4 3 2 1 n.b.	keine sichtbaren Veränderungen leichte Glanz- oder Farbänderungen leichte Markierung starke, deutliche Markierungen starke Markierungen, Oberflächen stark beschädigt		Prüftemperatur: 55 °C, 70 °C, 85 °C, 100 °C, 120 °C 140 °C, 160 °C, 180 °C, 200 °C Einwirkzeit: 20 min Ruhezeit nach Einwirkzeit: 16 h ... 24 h

Profilierte MDF- Oberflächen

Bei Profilierungen in MDF werden unterschiedliche Dichtebereiche der Platte erfasst. Im Fall einer anschließenden Lackierung wird der Lack von den weniger dichten mittleren Plattenzonen stärker aufgenommen als von den dichteren Randzonen. Um zu verhindern, dass Oberflächen mit unter-schiedlicher Farbintensität entstehen, werden Profiloberflächen mit einem Reaktionslack, z.B. auf PUR-Basis, isoliert.

Ein ähnlicher Effekt wird durch das Reibglättverfahren oder Rollglätten erzeugt. Hierbei wird das Profil nach dem Fräsen mit einem schneidenlosen Glättwerkzeug nachgearbeitet.

Das nicht spanende, rotierende Werkzeug glättet die Oberfläche und bewirkt eine Verdichtung der weniger dichten Platten-zonen. Zum Glätten von Profilen ist der Einsatz von Werkzeugen erforderlich, die gegenüber dem Fräswerkzeug eine Formkor-rektur aufweisen. Das Verfahren erfordert die zeitabhängige Wirkung von Druck und Temperatur.

Es kann auf ausreichend stabilen CNC-Bearbeitungszentren un-ter folgenden Verfahrensparametern eingesetzt werden:

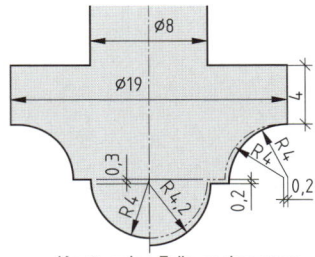

Temperatur des Glättwerkzeugs	140 °C ... 180 °C
Druck an der Anlagefläche des Glättwerkzeugs	etwa 10 MPa
Vorschubgeschwindigkeit beim Glätten	< 3m/min
Zustellung des Glättwerkzeugs	0,1 mm ... 0,3 mm

---- Kontur des Fräswerkzeuges
—— Kontur des Glättwerkzeuges

Beispiel: formkorrigiertes Glättwerkzeug

3

3.8 Schleifmittel

Schleifpapiere und Schleifgewebe werden zum Schleifen von Holz, Holzwerkstoffen, Lacken, Kunststoffen und Metalloberflächen benutzt. Zum Schleifen von Werkzeugen dienen Schleifscheiben und Abziehsteine.

Aufbau von Schleifpapieren und Geweben

1	Schleifkorn
2	Deckbinder
3	Grundbinder
4	Unterlage

Schleifkornwerkstoffe

	Werkstoff	Härte nach Mohs	Typischer Einsatz
natürlich	Granat (Ruby)	7 … 7,5	Weiches Holz Handschliff
	Schmirgel	7,5 … 8	Feinschliff, Buntmetalle
synthetisch	Schwarzer Korund	ca. 7	Weichholzschliff grobe Körnung
	Braunkorund	8 … 9	Weiche Holzarten Metalle
	Halbedel-Korund (Rosa)	9,2	Maschinenschliff auch bei harten Hölzern, Metalle
	Elektrokorund (Weiß-)	9,3	Maschinenschliff bei harten Hölzern Kunststoffe, Metalle
	Silizium-karbid	9,6	Spanplatten, MDF Glas, Stein, Metalle, hochbeanspruchte Schleifbänder
	Bornitrid		Hochlegierte Stähle
	Diamant	10	Hartmetall

Unterlagen (Material/Einsatz)

A-Papiere ca. 70 g/m²	Fein- und Handschliff, trocken
B-Papiere ca. 100 g/m²	Hand- und Rutscherschliff, trocken Bandschleifmaschinen
C-Papiere ca. 120 g/m²	wie B, Feinschliff, Schleifscheiben (kleiner Durchmesser), Nassschliff
D-Papiere ca. 150 g/m²	wie C, Maschinenschliff mit flexiblen Bändern
E-Papiere ca. 220 g/m²	Maschinenschliff mit hoher Anforderung
J-Gewebe	Kanten- und Profilschliff, Leistungsschliff
J-Flex-Gewebe	Profilschliff, mehrfache Flexung
X-Gewebe	Fußbodenschleifmaschinen
XS-Gewebe	Maschinenschliff, hohe Leistung
Y-Gewebe	Hochleistungsschliff
I-Flex-Fiber	Profilschliff, hohe Standzeit
I-Fiber; X-Fiber	Schleifen von Spanplatten
Kombinationen	Breitband- und Zylinderschleifmaschinen

Bindungswerkstoffe

Grundbinder	Hautleim, Kunstharz
Deckbinder	Hautleime, Kunstharz, Füllstoffe

Eigenschaften und Anwendung der Binder

Art	Eigenschaft	Anwendung
Hautleim	trockenfest	weicher Schliff bei mäßiger Anwendung, niedrige Temperatur-beständigkeit
Hautleim + Kunstharz	feuchtfest	normale Temperatur-beständigkeit und Anforderung
Kunstharz	wasserfest	hohe Schleifleistung und Temperaturbe-ständigkeit, harter Schliff

Streuung

geschlossen cl	Schleifkörner ohne Abstand auf der Unterlage; höhere Abtragsleistung für harte und kurzspanende Werkstoffe
offen op	bis zu 60% der Unterlage sind bestreut, weiche Hölzer, Farben und Lacke; Aluminium grobe Schleifarbeiten
halboffen ½ op	Erwärmung und Zusetzen geringer

Korngröße

Die Korngröße wird mit einer Nummer bezeichnet. Bei Körnungen aus Siliziumkarbid und Elektrokorund auf Unterlagen mit ganz bestimmter Korngrößenverteilung (FEPA-Standard) wird ein P vorgesetzt.

Die Kornnummer entspricht der Anzahl der Sieböffnungen pro Zoll (25,4 mm) Länge einer Siebseite.

Körnungen ab P240 werden durch Sedimentation (Absinken in Alkohol gefülltem Fallrohr) festgelegt.

Makrokörnung		Mikrokörnung	
Korn-nummer	Korngröße (µm)	Korn-nummer	Korngröße (µm)
12 bis 220	1760 bis 65	240 bis 2500	58,5 bis 8,5

3

3.8 Schleifmittel

Körnung und Einsatzgebiete

Körnung	sehr grob			mittel				fein			sehr fein			extra fein		
	16	24	36	40	50	60	80	100	120	150	180	220	240	280	320	360	400

Einsatz

- Fußbodenschliff, Sonderarbeiten
- Vorschleifen gehobelter und furnierter Flächen
- Schleifen von Kunststoff, Lack und Spachtel
- Entfernen alter Überzüge
- Maschineller Vorschliff
- Aufrauhen der Rückseite von HPL
- Fertigschliff von Hand
- Fertigschliff, maschinell
- Lackfertigschliff von Hand und maschinell

Schleifverfahren und Schleifmittelformen

3

Kontakt-/ Kissen- schliff	Kanten-/ Konturen- schliff	Flächen- schliff	Profilband- schliff	Handband- schleifer	Handschliff Schwing- schleifer	Exzenter-/ Winkel- schleifer	Handschliff
					Umrüst-Sets Handschleif- blöcke	Schleifteller Teller-/ Zirkular- bürsten	Schleifvlies
Breit- bänder	Kantenbän- der, Hülsen	Lang- bänder	Profil- bänder	Handschleif- bänder	Streifen	Scheiben	Blätter Rollen

Abmessungen

DIN 69130 Breite von 15 mm bis 2500 mm Längen von 400 mm bis 12500 mm	–	DIN 69178 Form A Form B (mit Loch) Außen- durch- messer 80 mm bis 235 mm	DIN 69177 Ausgangs- Format 230 mm × 280 mm kleinere Blätter durch Teilung des Ausgangs- formates

Schnittgeschwindigkeit (m/s)

Schleifverfahren- Werkstoff	Kontakt- schliff	Kissen- schliff	Flächen- schliff	Kanten- schliff	Profil- band- schliff	Hand- band- schliff		
Massivholz Furnierte Flächen	22 ... 30	15 ... 22	16 ... 22	12 ... 18	12 ... 24	7 ... 11		
Sperrhölzer	20 ... 25	15 ... 22	16 ... 22	12 ... 18				Rollen DIN 69179 Breite von 12,5 mm bis 600 mm
Lack		7 ... 15	7 ... 15					
Kunststoffe	15 ... 30	15 ... 20	15 ... 20	15 ... 18	15 ... 22			
Spanplatten, MDF Hartfaserplatten	25 ... 38	20 ... 30	16 ... 22					

Faustregel: Je höher die Schnittgeschwindigkeit, desto größer die Schleifleistung und feiner die Oberfläche.

3.8 Schleifmittel

Anwendung, Schleifmittelform und Kornbereich

	Breit-band	Kanten-band Hülse	Lang-band	Profil-band	Hand-schleif-band	Streifen	Scheiben Bürsten	Bogen Rollen
Anwendung	Kornbereich							
Vorarbeiten								
Kalibrieren von Massivholz/MDF Spanplatten	P80							
Kalibrieren von Umleimern	P60 und P80							
Kanten bündig schleifen			P60 ... P80		P60 ... P100			
Kanten schleifen		P60 ... P120	P80 ... P120		P80 ... P120	P80 ... P150		P100 ... P150
Profile und Konturen schleifen				P100 ... P120				P80 ... P120
Strukturieren Restaurieren							K46 ... K120	
Feinschleifen								
Flächen Massivholz/Furnier	P120 ... P220		P120 ... P220		P100 ... P150	P120 ... P180		P120 ... P180
MDF/ Spanplatten	P120 ... P180		P120 ... P180					
Harzhaltiges Holz	P120 ... P180		P120 ... P180					
Konturen und Profile		P120		P120 ... P180				
Schleifen von Grundierungen/ nach Wässern						P120 ... P180	P150 ... P180	P120 ... P180 K120 ... K180
Lackfeinschliff								
Flächen-zwischenschliff	P220 ... P500		P220 ... P500			P220 ... P320	P220... P400	P220 ... P400

Schleifscheiben

Schleifscheiben sind Schleifkörper aus gebundenem Schleifmittel.

Die Schleifkörper werden durch das **Schleifmittel**, die **Körnung**, die **Bindung**, den **Härtegrad** und das **Gefüge** bestimmt.

Schleifmittel			Bindung		
Art	Zei-chen	Einsatz bei	Art	Zei-chen	Anwendung
Normalkorund Halbedel-korund Edelkorund	A	ungehärtete und gehärtete Stähle, SS- und HSS-Stähle	Keramische Bindung	V	Vor- und Feinschleifen mit Korund und Siliciumcarbid
Siliciumkarbid	C	spröde und harte Werkstoffe, HSS, HW, Keramik, Glas, weiche Werkstoffe, Kunststoff	Kunstharz faserstoff-verstärkt	B BF	Profilschleifen mit Bornitrid und Diamant Trennschleifen
			Metallbindung	M	Werkzeugschleifen mit Diamant
Bornitrid	B	HSS	Gummibindung faserstoff-verstärkt	R RF	Trennschleifen
Diamant	D	HW, Glas, Keramik, Abrichten von Schleifscheiben	Magnesit	Mg	Messer- und Trockenschliff

3.8 Schleifmittel

Körnung		Härtegrad			
Größe des Schleifkorns		**Widerstand des Schleifkorns gegen Ausbrechen**			
grob	4 5 6 7 8 10 12 14 16 20 22 24	äußerst weich	A B C D		
mittel	30 36 46 54 60	sehr weich	E F G		harter
fein	70 80 90 100 120 150 180 220	weich	H I Jot K	HW HSS	Werkstoff
sehr fein	230 240 280 320 360 400 500	mittel	L M N O	SS, WS	– weiche
	800 1000 1200	hart	P Q R S		Scheiben
Körnung bei Bornitrid und Diamant wird in µm angegeben, von fein (46) bis grob (1181)		sehr hart	T U V W		
		äußerst hart	X Y Z		

Gefüge

Verteilung der Schleifkörner, des Bindemittels und der Porenräume

Kennziffer	0	1	2	3	4	5	6	7	8	9	10	11	12	13	14	usw.
Gefüge	◄— geschlossen									offen					—►	

Beispiel: Auswahl einer Schleifscheibe zum Werkzeugschleifen

	Hartmetall			Schnellarbeitsstahl			Werkzeugstahl		
	Schleif-mittel	Härte	Kör-nung	Schleif-mittel	Härte	Kör-nung	Schleif-mittel	Härte	Kör-nung
Schleifkörper nach DIN 69149 bis ⌀ 200 mm	C	J	70 ... 100	A	J ... K	46 ... 80	A	K ... L	46 ... 80

Randformen für Schleifscheiben (Auswahl) (DIN 69105)

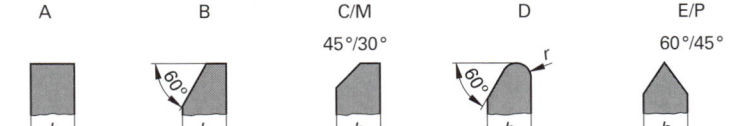

Beispiel: Bezeichnung von Schleifscheiben

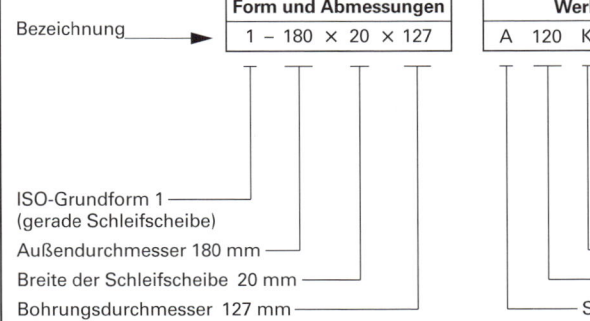

Bezeichnung —►

Form und Abmessungen
1 – 180 × 20 × 127

Werkstoff
A 120 K 8 V 35

- zulässige Umfangsgeschwindigkeit 35 m/s
- Bindung V: keramisch
- Gefügekennziffer 8: mittel
- Härtegrad K: weich
- Körnung (Sieb mit 120 Maschen/inch)
- Schleifmittel A: Korund

- ISO-Grundform 1 (gerade Schleifscheibe)
- Außendurchmesser 180 mm
- Breite der Schleifscheibe 20 mm
- Bohrungsdurchmesser 127 mm

Arbeitsschutz

Nur unbeschädigte Schleifscheiben verwenden! Klangprobe: Rissfreie Scheiben ergeben hellen Klang.
Schutzbrille tragen! Splittersicheren Schutz an Schleifmaschinen verwenden!
Fünfminütiger Probelauf mit neuen ausgewechselten Schleifscheiben.
Folgende Angaben müssen vorhanden sein: Zulässige Drehzahl, Art der Bindung, Körnung, Härte, Abmessung der Scheibe und Prüfvermerk des Herstellers.

3

3.9 Umwelt- und Arbeitsschutz

3.9.1 Vorschriften und Begriffe

Wichtige Gesetze, Verordnungen und Vorschriften

Bundesimmissionsschutzgesetz (BImSchG)

Schutz von Menschen, Tieren, Pflanzen und Sachgüter vor schädlichen Umwelteinwirkungen (Immissionen), wie Luftverunreinigungen, Lärm, Erschütterungen und Strahlungen.

Unfallverhütungsvorschriften (UVV)

Von den Berufsgenossenschaften erarbeitete Vorschriften zum Schutz des arbeitenden Menschen.

Gefahrstoffverordnung (GefStoffV)

Schutz der Menschen vor arbeitsbedingten Gesundheitsgefahren durch gefährliche Stoffe. Außerdem werden auch Gesichtspunkte des Verbraucher- und Umweltschutzes berücksichtigt.

Technische Regeln für Gefahrstoffe (TRGS)

Hinweise für einen gefahrenmindernden Umgang mit Gefahrstoffen (zur GefStoffV)

Technische Regeln für Gefahrstoffe – TRGS 900 und 905

Grenzwerte in der Luft am Arbeitsplatz, Luftgrenzwerte – MAK und TRK – und Verzeichnis krebserzeugender, erbgutverändernder und fortpflanzungsgefährdender Stoffe

Technische Regeln für Gefahrstoffe – TRGS 553 – Holzstaub und **TRSG 560** (Luftrückführung)

Umgang mit Holzstäuben aus allen Holzarten, insbesonders für Be- und Verarbeitung von Holz- und Holzwerkstoffen, sowie Tätigkeiten im Gefahrbereich von Holzstäuben.

Technische Anleitung zur Reinhaltung der Luft (TA-Luft)

Anforderungen an Anlagen, die Luftverunreinigungen verursachen können.

Begriffe

MAK Maximale Arbeitsplatzkonzentration
ist die Konzentration eines Stoffes in der Luft am Arbeitsplatz, bei der im allgemeinen die Gesundheit der Arbeitnehmer nicht beeinträchtigt wird. [§ 3 (5) GefStoffV].
Werte der MAK-Liste sind arbeitsmedizinisch-toxikologisch begründete Grenzwerte und sind in der TRGS 900 veröffentlicht.

TRK Technische Richtkonzentration
ist die Konzentration eines Stoffes in der Luft am Arbeitsplatz, die nach dem Stand der Technik erreicht werden kann [§3 (7) GefStoffV]

Gilt für krebserzeugende oder erbgutverändernde Stoffe.

TRSG 900 und 905

BAT Biologischer Arbeitsplatztoleranzwert
ist die Konzentration eines Stoffes oder seines Umwandlungsproduktes im Körper, bei der im allgemeinen die Gesundheit der Arbeitnehmer nicht beeinträchtigt wird.

ALS Auslöseschwelle
ist diejenige Konzentration eines Gefahrstoffes, bei deren Überschreitung zusätzliche Maßnahmen zum Schutze der Gesundheit notwendig sind.

Pflichten nach GefStoffV

§ 16 **Ermittlungspflicht**	Der Arbeitgeber muss vor dem Einsatz eines Stoffes in seinem Betrieb ermitteln, ob es sich um einen Gefahrenstoff handelt.
§ 16 Abs. 3 **Auskunftspflicht**	Der Arbeitgeber hat ein Auskunftsrecht gegenüber dem Hersteller oder Importeur. Diese sind verpflichtet dem Verwender Auskunft über die Gefahren zu geben, die von einem Produkt ausgehen.
§ 19 **Rangfolge**	Werden beim Umgang mit Gefahrstoffen Schutzmaßnahmen erforderlich, so ist den sicherheitstechnischen Maßnahmen stets der Vorzug vor persönlicher Schutzausrüstung zu geben.
§ 20 **Betriebsanweisung**	Es muss für den betreffenden Arbeitsplatz eine schriftliche Betriebsanweisung erstellt werden, in der die beim Umgang mit dem Gefahrstoff auftretenden Gefahren und Schutzmaßnahmen festgelegt werden.
§ 23 **Kennzeichnungspflicht**	Gefährliche Stoffe, Zubereitungen und Erzeugnisse sind verpackungs- und kennzeichnungspflichtig, auch bei ihrer Verwendung.
§14 **Sicherheitsdatenblatt**	Hersteller, Einführer oder erneute Inverkehrbringer müssen den Abnehmern ein EG-Sicherheitsdatenblatt zur Verfügung stellen.
§ 19, § 26 **Schutzausrüstung**	Der Arbeitnehmer muss die vom Arbeitgeber zur Verfügung gestellte geeignete persönliche Schutzausrüstung benutzen.

3.9.2 Gefahrstoffe in der Holztechnik

Gefährliche Stoffe können in verschiedenen Werk- und Arbeitsstoffen auftreten und werden hier jeweils nur einmal beschrieben. Löse- und Verdünnungsmittel sind auf Seite 154 zusammengefasst.

Gefährlicher Stoff	Enthalten in	Gesundheitsgefahren, Erklärungen
Holz und Holzwerkstoffe		
Holzstaub	Holz Holzwerkstoffe	besonders Eichen- und Buchenstaub, krebsauslösende Wirkung bei Menschen, insbesonders Erkrankungen der Schleimhäute im Nasenbereich, allergische Erscheinungen
Formaldehyd	Holzwerkstoffe	allergische Erscheinungen, krebsverdächtig, Augenreizungen
Mittel zur Oberflächenbehandlung		
Ammoniaklösung Salmiakgeist	Bleichmittel	Entzündungen an Haut und Schleimhäuten, kann zu Augenschäden führen
Kleesäure		giftig
Oxalsäure		sehr giftig, gesundheitsschädlich beim Berühren mit der Haut und beim Verschlucken
Salzsäure		starke Ätzwirkung, Erstickungsgefahr durch Dämpfe
Schwefelsäure		Reizungen der Atemwege, Entkalkung der Zähne, bei hoher Konzentration kann Atem- und Herzstillstand eintreten
Wasserstoffperoxid		an Haut und Schleimhäute krankhafte Aufblähungen, starker Juckreiz, Reizung der Atemwege und Augen
Alkalichromate	Beizmittel	Hautschäden; Reizungen, Verätzungen und Ekzembildung
Natriumhydroxid		Verätzung von Haut und Schleimhäuten, Schwellungen und Verflüssigung des Gewebes, Spritzer können im Auge zu Erblindung führen
Anilin	Anstrichmittel, Lacke	kann zu Krebs führen, kleine Mengen führen zu Vergiftungserscheinungen
Chlorepoxypropan		hautresorptiv, reizt Schleimhäute, kann zu Bewusstlosigkeit führen, Schädigung von Kreislauf und Herz, krebsverdächtig
Diphenylmethandiisocyanat		Kopfschmerzen und Atembeschwerden, kann Allergien auslösen, Haut- und Schleimhautreizungen
Kieselsäure		kann silikoseähnliche Lungenfibrose erzeugen (als Staub eingeatmet)
Naphtalin		giftig
Phenol	Kunstharze	hautresorptiv, Störungen von Kreislauf- und Nervensystem, Leber- und Nierenschäden, Hautätzungen
Styrol		Reizungen der Augen und Atemwege, Kopfschmerzen, Sehstörungen, Müdigkeit und Depressionen
Vinylacetat		evtl. Hautreizungen
Vinylchlorid		krebserregend, Reizung von Augen und Atemwege, narkotische Wirkung
Holzschutzmittel		
Endosulfan	Insektizide	sehr giftig, schädigende Einwirkung auf Haut, Schleimhäute, Atemwege und Augen, Erbrechen und Durchfall
Lindan		Kopfschmerzen und Übelkeit, Schleimhautreizungen, Schädigung des Nervensystems, Knochenmarkschwund, Blutarmut
Parathion (E 605)		äußerst giftig, hautresorptiv, akute Vergiftungserscheinungen: Übelkeit, Darmkrämpfe und Durchfall und allgemeine Schwäche, Krämpfe, Atemnot und -lähmung
Phomix		Schwitzen, Sodbrennen, Krämpfe, Kreislaufversagen, Durchfall, Speichel- und Tränenfluss, Muskelkrämpfe, Lähmung, Kopfschmerz, Depressionen

3

3.9 Umwelt- und Arbeitsschutz

Gefährlicher Stoff	Verwendung in	Gesundheitsgefahren, Erklärungen
Holzschutzmittel		
Dichlorfluanid	Fungizide	mindertoxisch, gesundheitsschädlich
Pentachlorphenol (PCP)		Kopfschmerzen und Übelkeit, Erbrechen, Akne, Nieren- und Leberschäden, Nervenschädigungen
Phenyl-quecksilber-Oleat		Schädigung des zentralen Nervensystems, Lähmungen, Seh- und Gehstörungen, Nervenschwäche und nervöse Erschöpfung, Schwindelgefühl, Hautentzündungen
Tributylzinn-Verbindungen		sehr giftig, Nasenbluten durch Einatmen der Dämpfe, Störungen der Muskelfunktionen, Krämpfe, Lähmungen, Bewusstlosigkeit und Kollapsneigung
Xyligen		reizt Haut und Schleimhäute
Chrom-verbindungen	CF-Salze CK-Salze	hautresorptiv, Hautschäden: Reizungen, Verätzungen und Ekzembildung, allgemeine Vergiftungserscheinungen, Kreislauf-, Leber- und Nierenerkrankungen
Fluor-verbindungen		starke Ätzwirkung auf Haut, Augen und Atemwege, Erbrechen, Krämpfe, Leber- und Nierenschäden, Bewusstlosigkeit, Knochenveränderungen und Zahnschäden
Arsen-verbindungen	CK-Salze	Veränderungen der Blutzusammensetzung, starke psychische und physische Störungen, Haarausfall, Bildung von Entzündungen und Krebsgeschwüren
Kupfersalze		allgemeine Schwäche, Erbrechen, Magen-Darm-Entzündung, Herzschwäche
Silcofluorid	SF-Salze	giftig, gesundheitsschädlich wie Fluorverbindungen
Hydrogenfluorid	HF-Salze	ätzend und gesundheitsschädlich
Carbolinum	Teerhaltige Mittel	Bauchschmerzen, Erbrechen und Durchfall, narkotische Zustände, Kollaps
Klebstoffe, Kunststoffe		
Acrylnitril		krebserzeugend (Lungen- und Magenkrebs), hautresorptiv, Kopfschmerzen, Übelkeit
Butadien	PUR-Kunststoffe, Kleb-, Dicht- und Dämmstoffe	krebserzeugend, wirkt in hohen Konzentrationen, reizend auf Augen sowie narkotisch
Isocyanat		Reizung der Schleimhäute und Atemwege, Asthma, Bronchiolitis, Kopfschmerzen, Allergien
Faserige Stoffe		
Asbest	Dach- und Fassadenplatten, Feuerschutz-platten	Asbestose, Bauchfell-, Rippenfell- und Bronchialkrebs, (asbesthaltige Gefahrstoffe dürfen nicht hergestellt und verwendet werden – GefStoffV, Anhang IV)
Mineralfasern	Dämmstoffe	Reizungen der Haut, Schleimhäute und Augen, krebserzeugend

Schutzmaßnahmen beim Einsatz von Gefahrstoffen (GefStoffV)

Rang-folge	Maßnahmen	Beispiele
1	Ersatzweiser Einsatz ungefährlicher Stoffe und Verfahren, Gefahrstoffaustritt durch konstruktionstechnische Maßnahmen vermeiden	Lösemittelhaltige Lacke durch Wasserlacke ersetzen
2	Austretende Gefahrstoffe anlagenintern durch technische Maßnahmen auffangen	Absaugung von Gefahrstoffen, Staubabsaugung
3	Raumlufttechnische Maßnahmen zur Verringerung von Gefahrstoffkonzentrationen in der Luft am Arbeitsplatz	Arbeitsräume ausreichend belüften
4	Ergänzende organisatorische Maßnahmen	Zeitbegrenzung und Begrenzung der Anzahl beschäftigter Personen
5	Einsatz wirksamer persönlicher Schutzausrüstung	Schutzkleidung, Augenschutz

3.9 Umwelt- und Arbeitsschutz

3.9.3 Lösemittel und Verdünnungsmittel

Lösemittel: Leichtflüchtige Flüssigkeiten zum Auflösen von Harzen, Wachsen und Ölen (physikalischer Vorgang)

Verdünnungsmittel: Leichtflüchige Flüssigkeiten, die mit dem Oberflächenmaterial mischbar sind, diese aber nicht lösen.

Arten

	Wichtige Mittel	Beschreibung	Gefahren
Anorganische			
	Wasser	langsamere Trocknung	umweltfreundlich und nicht gesundheitsschädlich
Organische			
Kohlenwasserstoffe	Benzol	entzündet und verflüchtigt sich leicht	Explosionsgefahr, gesundheitsschädlich, krebserzeugend
	Leicht flüchtige Benzine (Leicht- und Testbenzin)	leicht entzündabr	Dämpfe mit Luft explosionsfähig
	Terpentinöl	leicht flüchtig, brennbar, reizend	explosionsfähig, gesundheitsschädlich
	Aromate: Toluol, Xylol Styrol	reaktionsfreudig leicht entzündbar	Erhöhte Gesundheitsgefährdung, können zu Bewusstlosigkeit und Blutbildveränderungen führen
	Methylenchlorid	leicht flüchtig, schwer entzündbar	schädigen Nervensystem und Leber
	Trichlorethylen Perchlorethylen Dichlormethan	leicht flüchtig, nicht entflammbar hohes Lösevermögen	gesundheitsschädigend, krebserzeugendes Potential, Explosionsgefahr
Alkohole	Ethanol, Spiritus Methanol Ethylether	leicht flüchtig und entzündbar schwerer als Luft	explosionsfähig, gesundheitsschädigend
			Aufnahme über Haut, schädigen Nervensystem, Leber und Nieren
Ester	Butyl-, Ethyl-, Methyl- und Methylglykolacetat Glykolsäurebutylester	gutes Lösevermögen reizend	narkotische Wirkung verursachen Leber- und Nieren- schäden, reizend
Ether	Methyl-, Ethyl- und Butylglykol Methyl- und Ethyldiglykol Tetrahydrofuran	gute Lösemittel leicht flüchtig	wirken reizend z.T. narkotisierend und krebserzeugend
Ketone	Aceton, Propanon, Butanon Methylethylenketon	lösen Öle, Fette, Lacke usw. reizend	dringen über Haut ein, narkotische Wirkung, Nieren- und Leberschäden

Gefahrenklassen

Klasse	Flammpunkt	Bezeichnung	Einteilung
A I	bis 21 °C	leicht entzündlich	Stoffe mit Flammpunkt < 100 °C und bei 15 °C
A II	21 bis 55 °C	entzündlich	nicht in jedem Verhältnis in Wasser löslich
A III	55 bis 100 °C	keine	
B	bis 21 °C	leicht entzündlich	Brennbare Stoffe mit Flammpunkt < 21 °C und bei 15 °C in jedem Verhältnis in Wasser löslich

Verdunstungszahl (VZ)

gibt an, um wieviel mal langsamer ein Mittel im Vergleich zu Ether verdunstet. Ether hat VZ = 1

Gruppe	VZ	Beispiel
leichtflüchtig	unter 10	Aceton, Toluol
mittelflüchtig	10 bis 35	Xylol, Butanol
schwerflüchtig	35 bis 50	Terpentinöl
sehr schwer flüchtig	über 50	Wasser (VZ = 80)

Zündgruppen

Gruppe	Zündtemperatur	Beispiele
G1	über 450 °C	Xylol, Aceton
G2	300 bis 450 °C	Ethanol, Butanol
G3	200 bis 300 °C	Terpentinöl, Testbenzin
G4	135 bis 200 °C	nicht bei Oberflächen-
G5	100 bis 135 °C	material für Holz

Bei der Zündtemperatur entzündet sich ein Gemisch aus Löse- oder Verdünnungsmittel mit Luft von selbst

3.9 Umwelt- und Arbeitsschutz

3.9.4 Holzstaub

Holzstäube sind in der MAK-Werte-Liste als krebsverdächtig eingestuft. Buchen- und Eichenholzstäube sind als Stoffe eingestuft, die beim Menschen Krebs erzeugen können. Des weiteren können Holzstäube von z.B. Eiche, Abachi, Mahagoni, Meranti und Palisander durch Einatmen Überempfindlichkeitsreaktionen auslösen.

Gefahrstoffverordnung § 35 Abs. 4: Krebserzeugende Gefahrstoffe im Sinne des 6. Abschnittes sind auch Buchenholzstaub oder Eichenholzstaub

TRGS 100	TRgA 101	TRGS 102	TRGS 560	TRGS 402	TRGS 900	TRGS 905	**TRGS 553**
Auslöseschwelle für gefährliche Stoffe	Umfang der Be- und Verarbeitung	Begründungen zu TRK-Werten	Luftrückführung	Messvorschrift	MAK- und TRK-Werte	Krebserzeugend, erbgutverändernde Stoffe	führt Vorschriften für Holzstaub zusammen

Holzstaub – TRGS 553 (08.2008)

Die TRGS 553 gilt für alle Tätigkeiten bei der Be- und Verarbeitung von Holz und Holzwerkstoffen, soweit dabei Holzstaub entsteht, sowie für Tätigkeiten im Gefahrenbereich von Holzstäuben.

Nach dem Stand der Technik kann bei der überwiegenden Anzahl von Arbeitsbereichen als Schichtmittelwert eine Konzentration für Holzstaub in der Luft von **2 mg/m³** eingehalten werden. Entsprechende Arbeitsbereiche gelten als **staubgemindert**.

Luftrückführung ist zulässig, wenn die Luft ausreichend gereinigt ist und auf Abluft umgeschaltet werden kann. Voraussetzung: Filtermaterial mit Durchlassgrad ≤ 0,5 %. Filterflächenbelastung ≤ 150 m³/m²h.

Bei Tätigkeiten, bei denen der Wert **2 mg/m³** nicht eingehalten und alle Möglichkeiten einer Minimierung ausgeschöpft sind, ist den Beschäftigten eine persönliche Schutzausrüstung (Atemschutz) zur Verfügung zu stellen. Kann an Maschinen und Anlagen nach Stand der Technik nur ein Wert von 5 mg/m³ eingehalten werden, ist immer ein Atemschutz zu tragen.

Absaugung ist grundsätzlich bei allen spanabhebenden Bearbeitungsverfahren notwendig. Dabei ist ein Schichtmittelwert von 2 mg/m³ einzuhalten.

Erforderliche Maßnahmen für Betriebe bzw. Arbeitsplätze nach der GefStoffV

nicht erheblicher Umfang von Eichen- und Buchenholzverarbeitung[1]	erheblicher Umfang von Eichen- und Buchenholzverarbeitung[1]
Generell	
• Ermittlung der Belastung • Überwachung der Belastung • Verminderung der Belastung • Information der Beschäftigten	• Ermittlung der Belastung • Überwachung der Belastung • Verminderung der Belastung • Information der Beschäftigten • Hygienische Maßnahmen • Beschäftigungsbeschränkung für Jugendliche • Expositionsverbot für werdende Mütter
bei nicht dauerhaft sicherer Einhaltung des TRK-Wertes zusätzlich	
• Beschäftigungsverbot für werdende und stillende Mütter • Beschäftigungsbeschränkung für Jugendliche	• Beschäftigungsverbot für werdende und stillende Mütter • Arbeitszeitregelung • Arbeitsmedizinische Vorsorgeuntersuchung

Wird der TRK-Wert nicht unterschritten
• muss wirksame, persönliche Schutzausrüstung zur Verfügung stehen, die Beschäftigungszeit so kurz wie möglich oder mit dem Gesundheitsschutz vereinbar sein

[1] Definition: Eichen- und Buchenholzbearbeitung in erheblichem Umfang liegt vor (nach TRgA 101 und TRGS 553), wenn der Anteil dieser Hölzer, bezogen auf die jährliche Fertigmenge, über 10% liegt. Holzwerkstoffe sind entsprechend ihren Volumenanteilen dieser Hözer zuzurechnen.

3.9 Umwelt- und Arbeitsschutz

3.9.5 MAK- und TRK-Werte ausgewählter Stoffe/krebserzeugende, erbgutverändernde oder fortpflanzungsgefährdende Stoffe (TRGS 905)

Grenzwerte in der Luft am Arbeitsplatz lt. GefStoffV (TRGS 900)

Maximale Arbeitsplatzkonzentration (MAK)	Technische Richtkonzentration (TRK):
ist die Konzentration eines Stoffes in der Luft am Arbeitsplatz, bei der im allgemeinen die Gesundheit des Beschäftigten nicht beeinträchtigt wird.	ist die Konzentration eines Stoffes in der Luft am Arbeitsplatz, die nach dem Stand der Technik erreicht werden kann.

Stoff	Grenzwert		TRGS 900		TRGS 905	
	MAK (ml/m³)	TRK (mg/m³)	Kategorie	Bemerkung	Einstufung/ Kategorie	Kennbuchstabe
Aceton	500	1200	II, 2			F
Acrylnitril	3	7	VI	H, TRK	K / 2	F, T
Ammoniak	50	35	I	Y		T
Anilin	2	8	II, 2	H	K / 3	T
Arsenverbindungen		0,1 G	VI	TRK	K / 1	T
Benzol	1	3,2			K / 1, M / 2	F, T
2-Butanol	100	300	II, 1			Xn
Butylacetat	200	950	I			
Chlorwasserstoff	5	7	I	Y		C
Chrom-Verbindungen		0,1 G	VI	TRK	K / 1, 2	
Cyanide		5 G	II, 1	H	R_E	
1,2-Dichlorethan	5	20	VI	TRK	K / 2	F; Xn
Dichlormethan	100	360	II, 2		K / 3	Xn
Ethanol	1000	1900	IV			F
Ethylacetat	400	1400	I			F
Fluoride		2,5 G	I			
Formaldehyd	0,5	0,6	I	Y, H	K / 3	T
Holzstaub (Ei, Bu)		2 G	VI	TRK	K / 1	
Kohlenmonoxid	30	33	II			F; T
Lindan		0,5 G	III	H		T
Methanol	200	260	II, 1	H		F; T
Methylacetat	200	610	I		K / 2, R_E / 2	
2-Nitrotoluol	5	30	II, 1	H	K / 2	T
Nicotin	0,07	0,5	II, 1	H		T
Oxalsäure			1 G		H	
Ozon	0,1	0,2	I			
Pentachlorphenol					K / 2	T
Phenol	5	19	I	H		T
Quecksilberverbindungen		0,01 G	III	H		
Styrol	20	85	II, 1	Y		Xi
Tributylzinn-Verbindung	0,002	0,05	II, 2	H, Y		
Trichloroethylen	50	270	II, 2		K / 3	
Vinylacetat	10	35	I		K / 3	F
Vinylchlorid	2	5	VI	TRK	K / 1	F; T
Wasserstoffperoxid	1	1,4				
Xylol	100	440	II, 1	H		

Abkürzungen:

Spalte Grenzwerte	G gemessen als Gesamtstaub
Spalte Kategorie	I ... VI Kategorie für Kurzzeitwerte
Spalte Bemerkung	H hautresorptiv; TRK Technische Richtkonzentration; Y kein Risiko der Fruchtschädigung bei Einhaltung der MAK und BAT
Spalte Einstufung/Kategorie	K krebserzeugend; M erbgutverändernd; R_E fruchtschädigend; 1 – 3 Kategorien nach GefStoffV
Spalte Kennbuchstabe	C ätzend; F entzündlich; T giftig; Xi reizend; Xn gesundheitsschädlich

3

3.9.6 Betriebsanweisungen

Arbeitnehmer, die mit Gefahrstoffen umgehen, müssen anhand der Betriebsanweisung über auftretende Gefahren und über Schutzmaßnahmen mündlich und arbeitsplatzbezogen unterwiesen werden. Eine Betriebsanweisung ist eine gezielte arbeitsplatzorientierte Information für jede Arbeitsstätte, an der mit Gefahrstoffen umgegangen wird. Nähere Hinweise zu Betriebsanweisungen sind in der TRGS 555 „Betriebsanweisungen und Unterweisung nach § 20 GefStoffV" gegeben.

Betriebsanweisung für eine Standmaschine vgl. Kap. 7.2.

Muster einer Betriebsanweisung (Auszug)

3

Dieser Entwurf muss noch durch entsprechende betriebliche Angaben und Pictogramme ergänzt werden.

Betriebsanweisung Nr.: Gem. § 20 GefStoffV	Betrieb:	GeSi

Bereich/Tätigkeit:

Holzstaub

Buchenholzstaub/Eichenholzstaub, Holzstaub anderer Holzarten. Diese Stäube entstehen bei der Be- und Verarbeitung von Holz und Holzwerkstoffen.

Gefahren für Mensch und Umwelt

Holzstäube können zusammen mit einer Zündquelle und dem vorhandenen Luftsauerstoff Brände und Explosionen auslösen.

Holzstäube, besonders solche von tropischen Hölzern, können nach Sensibilisierung allergische Erscheinungen, z.B. der Haut oder der Atemwege, hervorrufen. Buchenholz- und Eichenholzstaub sind als krebserzeugend eingestuft (Nasenschleimhautkrebs). Das krebserzeugende Prinzip ist noch unbekannt. Die Stäube anderer Hölzer stehen im Verdacht, krebserzeugende Wirkung zu besitzen.

Schutzmaßnahmen und Verhaltensregeln

Die staubemittierenden Bearbeitungsmaschinen müssen mit Absaugeinrichtungen betrieben werden; dies gilt auch für Handmaschinen. Handschleifarbeitsplätze müssen ebenfalls abgesaugt werden. Sind im Einzelfall Absauganlagen technisch nicht möglich, so muss Atemschutzgerät (z.B. Filtergeräte mit Partikelfiltern, Filterklasse P2) benutzt werden. Die optimale Einstellung der Stauberfassungselemente an der Staubentstehungsstelle ist vor Aufnahme der Arbeit zu kontrollieren. Mindestens vierteljährlich muss die Luftgeschwindigkeit an den Anschlussstellen gemessen und protokolliert werden (Messplan). Die Schieber in den Anschlussleitungen der nicht benutzen Maschinen müssen geschlossen sein. Arbeitsplätze und Maschinen müssen regelmäßig von Staubablagerungen und Spänen durch Aufsaugen gereinigt werden. Prüfen, ob es Reinigungsarbeiten gibt, bei denen Atemschutz erforderlich ist. Abblasen mit Druckluft und Kehren sind nicht zulässig.

Verhalten im Gefahrfall

Störungen an Filteranlagen sind unter Benutzung von Atemschutzgeräten zu beheben. Im Brandfall sind die Feuerlöscheinrichtungen zu benutzen und die Feuerwehr unter Notruf 112 zu verständigen. Glimmbrände in Staubablagerungen nicht durch scharfen Löschmittelstrahl aufwirbeln – Staubexplosionsgefahr! Bei Bränden von Silos und Filteranlagen nur mit stationärer Löschanlage löschen.

Fluchtweg: _____   Unfalltelefon: _____

Erste Hilfe

Ersthelfer:

Sachgerechte Entsorgung

Holzstaub und -späne in: _____ sammeln.

Datum, Unterschrift: _____

3.9.7 Sicherheitsdatenblätter, R-Sätze und S-Sätze

Hersteller, Einführer oder Inverkehrbringer gefährlicher Stoffe oder Zubereitungen müssen den Abnehmern ein EG-Sicherheitsdatenblatt in deutscher Sprache zur Verfügung stellen (§ 14 GefStoffV). Hinweise zur Erstellung gibt die TRGS 220.

Muster eines Sicherheitsdatenblattes (Auszug)

Seite: 1/5

Sicherheitsdatenblatt
gemäß 91/155/EWG

Druckdatum: **29.08.96**   überarbeitet am: **02.04.96**

---

1   Stoff-/Zubereitungs- und Firmenbezeichnung

Angaben zum Produkt

Handelsname: **DD-Härter**
Artikelnummer: **21127001**
Hersteller/Lieferant:

Tel: Fax:

Auskunftgebender Bereich: **Abteilung Labor**

---

2   Zusammensetzung/Angaben zu den Bestandteilen

Chemische Charakterisierung

Beschreibung:
Gemisch aus nachfolgend angeführten Stoffen mit ungefährlichen Beimengungen.

Gefährliche Inhaltsstoffe:

CAS-Nr.	Bezeichnung	%	Kennb.	R-Sätze
108-10-1	Methylisobutylketon	50—100	F	11
123-86-4	n-Butylacetat	10—25		10
108-65-6	2-Methoxy-1-methylethylacetat	2,5—10	XL	10-36
26471-62-5	2.4-/2.6-Diisocyanat-Toluol	< 0,5	T	23-36/37/38-42

zusätzl. Hinweise: **siehe Pkt. 8**

---

3   Mögliche Gefahren

Gefahrenbezeichnung

F Leichtentzündlich

VbF-Klasse: **A I**

---

8   Expositionsbegrenzung und persönliche Schutzausrüstung

Zusätzliche Hinweise zur Gestaltung technischer Anlagen:
Keine weiteren Angaben, siehe Punkt 7

Bestandteile mit arbeitsplatzbezogenen, zu überwachenden Grenzwerten:

CAS-Nr.	Bezeichnung des Stoffes	Art	Wert	Einheit
108-10-1	Methylisobutylketon	MAK	400	mg/m^3
			100	ml/m^3
123-86-4	n-Butylacetat	MAK	950	mg/m^3

3

3.9 Umwelt- und Arbeitsschutz

Auf der Verpackung von Gefahrstoffen muss eine deutliche Kennzeichnung, unter anderem Gefahrenhinweise (R-Sätze) und Sicherheitsratschläge (S-Sätze), dauerhaft angebracht sein.

Gefahrenhinweise (R-Sätze)

R 1	Im trockenen Zustand explosionsgefährlich
R 5	Bei Erwärmen explosionsfähig
R 6	Mit und ohne Luft explosionsfähig
R 7	kann Brand verursachen
R 8	Feuergefahr bei Berührung mit brennbaren Stoffen
R 10	Entzündlich
R 11	Leicht entzündlich
R 14	Reagiert heftig mit Wasser
R 17	Selbstentzündlich an der Luft
R 19	Kann explosionsfähige Peroxide bilden
R 20	Gesundheitsschädlich beim Einatmen
R 23	Giftig beim Einatmen
R 25	Giftig beim Verschlucken
R 27	Sehr giftig bei Berührung mit der Haut
R 28	Sehr giftig beim Verschlucken
R 31	Entwickelt bei Berührung mit Säure giftige Gase
R 35	Verursacht Verätzungen
R 36	Reizt die Augen
R 37	Reizt die Atmungsorgane
R 38	Reizt die Haut
R 40	Irreversibler Schaden möglich
R 41	Gefahr ernster Augenschäden
R 43	Sensibilisierung durch Hautkontakt
R 45	Kann Krebs erzeugen
R 46	Kann vererbbare Schäden verursachen
R 47	Kann Missbildungen hervorrufen
R 48	Gefahr ernster Gesundheitsschäden bei längerer Exposition
R 65	Gesundheitsschädlich
R 67	Dämpfe können Schläfrigkeit und Benommenheit verursachen

Sicherheitsratschläge (S-Sätze)

S 1	Unter Verschluss aufbewahren
S 2	Darf nicht in die Hände von Kindern gelangen
S 7	Behälter dicht geschlossen halten
S 8	Behälter trocken halten
S 9	Behälter gut gelüftet aufbewahren
S 13	Von Nahrungsmitteln, Getränken und Futtermitteln fernhalten
S 15	Vor Hitze schützen
S 17	Von brennbaren Stoffen fernhalten
S 20	Bei der Arbeit nicht essen und trinken
S 21	Bei der Arbeit nicht rauchen
S 22	Staub nicht einatmen
S 24	Berührung mit der Haut vermeiden
S 29	Nicht in die Kanalisation gelangen lassen
S 30	Niemals Wasser zugießen
S 35	Abfälle und Behälter müssen in gesicherter Weise beseitigt werden
S 36	Bei der Arbeit geeignete Schutzkleidung tragen
S 37	Geeignete Schutzhandschuhe tragen
S 39	Schutzbrille/Gesichtsschutz tragen
S 43	Zum Löschen ... verwenden (wenn Wasser die Gefahr erhöht, anfügen: Kein Wasser verwenden)
S 44	Bei Unwohlsein ärztlichen Rat einholen (wenn möglich dieses Etikett vorzeigen)
S 46	Bei Verschlucken sofort ärztlichen Rat einholen, Verpackung oder Etikett vorzeigen
S 49	Nur im Originalbehälter aufbewahren
S 50	Nicht mischen mit ... (vom Hersteller angeben)
S 53	Exposition vermeiden - vor Gebrauch besondere Anweisungen einholen

Kombination der R-Sätze

R 14/15	Reagiert heftig mit Wasser unter Bildung leichtentzündlicher Gase
R 20/21	Gesundheitsschädlich beim Einatmen und Berührung mit der Haut
R 20/22	Gesundheitsschädlich beim Einatmen und Verschlucken
R 20/21/22	Gesundheitsschädlich beim Einatmen, Verschlucken und Berührung mit der Haut
R 23/24	Giftig beim Einatmen und bei der Berührung mit der Haut
R 23/25	Giftig beim Einatmen und Verschlucken
R 24/25	Giftig bei Berührung mit der Haut und beim Verschlucken
R 26/27	Sehr giftig beim Einatmen und bei der Berührung mit der Haut
R 26/27/28	Sehr giftig beim Einatmen, Verschlucken und Berührung mit der Haut
36/37/38	Reizt Augen, Atmungsorgane und Haut
R 42/43	Sensibilisierung durch Einatmen und Hautkontakt möglich

Kombination der S-Sätze

S 1/2	Unter Verschluss und für Kinder unzugänglich aufbewahren
S 3/9	Behälter an einem kühlen, gut belüfteten Ort aufbewahren
S 3/9/49	An einem kühlen, gut gelüfteten Ort, entfernt von ... aufbewahren (die Stoffe, mit denen Kontakt vermieden werden muss, sind vom Hersteller anzugeben)
S 7/8	Behälter trocken und dicht geschlossen halten
S 20/21	Bei der Arbeit nicht essen, trinken, rauchen
S 24/25	Berührung mit den Augen und der Haut vermeiden
S 36/37	Bei der Arbeit geeignete Schutzhandschuhe und Schutzkleidung tragen
S 36/39	Bei der Arbeit geeignete Schutzkleidung und Schutzbrille/Gesichtsschutz tragen
S 47/49	Nur im Originalbehälter bei einer Temperatur von nicht über ... °C (vom Hersteller angeben) aufbewahren

3.9 Umwelt- und Arbeitsschutz

3.9.8 Werte von ausgewählten Stoffen

Gase

Stoffart	Kurz-zeichen	Dichte ϱ kg/m³ (bei 0°C und 1,013 bar)	Schmelz-temperatur °C (bei 1,013 bar)	Siede temperatur °C (bei 1,013 bar)	Wärmeleit-fähigkeit λ W/m K (bei 20°C)	Spezifische Wärmekapazität c_p kJ/kg K (bei 20° und 1,013 bar)
Acetylen	C_2H_2	0,905	− 84	− 82	0,021	1,64
Ammoniak	NH_3	0,77	− 78	− 33	0,024	2,06
Kohlenoxid	CO	1,25	− 205	− 190	0,025	1,05
Kohlendioxid	CO_2	1,98	− 57	− 78	0,016	0,82
Luft		1,293	− 220	− 191	0,026	1,005
Methan	CH_4	0,72	− 183	− 162	0,033	2,19
Sauerstoff	O_2	1,43	− 219	− 183	0,026	0,91
Stickstoff	N_2	1,25	− 210	− 196	0,026	1,04
Wasserstoff	H_2	0,09	− 259	− 253	0,18	14,24

Flüssigkeiten

Stoffart	Kurz-zeichen	Dichte ϱ kg/dm³ (bei 20°C)	Schmelz-temperatur °C (bei 1,013 bar)	Siede temperatur °C (bei 1,013 bar)	Wärmeleit-fähigkeit λ W/m K (bei 20°C)	Spezifische Wärme-kapazität c kJ/kg K	Volumen-ausdeh-nungs-koeffizient α_V 1/K
Benzin	−	0,72 ... 0,75	− 30 ... − 50	25 ... 210	0,13	2,02	0,00110
Heizöl	−	0,83	− 10	> 175	0,14	2,07	0,00096
Petroleum	−	0,76 ... 0,86	− 70	> 150	0,13	2,16	0,00100
Quecksilber	Hg	13,5	− 39	357	10	0,14	0,00018
Spiritus 95%	−	0,81	− 114	78	0,17	2,43	0,00110
Wasser, destilliert	−	1,00	0	100	0,060	4,18	0,00018

Feste Stoffe

Stoffart	Kurz-zeichen	Dichte ϱ kg/dm³ (bei 20°C)	Schmelz-temperatur °C (bei 1,013 bar)	Wärmeleit-fähigkeit λ W/m K (bei 20°C)	Spezifische Wärme kapazität c kJ/kg K	Spezifischer Widerstand Ω mm²/m (bei 20°C)	Längenaus-dehnungs-koeffizient α_L 1/K
Aluminium	Al	2,7	659	204	0,94	0,028	0,0000238
Beton	−	1,8 ... 2,2	−	1	0,88	−	0,00001
Blei	Pb	11,3	327, 4	34,7	0,13	0,208	0,000029
Chrom	Cr	7,2	1903	69	0,46	0,13	0,0000084
Eis	−	0,92	0	2,3	2,0	−	0,000051
Eisen	Fe	7,87	1536	81	0,47	0,13	0,000012
Gips	−	2,3	1200	0,45	1,09	−	−
Glas	−	2,4..2,7	700	0,81	0,83	10^{18}	0,0000005
Gold	Au	19,3	1064	310	0,13	0,022	0,0000142
Gusseisen	−	7,25	1150 ... 1200	58	0,50	0,6 ... 1,6	0,0000105
Hartmetall	−	14,8	> 2000	81,4	0,80	−	0,000005
Holz (lufttrocken)	−	0,20 ... 0,72	−	0,06 ... 0,17	2,1 ... 2,9	−	−
Kork	−	0,1 ... 0,3	−	0,04 ... 0,06	1,7 ... 2,1	−	−
Kupfer	Cu	8,96	1083	384	0,39	0,0179	0,0000170
Porzellan	−	2,3 ... 2,5	1600	1,6	1,2	10^{12}	0,0000040
Quarz	−	2,1 ... 2,5	1480	9,9	0,8	−	0,0000080
Silber	Ag	10,5	961,5	407	0,23	0,015	0,0000197
Silicium	Si	2,33	1423	83	0,75	$2,3 \cdot 10^9$	0,0000042
Stahl (unlegiert)	−	7,85	1460	48 ... 58	0,49	0,14 ... 0,18	0,0000115
Steinkohle	−	1,35	−	0,24	1,02	−	−

3

3.9.9 Kennzeichnung für Gefahrstoffe

Gefahrensymbole und Gefahrenbezeichnungen (GefStoffV)

Kennbuchstabe, Gefahrensymbol, Gefahrenbezeichnung	Bedeutung	Kennbuchstabe, Gefahrensymbol, Gefahrenbezeichnung	Bedeutung
E  Explosionsgefährlich	Stoffe, in festem oder flüssigem Zustand, die durch Erwärmung oder eine nicht außergewöhnliche Beanspruchung durch Schlag zur Explosion gebracht werden.	T  Giftig	Stoffe, die durch Einatmen, Verschlucken oder Aufnahme durch die Haut erhebliche Gesundheitsschäden oder den Tod verursachen können.
O Brandfördernd	Stoffe, die bei Berühren mit anderen, insbesondere entzündlichen Stoffen, so reagieren, dass Wärme in großer Menge frei wird.	C Ätzend	Stoffe, die durch Berühren die Haut oder Material zerstören können.
F Leichtentzündlich	Stoffe, die sich bei gewöhnlicher Temperatur erhitzen und entzünden können oder in festem Zustand durch kurzzeitige Einwirkung einer Zündquelle entzündet werden.	Xn Gesundheitsschädlich	Stoffe, die durch Einatmen, Verschlucken oder Aufnahme durch die Haut Gesundheitsschäden geringeren Ausmaßes verursachen können.
F+ Hochentzündlich		Xi Reizend	Stoffe, die ohne ätzend zu sein, nach ein- oder mehrmaliger Berührung mit der Haut Entzündungen verursachen können.

Warnzeichen für Gefahrstoffe

| Warnung vor feuergefährlichen Stoffen | Warnung vor explosionsgefährlichen Stoffen | Warnung vor giftigen Stoffen | Warnung vor ätzenden Stoffen | Warnung vor radioaktiven Stoffen |

Kennzeichen für Holzstaub (Auswahl)

| Staubgeprüfte Maschinen (ab 1994) |  | Staubgeprüfte Industriestaubsauger |  | Geprüfte Filteranlagen |  |

3.9 Umwelt- und Arbeitsschutz

3.9.10 Sicherheitsfarben, Verbotszeichen, Warnzeichen

Sicherheitsfarben
vgl. DIN 4844-1 (2005-05) und BGV A8 (2002-04)

Farbe	rot	gelb	grün	blau
Bedeutung	Halt, Verbot	Vorsicht! Mögliche Gefahr	Gefahrlosigkeit erste Hilfe	Gebotszeichen Hinweise
Kontrastfarbe	weiß	schwarz	weiß	weiß
Farbe des Bildzeichens	schwarz	schwarz	weiß	weiß
Anwendungsbeispiele (vgl. auch Sicherheitskennzeichnung)	Haltezeichen, Not-Aus, Verbotszeichen, Material zur Feuerbekämpfung	Hinweis auf Gefahren (z. B: Feuer, Explosion, Strahlen); Hinweis auf Hindernisse (z. B. Schwellen, Gruben)	Kennzeichnung von Rettungswegen und Notausgängen; Erste-Hilfe- und Rettungsstationen	Verpflichtung zum Tragen einer persönlichen Schutzausrüstung. Standort eines Telefons

Verbotszeichen
vgl. DIN 4844-2 (2002-11) und BGV A8 (2002-04)

Rauchen verboten

Feuer, offenes Licht und Rauchen verboten

Für Fußgänger verboten

Mit Wasser löschen verboten

kein Trinkwasser

Für Flurförderfahrzeuge verboten

Nichts abstellen oder lagern

Zutritt für Unbefugte verboten

Warnzeichen
vgl. DIN 4844-2 (2002-11) und BGV A8 (2002-04)

Warnung vor schwebender Last

Warnung vor Flurförderfahrzeugen

Warnung vor gefährlicher, elektrischer Spannung

Warnung vor Stolpergefahr

Warnung vor Absturzgefahr

Warnung vor einer Gefahrenstelle

Warnung vor heißer Oberfläche

Warnung vor Handverletzungen

Warnung vor Rutschgefahr

Warnung vor brandfördernden Stoffen

Warnung vor gesundheitsschädlichen oder reizenden Stoffen

Warnung vor explosionsfähiger Atmosphäre

3

3.9　Umwelt- und Arbeitsschutz

3.9.11　Gebotszeichen, Rettungszeichen, Brandschutzzeichen

Gebotszeichen

 Allgemeines Gebotszeichen

 Augenschutz benutzen

 Kopfschutz benutzen

 Gehörschutz benutzen

 Atemschutz benutzen

 Fußschutz benutzen

 Handschutz benutzen

 Schutzkleidung benutzen

 Gesichtsschutz benutzen

 Auffanggurt anlegen

 Für Fußgänger

 Sicherheitsgurt benutzen

 Übergang benutzen

 Vor Öffnen Netzstecker ziehen

 Vor Arbeiten freischalten

 Rettungsweste anlegen

 Hupen

 Gebrauchsanweisung beachten

Rettungszeichen

 Richtungsangabe für Erste-Hilfe-Einrichtungen, Rettungswege und Notausgänge

 Erste Hilfe

 Krankentrage

 Notdusche

 Augenspüleinrichtung

 Notruftelefon

 Arzt

 Defibrillator

 Rettungsweg/Notausgang

 Sammelstelle

Brandschutzzeichen

 Richtungsangabe

 Wandhydrant Löschschlauch

Leiter

 Feuerlöscher

 Brandmeldetelefon

 Mittel und Geräte zur Brandbekämpfung

 Brandmelder

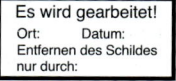 Zusatzzeichen, das zusammen mit einem Sicherheitszeichen weitere Informationen gibt

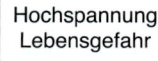 Zusatzzeichen, das zusammen mit einem Sicherheitszeichen weitere Informationen gibt

3

4 Technisches Zeichnen

Inhaltsverzeichnis

4

4.1 Zeichengeräte und Materialien

Technische Zeichnungen für die Holzverarbeitung sind in der DIN 919 Teil 1 genormt, Maßeintragungen in DIN 406 und Bauzeichnungen in DIN 1356. In DIN ISO 128-20 bis 24 sind die Linien, Arten und Anwendung, und in DIN ISO 128-30 die Projektionen genormt. Normen garantieren dafür, dass man sich in einer einheitlichen Zeichensprache verständigen kann. Technische Zeichungen müssen eindeutige Fertigungsanweisungen sein, aus denen Werkstücksform und Werkstoffart, Funktions-, Prüf- und Fertigungsmaße sowie die Konstruktion entnommen werden können.

Für die Qualität einer Zeichnung sind Beschaffenheit des Zeichnungsträgers, der Zeichengeräte und Zeichenhilfen mitentscheidend.

Papierformate nach DIN EN ISO 216

Format Reihe A DIN	unbeschnittenes Blatt Kleinstmaß mm	beschnittenes Blatt Fertigmaß mm	Rand vom Fertigmaß mm
2 A0	1230 × 1720	1189 × 1682	10
A0	880 × 1230	841 × 1189	10
A1	625 × 880	594 × 841	10
A2	450 × 625	420 × 594	10
A3	330 × 450	297 × 420	5
A4	240 × 330	210 × 297	5

Zeichenarbeit oder Zeichnungsträger	6H	5H	4H	3H	2H	H	F	HB	B	2B	3B	4B	5B	6B
Vorzeichnen auf Transparentpapier														
Maßlinien ausziehen auf Transparentpapier														
Zeichnung ausziehen auf Transparentpapier														
Beschriftung auf Transparentpapier														
Vorzeichnen auf Zeichenkarton														
Maßlinien auf Zeichenkarton														
Zeichnung ausziehen auf Zeichenkarton														
Beschriftung auf Zeichenkarton														
Freihandzeichnen														

Empfohlene Härtegrade bei Zeichenminen in Bezug auf die Zeichenaufgabe und den Zeichnungsträger.

Z = Maßzugabe an der Schablonenkante

Zeichenschablonen: (1) mit abgefaster Kante, (2) mit Abstandsnocken, (3) mit aufsteckbaren Kantenprofilen, (4) Symbole für die zu verwendenden Zeichengeräte, von links: für Röhrchentuschezeichner mit abgefastem Zeichenröhrchen, mit zylindrischem Zeichenröhrchen, für Feinminenstifte, für Bleistifte, für Kugelschreiber.

Gruppe	Art und Bezeichnung	Ausführung und Verwendung
Zeichnungsträger	Zeichenkarton	nicht transparent, 150 g/m² bis 300 g/m², rauh (Bleistiftzeichnung), glatt (Tuschezeichnung)
	Transparentpapier	transparent, lichtpausfähig, 80/85 und 90/95 g/m², matt, (Bleistiftzeichnung), glatt (Tuschezeichnung)
	Folien	hochtransparent, nur für Spezialtusche
	Triplexpapier	mit Kunststofffolie verstärktes Transparentpapier, einreißfest, Dokumentzeichnungen
Minenzeichengeräte	Feinminenstifte	Druckbleistifte für bestimmte Linienbreiten in mm 0,3/0,5/0,7/0,9, Minenhärtegrad 2H bis 2B
	Fallminenstifte	Minenhalter für lose Minen, Härtegrade 6H bis 6B
Minenspitzer	Minenspitzdose	für Fallminenstifte
Radiermittel	Bleiradierer	Kunststoff Zeichengummi
	Tuscheradierer Zeichenbesen	für Transparentpapier zum Entfernen der Radierreste
Tuschezeichner	Tuschefüller	für Linienbreiten in mm 0,13/0,18/0,25/0,35/0,5/0,7/1,0/1,4 und 2,0 nachfüllbar oder Patronen
	Zeichentusche	für Transparentpapier, für Folie
Zirkel	Schnellverstellzirkel	mit Bleieinsatz mit Tuscheeinsatz mit Verlängerung
	Stechzirkel	Abtragen von Teilungen
	Nullenzirkel	für kleine Kreise
Zeichenunterlage	Zeichenbrett Zeichenplatte	für Aufnahme des Zeichnungsträgers
Zeichenschiene	Reißschiene	mit oder ohne Maßteilung
Zeichendreieck	Zeichendreieck (mit Griff)	45°/45°/90°, 30°/90°/60° Techniker-Dreieck
Schablonen	Schriftschablonen	für verschiedene Schriftarten und -größen
	Kreisschablonen Ellipsenschablone Kurvenschablone	für Tusche und Bleistift Burmestersatz
Maßstäbe	Präzisionsmaßstab	Flachlineal, Flach- und Dreikantreduktionsmaßstab

4.1 Zeichengeräte und Materialien

Faltung der Zeichnungen auf DIN-A4-Format

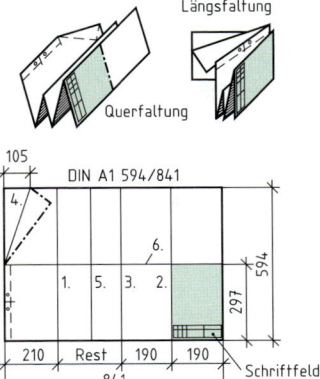

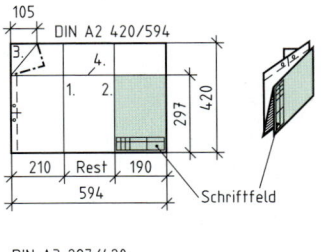

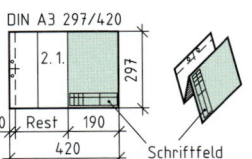

Schriftfeld

Technische Zeichnungen erhalten in der unteren rechten Ecke von Zeichnungen und auch Textdokumenten ein Schriftfeld. Dadurch gibt das Schriftfeld die Leselage des Dokuments an. Schriftfelder sind in DIN EN ISO 7200 genormt. Sie sind hier auf ein Mindestmaß begrenzt. Andere Datenfelder wie Maßstäbe und Toleranzen werden, wenn nötig, außerhalb des Schriftfeldes angegeben. Es werden Schriftfelder in Kompaktform und Schriftfelder mit zusätzlicher Zeile mit Personennamen unterschieden. Sie enthalten folgende Eintagungen:

Feld 1: Feld für Name oder Zeichen der Firma, der die Zeichnung gehört.

Feld 2: Kurzzeichen der Abteilung, die für den technischen Inhalt verantwortlich ist (max. 10 Zeichen).

Feld 3: Name oder Kurzzeichen der verantwortlichen Kontaktperson (max. 20 Zeichen).

Feld 4: Name oder Kurzzeichen des technischen Zeichners (max. 20 Zeichen).

Feld 5: Name oder Kurzzeichen der genehmigenden Person (max. 20 Zeichen).

Feld 6: Zeichnungsart (max. 25 (30) Zeichen)

Feld 7: Benennung des dargestellten Werkstücks, Bauteils o.ä. (max. 2 x 25 Zeichen).

Feld 8: Dokumentstatus, wie: freigegeben, noch Entwurf, usw. (max. 20 Zeichen).

Feld 9: Zeichnungsnummer, Sachnummer (max. 16 Zeichen).

Feld 10: Spalte für Änderungsvermerke

Feld 11: Ausgabedatum sowie Gültigkeitsdatum der Norm (max. 10 Zeichen).

Feld 12: Sprache (en – Englisch; de – Deutsch)

Feld 13: Blattnummer, bei mehreren Blättern ist die Anzahl darunter einzutragen (Beispiel 1/5, Blatt 1 von 5 Blättern, max. 4 Zeichen).

Feld 14: Feld für zusätzliche Klassifikationen oder Schlüsselwörter

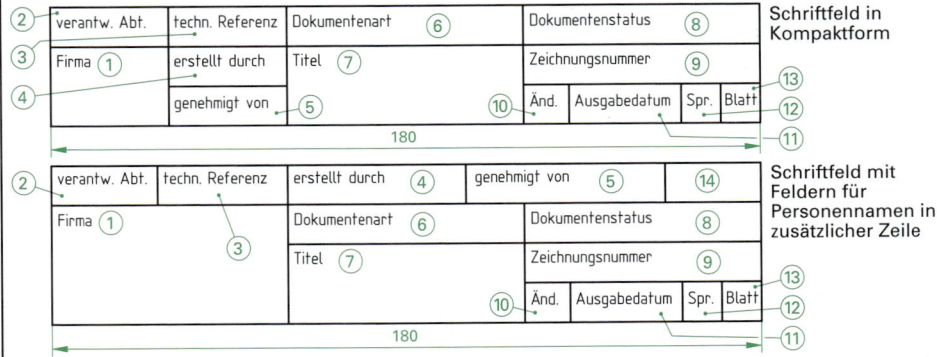

4

187

4.2 Normschrift

Technische Zeichnungen müssen eindeutig lesbar beschriftet werden. Gemäß DIN 919 wird die Normschrift DIN EN ISO 3098, senkrechte Mittelschrift (Schriftform B), empfohlen. Die Schrifthöhen sind nach dem Wert $\sqrt{2}$ untereinander abgestuft. Die Linienbreite entspricht $^1/_{10}$ der Schrifthöhe.

ABCDEFGHIJKLMNOPQRSTUVWXYZ
abcdefghijklmnöpqrstüvwxyz
1234567890IVX   [(!?.;"-=+×·:√%□&)]ø

Schriftabmessungen im Verhältnis zu *h*

Schriftmerkmale		Verhältnis	Maße in mm				
Schrifthöhe	**h**	$^{10}/_{10}$ h	2,5	3,5	5	7	10
Höhe der Kleinbuchstaben	**c₁**	$^7/_{10}$ h	1,8	2,5	3,5	5	7
Ober- und Unterlänge	**c₂**	$^3/_{10}$ h	0,75	1,05	1,5	2,1	3
Linienbreite	**d**	$^1/_{10}$ h	0,25	0,35	0,5	0,7	1
Abstände zwischen Schriftzeichen	**a**	$^2/_{10}$ h	0,5	0,7	1	1,4	2
zwischen Grundlinien	**b₂**	$^{15}/_{10}$ h	3,75	5,25	7,5	10,5	15
bei Großbuchstaben	**b₃**	$^{13}/_{10}$ h	3,25	4,55	6,5	9,1	13
zwischen Wörtern	**e**	$^6/_{10}$ h	1,5	2,1	3	4,2	6

Schriftgrößen (DIN EN ISO 3098) in mm: 2,5; 3,5; 5; 7; 10; 14 und 20

Schriftgrößen in technischen Zeichnungen bei Verwendung von Klein- und Großbuchstaben mind. 3,5 mm

Exponenten, Toleranzangaben, Indizes einen Schriftsprung kleiner, z.B.: bei 3,5 mm Schriftgröße ⇒ 2,5 mm

Schnittangaben einen Schriftsprung größer, z.B.: bei 3,5 mm Schrifthöhe ⇒ 5 mm

Positionsnummern doppelte Schrifthöhe, z.B.: bei 3,5 mm Schrifthöhe ⇒ 7 mm

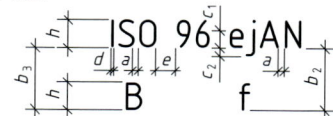

Beschriftung mit Bezugslinien

Bezugslinien sind stets schräg aus der Darstellung herauszuziehen. Zur Beschriftung können die Bezugslinien in der horizontalen oder vertikalen Schreibweise abgewinkelt werden.

Bezugslinien enden:		
mit einem **Pfeil,** wenn sie an die Körperkante oder sonstige Linien (mit Ausnahme von Maßlinien) stoßen	**mit** einem **Punkt,** wenn sie in eine Fläche führen	**ohne Pfeil** und **ohne Punkt,** wenn sie an eine Maßlinie anbinden (Maß 3 und 12)
El Kanten brechen	Opakglas BU 45/25	3 12

4.3 Maßstäbe

Der Maßstab 1 : n gibt das Verhältnis der Originalmaße zu den Zeichnungsmaßen an. Zum Beispiel entspricht Maßstab 1 : 1 der natürlichen Größe. Bei Maßstab 1 : 20 entspricht das Zeichnungsmaß $^1/_{20}$ dem Originalmaß (DIN ISO 5455).

Natürliche Größe

1 : 1 (Zeichnungsmaß entspricht Originalmaß)

Verkleinerungen

1 : 5 für Ansichten kleiner Gegenstände
1 : 10 für Ansichten von Möbeln, Wänden und Decken
1 : 20 und **1 : 25** für Wandansichten, Deckenansichten und Grundrisse von Räumen

Vergrößerungen

1 : 0,5 (2 : 1) für Detailpunkte

1 : 50   für Bauzeichnungen, Ausführungszeichnungen
1 : 100   für Bauzeichnungen, Entwurf

Originalmaß (*l*) = Zeichnungsmaß (*l₂*) × Verhältniszahl (*n*)

4.4 Grundkonstruktionen

4.4.1 Geometrische Grundkonstruktionen

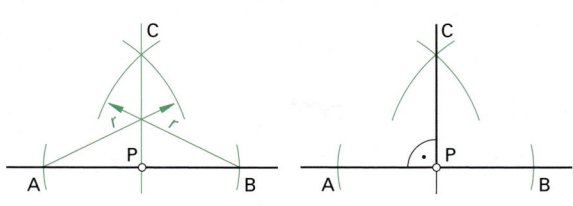

Errichten eines Lotes in Punkt P

Von Punkt P aus mit Kreisbogen die Punkte A und B auf der Geraden festlegen. Mit Radius r von Punkt A und Punkt B aus Kreisbögen geschlagen, ergibt Punkt C. Die Senkrechte kann von Punkt P aus durch den Punkt C errichtet werden.

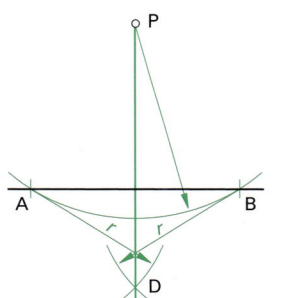
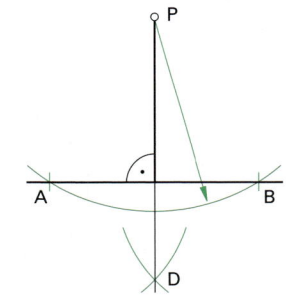

Fällen eines Lotes von Punkt P auf eine Gerade

Ein Kreisbogen, von Punkt P aus geschlagen, schneidet die Gerade an zwei Stellen. Kreisbögen mit r um Punkt A und Punkt B geschlagen ergeben Punkt D. Die Strecke PD steht senkrecht auf der Geraden.

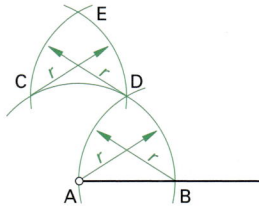
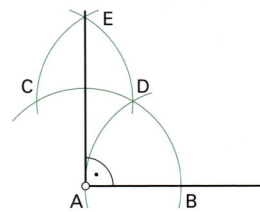

Senkrechte im Endpunkt einer Strecke errichten

Mit beliebigem Radius Kreisbogen um A schlagen. Zirkelöffnung nicht verändern und mit Kreisbögen die Punkte B, C, D und E markieren. Durch Verbinden der Punkte A und E erhält man die Senkrechte im Endpunkt A.

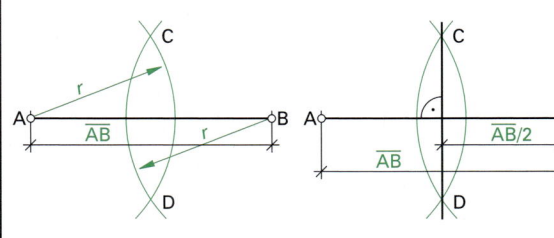

Halbieren der Strecke $\overline{AB}$

Um Punkt A und Punkt B Kreisbogen mit der Zirkelöffnung r so schlagen, dass sich diese in C und D schneiden. Die Verbindungslinie der Punkte C und D halbiert die Strecke $\overline{AB}$ und steht senkrecht auf dieser (Errichten der Mittelsenkrechten).

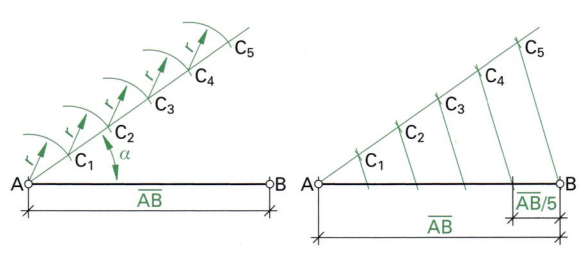

Strecke in mehrere gleiche Streckenabschnitte teilen

An Punkt A einen Winkel zwischen 30° bis 45° antragen. Durch Abtragen der Teilstücke r (hier fünf) mit dem Zirkel auf dem rechten Schenkel des Winkels α erhält man die Punkte C_1 bis C_5. Punkt C_5 mit Punkt B verbinden. Die Parallelen zu der Strecke $\overline{BC_5}$ durch die Punkte C_4, C_3, C_2, C_1 teilen die Strecke $\overline{AB}$ in die geforderten fünf gleichen Teile.

4

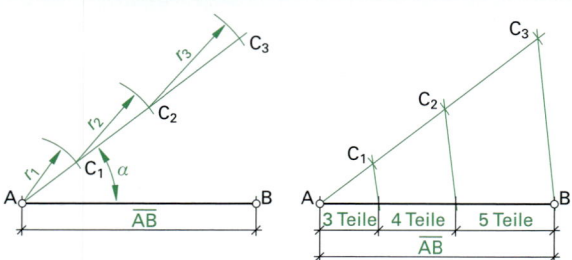

Strecke im Verhältnis 3:4:5 teilen

An Punkt A einen Winkel zwischen 30° und 45° antragen. Durch Abtragen der Teilstrecken $r_1 = 3$ Teile, $r_2 = 4$ Teile, $r_3 = 5$ Teile erhält man die Punkte C_1, C_2, C_3. Punkt C_3 mit Punkt B verbinden. Die Parallelen durch die Punkte C_1 und C_2 zu der Strecke $\overline{BC_3}$ teilen die Strecke $\overline{AB}$ in dem vorgegebenen Verhältnis

$$\text{minor} : \text{major} = \text{major} : \text{minor} + \text{major}$$
In Zahlen: $5 : 8 = 8 : 13$

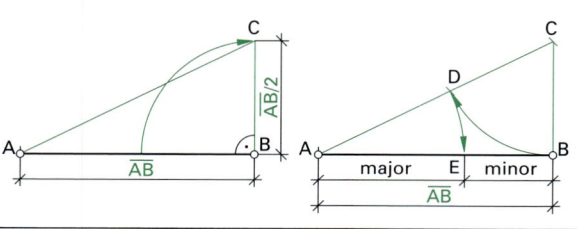

Strecke im Verhältnis des Goldenen Schnittes teilen

Strecke $\overline{AB}$ halbieren. Im Punkt B lotrecht die Strecke $\overline{AB}/2$ errichten, ergibt Punkt C. Um Punkt C mit der Strecke $\overline{BC}$ Kreisbogen geschlagen, ergibt Punkt D. Um Punkt A mit der Strecke $\overline{AD}$ Kreisbogen geschlagen, ergibt Punkt E. Die Streckenabschnitte $\overline{AE}$ und $\overline{EB}$ verhalten sich im Goldenen Schnitt.

Winkel halbieren

Durch beliebig großen Kreisbogen um Scheitelpunkt A die Punkte B und C auf den Schenkeln markieren. Der Schnittpunkt der gleichgroßen Kreisbögen um B und C ergibt D. Die Verbindung $\overline{AD}$ halbiert den Winkel.

Rechten Winkel dritteln

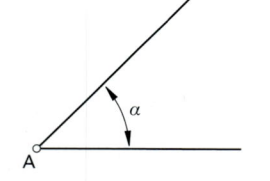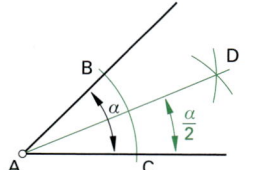

Kreisbogen um den Scheitelpunkt A mit beliebig großem Radius geschlagen legt die Punkte B und C fest. Mit unveränderter Zirkelöffnung jeweils von Punkt B und C aus die Schnittpunkte D und E auf dem Kreisbogen markieren. Die Verbindung von A nach D und A nach E teilt den rechten Winkel in drei gleichgroße Teile.

Winkel übertragen

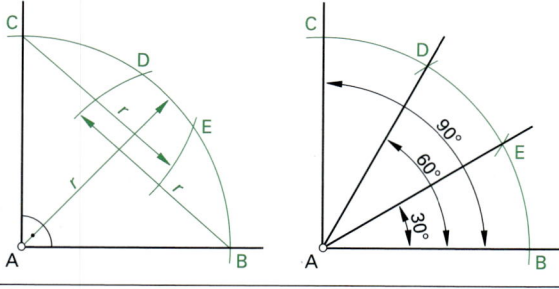

Ein um Scheitelpunkt A des gegebenen Winkels geschlagener Kreisbogen mit beliebigem Radius schneidet die Schenkel in B und C. Mit unveränderter Zirkelöffnung um Punkt A' den Kreisbogen des neu abzutragenden Winkels markieren. Dadurch entsteht Schnittpunkt B. Strecke $\overline{BC}$ in den Zirkel nehmen und von B' so antragen, dass C' entsteht. Den Schenkel A'C' zeichnen.

Regelmäßige Vielecke

Bei regelmäßigen Vielecken sind alle Seiten gleich lang und alle Peripheriewinkel gleich groß. Sie lassen sich in so viel gleichschenklige Dreiecke einteilen, wie das Vieleck Seiten hat. Alle Dreiecke sind kongurent (deckungsgleich). Regelmäßige Vielecke lassen sich durch einen Kreis umschreiben.

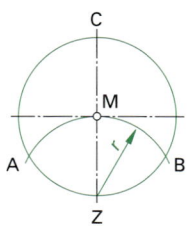 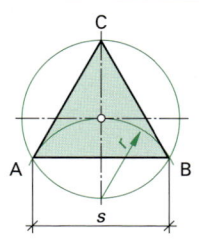

Gleichseitiges Dreieck

Um den Mittelpunkt M mit dem Halbmesser r einen Kreis geschlagen, ergibt durch Schneiden der Mittelachse die Punkte Z und C. Von Z mit gleichem Halbmesser r Kreisbogen geschlagen, ergeben die Punkte A und B. Die Verbindung der Punkte A, B und C ergibt das gleichseitige Dreieck.

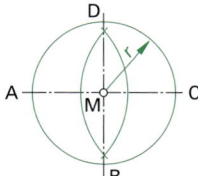 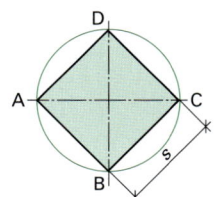

Regelmäßiges Viereck (Quadrat)

Achsenkreuz zeichnen. Um M mit Radius r den Umkreis geschlagen ergibt die Punkte A und C sowie B und D. Die Punkte miteinander verbunden, bilden ein Quadrat.

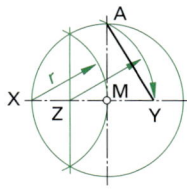 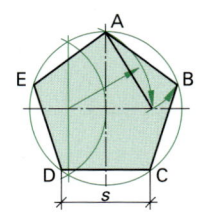

Regelmäßiges Fünfeck

Halbmesser $r = \overline{MX}$ halbiert, ergibt den Punkt Z. Um Punkt Z von Punkt A aus einen Kreisbogen geschlagen, ergibt Punkt Y. Die Strecke AY ist die Länge der Fünfeckseite, die auf dem Umkreis mit dem Zirkel abzutragen ist.

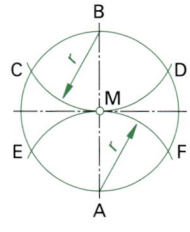 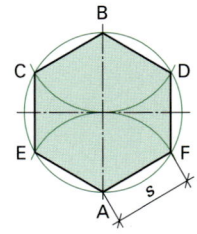

Regelmäßiges Sechseck

Kreisbögen mit dem Halbmesser r um A und B ergeben weitere Schnittpunkte C und D sowie E und F. Durch Verbinden der Punkte erhält man ein regelmäßiges Sechseck.

Sechseckseite s = Radius des Kreises r

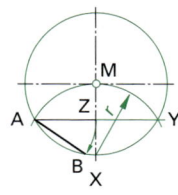 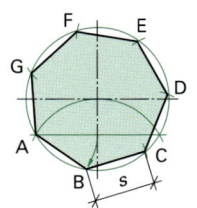

Regelmäßiges Siebeneck

Die Siebeneckseite AZ entspricht der halben Dreieckseite des gleichseitigen Dreiecks (siehe oben).

4

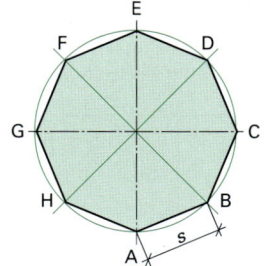

Regelmäßiges Achteck

Die Schnittpunkte der Mittelachsen mit dem Umkreis A, C, E und G sind die Eckpunkte eines Quadrats. Durch Errichten der Mittelsenkrechten auf den Quadratseiten erhält man auf dem Umkreis die zusätzlichen Eckpunkte des gleichmäßigen Achtecks B, D, F und H.

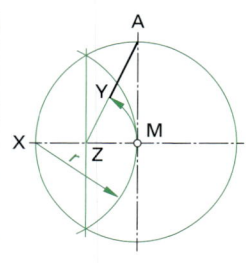
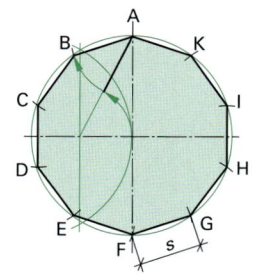

Regelmäßiges Zehneck

Halbmesser $r = \overline{MX}$ halbiert, ergibt Punkt Z. Punkt Z mit Punkt A verbinden. Um Punkt Z von Punkt M aus einen Kreisbogen geschlagen, teilt $\overline{AZ}$ so, dass sich von Punkt A aus die Zehneckseite ergibt. Diese ist auf dem Umkreis abzutragen.

Das regelmäßige Zehneck lässt sich auch aus dem regelmäßigen Fünfeck entwickeln, indem man auf den Fünfeckseiten die Mittelsenkrechten errichtet.

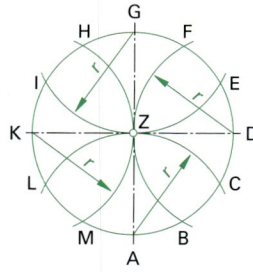
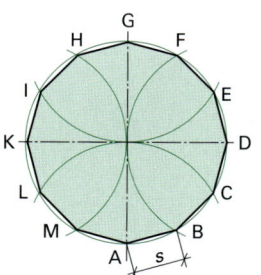

Regelmäßiges Zwölfeck

Um den Schnittpunkt der Mittelachsen mit dem Umkreis A, D, G und K Kreisbögen mit dem Halbmesser r geschlagen, ergeben sämtliche Eckpunkte des regelmäßigen Zwölfecks A, B … M.

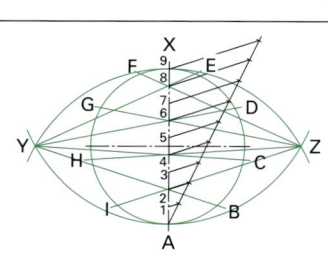
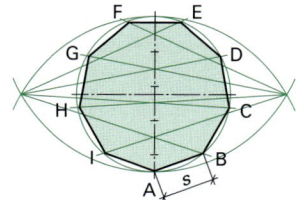

Allgemeine Vieleckkonstruktion

Durchmesser $d = \overline{AX}$ in so viele Teile teilen, wie das Vieleck Ecken haben soll (hier neun Teile). Um A und X Kreisbögen mit dem Durchmesser geschlagen, ergibt die Punkte Y und Z. Die von diesen Punkten über jeden zweiten Teilungspunkt hinausgezogenen Geraden schneiden den Umkreis und ergeben somit die Eckpunkte des gewünschten regelmäßigen Vielecks (hier Neuneck).

Eirund, Oval, Ellipse

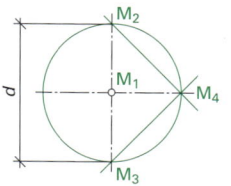
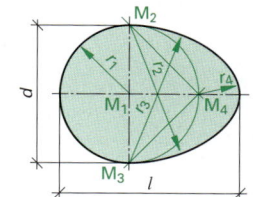

Eirund

Die Schnittpunkte der Mittelachsen mit dem Kreis ergeben die Einsatzpunkte M_2, M_3 und M_4 zum Zeichnen der Bogenstücke des Eirunds. Die Verbindungsgeraden der Punkte M_2 und M_4 bzw. M_3 und M_4 ergeben die Wechselpunkte der Bogenstücke.

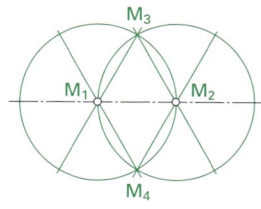
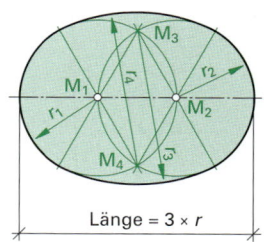

Länge = 3 × r

Oval mit zwei Kreisen

Zwei Kreise so zeichnen, dass sich jeweils Umfang des einen Kreises und Mittelpunkt des anderen Kreises schneiden. Die Schnittpunkte der Kreislinien sind die Mittelpunkte M_3 und M_4 der flachgebogenen Bogenstücke. Die Geraden durch die Mittelpunkte geben den Wechsel zwischen den Bogenstücken an. Die Länge des Ovals beträgt 3r, die Breite des Ovals ergibt sich.

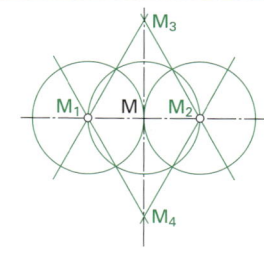
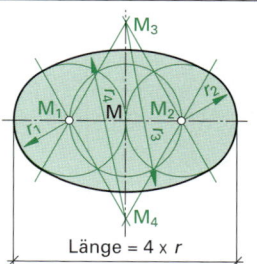

Länge = 4 × r

4

Oval mit drei Kreisen

Drei Kreise so zeichnen, dass sich jeweils Mittelpunkte und Kreislinien schneiden. Die Verbindungsgeraden der Schnittpunkte der Kreise mit den Mittelpunkten M_1 bzw. M_2 ergeben die Mittelpunkte M_3 und M_4 für die flachgebogenen Bogenstücke und die Wechselpunkte der Ovalbögen. Die Länge des Ovals beträgt 4 r, die Breite des Ovals ergibt sich.

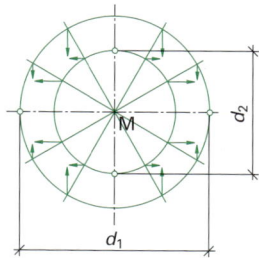
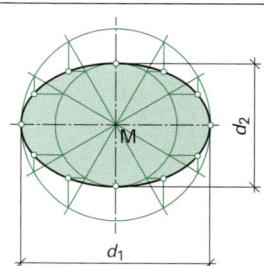

Ellipsenkonstruktion

Zwei Kreise mit den Durchmessern der kleinen und großen Achse zeichnen. Beliebig viele Durchmesser durch M ziehen. Durch die Schnittpunkte der Durchmesser mit dem großen Kreis senkrechte, durch die Schnittpunkte mit dem kleinen Kreis waagerechte Linien ziehen. Durch die Schnittpunkte der waagerechten und der senkrechten Linien geht der Umfang der Ellipse.

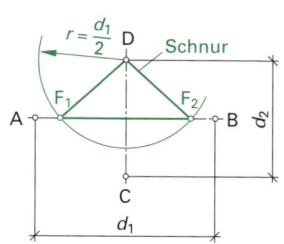
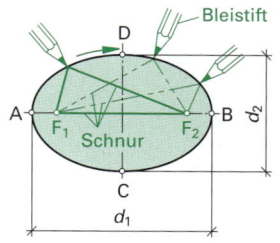

Ellipsenkonstruktion mit Schnur

Das Achsenkreuz mit d_1 und d_2 zeichnen, ergibt die Punkte A, B, C und D. Von C oder D einen Kreisbogen mit $d_1/2$ zur großen Achse geschlagen, markiert die Brennpunkte F_1 und F_2. Eine nicht dehnbare dünne Schnur über die Punkte F_1, D und F_2 spannen. Durch Führen eines Bleistifts an der Innenseite der Schnur entlang kann die Ellipse gezeichnet werden.

Bogenanschlüsse

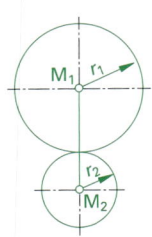
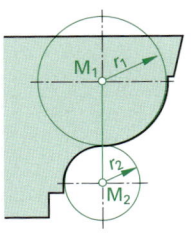

Karnies, liegend

Zwei Kreisbögen mit unterschiedlichen Radien werden so miteinander verbunden, dass sie eine Karnieslinie ergeben. Der Abstand der Mittelpunkte ist die Summe der Radien r_1 und r_2, die beim sogenannten Karnies eine gemeinsame Mittelachse haben.

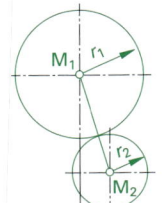
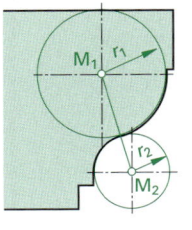

Karnies, stehend

Der Anschluss zweier Kreisbögen mit unterschiedlichen Radien bei versetzten Mittelpunkten ergibt einen stehenden Karnies. Die Länge der Verbindungslinie der beiden Mittelpunkte M_1 und M_2 ist die Summe der Radien, r_1 und r_2. Auf der Verbindungsgeraden der beiden Mittelpunkte liegt der Wechsel der Bogenanschlüsse.

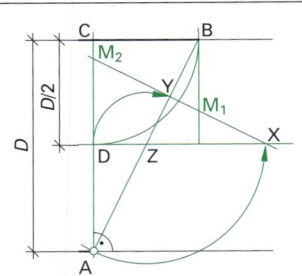
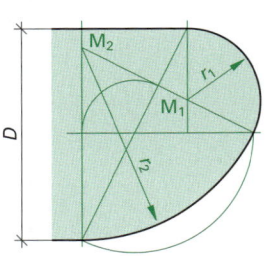

Einhüftiger Bogen

In Punkt A ein Lot errichtet, ergibt den Punkt C. Das Lot halbieren, ergibt Punkt D. Um Punkt C die Strecke D/2 auf die obere Kante abgetragen, ergibt den Punkt B. Die Strecke AB schneidet die Halbierungslinie in Punkt Z. Um Punkt Z Kreisbögen geschlagen mit $\overline{DZ}$ ergibt Punkt Y, mit $\overline{AZ}$ den Punkt X. Auf der Verbindungsgeraden $\overline{XY}$ liegen die Mittelpunkte M_1 und M_2.

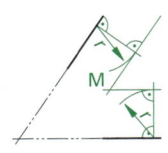
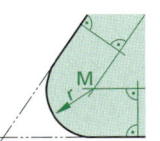

Ecken abrunden

Parallelen zu den Schenkeln des Winkels im Abstand von r ergeben den Schnittpunkt M, den Mittelpunkt für die Abrundung der Ecke mit dem Radius r.

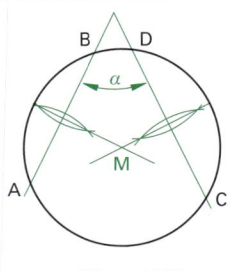
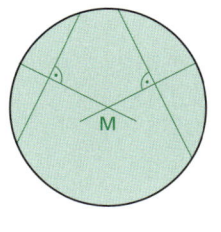

Bestimmung des Kreismittelpunktes

In einer vorhandenen kreisrunden Platte soll der Kreismittelpunkt bestimmt werden. In die Fläche zwei Sehnen einzeichnen, die zueinander einen Winkel α zwischen 45° und 90° bilden. Die Sehnen $\overline{AB}$ und $\overline{BC}$ halbieren und die Mittelsenkrechten errichten. Der Schnittpunkt der Mittelsenkrechten ist der Mittelpunkt der Kreisfläche.

$45° < \alpha \leq 90°$

4

Bogenkonstruktionen

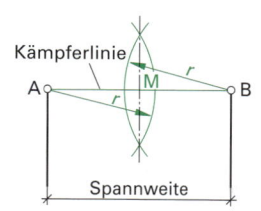
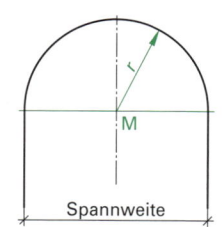

Rundbogen

Die Kämpferlinie $\overline{AB}$ halbiert, ergibt Punkt M, den Einsatzpunkt für das Zeichnen des Rundbogens mit r = Strecke AM und BM.

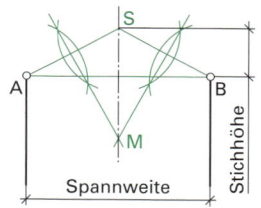
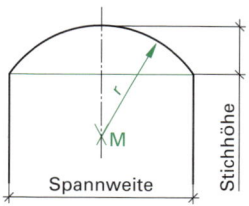

Stichbogen

Auf der Kämpferlinie $\overline{AB}$ die Mittelsenkrechte errichten. Hierauf die Stichhöhe abgetragen, ergibt den Scheitelpunkt S. Die Punkte A und B mit S verbinden. Die Mittelsenkrechten auf den Strecken $\overline{AS}$ und $\overline{BS}$ schneiden sich im Punkt M, dem Einsatzpunkt zum Zeichnen des Stichbogens mit r = MS.

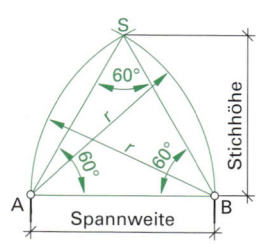
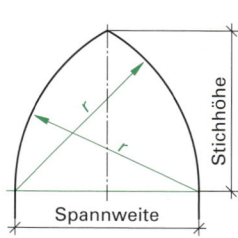

Gotischer Bogen

Mit der Spannweite um Punkt A und um Punkt B einen Kreisbogen mit $r = \overline{AB}$ geschlagen, ergibt den Scheitelpunkt S. Die Verbindung der Punkte A, B, S ergeben ein gleichseitiges Dreieck.

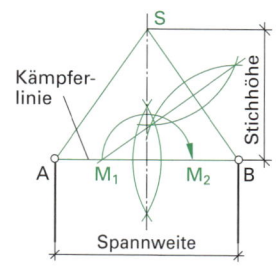
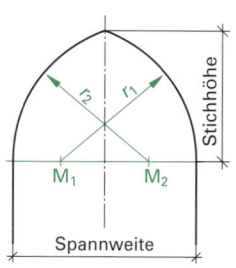

Gotischer Bogen, gedrückt

Auf der Kämpferlinie $\overline{AB}$ ein Mittellot errichten. Hierauf die Stichhöhe abgetragen, ergibt den Scheitelpunkt S. Die Stichhöhe muss kleiner als die Spannweite, aber größer als die halbe Spannweite sein. Die Mittelsenkrechte auf der Strecke $\overline{BS}$ schneidet die Kämpferlinie und ergibt den Einsatzpunkt M_1 zum Zeichnen des Bogens mit r_1.

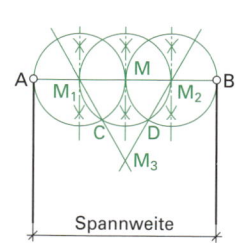
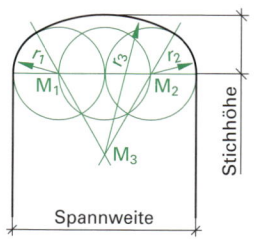

Korbbogen mit drei Grundkreisen

Kämpferlinie in vier Teile geteilt, ergibt die Mittelpunkte M_1, M und M_2 für die drei gleich großen Grundkreise. Die Gerade durch die Punkte M_1 und C, dem Schnittpunkt der Kreislinien, bzw. durch die Punkte M_2, und D ergibt den Punkt M_3 und die Wechselpunkte der Korbbogenlinie. Die Stichhöhe ergibt sich aus der Konstruktion.

4

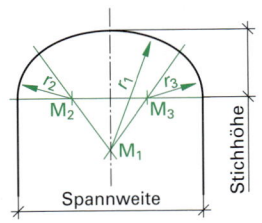

Korbbogen mit 3 Einsatzpunkten

Die Achsendifferenz a durch Kreisbogen um M mit der Höhe MS ermitteln und von S aus auf der Verbindungsgeraden AS abtragen, ergibt Punkt C. Auf AC die Mittelsenkrechte errichtet, ergibt die Punkte M_2 und M_1 sowie den Wechselpunkt der Bogenanschlüsse. M_2 um M nach rechts übertragen, ergibt M_3.

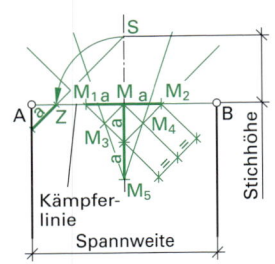
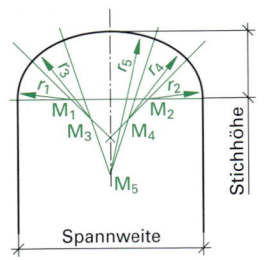

Korbbogen mit 5 Einsatzpunkten

Auf der Kämpferlinie MS abgetragen, ergibt Punkt Z. Durch Zeichnen der Verbindungsgeraden über den Punkt Z hinaus, erhält man die Strecke a. Strecke a von Punkt M aus auf der Kämpferlinie und zweimal auf dem Mittellot unter der Kämpferlinie abgetragen, ergibt die Einsatzpunkte M_1, M_2 und M_5. Die Einsatzpunkte M_3 und M_4 liegen in den Halbierungspunkten der Grundlinie des rechtwinkligen Dreiecks mit den Katheten a.

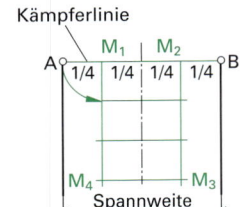
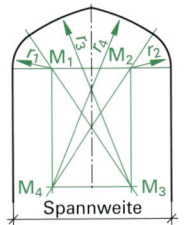

Kielbogen

Durch die Vierteilung der Spannweite erhält man die Einsatzpunkte M_1 und M_2, durch dreimaliges Abtragen der Viertelteilung unter die Kämpferlinie die Einsatzpunkte M_3 und M_4. Die Kreisbögen wechseln an den Verbindungsgeraden M_1 mit M_3 und M_2 mit M_4 sowie an der Symmetrieachse des Bogens.

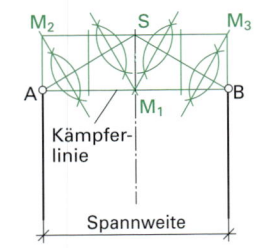
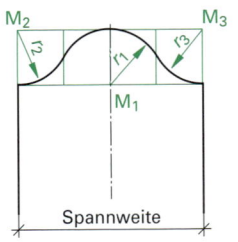

Karniesbogen

Scheitelpunkt S mit Widerlagerpunkt A und B verbinden. Durch Vierteilung der Kämpferlinie und Scheitellinie werden durch die Verbindungslinien auch die Strecken AS und BS geteilt. Durch Errichten der Mittellote auf den Teilstrecken AS und BS erhält man die Einsatzpunkte M_1, M_2 und M_3 zum Zeichnen des Karniesbogens.

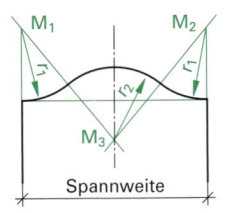

Flacher Karniesbogen

Die Kämpferlinie in 28 Teile teilen. Davon 11 Teile über Auflagerpunkt A bzw. B hinaus senkrecht abtragen, ergibt die Einsatzpunkte M_1 und M_2. Auf der Symmetrieachse 6 Teile nach unten abgetragen, ergibt den Einsatzpunkt M_3, nach oben abgetragen, den Scheitelpunkt des Karniesbogens.

4

4.4.2 Rechtwinklige Parallelprojektion

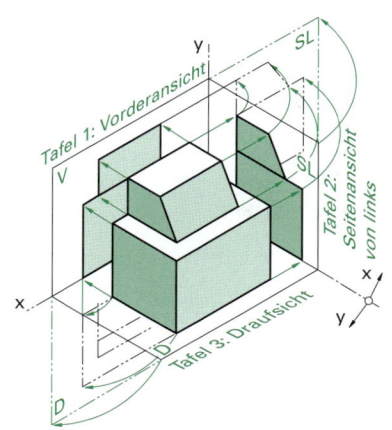

Die rechtwinklige Parallelprojektion stellt Körper in mehreren Ansichten dar, in der Vorderansicht, in der Seitenansicht und in der Draufsicht.

Projektionsmethode: Der Körper wird in der Regel parallel zu den Raumflächen in eine Raumecke gestellt, die aus drei Tafeln gebildet wird. Durch Sehstrahlen (Projektionslinien), die immer parallel zu den Raumkanten verlaufen, werden die Ansichten auf die Raumflächen projiziert. Schneidet man die Raumecke in Achse X/Y auseinander, erhält man durch Umklappung die drei Tafeln in einer Ebene. Die rechtwinklige Parallelprojektion wird auch Dreitafel-Projektion genannt. Nach dieser Vorstellung werden Körper in den Ansichten Vorderansicht, Seitenansicht und Draufsicht projiziert und wahre Größen und Flächen ermittelt.

Bei der **rechtwinkligen Parallelprojektion** (Dreitafelprojektion) nach DIN ISO 128-30 (auch DIN ISO 5456-2), liegt die Vorderansicht links von der Y-Achse und die Seitenansicht rechts von der Y-Achse. Die Draufsicht liegt unter der Vorderansicht.

Mit Hilfe der Projektionslinien, die immer rechtwinklig zu den Achsen verlaufen, können die Hauptansichten projiziert werden. In dem leeren Feld werden die Projektionslinien mit dem Zirkel oder unter 45° von Tafel 3 nach Tafel 2 (oder umgekehrt) herübergerissen. Die Strich-Doppelpunktlinie wird bei den rechtwinkligen Parallelprojektionen nicht gezeichnet.

Bei der Darstellung von **Möbelansichten** werden die Projektionslinien und auch die Y-Achse nicht gezeichnet. Die X-Achse wird zur breiten Standlinie. Auf die Draufsicht kann man verzichten, wenn diese nicht zur Klärung der Form des Möbels benötigt wird.

Bei der rechtwinkligen Parallelprojektion (orthogonalen Mehrtafelprojektion, Dreitafelprojektion) wird der abzubildende Gegenstand senkrecht auf mehrere (hier drei) gedachte Bildebenen abgebildet.

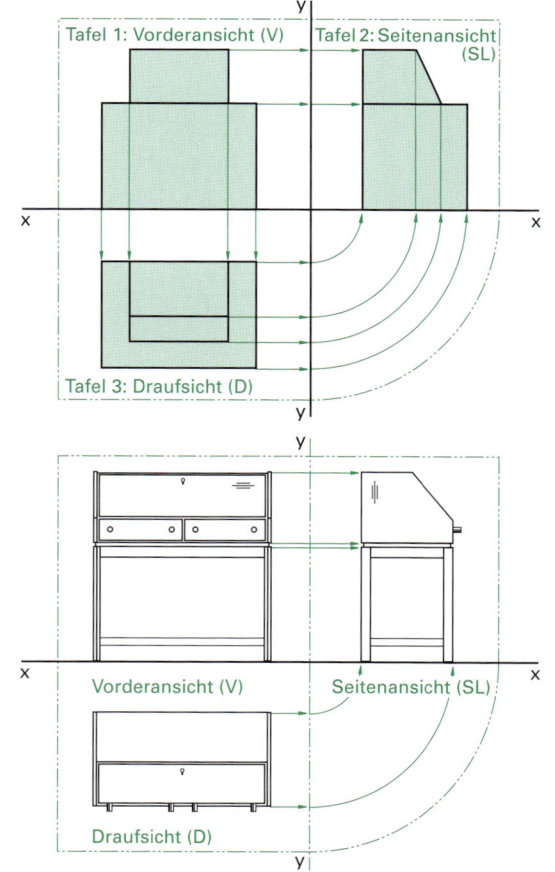

Lage der Ansichten und Schnitte

Bezeichnungen der Ansichten

V	Vorderansicht
SL	Seitenansicht von links
D	Draufsicht
SR	Seitenansicht von rechts
R	Rückansicht
U	Untersicht

Nach DIN ISO 128-30, Projektionsmethode 1 werden die Ansichten
in den Zeichnungen, bezogen auf
die Vorderansicht (Hauptansicht),
wie dargestellt angeordnet
(Normalprojektion).

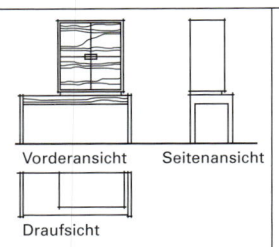

Vorderansicht   Seitenansicht

Draufsicht

Bei Möbeln wird die Vorderansicht, die Seitenansicht
von links und wenn nötig
die Draufsicht gezeichnet.

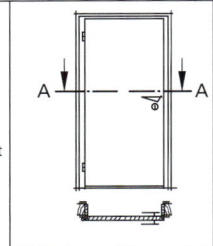

Bei Innentüren ist
die Öffnungsfläche
die Hauptansicht.

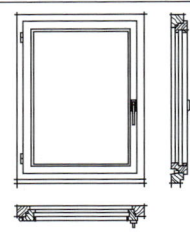

Bei Fenstern und Fens-
tertüren ist die Innen-
raumseite die Hauptan-
sicht.

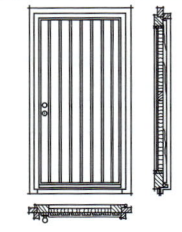

Bei Haustüren gilt die
Außenseite als Haupt-
ansicht.

Man unterscheidet
die Hauptschnitte:
Horizontalschnitt,   Schnitt A – A
Vertikalschnitt,   Schnitt B – B,
Frontalschnitt,   Schnitt C - C
und **Einzelheit Z**

Konstruktion und Material eines Werkstückes können in
Schnitten eindeutig dargestellt werden. Schnitte werden
sinngemäß wie die Ansichten angeordnet. Sie werden
rechtwinklig durch das Material geführt.
Die Schnittführung wird durch eine dicke Strich-Punkt-Linie
gekennzeichnet und erhält Pfeil und Großbuchstaben.
Besondere Einzelheiten werden durch eine Kreislinie eingerahmt und erhalten Großbuchstaben Z, Y oder X.

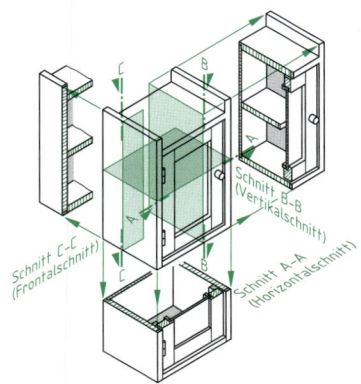

Schnitt C-C
(Frontalschnitt)

Schnitt B-B
(Vertikalschnitt)

Schnitt A-A
(Horizontalschnitt)

Schnitt C-C
Vorderansicht

Seitenansicht

Schnitt B-B

Schnitt A-A

Einzelheit Z   Unterboden

sichtbare
Kanten

4

4.4.3 Austragungen und wahre Größen

Sockel in der Form eines Pyramiden-stumpfes

Bei einem Körper mit quadratischem Grundriss genügen die Vorderansicht und die Seitenansicht zur vollständigen Klärung der Form. Die Seitenfläche wird um die Kante 3/4 herumgeklappt, um mit der wahren Höhe und den Breiten aus der Draufsicht die wahre Größe der Fläche zu konstruieren.

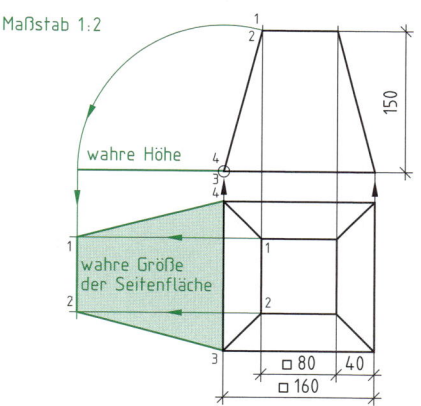

Maßstab 1:2

wahre Höhe

wahre Größe der Seitenfläche

150

□ 80 40
□ 160

Ermittlung der wahren Größen der Seitenflächen

Ermittlung der Gehrung bei einem Trichter

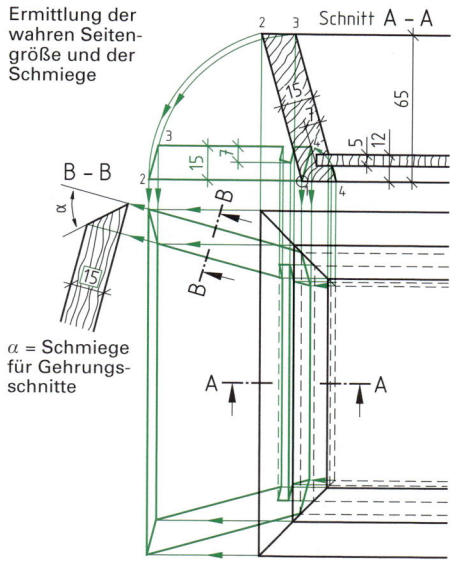

Ermittlung der wahren Seitengröße und der Schmiege

Schnitt A – A

B – B

α = Schmiege für Gehrungsschnitte

wahre Größe der Seite   Draufsicht Kasten

Ermittlung eines Profils bei falscher Gehrung

Bei der Projektion kreisrunder Körper werden die Kreise in Segmente eingeteilt um Punkte auf der Kreislinie zu erhalten. Diese werden dann in der Höhe über die echte Gehrung und in der Breite über die falsche Gehrung projiziert. Die Schnittpunkte ergeben den verzogenen Verlauf der Profillinie.

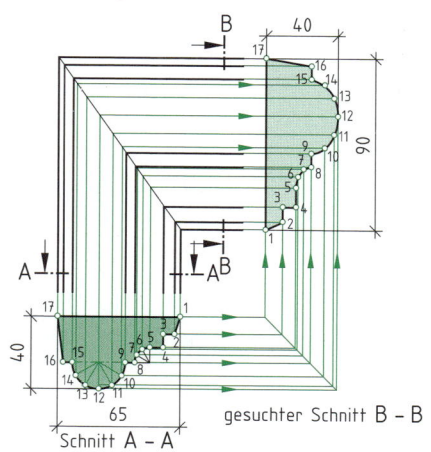

gesuchter Schnitt B – B

Schnitt A – A

Projektion eines Handlaufkrümmlings

Der Handlauf ist durch seinen Querschnitt, durch die Steigungshöhe und den Krümmungsradius bestimmt. Die Ansichten ergeben sich durch Projektion der Segmentpunkte in der Draufsicht und den gleichmäßigen Teilen der Steigungshöhe in der Ansicht.

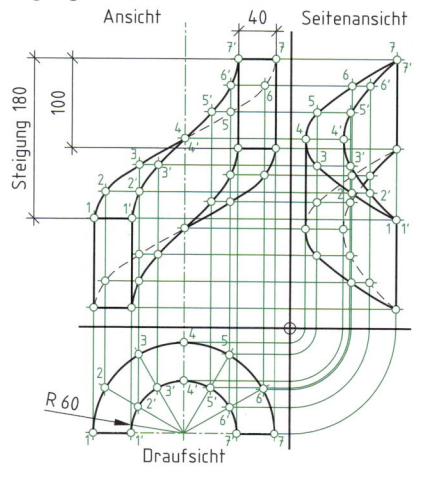

Ansicht   40   Seitenansicht

Steigung 180   100

R 60

Draufsicht

4

Austragung eines schrägen Fußes

Bei der Austragung des schrägen Fußes bei einem Fußgestell, müssen die Querschnittsform der Zarge und die Querschnittsform des Fußes ermittelt werden. Beide haben bei dieser Fußgestellkonstruktion keine rechtwinkligen Querschnitte. Ferner ist die Schmiege zum Ablängen des Fußes und der Zarge zu ermitteln.

Zunächst ist Vorderansicht und Draufsicht des Fußgestells zu zeichnen. Durch das Einzeichnen der Zarge in die Vorderansicht, wird die Form der Zarge geklärt. Durch das Herumklappen der Zarge erhält man deren Draufsicht und damit die Schmiege S_3 zum Absetzen der Zarge. Der Fuß wird um Punkt X parallel zur Vorderansicht gedreht. Die Vorderansicht wird mit dem gedrehten Fuß ergänzt. Da die Breite B des Fußes in wahrer Größe bleibt, kann nun der wahre Querschnitt des Fußes mit der Schmiege S_1 eingezeichnet werden. An der Standfläche des gedrehten Fußes ergibt sich die Schmiege S_2 für das Ablängen des Fußes. (Die Schräge des Fußes wurde zur besseren Klärung der Aufgabe übertrieben).

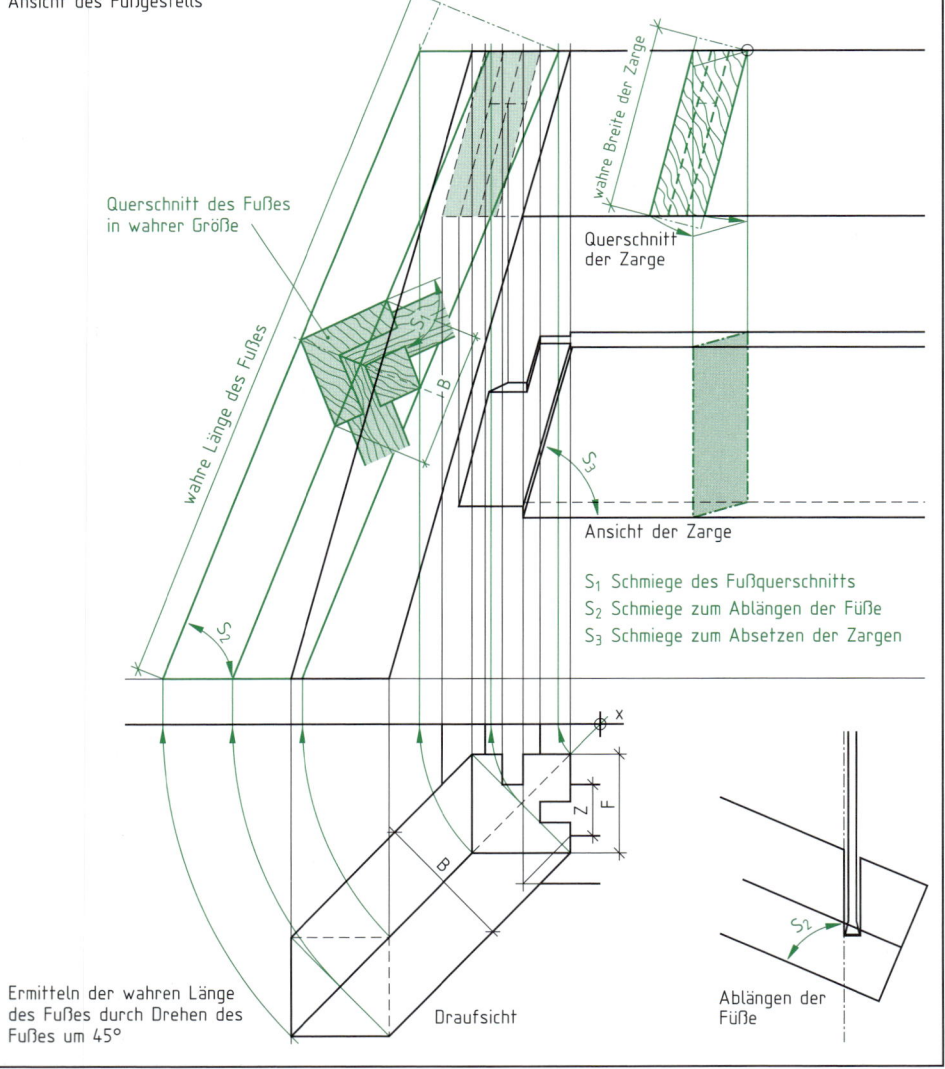

Ansicht des Fußgestells

wahre Breite der Zarge

Querschnitt des Fußes
in wahrer Größe

Querschnitt
der Zarge

wahre Länge des Fußes

Ansicht der Zarge

S_1 Schmiege des Fußquerschnitts
S_2 Schmiege zum Ablängen der Füße
S_3 Schmiege zum Absetzen der Zargen

Ermitteln der wahren Länge
des Fußes durch Drehen des
Fußes um 45°

Draufsicht

Ablängen der
Füße

4.4 Grundkonstruktionen

Ausstellungspodest

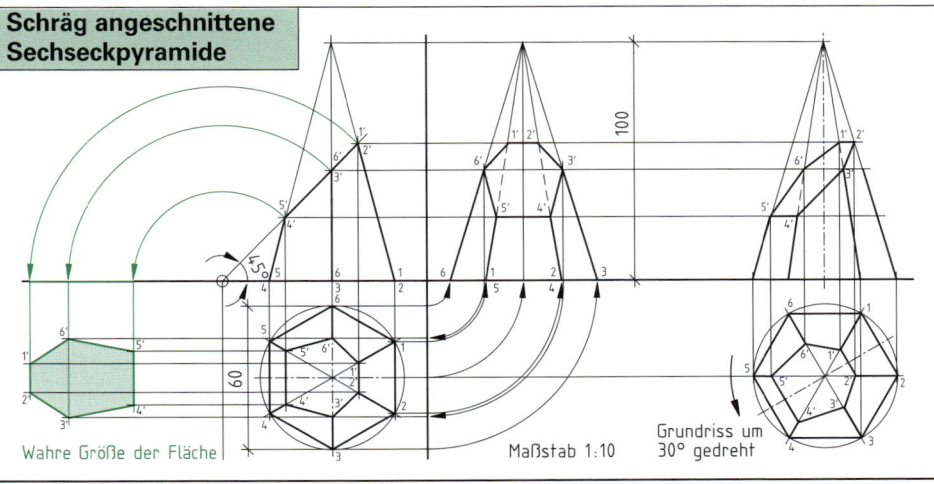

45°

800

600

Wahre Größe
der Fläche

Maßstab 1:10

Grundriss um 30° gedreht

Ausstellungskästen

45°

800

600

Wahre Größe
der Deckfläche

Maßstab 1:10

Grundriss um
22,5° gedreht

Schräg angeschnittene Sechseckpyramide

45°

100

60

Wahre Größe der Fläche

Maßstab 1:10

Grundriss um
30° gedreht

4.4 Grundkonstruktionen

4.4.4 Parallelprojektionen

Bei Parallelprojektionen verlaufen alle parallelen Kanten eines Körpers in gleicher Weise parallel zueinander. Mit ihrer Hilfe lassen sich Körper vereinfacht räumlich darstellen. Man unterscheidet Isometrie, Dimetrie und schräge Parallelprojektion (Axonometrische Darstellungen nach DIN ISO 5456-3; ersetzt DIN 5 Blatt 1 und Blatt 2).

Isometrie (DIN 5, Blatt 1)

Die Isometrie ist eine axonometrische Projektion, die auf die drei Hauptachsen aufbaut. Die X-Achse und die Y-Achse laufen unter 30° zur Waagerechten in die Tiefe, die Z-Achse ist die Senkrechte. Die parallel zu diesen Achsen verlaufenden Strecken werden unverkürzt dargestellt. Kreise werden zu Ellipsen.

Die Isometrie wird dann für körperliche Darstellungen angewendet, wenn man in Seitenansicht, Vorderansicht und Draufsicht Wesentliches klären will.

Seitenverhältnis: a : b : c = 1 : 1 : 1

Winkel zur Waagerechten:
X-Achse 30°,   Y-Achse 30°

Achsenverhältnis Ellipsen: 1 : 1,7

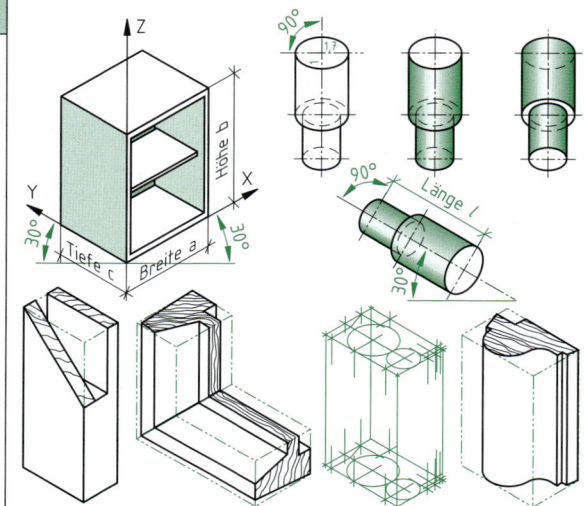

Dimetrie (DIN 5, Blatt 2)

Die Dimetrie ist eine axonometrische Darstellung, die sich besonders für körperliche Darstellung eignet, wenn in der Vorderansicht Wesentliches klar gezeigt werden soll. Die in die Tiefe laufenden Linien werden um die Hälfte verkürzt

Seitenverhältnis: a : b : c = 1 : 1 : $\frac{1}{2}$

Achsenverhältnis Ellipsen:
Vorderfront 9 : 10; Seitenansicht 1 : 3

Winkel zur Waagerechten:
X-Achse 42°;   Y-Achse 7°

Schräge Parallelprojektion

Bei der schrägen Parallelprojektion wird die Vorderansicht des Körpers maßstabsgerecht gezeichnet. Die in die Tiefe laufenden Linien werden nicht verkürzt (bei einem Winkel von 30°) oder auf $\frac{2}{3}$ verkürzt (bei einem Winkel von 45°) gezeichnet.

Seitenverhältnis:
a : b : c = 1 : 1 : $\frac{2}{3}$ (bei 45°)
a : b : c = 1 : 1 : 1   (bei 30°)

Winkel zur Waagerechten:
X-Achse 0°,   Y-Achse 45° oder 30°

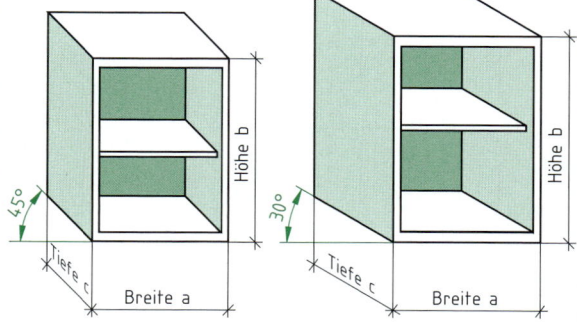

4.5 Perspektive

Perspektiven entsprechen der fotorealistischen Darstellung. Die Bilder werden durch die Strahlenbündel, die durch die Blendenöffnung oder Pupille dringen, auf dem Film und auf der Netzhaut im Auge auf dem Kopf stehend abgebildet.

- **Bildebene:** Bei der konstruierten Perspektive ist die Bildebene vor dem „Augpunkt" anzuordnen. Liegt sie zwischen Augpunkt und Objekt, wird das Objekt kleiner abgebildet, liegt sie hinter dem Objekt, erscheint das Objekt größer. Liegt die Bildebene am Gegenstand, so wird die an der Bildebene anliegende Kante in wahrer Größe abgebildet. Bei einer sogenannten Netzhaut-Perspektive kann die Bildebene auch als konvex gekrümmte Fläche gezeichnet werden.
- **Standpunkt:** Der Standpunkt liegt vom Objekt etwa die 1,5-fache größte Ausdehnung des Objekts oder der Horizonthöhe entfernt. Eine weitere Entfernung vom Objekt lässt das Objekt ausdruckslos erscheinen, ein zu naher Standpunkt verzerrt die Perspektive des Objekts.
- **Augpunkt:** Der Augpunkt liegt über dem Standpunkt. In ihm treffen sich alle Sehstrahlen.
- **Sehstrahlen:** Die Sehstrahlen bilden das Stahlenbündel, das vom Objekt in den Augpunkt gelangt. Sehstrahlen geben den Bildausschnitt an. Der Öffnungswinkel des Strahlenbündels darf nicht mehr als 50° betragen. In der Mitte des Strahlenbündels liegt der Hauptsehstrahl.
- **Horizont:** Er liegt auf der Augenhöhe des Betrachters. Sie sollte bei Möbeln 1,50 m und bei Räumen im allgemeinen 1,60 m betragen. Da in der Regel die Senkrechten in der Perspektive senkrecht gezeichnet werden, darf der Horizont nicht zu hoch liegen.
- **Fluchtpunkt:** Die Fluchtpunkte liegen auf dem Horizont. Die jeweils parallel im oder am Objekt in die Tiefe verlaufenden Linien treffen in einem Fluchtpunkt zusammen.
- **Messpunkt:** Messpunkte sind Hilfspunkte für die vereinfachte Konstruktion der perspektivischen Breitenteilung. Messpunkte liegen auch auf dem Horizont.

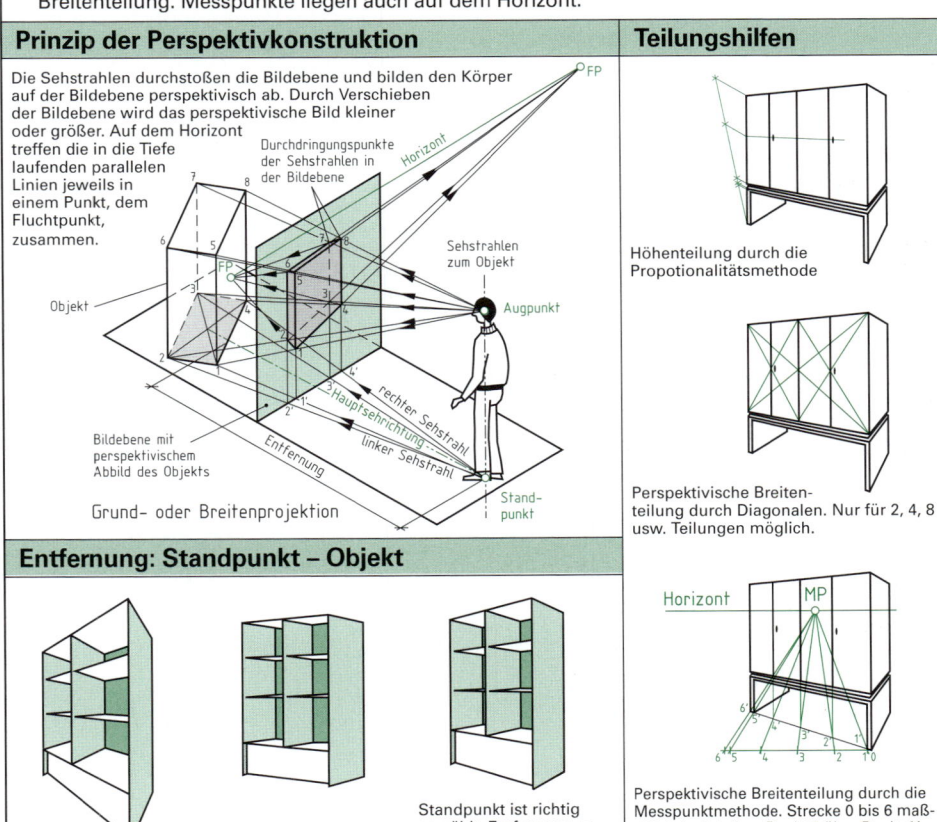

Prinzip der Perspektivkonstruktion

Die Sehstrahlen durchstoßen die Bildebene und bilden den Körper auf der Bildebene perspektivisch ab. Durch Verschieben der Bildebene wird das perspektivische Bild kleiner oder größer. Auf dem Horizont treffen die in die Tiefe laufenden parallelen Linien jeweils in einem Punkt, dem Fluchtpunkt, zusammen.

Durchdringungspunkte der Sehstrahlen in der Bildebene

Sehstrahlen zum Objekt

FP

Horizont

Augpunkt

Objekt

rechter Sehstrahl

Hauptsehrichtung

linker Sehstrahl

Entfernung

Standpunkt

Bildebene mit perspektivischem Abbild des Objekts

Grund- oder Breitenprojektion

Entfernung: Standpunkt – Objekt

Standpunkt ist zu nah, Bild ist verzerrt.

Standpunkt ist zu weit, Bild ist zu ausdruckslos.

Standpunkt ist richtig gewählt, Entfernung ca. 1,5-fache größte Objektausdehnung oder Horizonthöhe.

Teilungshilfen

Höhenteilung durch die Propotionalitätsmethode

Perspektivische Breitenteilung durch Diagonalen. Nur für 2, 4, 8 usw. Teilungen möglich.

Horizont   MP

Perspektivische Breitenteilung durch die Messpunktmethode. Strecke 0 bis 6 maßstäblich einteilen. Punkt 6 über Punkt 6' verbinden, ergibt Messpunkt MP auf dem Horizont zur Ermittlung der übrigen Teilungspunkte 1' bis 5'.

4.5.1 Übereck-Perspektive

Bei einer Übereck-Perspektive ist die Hauptsehrichtung nicht rechtwinklig auf das Objekt gerichtet. Die Horizontalen eines rechtwinkligen Körpers (Quader) laufen auf zwei Fluchtpunkte zu, die auf dem Horizont liegen. In dieser Übereck-Perspektivkonstruktion bleiben die Senkrechten senkrecht.

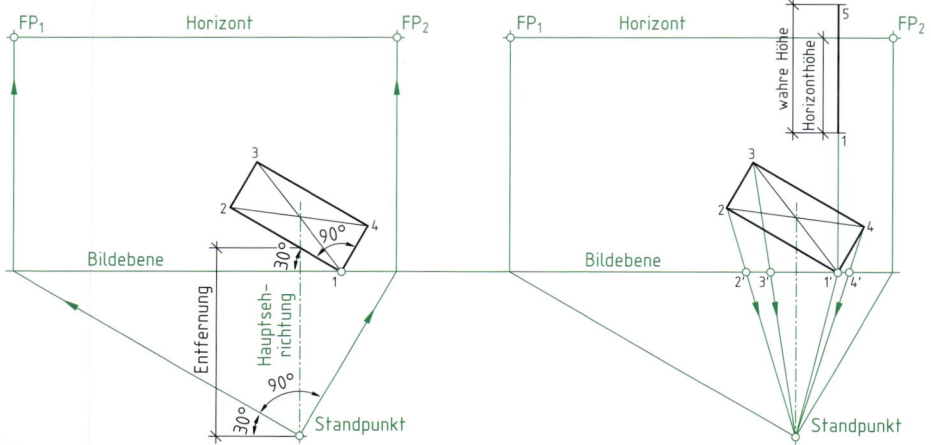

Schritt 1

Grundriss des Objekts im Winkel von 30°/60° zeichnen. Durch den Schnittpunkt der Diagonalen des Grundrisses geht der Hauptsehstrahl. Den Standpunkt festlegen. Seine Entfernung vom Objekt beträgt das 1,5-fache der größten Ausdehnung des Objekts oder der Horizonthöhe. Bildebene durch einen Punkt des Objekts zeichnen. Horizont festlegen, entweder über oder unter die Bildebene oder genau mit ihr deckungsgleich. Auf dem Horizont liegen die Fluchtpunkte. Sie werden durch Parallelen zu den Körperkanten des Objekts vom Standpunkt aus bis zu den Schnittpunkten mit der Bildebene und durch Übertragen dieser Schnittpunkte auf den Horizont gefunden.

Schritt 2

Einzeichnen der Sehstrahlen vom Standpunkt bis zu den Eckpunkten des Objekts. Auf der Bildebene ergeben sich durch die Schnittpunkte der Sehstrahlen mit der Bildebene die Lage der Breitenlinien. Die Bildebene geht durch Punkt 1 des Objekts. Hier hat die Breitenlinie die wahre Höhe. Sie wird vom Horizont aus eingemessen.

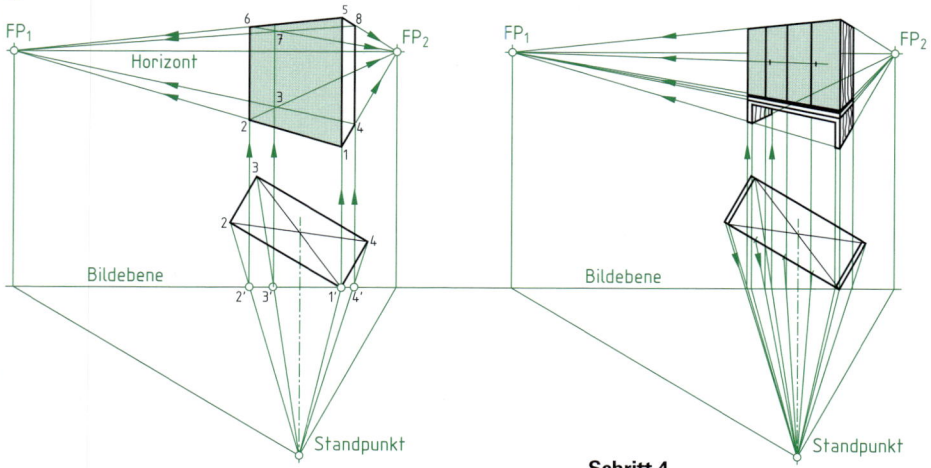

Schritt 3

Die festgelegten Höhenpunkte 1 und 5 können mit den Fluchtpunkten verbunden werden. Durch das Schneiden der Breitenlinien ergeben sich die anderen Eckpunkte.

Schritt 4

Einzeichnen der weiteren Teilungslinien in der Höhe und in der Breite, entweder aus der Grundprojektion oder über die wahre Höhe.

4.5.2 Zentralperspektive

In Zentralperspektiven trifft der Hauptsehstrahl senkrecht auf die Ansichtsfläche. Waagerechte bleiben in der Frontalansicht waagerecht und Senkrechte senkrecht. Dadurch ergibt sich eine einfache Konstruktion.

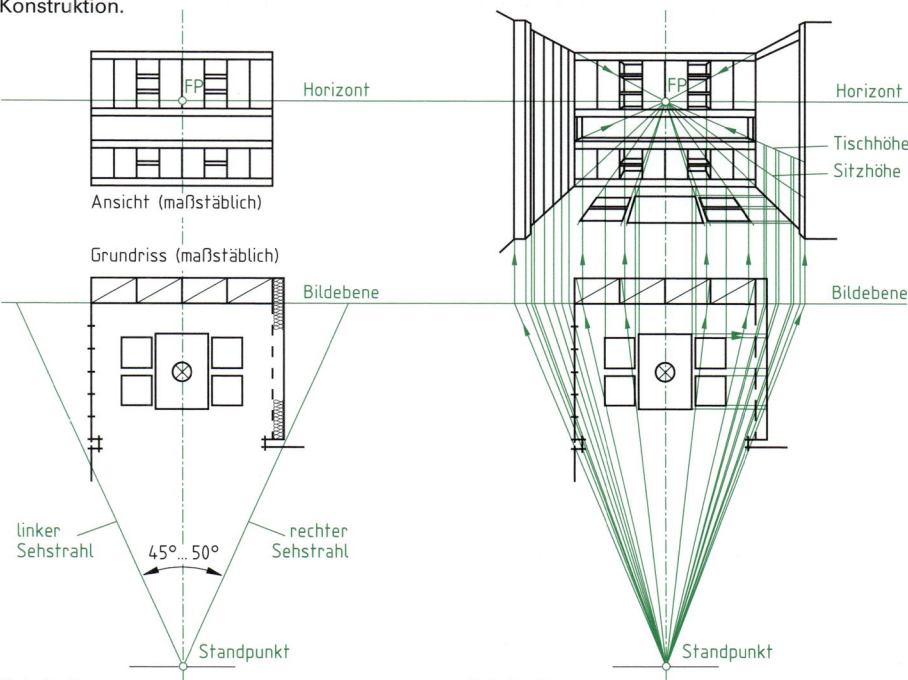

Schritt 1

Grundriss und Wandansicht maßstäblich übereinanderzeichnen. Die Bildebene im Grundriss in die Vorderfront der Schrankwand und den Horizont ca. 1,60 m hoch in die Ansicht legen. Der Fluchtpunkt liegt auf dem Horizont, bei der Zentralperspektive in der Mitte der Ansicht. Der Öffnungswinkel der äußeren Sehstrahlen darf max. 50° betragen.

Schritt 2

Vom Standpunkt aus sind die Teilungen aus dem Grundriss bis zur Bildebene hin zu übertragen und dann senkrecht hochzureißen. Für die Sitzgruppe sind Hilfslinien auf Boden und Wand zu projizieren. Die wahren Größen liegen auf der Vorderfront der Ansicht. Verbindungen mit dem Fluchtpunkt ergeben das perspektivische Bild.

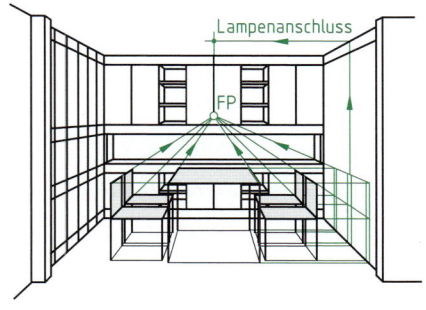

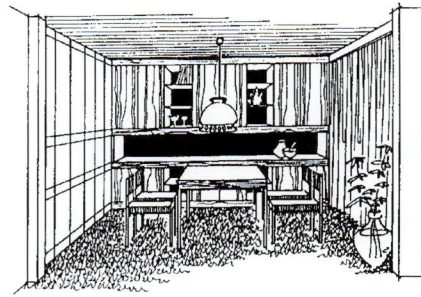

Schritt 3

Aus dem perspektivischen Grundriss der Sitzgruppe und den Hilfslinien an der Wand können Stühle und Tisch gezeichnet werden.

Schritt 4

Perspektive ausziehen und anlegen, um die räumliche Wirkung zu erhöhen.

4.6 Grundlagen der Gestaltung

Das Quadrat als Gestaltungsmodul (Beispiele)

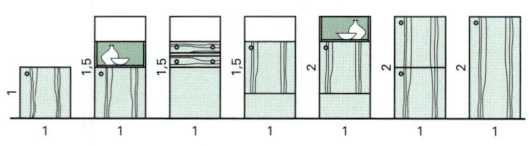

Das **Quadrat** ist bei der Gestaltung als Grundmodul beliebt. Die Flächen sind entweder ein Vielfaches eines Quadrats oder die Ausgangsfläche für die Konstruktion von Rechtecken. Das Quadrat wirkt auf der Basis liegend ruhig und ausgeglichen.

Die Goldenen Rechtecke

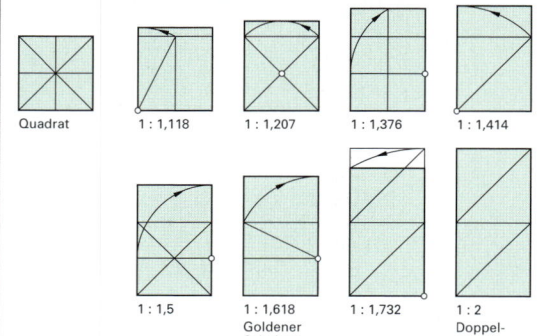

Quadrat   1 : 1,118   1 : 1,207   1 : 1,376   1 : 1,414

1 : 1,5   1 : 1,618 Goldener Schnitt   1 : 1,732   1 : 2 Doppelquadrat

Rechteckformate können liegend oder stehend sein. Stehende Rechtecke weisen eine vertikale Ausdehnungstendenz, liegende eine horizontale Ausdehnungstendenz auf.

Die sogenannten **goldenen Rechtecke** werden aus einem Quadrat als Grundmodul konstruiert, indem sich harmonische Verhältnisse der beiden Rechteckseiten ergeben. Der Goldene Schnitt gehört zu ihnen.

Beim **Goldenen Schnitt** verhalten sich die Seiten im Verhältnis 3:5, 5:8, 8:13 usw.

Harmonisch klingende Proportionen

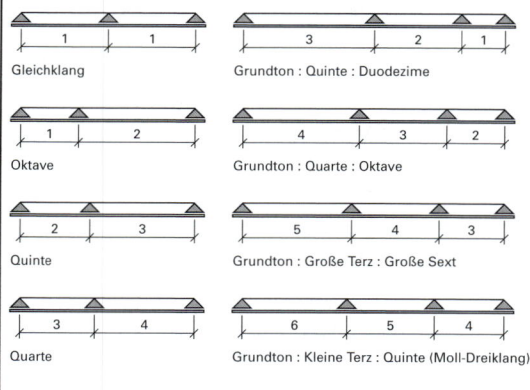

Gleichklang — 1 : 1

Grundton : Quinte : Duodezime — 3 : 2 : 1

Oktave — 1 : 2

Grundton : Quarte : Oktave — 4 : 3 : 2

Quinte — 2 : 3

Grundton : Große Terz : Große Sext — 5 : 4 : 3

Quarte — 3 : 4

Grundton : Kleine Terz : Quinte (Moll-Dreiklang) — 6 : 5 : 4

Harmonische Proportionen

Beim Versuch Harmonien zu beweisen, wurden Saiten über flexible Böcke gespannt. Durch verschieben der Böcke gab es bei den nebenstehenden Saitenabschnitten hörbare Harmonien. Das Verhältnis des Goldenen Schnittes ist ebenfalls darunter.

Die drei Grundregeln der Gestaltung:
- Wahrheit in Material, Funktion und Form
- Klarheit in der Form, Einfachheit in der Konstruktion und sinnvoll in der Funktion
- Sparsamkeit in der Verwendung gestalterischer Mittel und Zurückhaltung in Dekor und Farbe

Gliederung der Möbelfront

 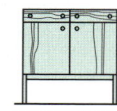 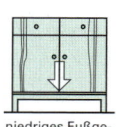 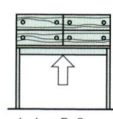

viele unterschiedliche Funktionen, unklar, unausgewogen

klare Gliederung, ausgewogen

niedriges Fußgestell. Möbel wirkt sehr schwer

hohes Fußgestell. Möbel wirkt leicht

Möbelfronten, besonders kleiner Möbelstücke, dürfen nicht zu viele verschiedene Funktionen enthalten. Kleine Möbelflächen benötigen eine klare Gliederung, Ruhe und Ausgewogenheit.

Fußgestelle mit geringer Höhe und dicken Füßen lassen ein Möbel schwer erscheinen, höhere Fußgestelle aus geringeren Querschnitten machen das Möbel leichter und grazil.

4

4.6 Grundlagen der Gestaltung

Maße der Menschen

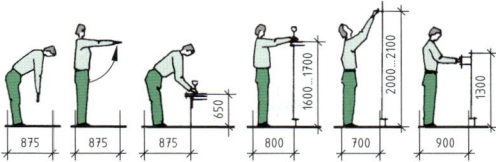

Greifbereiche und Greifhöhen

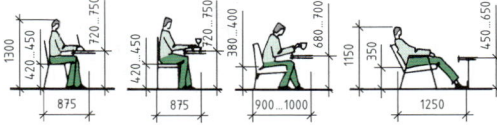

Sitz- und Tischhöhen beim Schreiben, Speisen und Plaudern

Büroarbeitsplätze – Computerarbeitsplätze

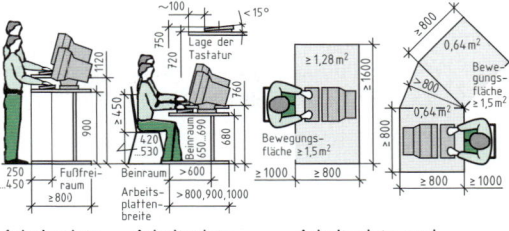

Arbeitsplatz im Stehen   Arbeitsplatz im Sitzen   Arbeitsplatz- und Arbeitsflächengröße

Maße verschiedener Gegenstände

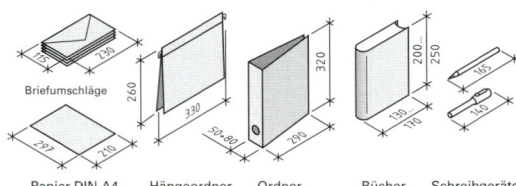

Briefumschläge   Papier DIN A4   Hängeordner   Ordner   Bücher   Schreibgeräte

Gläser, Geschirr und Besteck

Sektglas   Weißweinglas   Rotweinglas   Cognacglas   Saftglas   Bestecke

Frühstücksteller   Essteller   Kaffeetasse   Kaffeekanne   Weinflasche   Likörflasche

---

Für die Gestaltung der Möbel sind die **Maße der Menschen** im Stehen und Sitzen, die Greifbereiche und die Greifhöhen, die Arbeitshöhen, der Sitz und Tischhöhen, die Größe der Liegeflächen sowie die Maße der unterzubringenden Gegenstände zu beachten.

Vorschriften, Verordnungen und Bestimmungen (Auszug):

DIN 2137   Büro- und Datentechnik
DIN 4543   Büroarbeitsplätze, Flächenbedarf für Büroeinrichtungen
DIN 4545   Büromöbel, Registratur und Karteischränke
DIN 4549   Büromöbel, Schreibtische, Schreibmaschinentische
DIN 4551   Bürodrehstuhl
DIN 4556   Büromöbel, Fußstützen
DIN 33402   Körpermaße des Menschen
DIN 66234   Bildschirmarbeitsplätze
DIN 68970   Tisch und Stuhl für den allgemeinen Unterricht

4

Maße verschiedener Möbel
(Breite/Tiefe/ Höhe in mm)

Anrichten: 1200 … 2400/420 … 500/750 … 950
Geschirrschränke: 1350 … 1400/420 … 500/1280 … 1350
Hocker: 380 … 450/380 … 450/380 … 450
Kinderbetten: 1300/650/900 … 1000; 1400/700/900 … 1000; 1500/750/900 … 1000
Kleiderschränke:
1000 … 1250/580 … 650/1650 … 1900, Breite oft unbegrenzt, bei geschosshohen Schränken 2300 … 2400
Kommoden:
850 … 1100/460 … 500/720 … 1100
Küchenoberschränke:
400 … 1200/350 … 400/600 … 650
Küchenunterschränke:
400 … 1200/580 … 620/850 … 900
Küchenhochschränke:
400 … 600/580 … 620/2000 … 2100
Schreibmaschinentische:
900 … 1300/500 … 650/650 … 700
Schreibsekretäre:
800 … 1100/400 … 520/1100 … 1350
Schreibtische: 1400/700/720 … 750; 1600/800/720 … 750; 1800/900/720 … 750; 2000 … 2400/1000/720 … 750
Servierwagen: 750/450/580 … 650
Sessel: 700 … 800/700 … 850/360 … 420
Stühle: 380 … 500/400 … 600/400 … 450
Wäscheschränke:
1000 … 1800/460 … 520/1650 … 1900
Wohnzimmerschränke:
1000 … 2400/380 … 450/800 … 1300

207

4.6 Grundlagen der Gestaltung

Kleidung und Wäsche

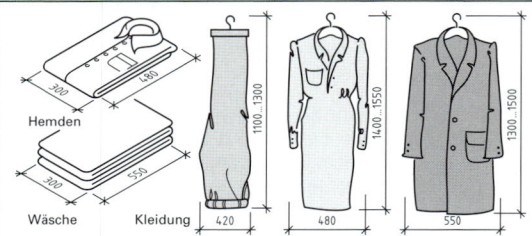

Die unterzubringenden Gegenstände bestimmen die Größe der Möbel und Einbauschränke; die Höhen der Gläser, die Durchmesser der Teller, die Länge der Bestecke die Maße der Geschirrschränke; die Größe der zusammengelegten Wäschestücke die Maße der Wäscheschränke und die Länge und Breite der Kleidungsstücke die Maße der Kleiderschränke.

Konstruktion

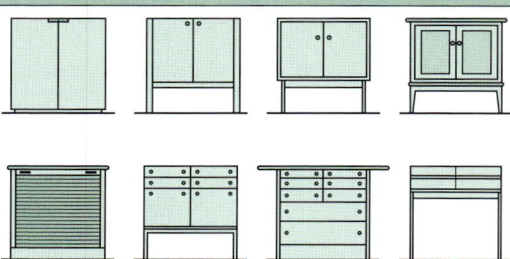

Die Konstruktion beeinflusst die Gestaltung. Stumpf aufschlagende Plattentüren ergeben zum Beispiel ein flächiges, schlichtes Möbel. Einschlagende, zurückspringende Türen werden durch die Korpusseiten eingerahmt. Die Gestalt des Möbels wird davon bestimmt, ob man Stollen, Wangen, Fußgestelle oder Sockel verwendet, oder ob in die Front glattflächige Türen, Rahmentüren, Rolläden oder Schubkästen eingebaut werden.

Beschläge

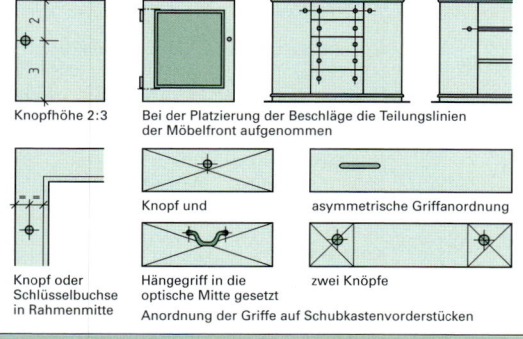

Knopfhöhe 2:3

Bei der Platzierung der Beschläge die Teilungslinien der Möbelfront aufgenommen

Knopf und   asymmetrische Griffanordnung

Knopf oder Schlüsselbuchse in Rahmenmitte

Hängegriff in die optische Mitte gesetzt   zwei Knöpfe

Anordnung der Griffe auf Schubkastenvorderstücken

Beschläge beeinflussen die Gestaltung der Tischlerarbeiten. Deshalb sind sie überlegt und passend zum Erzeugnis auszusuchen und müssen auf dem Möbel richtig platziert werden. Knöpfe, Griffe oder Schlüsselbuchsen können zwar in die Mitte des Frontteils gesetzt werden, rutschen dann aber optisch durch die perspektivische Betrachtung des Möbels aus der Mitte heraus. Bei Rahmentüren gehören die Knöpfe oder Schlüsselbuchsen auf den Rahmen und nicht in die Füllung und hier in die Rahmenmitte. Bei Schlössern ist dann besonders das Dornmaß zu berücksichtigen.

Profile

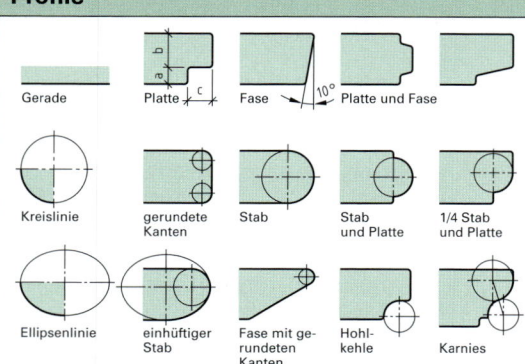

Gerade   Platte   Fase   Platte und Fase

Kreislinie   gerundete Kanten   Stab   Stab und Platte   1/4 Stab und Platte

Ellipsenlinie   einhüftiger Stab   Fase mit gerundeten Kanten   Hohlkehle   Karnies

Profile werden aus den Elementen Gerade, Kreis- oder Ovallinien gebildet. Profile stellen ein Schmuckelement dar und können die Griffigkeit der Kanten verbessern oder durch Lichtbrechungen harte oder weiche Übergänge von der Kante zur Fläche schaffen. Ein Profil an hervortretender Stelle, wie das Kranzgesims oder die Plattenkante, bildet in der Regel die Dominante, der sich alle anderen Profile in gleichem Profilcharakter unterzuordnen haben. Bei jeder Profilierung ist auf einen spannungsreichen, harmonischen Profilablauf zu achten. Langweilige Abtreppungen und auch Häufungen verschiedener Profilelemente sind zu vermeiden.

4

4.7 Linienarten

Die Linie ist ein wichtiges Element der technischen Zeichnung. Es ist zwischen verschiedenen Linienbreiten und Liniendicken zu unterscheiden. Dadurch werden Kontraste geschaffen, die die Aussagekraft und die Lesbarkeit der Zeichnung wesentlich erhöhen.

Linienarten und ihre Anwendung (nach DIN 15, DIN ISO 128-20 und DIN 919)

Linienart		Liniengruppe 0,7 | 0,5 Linienbreite in mm		Anwendungen vorzugsweise nach DIN 15 Teil 2 und DIN ISO 128-24 und zusätzliche Anwendungen	
A	Volllinie, breit	0,7	0,5	1 sichtbare Kanten 2 sichtbare Umrisse	3 Fugen in Schnittflächen 4 Boden-, Wand- und Deckenlinien in Ansichten
B	Volllinie, schmal	0,35 (0,25)[1]	0,25 (0,18)[1]	1 Lichtkanten 2 Maßlinien 3 Maßhilfslinien 4 Hinweislinien 5 Schraffuren zur Werkstoff-Kennzeichnung 6 Umrisse am Ort eingeklappter Schnitte 7 Mittellinienkreuz 9 Maßlinienbegrenzung	10 Diagonalkreuze zur Kennzeichnung ebener Flächen 11 Biegelinien 12 Umrahmungen 14 Umrahmungen von Prüfmaßen 15 Faserrichtungen 17 Projektionslinien 18 Rasterlinien 19 konstruktionsbedingte bündige Fugen 21 Kennzeichnung von Leimfugen (bei CAD)
C	Freihandlinie, schmal	0,35 (0,25)[1]	0,25 (0,18)[1]	1 Begrenzung von abgebrochenen oder unterbrochen dargestellten Ansichten und Schnitten, wenn die Begrenzung keine Mittellinie ist. (Wird für Zeichnungen für die Holzverarbeitung nicht verwendet.) 2 Schraffuren der Schnittflächen von Holz und Holzwerkstoffen (bei manuellen Zeichnungen) 3 Kennzeichnung von Leimfugen (bei manuellen Zeichnungen)	
F	Strichlinie, schmal	0,35	0,25	1 verdeckte Kanten	2 verdeckte Umrisse
G	Strichpunktlinie, schmal	0,35	0,25	1 Mittellinien 2 Symmetrielinien	3 Bewegungsverlauf 4 Meterrissmarkierungen
J	Strichpunktlinie, breit	0,7	0,5	1 Kennzeichnung geforderter Behandlung 2 Kennzeichnung der Schnittebene	
K	Strich-Zweipunktlinie, schmal	0,35	0,25	1 Umrisse von angrenzenden Teilen 2 Grenzstellungen von beweglichen Teilen 4 ursprüngliche Umrisse 5 Teile, die vor oder über der Schnittebene liegen	6 Umrisse von geplanten Ausführungen 7 Fertigformen in Rohteilen 8 Umrahmung von besonderen Feldern wie Platz für Aufkleber 9 Verschnittzugaben 10 Bandbezugslinien
Z[2]	Volllinie, doppeltbreit	1,4	1,0	1 Umrisse von Gebäudeteilen (z.B.: Rohbauteile aus Mauerwerk)	

[1] zur besseren Lesbarkeit √2̅ Sprung schmaler nach DIN 919 zulässig, [2] Linie in DIN ISO 128-23 genormt

Linienart A, Volllinie breit

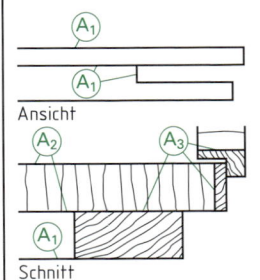

Ansicht

Schnitt

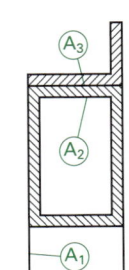

*Kanten von Ansichten im kleineren Maßstab werden einen Liniensprung dünner als die Kanten im Maßstab 1:1 gezeichnet

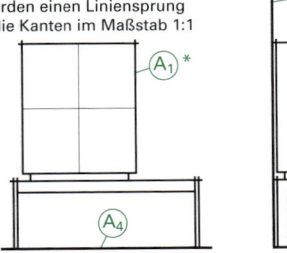

4

4.7 Linienarten

Linienart B, Volllinie schmal

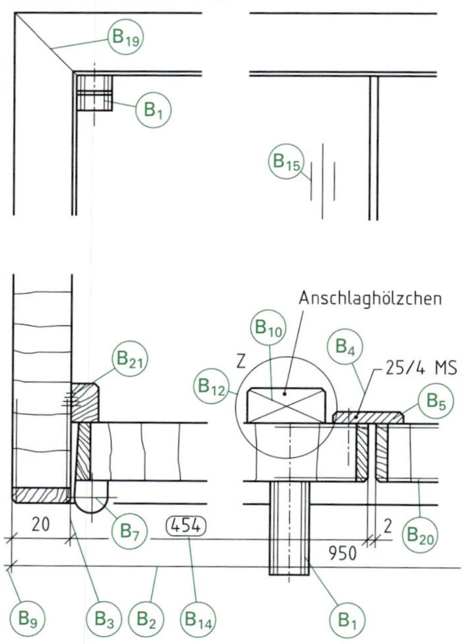

Linienart C, Freihandlinie schmal

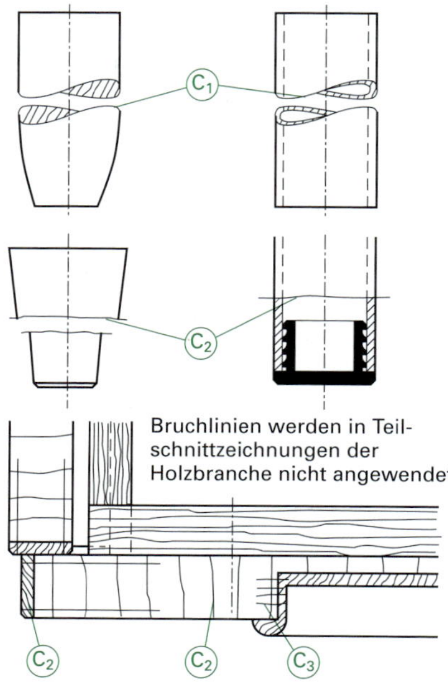

Anschlaghölzchen

25/4 MS

20   (454)   950   2

Bruchlinien werden in Teil-
schnittzeichnungen der
Holzbranche nicht angewendet

Linienart F, Strichlinie schmal

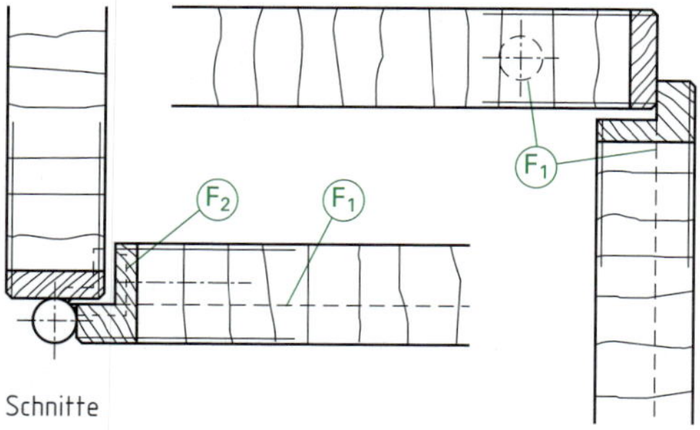

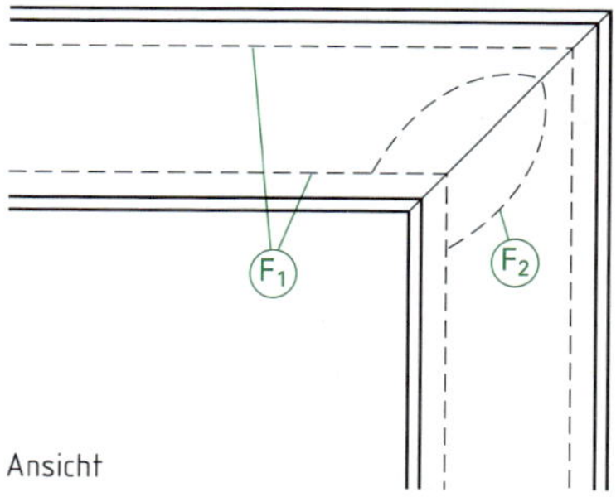

Schnitte

Ansicht

Linienart G, Strichpunktlinie schmal

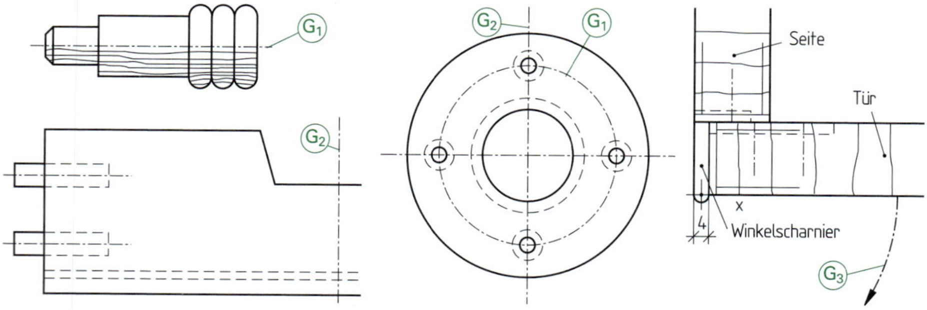

Seite

Tür

x

Winkelscharnier

4.7 Linienarten

Linienart K, Strich-Zweipunktlinie schmal

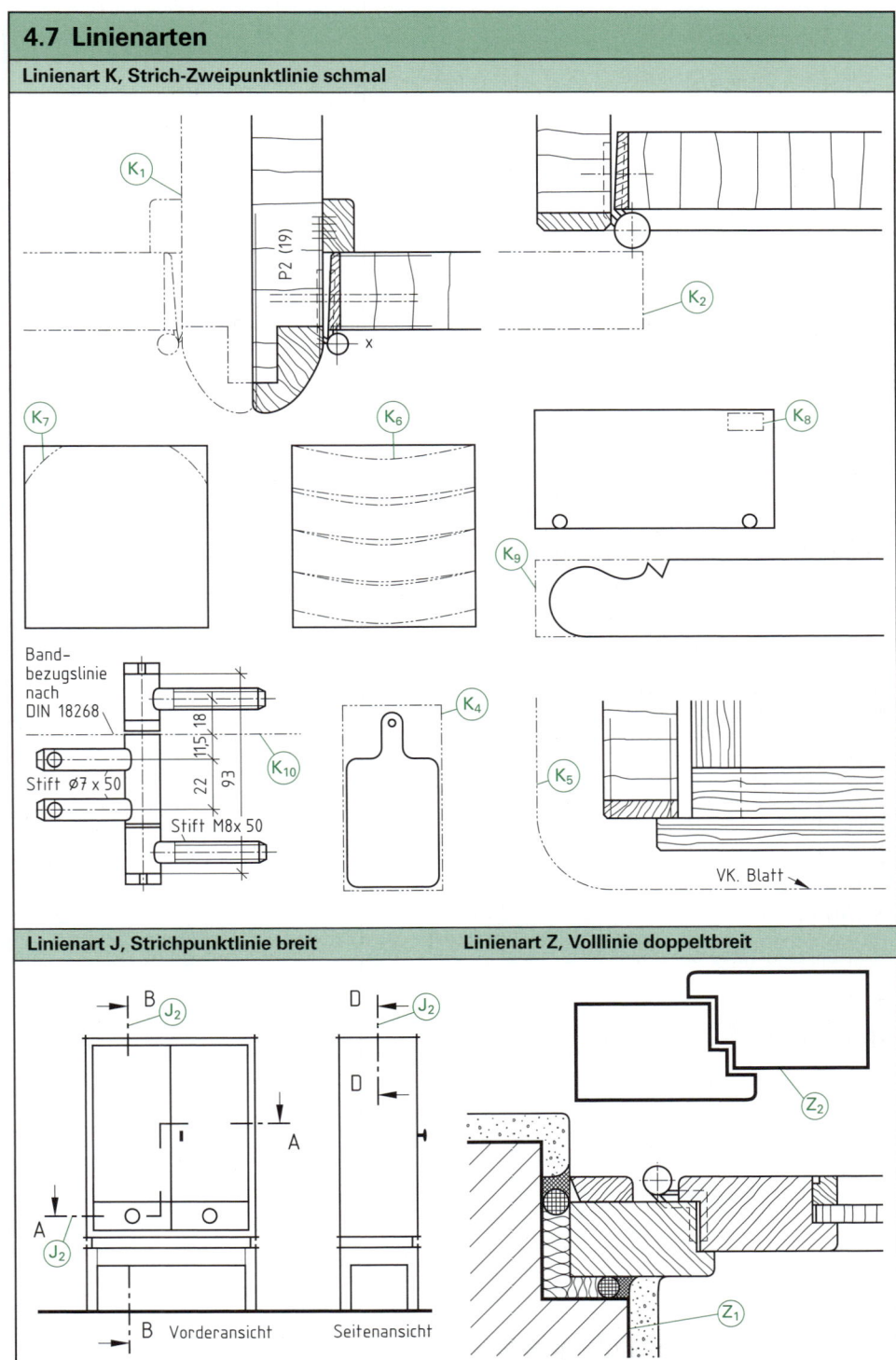

Band-
bezugslinie
nach
DIN 18268

Stift Ø7 x 50

Stift M8x 50

VK. Blatt

Linienart J, Strichpunktlinie breit

Linienart Z, Volllinie doppeltbreit

Vorderansicht

Seitenansicht

4.8 Bemaßung

Technische Zeichnungen müssen ausreichend, klar und eindeutig sowie logisch bemaßt werden. Die Bemaßung ist eine wichtige Teilinformation der technischen Zeichnung. Wegen ihrer Bedeutung ist ihr größte Sorgfalt beizumessen. Je nach Art und Zweck der Zeichnung sind funktionsbezogene, fertigungsbezogene und prüfbezogene Bemaßung zu unterscheiden. Die Maßeintragung erfolgt nach DIN 406, mit besonderen Festlegungen in der DIN 919.

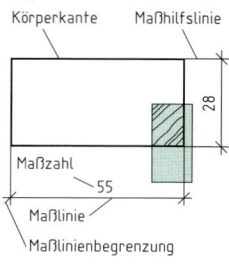

● Elemente der Bemaßung
Die Elemente der Bemaßung sind Maßhilfslinien, Maßlinien, Maßlinienbegrenzung, Maßzahlen und Hinweislinien.

● Maßhilfslinien
Die Maßhilfslinien beginnen unmittelbar an den Körperkanten und stehen im allgemeinen senkrecht zu diesen. Wenn es die Lesbarkeit der Zeichnung verbessert, dürfen sie von den Körperkanten abgesetzt werden und auch schräg aus dem Körper (ca. 60°) herausgezogen werden. Bei in Werkstücken eingeschriebenen Maßen können Körperkanten und Mittelachsen als Maßhilfslinie genutzt werden.

● Maßlinien
Maßlinien laufen parallel zu der zu bemaßenden Länge als Gerade und bei Winkel- und Bogenmaßen als Kreisbogen um den Scheitelpunkt. Sie enden an den Maßhilfslinien. Nach DIN 919 gehen sie 2 mm über die Maßhilfslinien hinaus. Mittellinien und Körperkanten dürfen nicht als Maßlinien benutzt werden.

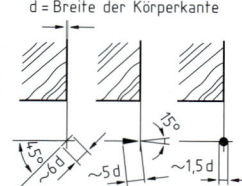

● Maßlinienbegrenzung
Die Maßlinienbegrenzung kann nach DIN 406 mit geschwärzten oder offenen Pfeilen, mit Schrägstrich, mit Punkt oder offenem Kreis erfolgen. Nach DIN 919 wird der Schrägstrich bevorzugt, der durch den Schnittpunkt von Maßhilfslinie und Maßlinie läuft. Er ist immer von rechts oben nach links unten bei Leserichtung der Maßzahlen zu zeichnen. Maßlinien für Radien und Durchmesser, die am Kreisbogen enden, und bogenförmige Maßlinien erhalten als Maßbegrenzung einen geschwärzten Pfeil.

● Maßzahlen
Maßzahlen stehen meist mittig mit einem Abstand von 1 mm bis 1,5 mm auf den Maßlinien. Sie dürfen durch keine Linien wie Schraffur oder Mittellinien getrennt werden. Sie müssen bei Leselage der Zeichnung von unten und von rechts lesbar eingeschrieben werden. **Schriftgröße:** Nicht kleiner 3,5 mm. Im Holzbau in Millimetern ohne Maßeinheit. Wenn andere Maßeinheiten verwendet werden, ist dies kenntlich zu machen.

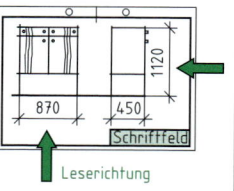

● Hinweislinien
Maße können bei Platzmangel weiter nach außen gerückt werden. Sie sind dann mit Hinweislinien an die Maßlinie anzubinden.

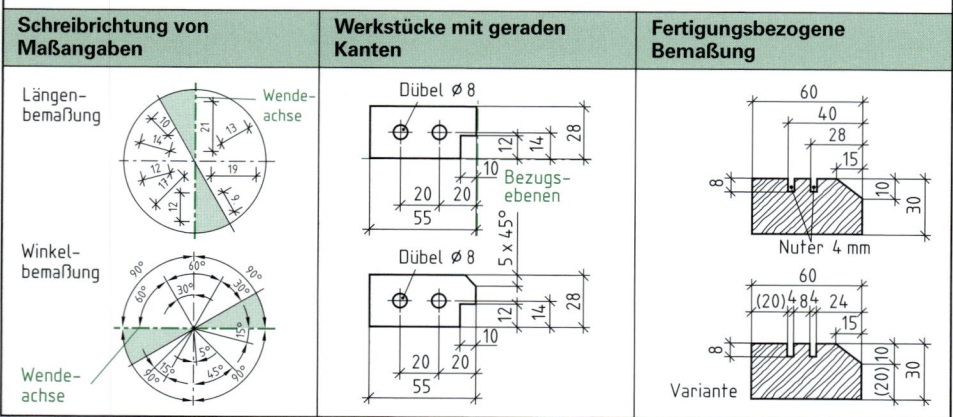

Schreibrichtung von Maßangaben	Werkstücke mit geraden Kanten	Fertigungsbezogene Bemaßung

212

4.8 Bemaßung

Prüfbezogene Bemaßung	Querschnittsmaße	Maße in Ansichten

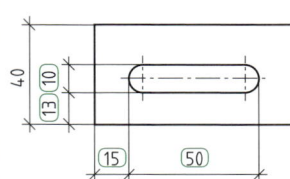

Bei der prüfbezogenen Bemaßung sind die Maße wichtig, die man mit der Prüflehre abgreifen kann. Für die Fertigung würde man die Mitten des Langlochs ausmaßen.

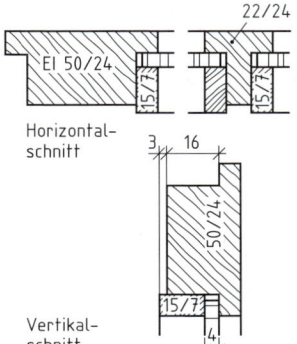

Horizontal-schnitt

Vertikal-schnitt

Regelfall: Breite zu Dicke, Schreibrichtung ist die Breite.

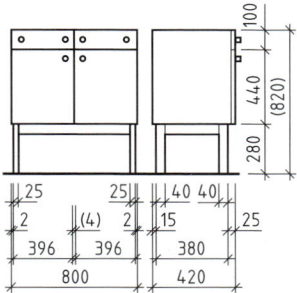

Vorderansicht Seitenansicht

Bei Ansichten im Maßstab 1:10 oder 1:20 können zur besseren Lesbarkeit die Maßhilfslinien von der Zeichnung abgesetzt werden.

Bohrungen	Rundungen	Bögen

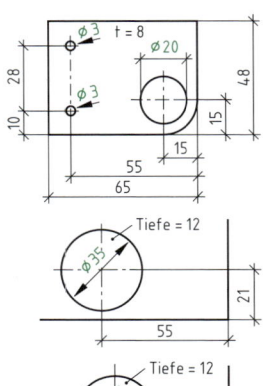

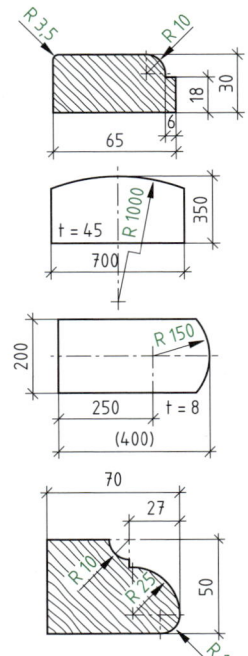

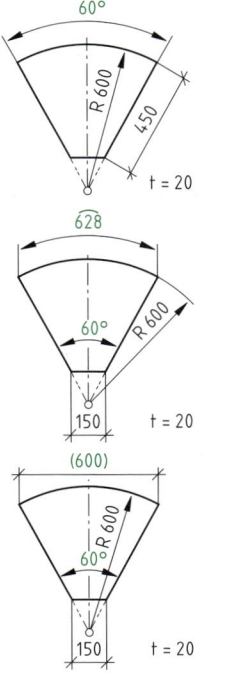

Bohrungen erhalten immer ein Durchmesserzeichen. Nicht vollständig gezeichnete Kreise erhalten nur eine Maßbegrenzung. Bei kleinen Kreisen werden die Durchmessermaße von außen an die Kreislinie herangeführt.

Radien gehen durch den Mittelpunkt und erhalten einen Pfeil. Sie können von außen oder von innen an die Kreislinie herangeführt werden. Bei großen Radien kann dieser abgeknickt werden.

Bögen können in der Bogenlänge, mit der Gradzahl oder in der Geraden ausgemaßt werden. Überbestimmte Maße sind in Klammern zu setzen.

4

213

4.8 Bemaßung

Winkel

Winkel werden in Grad angegeben oder als Neigung ausgemaßt. Winkel erhalten als Maßbegrenzung Pfeile.

Symmetrische Werkstücke

Symmetrische Werkstücke müssen nur zur Hälfte, etwas über die Mittelachse hinaus, gezeichnet werden. Die geschnittenen Maßlinien erhalten nur eine Begrenzung.

Drehteile

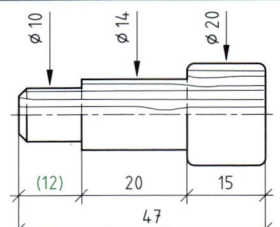

(Klammer: ...Hilfsmaß)

Bei Drehteilen können die verschiedenen Durchmessermaße von außen angegeben werden.

Teilungen

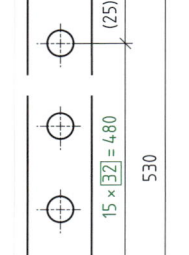

Die Bohrreihe liegt in der Mitte der 14 mm dicken Leiste. Die Abstände der Bohrungen betragen 32 mm.

Steigende Bemaßung

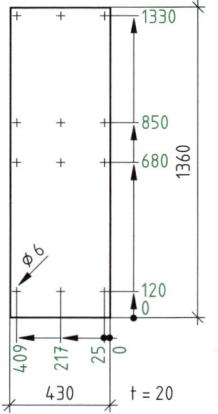

Die Bemaßung geht von einem Nullpunkt aus (in der Regel untere rechte oder linke Ecke des Werkstücks). Es genügt eine Maßlinie, auf der alle Maße von Null aus eingetragen sind.

Quadratische Querschnitte

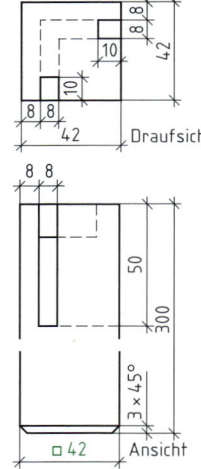

Quadratische Querschnitte erhalten vor der Maßzahl ein Quadratzeichen.

Fasen

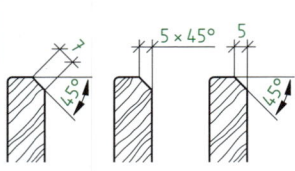

Fasen können mit der Gradzahl und dem horizontalen oder vertikalen Maß definiert werden.

Kugeln

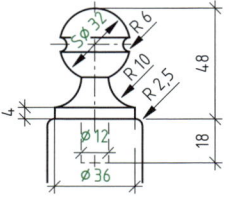

Kugeln können mit Kugeldurchmesser bemaßt werden und erhalten vor der Maßzahl das Kurzzeichen S⌀ (Spherical diameter).

Kugelradien

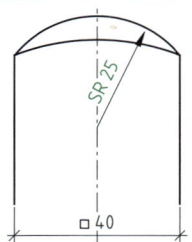

Kugelradien erhalten vor der Maßzahl das Kurzzeichen SR (Spherical radius).

4.8 Bemaßung

Senkungen	**Teilschnitte,** Platten nachträglich furniert	**Teilschnitte,** Platten fertig beschichtet

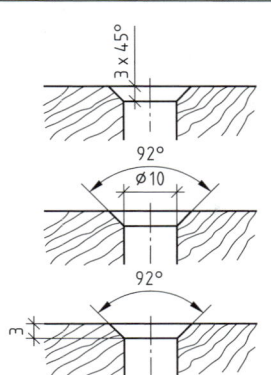

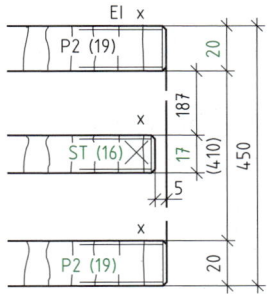

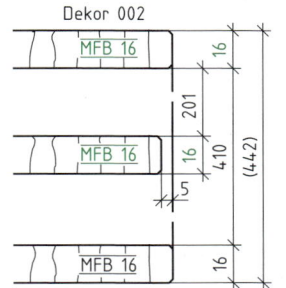

Senkungen können wie Fasen bemaßt werden, oder unter Angabe des gesamten Senkwinkels.

Das eingeschriebene Plattenmaß ist Rohmaß. Die Bemaßung berücksichtigt die nachträgliche Furnierung. Das Außenmaß ist einzuhalten, deshalb steht das Innenmaß in Klammern.

Zum Beispiel ändert sich das Dickenmaß bei kunststoffbeschichteten Platten nicht. Das Innenmaß ist einzuhalten, deshalb steht das Außenmaß in Klammern.

Maßkennzeichnungen

Ø 35	Durchmesser, z.B. 35 mm
□ 48	Quadrat, z.B. 48 mm
R 25	Radius, z.B. 25 mm
S Ø 50	Kugel-Durchmesser (Spherical diameter), z.B. 50 mm
SR 40	Kugel-Radius (Spherical radius), z.B. 40 mm
t = 18	Dicke (Thickness), z.B. 18 mm
h = 42	Tiefe oder Höhe, z.B. 42 mm
$\boxed{48}$	Theoretisch genaues Maß
(210)	Hilfsmaß, z.B. 210 mm
$(60\pm0,2)$	Prüfmaß, z.B. 60 ± 0,2 mm
[60]	Rohmaß
$\underline{72}$	Nicht maßstäbliches Maß
$\overset{\frown}{600}$ / $\underline{600}$	Bogenmaß, z.B. 600 mm
◁ 2%	Neigung, z.B. 2%
SW 15	Schlüsselweite, z.B. 15 mm
$+2{,}75$ ▽	Höhenkote Fertigbaumaß, z.B. +2,75 bezogen auf 00
$+2{,}65$ ▼	Höhenkote Rohbaumaß, z.B. +2,65

Maßeinheiten

Maßeinheit ist der mm.
Bei anderen Maßeinheiten, wie m oder cm, sind diese den Maßzahlen anzufügen.

Koordinatenbemaßung

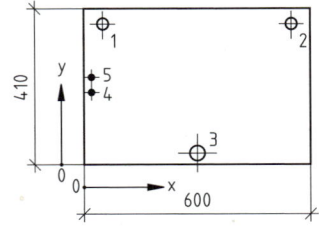

	1	2	3	4	5
x	60	540	300	15	15
y	370	370	25	200	232
z	11	11	12	10	10
ø	30	30	40	3	3

Bei der Koordinatenbemaßung erhalten die Bohrungen z.B. Nummern und die Maße können in eine Maßtabelle eingetragen werden. Die Koordinatenmaße beziehen sich immer auf den Nullpunkt (für CNC-Bearbeitung).

Maßbuchstaben

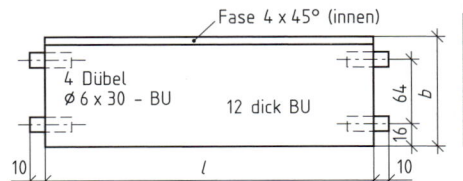

Nr.	l	b
1	420	95
2	420	105
3	480	95
4	480	105

500 Stück Schubkastenhinterstücke Nr.: 2

Bei unterschiedlichen Werkstückgrößen aber gleicher Bearbeitung können Maßbuchstaben verwendet werden, die in einer Tabelle zusammengefasst werden. Beispiel: Mit einer Zeichnung können vier verschiedene Werkstücke gefertigt werden.

4.9 Toleranzen und Passungen

Bei der Fertigung von Werkstücken in der Serien- und Massenfertigung kann es zu geringen Maßabweichungen kommen. Die vertretbaren Grenzen der Maßabweichungen werden in Toleranzen so festgelegt, dass die Passgenauigkeit nicht wesentlich beeinträchtigt wird. Das Toleranzsystem für die Holzbe- und -verarbeitung ist in der DIN 68100, die Grundmaße und Toleranzfelder für die Holzbe- und -verarbeitung in der DIN 68101 genormt. Alle Toleranzangaben für Holz und Holzwerkstoffe, auch die freien Toleranzangaben, gelten immer nur bei einem vereinbarten Feuchtegehalt. Maßänderungen durch Quellen und Schwinden sind besonders zu berücksichtigen.

Benennung	Kurzzeichen	Beispiele und Erklärungen
Nennmaß	N	Nennmaß ist das zur Größenangabe dienende Maß. Es ist das in der Zeichnung enthaltene Maß, auf das die Abmaße bezogen werden, im Beispiel 550 mm.
Istmaß	I	Das Istmaß ist das durch Messen am Werkstück ermittelte Maß, z.B. 550,2 mm.
Grenzmaß	--	Grenzmaße sind die noch zulässigen Maße, zwischen denen sich das Istmaß bewegen darf. Im Beispiel zwischen 550,3 mm und 549,8 mm.
Größtmaß	G	Das Größtmaß ist das obere Grenzmaß, das als Istmaß noch zulässig ist, im Beispiel 550,3 mm.
Kleinstmaß	K	Das Kleinstmaß ist das untere Grenzmaß, das als Istmaß noch zulässig ist, im Beispiel 549,8 mm.
Abmaß	A	Abmaß ist die Abweichung vom Nennmaß, es kann sowohl nach oben als auch nach unten vom Nennmaß abweichen.
oberes Abmaß	A_o	Das obere Abmaß gibt die erlaubte Maßabweichung vom Nennmaß nach oben an. Im Beispiel: 0,3 mm, geschrieben + 0,3, rechnerisch: Größtmaß minus Nennmaß = 550,3 mm – 550 mm = **0,3 mm**
unteres Abmaß	A_u	Das untere Abmaß gibt die erlaubte Maßabweichung vom Nennmaß nach unten an. Im Beispiel: 0,2 mm, geschrieben – 0,2, rechnerisch: Kleinstmaß minus Nennmaß = 549,8 mm – 550 mm = **– 0,2 mm**
Ist-Abmaß	A_I	Das Ist-Abmaß ist das tatsächlich vom Nennmaß abweichende Maß, z.B. Istmaß – Nennmaß = 550,2 mm – 550 mm = **0,2 mm**
Maßtoleranz	T	Die Maßtoleranz gibt den zulässigen Fertigungsspielraum an. Sie ist die algebraische Differenz zwischen dem oberen Abmaß und dem unteren Abmaß bzw. die Differenz zwischen Größtmaß und Kleinstmaß. z.B.: oberes Abmaß – unteres Abmaß = + 0,3 mm – (– 0,2 mm) = **0,5 mm** Größtmaß – Kleinstmaß = 550,3 mm – 549,8 mm = **0,5 mm**
Toleranzfeld	--	Das Toleranzfeld gibt das Feld zwischen der Linie des Größtmaßes und der Linie des Kleinstmaßes an.
Grundtoleranz	T_G	Die Grundtoleranz ist eine festgelegte Maßtoleranz, die in einem Maßsystem (DIN 68100) festgelegt ist. Die Grundtoleranzen sind einer Reihe von Nennmaßbreichen zugeordnet, z.B. Nennmaßbereich über 250 mm bis 500 mm oder über 500 mm bis 1000 mm usw.
Nulllinie	--	Die Nulllinie ist die Bezugslinie im Toleranzfeld, auf der die Abmaße Null sind. Vielfach entspricht die Lage der Nulllinien dem Nennmaß.
Holz-Toleranzreihe	HT	In der DIN 68100 sind für verschiedene Nennmaßbereiche und Genauigkeitsstufen, den Holz-Toleranzreihen (HT), Grundtoleranzen vorgegeben, die bei einem vereinbarten Holzfeuchtegehalt gelten.
Feuchtemaß	M	Das Feuchtemaß gibt das durch Feuchtigkeitsschwankungen entstandene Quell- oder Schwindmaß des Holzes oder des Holzwerkstoffes an.

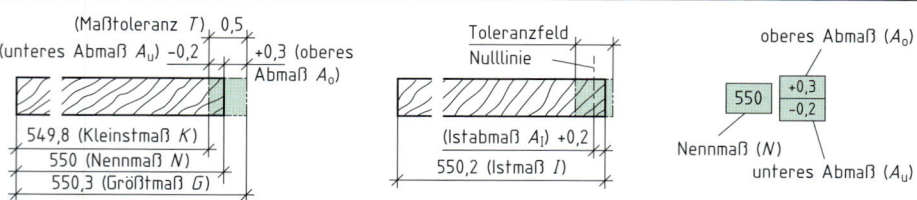

4.9 Toleranzen und Passungen

4.9.1 Holz-Toleranzreihen (HT)

Die Größe der Maßtoleranzen ist abhängig von der gewünschten Maßgenauigkeit sowie von der Größe der Werkstücke. Dies wird in der Tabelle Grundtoleranzen bei den Holz-Toleranzreihen HT berücksichtigt. In den Nennmaßbereichen sind die Werkstückgrößen stufenweise aufgeführt, die Genauigkeitsstufen in den HT (Holztoleranzreihen).

Grundtoleranzen (nach DIN 68100)

Nennmaßbereich in mm		Grundtoleranzen TG in mm bei Holz-Toleranzreihen							
über	bis	HT 6	HT 10	HT 15	HT 25	HT 40	HT 60	HT 100	HT 160
1	3	0,06	0,10	0,15	0,25	0,40	0,60	–	–
3	10	0,06	0,12	0,18	0,30	0,50	0,70	1,4	2,2
10	30	0,08	0,14	0,21	0,35	0,55	0,85	1,4	2,2
30	100	0,10	0,17	0,26	0,45	0,70	1,05	2,0	3,1
100	250	0,12	0,20	0,31	0,50	0,80	1,25	2,0	3,1
250	500	0,14	0,24	0,36	0,60	0,95	1,45	2,4	3,8
500	1000	–	0,28	0,42	0,70	1,15	1,70	2,8	4,5
1000	2500	–	0,36	0,54	0,90	1,45	2,15	3,6	5,7
2500	5000	–	0,46	0,70	1,15	1,85	2,80	4,6	7,4

Anwendung

HT 6   z.B.: für das Tolerieren von Messlehren, Vorrichtungen und Werkstücke die hohe Passgenauigkeit erfordern

HT 10   z.B.: für die Fertigung von Werkstücken mit hoher Passgenauigkeit

HT 15   z.B.: für Werkstücke, die austauschbar und kombinierbar sein müssen wie Passungsteile

HT 25   z.B.: für die Fertigung einfacher Möbel, wenn keine Ansprüche an die Austauschbarkeit der Teile gestellt werden

HT 40   z.B.: für die Fertigung von Werkstücken, deren Maße für das Zusammenfügen mit anderen Bauteilen ohne Belang sind wie die Breite und Länge von zurückspringenden Fußgestellen, die Breite von Fachböden oder die Größe von Platten auf Tischen und Einzelmöbeln.

HT 60   z.B.: für grob bearbeitete Werkstücke

HT 120   z.B.: für Rohteile oder Zuschnitte von Holzwerkstoffen mit geringer Genauigkeit

Grundsätzlich sollten keine kleineren Toleranzen, als dies für den Verwendungszweck der Teile unbedingt erforderlich ist, vorgeschrieben werden, denn kleinere Maßtoleranzen bedingen im allgemeinen höhere Fertigungskosten. Statt der angegebenen HT-Grundtoleranzen können die Werkstücke auch frei toleriert werden.

4.9.2 Eintragen von Toleranzen

Längentoleranzen werden hinter die Maßzahl geschrieben, in der Regel einen Schrift-Höhensprung kleiner als die Maßzahl. Das obere Abmaß erhält ein Plus, das untere Abmaß ein Minus. Ist das untere oder obere Abmaß Null, wird die Null geschrieben, erhält aber kein Rechenzeichen. Sind die Abmaße symmetrisch, ist die Toleranzangabe so groß wie die Maßzahl zu schreiben und sie erhält ein Plus-/Minus-Vorzeichen. Die Schreibweise der Toleranzangabe mit Schrägstrich ist möglich. Liegt das Toleranzfeld außerhalb der Nulllinie (Nennmaß) können beide Abmaße die gleichen Vorzeichen erhalten.

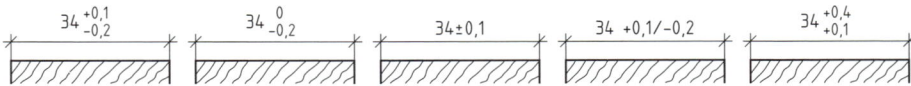

Winkeltoleranzen werden entweder in Grad, Minuten und Sekunden angegeben oder, besonders bei Werkstücken mit langen Schenkeln üblich, die Abmaße der Streckenverhältnisse. Hierbei gilt für diese Winkeltoleranz $t \wedge T/2$.

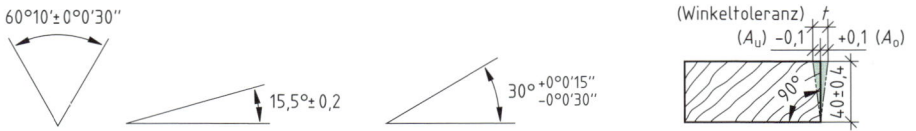

4.9 Toleranzen und Passungen

Beispiel: Freie Toleranzen

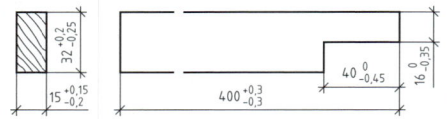

Kurzzeichen in den Gleichgewichts-Holzfeuchtetabellen

u Holzfeuchte in % bezogen auf die Masse des darrtrockenen Holzes

u_{gl} Gleichgewichts-Holzfeuchte in % (Im Bereich der relativen Luftfeuchte $\varphi = 30\%$ bis $\varphi = 85\%$ kann linear interpoliert werden)

u_{fs} Holzfeuchte größer oder gleich Fasersättigung in % (auch frisch)

φ relative Luftfeuchte in %

V differentielles Schwindmaß bzw. Quellmaß in % je 1% Holzfeuchteänderung

β Absolutschwindung in %

Beispiel: Toleranzen nach HT 25

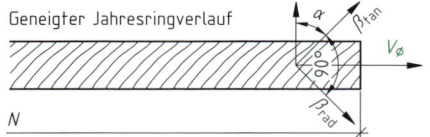

4.9.3 Maßänderungen durch Quellen und Schwinden

Maßtoleranzen können nur bei konstantem Feuchtegehalt des Holzes eingehalten werden. Bei Holzfeuchteänderung muss die Maßänderung des Holzes je Prozent Feuchtedifferenz ermittelt werden. Die Werte für verschiedene Holzarten und Jahresringverläufe sind in der Tabelle aufgeführt.

Gleichgewichts-Holzfeuchte, Schwind- und Quellmaße verschiedener Holzarten (DIN 68100)

Holzart	Kurzzeichen nach DIN 4076	Gleichgewichts-Holzfeuchte u_{gl} in % bei relativer Luftfeuchte		differentielles Schwindmaß V in % je % Holzfeuchteänderung		absolutes Schwindmaß β_{abs} in %			
		$\varphi = 37\%$	$\varphi = 83\%$	radial	tangential	$u_{fs} \to u = 12\%$		$u_{fs} \to u = 17\%$	
						radial	tangential	radial	tangential
Nadelhölzer									
Fichte	FI	7,0	16,4	0,19	0,39	2,0	4,0	1,0	2,0
Kiefer	KI	7,0	15,3	0,19	0,36	3,0	4,5	2,0	2,7
Lärche	LA	8,4	17,1	0,14	0,30	3,0	4,5	2,3	3,0
Douglasie (Oregon pine)	DGA	8,3	16,1	0,15	0,27	2,5	4,0	1,8	2,7
Tanne	TA	7,1	16,9	0,14	0,28	2,0	5,0	1,3	3,6
Laubhölzer									
Afrormosia	AFR	7,0	12,7	0,18	0,32	1,5	2,5	0,6	0,9
Afzelia	AFZ	7,3	13,7	0,11	0,22	1,0	1,5	0,4	0,5
Birke	BI	6,9	16,1	0,29	0,41	5,0	8,0	3,5	5,9
Bonggossi (Azobe)	AZO	8,3	16,3	0,31	0,40	4,5	5,5	2,9	3,5
Buche	BU	7,3	15,7	0,20	0,41	4,5	9,5	3,5	7,4
Eiche	EI	8,9	17,2	0,16	0,36	4,0	7,5	3,2	5,7
Esche	ES	7,3	16,5	0,21	0,38	4,5	7,0	3,4	5,1
Iroko	IRO	6,4	13,6	0,19	0,28	1,5	2,0	0,5	0,6
Khaya-Mahagoni	MAA	8,5	18,3	0,12	0,22	2,5	4,5	1,9	3,4
Makoré	MAC	–	19,0	0,22	0,27	3,0	4,5	1,9	3,2
Meranti-gelb	MEG	8,3	18,0	0,12	0,43	2,5	7,0	1,9	4,8
Meranti-rot	MER	8,3	18,0	0,11	0,25	3,0	5,5	2,4	4,2
Nussbaum	NB	6,7	14,8	0,18	0,29	3,0	5,5	2,1	4,0
Pappel	PA	7,1	16,7	0,13	0,31	2,0	5,5	1,3	3,9
Sapelli	MAS	7,9	15,8	0,24	0,32	2,5	4,5	1,3	2,9
Sipo	MAU	8,4	17,0	0,20	0,25	3,0	3,5	2,0	2,3
Teak	TEK	7,2	13,4	0,16	0,26	1,5	2,5	0,7	1,2

4.9 Toleranzen und Passungen

Gleichgewichtsfeuchte, Schwind- und Quellmaße von Holzwerkstoffen

Holzwerkstoffbezeichnung	Norm-Nummer	Gleichgewichts-Holzfeuchte*) u_{gl} in % bei relativer Luftfeuchte			differentielles Schwindmaß*) V in % je % Holzfeuchte-änderung	
		$\varphi = 30\%$	$\varphi = 65\%$	$\varphi = 85\%$	in der Dicke	in Länge und Breite
Spanplatte	V 20	6 (4 bis 9)	10 (9 bis 11)	15 (11 bis 19)	0,70 (0,55 bis 0,85)	0,025 (0,205 bis 0,045)
		5 (4 bis 6)	11 (10 bis 12)	19 (15 bis 23)	0,45 (0,35 bis 0,55)	0,020 (0,013 bis 0,026)
Sperrholz	FU, ST, STAE BFU BST, BSTAE BFU-BU	DIN 68705 Teil 2 DIN 68705 Teil 3 DIN 68705 Teil 4 DIN 68705 Teil 5	5 (4 bis 6)	10 (8 bis 12)	15 (11 bis 18)	0,30 (0,25 bis 0,35)	0,015 (0,010 bis 0,020)
harte Holz-faserplatte		4 (3 bis 5)	7 (6 bis 8)	11 (10 bis 12)	0,80 (0,70 bis 0,90)	0,035 (0,025 bis 0,045)

*) Die in den Spalten angegebenen Mittelwerte können je nach Herstellverfahren der Holzwerkstoffe in relativ weiten Bereichen schwanken. Der Schwankungsbereich ist in Klammern mit angeführt.

Berechnung des Feuchtemaßes

Die Formel für die Maßänderung durch Feuchtigkeitsaufnahme lautet:
Hierin bedeuten:

M Feuchtemaß, N Nennmaß

Δu Differenz zwischen u_1 (Feuchtigkeitsgehalt bei der Herstellung) und u_{gl} (Feuchtigkeitsgehalt bei der Verwendung) = $u_1 - u_{gl}$

V Verformung in %/%

Die Formel für das Ausgangsmaß (B Nennbreite) lautet:

$$M = N \cdot \Delta \cdot \frac{V}{100}$$

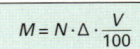

$$B = N \pm M$$

M Feuchtemaß
A_u unteres Abmaß
A_o oberes Abmaß
K Kleinstmaß (unteres Grenzmaß)
N Nennmaß
G Größtmaß (oberes Grenzmaß)

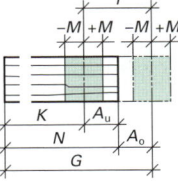

Beispiel 1

Eine 550 mm breit zugeschnittene Vollholzfüllung aus Lärchenholz mit vorwiegend stehendem Jahresringverlauf weist bei der Herstellung einen Holzfeuchtigkeitsgehalt von 13% auf. Bei der Verwendung des Erzeugnisses im zentral beheizten Raum ist mit einer relativen Luftfeuchte von 40% zu rechnen. Wie groß ist das Feuchtmaß M, und auf welche Nennbreite B wird sich die Füllung am Verwendungsort einstellen?

Lösung:
$N = 550$ mm; $u_1 = 13\%$; $u_{gl} = 8,9\%$;
(u_{gl} bei φ 37% = 8,4%; bei φ 40% ≙ 8,9%)
$\Delta u = 13\% - 8,9\% = 4,1\%$
$V = 0,14\%/\%$ (Spalte 5 der Tabelle, Seite 216)

$$M = N \cdot \Delta u \cdot \frac{V}{100}$$

$$M = 550 \text{ mm} \cdot 4,1\% \cdot \frac{0,14\%/\%}{100\%} = \textbf{3,16 mm}$$

$$B = N \pm M = 550 \text{ mm} - 3,16 \text{ mm} = \textbf{546,84 mm}$$

Beispiel 2

Damit die schöne Fladerung des Lärchenholzes zur Wirkung kommen kann, wurde die Lärchenfüllung aus Vollholz mit vorwiegend liegenden Jahresringen hergestellt. Abmessungen und klimatische Bedingungen, wie im Beispiel 1. Mit welchen Maßveränderungen ist nun zu rechnen?

Lösung:
$N = 550$ mm; $\Delta u = 4,3\%$; $V = 0,30\%/\%$

$$M = N \cdot \Delta u \cdot \frac{V}{100}$$

$$M = 550 \text{ mm} \cdot 4,1\% \cdot \frac{0,14\%/\%}{100\%} = \textbf{6,77 mm}$$

$$B = N \pm M = 550 \text{ mm} - 7,1 \text{ mm} = \textbf{543,24 mm}$$

Beispiel 3

Eine Werkbankplatte von 600 mm Nennbreite aus Buchenholz zeigt einen geneigten Jahresringverlauf β_{rad} von ca. 60°. Der Holzfeuchtigkeitsgehalt am Herstellungsort beträgt 8%: Durch die hohe relative Luftfeuchte am Verwendungsort ist mit einer Holzfeuchte von ca. 15% zu rechnen. Auf welches Maß wird die Werkbankplatte am Verwendungsort quellen?

Lösung:
$V_\varnothing = \beta_{rad} \cdot \cos^2 \alpha + \beta_{tan} \cdot \sin^2 \alpha$
$V_\varnothing = 0,20\%/\% \cdot \cos^2 60° + 0,41\%/\% \cdot \sin^2 60°$
$V_\varnothing = 0,20\%/\% \cdot 0,25 + 0,41\%/\% \cdot 0,75$
$V_\varnothing = 0,05\%/\% + 0,31\%/\%$
$V_\varnothing = \textbf{0,36}\%/\%$

$$M = N \cdot \Delta u \cdot \frac{V}{100}$$

$$M = 600 \text{ mm} \cdot (15\% - 8\%) \cdot \frac{0,36\%/\%}{100\%} = \textbf{15,12 mm}$$

$$B = N \pm M = 600 \text{ mm} - 15,12 \text{ mm} = \textbf{615,12 mm}$$

Beispiel 4

Eine Flachpress-Spanplatte V20, mit einer Anlieferungsfeuchte von 10% wird zu großflächigen 3,80 m langen Verkleidungsplatten verarbeitet. Der zu verkleidende Raum ist zentral beheizt, sodass mit einer Gleichgewichts-Holzfeuchte von 7% zu rechnen ist. Um wie viel Millimeter wird sich das Fertigmaß verändern?

Lösung:
$N = 3800$ mm; $u_1 = 10\%$; $u_{gl} = 7\%$

$\Delta u = 10\% - 7\% = 3\%$; $V = 0,035\%/\%$ (Spalte 7)

$$M = N \cdot \Delta u \cdot \frac{V}{100} = 3800 \text{ mm} \cdot 3\% \cdot \frac{0,035\%/\%}{100}$$

$$M = \textbf{3,99} \sim \textbf{4,00 mm}$$

4.9.4 Passungen

Unter Passungen versteht man die Maßbeziehungen verschiedener Werkstücke, die miteinander gepaart werden sollen. Die Passtoleranz der zu paarenden Teile kann mit Spiel oder mit einem Übermaß gefordert sein. So sind Spielpassungen, Presspassungen und Übergangspassungen zu unterscheiden. Passsysteme sind systematisch aufgebaute Passungsreihen vom Spiel bis zum Übermaß. Hier sind das System des Einheitsaußenmaßes und des Einheitsinnenmaßes zu unterscheiden.

Benennung	Kurzzeichen	Beispiele und Erklärungen
Passtoleranz	T_p	Toleranz der Passung gepaarter Teile, die mögliche Schwankung des Spiels oder des Übermaßes, rechnerisch: $T_p = T_B + T_W$ oder $S_g - S_k$ oder $U_g - U_k$
Toleranz Bohrungen	T_B	Die Toleranzen der Bohrungen, Nuten, Schlitze usw.
Toleranz Welle	T_W	Die Toleranzen einer Welle, eines Zapfens, einer Feder, eines Dübels usw.
Größtmaß Bohrung	G_B	Größtmaß oder oberes Grenzmaß der Bohrung, der Nut, des Schlitzes usw.
Kleinstmaß Bohrung	K_B	Kleinstmaß oder unteres Grenzmaß der Bohrung, der Nut, des Schlitzes usw.
Größtmaß Welle	G_W	Größtmaß oder oberes Grenzmaß der Welle, des Zapfens, der Feder, des Dübels usw.
Kleinstmaß Welle	K_W	Kleinstmaß oder unteres Grenzmaß der Welle, des Zapfens, der Feder, des Dübels usw.
Spiel	S	Differenz zwischen dem Maß der Innenpassflächen und dem Maß der Außenpassflächen, dabei muss ein Spiel (Luft) garantiert sein
Größtspiel	S_g	Differenz zwischen dem Größt-Innenmaß und dem Kleinst-Außenmaß, rechnerisch: $S_g = G_B - K_W$
Kleinstspiel	S_k	Differenz zwischen dem Kleinst-Innenmaß und dem Größt-Außenmaß, rechnerisch: $S_k = K_B - G_W$
Istspiel	S_i	Differenz zwischen dem Ist-Innenmaß und dem Ist-Außenmaß, rechnerisch: $S_i = I_B - I_W$
Übermaß	U	Differenz zwischen dem Maß der Innenpassflächen und dem Maß der Außenpassflächen, dabei muss stets eine Presspassung durch Übermaß garantiert sein
Größtübermaß	U_g	Differenz zwischen dem Größt-Außenmaß (Welle) und dem Kleinst-Innenmaß (Bohrung), rechnerisch: $U_g = G_W - K_B$
Kleinstübermaß	U_k	Differenz zwischen dem Kleinst-Außenmaß (Welle) und dem Größt-Innenmaß (Bohrung), rechnerisch: $U_k = K_W - G_B$
Istübermaß	U_i	Differenz zwischen dem Ist-Innenmaß (Bohrung) und dem Ist-Außenmaß (Welle), rechnerisch: $U_i = I_B - I_W$
System Einheits-Außenmaß	–	Passsystem, bei dem die Toleranzfeder der Außenmaße (Welle, Feder, Zapfen, Dübel) einheitlich mit der oberen Grenze an der Nulllinie liegen – das **obere Abmaß = 0**
System Einheits-Innenmaß	–	Passsystem, bei dem die Toleranzfeder der Innenmaße (Bohrung, Schlitze, Nuten) einheitlich mit der unteren Grenze an der Nulllinie liegen – das **untere Abmaß = 0**

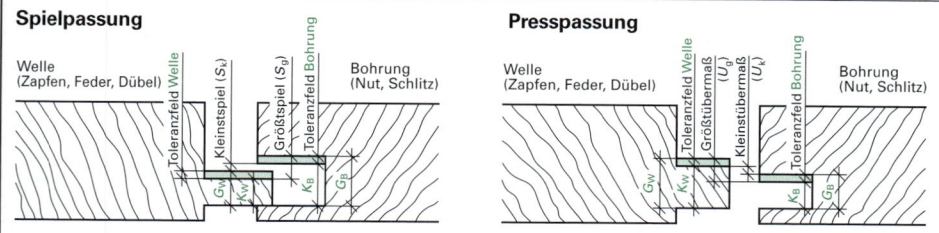

Spielpassung

Welle (Zapfen, Feder, Dübel) — Bohrung (Nut, Schlitz)

Presspassung

Welle (Zapfen, Feder, Dübel) — Bohrung (Nut, Schlitz)

4.9.5 Passsysteme

System Einheitsaußenmaß
(System Einheitswellen)
Die obere Grenze der Wellen ist einheitlich und liegt der Nulllinie an. Das obere Abmaß der Wellen ist jeweils Null.

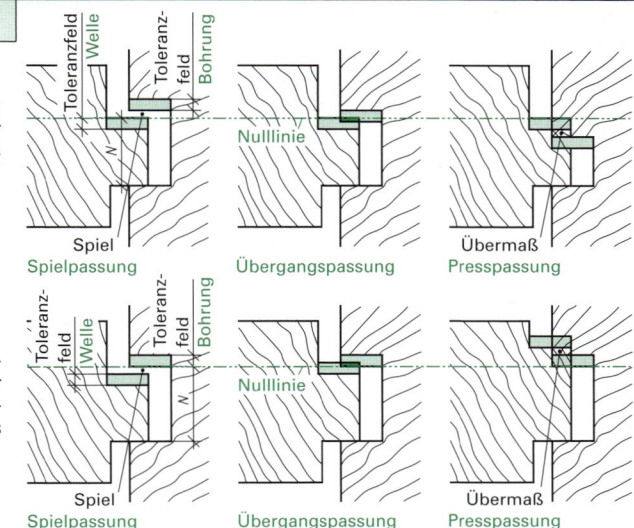

Spiel — Spielpassung | Übergangspassung | Übermaß — Presspassung

System Einheitsinnenmaß
(System Einheitsbohrungen)
Die untere Grenze der Bohrungen ist einheitlich und liegt der Nulllinie an. Das untere Abmaß der Bohrungen ist jeweils Null.

Spiel — Spielpassung | Übergangspassung | Übermaß — Presspassung

Bemaßungsmöglichkeiten von Passungen

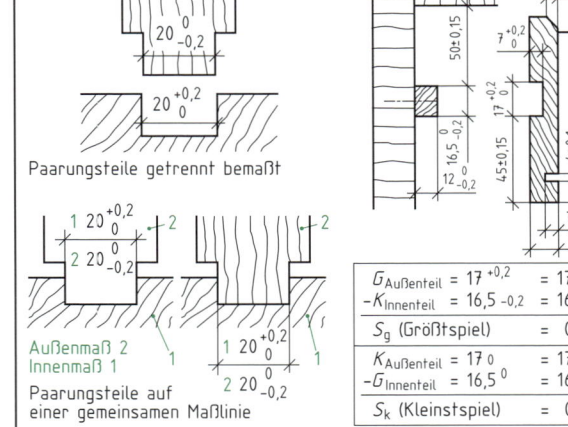

Paarungsteile getrennt bemaßt

Außenmaß 2
Innenmaß 1
Paarungsteile auf einer gemeinsamen Maßlinie

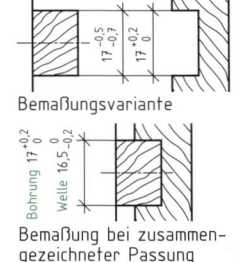

Bemaßungsvariante

Bemaßung bei zusammengezeichneter Passung

$G_{\text{Außenteil}} = 17^{+0,2}$	$= 17,2$ mm
$-K_{\text{Innenteil}} = 16,5_{-0,2}$	$= 16,3$ mm
S_g (Größtspiel)	$= 0,9$ mm
$K_{\text{Außenteil}} = 17\,0$	$= 17,0$ mm
$-G_{\text{Innenteil}} = 16,5\,^0$	$= 16,5$ mm
S_k (Kleinstspiel)	$= 0,5$ mm

$G_{\text{Außenteil}} = 17^{+0,2}$	$= 17,2$ mm
$-K_{\text{Innenteil}} = 17_{-0,7}$	$= 16,3$ mm
S_g (Größtspiel)	$= 0,9$ mm
$K_{\text{Außenteil}} = 17\,0$	$= 17,0$ mm
$-G_{\text{Innenteil}} = 17^{-0,5}$	$= 16,5$ mm
S_k (Kleinstspiel)	$= 0,5$ mm

Toleranzfelder und Toleranzfeldlagen

Toleranzen können bei Passungen auch als Toleranzfelder angegeben werden, deren Größe und Lage zur Nulllinie in Tabellen angegeben ist. Dabei sind die Toleranzfeldlagen der Außenmaße durch Kleinbuchstaben und die der Innenmaße durch Großbuchstaben gekennzeichnet.

Lage der Toleranzfelder zur Nulllinie in Vielfachen von Grundtoleranzen T_G

Toleranzfeldlage	A/a Z/z	B/b Y/y	C/c W/w	D/d U/u	E/e T/t	F/f S/s	G/g R/r	I/i P/p	K/k N/n	M/m –
Abstand der Mitte des Toleranzfeldes zur Nulllinie	$9,0\,T_G$	$7,5\,T_G$	$6,2\,T_G$	$5,0\,T_G$	$3,9\,T_G$	$2,9\,T_G$	$2,0\,T_G$	$1,2\,T_G$	$0,5\,T_G$	0
oberes Abmaß — Abstand für	$9,5\,T_G$	$8,0\,T_G$	$6,7\,T_G$	$5,5\,T_G$	$4,4\,T_G$	$3,4\,T_G$	$2,5\,T_G$	$1,7\,T_G$	$1,0\,T_G$	$+0,5\,T_G$
unteres Abmaß	$8,5\,T_G$	$7,0\,T_G$	$5,7\,T_G$	$4,5\,T_G$	$3,4\,T_G$	$2,4\,T_G$	$1,5\,T_G$	$0,7\,T_G$	0	$-0,5\,T_G$

4

4.9 Toleranzen und Passungen

Grundabmaße in mm (Auszug aus DIN 68101)

Nennmaßbereich über 10 mm bis 30 mm für Innenmaße

	HT 6	HT 10	HT 15	HT 25	HT 40	HT 60
A	+ 0,76	+ 1,33	+ 1,99	+ 3,35	+ 5,25	+ 8,10
	+ 0,68	+ 1,19	+ 1,78	+ 3,00	+ 4,70	+ 7,25
B	+ 0,64	+ 1,12	+ 1,68	+ 2,80	+ 4,40	+ 6,80
	+ 0,56	+ 0,98	+ 1,47	+ 2,45	+ 3,85	+ 5,95
C	+ 0,54	+ 0,94	+ 1,41	+ 2,35	+ 3,70	+ 5,70
	+ 0,46	+ 0,80	+ 1,20	+ 2,00	+ 3,15	+ 4,85
D	+ 0,44	+ 0,77	+ 1,15	+ 1,95	+ 3,05	+ 4,70
	+ 0,46	+ 0,80	+ 1,20	+ 2,00	+ 3,15	+ 4,85
E	+ 0,35	+ 0,62	+ 0,92	+ 1,55	+ 2,40	+ 3,75
	+ 0,27	+ 0,48	+ 0,71	+ 1,20	+ 1,85	+ 2,90
F	+ 0,27	+ 0,48	+ 0,71	+ 1,20	+ 1,85	+ 2,90
	+ 0,19	+ 0,34	+ 0,50	+ 0,85	+ 1,30	+ 2,05
G	+ 0,20	+ 0,35	+ 0,52	+ 0,90	+ 1,40	+ 2,15
	+ 0,12	+ 0,21	+ 0,31	+ 0,55	+ 0,85	+ 1,30
I	+ 0,14	+ 0,24	+ 0,36	+ 0,60	+ 0,95	+ 1,45
	+ 0,06	+ 0,10	+ 0,15	+ 0,25	+ 0,40	+ 0,60
K	+ 0,08	+ 0,14	+ 0,21	+ 0,35	+ 0,55	+ 0,85
	0,00	0,00	0,00	0,00	0,00	0,00
M	+ 0,04	+ 0,07	+ 0,105	+ 0,175	+ 0,275	+ 0,425
	− 0,04	− 0,07	− 0,105	− 0,175	− 0,275	− 0,425
N	0,00	0,00	0,00	0,00	0,00	0,00
	− 0,08	− 0,14	− 0,21	− 0,35	− 0,55	− 0,85
P	− 0,06	− 0,10	− 0,15	− 0,25	− 0,40	− 0,60
	− 0,14	− 0,24	− 0,36	− 0,60	− 0,95	− 1,45
R	− 0,12	− 0,21	− 0,31	− 0,55	− 0,85	− 1,30
	− 0,20	− 0,35	− 0,52	− 0,90	− 1,40	− 2,15
S	− 0,19	− 0,34	− 0,50	− 0,85	− 1,30	− 2,05
	− 0,27	− 0,48	− 0,71	− 1,20	− 1,85	− 2,90
T	− 0,27	− 0,48	− 0,71	− 1,20	− 1,85	− 2,90
	− 0,35	− 0,62	− 0,92	− 1,55	− 2,40	− 3,75
U	− 0,36	− 0,63	− 0,94	− 1,60	− 2,50	− 3,85
	− 0,44	− 0,77	− 1,15	− 1,95	− 3,05	− 4,70
W	− 0,46	− 0,80	− 1,20	− 2,00	− 3,15	− 4,85
	− 0,54	− 0,94	− 1,41	− 2,35	− 3,70	− 5,70
Y	− 0,56	− 0,98	− 1,47	− 2,45	− 3,85	− 5,95
	− 0,64	− 1,12	− 1,68	− 2,80	− 4,40	− 6,80
Z	− 0,68	− 1,19	− 1,78	− 3,00	− 4,70	− 7,25
	− 0,76	− 1,33	− 1,99	− 3,35	− 5,25	− 8,10

Nennmaßbereich über 10 mm bis 30 mm für Außenmaße

	HT 6	HT 10	HT 15	HT 25	HT 40	HT 60
a	− 0,68	− 1,19	− 1,78	− 3,00	− 4,70	− 7,25
	− 0,76	− 1,33	− 1,99	− 3,35	− 5,25	− 8,10
b	− 0,56	− 0,98	− 1,47	− 2,45	− 3,85	− 5,95
	− 0,64	− 1,12	− 1,68	− 2,80	− 4,40	− 6,80
c	− 0,46	− 0,80	− 1,20	− 2,00	− 3,15	− 4,85
	− 0,54	− 0,94	− 1,41	− 2,35	− 3,70	− 5,70
d	− 0,36	− 0,63	− 0,94	− 1,60	− 2,50	− 3,85
	− 0,44	− 0,77	− 1,15	− 1,95	− 3,05	− 4,70
e	− 0,27	− 0,48	− 0,71	− 1,20	− 1,85	− 2,90
	− 0,35	− 0,62	− 0,92	− 1,55	− 2,40	− 3,75
f	− 0,19	− 0,34	− 0,50	− 0,85	− 1,30	− 2,05
	− 0,27	− 0,48	− 0,71	− 1,20	− 1,85	− 2,90
g	− 0,12	− 0,21	− 0,31	− 0,55	− 0,85	− 1,30
	− 0,20	− 0,35	− 0,52	− 0,90	− 1,40	− 2,15
i	− 0,06	− 0,10	− 0,15	− 0,25	− 0,40	− 0,60
	− 0,14	− 0,24	− 0,36	− 0,60	− 0,95	− 1,45
k	0,00	0,00	0,00	0,00	0,00	0,00
	− 0,08	− 0,14	− 0,21	− 0,35	− 0,55	− 0,85
m	+ 0,04	+ 0,07	+ 0,105	+ 0,175	+ 0,275	+ 0,425
	− 0,04	− 0,07	− 0,105	− 0,175	− 0,275	− 0,425
n	+ 0,08	+ 0,14	+ 0,21	+ 0,35	+ 0,55	+ 0,85
	0,00	0,00	0,00	0,00	0,00	0,00
p	+ 0,14	+ 0,24	+ 0,36	+ 0,60	+ 0,95	+ 1,45
	+ 0,06	+ 0,10	+ 0,15	+ 0,25	+ 0,40	+ 0,60
r	+ 0,20	+ 0,35	+ 0,52	+ 0,90	+ 1,40	+ 2,15
	+ 0,12	+ 0,21	+ 0,31	+ 0,55	+ 0,85	+ 1,30
s	+ 0,27	+ 0,48	+ 0,71	+ 1,20	+ 1,85	+ 2,90
	+ 0,19	+ 0,34	+ 0,50	+ 0,85	+ 1,30	+ 2,05
t	+ 0,35	+ 0,62	+ 0,92	+ 1,55	+ 2,40	+ 3,75
	+ 0,27	+ 0,48	+ 0,71	+ 1,20	+ 1,85	+ 2,90
u	+ 0,44	+ 0,77	+ 1,15	+ 1,95	+ 3,05	+ 4,70
	+ 0,36	+ 0,63	+ 0,94	+ 1,60	+ 2,50	+ 3,85
w	+ 0,54	+ 0,94	+ 1,41	+ 2,35	+ 3,70	+ 5,70
	+ 0,46	+ 0,80	+ 1,20	+ 2,00	+ 3,15	+ 4,85
y	+ 0,64	+ 1,12	+ 1,68	+ 2,80	+ 4,40	+ 6,80
	+ 0,56	+ 0,98	+ 1,47	+ 2,45	+ 3,85	+ 5,95
z	+ 0,76	+ 1,33	+ 1,99	+ 3,35	+ 5,25	+ 8,10
	+ 0,68	+ 1,19	+ 1,78	+ 3,00	+ 4,70	+ 7,25

Nennmaßbereich über 30 mm bis 100 mm für Innenmaße

	HT 6	HT 10	HT 15	HT 25	HT 40	HT 60
A	+ 0,95	+ 1,62	+ 2,47	+ 4,25	+ 6,65	+ 9,95
	+ 0,85	+ 1,45	+ 2,21	+ 3,80	+ 5,95	+ 8,90
B	+ 0,80	+ 1,36	+ 2,08	+ 3,60	+ 5,60	+ 8,40
	+ 0,70	+ 1,19	+ 1,82	+ 3,15	+ 4,90	+ 7,35
C	+ 0,67	+ 1,14	+ 1,74	+ 3,00	+ 4,70	+ 7,05
	+ 0,57	+ 0,97	+ 1,48	+ 2,55	+ 4,00	+ 6,00
D	+ 0,55	+ 0,94	+ 1,43	+ 2,50	+ 3,85	+ 5,80
	+ 0,45	+ 0,77	+ 1,17	+ 2,05	+ 3,15	+ 4,75
E	+ 0,44	+ 0,75	+ 1,14	+ 2,00	+ 3,10	+ 4,60
	+ 0,34	+ 0,58	+ 0,88	+ 1,55	+ 2,40	+ 3,55
F	+ 0,34	+ 0,58	+ 0,88	+ 1,55	+ 2,40	+ 3,55
	+ 0,24	+ 0,41	+ 0,62	+ 1,10	+ 1,70	+ 2,50
G	+ 0,25	+ 0,43	+ 0,65	+ 1,15	+ 1,75	+ 2,65
	+ 0,15	+ 0,26	+ 0,39	+ 0,70	+ 1,05	+ 1,60
I	+ 0,17	+ 0,29	+ 0,44	+ 0,75	+ 1,20	+ 1,80
	+ 0,07	+ 0,12	+ 0,18	+ 0,30	+ 0,50	+ 0,75
K	+ 0,10	+ 0,17	+ 0,26	+ 0,45	+ 0,70	+ 1,05
	0,00	0,00	0,00	0,00	0,00	0,00
M	+ 0,05	+ 0,085	+ 0,13	+ 0,225	+ 0,35	+ 0,525
	− 0,05	− 0,085	− 0,13	− 0,225	− 0,35	− 0,525
N	0,00	0,00	0,00	0,00	0,00	0,00
	− 0,10	− 0,17	− 0,26	− 0,45	− 0,70	− 1,05
P	− 0,07	− 0,12	− 0,18	− 0,30	− 0,50	− 0,75
	− 0,17	− 0,29	− 0,44	− 0,75	− 1,20	− 1,80
R	− 0,15	− 0,26	− 0,39	− 0,70	− 1,05	− 1,60
	− 0,25	− 0,43	− 0,65	− 1,15	− 1,75	− 2,65
S	− 0,24	− 0,41	− 0,62	− 1,10	− 1,70	− 2,50
	− 0,34	− 0,58	− 0,88	− 1,55	− 2,40	− 3,55
T	− 0,34	− 0,58	− 0,88	− 1,55	− 2,40	− 3,55
	− 0,44	− 0,75	− 1,14	− 2,00	− 3,10	− 4,60
U	− 0,45	− 0,77	− 1,17	− 2,05	− 3,15	− 4,75
	− 0,55	− 0,94	− 1,43	− 2,50	− 3,85	− 5,80
W	− 0,57	− 0,97	− 1,48	− 2,55	− 4,00	− 6,00
	− 0,67	− 1,14	− 1,74	− 3,00	− 4,70	− 7,05
Y	− 0,70	− 1,19	− 1,82	− 3,15	− 4,90	− 7,35
	− 0,80	− 1,36	− 2,08	− 3,60	− 5,60	− 8,40
Z	− 0,85	− 1,45	− 2,21	− 3,80	− 5,95	− 8,90
	− 0,95	− 1,62	− 2,47	− 4,25	− 6,65	− 9,95

Nennmaßbereich über 30 mm bis 100 mm für Außenmaße

	HT 6	HT 10	HT 15	HT 25	HT 40	HT 60
a	− 0,85	− 1,45	− 2,21	− 3,80	− 5,95	− 8,90
	− 0,95	− 1,62	− 2,47	− 4,25	− 6,65	− 9,95
b	− 0,70	− 1,19	− 1,82	− 3,15	− 4,90	− 7,35
	− 0,80	− 1,36	− 2,08	− 3,60	− 5,60	− 8,40
c	− 0,57	− 0,97	− 1,48	− 2,55	− 4,00	− 6,00
	− 0,67	− 1,14	− 1,74	− 3,00	− 4,70	− 7,05
d	− 0,45	− 0,77	− 1,17	− 2,05	− 3,15	− 4,75
	− 0,55	− 0,94	− 1,43	− 2,50	− 3,85	− 5,80
e	− 0,34	− 0,58	− 0,88	− 1,55	− 2,40	− 3,55
	− 0,44	− 0,75	− 1,14	− 2,00	− 3,10	− 4,60
f	− 0,24	− 0,41	− 0,62	− 1,10	− 1,70	− 2,50
	− 0,34	− 0,58	− 0,88	− 1,55	− 2,40	− 3,55
g	− 0,15	− 0,26	− 0,39	− 0,70	− 1,05	− 1,60
	− 0,25	− 0,43	− 0,65	− 1,15	− 1,75	− 2,65
i	− 0,07	− 0,12	− 0,18	− 0,30	− 0,50	− 0,75
	− 0,17	− 0,29	− 0,44	− 0,75	− 1,20	− 1,80
k	0,00	0,00	0,00	0,00	0,00	0,00
	− 0,10	− 0,17	− 0,26	− 0,45	− 0,70	− 1,05
m	+ 0,05	+ 0,085	+ 0,13	+ 0,225	+ 0,35	+ 0,525
	− 0,05	− 0,085	− 0,13	− 0,225	− 0,35	− 0,525
n	+ 0,10	− 0,17	+ 0,26	+ 0,45	+ 0,70	+ 1,05
	0,00	0,00	0,00	0,00	0,00	0,00
p	+ 0,17	+ 0,29	+ 0,44	+ 0,75	+ 1,20	+ 1,80
	+ 0,07	+ 0,12	+ 0,18	+ 0,30	+ 0,50	+ 0,75
r	+ 0,25	+ 0,43	+ 0,65	+ 1,15	+ 1,75	+ 2,65
	+ 0,15	+ 0,26	+ 0,39	+ 0,70	+ 1,05	+ 1,60
s	+ 0,34	+ 0,58	+ 0,88	+ 1,55	+ 2,40	+ 3,55
	+ 0,24	+ 0,41	+ 0,62	+ 1,10	+ 1,70	+ 2,50
t	+ 0,44	+ 0,75	+ 1,14	+ 2,00	+ 3,10	+ 4,60
	+ 0,34	+ 0,58	+ 0,88	+ 1,55	+ 2,40	+ 3,55
u	+ 0,55	+ 0,94	+ 1,43	+ 2,50	+ 3,85	+ 5,80
	+ 0,45	+ 0,77	+ 1,17	+ 2,05	+ 3,15	+ 4,75
w	+ 0,67	+ 1,14	+ 1,74	+ 3,00	+ 4,70	+ 7,05
	+ 0,57	+ 0,97	+ 1,48	+ 2,55	+ 4,00	+ 6,00
y	+ 0,80	+ 1,36	+ 2,08	+ 3,60	+ 5,60	+ 8,40
	+ 0,70	+ 1,19	+ 1,82	+ 3,15	+ 4,90	+ 7,35
z	+ 0,95	+ 1,62	+ 2,47	+ 4,25	+ 6,65	+ 9,95
	+ 0,85	+ 1,45	+ 2,21	+ 3,80	+ 5,95	+ 8,90

4

Grundabmaße in mm (Auszug aus DIN 68101)

Nennmaßbereich über 100 mm bis 250 mm für Innenmaße

	HT 6	HT 10	HT 15	HT 25	HT 40	HT 60
A	+ 1,14	+ 1,90	+ 2,94	+ 4,75	+ 7,60	+11,90
	+ 1,02	+ 1,70	+ 2,63	+ 4,25	+ 6,80	+10,65
B	+ 0,96	+ 1,60	+ 2,48	+ 4,00	+ 6,40	+10,00
	+ 0,84	+ 1,40	+ 2,17	+ 3,50	+ 5,60	+ 8,75
C	+ 0,80	+ 1,34	+ 2,08	+ 3,35	+ 5,35	+ 8,40
	+ 0,68	+ 1,14	+ 1,77	+ 2,85	+ 4,55	+ 7,15
D	+ 0,66	+ 1,10	+ 1,71	+ 2,75	+ 4,40	+ 6,90
	+ 0,54	+ 0,90	+ 1,40	+ 2,25	+ 3,60	+ 5,65
E	+ 0,53	+ 0,88	+ 1,36	+ 2,20	+ 3,50	+ 5,50
	+ 0,41	+ 0,68	+ 1,05	+ 1,70	+ 2,70	+ 4,25
F	+ 0,41	+ 0,68	+ 1,05	+ 1,70	+ 2,70	+ 4,25
	+ 0,29	+ 0,48	+ 0,74	+ 1,20	+ 1,90	+ 3,00
G	+ 0,30	+ 0,50	+ 0,78	+ 1,25	+ 2,00	+ 3,15
	+ 0,18	+ 0,30	+ 0,47	+ 0,75	+ 1,20	+ 1,90
I	+ 0,20	+ 0,34	+ 0,53	+ 0,85	+ 1,35	+ 2,15
	+ 0,08	+ 0,14	+ 0,22	+ 0,35	+ 0,55	+ 0,90
K	+ 0,12	+ 0,20	+ 0,31	+ 0,50	+ 0,80	+ 1,25
	0,00	0,00	0,00	0,00	0,00	0,00
M	+ 0,06	+ 0,10	+ 0,155	+ 0,25	+ 0,40	+ 0,625
	− 0,06	− 0,10	− 0,155	− 0,25	− 0,40	− 0,625
N	0,00	0,00	0,00	0,00	0,00	0,00
	− 0,12	− 0,20	− 0,31	− 0,50	− 0,80	− 1,25
P	− 0,08	− 0,14	− 0,22	− 0,35	− 0,55	− 0,90
	− 0,20	− 0,34	− 0,53	− 0,85	− 1,35	− 2,15
R	− 0,18	− 0,30	− 0,47	− 0,75	− 1,20	− 1,90
	− 0,30	− 0,50	− 0,78	− 1,25	− 2,00	− 3,15
S	− 0,29	− 0,48	− 0,74	− 1,20	− 1,90	− 3,00
	− 0,41	− 0,68	− 1,05	− 1,70	− 2,70	− 4,25
T	− 0,41	− 0,68	− 1,05	− 1,70	− 2,70	− 4,25
	− 0,53	− 0,88	− 1,36	− 2,20	− 3,50	− 5,50
U	− 0,54	− 0,90	− 1,40	− 2,25	− 3,60	− 5,65
	− 0,66	− 1,10	− 1,71	− 2,75	− 4,40	− 6,90
W	− 0,68	− 1,14	− 1,77	− 2,85	− 4,55	− 7,15
	− 0,80	− 1,34	− 2,08	− 3,35	− 5,35	− 8,40
Y	− 0,84	− 1,40	− 2,17	− 3,50	− 5,60	− 8,75
	− 0,96	− 1,60	− 2,48	− 4,00	− 6,40	−10,00
Z	− 1,02	− 1,70	− 2,63	− 4,25	− 6,80	−10,65
	− 1,14	− 1,90	− 2,94	− 4,75	− 7,60	−11,90

Nennmaßbereich über 100 mm bis 250 mm für Außenmaße

	HT 6	HT 10	HT 15	HT 25	HT 40	HT 60
a	− 1,02	− 1,70	− 2,63	− 4,25	− 6,80	−10,65
	− 1,14	− 1,90	− 2,94	− 4,75	− 7,60	−11,90
b	− 0,84	− 1,40	− 2,17	− 3,50	− 5,60	− 8,75
	− 0,96	− 1,60	− 2,48	− 4,00	− 6,40	−10,00
c	− 0,68	− 1,14	− 1,77	− 2,85	− 4,55	− 7,15
	− 0,80	− 1,34	− 2,08	− 3,35	− 5,35	− 8,40
d	− 0,54	− 0,90	− 1,40	− 2,25	− 3,60	− 5,65
	− 0,66	− 1,10	− 1,71	− 2,75	− 4,40	− 6,90
e	− 0,41	− 0,68	− 1,05	− 1,70	− 2,70	− 4,25
	− 0,53	− 0,88	− 1,36	− 2,20	− 3,50	− 5,50
f	− 0,29	− 0,48	− 0,74	− 1,20	− 1,90	− 3,00
	− 0,41	− 0,68	− 1,05	− 1,70	− 2,70	− 4,25
g	− 0,18	− 0,30	− 0,47	− 0,75	− 1,20	− 1,90
	− 0,30	− 0,50	− 0,78	− 1,25	− 2,00	− 3,15
i	− 0,08	− 0,14	− 0,22	− 0,35	− 0,55	− 0,90
	− 0,20	− 0,34	− 0,53	− 0,85	− 1,35	− 2,15
k	0,00	0,00	0,00	0,00	0,00	0,00
	− 0,12	− 0,20	− 0,31	− 0,50	− 0,80	− 1,25
m	+ 0,06	+ 0,10	+ 0,155	+ 0,25	+ 0,40	+ 0,625
	− 0,06	− 0,10	− 0,155	− 0,25	− 0,40	− 0,625
n	+ 0,12	+ 0,20	+ 0,31	+ 0,50	+ 0,80	+ 1,25
	0,00	0,00	0,00	0,00	0,00	0,00
p	+ 0,20	+ 0,34	+ 0,53	+ 0,85	+ 1,35	+ 2,15
	+ 0,08	+ 0,14	+ 0,22	+ 0,35	+ 0,55	+ 0,90
r	+ 0,30	+ 0,50	+ 0,78	+ 1,25	+ 2,00	+ 3,15
	+ 0,18	+ 0,30	+ 0,47	+ 0,75	+ 1,20	+ 1,90
s	+ 0,41	+ 0,68	+ 1,05	+ 1,70	+ 2,70	+ 4,25
	+ 0,29	+ 0,48	+ 0,74	+ 1,20	+ 1,90	+ 3,00
t	+ 0,53	+ 0,88	+ 1,36	+ 2,20	+ 3,50	+ 5,50
	+ 0,41	+ 0,68	+ 1,05	+ 1,70	+ 2,70	+ 4,25
u	+ 0,66	+ 1,10	+ 1,71	+ 2,75	+ 4,40	+ 6,90
	+ 0,54	+ 0,90	+ 1,40	+ 2,25	+ 3,60	+ 5,65
w	+ 0,80	+ 1,34	+ 2,08	+ 3,35	+ 5,35	+ 8,40
	+ 0,68	+ 1,14	+ 1,77	+ 2,85	+ 4,55	+ 7,15
y	+ 0,96	+ 1,60	+ 2,48	+ 4,00	+ 6,40	+10,00
	+ 0,84	+ 1,40	+ 2,17	+ 3,50	+ 5,60	+ 8,75
z	+ 1,14	+ 1,90	+ 2,94	+ 4,75	+ 7,60	+11,90
	+ 1,02	+ 1,70	+ 2,63	+ 4,25	+ 6,80	+10,65

Nennmaßbereich über 250 mm bis 500 mm für Innenmaße

	HT 6	HT 10	HT 15	HT 25	HT 40	HT 60
A	+ 1,33	+ 2,28	+ 3,42	+ 5,70	+ 9,05	+13,80
	+ 1,19	+ 2,04	+ 3,06	+ 5,10	+ 8,10	+12,35
B	+ 1,12	+ 1,92	+ 2,88	+ 4,80	+ 7,60	+11,60
	+ 0,98	+ 1,68	+ 2,52	+ 4,20	+ 6,65	+10,15
C	+ 0,94	+ 1,61	+ 2,41	+ 4,00	+ 6,35	+ 9,70
	+ 0,80	+ 1,37	+ 2,05	+ 3,40	+ 5,40	+ 8,25
D	+ 0,77	+ 1,32	+ 1,98	+ 3,30	+ 5,25	+ 8,00
	+ 0,63	+ 1,08	+ 1,62	+ 2,70	+ 4,30	+ 6,55
E	+ 0,62	+ 1,06	+ 1,58	+ 2,65	+ 4,20	+ 6,40
	+ 0,48	+ 0,82	+ 1,22	+ 2,05	+ 3,25	+ 4,95
F	+ 0,48	+ 0,82	+ 1,22	+ 2,05	+ 3,25	+ 4,95
	+ 0,34	+ 0,58	+ 0,86	+ 1,45	+ 2,30	+ 3,50
G	+ 0,35	+ 0,60	+ 0,90	+ 1,50	+ 2,40	+ 3,65
	+ 0,21	+ 0,36	+ 0,54	+ 0,90	+ 1,45	+ 2,20
I	+ 0,24	+ 0,41	+ 0,61	+ 1,00	+ 1,60	+ 2,45
	+ 0,10	+ 0,17	+ 0,25	+ 0,40	+ 0,65	+ 1,00
K	+ 0,14	+ 0,24	+ 0,36	+ 0,60	+ 0,95	+ 1,45
	0,00	0,00	0,00	0,00	0,00	0,00
M	+ 0,07	+ 0,12	+ 0,18	+ 0,30	+ 0,475	+ 0,725
	− 0,07	− 0,12	− 0,18	− 0,30	− 0,475	− 0,725
N	0,00	0,00	0,00	0,00	0,00	0,00
	− 0,14	− 0,24	− 0,36	− 0,60	− 0,95	− 1,45
P	− 0,10	− 0,17	− 0,25	− 0,40	− 0,65	− 1,00
	− 0,24	− 0,41	− 0,61	− 1,00	− 1,60	− 2,45
R	− 0,21	− 0,36	− 0,54	− 0,90	− 1,45	− 2,20
	− 0,35	− 0,60	− 0,90	− 1,50	− 2,40	− 3,65
S	− 0,34	− 0,58	− 0,86	− 1,45	− 2,30	− 3,50
	− 0,48	− 0,82	− 1,22	− 2,05	− 3,25	− 4,95
T	− 0,48	− 0,82	− 1,22	− 2,05	− 3,25	− 4,95
	− 0,62	− 1,06	− 1,58	− 2,65	− 4,20	− 6,40
U	− 0,63	− 1,08	− 1,62	− 2,70	− 4,30	− 6,55
	− 0,77	− 1,32	− 1,98	− 3,30	− 5,25	− 8,00
W	− 0,80	− 1,37	− 2,05	− 3,40	− 5,40	− 8,25
	− 0,94	− 1,61	− 2,41	− 4,00	− 6,35	− 9,70
Y	− 0,98	− 1,68	− 2,52	− 4,20	− 6,65	−10,15
	− 1,12	− 1,92	− 2,88	− 4,80	− 7,60	−11,60
Z	− 1,19	− 2,04	− 3,06	− 5,10	− 8,10	−12,35
	− 1,33	− 2,28	− 3,42	− 5,70	− 9,05	−13,80

Nennmaßbereich über 250 mm bis 500 mm für Außenmaße

	HT 6	HT 10	HT 15	HT 25	HT 40	HT 60
a	− 1,19	− 2,04	− 3,06	− 5,10	− 8,10	−12,35
	− 1,33	− 2,28	− 3,42	− 5,70	− 9,05	−13,80
b	− 0,98	− 1,68	− 2,52	− 4,20	− 6,65	−10,15
	− 1,12	− 1,92	− 2,88	− 4,80	− 7,60	−11,60
c	− 0,80	− 1,37	− 2,05	− 3,40	− 5,40	− 8,25
	− 0,94	− 1,61	− 2,41	− 4,00	− 6,35	− 9,70
d	− 0,63	− 1,08	− 1,62	− 2,70	− 4,30	− 6,55
	− 0,77	− 1,32	− 1,98	− 3,30	− 5,25	− 8,00
e	− 0,48	− 0,82	− 1,22	− 2,05	− 3,25	− 4,95
	− 0,62	− 1,06	− 1,58	− 2,65	− 4,20	− 6,40
f	− 0,34	− 0,58	− 0,86	− 1,45	− 2,30	− 3,50
	− 0,48	− 0,82	− 1,22	− 2,05	− 3,25	− 4,95
g	− 0,21	− 0,36	− 0,54	− 0,90	− 1,45	− 2,20
	− 0,35	− 0,60	− 0,90	− 1,50	− 2,40	− 3,65
i	− 0,10	− 0,17	− 0,25	− 0,40	− 0,65	− 1,00
	− 0,24	− 0,41	− 0,61	− 1,00	− 1,60	− 2,45
k	0,00	0,00	0,00	0,00	0,00	0,00
	− 0,14	− 0,24	− 0,36	− 0,60	− 0,95	− 1,45
m	+ 0,07	+ 0,12	+ 0,18	+ 0,30	+ 0,475	+ 0,725
	− 0,07	− 0,12	− 0,18	− 0,30	− 0,475	− 0,725
n	+ 0,14	+ 0,24	+ 0,36	+ 0,60	+ 0,95	+ 1,45
	0,00	0,00	0,00	0,00	0,00	0,00
p	+ 0,24	+ 0,41	+ 0,61	+ 1,00	+ 1,60	+ 2,45
	+ 0,10	+ 0,17	+ 0,25	+ 0,40	+ 0,65	+ 1,00
r	+ 0,35	+ 0,60	+ 0,90	+ 1,50	+ 2,40	+ 3,65
	+ 0,21	+ 0,36	+ 0,54	+ 0,90	+ 1,45	+ 2,20
s	+ 0,48	+ 0,82	+ 1,22	+ 2,05	+ 3,25	+ 4,95
	+ 0,34	+ 0,58	+ 0,86	+ 1,45	+ 2,30	+ 3,50
t	+ 0,62	+ 1,06	+ 1,58	+ 2,65	+ 4,20	+ 6,40
	+ 0,48	+ 0,82	+ 1,22	+ 2,05	+ 3,25	+ 4,95
u	+ 0,77	+ 1,32	+ 1,98	+ 3,30	+ 5,25	+ 8,00
	+ 0,63	+ 1,08	+ 1,62	+ 2,70	+ 4,30	+ 6,55
w	+ 0,94	+ 1,61	+ 2,41	+ 4,00	+ 6,35	+ 9,70
	+ 0,80	+ 1,37	+ 2,05	+ 3,40	+ 5,40	+ 8,25
y	+ 1,12	+ 1,92	+ 2,88	+ 4,80	+ 7,60	+11,60
	+ 0,98	+ 1,68	+ 2,52	+ 4,20	+ 6,65	+10,15
z	+ 1,33	+ 2,28	+ 3,42	+ 5,70	+ 9,05	+13,80
	+ 1,19	+ 2,04	+ 3,06	+ 5,10	+ 8,10	+12,35

4

Grundabmaße in mm (Auszug aus DIN 68101)

Nennmaßbereich über 500 mm bis 1000 mm für Innenmaße

	HT 6	HT 10	HT 15	HT 25	HT 40	HT 60
A	+ 2,66 / + 2,38	+ 3,99 / + 3,57	+ 6,65 / + 5,95	+ 10,90 / + 9,75	+ 16,15 / + 14,45	+ 26,6 / + 23,8
B	+ 2,24 / + 1,96	+ 3,36 / + 2,94	+ 5,60 / + 4,90	+ 9,20 / + 8,05	+ 13,60 / + 11,90	+ 22,4 / + 19,6
C	+ 1,88 / + 1,60	+ 2,81 / + 2,39	+ 4,70 / + 4,00	+ 7,70 / + 6,55	+ 11,40 / + 9,70	+ 18,8 / + 16,0
D	+ 1,54 / + 1,26	+ 2,31 / + 1,89	+ 3,85 / + 3,15	+ 6,35 / + 5,20	+ 9,35 / + 7,65	+ 15,4 / + 12,6
E	+ 1,23 / + 0,95	+ 1,85 / + 1,43	+ 3,10 / + 2,40	+ 5,05 / + 3,90	+ 7,50 / + 5,80	+ 12,3 / + 9,5
F	+ 0,95 / + 0,67	+ 1,43 / + 1,01	+ 2,40 / + 1,70	+ 3,90 / + 2,75	+ 5,80 / + 4,10	+ 9,5 / + 6,7
G	+ 0,70 / + 0,42	+ 1,05 / + 0,63	+ 1,75 / + 1,05	+ 2,90 / + 1,75	+ 4,25 / + 2,55	+ 7,0 / + 4,2
I	+ 0,48 / + 0,20	+ 0,71 / + 0,29	+ 1,20 / + 0,50	+ 1,95 / + 0,80	+ 2,90 / + 1,20	+ 4,8 / + 2,0
K	+ 0,28 / 0,00	+ 0,42 / 0,00	+ 0,70 / 0,00	+ 1,15 / 0,00	+ 1,70 / 0,00	+ 2,8 / 0,0
M	+ 0,14 / − 0,14	+ 0,21 / − 0,21	+ 0,35 / − 0,35	+ 0,575 / − 0,575	+ 0,85 / − 0,85	+ 1,4 / − 1,4
N	0,00 / − 0,28	0,00 / − 0,42	0,00 / − 0,70	0,00 / − 1,15	0,00 / − 1,70	0,0 / − 2,8
P	− 0,20 / − 0,48	− 0,29 / − 0,71	− 0,50 / − 1,20	− 0,80 / − 1,95	− 1,20 / − 2,90	− 2,0 / − 4,8
R	− 0,42 / − 0,70	− 0,63 / − 1,05	− 1,05 / − 1,75	− 1,75 / − 2,90	− 2,55 / − 4,25	− 4,2 / − 7,0
S	− 0,67 / − 0,95	− 1,01 / − 1,43	− 1,70 / − 2,40	− 2,75 / − 3,90	− 4,10 / − 5,80	− 6,7 / − 9,5
T	− 0,95 / − 1,23	− 1,43 / − 1,85	− 2,40 / − 3,10	− 3,90 / − 5,05	− 5,80 / − 7,50	− 9,5 / − 12,3
U	− 1,26 / − 1,54	− 1,89 / − 2,31	− 3,15 / − 3,85	− 5,20 / − 6,35	− 7,65 / − 9,35	− 12,6 / − 15,4
W	− 1,60 / − 1,88	− 2,39 / − 2,81	− 4,00 / − 4,70	− 6,55 / − 7,70	− 9,70 / − 11,40	− 16,0 / − 18,8
Y	− 1,96 / − 2,24	− 2,94 / − 3,36	− 4,90 / − 5,60	− 8,05 / − 9,20	− 11,90 / − 13,60	− 19,6 / − 22,4
Z	− 2,38 / − 2,66	− 3,57 / − 3,99	− 5,95 / − 6,65	− 9,75 / − 10,90	− 14,45 / − 16,15	− 23,8 / − 26,6

Nennmaßbereich über 500 mm bis 1000 mm für Außenmaße

	HT 6	HT 10	HT 15	HT 25	HT 40	HT 60
a	− 2,38 / − 2,66	− 3,57 / − 3,99	− 5,95 / − 6,65	− 9,75 / − 10,90	− 14,45 / − 16,15	− 23,8 / − 26,6
b	− 1,96 / − 2,24	− 2,94 / − 3,36	− 4,90 / − 5,60	− 8,05 / − 9,20	− 11,90 / − 13,60	− 19,6 / − 22,4
c	− 1,60 / − 1,88	− 2,39 / − 2,81	− 4,00 / − 4,70	− 6,55 / − 7,70	− 9,70 / − 11,40	− 16,0 / − 18,8
d	− 1,26 / − 1,54	− 1,89 / − 2,31	− 3,15 / − 3,85	− 5,20 / − 6,35	− 7,65 / − 9,35	− 12,6 / − 15,4
e	− 0,95 / − 1,23	− 0,43 / − 1,85	− 2,40 / − 3,10	− 3,90 / − 5,05	− 5,80 / − 7,50	− 9,5 / − 12,3
f	− 0,67 / − 0,95	− 1,01 / − 1,43	− 1,70 / − 2,40	− 2,75 / − 3,90	− 4,10 / − 5,80	− 6,7 / − 9,5
g	− 0,42 / − 0,70	− 0,63 / − 1,05	− 1,05 / − 1,75	− 1,75 / − 2,90	− 2,55 / − 4,25	− 4,2 / − 7,0
i	− 0,20 / − 0,48	− 0,29 / − 0,71	− 0,50 / − 1,20	− 0,80 / − 1,95	− 1,20 / − 2,90	− 2,0 / − 4,8
k	0,00 / − 0,28	0,00 / − 0,42	0,00 / − 0,70	0,00 / − 1,15	0,00 / − 1,70	0,0 / − 2,8
m	+ 0,14 / − 0,14	+ 0,21 / − 0,21	+ 0,35 / − 0,35	+ 0,575 / − 0,575	+ 0,85 / − 0,85	+ 1,4 / − 1,4
n	+ 0,28 / 0,00	+ 0,42 / 0,00	+ 0,70 / 0,00	+ 1,15 / 0,00	+ 1,70 / 0,00	+ 2,8 / 0,0
p	+ 0,48 / + 0,20	+ 0,71 / + 0,29	+ 1,20 / + 0,50	+ 1,95 / + 0,80	+ 2,90 / + 1,20	+ 4,8 / + 2,0
r	+ 0,70 / + 0,42	+ 1,05 / + 0,63	+ 1,75 / + 1,05	+ 2,90 / + 1,75	+ 4,25 / + 2,55	+ 7,0 / + 4,2
s	+ 0,95 / + 0,67	+ 1,43 / + 1,10	+ 2,40 / + 1,70	+ 3,90 / + 2,75	+ 5,80 / + 4,10	+ 9,5 / + 6,7
t	+ 1,23 / + 0,95	+ 1,85 / + 1,43	+ 3,10 / + 2,40	+ 5,05 / + 3,90	+ 7,50 / + 5,80	+ 12,3 / + 9,5
u	+ 1,54 / + 1,26	+ 2,31 / + 1,89	+ 3,85 / + 3,15	+ 6,35 / + 5,20	+ 9,35 / + 7,65	+ 15,4 / + 12,6
w	+ 1,88 / + 1,60	+ 2,81 / + 2,39	+ 4,70 / + 4,00	+ 7,70 / + 6,55	+ 11,40 / + 9,70	+ 18,8 / + 16,0
y	+ 2,24 / + 1,96	+ 3,36 / + 2,94	+ 5,60 / + 4,90	+ 9,20 / + 8,05	+ 13,60 / + 11,90	+ 22,4 / + 19,6
z	+ 2,66 / + 2,38	+ 3,99 / + 3,57	+ 6,65 / + 5,95	+ 10,90 / + 9,75	+ 16,15 / + 14,45	+ 26,6 / + 23,8

Darstellung der Toleranzfelder

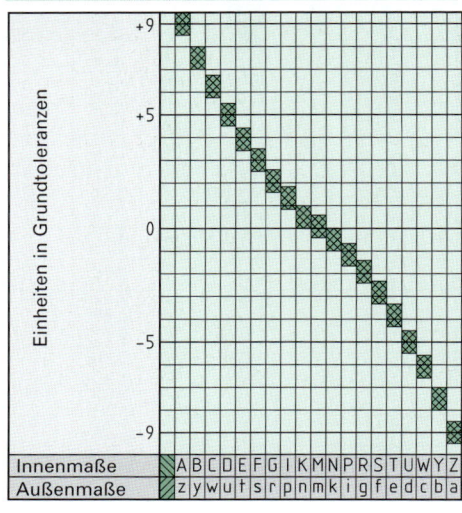

Innenmaße: A B C D E F G I K M N P R S T U W Y Z
Außenmaße: z y w u t s r p n m k i g f e d c b a

Beispiel

Schrank mit stumpf einschlagender Tür, die Schrankinnenbreite liegt auf der Nulllinie, Nennmaß 900 mm. Toleranz HT 25, Toleranzfelder N/r

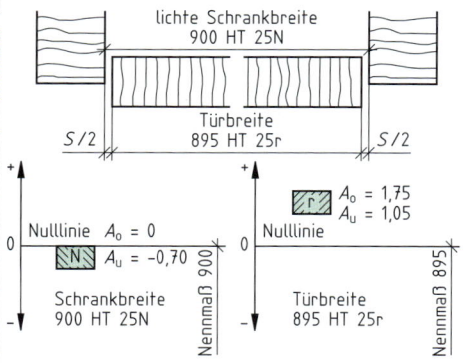

	Lichte Schrankbreite Innenmaß des Außenteils 900 HT 25 N	Türbreite Außenmaß des Innenteils 895 HT 25 r
N Nennmaß	900	895
A_o oberes Abmaß	0	1,75
A_u unteres Abmaß	− 0,70	1,05
T Maßtoleranz	0,70	0,70
G Größtmaß	900,00	896,75
K Kleinstmaß	899,30	896,05
S_g Größtspiel	3,95	
S_k Kleinstspiel	2,55	
T_p Passtoleranz	1,40	

4

4.10 Darstellung von Werkstoffen und Beschlägen

Werkstoffe werden durch verschiedene Schraffuren symbolisch gekennzeichnet. Schraffiert werden nur geschnittene Werkstücke. Maßzahlen und Beschriftungen in den Schnittflächen sind bei der Schraffur auszusparen. Der Abstand der Schraffurlinien ist der Größe der Querschnittsfläche anzupassen. Holz und Holzwerkstoffe werden freihändig schraffiert (Ausnahme Computerzeichnungen).

Vollholz

Vollholz wird als Hirnholz unter 45° und als Längsholz parallel zum Faserverlauf des Holzes schraffiert. Bei verleimten Werkstücken werden die Hirnholzflächen in gleicher Richtung aber mit unterschiedlichen Abständen schraffiert, bei nicht verleimten wird die Schraffurrichtung gewechselt.

Beispiele:

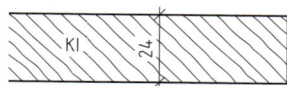 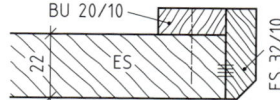 

Holzwerkstoffe, roh und furniert

Zu dieser Gruppe gehören die Lagenwerkstoffe wie das Furniersperrholz und Furnierschichtholz, die Verbundwerkstoffe wie Stab- und Stäbchensperrholz, die Span- und Faserwerkstoffe usw. Symbolisch werden hier die Leistenteilungen des Stabsperrholzes im Schnitt dargestellt. Abstand der Schraffurlinien ca. halbe Plattendicke. Beschriftungen, Symbole und Begleitlinien geben das Material und die Modifizierung an.

Beispiele

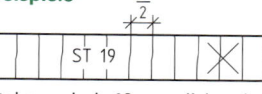 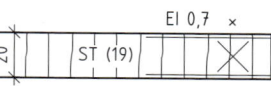 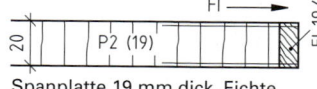

Stabsperrholz 19 mm dick, roh, Hirnholzkante (Kreuz-Symbol).

Stabsperrholz 19 mm dick, Eiche furniert, Furnierkante, Hirnholzkanten (Kreuze).

Spanplatte 19 mm dick, Fichte furniert, Anleimer überfurniert, Längsholz (Pfeil).

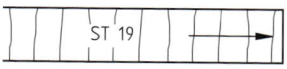 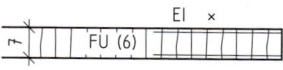 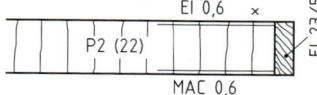

Stabsperrholz 19 mm dick, roh, Längsholzkante (Pfeil-Symbol).

Furniersperrholz 6 mm dick, beidseitig in Eiche furniert.

Spanplatte 22 mm dick, furniert, Hirnholz, Anleimer nachträglich angeleimt.

Holzwerkstoffe, mit Kunststoff beschichtet

Mit Kunststoff beschichtete Holzwerkstoffe kommen fertig in den Handel oder werden nachträglich beschichtet. Die Linien an der Materialbeschriftung geben an, ob einseitig, zweiseitig, dreiseitig oder vierseitig beschichtet.

Beispiele:

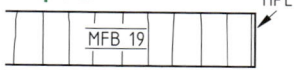 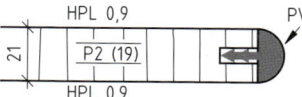 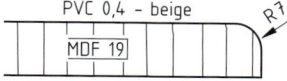

MFB-Platte (Kunststoffbeschichtete Spanplatte) mit HPL-Kante.

Nachträglich mit HPL-Platten beschichtete Spanplatte, 19 roh, ca. 21 mm Fertigdicke.

MDF-Platte, 19 mm, mit PVC dreiseitig ummantelt.

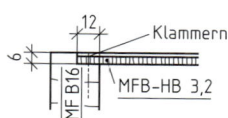 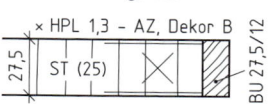 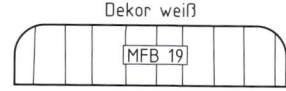

MFB-HB-Platte (Kunststoffbeschichtete Hartfaserplatte), einseitig beschichtet.

Mit HPL-Platten belegte Stabplatte, mit Begleitlinien wie Furnierung dargestellt. Anleimer nachträglich angeleimt.

MFB-Platte, 19 mm, allseitig mit Kunststoff beschichtet, Dekor weiß.

Anmerkung: Spanplatten werden gemäß DIN EN 312 in die Plattentypen P1 bis P7 eingeteilt. Früher und in der DIN 919 wurde noch der Begriff FPY und FPO verwandt.

4.10 Darstellung von Werkstoffen und Beschlägen

Belagstoffe und Nichtholzwerkstoffe

Nichtholzwerkstoffe, werden wie in einschlägigen DIN-Vorschriften geregelt, oder gepunktet, dickere Materialien auch mit doppelt dicker Umfassungslinie dargestellt. Belagstoffe wie Marmor, Glas, Kork, Linoleum, Leder usw. werden in der Regel gepunktet, und durch Wortangabe zusätzlich gekennzeichnet. Metalle und Kunststoffe werden je nach Dicke voll geschwärzt (dünne Materialien) oder unter 45° am Lineal eng schraffiert.

Beispiele:

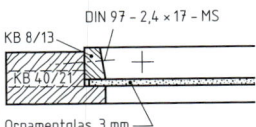

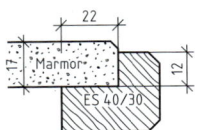

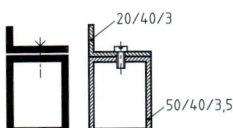

Dünne Glasfüllung (gepunktet dargestellt).

Marmor gepunktet, eine dicke Umrandung wäre hier auch möglich.

Metallprofile werden geschwärzt oder eng am Lineal schraffiert. Geschwärzte Profile sind durch Lichtkanten zu trennen.

Beschläge

Beschläge werden in der Regel nicht geschnitten gezeichnet. Die Schnittebene sollte über oder vor dem jeweiligen Beschlag liegen. Die Verdeckten Kanten sind einzustrichen. Durchlaufende Beschläge wie Stangenscharniere und Laufschienen müssen natürlich geschnitten dargestellt sein.

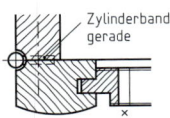

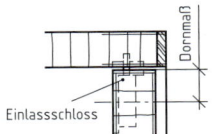

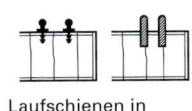

Laufschienen in Kunststoff und Metall

Verbindungsmittel

Nur durchlaufende Verbindungsmittel, wie zum Beispiel Federn, werden geschnitten dargestellt. Alle anderen werden verdeckt gezeichnet oder mit Symbolen angegeben.

Beispiele:

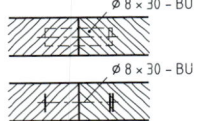

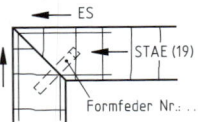

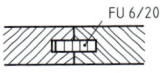

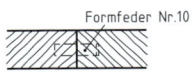

Dübel in verdeckter Form oder als Symbol (unten) eingezeichnet

Durchlaufende Feder

Nur stellenweise eingesetzte Formfeder

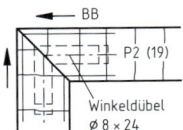

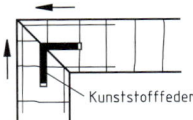

Formfeder, verdeckt eingezeichnet

Winkeldübel, verdeckt eingezeichnet

Durchlaufende Winkelfeder in Kunststoff

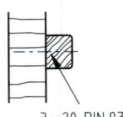
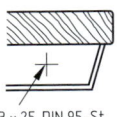

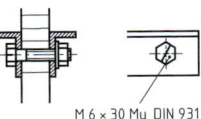

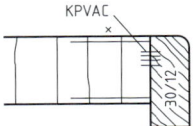

Bei Schrauben, Nägeln, Klammern wird im Schnitt nur die Mittelachse gezeichnet, mit Kennzeichnung durch Wortangabe. In der Ansicht genügt ein Achsenkreuz.

Gewindeschrauben können mit Mittelachsen oder wie dargestellt als Symbol gezeichnet werden.

Verleimungen können durch Symbol besonders angegeben werden.

4

4.11 Oberflächenzeichen

Mit Oberflächenzeichen kann in technischen Zeichnungen der Endzustand der bearbeiteten Oberfläche angegeben werden. In DIN EN ISO 1302 sind das **Grundsymbol (1)** und die Symbole für **materialabtragende Bearbeitung (2)** und **materialauftragende Bearbeitung (3)** zu unterscheiden. Wortangaben für Fertigungsverfahren (auf der Hinweislinie) und besondere Zeichen können die Oberflächenzeichen ergänzen.

Beispiele:

a Grundsymbol mit Wortangabe

b Symbol für materialabtragende Bearbeitung, parallel zur Faser mit Angabe des Fertigungsverfahrens

c Symbol für abtragende Bearbeitung, durch Schleifen rechtwinklig zur Faser (240er Schleifpapier)

d Symbol für abtragende Bearbeitung, durch Kreuzschliff (180er Schleifpapier)

e Symbol für abtragende Bearbeitung, durch Schleifen in mehrfacher Richtung (240er Schleifpapier)

f Symbol für auftragende Bearbeitung, z.B.: Lackauftrag

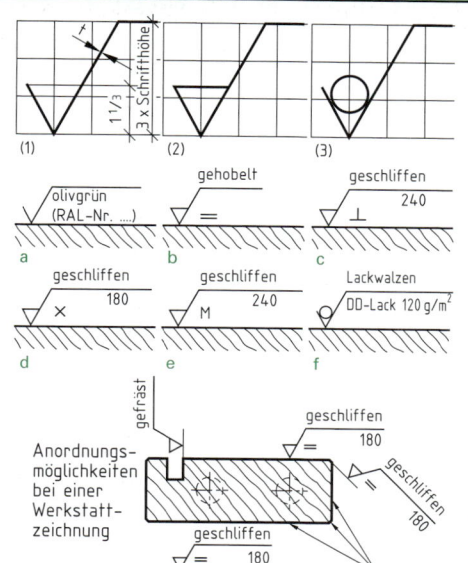

4.12 Schraffuren von Baustoffen und Bauteilen

Baustoffe bzw. Bauteile werden in Schnitten durch unterschiedliche Schraffuren gekennzeichnet. Sie sind teils in DIN 1356 und in DIN ISO 128-50 (früher DIN 201) festgelegt. In Zeichnungen im Maßstab 1:1 der Holzver- und Holzbearbeitung werden die massiven Bauteile wie Beton und Mauerwerk zusätzlich doppelt dick umrandet.

Mauerwerk aus künstlichen Steinen

Stahlbeton bewehrter Beton, ohne Darstellung der Bewehrung

Unbewehrter Beton zum Beispiel Zementestrich

Betonfertigteile zum Beispiel Kunststein

Putz oder Mörtel auf Mauerwerk

Gussasphalt, Anhydrit-Estrich, Spachtelmasse

Fliesen, Keramikplatten

Naturstein, Marmor

Dämmschicht gegen Wärme und Schall

Sperrschicht gegen Feuchtigkeit

Kunststofffolien

Voranstrich

Klebmasse Spiegel-Klebeband Vorlegeband

Dicht- und Isolierstoffe Hinterfüllung   Versiegelung

Vollholz Hirnholz   Längsholz

PVC-Boden Linoleum   Teppichboden

Baurichtmaße sind in der DIN 4172 festgelegt und entsprechen ein Vielfaches von 12,5 cm = $^1/_8$ m = **1 am (Achtelmeter)**. Die Steinmaße und viele Einbauteile wie Türen und Plattenmaße sind auf die Baurichtmaße abgestimmt.

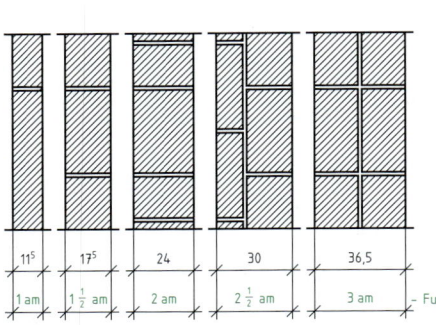

Wanddicken in cm und als **am**-Maß

		DF	NF	6DF	2DF...	16DF	10DF...
Steinhöhe	cm	5,2	7,1	11,3	23,8	17,5	11,3
Schichthöhe	cm	6,25	8,33	12,5	25,0	18,75	12,5
Schichten pro	m	16	12	8	4	–	8

Gegenseitige Abhängigkeit der Steinhöhen

Durch das Vermauern der Steine kann durch die Mauerfugen von 1 cm das **Rohbaumaß = Nennmaß** (die realen Maße am Bau) vom **Baurichtmaß** abweichen. Es sind **Außenmaß, Innenmaß** und **Anbaumaß** zu unterscheiden. Bei Betonbauten entspricht das Rohbaumaß bzw. Nennmaß dem **Baurichtmaß**.

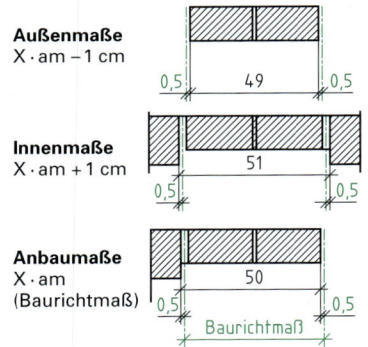

Außenmaße
X · am − 1 cm

Innenmaße
X · am + 1 cm

Anbaumaße
X · am
(Baurichtmaß)

Errechnung der Nennmaße aus den Baurichtmaßen

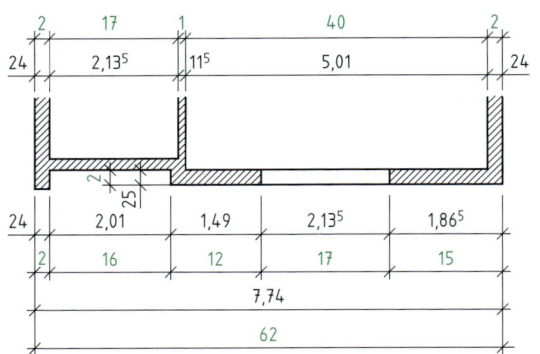

Abhängigkeit der Mauermaße (Rohbaumaße) vom **am** und Rohbaurichtmaß

Rohbaurichtmaße = Anbaumaße

$\frac{100}{16}$	6,25	12,5	18,75	25	31,25	37,5	43,75	50	56,25	62,5	68,75	75	81,25	87,5	93,75	100 cm
$\frac{100}{12}$		8,33		16,67	25		33,33		41,67	50		58,33		75		91,67	100 cm
$\frac{100}{8}$			12,5		25		37,5		50		62,5		75		87,5		100 cm
$\frac{100}{4}$					25				50				75				100 cm

Außenmaße

− 1 cm		11,5		24		36,5		49		61,5		74		86,5		99 cm

Innenmaße

+ 1 cm		13,5		26		38,5		51		63,5		76		88,5		101 cm

4

5 Konstruktionen

Inhaltsverzeichnis

5

5 Konstruktionen

Firmenverzeichnis

Flachglas MarkenKreis GmbH
Auf der Reihe 2
45884 Gelsenkirchen
Telefon: 0209/9 13 29-0; Fax: 0209/9 13 29-29
email: info@flachglas-markenkreis.de

Interpane Glas Industrie AG
Sohnreystaße 21,   37697 Lauenförde
Telefon: 05273/8 09-0; Fax: 05273/8 09-63
email: info@ag.interpane.net

Simonswerk GmbH
Bosfelder Weg 5,   33378 Rheda-Wiedenbrück
Telefon: 05242/4 13-0; Fax: 05242/4 12-150
www.simonswerk.de

Häfele GmbH & Co KG
Adolf Häfele-Straße 1
72202 Nagold
Telefon: 07452/95-0; Fax: 07452/95-200
www.haefele.de

ALNO AG
88629 Pfullendorf
Telefon: 07552/210;   www.alno.de

Hettich International
Vahrenkampstraße 12 – 16
32278 Kirchlengern
Telefon: 05223/77-0; Fax: 05223/77-1414
email: info@de.hettich.com

Verlag und Autoren danken den genannten Firmen und Institutionen für die Unterstützung der aktuellen und praxisnahen Gestaltung des Tabellenbuches.

Literatur und Normen

Peschel, Peter; u.a.; Tabellenbuch Bautechnik, Europa-Lehrmittel, Auflage 2010
GlasHandbuch 2006; Flachglas MarkenKreis GmbH
Nutsch, Wolfgang; u.a.; Holztechnik Fachkunde; Europa-Lehrmittel, 21. Auflage, 2007
Nutsch, Wolfgang; Haustüren – Haustüranlagen, Europa-Lehrmittel, Auflage 2007
Nutsch, Wolfgang; Handbuch der Konstruktion: Möbel und Einbauschränke, DVA-München, 3. Auflage 2003
Nutsch, Wolfgang; u.a.; Konstruktion und Arbeitsplanung, Europa-Lehrmittel, 5. Auflage 2007
Nutsch, Wolfgang; Handbuch der Konstruktion-Innenausbau, DVA-München, 2. Aufl. 2003
Verglasungs-Richtlinie Isolierglas; 2007, 2008, Technische Information, Bundesverband Flachglas
VFF 2009; Merkbläter (Verband der Fenster- und Fassadenhersteller e.V.)
DIN 1055-4; 2005, Einwirkungen auf Tragwerke; Windlasten
DIN 4108-4, 2004: Wärmeschutz und Energie-Einsparung in Gebäuden; Bemessungswerte
DIN 4108-7; 2001, Wärmeschutz und Energie-Einsparung in Gebäuden; Luftdichtheit von Gebäuden
DIN 4109; 2003, Schallschutz im Hochbau; Ausführungsbeispiele und Rechenverfahren
DIN 4172; 1955, Maßordnung im Hochbau
DIN 18056; 1966, Fensterwände; Bemessung und Ausführung
DIN 18065; 2000, Gebäudetreppen; Definition, Messregeln, Hauptmaße
DIN 18101; 1985, Türen für den Wohnungsbau; Türblattgrößen, Bandsitz und Schlosssitz
DIN 18202; 2005, Toleranzen im Hochbau; Bauwerke
DIN 18251; 2002, Einsteckschlösser
DIN 18252; 2006, Profilzylinder für Türschlösser, Begriffe, Maße, Anforderungen, Kennzeichnung
DIN 18255; 2002, Baubeschläge; Türdrücker, Türschilder und Türosetten-Begriffe, Maße, Anforderungen
DIN 18257; 2003, Baubeschläge; Schutzbeschläge-Begriffe, Maße, Anforderungen, Kennzeichnung
DIN 18268; 1985, Baubeschläge; Türbänder; Bandbezugslinie
DIN 18355; 2006, Allgemeine Technische Vertragsbedingungen für Bauleistungen (ATV); Tischlerarbeiten
DIN 18545-2; 2001, Abdichten von Verglasungen mit Dichtstoffen; Dichtstoffe, Bezeichnung, Prüfung
DIN 68120; 1968, Holzprofile; Grundformen
DIN 68121-1; 1993, Holzprofile für Fenster und Fenstertüren; Maße, Qualitätsanforderungen
DIN 68121-1; 1993, Holzprofile für Fenster und Fenstertüren; Allgemeine Grundsätze
DIN 68706; 2002, Innentüren aus Holz und Holzwerkstoffen
DIN 68852; 2004, Möbelschlösser und -beschläge; Möbelschlösser
DIN 68857; 2004, Möbelschlösser und -beschläge; Topfscharniere und deren Montageplatten
DIN 68871; 2001, Möbel-Bezeichnungen
DIN 68880, 1973 Möbel; Begriffe
DIN 81402, 1978 Hänge und Scharniere zum Anschrauben; für Möbeltüren
DIN EN 942; 1996, Holz in Tischlerarbeiten; Allgemeine Sortierung nach der Holzqualität
DIN EN 1303; 2005, Baubeschläge; Schließzylinder für Schlösser, Anforderungen und Prüfverfahren
DIN V ENV 1627; 1999-04; Fenster, Türen, Abschlüsse; Einbruchhemmung
DIN EN 1906; 2002, Schlösser und Baubeschläge; Türdrücker und Türknäufe
DIN EN 1935; 2002, Baubeschläge; Einachsige Tür- u. Fensterbänder; Anforderungen und Prüfverfahren
DIN EN 10077-2; 2003, Wärmetechnisches Verhalten von Fenstern, Türen und Abschlüssen
DIN EN 13307-1; 01/2007, Holzkanten und Holzfertigprodukte
DIN EN 14220: 01/2007; Holz und Holzwerkstoffe für Innenfenster, Innentüren und Innentürzargen
DIN EN 14221: 01/2007; Holz und Holzwerkstoffe für Außenfenster, Außentüren und Außentürzargen
DIN EN 14351-1; 07/2006; Fenster- und Türen-Produktnorm, Leistungseigenschaften

5 Konstruktionen

5.1 Möbel

5.1.1 Möbelarten und Gestaltung

Möbelbauarten

Brettbau
Möbelteile werden aus unverleimten und verleimten Brettern gefertigt. Dem Arbeiten des Holzes ist mit Gratleisten und Hirnleisten und entsprechenden Konstruktionen gerecht zu werden.

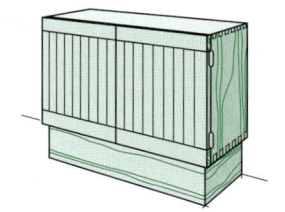

Rahmenbau
Möbelteile bestehen aus Rahmen und Füllung. Rahmenfriese werden aus Kern- oder Mittelbrettern hergestellt.
Füllungen können aus Vollholz, Holzwerkstoffen und Glas sein.

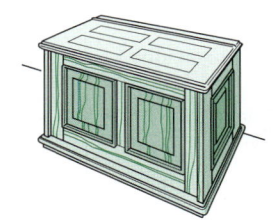

Plattenbau
Für die Möbelflächen werden Holzwerkstoffe verwendet. Sichtbare Kanten müssen mit Anleimern versehen werden. Die Eckverbindungen erfolgen vorzugsweise mit Dübeln und Formfedern.

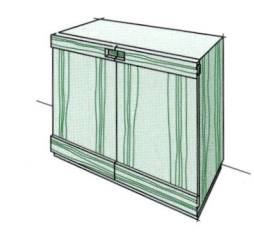

Stollenbau
Die Stollen, die Möbelfüße und zugleich Verbindungselemente sind, werden durch Zargen, Traversen oder Möbelseiten verbunden. Verbindungsmittel sind hierbei Zapfen, Dübel und Federn.

Einteilung und Benennung
(DIN 68 880, DIN 68871)

nach dem Werkstoff oder der Ausführung

- **Holzmöbel, Korbmöbel, Kunststoffmöbel, Metallmöbel, Polstermöbel, Stilmöbel**

nach der Funktion

- **Behältnismöbel,** die wie Kleiderschränke, Geschirrschränke, Anrichten zum Aufbewahren von Gütern dienen
- **Kleinmöbel,** wie z.B. Servierwagen, Blumentische
- **Liegemöbel,** wie z.B. Liegen und Betten
- **Sitzmöbel,** wie z.B. Bänke, Hocker, Sessel, Sofas, Stühle

nach der Verwendung im Raum

- **Einzelmöbel,** wie z.B. Anrichten, Kommoden, Tische
- **Systemmöbel,** wie z.B. An- und Aufbaumöbel, Einbaumöbel, Endlosschränke, Raumteiler

nach der Konstruktion

- **Korpusmöbel,** wie z.B. Kommoden, Schränke, Sekretäre, Tonmöbel, Truhen
- **Regale,** Möbel mit offenen Frontflächen
- **Tische,** Möbel mit waagerecht auf einem Gestell ruhenden Platten

nach den Verwendungsbereichen

- **Wohn-, Küchen-, Schul-, Krankenhaus-, Labor-, Garten- und Büromöbel**

Möbel in gemischter Bauweise

In der Praxis werden Möbelteile meist in gemischter Bauweise hergestellt.

Beispiel: Korpus aus Holzwerkstoffen und Türen in Rahmenbauweise

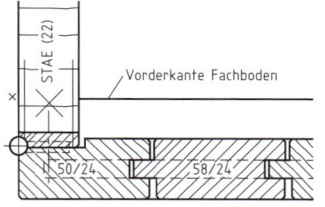

Vorderkante Fachboden

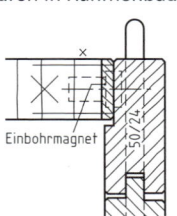

Einbohrmagnet

5

Normung im Möbelbau (Auszug)

Möbelart	DIN-Nr.	Besonderheiten			
Kleiderschränke	**68890**	lichte Tiefe		≥ 540 mm bei Drehtüren	
				≥ 560 mm bei Schiebetüren	
		Höhe bis Oberkante Kleiderstange		≥ 1500 mm lange Kleider	
				≥ 900 mm kurze Kleider	
		Durchbiegung der Kleiderstange maximal 1/100 Stützweite			
Tische	**68885**	gilt für Tische im Wohnbereich			
		Tischhöhe (Schreiben, Essen)		720 mm bis 750 mm	
		sonstige Tische		bis 600 mm	
		freier Beinraum		650 mm	
		Plattengröße je Person mindestens 20 dm² bei 600 mm Kantenlänge			
Stühle	**68878**	Sitzhöhe		380 mm bis 480 mm	
		Sitztiefe		min. 360 mm	
		Sitzbreite		min. 360 mm	
		Rückenlehnenhöhe		min. 300 mm	
		Lichter Armstützenabstand		min. 460 mm	
Betten ● Kinderbetten ● Klappbetten ● Etagenbetten	**66078** **68873** **68879**	Bei Benutzung der angegebenen Betten können bei Unfällen für Personen Schäden entstehen, z.B. Absturz aus Etagenbetten usw. Deshalb sind in den Norm-Texten sicherheitstechnische Vorschriften gegeben.			
Büromöbel		Bürotische werden in folgenden Formen hergestellt: Form A: ohne Unterschrank Form B: mit einem Unterschrank Form C: mit zwei Unterschränken			

		Form in mm	Plattenbreite in mm	Plattentiefe	Höhe bis Plattenoberkante in mm
● Schreibtische (S)		A,B,C A,B	1600 1200	800	720
● Büromaschinentische (M)	**4549**	A, B, C A,B	1600 1200	600	650
● Bildschirmarbeitstische (B)		A,B A	1600 1200	800, 900, 1000	720
● Registratur- und Karteischränke	**4545**	Konstruktionsart und Kennbuchstabe			

B (A)   D (C)   E   G

Ergonomische Maße für den Beinraum bei Schreibtischen und Bildschirmarbeitstischen
(Bild für nicht höhenverstellbare Tische)

Höhenverstellbereiche:

680 mm ... 760 mm bei Schreibtischen und Bildschirmarbeitstischen

600 mm ... 680 mm bei Büromaschinentischen
Beinraumbreite < 580 mm

5.1 Möbel

5.1.2 Möbelteile und Möbelbeschläge

Drehtüren

Sie sind an einer Seitenkante angeschlagen und drehen sich um eine senkrechte Drehachse. Drehtüren schließen die Front eines Möbels ab.

Man unterscheidet Linkstüren und Rechtstüren.

Die Form einer Drehtüre sollte ein stehendes Rechteck sein, um die Beschläge nicht zu überlasten.

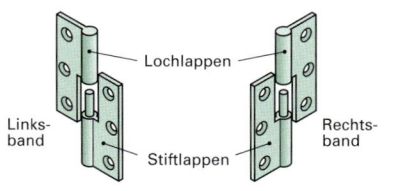

Lochlappen

Links-band

Rechts-band

Stiftlappen

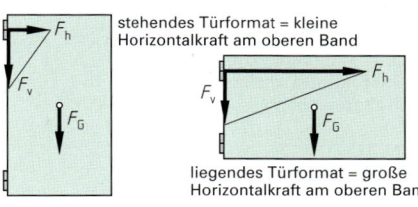

stehendes Türformat = kleine Horizontalkraft am oberen Band

liegendes Türformat = große Horizontalkraft am oberen Band

Anschlagsarten

Die Lage des Türblattes zur Korpusseite lässt viele Varianten zu. Die verschiedenen Türanschläge verlangen unterschiedliche Bandformen. Nachstehend werden Standardformen aufgezeigt.

Einschlagende Türen

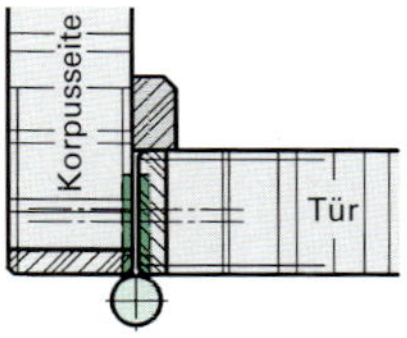

Korpusseite | Tür

bündiger Türanschlag

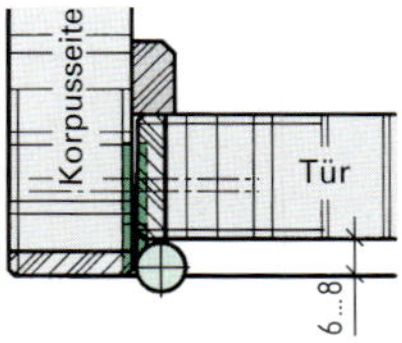

Korpusseite | Tür

6...8

Tür zurückspringend

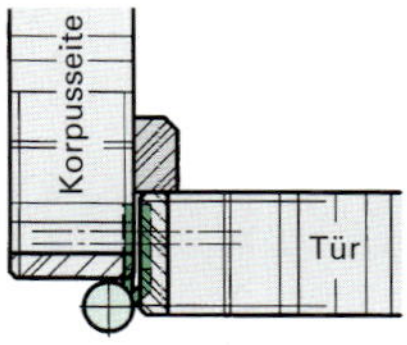

Korpusseite | Tür

vorspringende Tür

Korpusseite | Tür

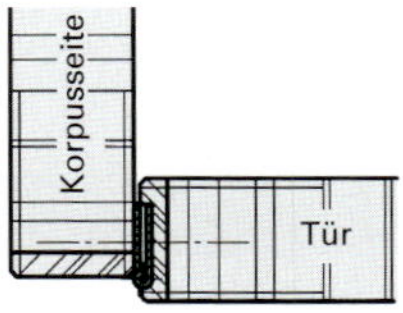

vorspringende Tür

Aufschlagende Türen

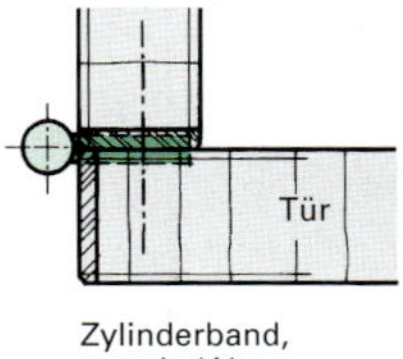

Tür

Zylinderband, gerade (A)

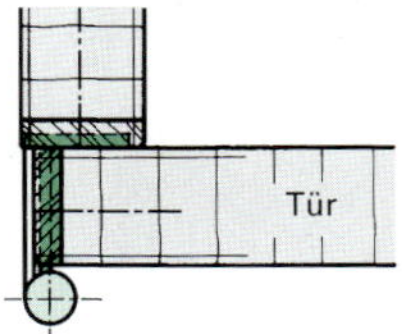

Tür

Winkelband, (Kröpfung L)

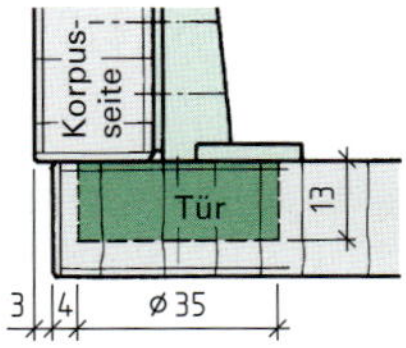

Korpus-seite | Tür

13

3 | 4 | ⌀ 35

Topfscharnier

Korpus-seite | Tür

17

50

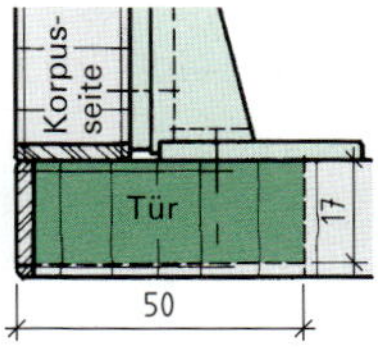

Schnellband

Überfälzte Türen

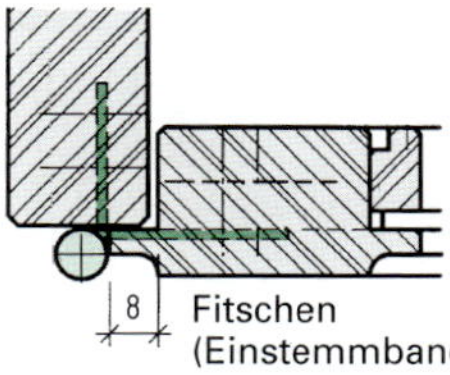

8 | Fitschen (Einstemmband)

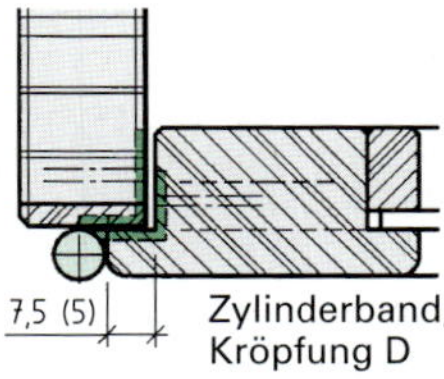

7,5 (5) | Zylinderband, Kröpfung D

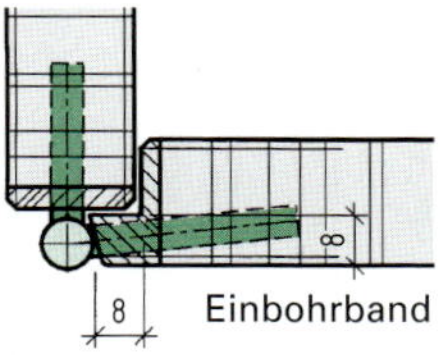

8 | Einbohrband

Kröpfungen

gerades Band (A) 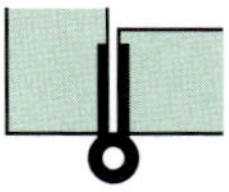	Kröpfung B 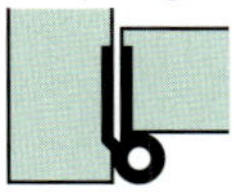	Kröpfung C 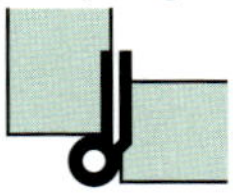	Kröpfung D 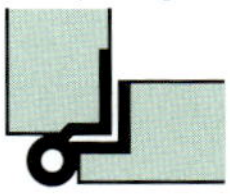	Winkelband (L) 

5

Klappen

Klappen besitzen eine horizontale Drehachse. Man unterscheidet stehende, hängende und liegende Klappen.

Im geöffneten Zustand müssen sie durch Klappenhalter, Scheren oder Hochstellstützen gehalten werden. Aus Sicherheitsgründen sollten Klappen durch Schlösser zugehalten werden.

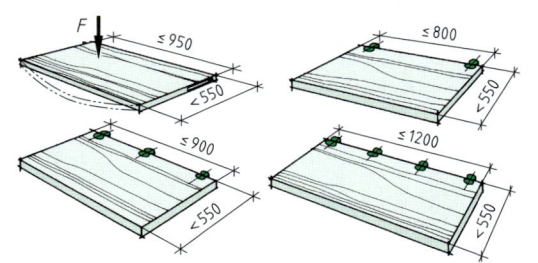

Stehende Klappen

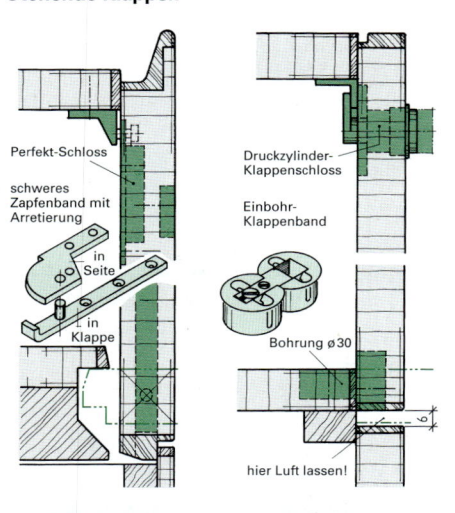

Perfekt-Schloss

schweres Zapfenband mit Arretierung

in Seite

in Klappe

Druckzylinder-Klappenschloss

Einbohr-Klappenband

Bohrung ø 30

hier Luft lassen!

Hängende Klappe

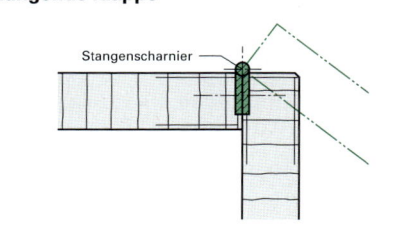

Stangenscharnier

Liegende Klappen

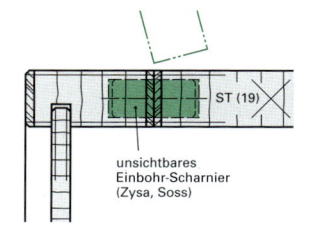

ST (19)

unsichtbares Einbohr-Scharnier (Zysa, Soss)

Schiebetüren

Stehende Schiebetüren

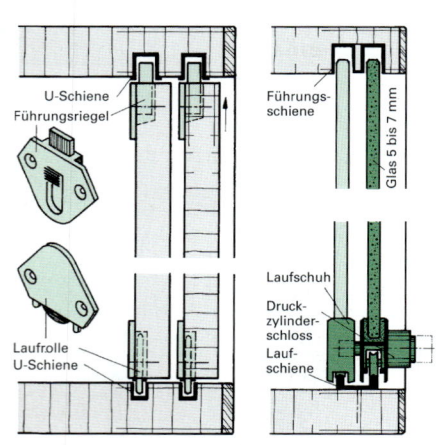

U-Schiene

Führungsriegel

Führungsschiene

Glas 5 bis 7 mm

Laufschuh

Druckzylinderschloss

Laufschiene

Laufrolle U-Schiene

Hängende Schiebetüren

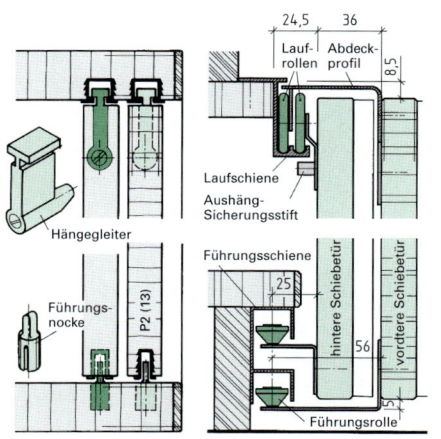

24,5   36

Lauf-rollen   Abdeck-profil

8,5

Laufschiene

Aushäng-Sicherungsstift

Führungsschiene

hintere Schiebetür

vordere Schiebetür

25

56

Hängegleiter

Führungsnocke

P2 (13)

Führungsrolle

5

Möbelbänder (DIN 81 402)

Auswahl, für eine umfangreichere Übersicht und genaue Maßangaben ist in Herstellerkatalogen nachzuschlagen.

Zylinderband (Lappenband)

Material: Gezogenes Messing-Profil
Rollenlänge: 50 mm und 60 mm

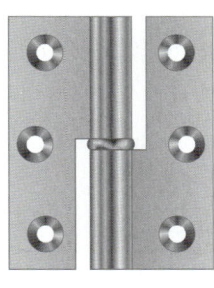
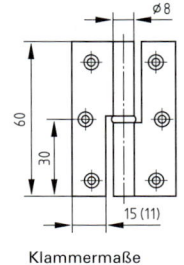

Klammermaße
für die Bänder
mit Kröpfung D 7,5

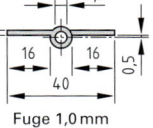

Gerade (Kröpfung A)

Fuge 1,0 mm

Kröpfung B

Fuge 0,6 mm

Kröpfung C als Sonderanfertigung lieferbar (entspricht Kröpfung B mit ungestrecktem Stift)

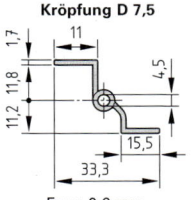

Kröpfung D 7,5

Fuge 0,6 mm
Falztiefe 7,5 mm

Lappenband, gerollt

Material: Stahl
Ausführung: Gerade und Kröpfung D

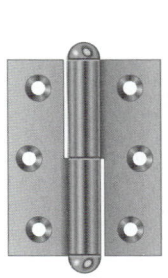
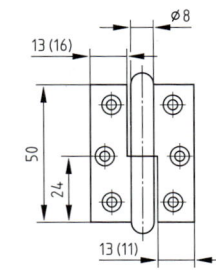

Klammermaße für die Bänder
mit Kröpfung D 7,5

Stilband

Rollenlänge: 50 mm und 60 mm
Ausführungen: Gerade, Kröpfung B, C und D

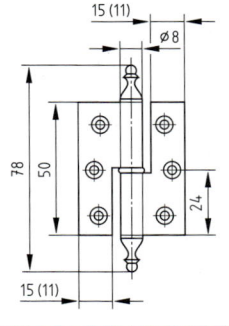

Winkelband

Türdicken: 20 mm … 21 mm
Seitendicke: beliebig

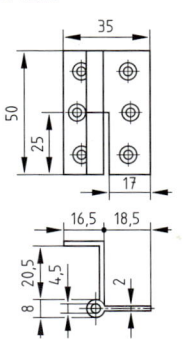

Winkelscharnier

Türdicken: 15 mm …16 mm   19 mm … 20 mm
Seitendicken: ab 14 mm   ab 17 mm
Maß x : 14 mm   17 mm

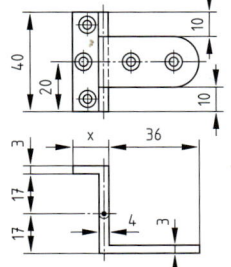

5

5.1 Möbel

Stangenscharniere

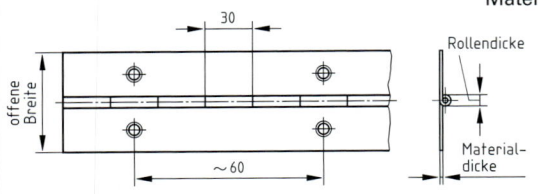

Material: Stahl, Messing, Edelstahl, Aluminium

Offene Breite (in mm)	Material-dicke (in mm)	Rollen-dicke (in mm)
20	0,7	3,3
25	0,7	3,3
32	0,7	3,3
40	0,8	3,5

Scharniere

Material: Stahl (vernickelt, vermessingt), Messing
Ausführung: schmal, halbbreit, käntig – verschiedene Größen

Halbbreit   **Käntig**   **Käntig, mit losem Stift**

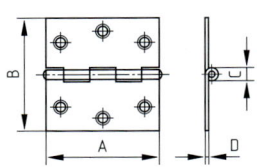
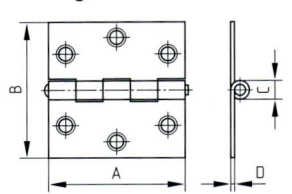

	Halbbreit (Maße in mm)	Käntig (Maße in mm)	Käntig, mit losem Stift (in mm)	
A x B	25 x 22; 30 x 26...60 x 46	25 x 25; 30 x 30; 40 x 40...80 x 80	50 x 50;	60 x 60
C	3,5; 4,0...6,0	4,0; 4,0; 5,0; 5,5...7,0	8,0	9,0
D	0,8; 0,9...1,4	0,8; 0,9; 0,9; 1,2...1,5	1,6	1,8

Einbohrbänder

für Rahmentüren

Knopf-form	Rollen-⌀ (mm)	Rollen-länge (mm)	Zapfen a (mm)	Zapfen b (mm)
	8,5	26,0	23 × ⌀ 5,0	30 × ⌀ 5,0
	9,5	28,5	23 × ⌀ 5,5	30 × ⌀ 5,5
	11,0	29,5	25 × ⌀ 6,0	35 × ⌀ 6,0

Knopf-form	Rollen-⌀ (mm)	Rollen-länge (mm)	Zapfen a (mm)	Zapfen b (mm)
	8,5	38,0	20 × ⌀ 5,0	24 × ⌀ 5,0
	9,5	38,0	20 × ⌀ 5,5	24 × ⌀ 5,5
	11,0	41,0	20 × ⌀ 6,0	30 × ⌀ 6,0
	8,5	38,0	20 × ⌀ 5,0	24 × ⌀ 5,0
	9,5	38,0	20 × ⌀ 5,5	24 × ⌀ 5,5

Scharniere für unsichtbaren Anschlag

Zysa-Scharnier

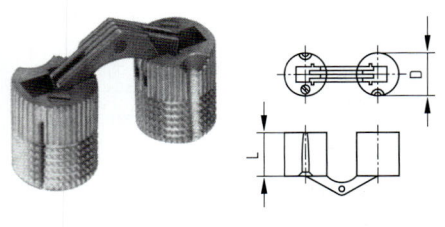

D (mm) :	10	12	14	16	18	24
L (mm) :	11	13,5	15,5	16,5	17,5	25

Soss-Scharnier

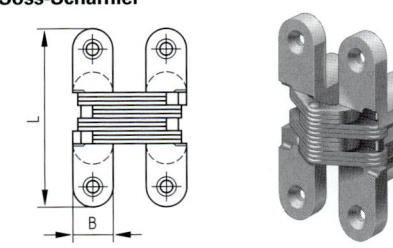

B (mm) :	10	13	13	16	19	25,5	28,5
L (mm) :	42	44,5	60	70	95,5	117,5	117,5

5.1 Möbel

Möbelbänder (Fortsetzung)

Topfscharniere (DIN 68857)

Montagearm mit Topf

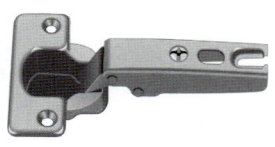

Montage-
platte

Bohrbild
(Türe)

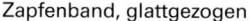

ø 35
12,8 tief
52
5,5
Tab

Anschlagsarten und Auswahl

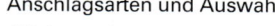

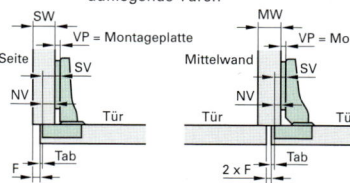

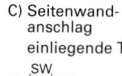

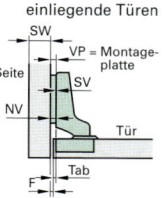

A) Seitenwand-
anschlag

B) Mittelwand-/
Zwillingsanschlag

aufliegende Türen

C) Seitenwand-
anschlag

einliegende Türen

SW − F − Tab = NV	MW : 2 − F − Tab = NV	Null − F − Tab = NV
NV + VP = SV = **Modell**	NV + VP = SV = **Modell**	NV + VP = SV = **Modell**

Beispiele für Mindestfugenwerte F:

Türdicke (mm)		15	16	17	18	19	20	21	22	23	24
Tab (mm)	3,0	0,4	0,6	0,8	1,0	1,3	1,6	2,0	2,5	3,1	3,8
	4,0	0,4	0,6	0,8	1,0	1,3	1,6	2,0	2,4	2,9	
	5,0	0,4	0,6	0,8	1,0	1,3	1,6				

Zapfenbänder

Zapfenband, glattgezogen

Eckzapfenband, gekröpft

Sekretärband

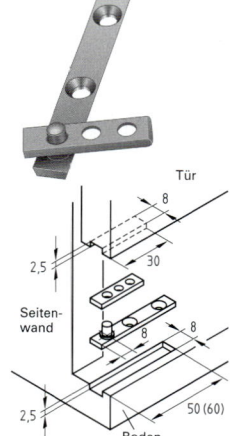

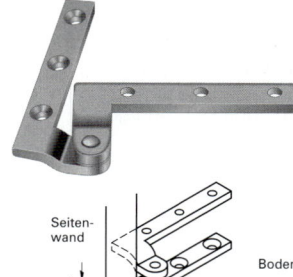

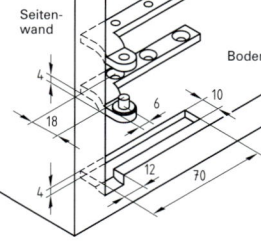

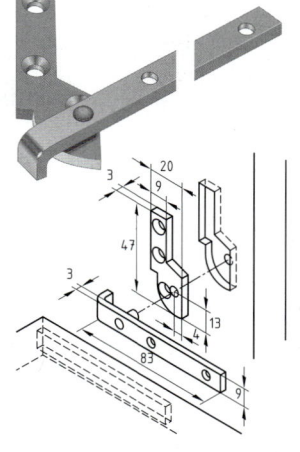

Klappenscharniere

Einbohrbares Klappenschar-
nier, aushängbar

Bohrbild

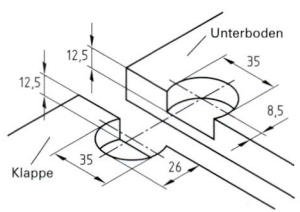

Anschlagsbeispiele

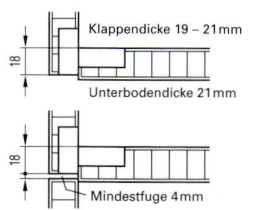

Klappendicke 19 – 21 mm

Unterbodendicke 21 mm

Mindestfuge 4 mm

5.1 Möbel

Korpusverbinder

Der **Excenterverbinder** eignet sich für dauerhaft belastbare Verbindungen.

Durchmesser 35 mm	Bohrtiefe 15,5 mm	Holzdicke ab 19 mm

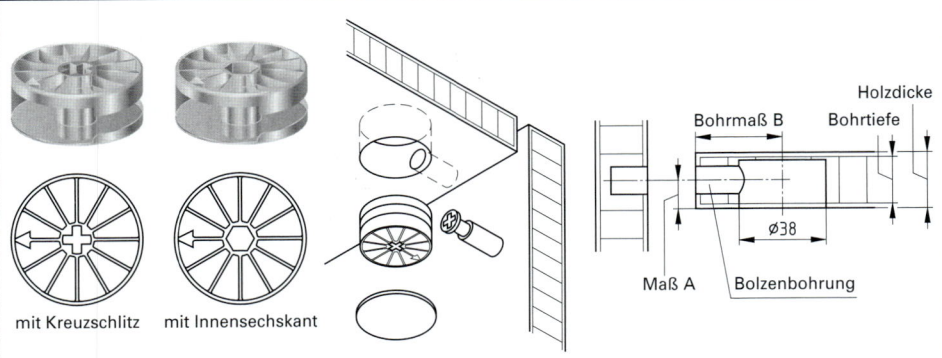

mit Kreuzschlitz   mit Innensechskant

Korpus- und Tabalarverbinder ermöglichen das Einlegen von Böden von oben und ein lockerungssicheres Verspannen.

für Holzdicken 16 mm   Maß A 8 mm; Bohrtiefe 13 mm

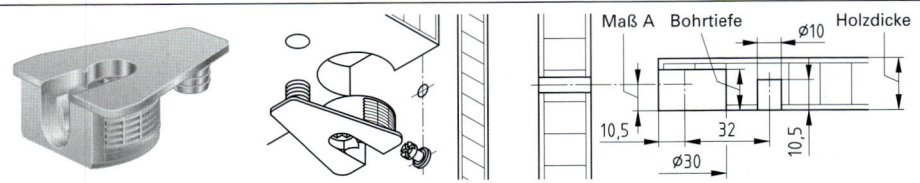

Trapezverbinder für einfache Montage und Demontage

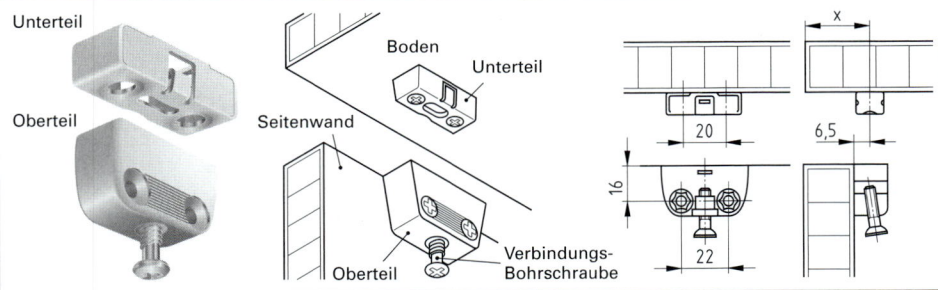

Unterteil

Oberteil

Seitenwand

Boden

Unterteil

Oberteil

Verbindungs-Bohrschraube

Einteilverbinder für rationelle Verbindungen, die wenig demontiert werden.

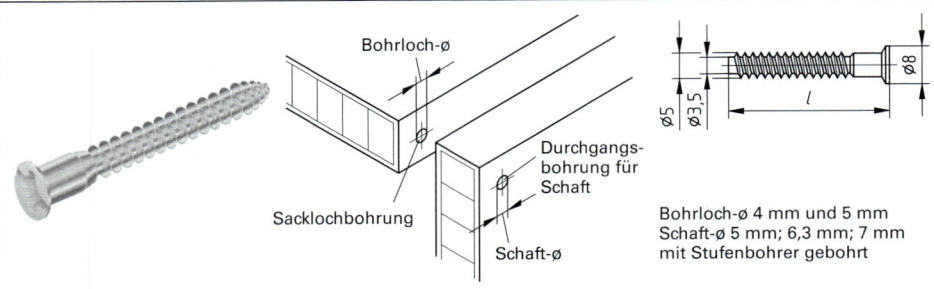

Bohrloch-ø

Durchgangsbohrung für Schaft

Sacklochbohrung

Schaft-ø

Bohrloch-ø 4 mm und 5 mm
Schaft-ø 5 mm; 6,3 mm; 7 mm
mit Stufenbohrer gebohrt

5

Schubkästen und Auszüge

Bauarten der Schubkastenvorderstücke

zurück-stehend   vor-stehend   aufge-doppelt   stumpf auf-schlagend

Schubkastenführungen:

klassisch   hängend   mechanisch

Führungsleiste

Kipp-leiste
Streif-leiste
Lauf-leiste

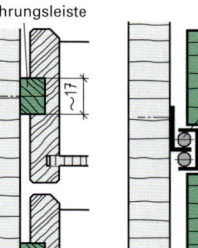

Tan-dem-füh-rung

~17

17

Gleitführung mit
Kunststoff-Führungsschiene
Länge: 285 mm und 450 mm

8

16

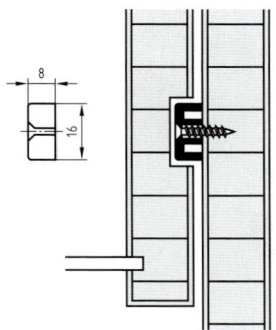

Teilauszug, rollengeführt
Tragkraft 15 kg/Paar
Montage in Nut
Einbaulänge L = 300 mm bis
550 mm (um 50 mm gestuft)
Auszugslänge = L – 100 mm

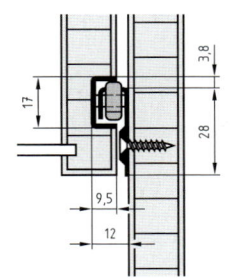

3,8
17
28
9,5
12

Teilauszug, rollengeführt
Tragkraft 40 kg/Paar
Aufliegende Montage
Einbaulänge L = 300 mm bis
800 mm (um 50 mm gestuft)
Auszugslänge
= L – (85 mm bis 120 mm)

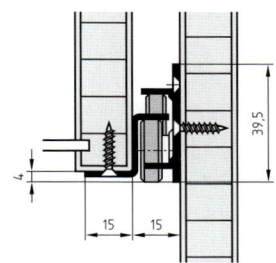

39,5
15   15

5

Vollauszug
Tragkraft 50 kg/Paar
Seitliche Montage
Einbaulänge L = 300 mm bis
800 mm (um 50 mm gestuft)
Auszugslänge = L + 30 mm

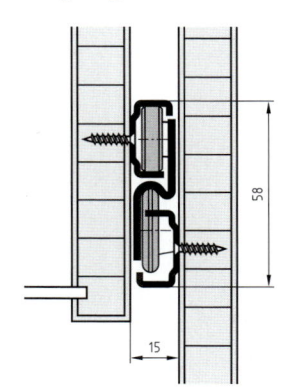

58

15

Einfachauszug, Wälzlager
Tragkraft 40 kg/Paar
Aufliegende Montage,
verdeckt
für Schubladentiefe (T):
      300 mm ... 400 mm
      400 mm ... 520 mm
      520 mm ... 700 mm
Mindesteinbautiefe
= T + 10 mm

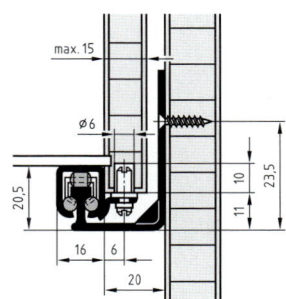

max. 15
ø6
20,5
10
23,5
11
16   6
20

Zentralverschlüsse
für übereinander liegende
Schubkästen

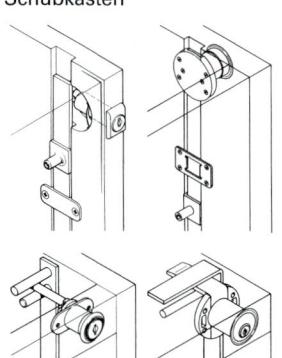

5.1 Möbel

Schlösser (DIN 68852)

1 Drehstangenschloss
2 Schubstangenschloss
3 Aufschraubschloss
4 Aufliegendes Schloss mit Einbohrzapfen
5 Einlassschloss
6 Einsteckschloss
7 Zylinder-Aufschraubschloss
8 Einlassschloss zum Einpressen
9 Einlassschloss zum Einbohren
10 Perfekt-Einlassschloss
11 Winkelschließblech
12 Schließblech

Schlüsselarten für Möbel-Schlösser

• Zylinderschlüssel

• Nutbartschlüssel

• Zuhaltungsschlüssel

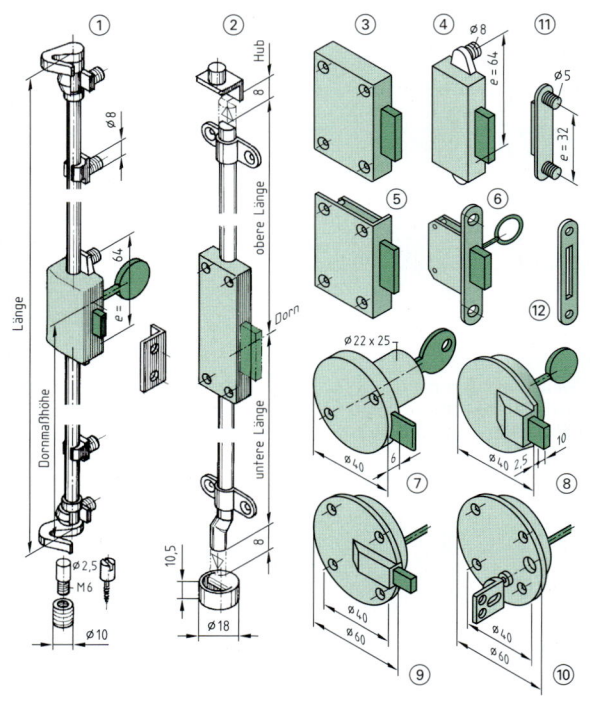

Nutenbärte

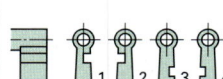

Zuhaltungsbärte (für 3 Zuhaltungen)

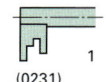

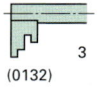

1 (0231)   2 (0321)   3 (0132)   4 (0312)   5 (0213)   6 (0123)

Verschlüsse

Magnetverschlüsse

Gegenstück   Gehäuse

Rollenschnäpper

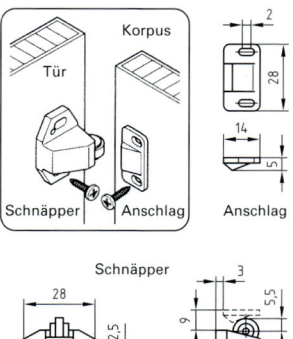

Korpus
Tür
Schnäpper   Anschlag   Anschlag
Schnäpper

Möbelriegel

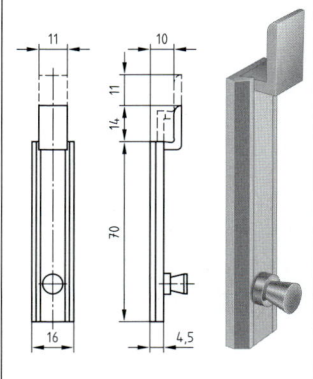

240

Stilgeschichte (Überblick)

Zeittafel

Jahr	Epoche	Stil
2000	Neuzeit	
1950	Neuzeit	Post Moderne / Moderne
1900	Neuzeit	Art Deco / Bauhaus / de Stijl / Jugendstil
1850	Klassizismus	Historismus / Biedermeier
1800	Klassizismus	Empire / Zopfstil
1750	Klassizismus	Louis XVI / Rokoko
1700	Barock	Louis XV
1650	Barock	Hochbarock / Louis XIV
1600	Barock	Frühbarock
1550	Renaissance	
1500	Renaissance	
1450	Renaissance	Frührenaissance / Spätgotik
1400	Gotik	
1300	Gotik	Gotik
1200	Gotik	Hochgotik
1100	Romanik	staufisch / salisch
1000	Romanik	ottonisch
	Byzanz	karolingisch
550	Byzanz	byzantinisch
n. Chr. 0	Rom	spätrömisch
v. Chr.	Griechenland	Perser
1000	Griechenland	
	Ägypten	Assyrer
2000	Ägypten	Mykene / Kreta
	Ägypten	Babylon / Akadezeit
3000	Ägypten	Sumerische Zeit

Wichtige Epochen

Neuzeit   1850 bis Heute

Verschiedene Richtungen siehe Zeittafel. Entwicklung zu einer konstruktions- und funktionsbetonten Sachlichkeit.
Aufkommen von industrieller Möbelfertigung mit Plattenwerkstoffen und Kunststoffen, Stahl als auch Glas.
In der „Modernen" und „Postmodernen"mehr bewegte Formensprache.

Klassizismus   1750 bis 1850

Rückkehr zu geraden Linien, ausgewogenen Proportionen nach klassischen Formen der Antike. Es entwickelten sich drei Richtungen, die sich in der Art ihres Dekors unterschieden:

- **Louis-seize-Stil** (Zopfstil) 1750 bis 1800
- **Empire** 1795 bis 1815
- **Biedermeier** 1815 bis 1850

Barock   1600 bis 1750

Neu im Möbelbau waren zweitürige Schränke, Kommoden und Konsoltische. Die klare Linienführung der Renaissance wurde von ungebunden Formen abgelöst. Ab etwa 1700 entwickelte sich der **Rokoko**-Stil mit leichten, schwungvolleren Formen. Konstruktionen waren nicht mehr erkennbar, Flächen zweidimensional gewölbt.

Renaissance   1500 bis 1600

Vorbilder waren die **Formen der Antike**. Im wesentlichen kamen keine neuen Möbelarten dazu. Die Gestaltungselemente wurden aus der Außenarchitektur entnommen. Möbel wurden vorwiegend im Rahmenbau hergestellt, furniert und mit Intarsien versehen.

Gotik   1250 bis 1500

Der Beruf des Tischlers entstand.
Schränke wurden **zweigeschossig** ausgeführt, mit Sockel und Gesims. Weiterhin wurden auch Betten und Tische gebaut. Flächenornamente waren Laubwerkkerbschnitzereien, Maßwerksfüllungen und Faltwerksfüllungen.

Romanik   1000 bis 1250

Zur Aufbewahrung von Gegenständen wurden **Truhen** verwendet. Schränke waren unbekannt – Ausnahme: Sakristei-Schränke. Sitzmöbel waren Bänke, Faltstühle und thronartige Einzelsitze.
Möbel wurden in derber Zimmermannskonstruktion, vorwiegend im Stollenbau, hergestellt.

5

5.2 Türen

Innentüren

Türen sollen Räume verbinden und trennen und sind je nach Verwendung, Funktion und Bauart sehr vielfältig.

Türart nach Öffnungsart (Symbole)

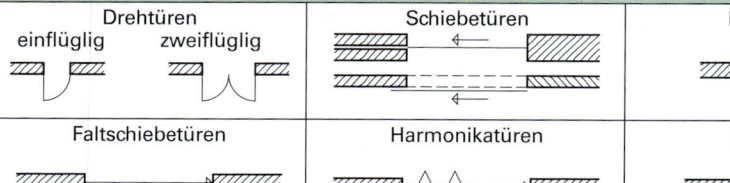

Drehtüren		Schiebetüren	Pendeltüren
einflüglig	zweiflüglig		
Faltschiebetüren		Harmonikatüren	Drehkreuze

Türart nach Funktion	DIN
Wohnungsabschlusstüren	18 105
Wohnraumtüren	18 101
Einbruchhemmende Türen	18 103
Schallschutztüren	4 109
Feuerschutztüren	4 102
Rauchschutztüren	18 095
Strahlenschutztüren	6 834

Drehtüren (DIN 107)

DIN-Links   DIN-Rechts

Linksbänder und -Schloss   Rechtsbänder und -Schloss
(Betrachtung auf Bandseite, also von der Seite, nach der sie aufgeht)

Begriffe und Maße

Die Abmessungen der Türblätter richten sich nach den Baurichtmaßen (RR) der Wandöffnungen (DIN 18 100, siehe Seite 228)

Die Baurichtmaße können in Kennnummern (Breite × Höhe) ausgedrückt werden, z.B. 7 × 16.

Für die Serienfertigung und den Austausch müssen die Türblattmaße genormt sein.

Gefälzte Tür:
Türblattaußenmaß = RR - 15 mm
Türblattfalz: Breite = 13 mm
Tiefe = 25 mm

Ungefälzte Türblätter sind in der Breite um 26 und in der Höhe um 13 mm kleiner.

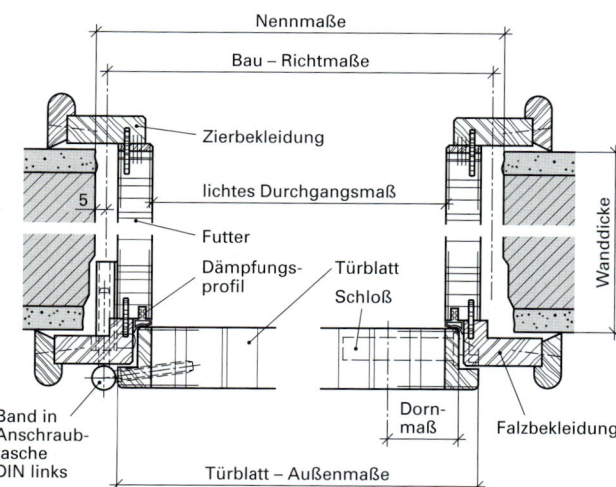

Maße (Vorzugsgrößen) für gefälzte Türblätter (DIN 18 101)

Kenn-nummer	Baurichtmaße (mm)		Türblattaußenmaße (mm)		Falzmaße (mm)		Luftspalt
	Breite	Höhe	Breite	Höhe	Breite	Höhe	
6 × 15	750	1875	735	1860	709	1847	seitlich und oben je 2 mm ... 4 mm, unten 7 mm
7 × 16	875	2000	860	1985	834	1972	
8 × 16	1000	2000	985	1985	959	1972	

5

5.2 Türen

Türumrahmungen	Türblätter

Sie stellen die Verbindung zum Bauwerk her und tragen das Türblatt beweglich.
In den Türrahmen kann unten eine Schwelle aus Holz oder eine Metallschiene eingebaut werden.

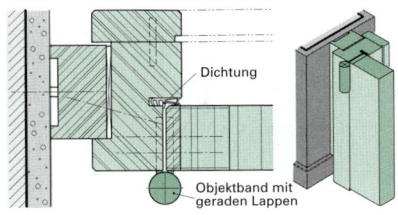

Blockrahmentüre

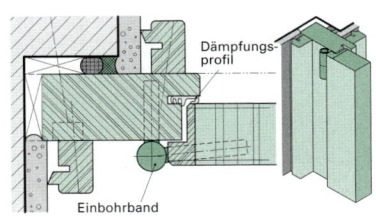

Blendrahmentüre

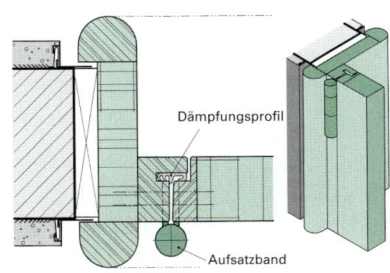

Zargenrahmentüre

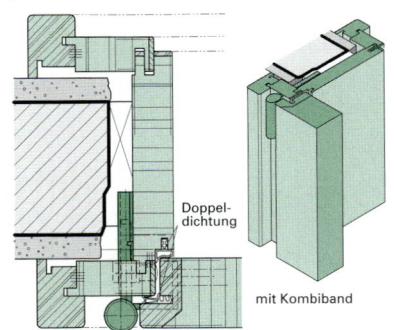

Futterrahmentüre mit Bekleidungen

 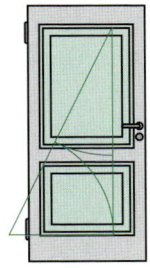

Rahmentüren   Füllungsaufteilung nach dem Goldenen Schnitt

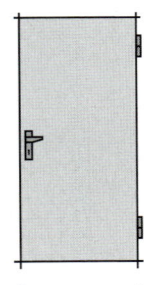

Sperrtüren   ohne und mit Glasausschnitt

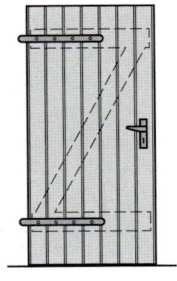 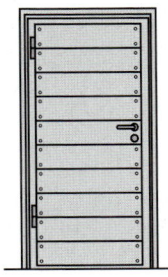

Brettertüren   **Aufgedoppelte Türen**

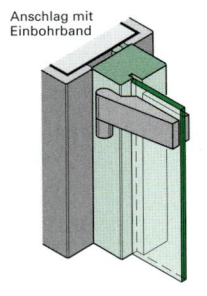 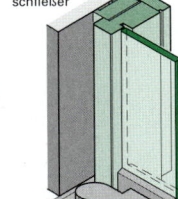

Ganzglastüren

5

Eckverbindungen bei Rahmentüren

Gedübelt	Gestemmt

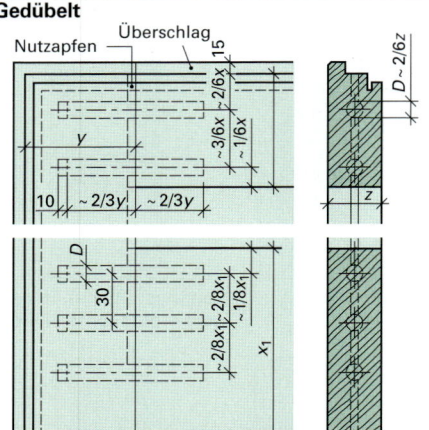

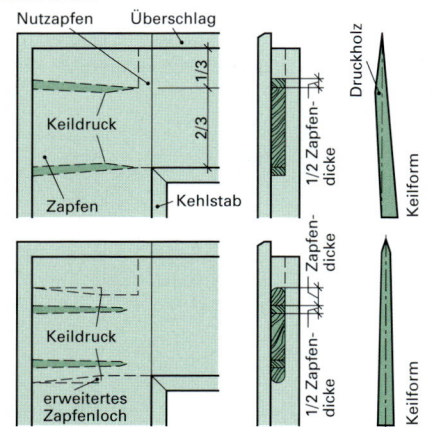

Sperrtüren sind glatte Türblätter. DIN 68706 gilt für gefälzte und ungefälzte Sperrtüren für allgemeine Zwecke im Innenausbau.

Aufbau	Beschreibung
Rahmen	Befestigung von Einsteckschloss und Türbändern muss gewährleistet sein.
Einlagen	aus Holz, Holzwerkstoffen oder anderen Werkstoffen mit evtl. Hohlräumen
Deck-platten	FU, zwei kreuzweise verleimte Furniere, FP, HB, MFB
Deck-lagen	Furniere, HPL-Platten, Kunststofffolien mindesterns IF20 bzw. D1 verleimt
Anleimer Einleimer	bei transparenter Oberflächenbehandlung farblich abstimmen
Dicke	39 mm bis 42 mm

Sperrtür-Ausschnitte

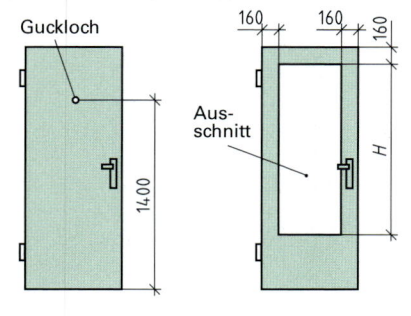

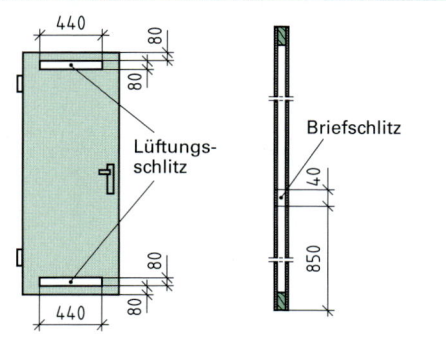

Auswahl von Türbändern (Maße in mm)

Lappenbänder
für stumpf eingeschlagene Türen
mit Blockrahmen
mit oder ohne Tragzapfen

Rollenlänge:	120	160
Breite:	88	92
Rollen-∅:	22	22
Materialdicke:	3	3

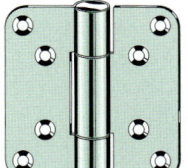
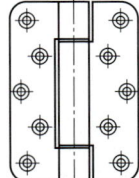

Winkelbänder
Kröpfung D13
für gefälzte Türen mit Futter oder
Blockrahmen

Bandlänge:	100, 120, 140,
	160, 180
Breite:	60 – 63
Rollen-∅:	15
Falzbreite:	13
Lappendicke:	3

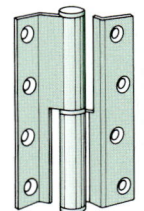
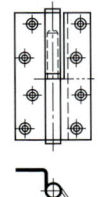

Einbohrbänder
zwei- oder dreiteilig für überfälzte
Türen, zum Einschrauben oder
mit Stiften gesichert

Rollenlänge:	48	50
Rollen-∅:	13	15
Bolzen-∅ × Länge: 7 × 50		

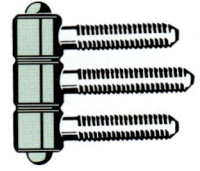
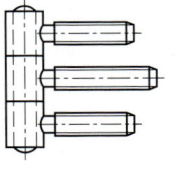

Kombibänder
für gefälzte schwere Türen mit Futter

Bandlänge:	97
Rollen-∅:	15
Bolzen-∅ × Länge: 7 × 50	
Falzbreite:	15
Lappendicke:	3

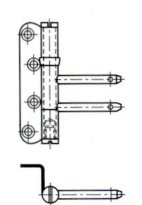

5

Material: Stahl, verzinkt, verchromt, vernickelt / Edelstahl / Messing / kunststoffbeschichtet

Bandbezugslinie (DIN 18 268)
Bandbezugslinie am Türband, die die Höhenlage des Bandes als Abstand vom oberen Zargenfalz (obere Bezugskante) festlegt. Herstellerangaben sind zu beachten!

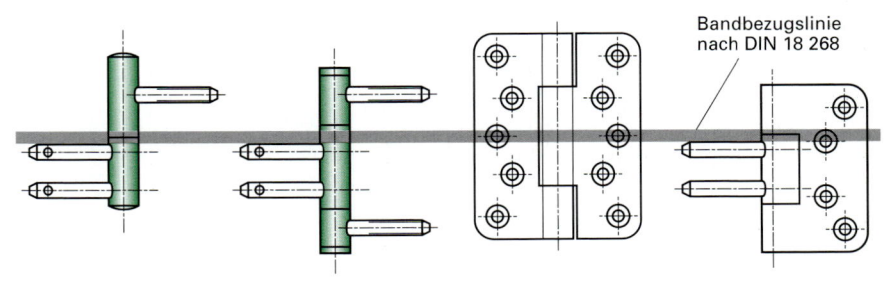

Bandbezugslinie
nach DIN 18 268

Bandsitz und Schlosssitz

handwerklich   industriell

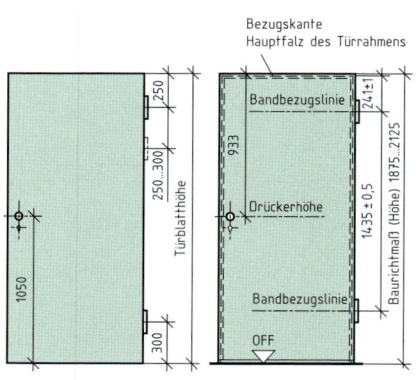

Türfalzdichtungen (Beispiele)

Damit sie bei geringem Anpressdruck gut abdichten, müssen die Einbaumaße berücksichtigt werden.

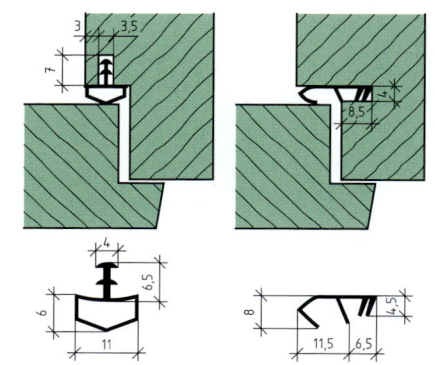

Türschlösser (DIN 18251)

sind im allgemeinen Einsteckschlösser. Sie werden mit verschiedenen Sicherungsarten hergestellt. Je nach Anforderung erfolgt eine Einteilung in Klassen: Klasse 1 (leichte Innentüren bis 15 kg/m²), Klasse 2 (Innentüren), Klasse 3 (Wohnungsabschlusstüren, hohe Verschlussqualität), Klasse 4 (sehr starke Beanspruchung, erhöhter Einbruchschutz)

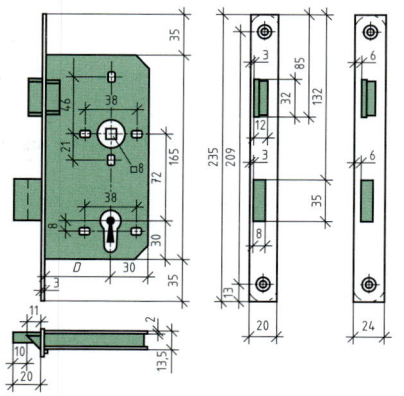

Einsteck-Zimmertürschloss
ein- oder zweitourig

Stulp:	kantig oder abgerundet
gefälzte Türen:	Stulp einseitig auf dem Schlosskasten, 235 mm × 20 mm oder 235 mm × 18 mm, gleichschenklige Winkelschließbleche, bei Schloss mit hochliegendem Riegel ungleichschenkliges Winkelschließblech
stumpfe Türen:	Stulp mittig auf dem Schlosskasten, 235 mm × 24 mm, Lappenschließbleche
Dornmaß:	D = 55 mm (60 mm, 65 mm)

Sicherungsarten (Schlüsselarten) bei Türschlössern

Schlüssel mit Buntbart (BB)

Schlüssel mit Zuhaltung (ZH)

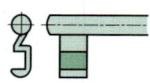

Einschnitte für Zuhaltungen

Profil-Doppel- oder Halbzylinder (bei einseitig verschließbaren Türen) nach DIN 18252

Schlüssel mit Besatzungsbart

Schlüssel für Schließzylinder (PZ Profil-, RZ Rund-)

Einschnitte für Besatzungsreifen

Einschnitte für Zuhaltungsstifte

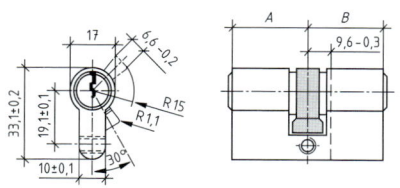

A oder B in mm: 27, 31, 35 ... + 5 mm steigend
Maß 9,6 mm gilt nur für Profil-Halbzylinder

5

5.2 Türen

Schlosszubehör

Schließbleche: 1) Winkelschließblech, gleich-
schenklig, 2) Winkelschließblech, ungleichschenklig,
3) Lappenschließblech

Drückergarnituren: 1) Drücker mit Langschild
(DIN 18255)   2) Drücker mit Kurzschild
3) Drücker- und
Schlüsselrosette

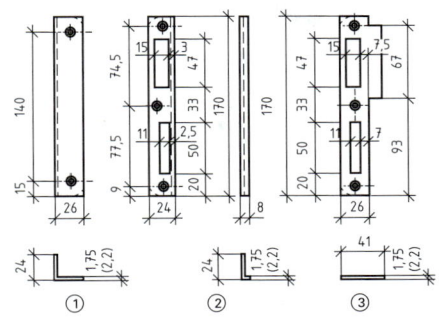

Schalldämmende Türen (DIN 4109)

Konstruktionsgrundsätze:

– Einschalige Türblätter sollen schwer sein (maximal 60 kg/m²)

– Zweischalige Türblätter sollen einen großen Schalenabstand aufweisen und sind somit dicker. Sollen beide Schalen biegeweich sein, muss deshalb mit anderen Möglichkeiten das Flächengewicht erhöht werden.

– Türfälze müssen dicht sein

– Schallnebenwege verhindern

Schiebetüren

Sie besitzen Laufwerke, an denen sie aufgehängt und seitlich parallel zur Wand verschoben werden. Sie benötigen besondere Schlösser.

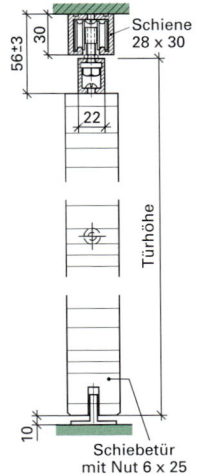

Schiebetür
mit Nut 6 x 25

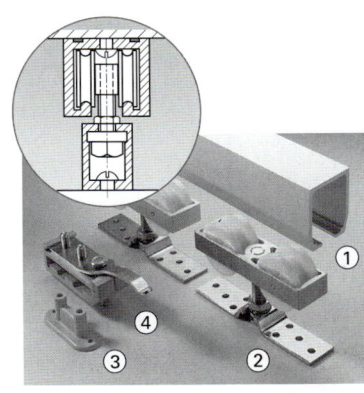

① Laufschiene (Alu)
② Laufwerke
③ Bodenführung
④ Schienenpuffer

Beispiele:
Türblätter von **schall-dämmenden** Türen

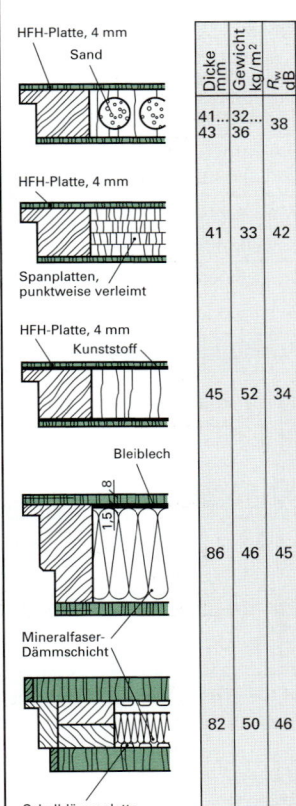

	Dicke mm	Gewicht kg/m²	R_w dB
HFH-Platte, 4 mm / Sand	41...43	32...36	38
HFH-Platte, 4 mm / Spanplatten, punktweise verleimt	41	33	42
HFH-Platte, 4 mm / Kunststoff	45	52	34
Bleiblech	86	46	45
Mineralfaser-Dämmschicht / Schalldämmplatte	82	50	46

5

5.2 Türen

Außentüren

Außentüren (Haustüren) sollen neben ästhetischen Funktionen durch ihre Lage zwischen Innen- und Außenbereich auch technische Funktionen erfüllen.

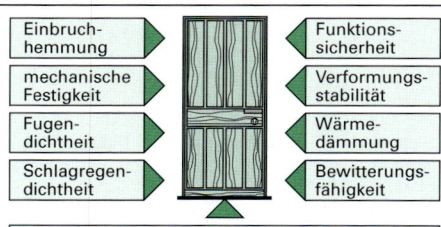

Einbruch-hemmung ▶	◀ Funktions-sicherheit	Produktnorm DIN EN 14 351-1, CE-Zeichen
mechanische Festigkeit ▶	◀ Verformungs-stabilität	Luftdurchlässigkeit DIN EN 12 207 Schlagregendichtigkeit DIN EN 12 208 Widerstandsfähigkeit gegen Windlast DIN EN 12 210
Fugen-dichtheit ▶	◀ Wärme-dämmung	Einbruchschutz DIN V ENV 1627 Wärmeschutz DIN EN ISO 10 077-1/2
Schlagregen-dichtheit ▶	◀ Bewitterungs-fähigkeit	Stoßfestigkeit DIN EN 13 049 Einbruchschutz DIN V ENV 1627 … 1630

in besonderen Fällen
Schallschutz, Brandschutz und Beschussfestigkeit

Mechanische Festigkeit ISO 8269 bis 8271
Fugendichtigkeit ISO 8272, Klasse A1, A2, A3
Funktionssicherheit ISO 9379

Haustürbauteile bezüglich des Einbruchschutzes

Bauteil	Regelwerk	Klassifizierung, Mindestanforderung
Schutzbeschläge	DIN EN 1906	Klasse 3 bei Schutz gegen Abreißen und Abschlagen sowie Klasse 2 bei Schutz gegen Anbohren, entspricht Klasse ES 1 nach DIN 18257.
Mehrfachverriegelung	RAL RG 607/2	Günstig sind 3-fach Verriegelungen (ohne Rollzapfen).
Schließzylinder	DIN EN 1303	Klasse 4 bei allgemeinen Anforderungen, Schutz gegen Anbohren und Zylinder ziehen, entspricht Klasse P2 BS nach DIN 18252, Schließzylinder darf nicht mehr als 3 mm vorstehen.
Bänder	DIN EN 1935	Stabile Bänder verwenden, keine einfachen Einbohrbänder. Nach DIN EN 1935 mindestens Bandklasse 12 verwenden.

Haustüren sind im Bereich der Verriegelung bzw. Haltepunkte (Bänder) ausreichend zu befestigen, Befestigungspunkte druckfest zu hinterfüttern. Die Konstruktion ist so auszubilden, dass ein Eingreifen mit Werkzeugen in den Falzbereich erschwert wird. Türblatt und Türrahmen sind ausreichend stabil und verformungssteif auszubilden.

Die europäische Norm DIN V ENV 1627 beschreibt eine Klassifizierung von Gefährdungsbereichen und die damit einhergehenden technischen Anforderungen.

Widerstandsklasse	WK1	WK2	WK3	WK4	WK5	WK6
Schließzylinder DIN 18252	P2 BZ	P2 BZ	P2 BZ	P3 BZ	Einzelprüfung	Einzelprüfung
Schutzbeschläge DIN 18257	ES 1	ES 1	ES 2	ES 3	Einzelprüfung	Einzelprüfung
Verglasungen DIN EN 356	–	P4A	P5A	P6B	P7B	P8B

Ausbildung des Falzbereiches (Beispiele)

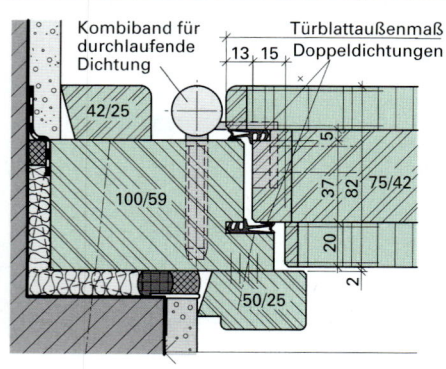

Kombiband für durchlaufende Dichtung
Türblattaußenmaß
Doppeldichtungen
13, 15
42/25
100/59
5
37
82
75/42
20
2
50/25

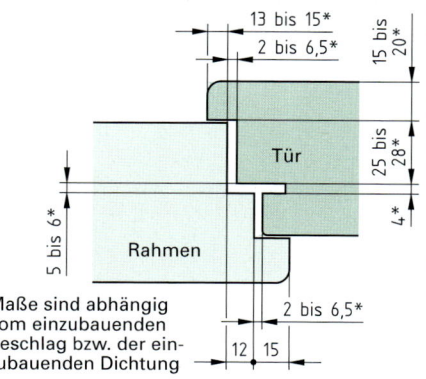

13 bis 15*
2 bis 6,5*
15 bis 20*
Tür
25 bis 28*
4*
5 bis 6*
Rahmen
2 bis 6,5*
12 15

* Maße sind abhängig vom einzubauenden Beschlag bzw. der einzubauenden Dichtung

Standard für Verformungsverhalten bei unterschiedlichen Klimaten Klasse 2 nach DIN EN 12219 mit Längsverformungen = 4 mm	Bei den Falzmaßen sind die Art der Beschläge zu berücksichtigen. Falztiefe an der Anschlagseite 13 mm oder 15 mm

5

5.2 Türen

Ausbildung des Fußbodenanschlusses

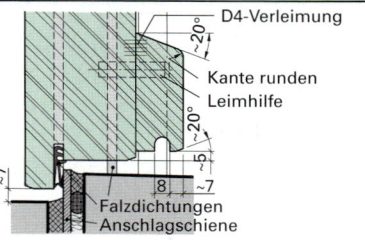

Schwellenhöhe maximal 25 mm über OFF nach DIN 18025-1, bei Erfüllung der DIN 4108-2 thermisch getrennt Schwellenprofile verwenden

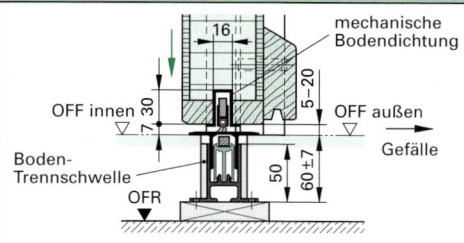

Fußbodenhöhen innen und außen gleiches Niveau bei Einbau einer Trennschwelle, Dichtung durch eine automatische Bodendichtung

Lichte **Durchgangsmaße** und **Rohbaumaße** der Wandöffnungen für Türen

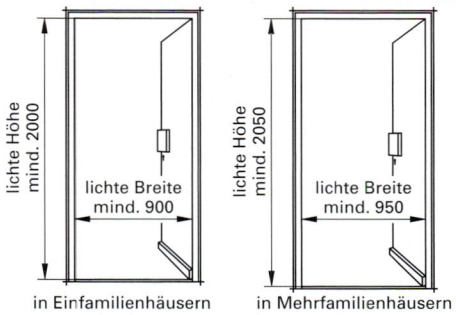

in Einfamilienhäusern   in Mehrfamilienhäusern

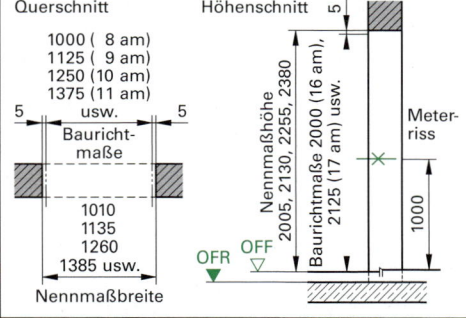

Querschnitt

1000 (8 am)
1125 (9 am)
1250 (10 am)
1375 (11 am)
usw.

Baurichtmaße

1010
1135
1260
1385 usw.

Nennmaßbreite

Höhenschnitt

Nennmaßhöhe 2005, 2130, 2255, 2380

Baurichtmaße 2000 (16 am), 2125 (17 am) usw.

Meterriss

1000

OFR OFF

Lichte Durchgangs-Mindestmaße

Baurichtmaße	Vielfache oder Teile vom Achtelmeter (**am**)
Nennmaße	Reale Maße der Bauteile je nach Bauteileart, Maße in Zeichnung
Rohbaumaße	tatsächlich vorhandene Maße
Meterriss	1 m über OFF
OFF	**O**berfläche **F**ußboden **F**ertig
OFR	**O**berfläche **F**ußboden **R**oh

Grenzabmaße vergleiche Seite 262

Rohbaumaße (Maßordnung im Hochbau)

Vorzugsmaße für Außentüren

Maße in mm	Kennnummer
1000 x 2125	8 x 17
1125 x 2125	9 x 17
1250 x 2125	10 x 17
1250 x 2250	10 x 18
1500 x 2125	12 x 17

Beispiel:

Baurichtmaß	1000 x 2125 mm
Nennmaß Wandöffnung	1010 x 2130 mm
lichte Durchgangshöhe	≥ 2108 mm

Türblattrohling

1	Massivholzrahmen
2	Einlage aus Stäbchen und Furnier
3 bis 7	Deckplatte aus Furnieren
8	Umlaufender Flacheisenstabilisator
9	PUR-Hartschaum

Länge 2110/2240 mm
Breite 900/950/1000/1050 mm
Dicke 68 mm

U-Wert 0,96 W/m²K
Schalldämmwert R_w 31 dB
Einbruchhemmung WK 3/ET 2

5

5.2 Türen

Beschäge für Haustüren

Bandsystem mit Exzenter-Verstellung für Holzhaustüren
Das Band hat verdeckt liegende Aufnahmeelemente für Türflügel und -rahmen. DIN rechts und DIN links verwendbar, dreidimensional verstellbar ohne Aushängen des Türblattes:
Höhe ± 3 mm, Seite ± 3 mm, Andruck 0/– 4 mm, Einbruchhemmung

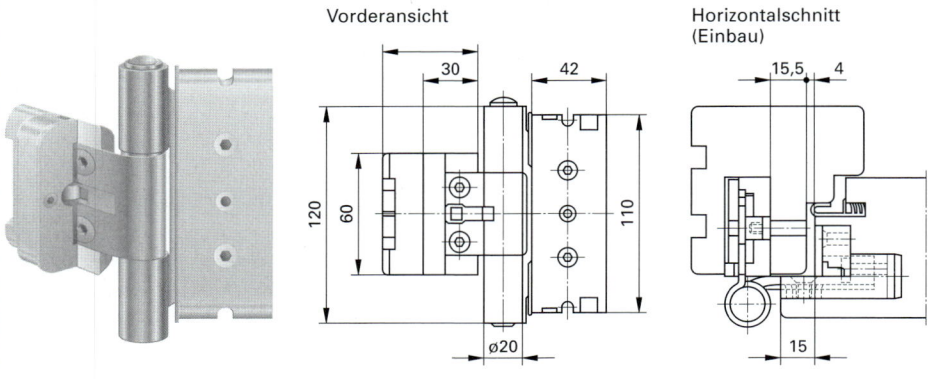

Vorderansicht   Horizontalschnitt (Einbau)

Mehrfachverriegelung

Erhöhter Einbruchschutz durch Verriegelung der Türe an mehreren Punkten gleichzeitig. Zusätzliche Riegel werden über das Hauptschloss betätigt. Zusätzliche Verbesserung des Schall- und Wärmeschutzes.

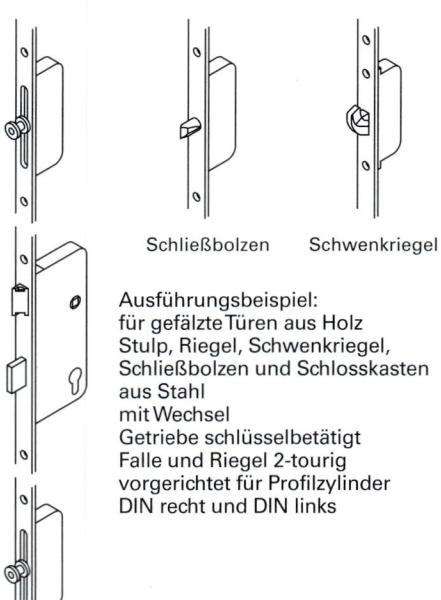

Schließbolzen   Schwenkriegel

Ausführungsbeispiel:
für gefälzte Türen aus Holz
Stulp, Riegel, Schwenkriegel,
Schließbolzen und Schlosskasten
aus Stahl
mit Wechsel
Getriebe schlüsselbetätigt
Falle und Riegel 2-tourig
vorgerichtet für Profilzylinder
DIN recht und DIN links

Roll- oder Pilzzapfen

Schließanlagen

Ein oder mehrere Schließzylinder werden nicht nur von einem Einzelschlüssel, sondern auch von übergeordneten Schlüsseln geschlossen.

Hauptschlüsselanlage HS

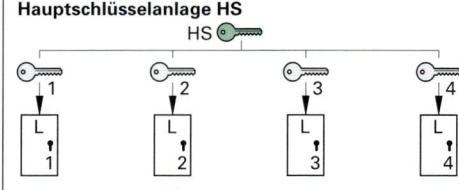

Generalhauptschlüsselanlage GHS

Zentralschlossanlage Z

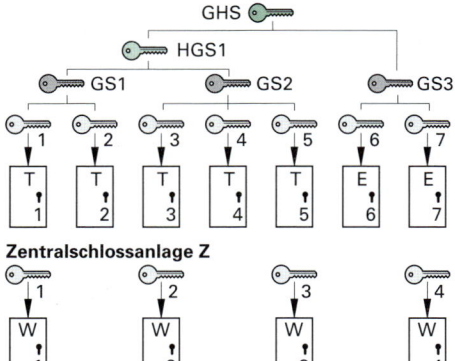

5.3 Fenster

Fenster, Fenstertüren und Fensterwände belichten und belüften Räume. Sie trennen den Innen- vom Außenbereich und haben dadurch technische Funktionen zu erfüllen.

Wärmedämmung ▶
Fugendichtheit ▶
Schlagregendichtheit ▶
Fugendichtheit ▶

◀ Funktionssicherheit
◀ Bewitterungsfähigkeit
◀ besondere Funktionen:
• Einbruchhemmung
• Schallschutz
• Brandschutz

Normen und Richtlinien im Fensterbau (Auswahl)

Bezeichung	Anwendung	Norm	Nummer	BRL
Holzprofile für Fenster und	Allgemeine Grundsätze	DIN	68121	
Fenstertüren	Fensterteile, Anforderungen	DIN	68121	
Fenster	Anforderungen	DIN	18055	
Fensterwände	Bemessung, Ausführung	DIN	18056	
Bauzeichnungen	Öffnungsarten	DIN	1356	
	Maßtoleranzen	DIN	18202	
Holz in Tischlerarbeiten	Sortierung, Holzqualität	DIN EN	942	
VOB Tischlerarbeiten	Qualitätsanforderungen	DIN	18355	
Dauerhaftigkeit von Holz	Dauerhaftigkeitsklassen	DIN EN	350	
Dauerhaftigkeit von Holz	Gefährdungsklassen	DIN EN ISO	460	
Fenster und Außentüren	Produktnorm	DIN EN	14351	
Fensterwände	Bemessung, Ausführung	DIN	18056	X
Fugenluftdurchlässigkeit	Klassifizierung	DIN EN	12207	X
Schlagregendichtigkeit	Klassifizierung	DIN EN	12208	
Wind-Widerstandsfähigkeit	Klassifizierung	DIN EN	12210	
Beanspruchung	Klassifizierung	DIN EN	12400	
mechanische Eigenschaften	Klassifizierung	DIN EN	13115	
Bedienungskräfte	Klassifizierung	DIN EN pr	12217	
Wärmeschutz	Bemessungswerte	DIN	4108	
Wärmedurchgangskoeffizient	Vereinfachtes Verfahren	DIN EN ISO	10077	
Baubeschläge	Begriffe, Anforderungen	DIN EN	1935	
Baubeschläge	Anforderungen	DIN EN	1935	
Einbruchhemmung	Widerstandsklassen	DIN V EN	1627	
Einbruchhemmung	Nachrüstprodukte	DIN	18104	
Schallschutz	Anforderungen, Nachweise	DIN	4109	X
CE Kennzeichnung	Produktnorm DIN EN, nach Übergangszeit		14351	

5

5.3.1 Öffnungsarten, Konstruktionen und Fensterprofile

Öffnungsarten (DIN 1356) (Beispiele)

Durch Dreiecke wird die Schwenkrichtung der Fensterflügel gekennzeichnet. Die offene Dreieckseite ist die Bandseite oder die Drehachse, die Dreieckspitze ist die Verschlussseite.

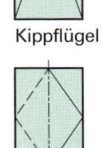

Drehflügel, DIN rechts   Festverglasung   Kippflügel   Drehkippflügel   Zweiflügeliges Drehfenster   Zweiflügeliges Drehfenster mit feststehendem Pfosten

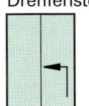

nach
—— innen
– – – außen
aufgehend

Klappflügel   Schwingflügel   Wendeflügel   Hebedrehkippflügel   Hebeschiebeflügel

5.3 Fenster

Konstruktionen

Konstruktion ist der Begriff für den Aufbau eines Fensters. Es werden drei Arten unterschieden.

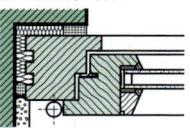

Einfachfenster

Verbundfenster

Kastenfenster (Doppelfenster)

Ein Blendrahmen
mit oder ohne Flügel

Ein Blendrahmen mit Innen-
und Außenflügel und einer
gemeinsamen Drehachse

Zwei Blendrahmen verbunden
durch ein Leibungsfutter und zwei
Flügel mit eigenen Drehachsen

Teile des Fensters

1. **Blendrahmen**
   Ein mit dem Bauwerk fest verbundener Rahmen, mit Falz/Fase und/oder Fälze für feste Verglasung und/oder beweglichen Flügelrahmen.

2. **Flügelrahmen**
   Ein mit dem Blendrahmen mittels Beschlägen verbundenes, bewegliches Teil mit Falz/Fase für die Verglasung.

3. **Pfosten (Setzholz)**
   Ein aufrechtes Teil zur Unterteilung des Blendrahmens in der Breite.

4. **Riegel (Kämpfer)**
   Querteil zur Unterteilung des Blendrahmens in der Höhe.

5. **Sprosse**
   Profilleiste zur Unterteilung von Blendrahmen oder Flügel in Höhe und Breite mit Falz/Fase.

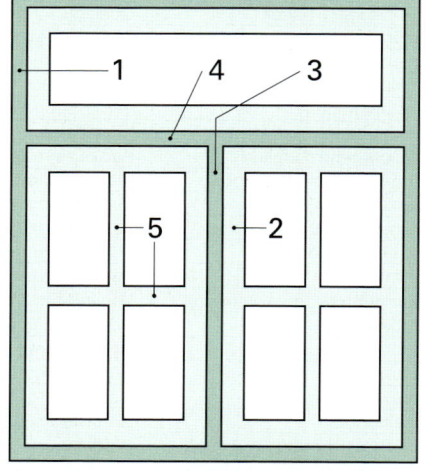

Fensterholz

Die Anforderungen an die Gebäudebedingungen insbesondere der Decklagen und Verarbeitung für Fensterholz sind in DIN EN 942 – Holz in Tischlerarbeiten, DIN EN 13307-1 – Holzkanteln und Halbfertigprofile für nicht tragende Anwendungen, DIN EN 14220 – Holz und Holzwerkstoffe in Außenfenstern, Außentüren und Außentürzargen, DIN EN 14221 – Holz und Holzwerkstoffe in Innenfenstern, Innentüren und Außentürzargen, DIN 68121 – Holzprofile für Fenster und Fenstertüren, DIN 18355 – VOB und RAL beschrieben.

Die Holzfeuchte darf 13 % für innen und 16 % für außen (Verwendungsbedingungen) und bei VOB bis 15 % nicht überschreiten.

Die Resistenzklasse gegen Pilzbefall ist in der DIN EN 350-2 festgelegt (vgl. Seite 75).

Längsstöße: Keilzinkenvebindung (DIN 68140) ist bei lasierten Fenstern nur mit Zustimmung des Auftraggebers möglich.

Lamellierung: Für die Decklagen gilt DIN EN 942 und für die anforderungen DIN EN 13307-1. Der Aufbau muss symmetrisch aus gleicher Holzart, ähnlicher Rohstoffdichte und gleichem bzw. ähnlichem Faserverlauf sein, der Klebstoff ist entsprechend der DIN EN 204 D4 einzusetzen.

5

5.3 Fenster

Fenstersysteme

Kunststofffenster

Kunststofffenster (PVC)
Rahmen und Flügel
versetzt
Material: Hart-PVC
DIN 7748
mindestens Typ
PVC-U-G-E 072-15-23
Beanspruchungs-
gruppe DIN 18055: C
a-Wert: < 0,1 m³/hm
Rahmenmaterial-
gruppe 1
DIN V 4108-4
$U_{f, BW} = 2{,}2\ W/(m^2 K)$
Stahlprofil passend zu
den Hohlkammern
ist sendzimierverzinkt

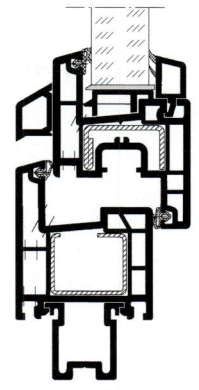

Kunststofffenster (PVC)
Rahmen und Flügel
bündig
Material: Hart-PVC
DIN 7748
mindestens Typ
PVC-U-G-E 072-15-23
Beanspruchungs-
gruppe DIN 18055: C
a-Wert: < 0,1 m³/hm
Rahmenmaterial-
gruppe 1
DIN V 4108-4
$U_{f, BW} = 2{,}2\ W/(m^2 K)$
Stahlprofil passend zu
den Hohlkammern
ist sendzimierverzinkt

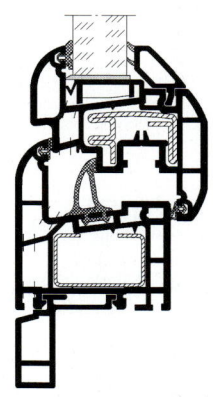

Aluminiumfenster

Aluminiumfenster
Rahmen und
Flügel versetzt
Wärmedämm-
konstruktion
Material: Aluminium
AlMgSi 0,5 F 22
Beanspruchungs-
gruppe DIN 18055: C
a-Wert: < 0,1 m³/hm
Rahmenmaterial-
gruppe 1
DIN V 4108-4
$U_{f, BW} = 2{,}2\ W/(m^2 K)$
bis 65 mm Rahmen-
dicke

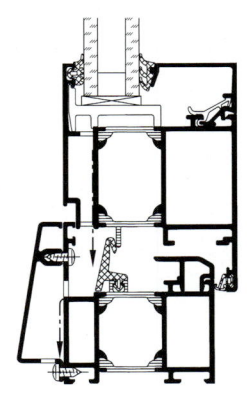

Aluminiumfenster
Rahmen und
Flügel bündig
Wärmedämm-
konstruktion
Material: Aluminium
AlMgSi 0,5 F 22
Beanspruchungs-
gruppe DIN 18055: C
a-Wert: < 0,1 m³/hm
Rahmenmaterial-
gruppe 1
DIN V 4108-4
$U_{f, BW} = 2{,}2\ W/(m^2 K)$
bis 65 mm
Rahmendicke

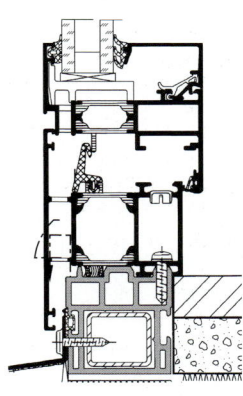

Verbundkonstruktion (Aluminium-Holzfenster)

Holzfensterprofil
DIN 68 121
mit vorgesetzter
Aluminium-Blende
Rahmen und
Flügel versetzt

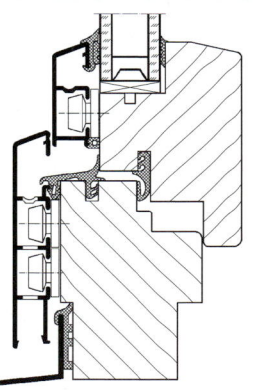

Holzfensterprofil
DIN 68 121
mit vorgesetzter
Aluminium-Blende
Rahmen und
Flügel bündig

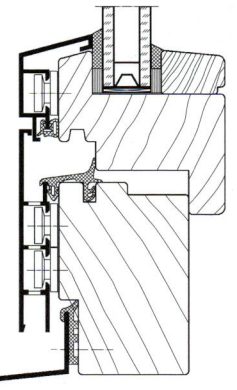

5.3 Fenster

Profilquerschnitte (Auswahl DIN 68121)

Kurzzeichen IV 68

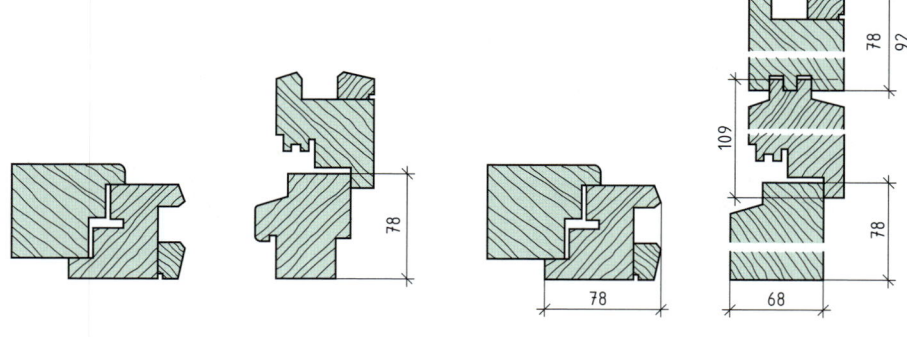

Fenster IV 68/78

Fenstertür IV 68/78 und IV 68/92

Kurzzeichen IV 78

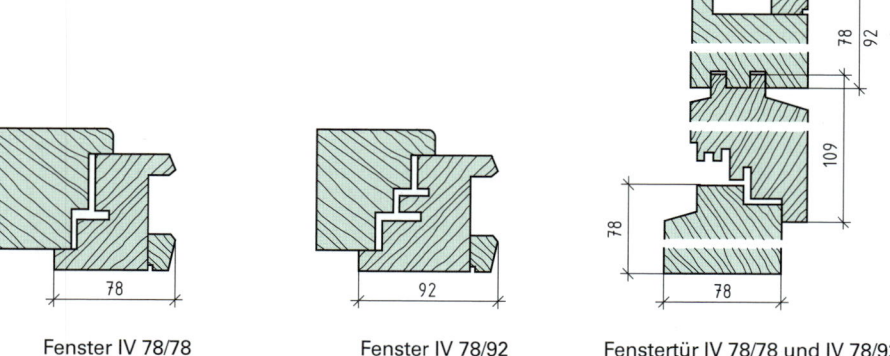

Fenster IV 78/78

Fenster IV 78/92

Fenstertür IV 78/78 und IV 78/92

Kurzzeichen IV 92

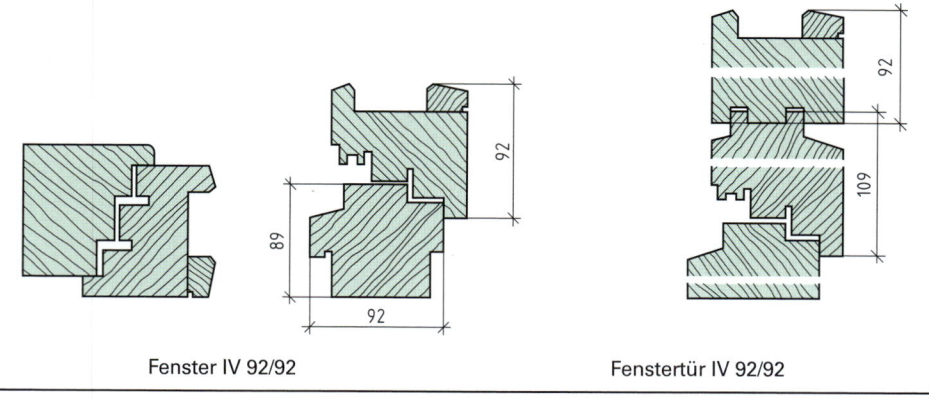

Fenster IV 92/92

Fenstertür IV 92/92

5.3 Fenster

Kurzzeichen DV 44/78-32

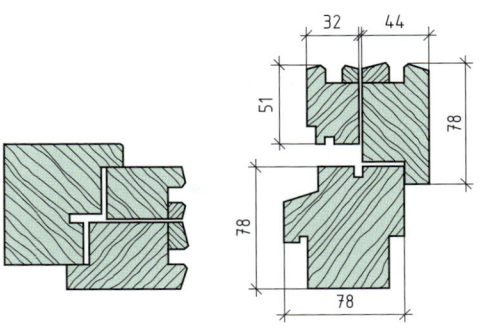 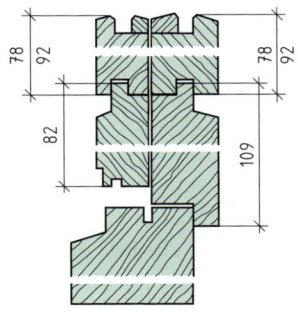

Fenster DV 44/78-32   Fenstertür DV 44/78-32 und DV 44/92-32

Kurzzeichen DV 44/78-44

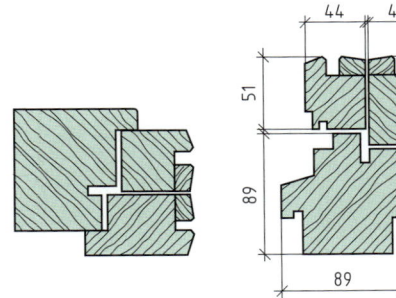 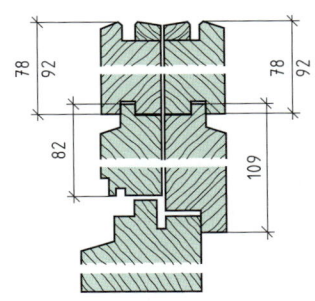

Fenster DV 44/78-44   Fenstertür DV 44/78-44 und DV 44/92-44

Kurzzeichen DV 56/78-36

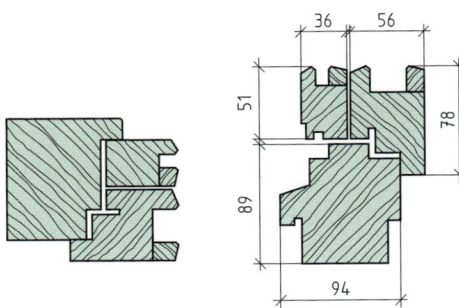  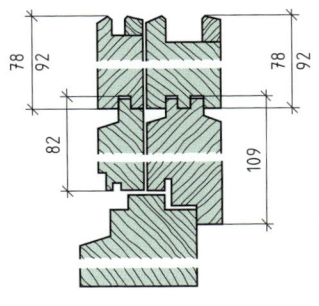

Fenster DV 56/78-36   Fenstertür DV 56/78-36 und DV 56/92-36

5

5.3 Fenster

Fensterprofile

Normbezeichnung für Holzfenster (DIN 68121)

Beispiel für Einfachfenster

Holzfenster DIN 68121 IV 78 - 78 - 2

Benennung ⎯⎯⎯⎯⎯⎯⎯⎯⎯⎯⎯⎯⎯⎯⎯⎯⎯⎯⎯
Norm-Hauptzeichen ⎯⎯⎯⎯⎯⎯⎯⎯⎯⎯⎯⎯
Kennzeichen des Profils ⎯⎯⎯⎯⎯⎯⎯⎯
Profilbreite ⎯⎯⎯⎯⎯⎯⎯⎯⎯⎯⎯⎯⎯⎯⎯⎯
Anzahl der Falzdichtungen ⎯⎯⎯⎯⎯⎯⎯

Beispiel für Verbundfenster

Holzfenster DIN 68121 DV 44/78 - 32 - 1

Benennung ⎯⎯⎯⎯⎯⎯⎯⎯⎯⎯⎯⎯⎯⎯⎯⎯⎯
Norm-Hauptzeichen ⎯⎯⎯⎯⎯⎯⎯⎯⎯⎯⎯⎯
Kennzeichen des Profils ⎯⎯⎯⎯⎯⎯⎯⎯
Mindestdicke ⎯⎯⎯⎯⎯⎯⎯⎯⎯⎯⎯⎯⎯⎯
Anzahl der Falzdichtungen ⎯⎯⎯⎯⎯⎯⎯

Kurzzeichen für Fenster und Fenstertüren

EV	Einfachfenster und -fenstertüren mit Einscheibenglas
IV	Einfachfenster und -fenstertüren mit Mehrscheiben-Isolierglas
DV	Verbundfenster und -fenstertüren mit Einscheiben- und/oder Mehrscheiben-Isolierglas

Profilmaße

Einfachfenster			Verbundfenster				
Kurzzeichen des Profils	Nenndicke in mm	Mindestdicke des Profils in mm	Kurzzeichen des Profils	Innenflügel		Außenflügel	
				Nenndicke in mm	Mindestdicke in mm	Nenndicke in mm	Mindestdicke in mm
IV 63	63	62	**DV 44/78-32**	44	42	32	30
IV 68	68	66	**DV 44/78-44**	44	42	44	42
IV 78	78	76	**DV 56/78-36**	56	54	36	34
IV 92	92	90	Mindestdicke ist gleich unteres Grenzmaß				

Querschnittsmaße (Beispiel IV 78)

Das Kurzzeichen des Profils gibt immer die Dicke des Blendrahmens und des Flügels an.

Kurzzeichen	IV 78
Fenster	IV 78/78
Profildicke	78 mm
Profilbreite	78 mm

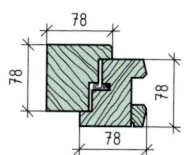

Eurofalz mit Nut

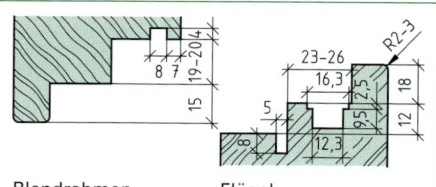

Blendrahmen   Flügel

5.3.2 Beanspruchung

Beanspruchungsgruppen (DIN 18055)

Die Norm legt die Anforderung und Prüfung an den Fenstern für die Fugendurchlässigkeit, den a-Wert fest. Der Wert (Fugendurchlasskoeffizient) darf $a \leq 1,0$ m³/($h \cdot$ m $\cdot$ daPa$^{2/3}$) nicht überschreiten. Die festgelegte Windbelastung richtet sich nach der Gebäudehöhe.

Beanspruchungsgruppe	A	B	C	D
Richtwerte: Gebäudehöhe Windstärke	bis 8 m bis 7	bis 20 m bis 9	bis 100 m bis 11	Sonder-regelung
Vergleichswert nach DIN EN 12210	entspricht B2 – 4A – 1	entspricht B3 – 7A – 2	entspricht B4 – 9A – 6	

Die Energiesparverordnung (EnEV) fordert ab einer Höhe von 2 Vollgeschossen die Klasse 3 bei der Luftdurchlässigkeit für Fenster (DIN EN 12207).

DIN 18055	Flügelbreite	> 1100 mm	1 Zusatzverriegelung	
	Flügelhöhe	> 1100 mm	1 Zusatzverriegelung	> 2000 mm 2 Zusatzverriegelungen

5.3 Fenster

Flügelaußenmaße

Die Flügelaußenmaße und die Anwendungsbereiche für Fenster und Fenstertüren werden anhand von Diagrammen (DIN 68121) in Abhängigkeit des Beschlages und der Gesamtglasdicke von 10 mm (25 kg/m²) ermittelt.

Größendiagramm für Fenster und Fenstertüren Kurzzeichen IV 68/78

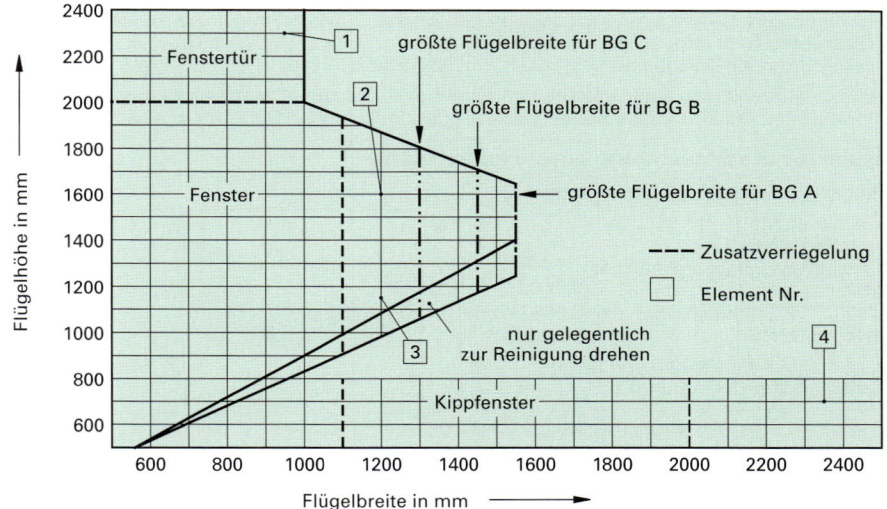

Diagrammauswertung für Fenstertür, Fenster und Kippfenster

Element Nr.	Bezeichnung	Flügelaußenmaße Breite/Höhe in mm	Beanspruchungs-gruppe (BG)	Zusatzverriegelung in der Höhe	in der Breite
1	Fenstertür	950/2300	C	2	–
2	Fenster	1200/1600	B	1	1
3	Fenster	1200/1150	B	1	1
4	Kippfenster	2350/700	–	–	< 2

Maximale Flügelaußenmaße entsprechend den Beanspruchungsgruppen

Kurzzeichen	BG	größte Flügelmaße in mm Breite	Höhe	Kurzzeichen	BG	größte Flügelmaße in mm Breite	Höhe
IV 68/78	A	1550	1650	DV 44/78-32	A	1300	1500
	B	1450	1700		B	1200	1650
	C	1300	1800		C	1050	1900
IV 78/78	A	1600	1750	DV 44/78-44 DV 56/78-36	A	1400	1500
	B	1500	1800		B	1300	1600
	C	1350	1850		C	1150	1800
IV 92/92	A	1600	1900	DV 44/92-44 DV 56/92-36	A	1400	1500
	B	1500	1925		B	1300	1700
	C	1350	1950		C	1150	2000

Bei Windlast darf die Durchbiegung der Rahmenteile 1/300 der Stützweite, bei Isolierglas 8 mm zwischen den Scheibenkanten, nicht überschreiten.
Für Fensterwände mit einer Fläche von > 9 m² und einer Seitenlänge von > 2,00 m, die aus Traggerippe (Rahmen, Pfosten, Riegel) mit Füllungen (Verglasungen) bestehen, ist DIN 18056 maßgebend.

5

257

5.3 Fenster

5.3.3 Bemessung von Rahmenquerschnitten

Der Nachweis der Gebrauchsfähigkeit erfolgt für feststehende Rahmenteile durch die Berechnung der Durchbiegungsbegrenzung für Pfosten und Riegel. Für Rahmenteile, die fest mit dem Baukörper verbunden sind, kann der Nachweis entfallen. Die auftretenden Kräfte werden vom Baukörper aufgenommen. Für die übrigen Rahmenteile muss folgendes nachgewiesen werden:

→ die zulässige Werkstoffspannung (E) darf nicht überschritten werden
→ die Grenzwerte der Durchbiegung von Riegel und Pfosten sind einzuhalten (DIN 18056)
→ bei Stützweiten bis 300 cm = 1/200 l, bei Stützweiten über 300 cm = 1/300 l, bei Flügeln = 1/300 l
→ Richtlinie zum Umgang mit Mehrscheiben-Isolierglas (2008) bei maximaler Belastung 1/200 der Glaskantenlänge max. 15 mm
→ relative frontale Durchbiegung Klasse B < 1/200 (DIN EN 12210)

Die Flügel werden durch eine Systembeschreibung wie Beanspruchungsgruppen und Profilgrößen gekennzeichnet. Auf eine ausreichende Elastizität der umlaufenden Dichtung ist zu achten.

Beispiel für die Berechnung einer Fensterwand

Gegeben sind folgende Voraussetzungen:

- Gebäudehöhe 20 m
- Windlastzone 4
- Fensterwandgröße siehe Skizze
- Material Kiefer
  Elastizitätsmodul $E = 11\,000$ N/mm²
- Windstaudruck $q = 1,55$ kN/m²

gesucht: Ix für den Pfosten und Riegel (Flächenmoment 2. Ordnung)

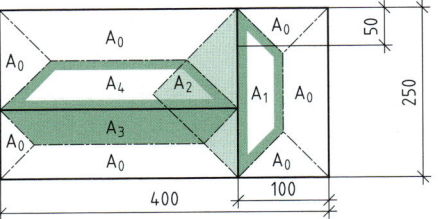

| Windlast | W | Durchbiegung | f | Länge | l |
| Windangriffsfläche | A | Last-Beiwert vereinfacht | a | (Rechteck) | |

Berechnung des Pfostens

Die Berechnung des Ix (Flächenmoment 2. Grades) erfolgt in mehreren Schritten.
Berechnung der Durchbiegung f

$f_{zul.} = 1/200\ l \Rightarrow$ max. 1,5 cm $\qquad f_{vorh.} = 250$ cm/200 = **1,25 cm**

f vorh. ist kleiner als $f_{zul.}$, darum wird mit **$f_{vorh.}$ = 1,25 cm** weiter gerechnet.

● **Berechnung der Windlast W** (abgeleitet von der Trägheitsberechnung nach Steiner)
Berechnung der Fläche A (Längen in m umgerechnet)

Fläche A_1 (Trapez)

$A_1 = \dfrac{l_1 + l_2}{2} \cdot b_1 = \dfrac{2,50\ m + 1,50\ m}{2} \cdot 0,50\ m = 1,00\ m^2$

Fläche A_2 (Dreieck)

$A_2 = \dfrac{l_2 \cdot b_2}{2} = \dfrac{2,50\ m + 1,25\ m}{2} = 1,56\ m^2$

$A = A_1 + A_2 = 1,00\ m^2 + 1,56\ m^2 =$ **2,56 m²** (Die Flächen A_0 werden zur Berechnung nicht benötigt.)

Berechnung der Windlast $q \cdot A = 1,55 \cdot 2,56 = 3,969$ kN = **3969 N**

● **Berechnung des Flächenmoments 2. Grades Ix** (Einheiten in N und cm umgewandelt)

$Ix_{erf.} = a \cdot \dfrac{W \cdot P}{E \cdot f} \cdot 1,25$ (Sicherheit) $\qquad E = 1100$ N/mm² = 1 100 000 N/cm²

$= \dfrac{5}{384} \cdot \dfrac{3986 \cdot 250^3}{1\,100\,000 \cdot 1,25} \cdot 1,25 = \dfrac{5}{384} \cdot \dfrac{3986 \cdot 15\,625\,000}{1\,100\,000 \cdot 1,25} \cdot 1,25 =$ **734 cm⁴**

Staudruck q (DIN 1055-03.2005) Windzone 4		Staudruck q (DIN 1055-03.2005) Windzone 1	
Höhe über Gelände in m	Staudruck q kN/m²	Höhe über Gelände in m	Staudruck q kN/m²
0 … 10	1,25	0 … 10	0,50
10 … 18	1,40	10 … 18	0,65
18 … 25	1,55	18 … 25	0,75

5

5.3 Fenster

- **Bestimmung des Pfostenquerschnittes**
  Nach der Berechnung des Flächenmoments 2. Grades I_x wird in der Tabelle „Ermittlung von Flächenmomenten 2. Grades für Querschnitte des Pfostens" der passende Pfosten gesucht.
  Zur Auswahl stehen nun folgende Querschnitte (in mm × mm):
  92×120; 110×110; 130×100; 150×92; **gewählt wird das Profil 150 mm × 92 mm.**

Berechnung des I_x für den Riegel

- **Berechnung der Durchbiegung f**
  $f_{zul.} = 1/200 \, l \Rightarrow$ max. 1,5 cm $\qquad\qquad$ $f_{vorh.} = 300 \, cm/200 \Rightarrow$ **1,5 cm**
  $f_{vorh.}$ entspricht $f_{zul.}$, es wird mit $f_{zul.} = 1{,}5$ cm weiter gerechnet.

- **Berechnung der Windlast W**

$$A_3 = \frac{l_1 + l_2}{2} \cdot h_1 = \frac{3{,}00\ m + 2{,}00\ m}{2} \cdot 0{,}45\ m = 1{,}15\ m^2 \;\Bigg\}$$
$$A_4 = \frac{l_1 + l_2}{2} \cdot h_1 = \frac{3{,}00\ m + 1{,}40\ m}{2} \cdot 0{,}80\ m = 1{,}76\ m^2 \;$$

$A = A_3 + A_4 = 1{,}15\ m^2 + 1{,}76\ m^2 = \textbf{2{,}91 m}^2$

$$W = q \cdot A = 1{,}55\ kN/m^2 \cdot 2{,}91\ m^2 = 4{,}510\ kN = \textbf{4510 N}$$

- **Berechnung des Flächenmoments 2. Grades I_x** (Einheiten in N und cm umgewandelt)

$$I_{x\,erf.} = a \cdot \frac{W \cdot P}{E \cdot f} \cdot 1{,}25\ (Sicherheit) = \frac{5}{384} \cdot \frac{4510 \cdot 300^3}{1\,100\,000 \cdot 1{,}5} \cdot 1{,}25 = 961\ cm^4 + 240\ cm^4 = \textbf{1201 cm}^4$$

gewählt wird das Profil 140 mm × 110 mm

Berechnung von I_x für den gewählten Pfosten   Profil 150 mm × 92 mm

- **Berechnung der Querschnittsfläche A**

Fläche	Breite	Tiefe	cm²	y cm
A_1	9,1 cm	2,6 cm	23,66	1,3
A_2	10,3 cm	1,2 cm	12,36	3,2
A_3	11,5 cm	2,4 cm	27,60	5,0
A_4	15,0 cm	3,0 cm	45,00	7,7
A	–	–	108,62	

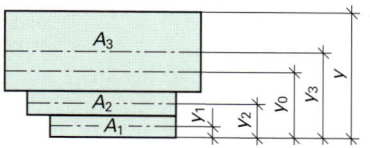

- **Berechnung der Systemschwerachse y_0**

$$y_0 = \frac{A_1 \cdot y_1 + A_2 \cdot y_2 + A_3 \cdot y_3 + A_4 \cdot y_4}{A_{ges.}}$$

$A_1 \cdot y_1 = 23{,}66\ cm^2 \cdot 1{,}3\ cm = \quad 30{,}76\ cm^3$
$A_2 \cdot y_2 = 12{,}36\ cm^2 \cdot 3{,}2\ cm = \quad 39{,}55\ cm^3$
$A_3 \cdot y_3 = 45{,}00\ cm^2 \cdot 7{,}7\ cm = 138{,}00\ cm^3$
$A_4 \cdot y_4 = 45{,}00\ cm^2 \cdot 7{,}7\ cm = 346{,}50\ cm^3$

$\Sigma A_n \cdot y_n = 554{,}81\ cm^3$

$$y_0 = \frac{A_n \cdot y_n}{A} = \frac{554{,}81\ cm^3}{108{,}62\ cm^2} = 5{,}11\ cm$$

- **Ermittlung von $(A \cdot e^2)$**

	cm	e in cm²	e^2 in cm⁴
$y_0 - y_1 = e_1$	5,11 – 1,3	3,81	14,52
$y_0 - y_2 = e_2$	5,11 – 3,2	1,91	3,65
$y_0 - y_3 = e_3$	5,11 – 5,0	0,11	0,01
$y_0 - y_4 = e_4$	5,11 – 7,7	– 2,59	6,71

$A_1 \cdot e_1^2 = 23{,}66 \cdot 14{,}52 = \quad 343{,}54\ cm^4$
$A_2 \cdot e_2^2 = 12{,}36 \cdot 3{,}65 = \quad 45{,}11\ cm^4$
$A_3 \cdot e_3^2 = 27{,}60 \cdot 0{,}01 = \qquad 0{,}28\ cm^4$
$A_4 \cdot e_4^2 = 45{,}00 \cdot 6{,}71 = \quad 301{,}95\ cm^4$
$(A \cdot e^2) = \qquad\qquad\qquad = \quad 690{,}88\ cm^4$

- **Ermittlung der Summe I** (vgl. Formel S. 73)

$$I = \frac{b \cdot h^3}{12}$$

$I_{x1} = \quad 13{,}33\ cm^4$
$I_{x2} = \quad\ \ 1{,}48\ cm^4$
$I_{x3} = \quad 13{,}25\ cm^4$
$I_{x4} = \quad 33{,}75\ cm^4$

$\Big\} \; \Sigma I = 61{,}81\ cm^4$

$I_{xges.} \approx A \cdot e^2 + I$
$I_{xges.} \approx 690{,}88\ cm^4 + 309{,}31\ cm^4$
$I_{xges.} \approx 752{,}69\ cm^4$
$I_{xges.} \approx \textbf{753 cm}^4$

erf $I_x = 734\ cm^4 <$ vorh $I_x = 753\ cm^4$

Damit ist nachgewiesen, dass der gewählte Querschnitt von 150 mm × 92 mm ausreichend ist.

5

5.3 Fenster

Ermittlung von Flächenmomenten 2. Ordnung für Querschnitte des Pfostens in cm⁴

Darstellung: (Schnittdarstellung Pfosten mit Bemaßung *Dicke*, *Breite*, *a 25 27*)

Dicke in mm	Breite in mm 92	100	110	120	130	140	150	160	170	180	190	200	210
68	148	171	199	227	254	281	308	335	362	389	415	442	468
78	229	264	306	348	389	431	471	512	552	593	633	673	713
92	383	440	509	578	646	713	780	846	913	979	1045	1111	1177
100	498	570	659	747	833	920	1006	1091	1176	1261	1346	1430	1515
110	673	768	886	1002	1117	1232	1345	1459	1572	1685	1798	1910	2022
120	887	1010	1162	1312	1461	1609	1757	1904	2050	2197	2343	2489	2634
130	1145	1300	1492	1682	1871	2059	2247	2433	2620	2805	2991	3176	3361
140	1452	1645	1883	2120	2335	2590	2823	3056	3288	3520	3751	3982	4213
150	1812	2048	2340	2631	2919	3207	3493	3779	4064	4349	4634	4918	5201
160	2230	2515	2869	3220	3570	3918	4265	4611	4957	5302	5647	5992	6336

Ermittlung von Flächenmomenten 2. Ordnung für Querschnitte des Riegels in cm⁴

Darstellung: (Schnittdarstellung Riegel mit Bemaßung *Dicke*, *Breite*, *a 25 27*)

Dicke in mm	Breite in mm 92	100	110	120	130	140	150	160	170	180	190	200	210
68	168	189	216	242	268	294	320	347	373	399	425	451	478
78	252	284	323	363	402	442	482	521	561	600	640	679	719
92	403	455	520	585	650	715	779	844	909	974	1039	1104	1169
100	508	574	658	741	825	908	992	1075	1158	1242	1325	1408	1492
110	659	748	859	970	1081	1192	1304	1415	1526	1637	1748	1859	1970
120	832	948	1093	1238	1382	1526	1671	1815	1959	2104	2248	2392	2536
130	1028	1176	1361	1545	1729	1913	2097	2280	2464	2647	2831	3014	3197
140	1245	1431	1663	1893	2124	2354	2584	2813	3043	3272	3502	3731	3960
150	1483	1713	1999	2284	2568	2851	3135	3418	3700	3983	4265	4547	4928
160	1738	2019	2368	2716	3062	3407	3751	4095	4439	4783	5125	5468	5811

5.3 Fenster

Ermittlungen von Flächenmomenten 2. Ordnung

Querschnitte des Pfostens Profil IV 78 in cm⁴

Breite in mm	Dicke in mm								Darstellung
	78	92	100	110	120	130	140	150	
92	206	349	451	616	806	1040	1361	1476	
100	241	408	597	711	933	1186	1517	1889	
110	284	479	619	835	1089	1397	1761	2185	
120	326	542	709	950	1243	1591	2004	2492	
130	367	617	797	1069	1394	1783	2242	2777	
140	408	685	885	1183	1445	1974	2479	3068	
150	450	753	971	1299	1693	2163	2716	3358	

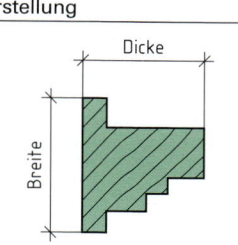

Querschnitte des Riegels Profil IV 78 in cm⁴

Breite in mm	Dicke in mm								Darstellung
	78	92	100	110	120	130	140	150	
92	256	392	542	719	929	1167	1449	1771	
100	289	472	609	803	1040	1314	1634	1984	
110	314	539	692	913	1162	1510	1867	2280	
120	367	604	775	1024	1390	1680	2089	2530	
130	407	669	858	1148	1500	1866	2318	2826	
140	446	734	943	1246	1613	2046	2546	3107	
150	500	799	1022	1357	1747	2229	2775	3388	

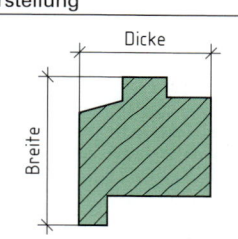

5.3.4 Befestigung

Ausrichtung und Verkeilung

Die Breite der Klötze sind auf die Rahmendicke abzustimmen, ohne die nachfolgende Abdichtung zu gefährden. Sie müssen dauerhaft formstabil sein und eine geringe Wärmeleitfähigkeit besitzen.

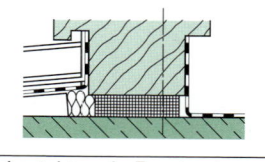

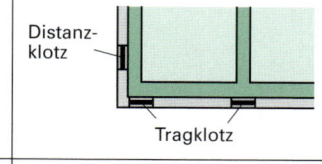

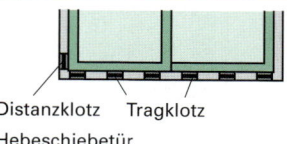

Lastabtrag in Fensterebene	Anordnung der Trag- und Diastanzklötze

Befestigungsabstände

Die Fenster oder Fensterelemente dürfen weder direkt noch indirekt Kräfte (Druck, Aussteifung) aus dem Baukörper übernehmen.
Die Befestigungselemente sind entsprechend spannungsfrei zu wählen und müssen die zu erwartenden Lasten und Beanspruchungen auf den Baukörper übertragen.
Die Fenster sind umlaufend mechanisch zu befestigen (Rahmendübel, Schlaudern, Laschen, Steinschrauben, Ankerdübel und andere).
Formveränderungen durch Temperatur oder Schwinden sind zu berücksichtigen.

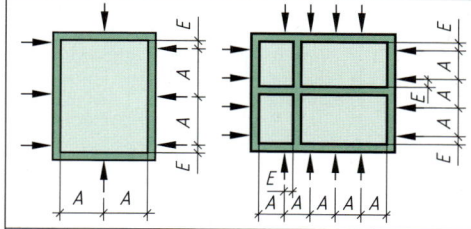

A: Ankerabstand Holzfenster max. 800 mm, Kunststofffenster max. 700 mm
B: Abstand von der Innendecke 100 mm bis 150 mm

Erforderliche Randabstände R

Die Angaben des Baustoffherstellers und des Dübelherstellers sind einzuhalten. Üblicher Anhaltswert sind 6 cm Mindestabstand.

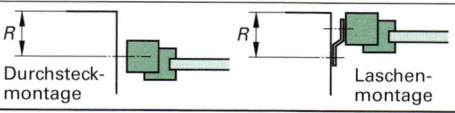

Durchsteck-montage

Laschen-montage

5

5.3.5 Maße am Fenster

Fenstermaße rechnerisch Reißen. Ermittlung des Glasfalzmaßes nach dem Blendrahmenaußenmaß.

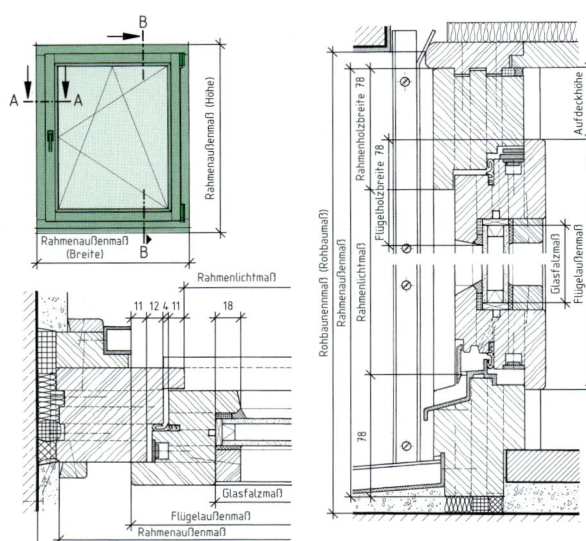

Beispiel: Einfachfenster IV 68/78 Rahmenaußenmaß: 1115 × 1485	
Berechnung der Breite in mm	
Rahmenaußenmaß	1230
2 × Rahmenbreite	− 156
lichtes Blendrahmenmaß	= 1074
2 × Falzmaß	+ 76
Flügelaußenmaße	= 1150
2 × Rahmenbreite	− 156
lichtes Flügelmaß	= 994
2 × Falzmaß	+ 36
Glasfalzmaß	**= 1030**
Berechnung der Höhe in mm	
Rahmenaußenmaß	1480
2 × Rahmenbreite	− 156
lichtes Blendrahmenmaß	= 1324
unteres Falzmaß	+ 11
oberes Falzmaß	+ 38
Flügelaußenmaß	= 1378
2 × Rahmenbreite	− 156
lichtes Flügelmaß	= 1217
2 × Falzmaß	+ 36
Glasfalzmaß	**= 1253**

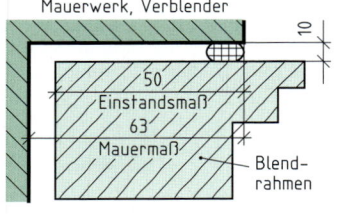

Maße am Wandanschluss

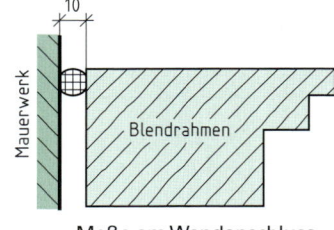

Maße am Wandanschluss

Toleranzmaße für Bauwerksöffnungen

Grenzabmaße, Winkeltoleranzmaß (DIN 18202, Auswahl)

Bauwerk Nennmaß	Öffnungen: Fenster, Türen, Einbau-elemente	Öffnungen: Fenster, Türen, Einbau-elemente jedoch mit oberflächen-fertiger Leibung	Öffnungen vertikale horizontale und geneigte Flächen	Messpunkte bei Bauwerksöffnungen
	GA[1]	GA	WT[2]	
≥ 1 m	–	–	6 mm	
≥ 3 m	± 12 mm	± 10 mm	8 mm	
≥ 6 m	± 16 mm	± 12 mm	12 mm	
≥ 15 m	–	–	16 mm	

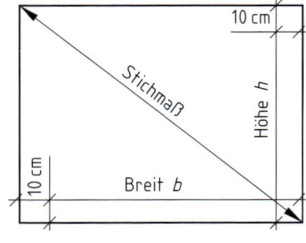

Die Messpunkte liegen je 10 cm aus der Ecke.

Die Grenzwerte der Abweichungen von Bauwerksmaßen dürfen nur in einem Messbereich ausgenutzt werden. Eine Kopplung beider Grenzwerte ist nicht zulässig.

[1] GA: Grenzabmaß   [2] WT: Winkeltoleranzen, Stichmaß

5.3 Fenster

5.3.6 Anschlussbildung Fenster – Baukörper

Die Anschlussfuge zwischen Blendrahmen und Baukörper weist drei Bereiche auf.

Bereich 1: Wetterschutz, Wind- und Schlagregensperre (diffusionsoffene, kontrollierte Wasserabführung)

Bereich 2: Funktionsbereich, trocken, Schall- und Wärmedämmung

Bereich 3: Luftdichtheitsschicht, raumseitig umlaufend luftdicht (dampfdiffusionsdicht)

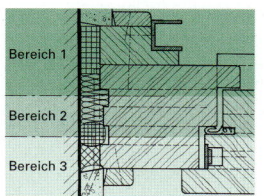

Darstellung der Ausbildung der Anschlussfuge (Auswahl)

1. Elastischer Dichtstoff (spritzbare Abdichtung)
2. Hinterfüllschnur geschlossenzellig Schaumkunststoffbänder (vorkompromiert)
3. Dämmung mit Mineralfaser oder ähnlich
4. Imprägniertes Schaumstoffband (vorkomprimiert)

b: Mindestabstand je nach Rahmenmaterial > 10 mm
(bei Holzfenster 10 mm; bei PVC hart weiß 10 mm … 25 mm;
bei PVC, PMMA farbig 15 mm … 30 mm)

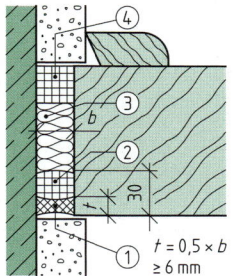

Der Baukörperanschluss des Fensters muss dauerhaft Schlagregen dicht sein. Die außenseitige Abdichtung nur mit dem vorkomprimierten Dichtungsband ohne Verleistung ist nur für wenig exponierte Lagen zu empfehlen.

Die günstigste Einbauebene von Fenstern zur Vermeidung von Tauwasserausfall, Schimmelbefall und zur Reduzierung der Wärmeverluste ist bei einer monolithischen Außenwand der mittige Einbau. Der Temperaturverlauf der maßgebenden 13 °C Isotherme liegt bei 20 °C Raumtemperatur noch im Rahmenholz, siehe Kapitel 6.

Anschlussausbildung	mit vorkomprimiertem Dichtungsband und mit Dichtstoffen	
Abdichtung außen stumpfer Anschlag	$b \geq 6\,\text{mm}$ bis 12 mm	$b \geq 10\,\text{mm}$ bis 30 mm
Innenanschlag	$b \geq 6\,\text{mm}$ bis 8 mm	$b \geq 10\,\text{mm}$ bis 20 mm
Abdichtung innen seitlich Fugendichtungband Ⓐ (dampf-diffusionsdicht)	Blendrahmen Kellenschnitt	Blendrahmen Kellenschnitt Ⓐ
Abdichtung innen Rolladenkasten	Isolierung Blendrahmen Detail 1	Detail 1 Dichtstoff

5

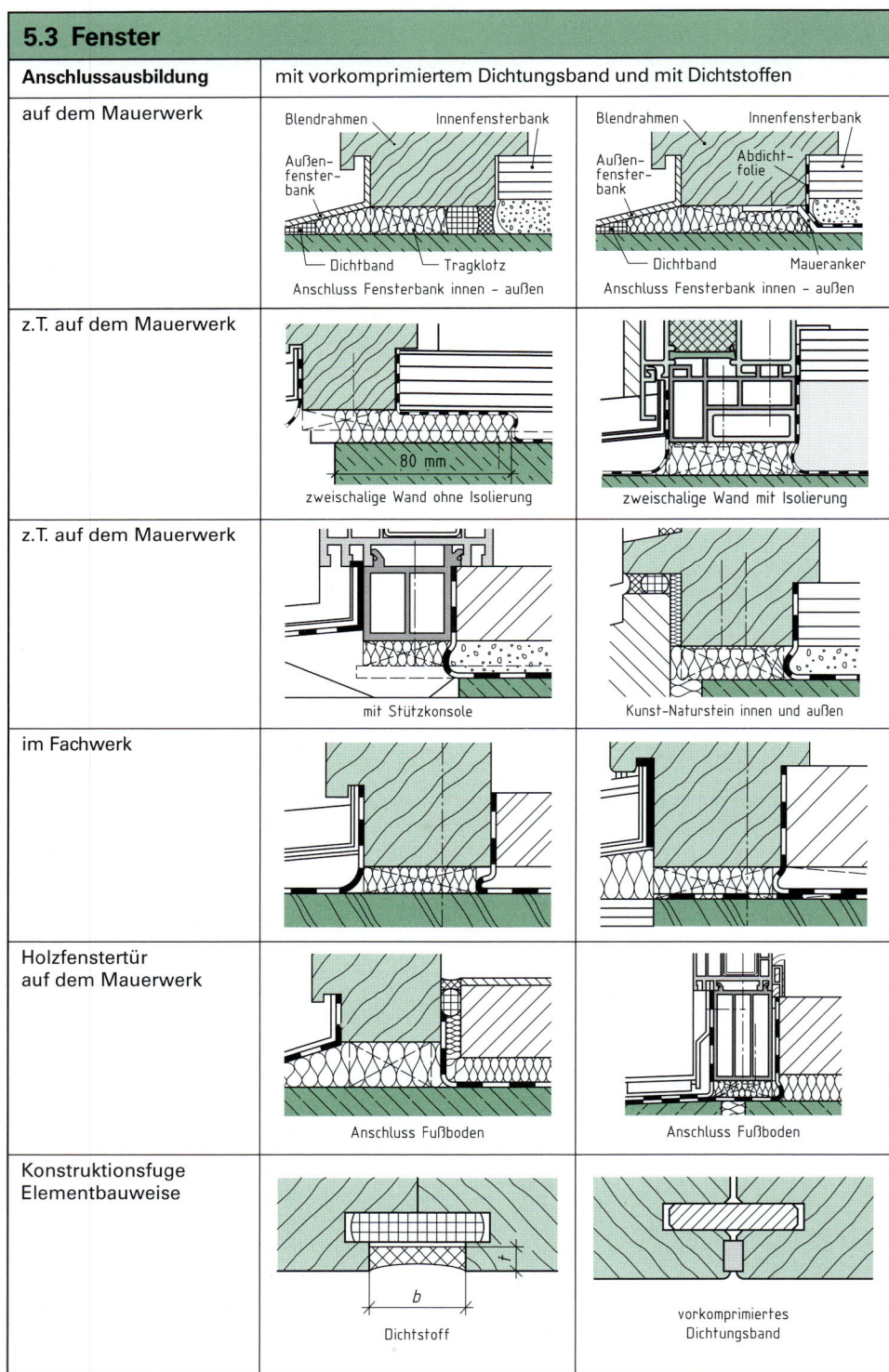

5.3 Fenster

Anschlussausbildung	mit vorkomprimiertem Dichtungsband und mit Dichtstoffen
auf dem Mauerwerk	Blendrahmen · Innenfensterbank · Außen-fenster-bank · Dichtband · Tragklotz Anschluss Fensterbank innen – außen Blendrahmen · Innenfensterbank · Außen-fenster-bank · Abdicht-folie · Dichtband · Maueranker Anschluss Fensterbank innen – außen
z.T. auf dem Mauerwerk	80 mm zweischalige Wand ohne Isolierung zweischalige Wand mit Isolierung
z.T. auf dem Mauerwerk	mit Stützkonsole Kunst-Naturstein innen und außen
im Fachwerk	
Holzfenstertür auf dem Mauerwerk	Anschluss Fußboden Anschluss Fußboden
Konstruktionsfuge Elementbauweise	b Dichtstoff vorkomprimiertes Dichtungsband

5

5.3 Fenster

5.3.7 Windlast DIN 1055-4

Bei der Bestimmung der Rahmenquerschnitte von zu öffnenden Fenstern oder Fenstertüren müssen die Einbauhöhe (Oberkante Blendrahmen), die Windlastzone, die technische Richtlinie für linienförmig gelagerte Verglasung und die Durchbiegungsbegrenzungen der Isolierglashersteller berücksichtigt werden.

Windlastzonen, Geländekategorie, Regelprofil

☐ Zone I   ☐ Zone II   ■ Zone III

■ Zone IV

Windlastzonen

Windlastzone 1 (I)
Windgeschwindigkeit v_{ref} 22,5 m/s (Windstärke 9), Geschwindigkeitsdruck q_{ref} 0,32 kN/m²

Windlastzone 2 (II)
Windgeschwindigkeit v_{ref} 25,0 m/s (Windstärke 10), Geschwindigkeitsdruck q_{ref} 0,39 kN/m²

Windlastzone 3 (III)
Windgeschwindigkeit v_{ref} 27,5 m/s (Windstärke 10), Geschwindigkeitsdruck q_{ref} 0,47 kN/m²

Windlastzone 4 (IV)
Windgeschwindigkeit v_{ref} 30,0 m/s (Windstärke 11), Geschwindigkeitsdruck q_{ref} 0,56 kN/m²

Geländekategorie

Geländekategorie I
offene See; glattes, flaches Land ohne Hindernisse

Geländekategorie II
Gelände mit Hecken, einzelnen Gehöften, Häusern

Geländekategorie III
Vorstädte, Industrie- und Gewerbegebiete; Wälder

Geländekategorie IV
Stadtgebiet, mindestens 15% bebaute Fläche, deren mittlere Höhe 15 m überschreitet

Regelprofil im Binnenland	Regelprofil in küstennahen Gebieten
Mischprofil des Böengeschwindigkeitsdruckes für die Übergangszone zwischen der Geländekategorie I und II.	Mischprofil des Böengeschwindigkeitsdruckes für die Übergangszone zwischen der Geländekategorie II und III.

Zur genauen Berechnung sind die Werte aus DIN 1055-4 Anhang B Tabelle B2 und B3 heranzuziehen.

Vereinfachte Böengeschwindigkeitsdrücke bei Bauwerke < 25 m Höhe

Windzone		Geschwindigkeitsdruck q kN/m² bei einer Gebäudehöhe h			Stauddruck/Prüfdruck/Klasse DIN EN 12210		
		≤ 10 m	≤ 18 m	≤ 25 m	Staudruck q kN/m²	Prüfdruck P1 (Pa)	Klasse
1	Binnenland	0,50	0,65	0,75	≤ 0,40	400	1
2	Binnenland	0,65	0,80	0,90	0,50; 0,65 0,75; 0,80	800	2
	Küste und Inseln der Ostsee	0,85	1,00	1,10			
3	Binnenland	0,80	0,95	1,10	0,85; 0,90 0,95; 1,00 1,05; 1,10 1,15; 1,20	1200	3
	Küste und Inseln der Ostsee	1,05	1,20	1,30			
4	Binnenland	0,95	1,15	1,30			
	Küste Nord- und Ostsee Inseln der Ostsee	1,25	1,40	1,55	1,25; 1,30 1,40; 1,55	1600	4
	Inseln der Nordsee	1,40	–	–	≤ 2,00	2000	5

Binnenland: Mischprofil aus der Geländekategorie II und III und einer Gebäudehöhe bis 25 m.

Küste: Küstennahe Gebiete in Mischprofil aus der Geländekategorie I und II, bis 5 km landeinwärts und einer Gebäudehöhe bis 25 m. Inseln der Nordsee: einer Gebäudehöhe bis 10 m.

5

5.3 Fenster

Einsatzempfehlungen für Fenster bei einer vereinfachten Annahme der Windlasten

Kriterien			Windlastzonen			
			1	2	3	4
Einbauhöhe 0 m … 10 m	Geländekategorie	Binnenland	B2-4A-2[1]	B2-4A-2	B2-4A-2	B2-4A-2
		Ostseeküste und Ostseeinseln	–	B2-4A-2	B3-7A-2	B3-7A-2
		Nordseeküste	–	–	–	B3-7A-2
		Nordseeinseln	–	–	–	B3-7A-3
Einbauhöhe > 10 m … 18 m	Geländekategorie	Binnenland	B2-4A-3	B2-4A-3	B3-7A-3	B3-7A-3
		Ostseeküste und Ostseeinseln	–	B3-7A-3	B3-7A-3	B3-7A-3
		Nordseeküste	–	–	–	B3-7A-3
		Nordseeinseln	–	–	–	Berechnung erforderlich
Einbauhöhe > 18 m … 25 m	Geländekategorie	Binnenland	B2-4A-3	B2-4A-3	B3-7A-3	B3-7A-3
		Ostseeküste und Ostseeinseln	–	B3-7A-3	B3-7A-3	B4-9A-3
		Nordseeküste	–	–	–	B4-9A-3
		Nordseeinseln	–	–	–	Berechnung erforderlich

[1] Die Klassifizierung der Schlagregendichtheit unterscheidet in der Windlast 1 und in der Binnenland-Kategorie bis 10 m Einbauhöhe Fenster der geschützten Lage „B" und Fenster der ungeschützten Lage „A".

Fenster für Bauwerke ohne rechteckigen Grundriss, die über eine Geländehöhe von 800 m über NN errichtet werden und eine Einbauhöhe von über 25 m haben, müssen gesondert berechnet werden. Die Energieeinsparverordnung (EnEV) fordert ab einer Höhe von 2 Vollgeschossen die Luftdurchlässigkeitsklasse 3.
Widerstandsklassen ▶ Seite 268

Beispiel

Fenster an der Küste: *B4-9A-3*
B4: Widerstandsfähigkeit bei Windlast, Rahmendurchbiegung ≤ 1/200, Prüfdruck 1600 Pa
9A: Schlagregendichtheit ungedschützte Lage, max. Prüfdruckdifferenz 600 Pa
3: Luftdurchlässigkeit, max. Prüfdruckdifferenz 600 Pa

Lage der Fenster

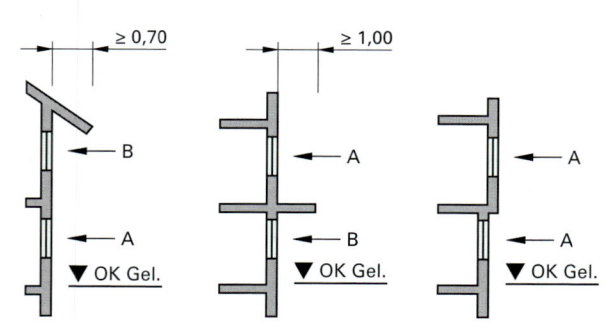

Beispiele
zur Klassifizierung in A oder B

A   ungeschützte Lage
B   geschützte Lage
OK   Gel. Oberkante Gelände

Verankerung

Die Verankerung muss den zu erwartenden Beanspruchungen und äußeren Einwirkungen entsprechend ausgelegt werden. Für die Festlegung der äußeren Einwirkung ist die DIN 1055 „Lastannahmen am Bau" maßgebend (vergl. Seite 261 und Seite 43 bis 46).

5.3 Fenster

5.3.8 Wärmedämmung, Schallschutz, Einbruchschutz

Wärmedämmung

Der Wärmeschutz ist in der „Verordnung über einen energiesparenden Wärmeschutz" geregelt. Bei der Anwendung der DIN EN 10077 ist zu beachten, dass sie den Bemessungswärmedurchgangskoeffizienten von Verglasung, Fenster und Fenstertüren DIN V 4108-4 entsprechen müssen.

Bei der Änderung von Bauteilen oder Erneuerung von Fenstern und Fenstertüren darf der $U_{max} =$ 1,7 W/(m² · K) nicht überschritten werden. Außenliegende Fenster von beheizten Räumen sind mindestens mit Isolier- und Doppelverglasung auszuführen.

Wärmedurchgangskoeffizient für Fenster

Flächenanteil des Rahmens in % der Gesamtfensterfläche (Auswahl, DIN EN 10077-1)

Art der Verglasung	U_g W/(m² · K)	20 % der Gesamtfläche U_f in W/(m² · K)									30 % der Gesamtfläche U_f in W/(m² · K)								
		1,0	1,4	1,8	2,2	2,6	3,0	3,4	5,0	7,0	1,0	1,4	1,8	2,2	2,6	3,0	3,4	5,0	7,0
Einscheiben Verglasung	5,7	4,8	4,8	4,9	5,0	5,1	5,2	5,2	5,3	5,9	4,3	4,4	4,5	4,6	4,8	4,9	5,0	5,1	6,1
Zweischeibenisolierverglasung	3,3	2,9	3,0	3,1	3,2	3,3	3,4	3,4	3,5	4,0	2,7	2,8	2,9	3,1	3,2	3,4	3,5	3,6	4,4
	3,1	2,8	2,8	2,9	3,0	3,1	3,2	3,3	3,4	3,9	2,6	2,7	2,8	2,9	3,1	3,2	3,3	3,5	4,3
	2,9	2,6	2,7	2,8	2,8	3,0	3,0	3,1	3,2	3,7	2,4	2,5	2,7	2,8	3,0	3,1	3,2	3,3	4,1
	2,7	2,4	2,5	2,6	2,7	2,8	2,9	3,0	3,0	3,6	2,3	2,4	2,5	2,6	2,8	2,9	3,1	3,2	4,0
	2,5	2,3	2,4	2,5	2,6	2,7	2,7	2,8	2,9	3,4	2,2	2,3	2,4	2,6	2,7	2,8	3,0	3,1	3,9
	2,3	2,1	2,2	2,3	2,4	2,5	2,6	2,7	2,7	3,3	2,1	2,2	2,3	2,4	2,6	2,7	2,8	2,9	3,8
	2,1	2,0	2,1	2,2	2,2	2,3	2,4	2,5	2,6	3,1	1,9	2,0	2,2	2,3	2,4	2,6	2,7	2,8	3,6
	1,9	1,8	1,9	2,0	2,1	2,2	2,3	2,3	2,4	3,0	1,8	1,9	2,0	2,1	2,3	2,4	2,5	2,7	3,5
	1,7	1,7	1,8	1,8	1,9	2,0	2,1	2,2	2,2	2,8	1,6	1,8	1,9	2,0	2,2	2,3	2,4	2,5	3,3
	1,5	1,5	1,6	1,7	1,8	1,9	1,9	2,0	2,1	2,6	1,5	1,6	1,7	1,9	2,0	2,1	2,3	2,4	3,2
	1,3	1,4	1,4	1,5	1,6	1,7	1,8	1,9	2,0	2,5	1,4	1,5	1,6	1,7	1,9	2,0	2,1	2,2	3,1
	1,1	1,2	1,3	1,4	1,4	1,5	1,6	1,7	1,8	2,3	1,2	1,3	1,5	1,6	1,7	1,9	2,0	2,1	2,9

Wärmedurchgangskoeffizient für Holzrahmen (DIN EN 10077-1)

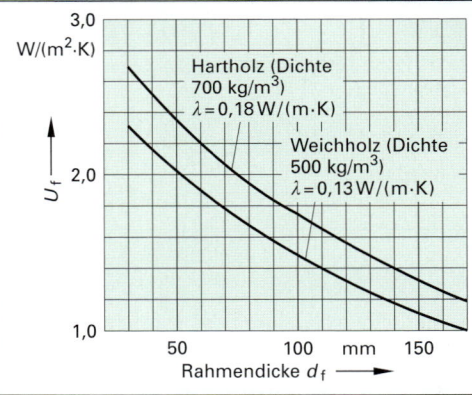

3,0 W/(m²·K)

Hartholz (Dichte 700 kg/m³) $\lambda = 0,18$ W/(m·K)

Weichholz (Dichte 500 kg/m³) $\lambda = 0,13$ W/(m·K)

U_f 2,0

1,0

50   100   mm   150

Rahmendicke d_f →

Zuordnung der U_f-Werte von Einzelprofilen zu einem $U_{f, BW}$-Bemessungswert für Rahmen

U_f-Wert für Einzelprofil W/(m² · K)	$U_{f, BW}$-Bemessungswert W/(m² · K)
< 0,90	0,8
≥ 0,90 < 1,1	1,0
≥ 1,1 < 1,3	1,2
≥ 1,3 < 1,6	1,4
≥ 1,6 < 2,0	1,8
≥ 2,0 < 2,4	2,2
≥ 2,4 < 2,8	2,6
≥ 2,8 < 3,2	3,0
≥ 3,2 < 3,6	3,4
≥ 3,6 < 4,0	3,8
< 4,0	7,0

Korrekturwerte ΔU_g zur Berechnung der Bemessungswerte $U_{g, BW}$

Grundlage	Korrekturwerte ΔU_g W/(m² · K)
Sprossen im Scheibenzwischenraum (einfaches Sprossenkreuz)	+ 0,1
Sprossen im Scheibenzwischenraum (mehrfaches Sprossenkreuz)	+ 0,2

Längenbezogener Wärmedurchgangskoeffizient ψ für Abstandshalter aus Aluminium oder Stahl

Rahmenwerkstoff	Zweischeiben- oder Dreischeiben-Isolierverglasung, unbeschichtetes Glas, Luft- oder Gaszwischenraum
Holz- oder Kunststoffrahmen	$\psi = 0,04$ W/(m · K)

5

5.3 Fenster

Wärmetechnisch verbesserter Randverbund bei Isolierglas

Als wärmetechnisch verbesserter Randverbund wird der Abstandhalter bezeichnet, der die Anforderungen der Gleichung erfüllt.

$\Sigma\,(d \cdot \lambda) \le 0,007$ W/K

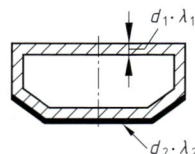 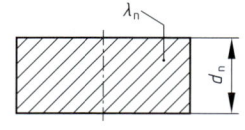

d Materialdicke

λ Wärmeleitfähigkeit in W/(m · K)

Widerstandsklassen zur Klassifizierung von Fenstern

Widerstandsklassen (Auswahl, Übersicht)

Beanspruchungsgruppe (DIN 18055) (a-Wert)	Luftdurchlässigkeit DIN EN 12207		Schlagregendichtigkeit DIN EN 12208		Windbelastung DIN EN 12210		
			A	B	A	B	C
A (bis 8 m)	bis 2 Vollgeschosse	0	0	0	0	0	0
		1	1A	1B	A1	B1	C1
			2A	2B	A2	B2	C2
			3A	3B			
			4A	4B			
B (bis 20 m)		2	5A	5B	A3	B3	C3
			6A	6B			
			7A	7B			
C (bis 100 m)	über 2 Vollgeschosse	3	8A	–	A4	B4	C4
			9A	–	A5	B5	C5
D		4	E	–	A, B, C Exxxx		

Die Ableitung der DIN EN 12207, DIN EN 12208 und DIN EN 12210 zur DIN 18055 ist nur annähernd. Die Anforderungen 0 sind nicht geprüft.　　　E: Einzelprüfung

Anforderungskriterien an ein Fenster

Einfachste Anforderungen (vermeiden bzw. extra vereinbaren)	
Standardanforderungen	
Erhöhte Anforderungen	

Luftdurchlässigkeit (DIN EN 12207)

Die Luftdurchlässigkeit basiert auf dem Vergleich der Luftdurchlässigkeit des Fensters, bezogen auf die Gesamtfläche und bezogen auf die Fugenlänge.

Schlagregendichtigkeit (DIN EN 12208)

Die Schlagregendichtigkeit nach dem Prüfverfahren A ist für Fenster mit einer normalen Anforderung vorgesehen, nach dem Verfahren B geprüfte Fenster dürfen nur bei einem geschützten Einbau (z.B. Vordach) eingesetzt werden.

Windbelastung (DIN EN 12210) (die relative frontale Durchbiegung der Rahmenhölzer)

Klasse	relative frontale Durchbiegung	Klasse	relative frontal Durchbiegung
A	< 1/150 (Glaskantenlänge ≤ 120 cm)	C	< 1/300 (Glaskantenlänge ≤ 240 cm)
B	< 1/200 (Glaskantenlänge ≤ 160 cm)	Die zulässige Durchbiegung bei Belastung für Isolierglas beträgt max. 8 mm. (Verglasungs-Richtlinien Isolierglas)	

5.3 Fenster

Schallschutz

Wichtig ist die Vermeidung von Schallbrücken innerhalb der Konstruktion und zwischen der Außen- und der Innenseite der Anschlussfuge zwischen Gebäude – Fenster (vergleiche Seite 264).

Schallschutzfensterkonstruktionen für Dreh-, Dreh-Kipp-Fenster und Fensterverglasungen (Auswahl) (DIN 4109)

erforderliches bewertetes Schalldämm-Maß $R_{W,R}$ des funktions-fähigen Fensters dB	Konstruktions-merkmale	Einfachfenster mit Isolier-Verglasung	Verbundfenster mit 1 Isolierglasscheibe + 1 Einfachscheibe	Kastenfenster mit 1 Isolierglasscheibe + 1 Einfachscheibe
25	Gesamtglasdicke LZR $R_{W,P\,Glas}$ Falzdichtung	> 6 mm ≥ 8 mm ≥ 27 dB nicht erforderlich	> 6 mm keine Anforderung – nicht erforderlich	– – – –
32	Gesamtglasdicke LZR $R_{W,P\,Glas}$ Falzdichtung	> 8 mm (≥ 4 + 4) ≥ 16 mm ≥ 30 dB (1) erforderlich	> 8 mm bzw. (≥ 4 + 4/12/4) ≥ 30 mm – (1) erforderlich	– – – (1) erforderlich
37	Gesamtglasdicke LZR $R_{W,P\,Glas}$ Falzdichtung	> 14 mm (≥ 10 + 4) ≥ 20 mm ≥ 39 dB (1) + (2) erforderlich	≥ 10 mm bzw. (≥ 6 + 6/12/4) ≥ 40 mm – (1) erforderlich	– ≥ 100 mm – (1) erforderlich
40	Gesamtglasdicke LZR $R_{W,P\,Glas}$ Falzdichtung	– – ≥ 44 dB (1) + (2) erforderlich	≥ 14 mm bzw. (≥ 8 + 6/12/4) ≥ 50 mm – (1) + (2) erforderlich	≥ 8 mm bzw. (≥ 8 + 4/12/4) ≥ 100 mm – (1) + (2) erforderlich
≥ 44	allgemein gültige Angaben sind nicht möglich, Nachweis nur über die Einzelprüfung (DIN EN ISO 140-1, DIN EN ISO 717, DIN EN 20 140-3)			

Neben der Wand und dem Fenster hat die Anschlussfuge großen Einfluss auf die Schalldämmung. Eine ausreichende Schalldämmung ist nur bei einer umlaufenden, vollflächigen und dauerhaften Ausführung der Anschlussfuge zu erreichen. Eine Erhöhung der Schalldämmung ist hierbei nicht zu erzielen. Die verschiedenen Füllmaterialien haben ein unterschiedliches Dämmmaß.

5

Orientierungswerte für Fugenschalldämmmaße $R_{ST,W}$ (ift)

Zustand / Füllung der Fuge	Fugenschalldämmmaß $R_{ST,W}$ in dB	
	Fugenbreite b = 10 mm	Fugenbreite b = 20 mm
Leer	15 … 20	10 … 15
Mineralfaser	40 … 45	20 … 30
Montageschaum	> 50	> 50
Versiegelung, Mineralfaserfüllung, Versiegelung	> 50	> 50
imprägniertes Dichtungsband, Mineralfaserfüllung, imprägniertes Dichtungsband, Kompression 1 : 4 … 1 : 5	> 50	

Grafische Ermittlung der Schalldämmung von Fenstern (ift)

Ablesebeispiel:

Fenster R_W 40 dB

Fugenschall-dämmmaß $R_{ST,W}$ 48 dB

resultierendes Schalldämmmaß $R_{W,res}$ 38 dB

ift: Institut für Fenstertechnik, Rosenheim

5.3 Fenster

Einbruchhemmende Fenster

Ein einbruchhemmendes Fenster ist ein Element, das im geschlossenen, verriegelten und abgeschlossenen Zustand Einbruchsversuche mit körperlicher oder mechanischer Gewalt für eine bestimmte Widerstandszeit erschwert. Der Getriebebereich und die Befestigungsteile des Fenstergriffes müssen einen wirksamen Aufbohrschutz haben. Eine kräftige und verschraubte Regenschutzschiene soll ein Ansetzen von Werkzeug erschweren. Die stabilen Schließbleche haben eine hintergreifende Verriegelung. Hinzu kommt noch eine fachgerechte Montage. Die Holzart der Fenster muss für Holzschrauben einen hohen Auszugswiderstand haben. Entsprechend ihrer einbruchhemmenden Wirkung werden die Fenster in Widerstandsklassen eingeteilt.

Größte Auslenkung in mm (DIN ENV 1627)

Belastungspunkt	Widerstandsklassen			
	1/2	3	4	5/6
F1 Füllungsecken	8	8	8	8
F2 Zwischen den Verriegelungspunkten	30	20	10	10
F3 Verriegelungspunkten	10	10	10	10

Bei dynamischer Belastung darf sich das Element nicht so weit öffnen, dass die Schließvorrichtung erreicht werden kann oder eine durchgangsfähige Öffnung entsteht.

Bauteilwiderstandsklassen (Auswahl)

Fenster	Verglasung	Fenster	Risikogruppen		
VdS[1] 2534	DIN EN 356	DIN EN V 1627	A Wohnobjekte	B Gewerbeobjekte, öffentliche Objekte	C Gewerbeobjekte, öffentliche Objekte, (hohe Gefährdung)
–	–	WK 1[2]	–	–	–
N	PA 4	WK 2	geringes Risiko	geringes Risiko	–
A	PA 5	WK 3	durchschnittliches Risiko	durchschnittliches Risiko	–
B	PB 6	WK 4	–	hohes Risiko	geringes Risiko
C	PB 7	WK 5	–	–	durchschnittliches Risiko
–	PB 8	WK 6	–	–	hohes Risiko

[1] VdS: Schadenverhütung GmbH, Köln   [2] WK: Widerstandsklasse

5.3.9 Beschlag

Beispiel

① Scherenlager
② Schere
③ Eckumlenkung oben
④ Getriebe
⑤ Schließstück
⑥ Olive
⑦ Kippriegel
⑧ Kippschließstück
⑨ Eckumlenkung unten
⑩ Falzeckband
⑪ Füllstück
⑫ Ecklager

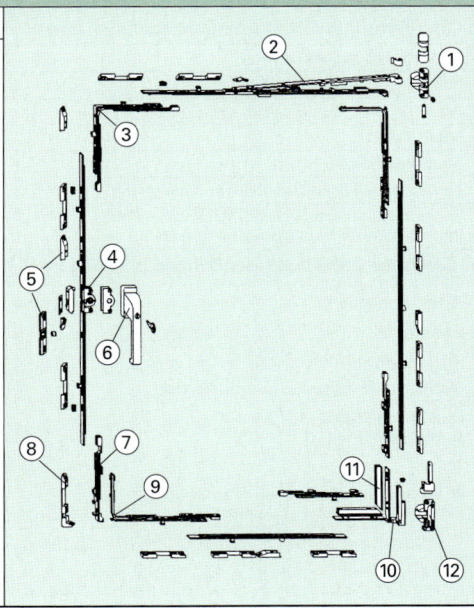

Für eine dauerhafte Nutzung ist es unerlässlich die Fenster und damit auch den Beschlag zu warten. Eine jährliche Inspektion und Funktionsprüfung ist insbesondere in der Gewährleistungszeit notwendig. Besonders nachgesehen werden das Ecklager und die Schere. Alle beweglichen Teile müssen gefettet sein. Verschleißteile sind auszuwechseln.

5.3 Fenster

5.3.10 Oberflächenbeschichtung

Oberflächenbeschichtung hat neben der Konstruktion die wichtige Aufgabe, Fenster auf Dauer maßhaltig und funktionsfähig zu erhalten. Außenfenster und Türen gehören der Gefährdungsklasse 3 (DIN 68800) an. Wenn durch sachgemäße Instandhaltung ein wirksamer Schutz gewährleistet ist, kann auch in die Gefährdungsklasse 2 eingestuft werden. Erforderlich ist ein chemischer Schutz gegen Bläue bei Nadelhölzern. Soll bei Holzarten der Dauerhaftigkeitsklasse 3 … 5 auf chemischen Holzschutz verzichtet werden, so ist dies schriftlich zu vereinbaren.

Gefährdungsklassen (DIN EN 335, DIN 68800)

Gefähr-dungs-klasse	Allgemeine Gebrauchs-bedingungen	Beschreibung der Befeuchtung während des Gebrauchs	Holz-feuchte-gehalt	Holzzerstörende Pilze Basidio-myceten	Holzzerstörende Pilze Moder-fäule	Holzver-färbende Pilze Bläue	Käfer	Anforde-rungen an das Holz-schutzmittel
2	ohne Erdkontakt abgedeckt	gelegentlich	gelegent-lich > 20%	U	–	U	U	Iv, P
3	ohne Erdkontakt nicht abgedeckt	häufig	häufig > 20%	U	–	U	U	Iv, P, W

U   tritt universell in ganz Europa auf
P   Pilze vorbeugend
Iv   Insekten vorbeugend
W   Witterung ausgesetzt, nicht Erde oder Wasser

Anforderungen an die vorbeugende Wirksamkeit der Schutzmittel

Bereich des Holzeinsatzes und Beanspruchung	Gefähr-dungs-klasse	Eingrenzende Merkmale mit Auswirkungen auf die erforderlichen Mindestanforderungen	erforderl. biologische Wirksamkeit gegen Bläue-pilze	erforderl. biologische Wirksamkeit gegen holzzerstö-rende Pilze
Hölzer in Innenbereich mit zeitweiligem Holzfeuchtigkeitsanstieg > 20% Hölzer im Außenbereich unter Dach, ohne Erdkontakt	2	Holzverblauung von Bedeutung	+	+
		Holzverblauung ohne Bedeutung	–	+
Hölzer im Außenbereich mit direkter Sonnen- und Regenbelastung ohne Erdkontakt	3	Holzverblauung von Bedeutung	+	+[2]
		Holzverblauung ohne Bedeutung[1]	–	+

+ biologische Wirksamkeit erforderlich
– biologische Wirksamkeit nicht erforderlich
1) Schindel, Unterkonstruktion usw.
2) bei Fenstern kann auf Insektenschutz verzichtet werden

Anstrichgruppen für Fenster und Außentüren (ift)

Die Anstrichgruppen richten sich nach der Holzart, dem Einsatzort und der zu erwartenden Witterung. Empfohlen wird ein dreischichtiger Aufbau.
Schicht 0:   Imprägnierung mit Holzschutzmitteln   –   Schicht 1:   Grundierung ⇒ Zwischenschliff
Schicht 2:   Zwischenbehandlung ⇒ Zwischenschliff
Schicht 3:   Endbeschichtung (oft porenfüllende Eigenschaften)
Das Splintholz im Bereich der Gebrauchsklasse 3, insbesonderen Kiefern-Splintholz ist zu vermeiden. Bei einigen Anstrichsystemen werden mit Tauchen/Fluten die Schichten 1 und 2 in einem Arbeitsgang aufgebracht.

Mindestschichtdicken

Rahmenflächen	Schichtdicke lasierende Beschichtung	Schichtdicke deckende Beschichtung
außen, Wetterseite	80 µ	100 µ
innen, Raumseite	80 µ	100 µ
vom Mauerwerk verdeckter Blendrahmen	50 µ	50 µ
nicht zugängliche Rahmenteile (Glasfalz)	30 µ	30 µ

Der Auftrag der Beschichtung erfolgt durch Tauchen, Fluten, Spritzen oder Streichen. Durch den Pinselauftrag lässt sich in der Regel nicht die gewünschte Schichtdicke erreichen. Bei Fenstern mit einer V-Fuge ist der Hirnholzteil zusätzlich gegen eindringendes Wasser zu schützen.

5

5.3 Fenster

Anstrichgruppen für Fenster und Außentüren

Oberflächenschutz			Lasuranstrich			Deckender Anstrich		
Holzartengruppe			I	II	III	I	II	III
Beanspruchung	Farbton							
Außenraumklima (indirekte Bewitterung)	ohne Einschränkung	1	A	A	A	C	C	C
Freiluftklima bei normaler direkter Bewitterung	hell	2	/	/	/	C	C	C
	mittel	3	B	B	B	C	C	C
	dunkel	4	B	B	B	C	C	C
Freiluftklima bei extremer direkter Bewitterung	hell	5	/	/	/	C	C	C
	mittel	5	/	B	B	C	C	C
	dunkel	5	/	B	B	/	C	C

E Erstanstrich   R Renovierungsanstrich   RÜ Überholungsanstrich   RE Erneuerungsanstrich

Ergibt sich eines Anstrichgruppe in einem weißen Feld, so gelten die Empfehlungen mit der Einschränkung, dass durch Harzfluss und/oder Rissbildungen im Holz und in den Rahmenverbindungen eine Beeinträchtigung der Oberfläche und des Anstriches auftreten kann (siehe hierzu auch DIN 68360 Teil 1).

Holzartgruppen: Gruppe I: Harzreiche Nadelhölzer; Kiefer, Pitche, Oine usw.
Gruppe II: Harzarme Hölzer: Redwood, Fichte usw.
Gruppe III: Laubhölzer: Eiche, Sipo usw.

Die Tabelle „Anstrichgruppen" wird vom ift (Institut für Fenstertechnik, Rosenheim) nicht mehr veröffentlicht. Viele Farben- und Lackhersteller beziehen sich jedoch bei der Beschreibung ihrer Produkte auf diese Tabelle.

A, B, C Anstrichsysteme: Die Zuordnung der Anstrichsysteme zu den Anstrichgruppen wird vom Hersteller in eigener Verantwortung übernommen.

Ablesebeispiel: B 3-4 II-III E
B   Anstrichgruppe
3-4   Farbton mittel bis dunkel für normale Bewitterung
II-III   Holzartgruppen, geeignet für harzarme Hölzer und Laubhölzer
E   Erstanstrich

Klassifizierung der Beschichtungssysteme in Hinsicht auf zu erwartende Renovierungsintervalle

Oberflächenschutz		Lasierender Anstrich		Deckender Anstrich	
Holzarten		Nadelhölzer[1]	Laubhölzer	Nadelhölzer[1]	Laubhölzer
Beanspruchung	Farbton				
indirekte Bewitterung	ohne Einschränkung	6 Jahre	6 Jahre und mehr	6 Jahre und mehr	6 Jahre und mehr
normale direkte Bewitterung	hell	nicht geeignet	nicht geeignet	5 Jahre	6 Jahre
	mittel	3 Jahre	4 Jahre	5 Jahre	6 Jahre
	dunkel	3 Jahre	4 Jahre	5 Jahre	6 Jahre
extreme direkte Bewitterung	hell	nicht geeignet	nicht geeignet	5 Jahre	6 Jahre
	mittel	2 Jahre	3 Jahre	4 Jahre	5 Jahre
	dunkel	2 Jahre	3 Jahre	4 Jahre	5 Jahre

[1] Die in der Tabelle angegebenen Intervalle sind Anhaltswerte bei einer normalen Belastung in der jeweiligen Beanspruchungskategorie.

5

5.3 Fenster

5.3.11 Verglasung

Verglasung ist der zusammenfassende Begriff für die Verglasungseinheiten, den aufnehmenden Rahmen mit den Glasfalzen, den Beanspruchungsgruppen, den Dichtstoffen und den Verglasungssystemen.

Glasfalze nach DIN 18545

Glasfalze richten sich in ihrer Größe nach der Art und der Größe der Verglasungseinheit. Es wird unterschieden in Einfachglas und Mehrscheiben-Isolierglas.

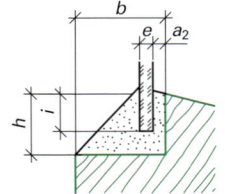

Verglasung
ohne Glashalteleiste

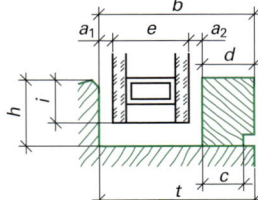

Verglasung
mit Glashalteleiste

a_1 Dicke der äußeren Dichtstoffvorlage
a_2 Dicke der inneren Dichtstoffvorlage
b Glasfalzbreite
c Auflagebreite der Glashalteleiste
d Breite der Glashalteleiste
e Dicke der Verglasungseinheit
i Glaseinstand
h Glasfalzhöhe
t Gesamtfalzbreite

Glasfalzhöhe h

Verglasungs-einheit lange Seite in mm	Glasfalzhöhe h mind. Einfach-glas mm	Glasfalzhöhe h mind. Mehrscheiben-Isolierglas mm
< 1000	10	18
< 3500	12	18
> 3500	15	20

Glaseinstand i

	Tiefe
Standart	2/3 h
höchstens	20 mm
Sprosse (MIG)	11 mm

Auflagenbreite c

Befestigungs-art	Auflagebreite mind. in mm
genagelt	14
geschraubt (vorgebohrt)	12

Befestigung der Glashalteleiste

	Abstand in mm
von der Ecke	> 50 ... < 100
von einander	< 350

Mindestdicken der Dichtstoffvorlagen bei ebenen Verglasungseinheiten in mm

Längere Seite der Verglasungs-einheit	Werkstoff des Rahmens Holz	Werkstoff des Rahmens Kunststoff hell/dunkel
< 1500	3	4
< 2000	3	5
< 2500	4	5/6
< 2750	4	–
< 3000	4	–
< 4000	5	–

Nicht angegebene Werte sind im Einzelfall mit dem Dichtstoffhersteller zu vereinbaren.

Beanspruchungsgruppe

Beanspruchungsgruppen zur Verglasung von Fenstern richten sich nach der höchsten einzelnen Eingangsgröße und sind Mindestforderungen.
Die Eingangsgrößen ergeben sich aus den zu erwartenden Beanspruchungen.

Zuordnung der Eingangsgrößen (Erläuterung)

Beanspruchung Art	Gruppe	Beschreibung
Bedienung	1	Festverglasung, Drehfenster, Drehkippfenster
	3	Schwingfenster, Hebefenster u.a.
Umgebungseinwirkung raumseitig	4	mechanische Beschädigung, Feuchträume (nicht Bad oder Küchen in Wohnungen), Blumenfenster, Räume mit Klimaanlagen
	5	wie vor, jedoch mit ausgefülltem Falzraum
Scheibengröße	1	Einfachverglasung, Kantenlänge bis 0,80 m
	3	Verglasung mit Glashalteleiste, Rahmenmaterial, Kantenlänge, Dichtstoffvorlage (Wetterseite) und Farbton siehe Tabelle
	4	wie vor
	5	wie vor

Belastung der Glasauflage

Eine Zuordnung der Belastung der Glasauflage durch Scheibengröße und Gebäudehöhe zu einer Beanspruchungsgruppe erfolgt nicht. Die Belastungsgrößen dienen zur Wahl des Vorlegebandes und zur Information für das Herstellen von Verglasungssystemen und den Gläsern.

5

5.3 Fenster

Beanspruchungsgruppen zur Verglasung von Fenstern

Beanspruchungsgruppen	1	2	3	4	5
Verglasungssysteme nach DIN 18545 Teil 3					
Schematische Darstellung					
Kurzzeichen	Va 1	Va 2	Va 3 / Vf 3	Va 4 / Vf 4	Va 5 / Vf 5

Beanspruchung aus

Bedienung — Zuordnung über die Öffnungsart:
- Festverglasung, Drehfenster, Drehkippfenster
- Schwingfenster, Hebefenster und Fenster mit vergleichbarer Beanspruchung

Umgebungseinwirkung — Zuordnung über Einwirkung von der Raumseite:
- Feuchtigkeit
- Mechanische Beschädigung

Scheibengröße — Zuordnung über Rahmenmaterial, Kantenlänge und Dichtstoffvorlage

Rahmenmaterial	Dichtstoffvorlage	Farbton	2	3	4	5
Aluminium / Aluminium-Holz / Stahl	3 mm	hell		Kantenlänge bis 0,80 m	bis 1,00 m	bis 1,50 m
	3 mm	dunkel		bis 0,80 m	bis 1,00 m	bis 1,50 m
	4 mm	hell		bis 1,50 m	bis 2,00 m	bis 2,50 m
	4 mm	dunkel		bis 1,25 m	bis 1,50 m	bis 2,00 m
	5 mm	hell		bis 1,75 m	bis 2,25 m	bis 3,00 m
	5 mm	dunkel		bis 1,50 m	bis 2,00 m	bis 2,75 m
Holz	3 mm		Kantenlänge bis 0,80 m	bis 1,50 m	bis 1,75 m	bis 2,00 m
	4 mm		bis 1,00 m	bis 1,75 m	bis 2,50 m	bis 3,00 m
	5 mm			bis 2,00 m	bis 3,00 m	bis 4,00 m
Kunststoff	4 mm	hell		Kantenlänge bis 0,80 m	bis 1,00 m	bis 1,50 m
	4 mm	dunkel		bis 0,80 m	bis 1,00 m	bis 1,50 m
	5 mm	hell		bis 1,50 m	bis 2,00 m	bis 2,50 m
	5 mm	dunkel		bis 1,25 m	bis 1,50 m	bis 2,00 m
	6 mm	dunkel		bis 1,50 m	bis 2,00 m	bis 2,50 m

Scheibengröße

Belastung der Glasauflage in Abhängigkeit der Gebäudehöhe

Gebäudehöhe	Lastannahme	Scheibengröße bis 0,5 m²	bis 0,8 m²	bis 1,8 m²	bis 6,0 m²	bis 9,0 m²
8 m	0,60 kN/m²	Belastung bis 0,16 N/mm	bis 0,22 N/mm	bis 0,35 N/mm	bis 0,70 N/mm	bis 0,90 N/mm
20 m	0,96 kN/m²	bis 0,25 N/mm	bis 0,35 N/mm	bis 0,55 N/mm	bis 1,10 N/mm	bis 1,40 N/mm
100 m	1,32 kN/m²	bis 0,35 N/mm	bis 0,50 N/mm	bis 0,75 N/mm	bis 1,50 N/mm	bis 1,90 N/mm

ift = Institut für Fenstertechnik e.V., Rosenheim, 04.83

5.3 Fenster

Dichtstoffe

Dichtstoffe sind für die Verglasung Fugendichtungsmassen, die im plastischen Zustand verarbeitet werden. Als Rohstoffe werden Acryl/Acrylat, Polyurethan, Polysulfid/Thiokol oder Silicon verwendet. Gemäß ihren Eigenschaften (DIN 18545) werden sie den Dichtstoffgruppen zugeordnet und mit dem entsprechenden Kennbuchstaben A, B, C, D oder E versehen, z.B. Dichtstoff DIN 18545-D.

Verglasungssysteme

Verglasungssystem ist der Oberbegriff für die Glasfalze, die Vorlegebänder, die Klötze, dem Einbau der Verglasungseinheiten und der Abdichtung zwischen der Verglasung und dem Rahmen. Sie werden nach den Beanspruchungsgruppen mit Hilfe der Tabelle ermittelt.

Es werden unterschieden :
- Verglasung mit freier Dichtstoffmasse   (Va1)
- Verglasung mit Glashalteleiste und ausgefülltem Falzraum (Va2 – Va5)
- Verglasung mit Glashalteleiste und dichtstofffreiem Falzraum (Vf3 – Vf5)

V	Verglasungssystem	1	Beanspruchungsgruppen für die Verglasung
a	ausgefüllter Falzraum	2 3	
f	dichtstofffreier Falzraum	4 5	

Verglasungssysteme (DIN 18545)

Beanspruchungsgruppe		1	2	3	4	5
		Verglasungssysteme mit ausgefülltem Falzraum (Va)				
Kurzzeichen		Va1	Va2	Va3	Va4	Va5
Werkstoffunabhängige, schematische Darstellung						
Dichtstoffgruppe nach DIN 18545	für Falzraum	A[1]	B	B	B	B
	für Versiegelung	–	–	C	D	E
		Verglasungssysteme mit dichtstofffreiem Falzraum (Vf)				
Kurzzeichen				Vf3	Vf4	Vf5
Werkstoffunabhängige, schematische Darstellung		nicht möglich	nicht möglich			
Dichtstoffgruppe nach DIN 18545	für Versiegelung			C	D	E

▨ Dichtstoff des Falzraumes	▨ Dichtstoff der Versiegelung	▥ Vorlegeband

Verglasungssystem DIN 18545 Vf4: Verglasungssystem mit dichtstofffreiem Falzraum für die Beanspruchungsgruppe 4, längste Kantenlänge < 3000 mm bei Holzfenstern

1) Für das Verglasungssystem Va1 dürfen auch Dichtstoffe der Gruppe B eingesetzt werden, wenn sie von dem Hersteller dafür empfohlen werden.

Dampfdruckausgleich und Entwässerung

Bei den Verglasungssystemen Vf3 bis Vf5 muss der Falzraum einen Dampfdruckausgleich und eine Entwässerung haben. Die Mindestabmessungen für die entsprechenden gratfreien Öffnungen sind Rundlöcher ⌀ 8 mm oder Schlitze 5 × 20 mm. Sie müssen die Feuchtigkeit zuverlässig nach außen abführen.

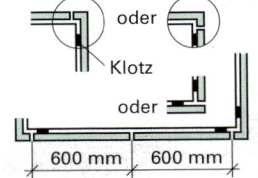

5.3 Fenster

Verglasung von Holzfenstern

Die neuen Fertigungstechniken und Materialien ermöglichen eine fachgerechte Verglasung ohne Vorlegeband. Es sind hierbei einige Grundsätze zu beachten um Schäden zu vermeiden.

Verglasung mit einseitig angebrachtem Vorlegeband

Vorlegeband an der Außenseite

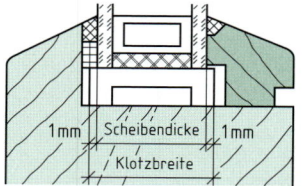

Dieses System kann wie die Systeme in der Tabelle ausgeführt werden.

Vorlegeband oder Dichtprofil an der Raumseite

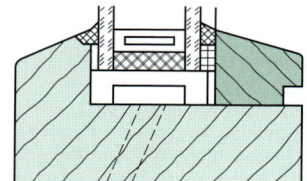

Diese Systeme sind wie die Systeme ohne Vorlegeband zu bewerten.

Verglasung ohne Vorlegeband

Verglasung ohne Vorlegeband kann nach dem System Vf mit geöffnetem Falzraum ausgeführt werden. Bei der Verwendung von Dichtprofilen muss gewährleistet sein, dass die mechanische Druckbelastung aufgenommen wird und die Scheibe gegen eine Lagenveränderung gesichert ist.
Die Auswahl der Dichtstoffe muss in Abstimmung mit dem Dichtstoffhersteller erfolgen. Eine Zuordnung der Dichtstoffe zu den Beanspruchungsgruppen (DIN 18545) ist nicht möglich.
Maßgebend ist die jeweils zur Zeit gültige Fassung.

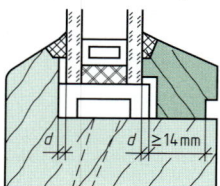
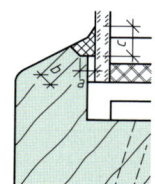
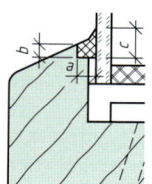

$a = 4$ mm
$b > 5$ mm
$c > 5$ mm
$2d = 2$ mm ... 2,5 mm

Ausführung A   Alternative zu Ausführung A

Verklotzung bei verschiedenen Fensteröffnungsarten

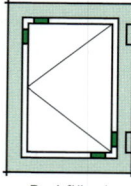
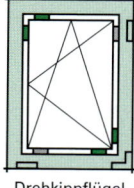

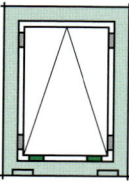
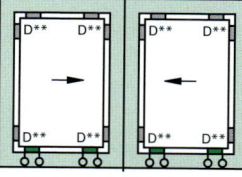

Drehflügel   Drehkippflügel   Festfeld   Kippflügel   Horizontal-Schiebefenster

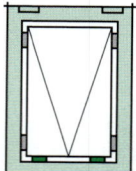
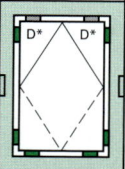
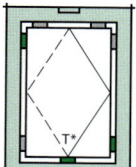
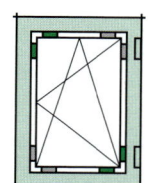

Klappflügel   Schwingflügel   Wendeflügel, mittig   Hebe-Drehkippflügel

■ T (Tragklotz)   ▬ D (Distanzklotz)

D*   werden bei umgeschwungenem Flügel zu Tragklötzen
D** Distanzklotz aus stoßdämpfendem Kunststoff
T*   bei über 1 m breiten Scheiben sollen 2 Tragklötze von mindestens 6 cm Länge so über dem Drehlager liegen, dass die Ränder gleichmäßig belastet werden.

5

276

Glasdickenempfehlung (vereinfacht)

Die benötigte Glasdicke kann aus den folgenden Diagrammen ermittelt werden.

Grundlage für die Berechnung ist die zulässige Biegespannung (Floatglas) 30 N/mm², die Windlast nach DIN 1055 T4 (03.2005). Wird die Glasscheibe höher als 10 m über dem Boden eingebaut, muss die ermittelte Glasdicke mit den entsprechenden Faktoren der Tabelle, z.B. Binnenland, multipliziert werden.

Ermittlung der Faktoren
(Binnenland Auswahl)

Windzone (s. Seite 251)	Höhe über dem Boden 10 m ... 18 m Faktor
1	1,3
2	1,6
3	1,9
4	2,3

Beispiel (vereinfacht)

Benötigt wird für eine Einfachverglasung in einem Gebäude in der Windzone 1 bis zu 15 m Höhe eine Glasscheibe mit einer Größe von 150 cm × 200 cm. Aus dem Schnittpunkt der Kurve 150 und der Geraden 200 ergibt sich eine Glasdicke von 2,5 mm. Dieser Wert muss mit dem Faktor 1,3 multipliziert werden. Die Scheibendicke beträgt 3,25 mm. Gewählt wird eine 4 mm dicke Scheibe.

Diagramm zur Ermittlung von Glasdicken bei einer Einscheiben Verglasung

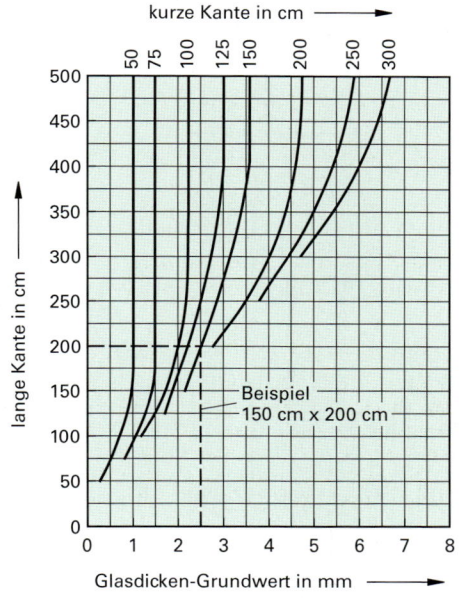

Diagramm zur Ermittlung der Glasdicken von Isolierglas unter Berücksichtigung des Kopplungseffektes bei vertikalem Einbau für die äußere und innere Glasscheibe. Die beiden unteren Tabellen gelten für eine normale Bauweise. Für einen anderen Einbau müssen die Faktoren der oberen Tabelle berücksichtigt werden.

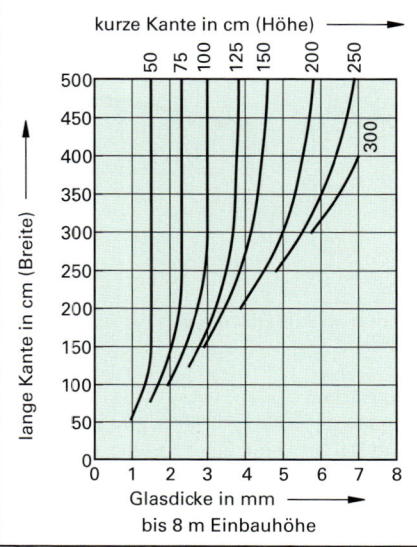

bis 8 m Einbauhöhe

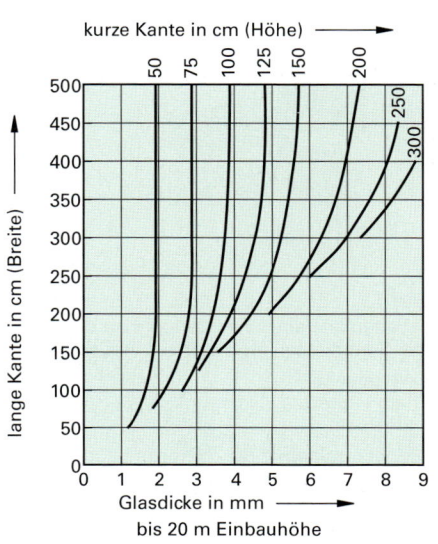

bis 20 m Einbauhöhe

5

5.3.12 Gebrauchsklassen für Holzfenster (DIN EN 335-1)

Die Fenster sind unterschiedlicher Witterung ausgesetzt. Darum müssen die einzelnen Bauteile unterschiedlich gegen Feuchtigkeit geschützt werden. Die Außenseite und besonders die waagerechten Flächen sind entsprechend zu behandeln.

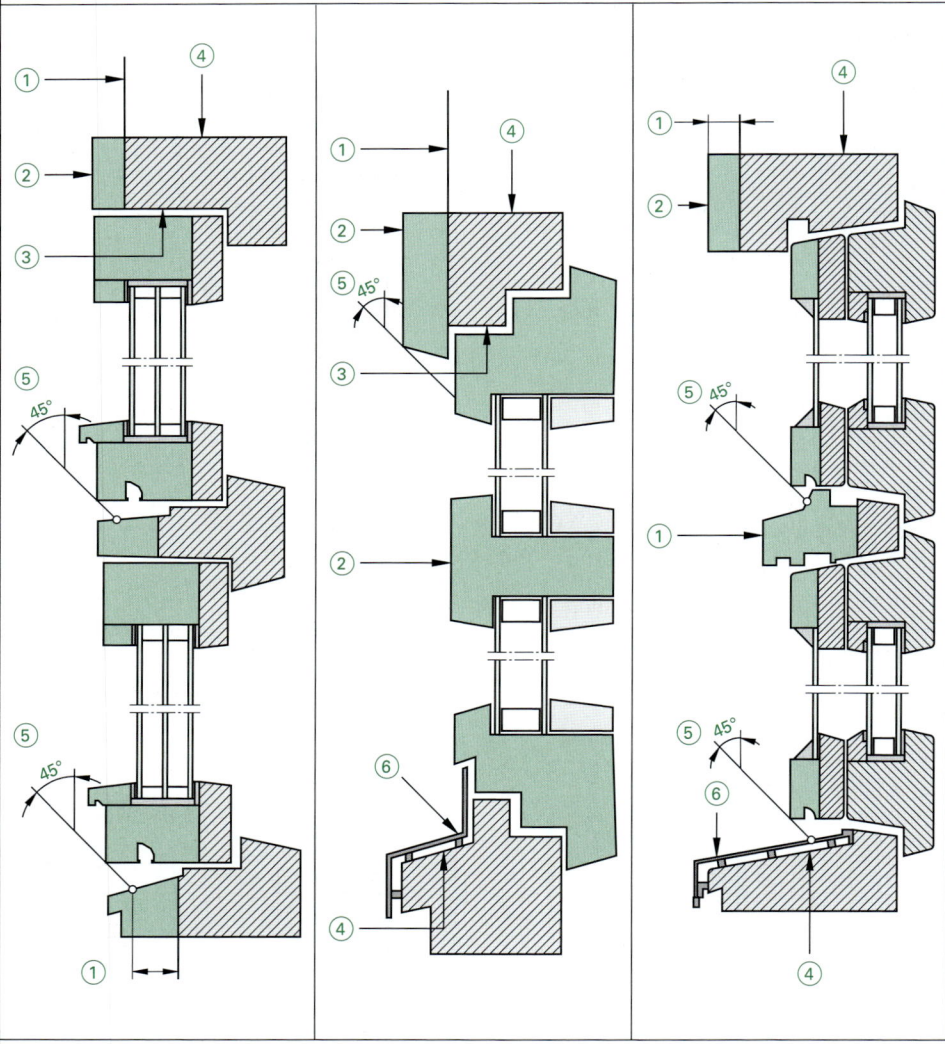

Zur Wetterseite eines Fensters gehört der Bereich von 15 mm ab Außenkante und der 45°-Punkt ab der Senkrechten für die etwas verdeckt liegenden Flächen.

1	Wetterseite	2	sichtbare Fläche
3	halb verdeckte Flächen	4	verdeckte Flächen
5	45°-Punkt	6	Bekleidungsprofil (Regenschiene usw.)

Für Fenster mit einer der Witterung ausgesetzten Seite sind Holzarten mit einer natürlichen Dauerhaftigkeit der Klasse 3 in der Regel ausreichend. Ebenso Holzarten mit einer natürlichen Dauerhaftigkeit der Klassen 1 oder 2. Bei Holzarten mit einer geringeren Dauerhaftigkeit muss ein entsprechender vorbeugender Holzschutz vorgenommen werden.

5.4　Innenausbau

5.4.1　Einbauschränke

Einbauschränke sind Bestandteile des Bauwerks. Details, mit denen sie sich von mobilen Schränken unterscheiden, sind Anschlüsse an das Bauwerk, Aufhängemöglichkeiten und Montagemöglichkeiten. Es werden Wandschränke und Schrankwände unterschieden.

Wandschränke bedecken eine den Raum begrenzende Wand nur zum Teil.

Schrankwände füllen eine den Raum begrenzende Wand ganz aus und können eine nichttragende Trennwand ersetzen.

Technische Regeln	Aufbausysteme
Türen und **Schubkästen** müssen leicht gangbar sein und dicht schließen.	① gesonderter Schrankkörper mit Frontrahmen, ② raumhohe Schrankelemente, ③ einzelne Kastenelemente, ④ Kastenelemente mit Tablaren in Tragseiten, ⑤ Einzelteile

Rückwände, Füllungen und eingeschobene **Böden** müssen folgende Mindestdicken aufweisen:
– aus Sperrholz 6 mm
– aus Holzspanplatten 8 mm

Schubkästenböden mit einer Fläche über 0,25 m² aus Sperrholz müssen eine Mindestdicke von 6 mm haben.

Fachböden dürfen sich unter Belastung maximal 1/250, liegen bewegliche Konstruktionsteile unter ihnen 1/300 ihrer Länge durchbiegen.

Luftzwischenraum von Schrankteilen und Raumwand mindestens 25 mm, Lüftungsöffnungen mindestens 25 cm²/m² Schrankfront

Einbaugeräte und **Beleuchtungen** mit Wärmeentwicklung mit mindestens 25 mm Luftzwischenraum montieren. Luftzirkulation muss gewährleistet sein.

Abstand von **Holzteilen zu Schornsteinen** mindestens 70 mm bzw. von Innenkante Rauchrohr 200 mm.

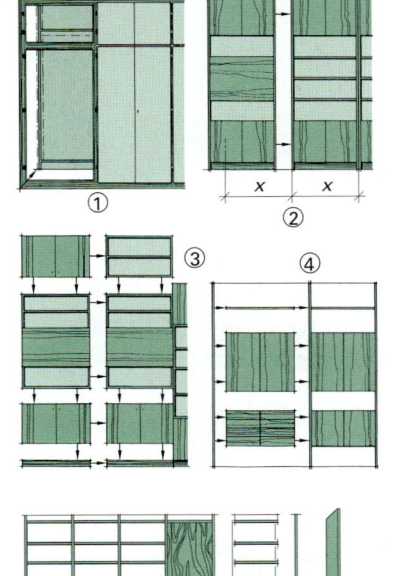

System 32

Für die rationelle Fertigung von Einbauschränken wird das 32-mm-Lochreihensystem oft angewandt.

X und Y = Mehrfaches von 32 mm

Höhe = $X + 2 \cdot B$ (mm)　　　　Tiefe = $Y + 2 \cdot 37$ (mm)

B entspricht der halben Bodenstärke

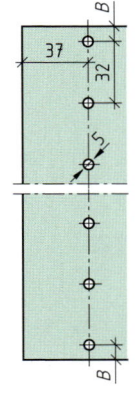
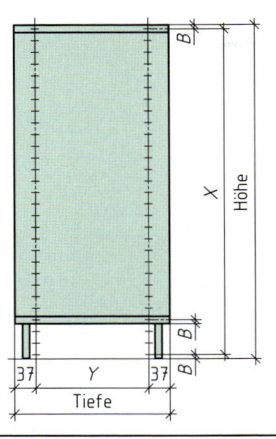

Wandanschlüsse (Beispiel)

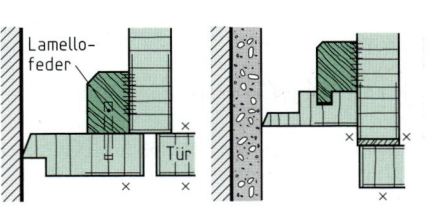

Lamellofeder

Tür

5.4 Innenausbau

5.4.2 Wände – Nichttragende Trennwände

Nach DIN 4103 sind dies Wände, die überwiegend durch ihr Eigengewicht beansprucht werden, aber auch Konsollasten und senkrecht auf ihre Fläche wirkende stoßartige und statische Belastungen aufnehmen können.

Arten:

nach Konstruktion	nach Flexibilität	nach technischer Anforderung
• Gerippewände • Elementwände • Raumtrenner	• fest eingebaut • demontierbar • versetzbar • beweglich	• schalldämmend • wärmedämmend • feuerhemmend

Rastersysteme bei Elementwänden

Achsrastersystem

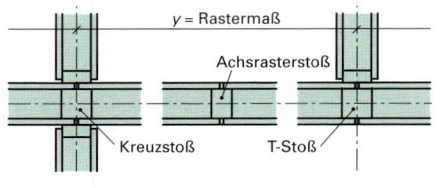

Bandrastersystem

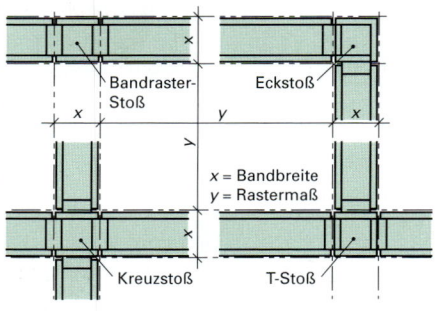

x = Bandbreite
y = Rastermaß

Anwendungsbereiche:

I) geringe Menschenansammlungen (Wohnungen)

II) große Menschenansammlungen (Versammlungsräume usw.)

Standsicherheit bei statischer und dynamischer Belastung

Streifenlast in 0,9 m Höhe		Konsollast in 1,65 m Höhe	Stoßbelastung	
			weich	hart
bei I	0,5 kN/m	0,4 kN/m bei Wandabstand < 0,30 m	50 kg bei v = 2,0 m/s	1,0 kg bei v = 4,47 m/s
bei II	1,0 kN/m			
bei Unterkonstruktion in Holzbauart entfallen Nachweise				

Mindestquerschnitte b/h in mm für Holzstiele bei Achsabstand a = 625 mm

Anwendungs- bereich	Wand- höhe H in mm	Beliebige Beplankung	Beidseitig Beplankung, verbunden
I	2600	60/60	40/40
	3100		40/60
	4100	60/80	40/80
II	2600		40/60
	3100	60/80	
	4100		40/80

Mindestdicken der Beplankung

a (mm)		1250/3	1250/2
Holzwerkstoffe			
• ohne Bekleidung	d (mm)	10	13
• mit Bekleidung	d (mm)	8	10
Gipskartonplatten	d (mm)	12,5	12,5

Nichttragende Trennwand

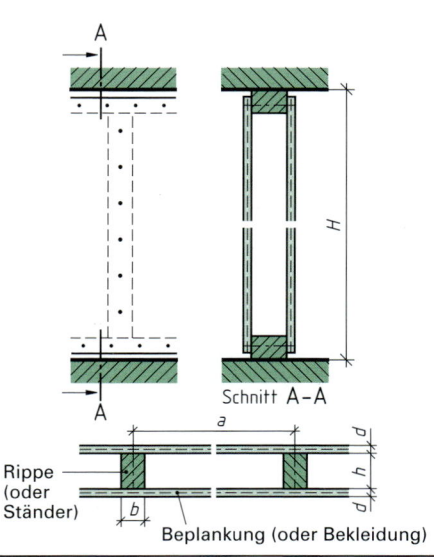

Schnitt A–A

Rippe (oder Ständer)

Beplankung (oder Bekleidung)

5.4 Innenausbau

5.4.3 Wandverkleidungen

Für das Bekleiden von Innenwänden liegen optische und technische Gründe vor.

Optische Gründe		Technische Gründe			
Raumeindrücke verändern	Raum erscheint wertvoller	Wärmedämmung verbessern	Verbesserung der Schalldämmung und der Raumakustik	Ausgleich von Unebenheiten Überdecken von Rissen, Fugen	Abdecken von Installationen

Arten

Verstäbung	Verbretterung	Rahmentäfelung	Plattentäfelung
Stabartig gegliederte Täfelung, meist Vollholzleisten	Schmale Bretter Profilbretter DIN 68126 Horizontaler oder vertikaler Fugenverlauf	Rahmen mit Füllungen aus beschichteten Holzwerkstoffen oder Vollholz eingefälzt oder eingenutet	(Paneelen DIN 68740) Beschichtete Holzwerkstoffe großflächige Gliederung
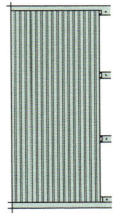	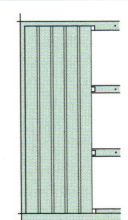		

Verwendete Werkstoffe: Vollholz und Holzwerkstoffe, furniert und beschichtet
Platten aus Kunststoffen, Metallen, Gips

Wände können raumhoch, bis zur Türhöhe oder brüstungshoch verkleidet sein

Unterkonstruktion

Latten, gehobelt	Querschnitt in mm 24/48 oder 30/50
Lattenabstand e_1 = 600 mm bis 800 mm Richtwert e_1 = 50 × Plattendicke	
Befestigungsabstand e_2 = 500 mm bis 600 mm	
Luftzwischenraum mindestens 20 mm bis 25 mm Luftzirkulation muss bei Feuchtigkeitsanfall gewährleistet sein, Lüftungsschlitze 20 cm²/m² Wandfläche	

Beispiel: Unterkonstruktion

für senkrechte Wandverkleidung

① Latten
② Schrauben
③ Befestigungsmittel
④ Verkleidung

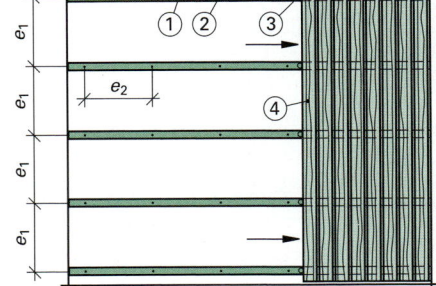

Befestigungsmittel

sichtbar	Nägel, Ziernägel, Schrauben ohne oder mit Zierkappen
unsichtbar	• in Nut nageln oder klammern • kleben • Einhängebeschläge, Nuthölzer

Klammern	Haken	Krallen

Wandverkleidung mit Wärmedämmung

① Verkleidung ④ Feder
② Dampfsperre ⑤ Fugenkralle
③ Dämmstoff ⑥ Lattung 24 mm/48 mm

5.4 Innenausbau

5.4.4 Deckenverkleidungen

Deckenverkleidungen werden aus gleichen Gründen wie Wandverkleidungen angebracht. Besonderheiten sind in DIN 18168 festgelegt. Ihr Geltungsbereich bezieht sich auf „Leichte Deckenbekleidungen und Unterdecken" mit einer Eigenlast bis 50 kg/m².

Arten

nach Unterkonstruktion

direkt am tragenden Bauteil befestigt	vom tragenden Bauteil abgehängt
Deckenbekleidungen	**Unterdecken**

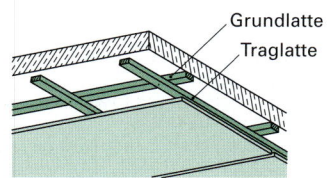
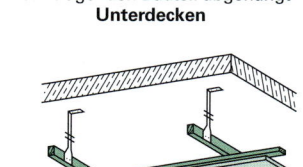

Grundlatte
Traglatte

nach Konstruktion der Decklage

Balkendecke	Bretterdecken	Plattendecken	Kassettendecken	Sonderdecken

nach technischen Anforderungen (zusätzlich zu Wandverkleidungen)

Akustikdecken	Lichtdecken	Lüftungsdecken

Tragende Teile (Verankerungselemente, Abhänger, Unterkonstruktion, Verbindungselemente) müssen fest und sicher sein. Zulässige Verformung und Tragkraft dieser Teile darf nicht überschritten werden. Bei Ausfall von einem tragenden Teil darf kein fortlaufender Einsturz der Decke erfolgen.

Holz-Unterkonstruktion
(Teile, die die Decklage tragen)

Holz entsprechend der Güteklasse II, DIN 4074 vollkantig, Feuchtigkeitsgehalt nach Baubedingungen maximal 20 %

Latten müssen an jedem Kreuzungspunkt mit zugelassenen Verbindungselementen verbunden werden, es darf je Punkt eine Schraube verwendet werden, Einschraubtiefe > 5 × Schraubenschaftdurchmesser, jedoch mindestens 24 mm

Holz-Abhänger müssen mindestens einen Querschnitt von 10 cm² und eine Dicke von 20 mm haben

Mindestquerschnitte und Stützweiten

	Breite	Dicke	Stütz-weite
	mm	mm	mm
Traglattung	48	24	650
	50	30	800
Grundlattung: direkt	60	40	1100
(abgehängt) indirekt	40	60	1400

Beispiel: Unterkonstruktion

Direkt

Distanzklötze
600...800
Lattung 50/30, 60/40
800...1000
≈ 150

Abgehängt

Schlitzbandabhänger
Grundlattung 40/60
< 1400
< 800
Lattung 50/30
650...800
≈ 150

Akustikdecken sind schallschluckend. Gute Schallabsorption wird erreicht, wenn die Verkleidung mindestens 20 cm abgehängt wird.

Beispiel: Decke mit Profilbrettern Akustikbretter DIN 68112

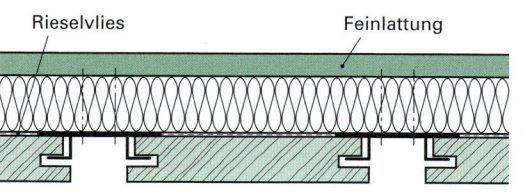

Rieselvlies   Feinlattung

5.4　Innenausbau

5.4.5 Holzfußböden

Holzfußböden werden bei Betondecken auf Lagerhölzer, auf Holzbalkendecken oder auf alte Fußbodenbeläge verlegt. Sie können direkt befestigt oder schwimmend aufgebracht werden. Gegen aufsteigende Bodenfeuchtigkeit ist zu sperren.

Fußbodenarten

Art	Beschreibung	Verlegebeispiele, Technische Daten
Dielen-Fußboden	Gespundete Bretter, einseitig gehobelt meist aus Fichten- oder Kiefernholz auf Deckenbalken und Kanthölzer genagelt oder geschraubt	
Riemen-Fußboden	Gehobelte Bretter, etwa 100 mm breit Langriemen (Raumlänge), gespundet Kurzriemen, meist ringsum genutet, werden im Schiffsverband verlegt, verdeckt an Feder genagelt	 Holzfußboden auf Lagerhölzern
Trocken-Unterböden	Verlegeplatten, P5 (evtl. mit Pilzschutz) gespundet oder genutet 1. Verlegen auf Lagerhölzer oder Deckenplatten, Plattendicken 13 bis 25 mm, geschraubt, zulässige Stützweiten festgelegt nach DIN 68771, Tabelle 1 2. Vollflächig schwimmende Verlegung auf einer Zwischenschicht (elastische Dämmschicht) 3. Abdecken und Ausgleichen von vorhandenen Holzfußböden, Plattendicke in der Regel 10 mm ausreichend	
Parkett (Arten siehe Kapitel 2.8)	 Fischgrätparkett　　Würfelparkett　　Flechtmuster (Kurzstäbe)　　Schiffsverband	
Holzpflaster	Holzklötze, Hirnholz ist Lauffläche RE-V　für Wohnbereich, öffentliche Räume RE-W　für Werkräume GE　　für gewerbliche Zwecke	
Dielen mit Kunststoffoberfläche	Dielen mit MDF-Kern und Kunststoff-Laminat-Oberfläche, verschleißfest und unempfindlich, verschiedene Dekore	Handelsmaße:　Länge　128,0 cm 　　　　　　　　Breite　 19,5 cm 　　　　　　　　Stärke　 6,4 mm

5

283

5.5 Treppen

Treppen dienen der Überwindung von Höhenunterschieden. Die Treppe muss beim Begehen sicher und bequem sein. Die DIN 18065-01/2000 gilt für Treppen in und an Gebäuden, ausgenommen sind Treppen für die besondere Verordnungen oder Richtlinien bestehen; wie z.B. für Krankenhäuser, Geschäftshäuser, Gaststätten, Schulbauten, Hochhäuser, usw. Treppen werden nach Arten und Konstruktion unterschieden.

5.5.1 Treppenarten

Treppenarten nach Form der Läufe (Lauflinie)

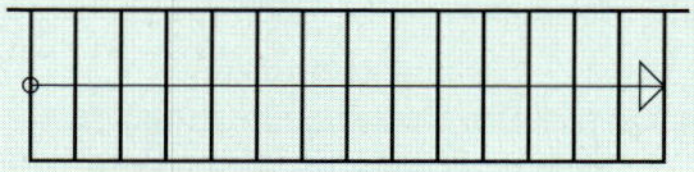

einläufige gerade Treppe

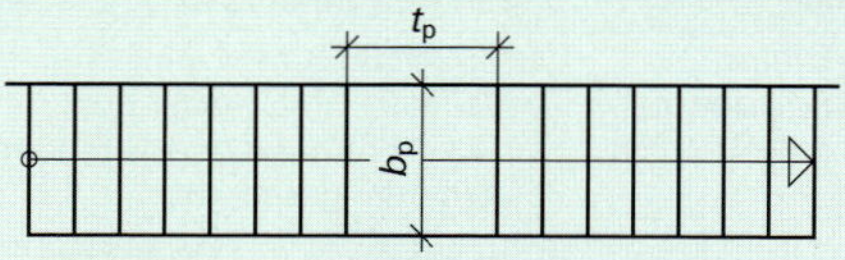

zweiläufige gerade Treppe mit Podest

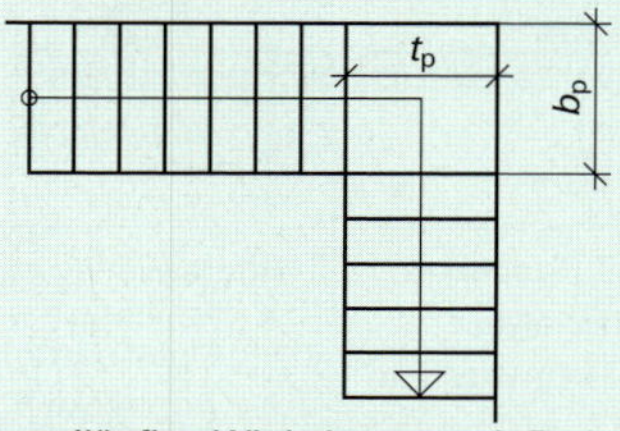

zweiläufige Winkeltreppe mit Podest

- $\rightarrow$ Lauflinie
- $\rightarrow$ Antritt
- $\rightarrow$ Austritt
- t_p Podesttiefe
- b_p Podestbreite

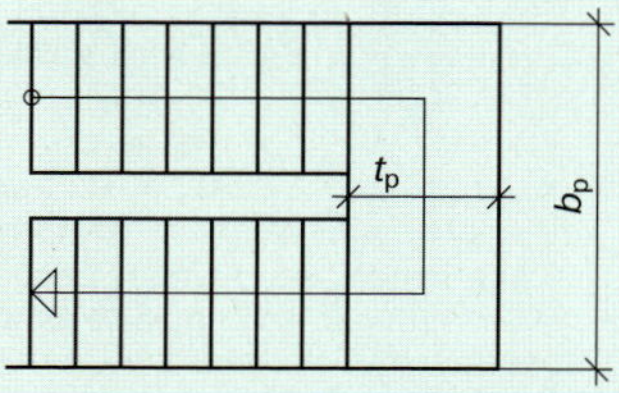

zweiläufige Treppe mit Zwischenpodest

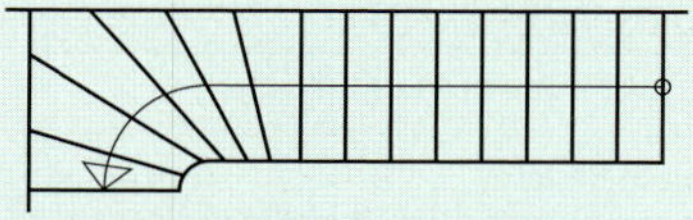

einläufige Treppe viertelgewendelt

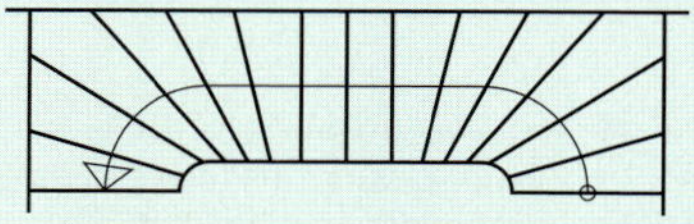

einläufige Treppe, An- und Austritt einviertelgewendelt

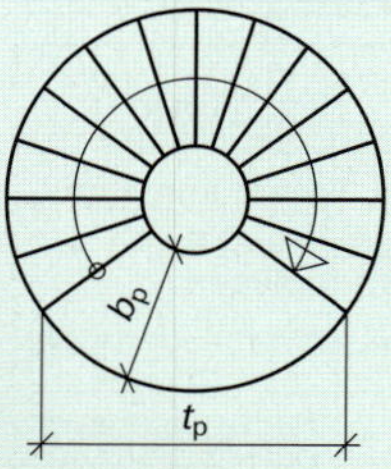

einläufige Wendeltreppe mit Treppenauge

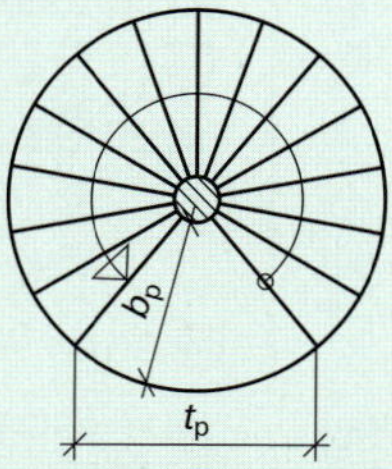

einläufige Wendeltreppe (Spindeltreppe)

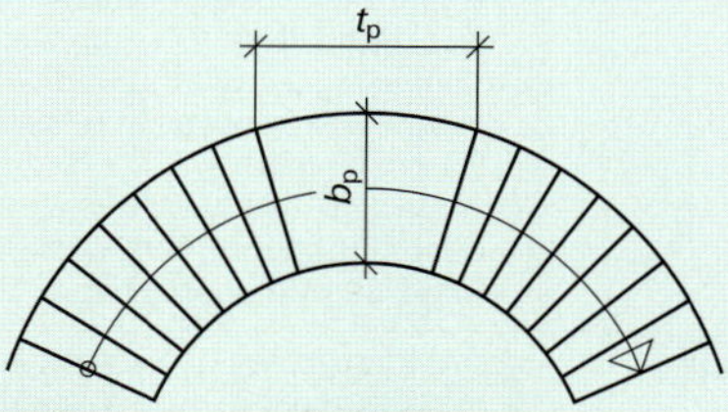

einläufige gewundene Treppe

Konstruktion der Treppen

Hauptsächlichste Unterscheidungsmerkmale bezüglich der Art und der Ausbildung von Stufenauflage bzw. Einbau.

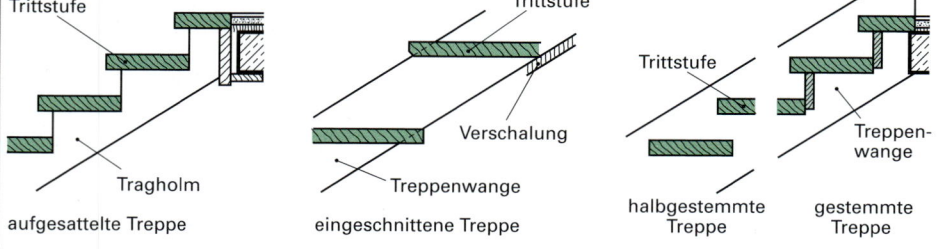

aufgesattelte Treppe   eingeschnittene Treppe   halbgestemmte Treppe   gestemmte Treppe

Trittstufe, Tragholm, Trittstufe, Verschalung, Treppenwange, Trittstufe, Treppenwange

5

5.5.2 Maßbegriffe und Bezeichnungen

Treppenlauf	mindestens drei Treppenstufen hintereinander
Lauflinie	gedachte Linie, die den üblichen Laufweg angibt
Lauflänge	Grundrissmaß der Lauflinie von der Vorderkante Antrittstufe bis Vorderkante Austrittstufe
Laufbreite	Grundrißmaß der Konstruktionsbreite
Nutzbare Laufbreite	lichtes Fertigmaß zwischen Wand und gebrauchsfertiger Innenkante Handlauf bzw. beidseitigen Handläufen

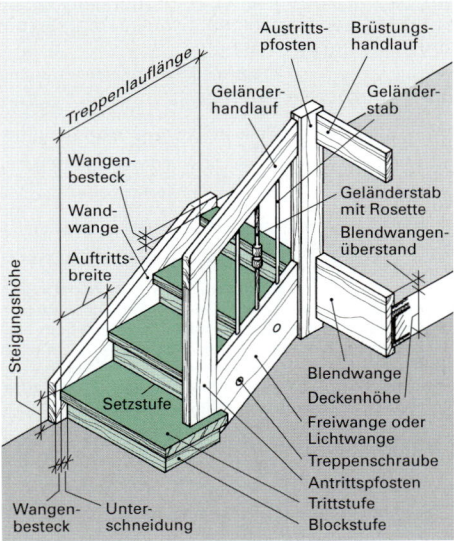

Bezeichnung von Treppenteilen

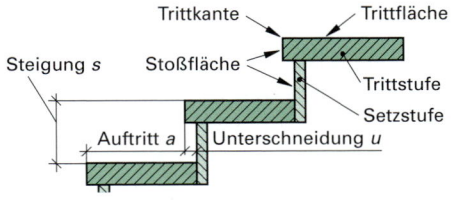

Bezeichnung an Stufen

Toleranzen für Stufen und Steigungen

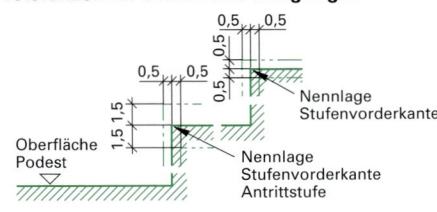

Das Istmaß von Steigung s und Auftritt a innerhalb eines fertigen Treppenlaufes darf gegenüber dem Nennmaß um nicht mehr als 0,5 cm abweichen. Für vorgefertigte Treppen in Gebäuden mit nicht mehr als zwei Wohnungen darf das Istmaß der Steigung der Antrittstufe höchstens 1,5 cm vom Nennmaß abweichen.

Stufengröße

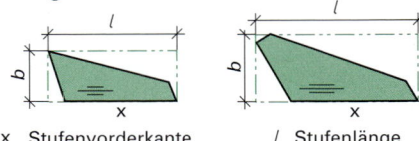

x Stufenvorderkante   l Stufenlänge
= Faserverlauf   b Stufenbreite

Stufenlänge und Stufenbreite ist das Maß des kleinstumschriebenen Rechteckes, das der Stufenvorderkante bezogen auf die Einbaulage anliegt.

① lichte Treppendurchgangshöhe
② tatsächliche Treppendurchgangshöhe (abwärtsgehend)

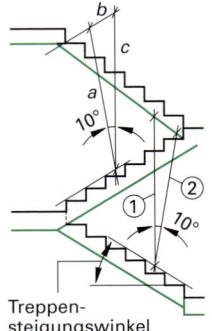

Treppendurchgangshöhen (abwärtsgehend) in cm		
Treppensteigungswinkel	lichte Treppendurchgangshöhe	
	200	210	220
30°	184	194	203
35°	181	190	199
40°	177	186	195
45°	173	181	190
50°	168	176	185

Durchgangshöhen   Berechnung: $a = c \cdot \dfrac{\sin \alpha}{\sin \gamma}$

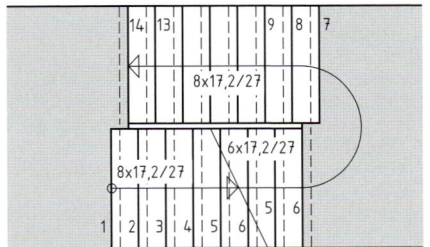

Grundriss und Lauflinie bei 2 Etagen

5

5.5 Treppen

5.5.3 Maßliche Anforderungen

Maßlich Anforderungen (DIN 18 065) Maße in cm

Gebäudeart	Treppenart	Treppen-laufbreite	Steigung $s^{2)}$	Auftritt $a^{3)}$
Wohngebäude mit mehr als zwei Wohnungen[1]	Treppen, die zu Aufenthaltsräumen führen	≥ 80	≤ 20	≥ 23[4]
	Kellertreppen, die nicht zu Aufenthaltsräumen führen	≥ 80	≤ 21	≥ 21[5]
	Bodentreppen, die nicht zu Aufenthaltsräumen führen	≥ 50	≤ 21	≥ 21[5]
Sonstige Gebäude	Baurechtlich notwendige Treppen	≥ 100	≤ 19	≥ 26
Alle Gebäude	Baurechtlich nicht notwendige (zusätzliche) Treppen	≥ 50	≤ 21	≥ 21

[1] schließt auch Maisonette-Wohnungen in Gebäuden mit mehr als zwei Wohnungen ein.
[2] aber nicht < 14 cm ⎫ Festlegung des Steigungsverhältnisses s/a
[3] aber nicht > 37 cm ⎭
[4] Bei Stufen, deren Treppenauftritt a unter 26 cm liegt, muss die Unterschneidung u mindestens so groß sein dass insgesamt 26 cm Trittfläche ($a + u$) erreicht werden
[5] Bei Stufen, deren Treppenauftritt a unter 24 cm liegt, muss die Unterschneidung u mindestens so groß sein, dass insgesamt 24 cm Trittfläche ($a + u$) erreicht werden.

Die Treppengeländerhöhe ist in der Landesbauordnung und im Arbeitsschutzrecht festgelegt. Der lichte Abstand von Geländerteilen darf in einer Richtung 12 cm nicht überschreiten ▶ S. 289.

Treppen-Lichtraumprofil, Maße und Benennung (DIN 18065)

Gehbereiche, Lauflinie

Die lichte Treppendurchgangshöhe richtet sich nach der Landesbauordnung bzw. der DIN.
Bei nutzbaren Laufbreiten bis 100 cm hat der Gehbereich eine Breite von 2/10 der Laufbreite und liegt im Mittelbereich der Treppen, Krümmungsradien der Begrenzungslinien des Gehbereiches müssen mindestens 30 cm betragen.
Bei Laufbreiten über 100 cm (außer Spindeltreppen) beträgt die Breite des Gehbereiches 20 cm. Der Abstand des Gehbereiches von der inneren Begrenzung der Laufbreite beträgt 40 cm. Der Auftritt ist in der Lauflinie zu messen. Im Krümmungsbereich der Lauflinie ist der Auftritt gleich der Sehne, die sich durch die Schnittpunkte der gekrümmten Lauflinie mit den Stufenvorderkanten ergibt.
Die Lauflinie kann vom Planer bei Treppen mit gewendelten Läufen frei innerhalb des Gehbereiches gewählt werden. Sie ist stetig und hat keine Knickpunkte. Ihre Richtung entspricht der Laufrichtung der Treppe.
Krümmungsradien der Lauflinie müssen mindestens 30 cm betragen. Nach höchstens 18 Stufen soll ein Zwischenpodest angeplant werden.

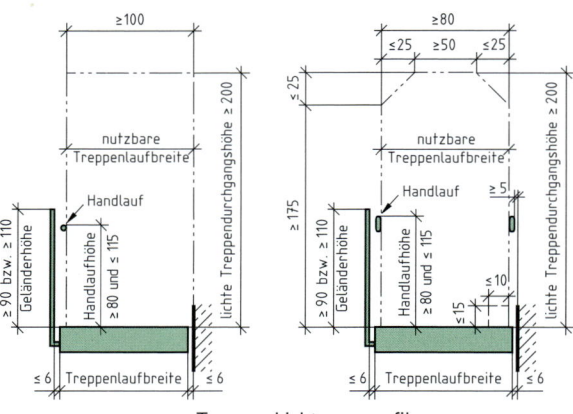

Treppen-Lichtraumprofil

Nutzbare Treppenlaufbreite — Nutzbare Treppenlaufbreite

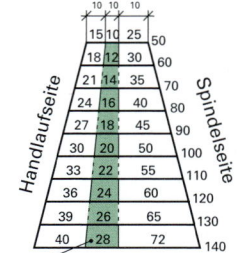

Gehbereich

Diagramm des Gehbereichs für gewendelte Treppen, sowie für Treppen, die aus gewendelten und geraden Treppenteilen bestehen.

Gehbereich

Diagramm des Gehbereichs für Spindeltreppen

5.5 Treppen

Steigungsverhältnisse

Steigungsverhältnisse bestimmen das Verhältnis zwischen Steigung **s** (Tritthöhe) und Auftritt **a** (Trittlänge). Das Steigungsverhältnis **s/a** wird von der Schrittlänge in der Horizontalen und von der Steigungsmöglichkeit in der Vertikalen abgeleitet. Die Schrittlänge beträgt im Mittel 63 cm, die Steigungshöhe 31 cm. Daraus leitet sich die sogenannte Schrittmaßregel ab.

Schrittmaßregel:	**2 Steigungen + 1 Auftritt**	**= 59 cm … 65 cm üblich 63 cm**
Sicherheitsregel:	**1 Steigung + 1 Auftritt**	**= 46 cm**
Bequemlichkeitsregel:	**1 Auftritt – 1 Steigung**	**= 12 cm**

Das günstigste Steigungsverhältnis entspricht einer Neigung von ca. 30° bis 37° mit einem Verhältnis s/a = 17/29 cm. Sie berücksichtigt alle drei Regeln.

Beispiel: Geschosshöhe 273 cm;   Grundmaß 428 cm

Steigung   Höhe : Steigung   = 273 cm : 17 cm = 16,05 gewählt 16 Steigungen
Steigungshöhe   Höhe : Steigungen   = 273 cm : 16 = 17,25 cm
Bei 16 Steigungen ergeben sich 15 Auftritte.

Auftrittbreite   Grundmaß : Auftritte = 428 cm : 15 = 28,53 cm
Kontrolle: $2 \times$ 17,25 cm + 28,53 cm = 63,03 cm
                    17,25 cm + 28,53 cm = 45,78 cm   28,53 cm – 17,25 cm = 11,28 cm

Die Treppe erfüllt alle in sie gestellten Erwartungen.

Geometrische Verfahren zur Bestimmung von Steigungs- und Schrittlängenverhältnissen

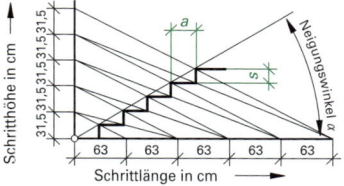

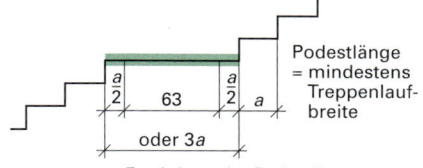

Zeichnerische Ermittlung des Steigungsverhältnisses mit Hilfe des Neigungswinkels

Ermittlung der Podestlänge

Bemessungstabellen

5

Trittstufen für Wangen- und aufgesattelte Treppen

Treppenstufen ohne Setzstufen sind nach DIN 1055 für eine Einzellast F = 1,5 kN zu bemessen. Die rechnerische Durchbiegung darf $1/300 \cdot l_s$ nicht überschreiten. Der Dimensionierung liegen die zulässigen Materialkennwerte DIN 1052 zugrunde.

Stützweiten bei Treppenstufen

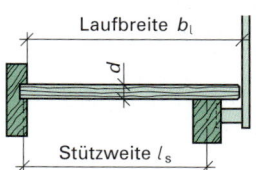

Dicke von Trittstufen für Wangentreppen und aufgesattelten Treppen

Werkstoffart	Stufendicke d in mm										
Vollholz und Holzwerkstoffe	Stützweite l_s in mm	800		900		1000		1100		1200	
mit Decklagen	Stufenbreite a in mm	240	300	240	300	240	300	240	300	240	300
Nadelholz Gütekl. DIN 4074	Mindestdicke	32	30	35	32	37	35	40	37	42	39
z.B. Fichte, Kiefer, Lärche, Tanne	empfohlene Dicke	40	40	45	45	45	45	50	50	55	55
Eiche, Buche mittlere Güte	Mindestdicke	30	28	32	30	35	32	37	34	39	37
(Hartholz)	empfohlene Dicke	40	40	45	45	45	45	50	50	55	55
Bau-Furnierplatten	Mindestdicke	36	34	39	36	42	39	45	42	48	44
(DIN 68705)	empfohlene Dicke	40	40	45	45	45	45	50	50	55	55
Verbundstufen	Decklage je	4	4	4	4	5	5	6	6	8	8
BFU/BST/BFU	Gesamtdicke	46	46	46	46	48	48	50	50	54	54
Verbundstufen	Decklage je	2	–	3	2	4	3	5	4	6	5
FU/BST/FU (FU=Hartholzfurnier)	Gesamtdicke	48	44	50	48	52	50	54	52	56	54
Verbundstufen	Decklage je	4	4	5	4	6	5	8	6	10	8
BFU/P2/BFU	Gesamtdicke	46	46	48	46	50	48	54	50	58	54
Verbundstufen	Decklage je	10	8	13	10	16	13	16	16	19	16
P2	Gesamtdicke	58	54	64	58	70	64	70	70	76	70

5.5 Treppen

Treppenwangen für gestemmte und halbgestemmte Treppen

Die nebenstehende Tabelle enthält Wangenmindestquerschnitte für Treppenlaufbreiten bis 1,20 m und für Geschosshöhen bis 3,00 m. Die Dimensionierung erfolgt für Nadelholz S 10 nach DIN 4074, die Durchbiegung der Wangen wurde mit $l_s \cdot 1/300$ begrenzt. Bei der Verwendung brettschichtverleimter Wangen oder Wangen aus Hartholz sind die Tabellenwerte höher als erforderlich.

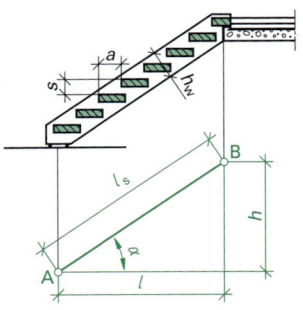

Wangenhöhe h_w in cm für gerade Treppen bis 1,20 m Laufbreite

Stützweite l in m	Wangenbreite b_w in cm		
	4,2	5,2	6,2
< 3,25	28	28	28
< 3,50	30	28	28
< 3,75	–	28	28
< 4,00	–	30	28
< 4,25	–	32	30
< 4,50	–	34	32

Tragholme für aufgesattelte Treppen

Die Tragholme sind gerade Einfeldträger mit unterem und oberem Deckenanschluss. Die statischen Nachweise werden mit dem Nettoquerschnitt b_w/h_w durchgeführt, d.h. die gezahnte Holmform bleibt unberücksichtigt. Die ungünstigsten Werte nach DIN 18065 zugrunde gelegt: Steigungsverhältnisse = Neigung bis 1:1, entsprechend = 45°, Geschosshöhe = Treppenhöhe bis 3,00 m (bei längeren Treppen). Die Tragholme sind nach DIN 1055 für Verkehrslasten $p = 3,5$ kN/m² bemessen. In Geländerhöhe wurde die Horizontalkraft $H = \pm 0,5$ kN/m berücksichtigt. Die rechnerische Durchbiegung der Holme unter Vertikalbelastung wurde mit $l_s \cdot 1/300$ begrenzt.

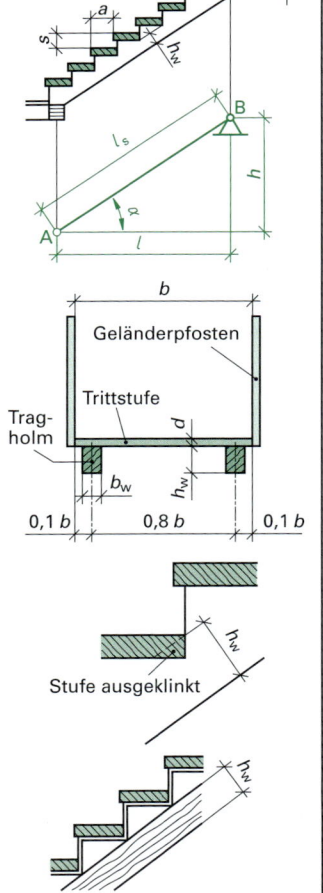

Geländerpfosten
Trittstufe
Tragholm

0,1 b   0,8 b   0,1 b

Stufe ausgeklinkt

Tragholmhöhen h_w in cm für Tragholme aus Bauschnittholz

Stütz-weite	Treppen-höhe	Treppenlaufbreite in m											
		$b = 0,80$				$b = 1,00$				$b = 1,20$			
		Breite b_w in cm				Breite b_w in cm				Breite b_w in cm			
l in m	h in m	5,5	8,5	10,5	12,5	5,5	8,5	10,5	12,5	5,5	8,5	10,5	12,5
1,50	≤ 1,50	10,5	9,5	8,5	–	10,5	9,5	8,5	–	11	10	9	–
2,00	≤ 2,00	13,5	11,5	10,5	–	14	12	11	–	14,5	12,5	12	–
2,50	≤ 2,50	17	14	13	12,5	17,5	15	14	13	18,5	16	14,5	14
3,00	≤ 3,00	–	16,5	15,5	15	–	18	16,5	15,5	–	19	17,5	16,5
3,50	≤ 3,00	–	19	18	17	–	20	19	18	–	21,5	20	19
4,00	≤ 3,00	–	21,5	20	19	–	22,5	21	20	–	24	22,5	21
4,50	≤ 3,00	–	24	22	21	–	25	23,5	22	–	26,5	25	23,5

Tragholmhöhen h_w in cm für Tragholme aus Brettschnittholz

Stütz-weite	Treppen-höhe	Treppenlaufbreite in m											
		$b = 0,80$				$b = 1,00$				$b = 1,20$			
		Breite b_w in cm				Breite b_w in cm				Breite b_w in cm			
l in m	h in m	5,5	8,5	10,5	12,5	5,5	8,5	10,5	12,5	5,5	8,5	10,5	12,5
1,50	≤ 1,50	10,5	9,5	8,5	–	10,5	9,5	8,5	–	10,5	9,5	8,5	–
2,00	≤ 2,00	13	11	10,5	–	13,5	11,5	11	–	14	12	11,5	–
2,50	≤ 2,50	16	13,5	12,5	12	16,5	14,5	13,5	12,5	17,5	16	14	13,5
3,00	≤ 3,00	–	16	15	14,5	–	17	16	15	–	18	17	16
3,50	≤ 3,00	–	18,5	17,5	16,5	–	19,5	18,5	17,5	–	20,5	19,5	18,5
4,00	≤ 3,00	–	21	19,5	18,5	–	22	20,5	19,7	–	23	21,5	20,5
4,50	≤ 3,00	–	23	21,5	20,5	–	24,5	22,5	21,5	–	25,5	24	22,5

5.5 Treppen

Beispiel Treppenhaus

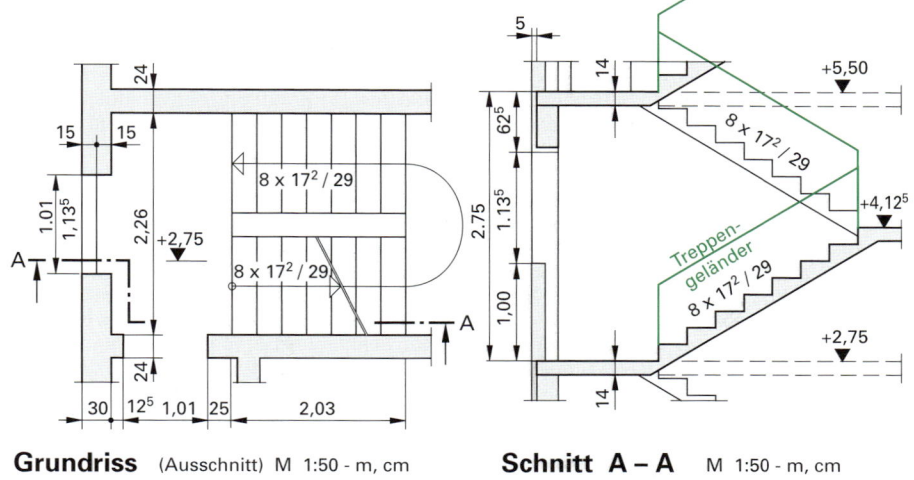

Grundriss (Ausschnitt) M 1:50 - m, cm   **Schnitt A – A** M 1:50 - m, cm

---

Treppengeländer und Treppenhandläufe

Treppengeländer sind als Abschluss freier Treppen vorgeschrieben und bestehen aus **Handlauf** und **Geländerfüllung.** Die lotrechte Höhe des Handlaufes muss mindestens 90 cm betragen, gemessen von der vorderen Kante der Trittstufe. Senkrechte Geländerfüllungen dürfen einen lichten Abstand von 12 cm nicht überschreiten. In Treppenneigung verlaufende Geländerfüllungen dürfen untereinander einen maximalen Abstand von 12 cm nicht überschreiten.

Absturzhöhen	Gebäudearten	Treppengeländerhöhe
bis 12 m[1]	Wohngebäude und andere Gebäude, die nicht der Arbeitsstättenverordnung unterliegen	≥ 90 cm[2]
bis 12 m[1]	Arbeitsstätten	≥ 100 cm[3]
über 12 m	für alle Gebäudearten	≥ 110 cm

[1] außerdem bei größeren Absturzhöhen, wenn das Treppenauge bis 20 cm breit ist.

[2] nach Bauordnungsrecht

[3] nach Arbeitsschutzrecht

Liegt das Treppengeländer neben dem Treppenlauf oder dem Treppenpodest, so muss seine Unterkante so weit herunter gezogen werden, dass sie mit einer gedachten Verbindungslinie von $a/2$ jeder Stufe zusammen fällt.

Treppenhandläufe sind in der Höhe so anzubringen, dass sie bequem genutzt werden können. Sie sollen dabei nicht tiefer als 80 cm und nicht höher als 115 cm angebracht sein, gemessen lotrecht über Stufenvorderkante bis Oberkante Handlauf.

Es ist üblich die Oberkante des Treppengeländers als Treppenhandlauf auszubilden. Dabei müssen jedoch die vorgenannten Bedingungen eingehalten werden. Ein Treppengeländer höher als 115 cm benötigt daher einen gesonderten tiefer liegenden Handlauf.

Der Seitenabstand des Handlaufes von benachbarten Bauteilen muss mindestens 5 cm betragen.

Gestaltung von Schutzkonstruktionen

Die einzelnen Stäbe werden direkt mit den Stufen verbunden oder es werden Rahmenkonstruktionen mit dem Treppenlauf verbunden. Als Gestaltungselemente bieten sich Füllstäbe, Bänder, Seile, Drähte oder Gitter, Lochbleche, Gasfüllungen an.

Geländerfelder können aus Holz- oder Metallstäben, geschlossenen, gegliederten oder transparenten Tafeln aus Sperrholz, Metallblechen, Verbundsicherheitsglas, Gitterrosten oder Acrylglas bestehen.

5

289

5.5.4 Verziehen von gewendelten Treppen

Der Treppengrundriss stellt die Draufsicht der Treppe mit der Treppenbreite und der Mittellinie in der Regel die Lauflinie dar. Auf der Lauflinie wird die Auftrittsbreite a (Stufenvorderkante) aufgetragen. Durch die symmetrische Lage des Spickeltrittes zur Teppenachse liegen die verzogenen Stufen ebenfalls symmetrisch zur Treppenachse. Jede Verziehung muss dazu führen, dass die Veränderungen bis zu den nächsten Stufen gleichmäßig verlaufen. Die Ermittlung der Veränderung kann durch die rechnerische Lösung bzw. die Winkel-, Verhältnis-, Kreis- oder Leistenmethode erfolgen. Die Winkel- und Leistenmehode werden exemplarisch dargestellt.

Winkelmethode

Bei der Winkelmethode werden durch Rechnung die Lauflängen l_1 und l_2 der zu verziehenden Stufen ermittelt. In einem zusätzlichen Aufriss wird ein rechter Winkel gezeichnet. Auf dessen horizontaler Achse wird die aufzuteilende Lauflänge l_2 abgetragen und darüber im Winkel von etwa 20° eine schräge Linie in der Länge l_1 gezogen. Auf dieser Linie werden die Auftrittsbreiten a und $a/2$ entsprechend der Anzahl der zu verziehenden Stufen abgetragen. Die Verlängerung der Verbindungspunkte $C - D$ über C bis zur senkrechten Linie ergibt den Schnittpunkt E. Von diesem Punkt werden Linien zu den auf l_1 abgetragenen Stufenteilungen gezogen. Die Kreuzungspunkte auf der Linie l_2 ergeben die Stufenbreite der verzogenen Stufen auf der Freiwange.

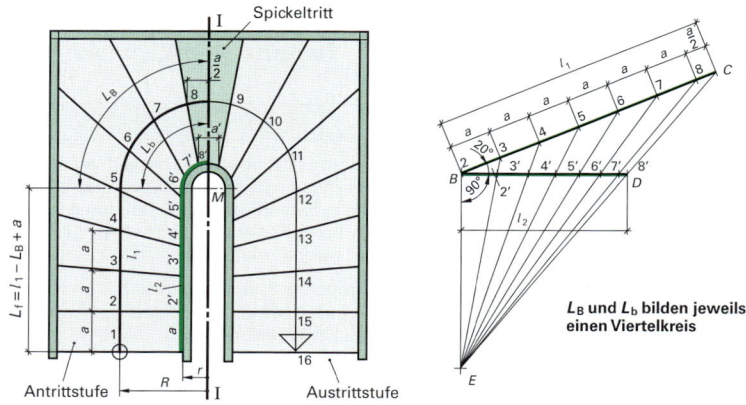

Aufriss einer halbgewendelten Treppe nach der Winkelmethode

Leistenmethode

Bei der Leistenmethode wird der Treppengrundriss mit An- und Austritt, Spickeltritt, Lauflinie und den Auftrittsbreiten a aufgerissen. Leisten werden so an den Teilungspunkten der Lauflinie angelegt, dass die Schmalseiten der zu verziehenden Stufen vom Spickeltritt ausgehend allmählich breiter werden. Wenn alle Leisten in der gewünschten Lage ausgerichtet sind, werden auf den Wangen die entsprechenden Punkte aufgezeichnet und mit einander verbunden.

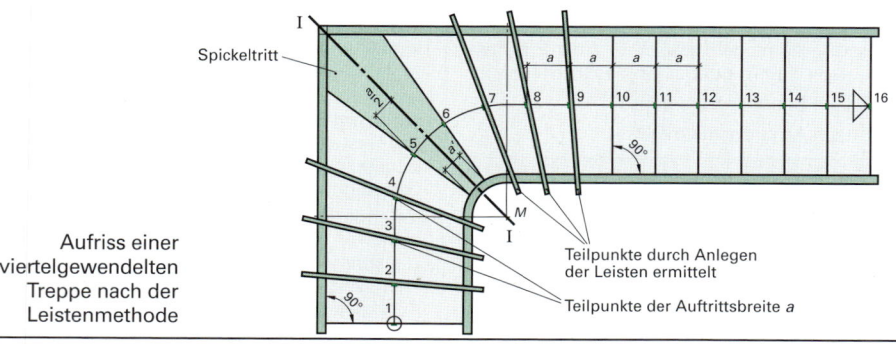

Aufriss einer viertelgewendelten Treppe nach der Leistenmethode

5.6 Küchen

Sanitär- und Elektroinstallation

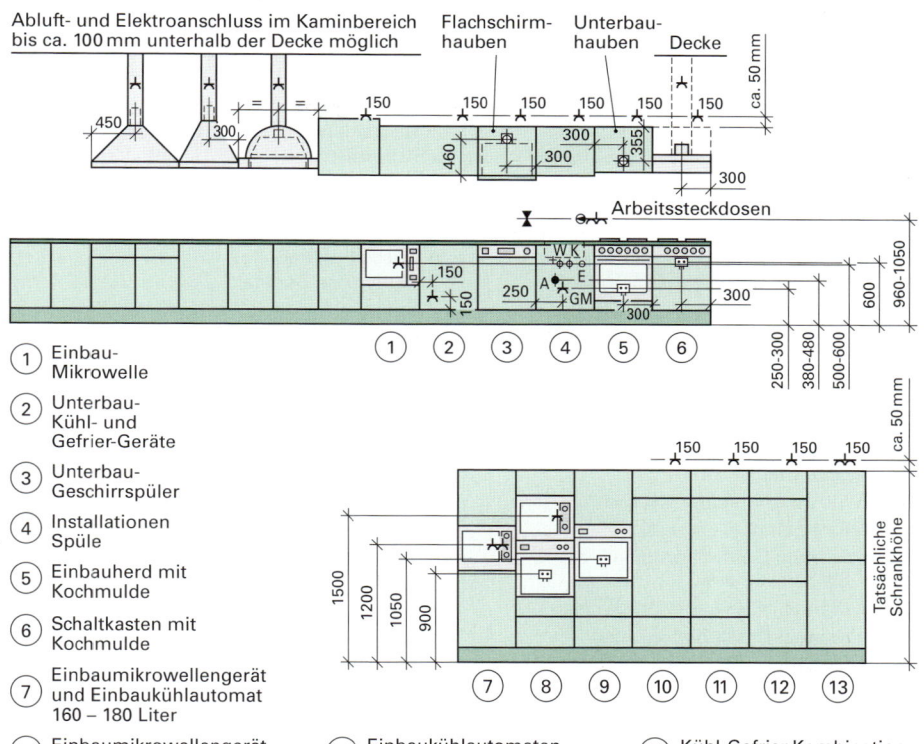

Abluft- und Elektroanschluss im Kaminbereich bis ca. 100 mm unterhalb der Decke möglich

Flachschirmhauben

Unterbauhauben

Decke

Arbeitssteckdosen

① Einbau-Mikrowelle

② Unterbau-Kühl- und Gefrier-Geräte

③ Unterbau-Geschirrspüler

④ Installationen Spüle

⑤ Einbauherd mit Kochmulde

⑥ Schaltkasten mit Kochmulde

⑦ Einbaumikrowellengerät und Einbaukühlautomat 160 – 180 Liter

⑧ Einbaumikrowellengerät und Einbaubackofen

⑨ Einbaubackofen

⑩ Einbaukühlautomaten 160 – 180 Liter

⑪ Einbaukühlautomat 225 Liter

⑫ Kühl-Gefrier-Kombination 227 Liter

⑬ Kühl-Gefrier-Kombination

5

Möbel-, Küchen- und Umzugsservice

Der Ausbildungsrahmenplan für die Fachkraft für Möbel-, Küchen- und Umzugsservice vom 30.01.2006 enthält u.a. auch folgende Arbeiten:

- Installieren und Deinstallieren von elektrischen Einrichtungen und Geräten
- Durchführen von Anschlussarbeiten an Wasserleitungen, Abwasserleitungen und Lüftungsanlagen

Kombination von Küchenmöbeln und Küchengeräten nach DIN EN 1116

① Hochschrank

② Oberschrank

③ Dunstabzugshaube

④ Einbaugerät

⑤ Einbauherd

⑥ Unterbaugeschirrspülmaschine

⑦ Sockel

⑧ Unterschrank

⑨ Abtropffläche

⑩ Einbauspüle

⑪ Ausziehplatte

⑫ Arbeitsfläche

⑬ Abstellfläche

5.6 Küchen

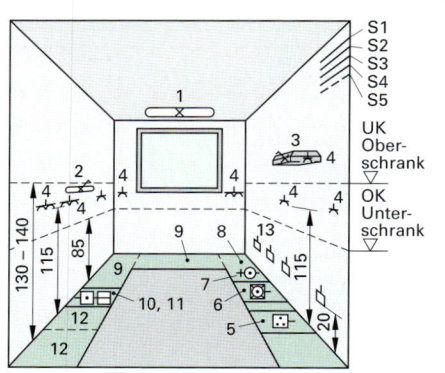

S1	
S2	
S3	
S4	
S5	
	UK Ober-schrank
	OK Unter-schrank

Elektrische Installation einer Küche (HEA)

S1 Stromkreis für Beleuchtung u. Steckdosen
S2 Stromkreis 2 für Elektroherd
S3 Stromkreis 3 für Geschirrspüler
S4 Stromkreis 4 für Heißwasserbereiter
S5 Stromkreis 5 Reserve

1 Deckenleuchte	10 Kühlschrank
2 Arbeitsleuchte	11 Gefrierschrank
3 Dunstabzugshaube	12 Hochschrank
4 Steckdosen	13 Auslass zu S5
5 Elektroherd	
6 Geschirrspüler	
7 Heißwasserbereiter	
8 Spüle	
9 Arbeitsfläche	

Montagehöhen in cm über OFF

Elektroanschlüsse

20 cm für Unterbauherd oder Unterbaubackofen
30 cm für Geschirrspüler, Kühlschrank usw.
60 cm für Kochmulde oder Kochfeld
115 cm für Kühl-Gefrier-Kombination, Steckdosen usw.
135 cm Wandauslässe oder Steckdosen
165 cm Wandauslässe für Leuchten
215 cm bis 225 cm Steckdosen

Wasser- und Abwasseranschlüsse

1 Heißwasserbereiter
2 Wandarmatur Spülbecken
3 Standarmatur Spülbecken oder Untertischspeicher
4 Geschirrspülmaschine
5 Einbeckenspüle
6 Doppelbeckenspüle
7 Geschirrspülmaschine

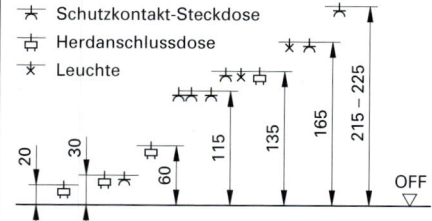

Schutzkontakt-Steckdose
Herdanschlussdose
Leuchte

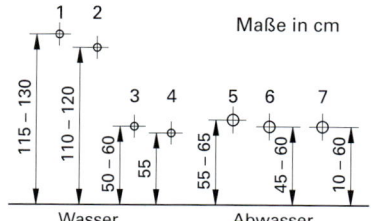

Maße in cm

Wasser   Abwasser

Ablaufgarnituren für Spülbecken

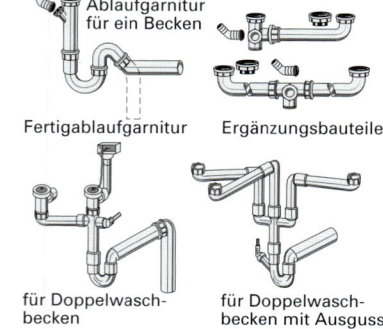

Ablaufgarnitur für ein Becken

Fertigablaufgarnitur   Ergänzungsbauteile

für Doppelwasch-becken   für Doppelwasch-becken mit Ausguss

Spülbeckenanlage

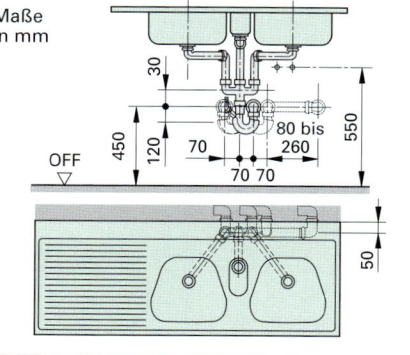

Maße in mm

5

292

6 Bauphysik

Inhaltsverzeichnis

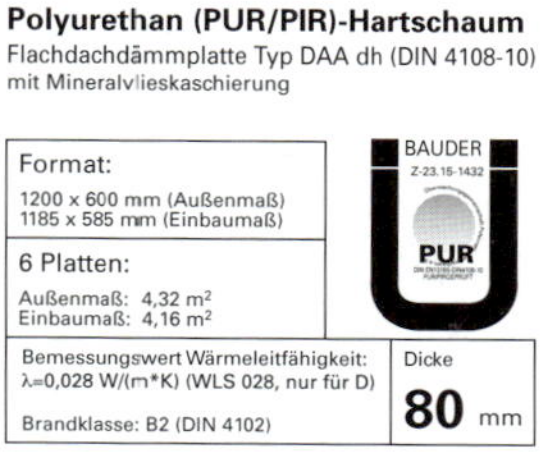

Polyurethan (PUR/PIR)-Hartschaum
Flachdachdämmplatte Typ DAA dh (DIN 4108-10)
mit Mineralvliieskaschierung

Format:
1200 x 600 mm (Außenmaß)
1185 x 585 mm (Einbaumaß)

BAUDER
Z-23.15-1432

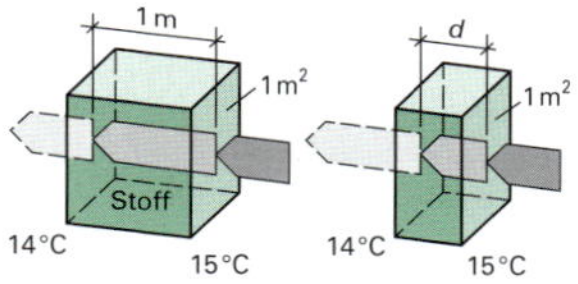

PUR

6 Platten:
Außenmaß: 4,32 m²
Einbaumaß: 4,16 m²

Bemessungswert Wärmeleitfähigkeit:
λ=0,028 W/(m*K) (WLS 028, nur für D)

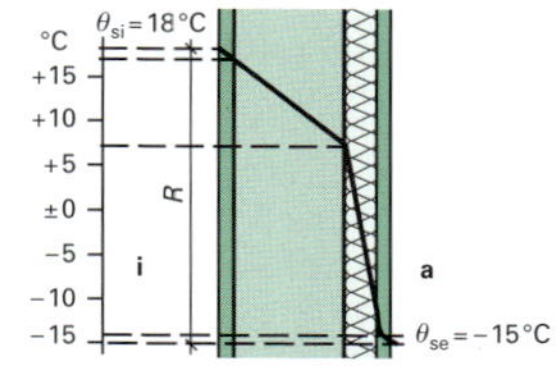

Brandklasse: B2 (DIN 4102)

Dicke
80 mm

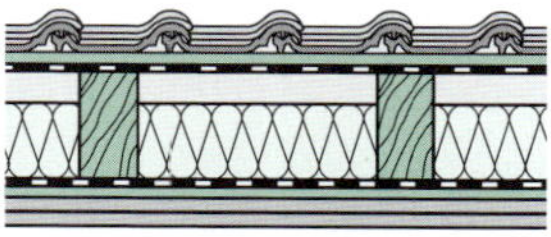

Dachkonstruktion mit unterer
Beplankung aus Gipsplatten

6

Literatur

- Bläsi, Walter; Bauphysik, Europa-Lehrmittel, 7. Aufl., 2008
- Lohmeyer, G.; Praktische Bauphysik, Teubner, 5. Aufl., 2005
- Bau-Handbuch; RWE; Energieverlag; 13. Aufl., 2004
- Herr, Horst; Wärmelehre, Europa-Lehrmittel, 2. Aufl., 1994
- Energie-Einsparverordnung, 2009
- Peschel, Peter; u.a., Tabellenbuch Bautechnik, Europa-Lehrmittel, 10. Aufl., 2010
- Willems, W. M., u.a.; Formeln und Tabellen Bauphysik, Vieweg, 1. Aufl. 2007
- Peters, H. P.; Richtig bauen mit Ziegel, Fraunhofer IRB, 1. Aufl. 2005
- Wetzell, O. W.; Wendehorst, Bautechnische Zahlentafeln, Teubner, Beuth, 33. Aufl., 2009

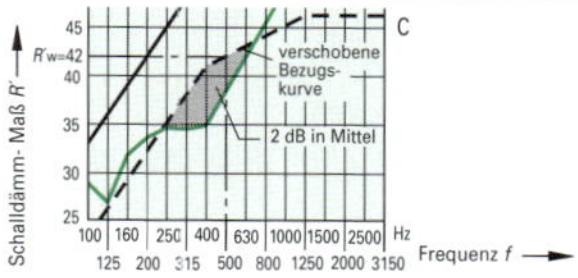

Wärmeschutz dämmen	DIN 4108-2 (07.03):	Wärmeschutz (Energie-Einsparungen) in Gebäuden
	DIN 4108-Bbl. (07.01):	Wärmeschutz, Wärmebrücken
	DIN EN ISO 10211 (06.01):	Wärmebrücken
	DIN EN ISO 12567 (02.01)	Wärmetechnisches Verhalten von Fenstern und Türen
	DIN EN ISO 13788 (11.01):	Wärme- und feuchtetechnisches Verhalten, Berechnungsverfahren
Wärmedämmstoffe	DIN EN ISO 6946 (06.05):	Berechnungsverfahren, Wärmeduchlasswiderstand
Feuchtigkeitsschutz	DIN V 4108-4 (07.04):	Wärme- und feuchtetechnische Werte
	DIN EN 12524 (07.00):	Baustoffe, wärme- und feuchtetechnische Bemessungswerte
sperren, abdichten Abdichtungsmittel Abdichtungsstoffe	DIN EN 13162 (10.01)	Wärmedämmstoffe für Gebäude, Mineralwolle
	DIN EN 13163 (10.01)	Wärmedämmstoffe für Gebäude, expandiertem Polystyrol (EPS)
Schallschutz Akkustik	DIN 4109 (11.89):	Schallschutz im Hochbau
	DIN ISO 9613-1 (10.99):	Akustik, Dämpfung des Schalls
	DIN 18005-1 (07.02):	Schallschutz im Städtebau
dämmen, absorbieren Schallschluckung Schalldämmung	Bundesimmissionsschutzgesetz, 16. BlmSchV	
	DIN EN ISO 140-1,4,6 (94):	Akustik
	DIN 4109-Bbl. (02.06):	Ausführungsbeispiele
	DIN 18041 (05.04):	Hörsamkeit in kleinen und mittleren Räumen
Brandschutz Landesbau- ordnungen	Bauregelliste A und B (12.02):	Deutsches Institut für Bautechnik
	Sonderheft 31 (06.05):	Deutsches Institut für Bautechnik
	DIN 4102-1 (05.98):	Brandverhalten von Baustoffen und Bauteilen, Begriffe, Anforderungen
	DIN EN 13501-2 (12.03):	Klassifizierung von Brandverhalten
	Musterbauordnung	Ergänzende Anforderungen
Ausführungs- beispiele	MBO (11.02)	Durchführungsanforderungen spezifische Anforderungen veröffentlicht unter: www.is-argebau.de

Wirkung der bauphysikalischen Einflüsse auf den Menschen

Schallschutz	Brandschutz	Wärme- schutz im Sommer
Wärme- schutz im Winter	*Mensch*	Feuchte- schutz
Unfall- verhütungs- vorschriften	Bauchemie	Gefahrstoffe im Bauwesen

Raumklimakomponenten

Temperatur der Umschlie- ßungsflächen	Luft- bewegung	Kleidung, Tätigkeits- grad
Luft- feuchtigkeit	*Behag- lichkeit*	Licht, Beleuchtung
Heizungs- flächen	Luftqualität CO_2-Gehalt	Lärm. Schallschutz Akustik

Die **Behaglichkeit** ist eine wesentliche Größe bei der Optimierung des Raumklimas an Arbeitsplätzen in Büros, Praxen, öffentlichen Gebäuden und Produktionswerkstätten. Dabei sind gesetzliche Vorschriften einzuhalten, u.a. um eine möglichst hohe Zufriedenheit bei den Mitarbeitern zu erreichen. Die Behaglichkeit in Wohnungen ist nicht geregelt. Es gibt keinen thermischen Raumzustand, mit dem zeitgleich alle anwesenden Personen zufrieden sind, da die Empfindungsmechanismen für Wärme und Kälte verschieden sind.

Behaglichkeit kann mithilfe folgender Begriffe thematisiert werden:
Raumtemperatur, Luftfeuchte, Oberflächentemperatur, Fußwärme, ungleichseitige Wärmebelastung, Speicherfähigkeit des Gebäudes/der raumumschließenden Bauteile, Zugluft, Wasseraufnahmefähigkeit des Gebäudes/der raumumschließenden Bauteile.

6.1 Dämm-, Dichtungs- und Sperrstoffe

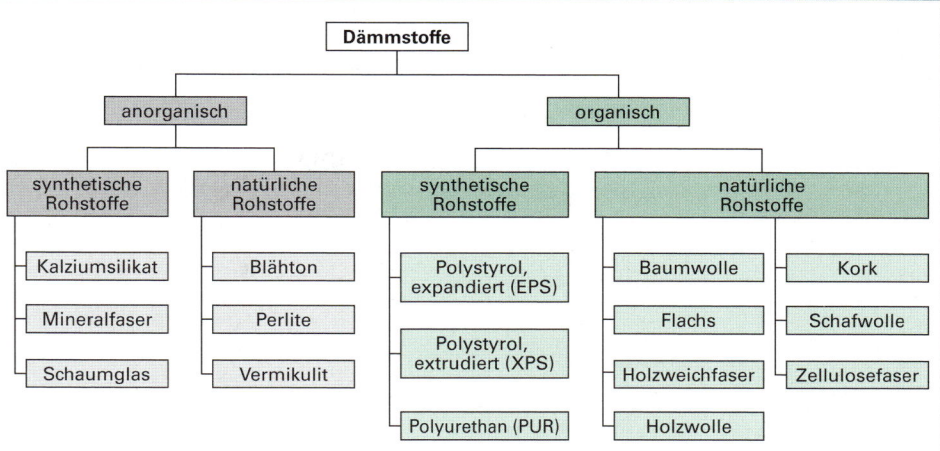

In der Bautechnik und in der Holztechnik dürfen nur genormte oder bauaufsichtlich zugelassene Dämm-, Dichtungs- und Sperrstoffe verwendet werden. Die Baustoffe sind auszuzeichnen:

- Herstellungsnorm
- Baustoffklasse hinsichtlich Brandverhalten
- Güteüberwachung

Baustoff	Verwendung	Eigenschaften Brandverhalten	Bestandteile Herstellungsnorm
Anorganische Dämmstoffe	A nicht brennbar		B brennbar
Blähperlit $\mu = 3 ... 5$	Leichtzuschlag für Feuer dämmende Ummantelung	hitze-, alterungs-, säure-beständig, **porig**, A1	Abfallglimmer
Schaumglas dampfdicht	Wärmedämmung, Feuchtigkeitsschutz, Dachdämmung	unbrennbar, korrosions-beständig, **porig** A1 (ohne Kaschierung)	aufgeschäumtes Glas DIN 18 174
Mineralische und pflanzliche Faser-dämmstoffe (Mineralfaser) $\mu = 1 ... 2$	als loser Füllstoff zum Ausstopfen von Hohlräumen zur Wärmedämmung, als trittfeste Platten zur Wärme- und Trittschall-dämmung unter schwimmendem Estrich, Wand-dämmung	schallschluckend, wärme-dämmend, nicht brennbar, fäulnisfest, **faserig** A1 oder A2 oder B1 Dickenabweichung bis 15 mm beachten	dünne Fasern aus geschmolzenem Glas, Mergel, Hochofenschlacke DIN 18 165 DIN 18 165-2 neu
Organische Dämmstoffe			
Polystyrol-Hartschaum (PS) (einschl. Extruder- und Partikelschaum) (Schaumkunststoffe)	Wärmedämmung, Trittschalldämmung, Dachdämmung	maßhaltig, verrottungsfest, entflammbar oder schwer entflammbar, Wasser abweisend, **porig** B1	aus Rohöl und Treibmitteln zu Platten geformt DIN 18 164 DIN 18 164-2 neu
Polyurethan-Hartschaum (PUR)	Flachdach-wärmedämmung	elastisch bei Temperatur-schwankungen, alterungs-beständig, **porig** B1 oder B2	mit oder ohne beidseitig gasdiffusionsdichte Deckschichten DIN 18 164
Korkdämmstoffe $\mu = 5 ... 10$	Dachdämmung, Körperschalldämmung, Wanddämmung	fäulnisfest, elastisch, oft imprägniert, **faserig** B2	zu Granulat gemahlene Korkrinde, mit Harzen gebunden und zu Platten geschnitten DIN 18 161
Holzwolle-Leichtbauplatten (Holzfaser)	Wärmedämmung, verlorene Schalung, Putzträger	saugend, schwer entflamm-bar, schallschluckend, nicht wetterfest, biegefest B1 (ab 25 mm Dicke)	Nadelholzwolle und mineralisches Bindemittel DIN 1101
Mehrschichtige Leichtbauplatten (Verbundbauplatten)	Vorsatzschale, leichte Trennwände, Putzträger	saugend, schwer ent-flammbar, nicht wetter-beständig B1	Kern aus Schaumkunst-stoff mit ein oder zwei Holzwolle-Leichtbauplatten DIN 1104, DIN 18 184

6

6.1 Dämm-, Dichtungs- und Sperrstoffe

Baustoff	Verwendung und Eigenschaften	Bestandteile Herstellungsnorm
Bitumenhaltige Abdichtungsstoffe		
reines Bitumen Bitumen mit Kunststoff Bitumen mit Füllstoff Der Ausdruck „bituminöse Stoffe" soll zukünftig nicht mehr verwendet werden. Neuer Begriff: bitumige Stoffe.	senkrechte Abdichtungen nach DIN 18 195 und bei Decken und Dächern	durch Destillation von Erdöl
	als **Lösung oder Emulsion** entweder als Voranstrich einmal kalt und zweimal heißflüssiger Deckanstrich oder als Voranstrich einmal kalt und dreimal kaltflüssiger Deckanstrich als **Spachtelmasse** einmal Voranstrich und zweimal Spachtelmasse	
nackte Bitumenbahnen Bitumendachbahnen (einschließlich Dichtungsbahnen)	als **fabrikfertige Bitumenbahnen** einmal Voranstrich und eine Lage Bahn mit heißer Klebemasse aufbringen, bei nackten Bitumenbahnen ein zusätzlicher Bitumenanstrich	Rohfilzpappe bezeichnet nach dem Quadratmeter- gewicht 333 g/m² oder 500 g/m² DIN 52 128, DIN 52 129, DIN 52 130 und DIN 18 190
Bitumenschweißbahnen	mit Kaschierung wasserdicht, können im Schweiß- verfahren aufgebracht werden	Jutegewebe oder Glasge- webe mit Bitumen getränkt DIN 52 131
Abdichtungen mit Kunststoffdichtungsbahnen		
Ethylencopolymerisat- Bitumen (ECB)	senkrechte Abdichtungen nach DIN 18 195 und bei Dächern	DIN 16 729
PVC-Weichbahnen	bitumenverklebte oder mechanisch eingebrachte Bahnen	DIN 16 735
Polyisobutylen-Bahnen (PIB)	Wandfläche heiß vorstreichen und mit heiß zu ver- arbeitender Klebemasse im Flämmverfahren aufzu- bringen, Warm- oder Quellschweißen, geschlossene Außenhaut	DIN 16 934 und DIN 16 735
Abdichtungsmaterialien		
bauaufsichtlich zuge- lassene mineralische **Dichtungsschlämme**	senkrechte Abdichtung nach DIN 18 195	bauaufsichtliche Zulassung lieferfirmenabhängig
	streich- oder spachtelfähige Masse wird auf geeignete Grundierung oder Voranstrich aufgetragen	
Sperrmörtel	als Sperrputz Wasser abweisend und dicht	DIN 18 550
Sperrbeton	wasserundurchlässig, nur bei Sonderkonstruktionen	DIN 1045, DIN 1047
Mauerwerk	als Ersatz für eine o.g. Abdichtung im Bereich der sichtbaren Außenwand (Sockel)	DIN 1053, DIN 105 Klinkermauerziegel in Mörtelgruppe III
Bitumendachbahnen Dichtungsbahnen für Bauwerksabdichtungen	waagerechte Abdichtungen nach DIN 18 195	Trägerbahn aus Rohfilz- pappe, Jutegewebe oder Kunststofffaser, auch Alu- minium- oder Kupferfolien
	die Auflageflächen sind mit Mörtel der Mörtel- gruppe II oder III abzugleichen	
Dampfsperren		
Vaporex normal, bituminiert, besandet, $\mu = 31.200$	bei innenseitiger Wärmedämmschicht in Feucht- räumen aufzukleben mit Kunstharzkleber	Fertigung in Bahnen oder Planen. Durch Schmelzpro- zesse von Glas, Kunststoff, Bitumen oder Metall ent- standene dichte Stoffe. Dampfsperren sind Schichten mit $s_d \geq 100$ m. PE-Folien mit $d = 1,2$ mm und $\mu \geq 100000$. Al-Folien mit $d = 1,0$ mm sind praktisch dampfdicht.
Vaporex super	Sperrschicht aus Aluminiumfolie und zwei Kunst- stofffolien, bituminiert und besandet, bei Räumen, die hohe Raumluftfeuchte erwarten lassen und für die gleichzeitig Dampfdichtheit zu fordern ist	
Nepa-Dampfbremse PVC-Folie Polyäthylen-Folie	im Fertighausbau und bei Leichtbaukonstruktionen, kleben, einspannen oder nageln	**Hilfsstoffe** aus Ölpapier, Roh- glasvlies, Vliese aus Chemie- fasern, PE-Folie und Lochglas- vlies-Bitumenbahnen werden für Trennschichten und Trenn- lagen verwandt.
Aluminiumfolie	bei Dächern und Außenwänden, praktisch dampf- dicht, einlagig aufkleben, oft als Kaschierung auf Wärmedämmmatten	

Wärmeschutztechnische Rechenwerte

Angegeben sind Rechenwerte der Wärmeleitfähigkeit von Baustoffen, Bauteilen und Luftschichten nach DIN V 4108-4 (04.2007). Darüber hinaus sind Bemessungswerte den technischen Produktspezifikationen, den Landesbauordnungen oder der Bauregelliste A Teil 1 zu entnehmen.

Nr.	Baustoff, Bauteil	Roh-dichte ϱ kg/m³	Wärmeleit-fähigkeit λ W/(mK)	μ
1	**Stapelgüter, Metalle, Lagerstoffe**			
1.1	Aluminium	2800	160	pdd[1]
1.2	Blei	11300	35	pdd[1]
1.3	Kupfer	8900	380	pdd[1]
1.4	Messing	8400	120	pdd[1]
1.5	Nickel	8900	59	pdd[1]
1.6	Stahl	7800	50	pdd[1]
1.7	Zink	7200	110	pdd[1]
1.8	Zinn	7400	66	pdd[1]
1.9	Boden, feucht	≤1800	1,50	50
1.10	Lehmbaustoff	500 600 700 1000 1600	0,14 0,17 0,21 0,35 0,73	5/10
1.11	Naturglas, Floatglas	2500	2,00	pdd[1]
1.12	Naturbims	400	0,12	6/8
1.13	Kunststein	1750	1,30	40/50
1.14	Blähperlite	≤100	0,06	9
1.15	Blähglimmer	≤100	0,07	3
1.16	Blähton, Blähschiefer	≤400	0,16	3
1.17	Hüttenbims	≤600	0,13	3
1.18	Schaumlava	≤12000	0,22	3
2	**Mauermörtel und Estrich**			
2.1	Zementmörtel	2000	1,60	15/35
2.2	Mauer-Normalmörtel NM	1800	1,20	15/35
2.3	Dünnbettmauermörtel DM	1600	1,00	15/35
2.4	Leichtmörtel LM 36	≤1000	0,36	15/35
2.5	Leichtmörtel LM 21	≤700	0,21	15/35
2.6	Leichtmauermörtel	250 400 700 1000	0,10 0,14 0,25 0,38	5/20
2.7	Zementestrich	2000	1,40	15/35
2.8	Asphalt	2100	0,70	50000
2.9	Magnesia-Estrich	1400 2300	0,47 0,70	15/35
3	**Fußbodenbeläge**			
3.1	Korkfußboden	>400	0,065	20/40
3.2	Kunststofffußboden	1700	0,25	10000
3.3	Filzunterlage	120	0,05	10000
3.4	Teppichboden	200	0,06	5
3.5	Linoleum	1200	0,17	800/1000

Zusätzliche Werte – aber nicht nach DIN 4108 festgelegt

Spanplatten als

Flachpressplatte DIN 68763
Strangpressplatte DIN 68764
Plattentypen V 20, V 100, V 100 G
λ_R = 0,13 W/mK μ = 50 oder 100
λ_{RII} = 0,29 W/mK (in Plattenebene)

Bau-Furniersperrholz

nach DIN 68705
Plattentypen BFU 20, 100, 100 G
λ_R = 0,15 W/mK μ = 50 oder 400

Holzfaserplatten

harte Platten λ_R = 0,17 W/mK
ϱ = 900 kg/m³ ... 1100 kg/m³
poröse Platten nach DIN 4108
λ_R = 0,06 W/mK ϱ = 300 kg/m³
λ_R = 0,07 W/mK ϱ = 400 kg/m³
nach DIN 68755
λ_R in WLG 040 bis 070

Formelzeichen

Wasserdampf-
diffusionswiderstand μ
Rohdichte ϱ
Wärmeleitfähigkeit λ_R
Temperaturdehnzahl α
Elastizitätsmodul E

Erläuterungen
Temperaturdehnzahl mm/mK
- wird auch Längenausdehnungskoeffizient genannt,
- hier in mm pro Meter Länge und einer Temperaturdifferenz von 1 K ≙ 1 °C angegeben,

Elastizitätsmodul N/mm²
- nur in den DIN-Vorschriften der jeweiligen Baustoffe angegeben,
- bei Holz (DIN 1052) ist parallel II und quer ⊥ zur Faser zu unterscheiden,
- bei Mauerwerk ist die Steinart, Steinfestigkeit und die Mörtelgruppe zu berücksichtigen,

Rohdichte kg/m³
- dient zur Ermittlung der flächenbezogenen Masse,

Wärmeleitfähigkeitsgruppe
- WLG 025, entspricht 0,025 W/mK

[1] pdd   praktisch dampfdicht

6

6.1 Dämm-, Dichtungs- und Sperrstoffe

Nr.	Baustoff, Bauteil	Rohdichte ρ kg/m³	Wärmeleitfähigkeit λ W/(mK)	μ
4	**Beton, Betonbauteile**			
4.1	Beton	1800	1,50	60/100
		2000	1,35	60/100
		2400	2,00	80/130
4.2	Stahlbeton	2400	2,00	80/130
4.3	Leichtbeton mit geschl. Gefüge (Zwischenwerte können interpoliert werden)	800	0,39	
		1000	0,49	
		1200	0,62	
		1400	0,79	70/150
		1600	1,00	
		2000	1,60	
4.4	Porenbeton, dampfgehärtet	400	0,13	
		500	0,16	
		600	0,19	5/10
		700	0,22	
		1000	0,31	
5	**Leichtbeton** mit haufwerksporigem Gefüge			
5.1	Leichtbeton, nicht porige Zuschläge	1600	0,81	3/10
		1800	1,10	3/10
		2000	1,40	5/10
5.2	Leichtbeton, porige Zuschläge ohne Quarzsand	600	0,22	
		800	0,28	
		1000	0,36	
		1200	0,46	5/15
		1400	0,57	
		1600	0,75	
5.3	Leichtbeton aus Blähton	500	0,16	
		700	0,23	
		900	0,30	
		1000	0,35	5/15
		1400	0,55	
		1600	0,68	
6	**Mauerwerk** einschließlich Mörtelfugen			
6.1	Vollklinker, Hochlochklinker	1800	0,81	
		2000	0,96	50/100
		2200	1,20	
6.2	Vollziegel, Hochlochziegel, Füllziegel	1200	0,50	
		1400	0,58	
		1600	0,68	5/10
		1800	0,81	
6.3	Hochlochziegel mit Lochung A, B λ bei Leichtbaumörtel verringern um 0,05 W/mK	550	0,32	
		600	0,33	
		650	0,35	
		700	0,36	5/10
		800	0,39	
		900	0,42	
		1000	0,45	
6.4	Wärmedämmziegel WDz oder LD-Ziegel	550	0,19	
		650	0,20	
		750	0,22	
		850	0,23	
6.5	Kalksandsteine	1000	0,50	
		1200	0,56	5/10
		1400	0,70	
		1600	0,79	
		1800	0,99	
		2000	1,10	15/25
		2200	1,30	

Nr.	Baustoff, Bauteil	Rohdichte ρ kg/m³	Wärmeleitfähigkeit λ W/(mK)	μ
6	**Mauerwerk** (Fortsetzung)			
6.6	Hüttensteine	1000	0,47	
		1200	0,52	
		1400	0,58	70/100
		1600	0,64	
6.7	Porenbeton, Plansteine	350	0,11	
		450	0,15	
		550	0,18	5/10
		650	0,21	
6.6	Betonsteine, Hohlblöcke λ bei Leichtbaumörtel LM 36 verringern um 0,03 W/mK	450	0,28	
		500	0,30	
		550	0,31	5/10
		650	0,34	
		1400	0,72	
		1600	0,76	
6.7	Betonsteine, Vollblöcke λ bei Leichtbaumörtel LM 36 verringern um 0,03 W/mK	450	0,18	
		500	0,20	
		600	0,25	5/10
		700	0,25	
		800	0,27	
		1000	0,32	
7	**Dichtungsbahnen, Abdichtungsstoffe**			
7.1	Bitumendachbahn	1200	0,17	10000
7.2	Nackte Bitumenbahn	1200	0,17	2000/20000
7.3	Kunststoffdachbahn	*(Dachbahnen)*		50000
7.4	Glasvlies-Bitumendachbahn			20000/60000
7.5	Kunststoff-Dachbahn ECB			70000/90000
7.6	Kunststoff-Dachbahn PVC-P			10000/30000
7.7	PTFE-Folie $d \geq 0{,}05$ mm	*(Folien)*		10000
7.8	PA-Folie $d \geq 0{,}05$ mm			50000
7.9	PP-Folie $d \geq 0{,}05$ mm			1000
8	**Holz und Holzwerkstoffe**			
8.1	Konstruktionsholz	500	0,13	20/50
		700	0,18	50/200
8.2	Sperrholz	300	0,09	50/150
		500	0,13	70/200
		700	0,17	90/220
8.3	Zementgebundene Spanplatte	1200	0,23	30/50
8.4	Spanplatte	300	0,10	10/50
		600	0,14	15/50
		900	0,18	20/50
8.5	OSB-Platte	650	0,13	30/50
8.6	Holzfaserplatten einschl. MDF	250	0,07	2/5
		400	0,10	5/10
		600	0,14	12/50

6

6.1 Dämm-, Dichtungs- und Sperrstoffe

Wärme- und feuchteschutztechnische Bemessungswerte (Wärmedämmstoffe)

Die Wärmedämmstoffe sind nach DIN EN 13162 bis DIN EN 13171 aufgelistet. Der λ-Nennwert wird in Stufen von 0,01 W/mK angegeben und mit einem Sicherheitswert von 1,2 multiplziert (Nennwert λ × Sicherheitswert 1,2 = Bemessungswert λ_D). Für die noch vorhandenen (wenigen) deutschen Produktnormen gilt weiterhin WLG = Bemessungswert.

Nr.	Dämmstoff	Nennwert λ W/mK	Bemessungswert λ_D	μ
D1	Mineralwolle (MW) nach DIN EN 13162	0,030 0,031 ... 0,050	0,036 0,037 ... 0,060	1
D2	Expandierter Polystyrolschaum (EPS) nach DIN EN 13163	0,030 0,031 ... 0,050	0,036 0,037 ... 0,060	20/100
D3	Extrudierter Polystyrolschaum (XPS) nach DIN EN 13164	0,026 0,027 ... 0,040	0,031 0,032 ... 0,048	80/250
D4	Polyurethan-Hartschaum (PU) nach DIN EN 13165	0,020 0,021 ... 0,040	0,024 0,025 ... 0,048	40/200
D5	Phenolharz-Hartschaum (PF) nach DIN EN 13166	0,020 0,021 ... 0,035	0,024 0,025 ... 0,042	10/60
D6	Schaumglas (CG) nach DIN EN 13167	0,038 0,039 ... 0,055	0,046 0,047 ... 0,066	dampfdicht
D7	Holzwolle-Platten (WW) nach DIN EN 13168	0,060 0,061 ... 0,100	0,072 0,073 ... 0,120	2/5
D8	Holzwolle-Mehrschichtplatten mit expandiertem Polystyrolschaum (EPS) nach DIN EN 13163	0,030 0,031 0,032 0,033 0,034 ... 0,050	0,036 0,037 0,038 0,040 0,041 ... 0,060	20/50
D9	Holzwolle-Mehrschichtplatten mit Mineralwolle (MW) nach DIN EN 13162	0,030 0,031 0,032 ... 0,050	0,036 0,037 0,038 ... 0,060	1
D10	Blähperlit (EPB) nach DIN EN 13169	0,045 0,046 ... 0,065	0,054 0,055 ... 0,078	5
D11	Expandierter Kork (ICB) nach DIN EN 13170	0,040 0,041 ... 0,055	0,049 0,050 ... 0,067	5/10
D12	Holzfaserdämmstoff (WF) nach DIN EN 13171	0,032 0,033 ... 0,060	0,043 0,044 ... 0,072	5

Produkteigenschaften

Produkteigenschaft	Kurzzeichen	Beschreibung
Druckbelastbarkeit	dk	keine Belastbarkeit
	dg	geringe Belastbarkeit
	dm	mittlere Belastbarkeit
	dh	hohe Belastbarkeit
	ds	sehr hohe Belastbarkeit
	dx	extrem hohe Belastbarkeit
Wasseraufnahme	wk	keine Anforderung
	wf	durch flüssiges Wasser
	wd	durch flüssiges Wasser und/oder Diffusion
Zugfestigkeit	zk	keine Anforderung
	zg	geringe Anforderung
	zh	hohe Anforderung
schalltechnische Eigenschaften	sk	keine Anforderung Trittschalldämmung: Zusammendrückbarkeit
	sh	erhöht
	sm	mittel
	sg	gering
Verformung	tk	keine Anforderung
	tf	Stabilität unter Feuchte und Temperatur
	tl	Last und Temperatur

Anwendungsgebiete

	Kurzzeichen	Beschreibung
Decke und Wand	DAD	Außendämmung von Dach oder Decke, vor Bewitterung geschützt, Dämmung unter Deckung
	DAA	Außendämmung unter Abdichtungen
	DUK	Außendämmung, der Bewitterung ausgesetzt (Umkehrdach)
	DZ	Zwischensparrendämmung, zweischaliges Dach, nicht begehbare, oberste Geschossdecken
	DI	Innendämmung der Decke (unterseitig) oder des Daches, Dämmung unter den Sparren/Tragkonstruktion, abgehängte Decke usw.
	DEO	Innendämmung der Decke oder Bodenplatte (oberseitig) unter Estrich ohne Schallschutzanforderungen
	DES	Innendämmung mit Schallschutzanforderungen
Wand	WAB	Außendämmung der Wand hinter Bekleidung
	WAA	Außendämmung der Wand hinter Abdichtung
	WAP	Außendämmung der Wand unter Putz
	WZ	Dämmung von zweischaligen Wänden
	WH	Dämmung von Holzrahmen- und Holztafelbauweise
	WI	Innendämmung der Wand
	WTH	Dämmung zwischen Haustrennwänden mit Schallschutzanforderungen
	WTR	Dämmung von Raumtrennwänden

6

6.2 Wärmeschutz

Der **Wärmeschutz im Hochbau** soll unter Berücksichtigung wechselnder klimatischer Einflüsse

- für das Wohlbefinden der Menschen in den Wohngebäuden sorgen
- die Bewirtschaftungskosten (Heizkosten) der Bauten mindern und
- Feuchtigkeitsschäden (z.B. Schimmel) infolge von Tauwasser (Kondenswasser-Niederschlag) an den Innenseiten der Außenwände verhindern.

Für unsere Gesundheit ist das physische Wohlbefinden (Behaglichkeit) eine wichtige Voraussetzung. Primäre Faktoren sind dabei die Lufttemperatur, relative Feuchte, Luftbewegung und Oberflächentemperatur der anschließenden Raumteile. Die Behaglichkeitsfaktoren eines Menschen sind abhängig vom individuellen Wärmehaushalt und von der Art der Tätigkeit. Wohl fühlt sich der Mensch bei einer

- **Raumtemperatur von 20 °C bis 22 °C**
- **Oberflächentemperatur der Raumbegrenzung von 16 °C bis 20 °C**
- **geringen Luftbewegung von 0 cm/s bis 20 cm/s**
- **relativen Luftfeuchtigkeit von 30% bis 70%**

6.2.1 Physikalische Grundlagen (DIN 4108 / DIN EN ISO 7345 / DIN ISO 6946)

Temperatur ϑ

Temperaturen werden in Kelvin (K) oder Grad Celsius (°C) gemessen.

ϑ_i Temperatur der Rauminnenteile in °C

ϑ_a Temperatur der Raumaußenteile in °C

$\Delta\vartheta$ Temperaturdifferenz 1 K $\widehat{=}$ 1 °C

0		+273	+373	Kelvin
−273°		0°	100°	Celsius

Wärmemenge Q

Wärme entsteht mechanisch, chemisch, elektrisch oder durch Atomspaltung. Die Einheit für die Wärmemenge ist Joule (J), wobei im Bauwesen Wattsekunde (Ws) und Kilowattstunde (kWs) verwendet werden.

$Q = c \cdot m$ c spezifische Wärmekapazität

$1 J \widehat{=} 1 Ws$ m Masse des Bauteils

Der Wärmestrom fließt stets von der höheren zur niedrigeren Temperatur. Wärme will immer zur kalten Seite.

Wärmeleitfähigkeit λ in $\frac{W}{m\,K}$

Dies ist die Wärmemenge Q, die in einer Sekunde durch einen Quadratmeter einer einen Meter dicken Stoffschicht beim Dauerzustand der Beheizung hindurchgeht, wenn die Temperaturdifferenz der beiden Oberflächen 1 °C beträgt.

Die Wärmeleitfähigkeit λ (Lambda) ist entscheidend von der Stoffdichte abhängig. Die Rechenwerte λ_R sind in den Stoffwerttabellen angegeben.

Je kleiner die Wärmeleitfähigkeit (Wärmeleitzahl), desto besser der Wärmeschutz.

Wärmedurchlasskoeffizient Λ in $\frac{W}{m^2 K}$

Unter Berücksichtigung der Stoffdicke d gilt

$$\Lambda = \frac{\lambda_R}{d}$$

Hinweis: Der Wärmedurchlasskoeffizient ist in der DIN 4108 nicht mehr definiert.

Wärmedurchlasswiderstand R in $\frac{m^2 K}{W}$

Eine Baukonstruktion wird in der Regel beurteilt nach dem Wärmedurchlasswiderstand. Dabei ist die Wärmedämmung eines Bauteils bestimmt durch die Baustoffdicke d und den Wert λ_R.

$R = \dfrac{d}{\lambda_R}$ wobei d in m einzusetzen ist

$$R = \frac{d_1}{\lambda_1} + \frac{d_2}{\lambda_2} + \dots + \frac{d_n}{\lambda_n} \quad \text{oder} \quad R = \Sigma\,\frac{d_i}{\lambda_i}$$

für mehrere Baustoffschichten mit $i = 1, 2, 3, \dots, n$

Wärmeübergangswiderstände R_{si}, R_{se} in $\frac{m^2 K}{W}$

Unter Berücksichtigung der Luftbewegung am Bauteil werden die Wärmeübergangswiderstände auf der inneren Bauteiloberfläche und der äußeren Bauteiloberfläche beschrieben. Die Rechenwerte sind nach DIN 4108 vorgegeben.

Wärmedurchgangswiderstand R_T in $\frac{m^2 K}{W}$

$$R_T = R_{si} + R + R_{se}$$

Wärmedurchgangskoeffizient U in $\frac{W}{m^2 K}$

Der U-Wert ergibt sich aus dem Wärmedurchlasswiderstand und den Wärmeübergangswiderständen.

$$U = \frac{1}{R_{si} + R + R_{se}} = \frac{1}{R_T}$$

Der mittlere Wärmedurchgangskoeffizient U_m für ein Bauteil ergibt sich entsprechend den nebeneinander liegenden Bauteilbereichen zu

$U_m = \dfrac{U_1 \cdot A_1 + U_2 \cdot A_2 + \dots U_n \cdot A_n}{\Sigma A}$ ΣA ist die Summe aller Teilflächen

$U_{m,W+F} = \dfrac{U_W \cdot A_W + U_F \cdot A_F}{A_W + A_F}$

U_W Außenwandbereich

U_F Fensterbereich

Je kleiner der U-Wert, desto besser die Wärmedämmung.

6

6.2 Wärmeschutz

6.2.2 Wärmetechnische Mindestanforderungen

Bei Temperaturunterschieden zwischen dem beheizten Gebäudeinneren und dem unbeheizten Gebäudeinneren bzw. dem winterlichen Außen kommt es zur Wärmeübertragung durch die Umfassungsbauteile. Diese Wärmeübertragung ist durch ausreichend große Widerstände bzw. kleine Wärmeleitfähigkeiten zu begrenzen. Die inneren Bauteiloberflächen sollen behaglich warm sein und frei von gesundheitsschädlichem Tauwasser. Für den winterlichen Wärmeschutz werden an die Außenbauteile eines Bauwerks Mindestanforderungen definiert. Danach dürfen die Anforderungen der Tabelle für den **Wärmedurchlasswiderstand R** nicht überschritten werden.

Alle nationalen Regelwerke benutzen die internationalen Symbole.

Der Heizenergieverbrauch eines Gebäudes wird durch eine Vielzahl von Einflüssen bei der baulichen Gestaltung und der Gebäudenutzung bestimmt. Der bauliche Wärmeschutz ist die sicherste und nachhaltigste Maßnahme des energiesparenden Bauens.

Mindestwerte der Wärmedurchlasswiderstände R für wärmeübertragende Bauteile (mit einer flächenbezogenen Gesamtmasse vom ≥ 100 kg/m²) nach DIN 4108-2

Bauteile		Wärmedurchlasswiderstand R	$m^2 \cdot K/W$
Außenwände einschl. Nischen und Brüstungen unter Fenstern, Fensterstürzen und Wärmebrücken			1,20
Wände von Aufenthaltsräumen gegen Bodenräume, Durchfahrten, offene Hausflure, Garagen			1,20
Wohnungstrennwände, Wände zu fremdgenutzten Räumen			0,07
Treppenraumwände zum Treppenraum	mit Innentemperaturen $\vartheta \leq 10$ °C, aber Treppenraum frostfrei		0,25
	mit Innentemperaturen $\vartheta \geq 10$ °C, z.B. in Verwaltungsgebäuden, Geschäftshäusern, Unterrichtsgebäuden, Hotels, Gaststätten und Wohngebäuden		0,07
Wände von Aufenthaltsräumen, die an das Erdreich grenzen			1,20
Wohnungstrenndecken, Decken zwischen fremden Arbeitsräumen, Decken unter ausgebauten Dachräumen mit gedämmten Dachschrägen und Abseitenwänden	allgemein		0,35
	in zentralbeheizten Bürogebäuden		0,17
Decken unter nicht ausgebauten Dachräumen, Decken unter belüfteten Räumen zwischen Dachschrägen und Abseitenwänden bei ausgebauten Dachräumen, wärmegedämmten Dachschrägen			0,90
Decken und Dächer, die Aufenthaltsräume nach oben gegen die Außenluft abgrenzen, Decken und Dächer unter Terrassen, Umkehrdächer			1,20
Kellerdecken, Decken gegen abgeschlossene, unbeheizte Hausflure			0,90
Decken, die Aufenthaltsräume nach unten gegen die Außenluft abgrenzen, z.B. über Garagen, Durchfahrten und belüfteten Kriechkellern			1,75
Unterer Abschluss nicht unterkellerter Aufenthaltsräume, wenn unmittelbar an das Erdreich grenzend (bis zu einer Raumtiefe von 5 m) oder über einem nicht belüfteten Hohlraum an das Erdreich grenzend			0,90

Mindestwerte der Wärmedurchlasswiderstände R für leichte Bauteile (mit einer flächenbezogenen Gesamtmasse vom < 100 kg/m², sowie für Rahmen und Skelettbauarten) nach DIN 4108-2

Bauteile		Wärmedurchlasswiderstand R	$m^2 \cdot K/W$
Außenwände, Decken unter nicht ausgebauten Dachräumen und Dächer (< 100 kg/m²)			1,75
Rahmen und Skelettbauarten	im Gefachbereich		1,75
	für das gesamte Bauteil im Mittel (R_m)		1,00
Rollladenkästen			1,00
Deckel von Rollladenkästen			0,55
Nichttransparenter Teil der Ausfachung von Fensterwänden und Fenstertüren	bei > 50 % der Gesamtausfachungsfläche		1,20
	bei < 50 % der Gesamtausfachungsfläche		1,00

Grundsatz: Der Mindestwärmeschutz muss an jeder Stelle des Bauteils vorhanden sein. Dies gilt insbesonders für Nischen, Brüstungen, Fensterstürze und Rohrkanäle. Werden die Anforderungen der Tabellen bereits von einer oder mehreren Schichten erfüllt, erübrigt sich ein weiterer Nachweis.

6

6.2 Wärmeschutz

Wärmeübertragende Bauteile

Wärmeübergangswiderstände DIN 4108-4/DIN EN ISO 6946 in $\frac{m^2 K}{W}$		innen R_{si}	außen R_{se}
Außenwand (ausgenommen nach Zeile 2)	1		0,043
Außenwand (hinterlüftet) Abseitenwand zum nicht wärmegedämmten Dachraum	2		0,083
Wohnungstrennwand, Trennraumwand, Wand zwischen fremden Arbeitsräumen, Trennwand zu dauernd unbeheizten Raum, Abseitenwand zum wärmegedämmten Dachraum	3	0,125	0,125
An das Erdreich grenzende Wand	4		0
Decke oder Dachschräge, die Aufenthaltsraum nach oben gegen die Außenluft abgrenzt (nicht belüftet)	5		0,043
Decke unter nicht ausgebautem Dachraum, unter Spitzboden oder unter belüftetem Raum	6		0,083
Wohnungstrenndecke und Decke zwischen fremden Arbeitsräumen, Wärmestrom von unten nach oben	7	0,10	0,10
Wärmestrom von oben nach unten			0,167
Kellerdecke	8		0,167
Decke, die einen Aufenthaltsraum nach unten gegen die Außenluft abgrenzt	9	0,167	0,043
Unterer Abschluss eines nicht unterkellerten Aufenthaltsraumes (an das Erdreich grenzend)	10		0

Luftschichten

Wärmedurchlasswiderstand R_g in m²K/W ruhender Luftschichten (nach DIN EN ISO 6946)			
Dicke der Luftschicht in mm	Richtung des Wärmestromes		
	Aufwärts	Horizontal	Abwärts
0	0,00	0,00	0,00
5	0,11	0,11	0,11
7	0,13	0,13	0,13
10	0,15	0,15	0,15
15	0,16	0,17	0,17
25	0,16	0,18	0,19
50	0,16	0,18	0,21
100	0,16	0,18	0,22
300	0,16	0,18	0,23

Zwischenwerte können interpoliert werden. Geneigte Flächen bis ± 30° gelten als horizontal.

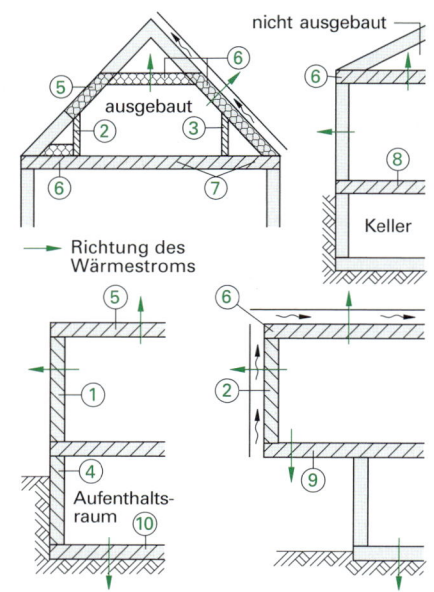

nicht ausgebaut

ausgebaut

Keller

Richtung des Wärmestroms

Aufenthaltsraum

- Lage und Ausbildung der Bauteile (Die Positionen ① bis ⑩ entsprechen der Nummerierung in der Tabelle)
- Bei innen liegenden Bauteilen ist zu beiden Seiten mit dem selben Wärmeübergangswiderstand zu rechnen.
- Nach DIN EN ISO 6946 darf vereinfacht mit $R_{si} = 0,13$ m²K/W und $R_{se} = 0,04$ m²K/W außer Position ④ und ⑩ gerechnet werden.

Luftschichten

- Bei Außenbauteilen mit stark belüftetem Gefachebereich erbringen die Bauteile zwischen der Luftschicht und der Außenluft keinen wesentlichen Anteil zum Wärmeschutz. Sie werden beim rechnerischen Ansatz nicht berücksichtigt. Hier darf $R_{se} = R_{si}$ gesetzt werden.
- Schwach belüftet ist eine Luftschicht wenn die Verbindungsöffnungen 1500 mm²/m² nicht übersteigt. Für solche Luftschichten darf für den Wärmedurchgangswiderstand R_g die Hälfte des entsprechenden Tabellenwertes angesetzt werden, allerdings nur bis zum maximal regulären Tabellenwert 0,15 m²K/W.
- Ruhende Luftschichten bezeichnen Luftschichten, die nicht mit der das Bauteil umgebenden Luft in Verbindung stehen.
- Bei Außenmauern nach DIN 1053 dürfen Luftschicht und Vorsatzschale in die Berechnung mit einbezogen werden. Die Luftschicht wird als ruhend eingestuft, wenn die Verbindungsöffnung 500 mm²/m nicht überschreitet.

6

6.2 Wärmeschutz

Einzelbauteile

- Bei Fußbodenheizungen gehen nur die Schichten unterhalb der Estrichplatte in die Berechnung ein.
- Bei ausgebauten Dachräumen ist die Wärmedämmung in den Abseiten bis zum Dachfußpunkt zu führen.
- Genügt beim ausgebauten Dachgeschoss die obere Geschossdecke den Mindestanforderungen mit $R = 0,90$ m²K/W bzw. $R = 1,75$ m²K/W, ist ein weiterer Wärmeschutznachweis des Daches nicht gefordert.

Temperaturverlauf

Durch ein Bauteil mit der Fläche $A = 1,00$ m² fließt bei einer beidseitig angrenzenden Luftschicht mit ϑ_{Le} (Temperatur der Luftschicht außen) bzw. ϑ_{Li} (Temperatur der Luftschicht innen) ein Wärmestrom der Dichte q (in W/m²).

$$q = U \cdot (\vartheta_{Li} - \vartheta_{Le}) \qquad \Delta\vartheta = q \cdot d/\lambda$$

Daraus ergeben sich die Oberflächentemperaturen auf der Innenseite ϑ_{oi}, auf der ersten, zweiten bis n-ten Schicht ϑ_1, ϑ_2 ... ϑ_n und auf der Außenseite ϑ_{oe}.

$$\vartheta_{oi} = \vartheta_{Li} - R_{si} \cdot q \qquad \vartheta_1 = \vartheta_{oi} - (d/\lambda_1) \cdot q$$
$$\vartheta_2 = \vartheta_1 - (d/\lambda_2) \cdot q \qquad \vartheta_3 = \vartheta_2 - (d/\lambda_3) \cdot q$$
$$\vartheta_{oe} = \vartheta_n - R_{se} \cdot q$$

Hinweis: Als Formelzeichen für die Celsius-Außentemperatur wird auch Θ verwandt.

Indizes: L Luftschicht   i innen (interior)
e außen (exterior)   s Oberfläche (surface)

Rippen und Gefache

- Die Rippenhöhe ist in Abhängigkeit von der Anordnung der Dämmschicht (Dämmhöhe) zu berücksichtigen.

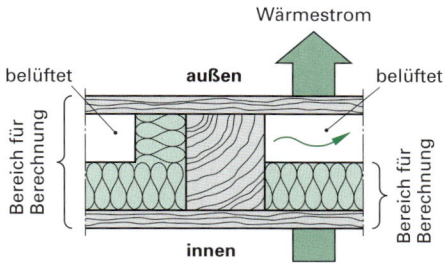

Abdichtungen

- Bei der Berechnung des Wärmedurchlasswiderstandes werden nur die Schichten von innen nach außen bis zur Bauwerksabdichtung berücksichtigt (z.B. beim Flachdach). Davon ausgenommen sind Dämmschichten, die beim Umkehrdach auf der Dachhaut liegen, sowie Perimeterdämmungen.
- Dämmplatten dürfen nicht im Grundwasser liegen. Die maximale Wasseraufnahme darf 3 % nicht überschreiten.
  Schaumglas muss dicht gestoßen, im Verbund gelegt und mit Bitumenkleber angeklebt werden.
- Holzwolleschichten mit $d < 15$ mm dürfen zur Berechnung von R nicht berücksichtigt werden.

Beispiel: Einschalige Massivwand

Der Wärmedurchgang durch eine einschalige massive Außenwand ist zu berechnen. Der vorhandene Wärmedurchlasswiderstand ist mit dem geforderten Mindestwert zu vergleichen, der vorhandene Wärmedurchgangskoeffizient mit dem zulässigen Maximalwert. Die Außentemperatur beträgt – 12 °C, die Innentemperatur + 23 °C. Der Temperaturverlauf ist grafisch darzustellen. Die Wanddicke beträgt 24 cm, als Baustoff wurden Leichtlochziegel mit einer Rohdichte von 1000 kg/m³ ausgewählt.

Masse des Bauteils $\quad m = 0,24$ m $\cdot \dfrac{1000 \text{ kg}}{\text{m}^3} \Rightarrow m = 240$ kg/m² > 100 kg/m²

Wärmedurchlass-
widerstand $\quad R = \dfrac{0,24 \text{ m}}{0,45 \dfrac{W}{m\,K}} \Rightarrow$ **vorh. $R = 0,53 \dfrac{m^2 K}{W} < 1,20 \dfrac{m^2 K}{W}$**
(Wärmedämmwert)

der erforderliche Mindestwert ist unterschritten; Konstruktion nicht zulässig!

Wärmedurchgangskoeffizient

$R_{si} = 0,13 \dfrac{m^2 K}{W}$ und $R_{se} = 0,04 \dfrac{m^2 K}{W}$ (gerundete Werte)

vorh $R_T = 0,13 \dfrac{m^2 K}{W} + 0,53 \dfrac{m^2 K}{W} + 0,04 \dfrac{m^2 K}{W}$

vorh $R_T = 0,70 \dfrac{m^2 K}{W} \Rightarrow U = 1,43 \dfrac{W}{m^2 K} > 0,45 \dfrac{W}{m^2 K}$ nach EnEV

der zulässige Maximalwert ist überschritten, Konstruktion nicht zulässig!

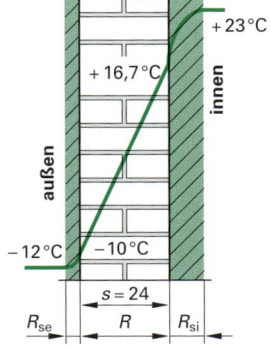

6

6.2 Wärmeschutz

Fenster

Fenster bzw. Fenstertüren bestehen aus Rahmen und Verglasung. Für Fenster- und Türrahmen werden Holz, Aluminium und Kunststoff verwendet. Die Verglasung besteht meist aus einer Doppelverglasung, auch Isolierverglasung oder Warmglas genannt. Einfachverglasungen dürfen nicht mehr eingebaut werden. Bei der Anwendung der DIN EN 10077 ist zu beachten, dass sie den Bemessungswärmedurchgangskoeffizienten von Verglasung, Fenster, Fenstertüren DIN V 4108-4 entsprechen müssen. Bei der Änderung von Bauteilen oder Erneuerung von Fenstern und Fenstertüren darf der U_{max} = 1,7 W/(m² · K) nicht überschritten werden. Beim Ersatz der Verglasung darf deren U-Wert 1,5 W/m²K nicht überschreiten.

Art der Verglasung	U_g W/(m² · K) ↓ U_f→	20 % der Gesamtfläche U_w in W/(m² · K)									30 % der Gesamtfläche U_w in W/(m² · K)								
		1,0	1,4	1,8	2,2	2,6	3,0	3,4	5,0	7,0	1,0	1,4	1,8	2,2	2,6	3,0	3,4	5,0	7,0
Einscheiben Verglasung	5,7	4,8	4,8	4,9	5,0	5,1	5,2	5,2	5,3	5,9	4,3	4,4	4,5	4,6	4,8	4,9	5,0	5,1	6,1
Zwei- scheiben- Isolier- verglasung	2,9	2,6	2,7	2,8	2,8	3,0	3,0	3,1	3,2	3,7	2,4	2,5	2,7	2,8	3,0	3,1	3,2	3,3	4,1
	2,7	2,4	2,5	2,6	2,7	2,8	2,9	3,0	3,0	3,6	2,3	2,4	2,5	2,6	2,8	2,9	3,1	3,2	4,0
	2,5	2,3	2,4	2,5	2,6	2,7	2,7	2,8	2,9	3,4	2,2	2,3	2,4	2,6	2,7	2,8	3,0	3,1	3,9
	2,3	2,1	2,2	2,3	2,4	2,5	2,6	2,7	2,7	3,3	2,1	2,2	2,3	2,4	2,6	2,7	2,8	2,9	3,8
	2,1	2,0	2,1	2,2	2,2	2,3	2,4	2,5	2,6	3,1	1,9	2,0	2,2	2,3	2,4	2,6	2,7	2,8	3,6
	1,9	1,8	1,9	2,0	2,1	2,2	2,3	2,3	2,4	3,0	1,8	1,9	2,0	2,1	2,3	2,4	2,5	2,7	3,5
	1,7	1,7	1,8	1,8	1,9	2,0	2,1	2,2	2,3	2,8	1,6	1,8	1,9	2,0	2,2	2,3	2,4	2,5	3,3
	1,5	1,5	1,6	1,7	1,8	1,9	1,9	2,0	2,1	2,6	1,5	1,6	1,7	1,9	2,0	2,1	2,3	2,4	3,2
	1,3	1,4	1,4	1,5	1,6	1,7	1,8	1,9	2,0	2,5	1,4	1,5	1,6	1,7	1,9	2,0	2,1	2,2	3,1
	1,1	1,2	1,3	1,4	1,4	1,5	1,6	1,7	1,8	2,3	1,2	1,3	1,5	1,6	1,7	1,9	2,0	2,1	2,9
Dreischeiben- Isolier- verglasung	1,2	1,3	1,4	1,5	1,7	1,8	1,9	2,1											
	1,1	1,2	1,3	1,5	1,6	1,7	1,9	2,0											
	1,0	1,1	1,3	1,4	1,5	1,7	1,8	1,9											
	0,9	1,1	1,2	1,3	1,4	1,6	1,7	1,8											
	0,8	1,0	1,1	1,3	1,4	1,5	1,7	1,8											
	0,7	0,9	1,1	1,2	1,3	1,5	1,6	1,7											
	0,6	0,9	1,0	1,1	1,2	1,4	1,5	1,6											
	0,5	0,8	0,9	1,0	1,2	1,3	1,4	1,6											

Wärmedurchgangskoeffizient U_w für Fenster (DIN V 4108-4 07.2004)
Flächenanteil des Rahmens in % der Gesamtfensterfläche (Auswahl)

Index f — engl. frame, früher R
Index g — engl. glazing, früher V
Index W — engl. window, früher F

Material des Abstandhalters in W/mK

Aluminium	ψ	0,08
Edelstahl		0,053
Kunststoff		0,045

Berechnung Fenster

$$U_W = \frac{A_f \cdot U_f + A_g \cdot U_g + l_G \cdot \psi_G}{A_f + A_g}$$

A_f — Fläche Fensterrahmen
U_f — Wärmedurchgangskoeffizient Fensterrahmen
A_g — Fläche Glas
U_g — Wärmedurchgangskoeffizient Glas
l_G — Länge Verglasungsdichtung
ψ_G — Wärmedurchgangskoeffizient Abstandshalter (MIG)
ψ_{BW} — Wärmedurchgangskoeffizient Einbaudämmung

Berücksichtigung der Wärmebrücken ψ_{BW}

- Erhöhung für die gesamte wärmeübertragende Umfassungsfläche pauschal:
  $\Delta U_{BW} = 0{,}10$ W/(m² · K)
- Erhöhung für die gesamte wärmeübertragende Umfassungsfläche bei Anwendung DIN 4108 Bbl 2: $\Delta U_{BW} = 0{,}10$ W/(m² · K)

Bei Planung und Einbau ist darauf zu achten, dass die 13 °C Isotherme in den Bauteilen verläuft, um so die Kondenswasserbildung und Schimmelbildung zu vermeiden.

Wärmebrücken an einem Fenster

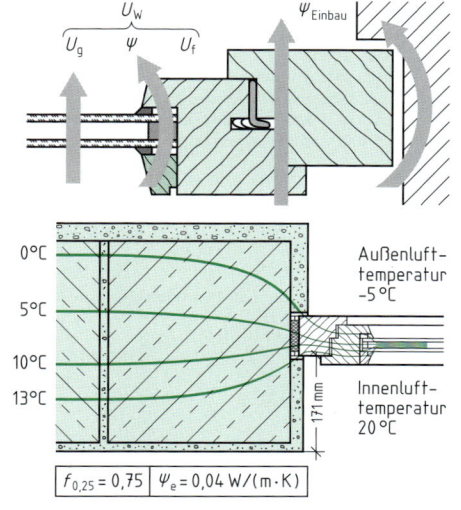

$f_{0,25} = 0{,}75$ $\psi_e = 0{,}04$ W/(m·K)

6.2 Wärmeschutz

Beispiel: Dachaufbau

Der Wärmedurchlasswiderstand für das in der unten stehenden Skizze dargestellte Dachgeschoss ist an der ungünstigsten Stelle und im Mittel zu berechnen und mit den Mindestanforderungen zu vergleichen.

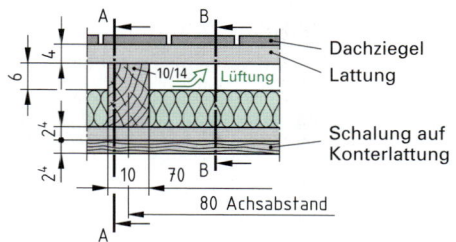
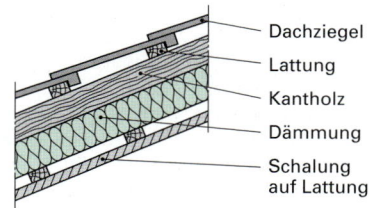

Dachziegel
Lattung
Schalung auf Konterlattung

Dachziegel
Lattung
Kantholz
Dämmung
Schalung auf Lattung

Rippenbereich A	vorh $R = 0{,}80\ \frac{m^2\,K}{W}$	$<$ erf $R = 1{,}20\ \frac{m^2\,K}{W}$	Der Mittelwert ist eingehalten.
Gefachebereich B	vorh $R = 2{,}47\ \frac{m^2\,K}{W}$	$>$ min $R = 1{,}75\ \frac{m^2\,K}{W}$	Der Rippenanteil beträgt 12,5 %,
Mittelwert (im Mittel)	$R_M = 2{,}47\ \frac{m^2\,K}{W} \cdot \frac{0{,}70\ m}{0{,}80\ m} + 0{,}80\ \frac{m^2\,K}{W} \cdot \frac{0{,}10\ m}{0{,}80\ m} = \mathbf{2{,}26\ \frac{m^2\,K}{W}}$		der Gefacheanteil 87,5 %.

Bauteil	Dicke m	Rohdichte $\frac{kg}{m^3}$	Masse $\frac{kg}{m^2}$	Wärmeleit-zahl $\frac{W}{m\,K}$	Wärmedurchlass-widerstand $R\ \left[\frac{m^2\,K}{W}\right]$	
Dachziegel, Lattung und Konter-lattung sowie Dampfsperren	werden nicht in Ansatz gebracht, belüftet				A	B
Mineralfaserdämmstoffe 035	0,08	100	8	0,035	–	2,29
Kantholz (nur wärmetechn. Höhe)	0,08	600	48	0,13	0,62	–
Schalung	0,024	600	14,4	0,13	0,18	0,18
Nach DIN EN ISO 6946 ist hier $R_{se} = R_{si} = 0{,}13$ m²k/W.				Σ	0,80	2,47

Beispiel: Einfamilienhaus mit Flachdach

Bauteil und Gebäudegeometrie	Konstruktionshinweise	Berechnungen
Außenwände West 40,6 m² Nord 29,4 m² Ost 40,0 m² Süd 35,0 m²	1,5 cm Kalkputz 24,0 cm KSV ($\varrho = 1{,}4$ t/m³) 6,0 cm Faserplatten 035 4,0 cm Luftschicht ruhende Luftschicht 11,5 cm Vollklinker	vorh $R_T = 0{,}13 + \frac{0{,}015}{0{,}87} + \frac{0{,}24}{0{,}70} + \frac{0{,}06}{0{,}035} + 0{,}18 +$ $+ \frac{0{,}115}{0{,}96} + 0{,}04 = 2{,}534$ m² K/W $U_W = \mathbf{0{,}395\ W/m^2K < 0{,}45\ W/m^2\ K}$
Kellergeschoss-decke 200,0 m²	4,5 cm Zementestrich 3,0 cm Dämmplatte 045 16,0 cm Stahlbeton C30/37 6,0 cm Dämmplatte 030	vorh $R_T = 0{,}17 + \frac{0{,}045}{1{,}4} + \frac{0{,}03}{0{,}045} + \frac{0{,}16}{2{,}10} +$ $+ \frac{0{,}06}{0{,}030} + 0{,}17 = 3{,}115$ m² K/W $U_G = \mathbf{0{,}321\ W/m^2\ K < 0{,}50\ W/m^2\ K}$
Dachgeschoss-decke 200,0 m² **Volumen** 590,0 m³	1,5 cm Gipsputz 16,0 cm Stahlbeton C30/37 – Dampfsperre 12,0 cm Dämmplatte 035 – Dichtungsbahn – Kiesschüttung	vorh $R_T = 0{,}13 + \frac{0{,}015}{0{,}70} + \frac{0{,}16}{2{,}10} + \frac{0{,}12}{0{,}035} + 0{,}04$ $= 3{,}696$ m² K/W $U_D = \mathbf{0{,}271\ W/m^2\ K < 0{,}30\ W/m^2\ K}$ Nachbesserung: z. B. 15,0 cm statt 12,0 cm Dämmplatte 035.
Hauseingangstür und Fenster Nord 12,0 m² + 4,0 m² Süd 16,0 m²		Vollholztür mit $U = 1{,}8$ W/m²K lt. Ausschreibung Fenster mit $U = 1{,}44$ W/m²K lt. Ausschreibung

6

305

6.2 Wärmeschutz

6.2.3 Wärmebrücken

Fehlender oder falsch ausgeführter Wärmeschutz kann zu Bauschäden führen. Die sichtbaren Bauschäden oder auch die indirekten Schäden können dann besonders groß sein, wenn der Feuchteschutz am Bauwerk nicht beachtet wurde. Wärmeschutz und Feuchteschutz sind daher eng verbunden. Da sich Wärmeschutzmaßnahmen nachträglich nur mit wirtschaftlich hohem Aufwand verwirklichen lassen, ist es wichtig, bei der Grundrissgestaltung und Bauplanung einen optimalen Wärmeschutz zu berücksichtigen.

Als **Stufen des Wärmeschutzes** werden unterschieden:

- Mindestwärmeschutz im Winter, Wärmeschutz im Sommer, Mindestmaßnahme nach DIN 4108
- erhöhter Wärmeschutz, verbesserter Mindestwärmeschutz entsprechend der Energieeinsparverordnung
- optimaler Wärmeschutz, Wärmeschutzstufe mit einem hohen Maß an Behaglichkeit, der auch unter wirtschaftlichen Aspekten rentabel ist
- Höchstwärmeschutz, Maßnahmen, die voll einer Energieverknappung vorbeugen und den Anforderungen eines sinnvollen Umweltschutzes entsprechen

Wärmebrücken

- werden oft fälschlicherweise Kältebrücken genannt
- sind einzelne, lokal begrenzte Schwachstellen in den Außenwänden (z.B. Drahtanker)
- haben eine wesentlich geringere Wärmedämmung als die benachbarten Flächenteile
- sind häufig Ursache von Bauschäden, da die Wärmeverluste die Möglichkeiten zur Tauwasserbildung vergrößern
- sind zu vermeiden, wenn das gesamte Bauwerk umhüllend gedämmt wird
- werden in der EnEV im vereinfachten Verfahren mit $\Delta U_{WB} = 0,05$ W/m²K berücksichtigt.

Definition: Eine Wärmebrücke ist ein Teil einer Gebäudehülle, an der der ansonsten normal zum Bauteil auftretende Wärmestrom deutlich verändert wird. Unter den Bedingungen der DIN 4108-2 muss zur Vermeidung von Schimmelbildung an Wärmebrücken stets eine Temperatur an der Bauteilinnenoberfläche von mindestens $\vartheta_i = \mathbf{12,6\ °C}$ eingehalten werden.

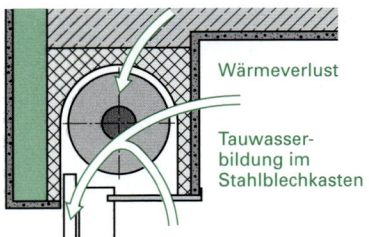

Rolladenkasten mit Wärmebrücke
Konstruktions- bzw. materialbedingte Wärmebrücke (WB) (weitere Beispiele: Fensterbank, Stürze, Mischmauerwerk, Anker als Vorsatzschalen, u.a.m.)

Wärmeverlust

Tauwasserbildung im Stahlblechkasten

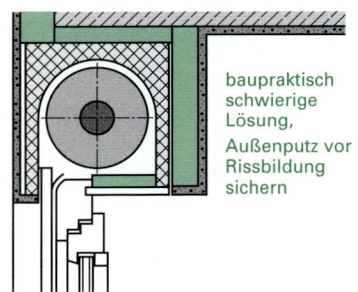

Rolladenkasten ohne Wärmebrücke

baupraktisch schwierige Lösung,

Außenputz vor Rissbildung sichern

$f_{Rsi} \geq \mathbf{0{,}7}$ (dimensionslos)
$f_{Rsi} = (\vartheta_{si} - \vartheta_e)/(\vartheta_i - \vartheta_e)$

DIN 4108, Beiblatt 2 zeigt Lösungsbeispiele die dieses Kriterium erfüllen. Der Nachteil von Wärmebrücken besteht darin, dass einerseits über relativ kleine Flächen viel Wärmemenge zur kalten Außenluft geführt wird und andererseits, dass sich bereits an der Bauteiloberfläche Tauwasser bildet.
Diese Tauwasserbildung führt zu Bauschäden.

Geometrische Wärmebrücke	Konstruktionsbedingte Wärmebrücke	Materialbedingte Wärmebrücke
■ an den Außenecken	■ bei Heizkörpernischen	■ im Holztafelbau im Rippenbereich (Konstruktionsholz)
■ an den Fensteranschlüssen → Fensteranschlüsse sind nicht geeignet, Tauwasser entlang der Profile und Glasfalze sicher zu verhindern.	■ an Rolladenkästen ■ an Kellerdecken	■ bei vorgehängten Fassadenplatten im Verankerungsbereich (Schrauben)

6

6.2 Wärmeschutz

6.2.4 Anforderungen an den Wärmeschutz im Sommer

DIN 4108-2 und die EnEV 2007 fordern gleicherweise bei Gebäuden den Nachweis für die Begrenzung des Sonneneintragskennwertes S. Dieser Wert S ist abhängig vom Gesamtenergie-durchlassgrad g aller Fenster A_{wj} des Raumes und von den Abminderungsfaktoren F_c für Sonnen-schutzvorrichtungen und der Raumgröße A_G.

Die Klimazonen, sommerkühl (Region A, max $\vartheta_i = 25\,°$), gemäßigt (B, 26°) und sommerheiß (C, 27°) sind der DIN 4108-2, Bild 3 zu entnehmen.

	Gesamtenergiedurchlassgrad	g
mit $S = \Sigma(A_{Wj} \cdot g_{totalj})/A_g$	Doppelverglasung ohne Beschichtung	0,85
$S > S_{zul}$ mit $S_{zul} = \Sigma S_x$	mit einer Infrarot reflektierenden Schicht	0,62
	mit zwei Infrarot reflektierenden Schichten	0,62
mit $g_{total} = g \cdot F_c$	Dreifachverglasung ohne Beschichtung	0,62
	mit zwei Infrarot reflektierenden Schichten	0,52

Sonnenschutzvorrichtung			Einflussgrößen		
Nr.	fest installierte Vorrichtung	Abminde-rungsfaktor F_c	Nr.	Gebäudelage Fensterneigung Orientierung	Sonnenein-tragskenn-wert S_x
1	**ohne** Sonnenschutz-vorrichtung	**1,0**	I	**Sommer-Klimaregion** Gebäude in Region A Gebäude in Region B Gebäude in Region C	**0,04** **0,03** **0,015**
2	**innenliegende** und zwischen den Scheiben weiße Oberfläche helle Oberfläche dunkle Oberfläche	**0,75** **0,80** **0,90**	II	**Wärmespeicherfähigkeit** leichte Bauart o.Nachweis mittlere Bauart schwere Bauart	**0,06 · f_{gew}** **0,10 · f_{gew}** **0,115 · f_{gew}**
3	**außenliegende** Jalousien und Stoffe Stoffe mit hoher Transparenz[1] Markisen, Vordächer Rollläden, Fensterläden	**0,25** **0,40** **0,50**[2] **0,30**	III	**Erhöhte Nachtlüftung** bei mittlerer und leichter Bauart bei schwerer Bauart alternative Sonnenschutz-verglasung $g \leq 0,4$	**+0,02** **+0,03** **+0,03**
[1] Eine Transparenz der Sonnenschutzvorrich-tung unter 10 % gilt als gering, unter 30 % als erhöht. [2] Dabei muss sichergestellt sein, dass keine direkte Besonnung des Fensters erfolgt.			IV	**Fensterorientierung** 0° ≤ Neigung ≤ 60° gegenüber der Horizon-talen, Nord-, Nordost- und Nordwest orientierte Fenster, Neigung > 60°	**−0,115 · f_{neig}** **+0,10 · f_{nord}**

Beispiel: Sommerlicher Wärmeschutznachweis

Gebäude: **Klimazone B**, Arbeitszimmer nach Westen $A_{W1} = 10,00\ m^2$ und Süden $A_{W2} = 3,80\ m^2$ auf der Außenwandfläche von $A_{AW} = 40,00\ m^2$. Schwere Bauart, erhöhte Nachtlüftung möglich, senk-recht stehende Fenster, Rahmenanteil der Fenster etwa 30 % mit Verglasung $g = 0,6$.

$S_{zul} = 0,03 + 0,115 \cdot f_{gew} + 0,03$ $S_{zul} = 0,03 + 0,086 + 0,03 = 0,146$

$f_{gew} = (A_W + 0,3 \cdot A_{AW} + 0,1\ A_D)/A_G$ $f_{gew} = (13,80 + 0,3 \cdot 40,00 + 0,1 \cdot 40,00)/40,00 = 0,745$

$S = \Sigma(A_{Wj} \cdot g_{totalj})/A_G$ $S = 13,80 \cdot 0,6/40,00 = 0,207$ **Forderung nicht erfüllt.**
Fenster benötigen zusätzliche Schutzvorrichtungen

Grundsätzlich ist der sommerliche Wärmeeingang abhängig von folgenden Faktoren:

- Stand des Gebäudes
- Orientierung des Gebäudes und der Fenster nach der Himmelsrichtung
- Gesamtenergiedurchlass der Fenster   ■ Lüftung in den Räumen
- Neigung der Dachschrägen und der Dachflächenfenster
- Bauart der Innenbauteile   ■ Wärmeleiteigenschaften der Wände
- Wärmespeichfähigkeit der umschließenden Bauteile

6

6.2 Wärmeschutz

6.2.5 Energieeinsparverordnung

Höchstwerte nach EnEV 2007

Zu errichtende Wohngebäude sind so auszuführen, dass der Jahres-Primärenergiebedarf für Heizung, Lüftung und Warmwasseraufbereitung sowie die spezifische auf die wärmeübertragende Umfassungsfläche bezogenen Transmissionswärmeverluste die **Höchstwerte** nach der untenstehenden Tabelle nicht überschreiten. Das Berechnungsverfahren nach dem vereinfachten Jahresbilanzverfahren ist auf den ▶ Seiten 309 bis 312 dargestellt.

Höchstwerte nach EnEV 2009

Der Höchstwert des Jahres-Primärenergiebedarfs eines zu errichtenden Wohngebäudes ist der auf die Gebäudenutzfläche bezogene Jahres-Primärenergiebedarf eines Referenzgebäudes. Der zulässige Transmissionswärmeverlust H'_T ist grundsätzlich von den Referenzgebäuden nach untenstehender Tabelle abhängig. Berechnungsverfahren wie auf den ▶ Seiten 309 bis 312.

Gleiche Ausrichtung	Gleiche Nutzfläche	Gleiche Geometrie	Gleiche Nutzung
RMH/Baulücke Erweiterungen	Gebäude freistehend $A_N > 350$ m²	DHH/REH einseitig angebaut	Gebäude freistehend $A_N \leq 350$ m²
$H'_T = 0{,}65$ W/(m² · K)	$H'_T = 0{,}5$ W/(m² · K)	$H'_T = 0{,}45$ W/(m² · K)	$H'_T = 0{,}4$ W/(m² · K)

Ausführung des Referenzgebäudes

Bauteil/System	Referenzausführung/Wert (Maßeinheit)	
Außenwand, Geschossdecke gegen Außenluft	Wärmedurchgangskoeffizient	$U = 0{,}28$ W/(m² · K)
Außenwand gegen Erdreich, Bodenplatte, Wände u. Decken zu unbeheizten Räumen	Wärmedurchgangskoeffizient	$U = 0{,}35$ W/(m² · K)
Dach, oberste Geschossdecke, Wände zu Abseiten	Wärmedurchgangskoeffizient	$U = 0{,}20$ W/(m² · K)
Fenster, Fenstertüren	Wärmedurchgangskoeffizient	$U_W = 1{,}30$ W/(m² · K)
	Gesamtenergiedurchlassgrad der Verglasung	$g_\perp = 0{,}60$
Dachflächenfenster	Wärmedurchgangskoeffizient	$U_W = 1{,}40$ W/(m² · K)
	Gesamtenergiedurchlassgrad der Verglasung	$g_\perp = 0{,}60$
Lichtkuppeln	Wärmedurchgangskoeffizient	$U_W = 2{,}70$ W/(m² · K)
	Gesamtenergiedurchlassgrad der Verglasung	$g_\perp = 0{,}64$
Außentüren	Wärmedurchgangskoeffizient	$U = 1{,}80$ W/(m² · K)
	Wärmebrückenzuschlag der Verglasung	$\Delta U_{WB} = 0{,}5$ (m² · K)

Heizungsanlage
- Wärmeerzeugung durch Brennwertkessel (verbessert), Heizöl EL,
  Aufstellung: – für Gebäude bis zu 2 Wohneinheiten innerhalb der thermischen Hülle
  – für Gebäude mit mehr als 2 Wohneinheiten außerhalb der thermischen Hülle
- Auslegungstemperatur 55 °C/45 °C, zentrales Verteilsystem innerhalb der wärmeübertragenden Umfassungsfläche, innen liegende Stränge und Anbindeleitungen, Pumpe auf Bedarf ausgelegt, Rohrnetz hydraulisch abgeglichen, Wärmedämmung der Rohrleitungen
- Wärmeübergabe mit freien statischen Heizflächen, Anordnung an normaler Außenwand

Anlage zur Warmwasserbereitung
- zentrale Warmwasserbereitung
- Solaranlage (Kombisystem mit Flachkollektor)
- Speicher, indirekt beheizt (stehend), gleiche Aufstellung wie Wärmeerzeuger
  – kleine Solaranlage bei A_N kleiner 500 m²
- gemeinsame Wärmebereitung mit Heizungsanlage
  – große Solaranlage bei A_N größer gleich 500 m²
- Verteilsystem innerhalb der wärmeübertragenden Umfassungsfläche, innen liegende Stränge, gemeinsame Installationswand, Wärmedämmung der Rohrleitungen

6

Nachweis für Gebäude mit normalen Innentemperaturen (Neubauten)

Im Sinne der Energieeinsparverordnung sind

- **Gebäude mit normalen Innentemperaturen** solche Gebäude, die auf eine Innentemperatur von mindestens 19 °C und jährlich mehr als 4 Monate beheizt werden,
- **Wohngebäude** solche Gebäude, die ganz bzw. überwiegend zum Wohnen genutzt werden,
- **Wohngebäude** solche Gebäude, deren Fensterflächenanteil 30 % der Umfassungsfläche nicht überschreiten,
- **Gebäude mit niedrigen Innentemperaturen** solche Gebäude, die auf eine Innentemperatur von mind. 12 °C und weniger als 19 °C und jährlich mehr als 4 Monate beheizt werden.

Das zu errichtende Wohngebäude mit normalen Innentemperaturen ist so auszuführen, dass

- der auf die Gebäudenutzung bezogene Jahres-Primärenergiebedarf und
- der spezifische, auf die wärmeübertragene Fläche bezogene Transmissionswärmeverlust

die Höchstwerte nicht überschreiten.

Beispiel: Lage der Systemgrenzen

Die beheizte Umfassungsfläche wird nach DIN EN ISO 13789 ermittelt und umschließt alle Räume, die beheizt werden sollen.

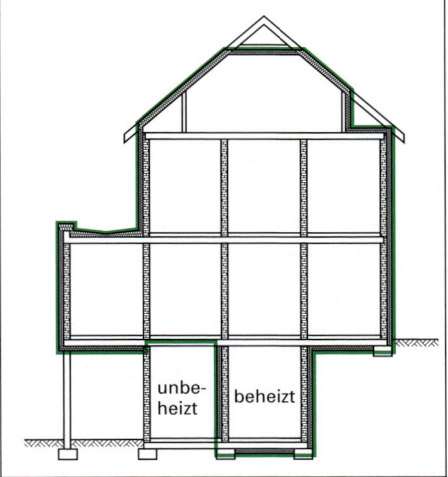

unbeheizt | beheizt

Höchstwerte des Jahres-Primärenergiebedarfs

Verhältnis A/V_e	Q_P'' in kWh/(m² · a) bezogen auf die Gebäudenutzfläche		Transmissionswärmeverlust H_T' in W/(m² · K)
	Wohngebäude mit fossiler Warmwasserbereitung[1]	Wohngebäude mit Warmwasserbereitung aus elektrischem Strom	Nichtwohngebäude mit einem Fensterflächenanteil ≤ 30 % und Wohngebäude
≤ 0,2	66,00 + 2600/(100 + A_N)	83,00[2]	1,05[3]
0,3	73,53 + 2600/(100 + A_N)	91,33	0,80
0,4	81,06 + 2600/(100 + A_N)	98,86	0,68
0,5	88,58 + 2600/(100 + A_N)	106,39	0,60
0,6	96,11 + 2600/(100 + A_N)	113,91	0,55
0,7	103,64 + 2600/(100 + A_N)	121,44	0,51
0,8	111,17 + 2600/(100 + A_N)	128,97	0,49
0,9	118,70 + 2600/(100 + A_N)	136,50	0,47
1	126,23 + 2600/(100 + A_N)	144,03	0,45
≥ 1,05	130,00 + 2600/(100 + A_N)	147,79	0,44
Zwischenwerte	[1] $Q_P'' = 50,94 + 75,29 \cdot A/V_e + 2600/(100 + A_N)$ in kWh/(m² · a) [2] $Q_P'' = 68,74 + 75,29 \cdot A/V_e$ in kWh/(m² · a) [3] $H_T' = 0,3 + 0,15 / (A/V_e)$ in W/(m² · K) und bei einem Fensteranteil > 30 % $H_T' = 0,35 + 0,24 / (A/V_e)$ in W/(m² · K)		

Definition der Bezugsgrößen A, A_N und V_e

Die wärmeübertragende Umfassungsfläche A des Gebäudes ist mit den Abmessungen der äußeren Begrenzungsflächen des beheizten Gebäudeteils zu berechnen. Das Gebäudevolumen V_e wird mit den Außenmaßen der fertigen, wärmeübertragenden Umfassungsfläche ermittelt.

Die **Gebäudenutzfläche** A_N wird in m² bei Wohngebäuden wie folgt ermittelt:

$$A_N = 0,32 \; V_e$$

Fensterflächenanteil

$$f = A_W/(A_N + A_{AW})$$

Planungshinweise zur Gebäudeform

- Kompakter Baukörper
- Vermeidung von Vor- und Rücksprüngen von mehr als 0,50 m
- Einfache Dachformen, Verzicht auf Erker und Gauben
- Süd-/Westorientierung

6

Jahres-Primärenergiebedarf Q_p

Der Jahres-Primärenergiebedarf ist vereinfacht wie folgt zu ermitteln:

$$Q_P = (Q_H + Q_W) \cdot e_p$$

e_p Anlagenaufwandzahl

Q_H Jahres-Heizwertbedarf in kWh/a
Q_W Zuschlag für Warmwasser in kWh/a

Warmwasserbereitung Q_W

Als Nutz-Wärmebedarf für die Warmwasserbereitung Q_W sind vereinfacht 12,5 kWh/(m² a) mit A_N in m² in Ansatz zu bringen.

Transmissionswärmeverlust H_T

Die Berechnung des Transmissionswärmeverlustes erfolgt gemäß DIN 4108 aus den Wärmedurchlasskoeffizienten U_i, der Bezugsfläche A_i und dem Temperaturkorrekturfaktor F_{xi}.

$$H_T = \Sigma (F_{xi} \cdot U_i \cdot A_i) + 0{,}05 \, A$$

Beheiztes Volumen

Bei Gebäuden bis 3 Vollgeschossen gilt:	In allen übrigen Fällen:
$V = 0{,}76 \, V_e$	$V = 0{,}80 \, V_e$

Wärmebrücken

Die Wärmebrücken sind besonders zu berücksichtigen und nachzuweisen. Im vereinfachten Fall gilt für die gesamte Wärme übertragende Umfassungsfläche:

$$\Delta U_{WB} = 0{,}05 \, W/m^2 \, K$$

Lüftungswärmeverlust H_V

Der Lüftungswärmeverlust ermittelt sich nach folgender Formel:

mit Dichtheitsprüfung
$$H_V = 0{,}163 \, V_e$$

ohne Dichtheitsprüfung
$$H_V = 0{,}19 \, V_e$$

Solare Wärmegewinne Q_S

Die solaren Wärmegewinne werden nach der Orientierung der Fensterflächen, der solaren Einstrahlung und dem Gesamtenergiedurchlassgrad berechnet.

Dachflächen mit einer Neigung 30° sind hinsichtlich der Orientierung wie senkrechte Fenster zu berechnen.

$$Q_S = \Sigma (I_j \cdot 0{,}567 \cdot A_{Fi} \cdot g_i)$$

Temperaturkorrekturfaktoren F_{xi}

Wärmestrom nach außen über Bauteil		Temperatur-Korrekturfaktor F_{xi}
Außenwand	A_W	1,0
Dach (als Systemgrenze)	A_D	1,0
Oberste Geschossdecke (Dachraum nicht ausgebaut)	A_{DG}	0,8
Abseitenwand (Drempelwand)	A_{AW}	0,8
Wände und Decken zu unbeheizten Räumen	A_{WB}	0,5
Unterer Gebäudeabschluss Kellerdecke/-wände zu unbeheiztem Keller; Fußboden auf Erdreich; Keller gegen Erdreich	A_G	0,6
Fenster	A_F	1,0

Solare Einstrahlung I_j nach Orientierung

Südost bis Südwest	270 kWh/(m² · a)
Nordwest bis Nordost	100 kWh/(m² · a)
übrige Richtungen	155 kWh/(m² · a)
Dachflächenfenster mit Neigung < 30 °[3)]	225 kWh/(m² · a)

Die Fläche der Fenster A_i mit der Orientierung j (Süd, West, Ost, Nord und horizontel) ist nach den lichten Fassadenöffnungmaßen zu ermitteln.

Interne Wärmegewinne Q_i

Die internen Wärmegewinne in kWh/a werden pauschal angerechnet mit:

$$Q_i = 22 \, A_N$$

Jahres-Heizwärmebedarf Q_h

Unter Berücksichtigung der Heizgradtage gilt der Faktor $f_{Gt} = 66$ für die Berechnung des Heizwärmebedarfes in kWh/a (▶ S. 312).

$$Q_h = 66 \, (H_T + H_V) - 0{,}95 \, (Q_S + Q_i)$$

Gesamtenergiedurchlassgrad g

Die Energiedurchlässigkeit von Verglasungen wird duch den Energiedurchlassgrad g ausgedrückt; z.B. 0,58 bedeutet, dass 58 % der auf die Verglasung auftretenden Wärmeenergie hindurchgeht. Niedrige Energiedurchlassgrade sind anzustreben und i.d.R. den Produkt-Spezifikationen oder der Bauregelliste zu entnehmen. Fenster mit einer Neigung ≥ 30 ° sind wie senkrechte Fenster zu behandeln.

g-Werte üblicher Fenstergläser (Richtwerte)	
Einfachverglasung	$g = 0{,}87$
Doppelverglasung	$g = 0{,}80$
Wärmeschutzverglasung	$g = 0{,}58$
Dreifachverglasung	$g = 0{,}55$
Sonnenschutzverglasung	$g = 0{,}55$

Anlagenaufwandszahl e_p

In der DIN 4701-10 (Energetische Bewertung heiztechnischer Anlagen) werden Heizanlagen grafisch erfasst. Abhängig von der beheizten Nutzfläche A_N und dem Jahres-Heizwärmebedarf ist die Anlagenaufwandszahl zu ermitteln. Wichtig ist daher eine Verwendung produktspezifischer Kennwerte.
Die Grafik zeigt Vergleichswerte von Anlagen bei 150 m² bis 500 m² Gebäudenutzfläche.

Ermittlung der Anlagenaufwandszahl

$$e_p = \frac{Q_{HP} + Q_{L,P} + Q_{TW,P}}{Q_h + Q_{tw}}$$

Indize: L Lüftungsanlage, H Heizungsanlage,
TN Niedrigtemperatur (-kessel)
TW Trinkwasser (-erwärmung)
BW Brennwert (-kessel)

① NT-Kessel +TW-Speicher, HK 70/55 °C außerhalb thermischer Hülle, Zirkulation
② wie 1) jedoch BW statt NT-Kessel
③ wie 2) innerhalb thermischer Hülle
④ wie 3 ohne Zirkulation
⑤ wie 3) mit Lüftungsanlage
⑥ wie 2) mit solarer Wasseraufbereitung
⑦ Wärmepumpe +TW-Speicher
   Fußbodenheizung 35/28 °C

Anhaltswerte für die Anlagenaufwandszahl	
Niedertemperatur-Kessel 70/55 °C mit Horizontal-Verteilung und Kesselaufstellung im Keller	1,4 ... 2,0
Niedertemperatur-Kessel 70/55 °C komplett im beheizten Bereich aufgestellt (NT-Kessel)	1,3 ... 1,8
Brennwert-Kessel 55/45 °C komplett im beheizten Bereich aufgestellt	1,2 ... 1,6
Brennwert-Kessel 55/45 °C komplett im beheizten Bereich aufgestellt und solare Trinkwassererwärmung	1,1 ... 1,15
Brennwert-Kessel 55/45 °C komplett im beheizten Bereich aufgestellt und Lüftungsanlage mit Wärmerückgewinnung (BW-Kessel)	1,15 ... 1,5

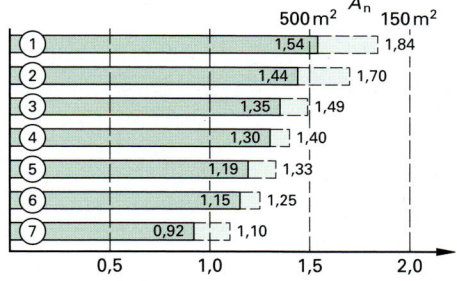

Beispiel: Energiebilanzverfahren

Aus den Architektenunterlagen für ein eingeschossiges Einfamilienhaus mit Flachdach ergeben sich folgende Angaben und Berechnungen. Für die Außenwand nach DIN 1053 wurde eine noch ruhende Luftschicht angenommen. Bei schwach belüfteter Luftschicht verringert sich der R_T-Wert auf 2,454 m²K/W. $V_e = 590,00$ m³ $A_N = 0,32 \cdot V_e = 188,8$ m³ $\Rightarrow$ max $H_T' = 0,843$ W/m² K

Bauteil	Kurzbezeichnung	Fläche A in m²	Wärmedurchgangskoeffizient U in W/(m² K)		$U \cdot A$ in W/K	Faktor	Wärmeverlust $F_{xi} \cdot A_i \cdot U_i$ in W/K
Wand	W1 (Nord)	29,4	0,393	aus U-Wert	11,61		11,61
	W2 (West)	40,6	0,393	Berechnung	16,04	1,0	16,04
	W3 (Ost)	40,0	0,393		15,80		15,80
	W4 (Süd)	35,0	0,393		13,83		13,83
Fenster einschließlich	F1 (Nord)	16,0	1,4		22,40		22,40
solare Wärmegewinne	F4 (Süd)	16,0	1,4		22,40		22,40
Haustür	T1	3,5	1,8		6,30	1,0	6,30
Dach, Decke zum nicht ausgebauten Dachgeschoss	D1	200,0	0,27	aus U-Wert	–	0,8[1]	43,20
	D2	–		Berechnung			
Grundfläche, **Kellerdecke,** Wände gegen Erdreich	G1	200,0	0,32	aus U-Wert-	64,00	0,6	38,40
	G2	–		Berechnung			
$\Sigma V = $ 590,00 m³	$\Sigma A = $	580,50			$\Sigma F_{xi} \cdot U_i \cdot A_i = $		189,98
Wärmebrückenzuschlag			$580 \cdot 0,05$				29,03
[1] Nach Seite 310 Tafel F_{xi} ist zwischen $F_{xi} = 0,8$ bzw. $F_{xi} = 1,0$ zu entscheiden. Hinweis: Systemgrenzen von Fenstern, Dach und Decken beachten.							219,04

6

6.2 Wärmeschutz

Zusammenstellung der Berechnungsgrößen

1. Transmissionswärmeverlust

$$H_T = \Sigma(U_i \cdot A_i \cdot F_{xi}) + \Delta U_{WB} \cdot A$$

Wärmedurchgangskoeffizient bei Wärmebrücken:
Gemäß DIN 4108 Bbl. 2 gilt $\Delta U_{WB} = 0{,}05\,W/(m^2K)$, ansonsten der erhöhte Wert von $0{,}10\,W/(m^2K)$.

Bei aneinander gereihten Gebäuden (z.B. Reihenhäuser) werden die Trennwände zwischen Gebäuden bei normalen Innentemperaturen bei der Ermittlung von A und A/V_e nicht berücksichtigt.

2. Wärmegewinne

Solare Wärmegewinne Q_S [kWh/a]

Orientierung	Solare Einstrahlung I_j [kWh/(m² · a)]	Fenster-Teilfläche $A_{w,i}$ [m²]	Gesamtenergie-durchlassgrad g_i [–]	$I_j \cdot 0{,}567 \cdot A_{w,i} \cdot g_i$ [kWh/a]
Südost bis Südwest	270			
Nordwest bis Nordost	100			
übrige Richtungen	155			
Dachflächenfenster mit Neigung < 30°	255			
Solare Wärmegewinne			$Q_S =$	

Interne Wärmegewinne Q_i [kWh/a]

Interne Wärmegewinne	$Q_i = 22 \cdot A_N$		$Q_i =$	

3. Jahres-Heizwärmebedarf

Jahres-Heizwärmebedarf [kWh/a] 66 Heizgradtagszahlfaktor (2900 Kd · 0,95 / 24 h/d / 1000 W/kW) 0,95 Nutzungsgrad der Wärmegewinnung	$Q_H = 66 \cdot (H_T + H_V) - 0{,}95 \cdot (Q_S + Q_i)$ $Q_H =$	
Flächenbezogener Jahres-Heizwärmebedarf [kWh/(m² a)]	$Q''_H = Q_h/A_N$ $Q''_H =$	

Spezifischer flächenbezogener Transmissionswärmeverlust [W/(m² K)]

vorhandener flächenbezogener Transmissionswärmeverlust	$H'_{T\,vorh} = H_T/A$ $H'_{T\,vorh} =$	
zulässiger spezifischer flächenbezogener Transmissionswärmeverlust $H'_{T\,max} = 1{,}05$ $H'_{T\,max} = 0{,}3 + 0{,}15/(A/V_e)$ $H'_{T\,max} = 0{,}44$	bei $A/V_e \leq 0{,}2$ bei $0{,}2 < A/V_e < 1{,}05$ bei $A/V_e \geq 1{,}05$ $H'_{T\,max} =$	

4. Jahres-Primärenergiebedarf

vorhandener Jahres-Primärenergiebedarf [kWh/(m² a)]	$Q''_{P,vorh} = e_p \cdot (Q''_h + Q''_w)$ $Q''_w = 12{,}5\ kWh/(m^2a)$ $Q''_{P,vorh} =$	

zulässiger Jahres-Primärenergiebedarf

Wohngebäude $Q''_{P,max} = 66 + 2600/(100 + A_N)$ $Q''_{P,max} = 50{,}94 + 75{,}29 \cdot A/V_e + 2600/(100 + A_N)$ $Q''_{P,max} = 130 + 2600/(100 + A_N)$	bei $A/V_e \leq 0{,}2$ bei $0{,}2 < A/V_e < 1{,}05$ bei $A/V_e \geq 1{,}05$ $Q''_{P,max} =$	
Wohngebäude mit überwiegender Warmwasserbereitung aus elektrischem Strom $Q''_{P,max} = 83$ $Q''_{P,max} = 68{,}74 + 75{,}29 \cdot A/V_e$ $Q''_{P,max} = 147{,}79$	bei $A/V_e \leq 0{,}2$ bei $0{,}2 < A/V_e < 1{,}05$ bei $A/V_e \geq 1{,}05$ $Q''_{P,max} =$	

6

6.2 Wärmeschutz

Die Berechtigung zur Ausstellung von Energieausweisen für neue Gebäude ist im Landesrecht, für bestehende Gebäude in § 21 EnEV geregelt. Benötigt wird i.d.R. eine einschlägige Ausbildung oder einschlägige Zusatzqualifikationen.

Einschlägige Ausbildung
Diplom, Bachlor, Master in den Fachrichtungen: Architektur, Bauingenieurwesen, Technische Gebäudeausrüstung, Physik, Bauphysik, Verfahrenstechnik, Maschinenbau, Gebäudemanagement

Einschlägige Zusatzqualifikation
Energie sparendes Bauen
Energieberater (mit Fortbildungszertifikat)
öffentlich bestellter Sachverständiger
(Schornsteinfegermeister, Zimmerermeister)

ENERGIEAUSWEIS für Wohngebäude
gemäß den §§ 16 ff. Energieeinsparverordnung (EnEV)

Gültig bis:

1

Gebäude

		Gebäudefoto (freiwillig)
Gebäudetyp		
Adresse		
Gebäudeteil		
Baujahr Gebäude		
Baujahr Anlagentechnik		
Anzahl Wohnungen		
Gebäudenutzfläche (A_N)		

Anlass der Ausstellung des Energieausweises	☐ Neubau ☐ Vermietung / Verkauf	☐ Modernisierung (Änderung / Erweiterung)	☐ Sonstiges (freiwillig)

Hinweise zu den Angaben über die energetische Qualität des Gebäudes

Die energetische Qualität eines Gebäudes kann durch die Berechnung des **Energiebedarfs** unter standardisierten Randbedingungen oder durch die Auswertung des **Energieverbrauchs** ermittelt werden. Als Bezugsfläche dient die energetische Gebäudenutzfläche nach der EnEV, die sich in der Regel von den allgemeinen Wohnflächenangaben unterscheidet. Die angegebenen Vergleichswerte sollen überschlägige Vergleiche ermöglichen (**Erläuterungen – siehe Seite 4**).

☐ Der Energieausweis wurde auf der Grundlage von Berechnungen des **Energiebedarfs** erstellt. Die Ergebnisse sind auf **Seite 2** dargestellt. Zusätzliche Informationen zum Verbrauch sind freiwillig.

☐ Der Energieausweis wurde auf der Grundlage von Auswertungen des **Energieverbrauchs** erstellt. Die Ergebnisse sind auf **Seite 3** dargestellt.

Datenerhebung Bedarf/Verbrauch durch   ☐ Eigentümer   ☐ Aussteller

☐ Dem Energieausweis sind zusätzliche Informationen zur energetischen Qualität beigefügt (freiwillige Angabe).

Hinweise zur Verwendung des Energieausweises

Der Energieausweis dient lediglich der Information. Die Angaben im Energieausweis beziehen sich auf das gesamte Wohngebäude oder den oben bezeichneten Gebäudeteil. Der Energieausweis ist lediglich dafür gedacht, einen überschlägigen Vergleich von Gebäuden zu ermöglichen.

Aussteller

....
Datum   Unterschrift des Ausstellers

6

ENERGIEAUSWEIS für Wohngebäude

gemäß den §§ 16 ff. Energieeinsparverordnung (EnEV)

Berechneter Energiebedarf des Gebäudes ②

Energiebedarf

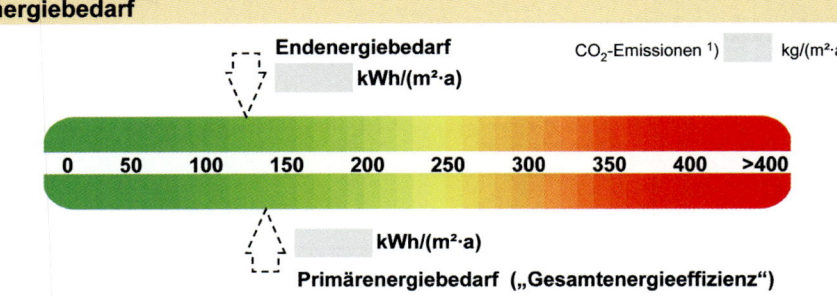

Endenergiebedarf

kWh/(m²·a)

CO₂-Emissionen [1] kg/(m²·a)

| 0 | 50 | 100 | 150 | 200 | 250 | 300 | 350 | 400 | >400 |

kWh/(m²·a)

Primärenergiebedarf ("Gesamtenergieeffizienz")

Nachweis der Einhaltung des § 3 oder § 9 Abs. 1 EnEV [2]

Primärenergiebedarf		Energetische Qualität der Gebäudehülle	
Gebäude Ist-Wert	kWh/(m²·a)	Gebäude Ist-Wert H'_T	W/(m²·K)
EnEV-Anforderungswert	kWh/(m²·a)	EnEV-Anforderungswert H'_T	W/(m²·K)

Endenergiebedarf

Energieträger	Jährlicher Endenergiebedarf in kWh/(m²·a) für			Gesamt in kWh/(m²·a)
	Heizung	Warmwasser	Hilfsgeräte [3]	

Sonstige Angaben

Einsetzbarkeit alternativer Energieversorgungssysteme

☐ nach § 5 EnEV vor Baubeginn geprüft

Alternative Energieversorgungssysteme werden genutzt für:

☐ Heizung ☐ Warmwasser

☐ Lüftung ☐ Kühlung

Lüftungskonzept

Die Lüftung erfolgt durch:

☐ Fensterlüftung ☐ Schachtlüftung

☐ Lüftungsanlage ohne Wärmerückgewinnung

☐ Lüftungsanlage mit Wärmerückgewinnung

Vergleichswerte Endenergiebedarf

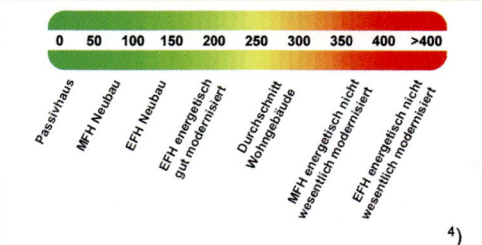

| 0 | 50 | 100 | 150 | 200 | 250 | 300 | 350 | 400 | >400 |

Passivhaus

MFH Neubau

EFH Neubau

EFH energetisch gut modernisiert

Durchschnitt Wohngebäude

MFH energetisch nicht wesentlich modernisiert

EFH energetisch nicht wesentlich modernisiert

[4]

Erläuterungen zum Berechnungsverfahren

Das verwendete Berechnungsverfahren ist durch die Energieeinsparverordnung vorgegeben. Insbesondere wegen standardisierter Randbedingungen erlauben die angegebenen Werte keine Rückschlüsse auf den tatsächlichen Energieverbrauch. Die ausgewiesenen Bedarfswerte sind spezifische Werte nach der EnEV pro Quadratmeter Gebäudenutzfläche (A_N).

[1] freiwillige Angabe

[2] nur in den Fällen des Neubaus und der Modernisierung auszufüllen

[3] ggf. einschließlich Kühlung

[4] EFH – Einfamilienhäuser, MFH – Mehrfamilienhäuser

6

ENERGIEAUSWEIS für Wohngebäude

gemäß den §§ 16 ff. Energieeinsparverordnung (EnEV)

Erfasster Energieverbrauch des Gebäudes ③

Energieverbrauchskennwert

Dieses Gebäude:

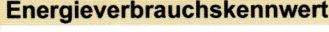

kWh/(m²·a)

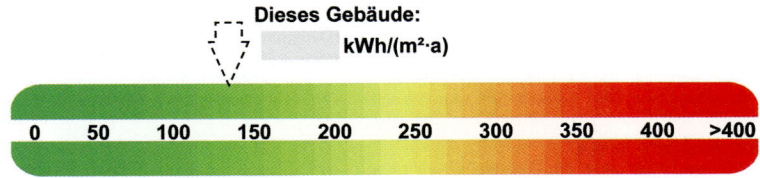

| 0 | 50 | 100 | 150 | 200 | 250 | 300 | 350 | 400 | >400 |

Energieverbrauch für Warmwasser: ☐ enthalten   ☐ nicht enthalten

☐ Das Gebäude wird auch gekühlt; der typische Energieverbrauch für Kühlung beträgt bei zeitgemäßen Geräten etwa 6 kWh je m² Gebäudenutzfläche und Jahr und ist im Energieverbrauchskennwert nicht enthalten.

Verbrauchserfassung – Heizung und Warmwasser

| Energieträger | Zeitraum | | Energie-verbrauch [kWh] | Anteil Warm-wasser [kWh] | Klima-faktor | Energieverbrauchskennwert in kWh/(m²·a) (zeitlich bereinigt, klimabereinigt) | | |
	von	bis				Heizung	Warmwasser	Kennwert
							Durchschnitt	

Vergleichswerte Endenergiebedarf

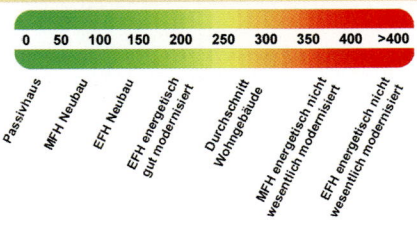

| 0 | 50 | 100 | 150 | 200 | 250 | 300 | 350 | 400 | >400 |

Passivhaus · MFH Neubau · EFH Neubau · EFH energetisch gut modernisiert · Durchschnitt Wohngebäude · MFH energetisch nicht wesentlich modernisiert · EFH energetisch nicht wesentlich modernisiert

1)

Die modellhaft ermittelten Vergleichswerte beziehen sich auf Gebäude, in denen die Wärme für Heizung und Warmwasser durch Heizkessel im Gebäude bereitgestellt wird.
Soll ein Energieverbrauchskennwert verglichen werden, der keinen Warmwasseranteil enthält, ist zu beachten, dass auf die Warmwasserbereitung je nach Gebäudegröße 20 – 40 kWh/(m²·a) entfallen können.
Soll ein Energieverbrauchskennwert eines mit Fern- oder Nahwärme beheizten Gebäudes verglichen werden, ist zu beachten, dass hier normalerweise ein um 15 – 30 % geringerer Energieverbrauch als bei vergleichbaren Gebäuden mit Kesselheizung zu erwarten ist.

Erläuterungen zum Verfahren

Das Verfahren zur Ermittlung von Energieverbrauchskennwerten ist durch die Energieeinsparverordnung vorgegeben. Die Werte sind spezifische Werte pro Quadratmeter Gebäudenutzfläche (A_N) nach Energieeinsparverordnung. Der tatsächliche Verbrauch einer Wohnung oder eines Gebäudes weicht insbesondere wegen des Witterungseinflusses und sich ändernden Nutzerverhaltens vom angegebenen Energieverbrauchskennwert ab.

1) EFH – Einfamilienhäuser, MFH – Mehrfamilienhäuser

6

ENERGIEAUSWEIS für Wohngebäude

gemäß den §§ 16 ff. Energieeinsparverordnung (EnEV)

Erläuterungen

Energiebedarf – Seite 2
Der Energiebedarf wird in diesem Energieausweis durch den Jahres-Primärenergiebedarf und den Endenergie-bedarf dargestellt. Diese Angaben werden rechnerisch ermittelt. Die angegebenen Werte werden auf der Grundlage der Bauunterlagen bzw. gebäudebezogener Daten und unter Annahme von standardisierten Randbedingungen (z. B. standardisierte Klimadaten, definiertes Nutzerverhalten, standardisierte Innentemperatur und innere Wärme-gewinne usw.) berechnet. So lässt sich die energetische Qualität des Gebäudes unabhängig vom Nutzerverhalten und der Wetterlage beurteilen. Insbesondere wegen standardisierter Randbedingungen erlauben die angegebenen Werte keine Rückschlüsse auf den tatsächlichen Energieverbrauch.

Primärenergiebedarf – Seite 2
Der Primärenergiebedarf bildet die Gesamtenergieeffizienz eines Gebäudes ab. Er berücksichtigt neben der End-energie auch die so genannte „Vorkette" (Erkundung, Gewinnung, Verteilung, Umwandlung) der jeweils eingesetz-ten Energieträger (z. B. Heizöl, Gas, Strom, erneuerbare Energien etc.). Kleine Werte signalisieren einen geringen Bedarf und damit eine hohe Energieeffizienz und eine die Ressourcen und die Umwelt schonende Energienutzung. Zusätzlich können die mit dem Energiebedarf verbundenen CO_2-Emissionen des Gebäudes freiwillig angegeben werden.

Endenergiebedarf – Seite 2
Der Endenergiebedarf gibt die nach technischen Regeln berechnete, jährlich benötigte Energiemenge für Heizung, Lüftung und Warmwasserbereitung an. Er wird unter Standardklima- und Standardnutzungsbedingungen errechnet und ist ein Maß für die Energieeffizienz eines Gebäudes und seiner Anlagentechnik. Der Endenergiebedarf ist die Energiemenge, die dem Gebäude bei standardisierten Bedingungen unter Berücksichtigung der Energieverluste zugeführt werden muss, damit die standardisierte Innentemperatur, der Warmwasserbedarf und die notwendige Lüftung sichergestellt werden können. Kleine Werte signalisieren einen geringen Bedarf und damit eine hohe Energieeffizienz.
Die Vergleichswerte für den Energiebedarf sind modellhaft ermittelte Werte und sollen Anhaltspunkte für grobe Ver-gleiche der Werte dieses Gebäudes mit den Vergleichswerten ermöglichen. Es sind ungefähre Bereiche ange-geben, in denen die Werte für die einzelnen Vergleichskategorien liegen. Im Einzelfall können diese Werte auch außerhalb der angegebenen Bereiche liegen.

Energetische Qualität der Gebäudehülle – Seite 2
Angegeben ist der spezifische, auf die wärmeübertragende Umfassungsfläche bezogene Transmissionswärme-verlust (Formelzeichen in der EnEV: H_T'). Er ist ein Maß für die durchschnittliche energetische Qualität aller wärme-übertragenden Umfassungsflächen (Außenwände, Decken, Fenster etc.) eines Gebäudes. Kleine Werte signali-sieren einen guten baulichen Wärmeschutz.

Energieverbrauchskennwert – Seite 3
Der ausgewiesene Energieverbrauchskennwert wird für das Gebäude auf der Basis der Abrechnung von Heiz- und ggf. Warmwasserkosten nach der Heizkostenverordnung und/oder auf Grund anderer geeigneter Verbrauchsdaten ermittelt. Dabei werden die Energieverbrauchsdaten des gesamten Gebäudes und nicht der einzelnen Wohn- oder Nutzeinheiten zugrunde gelegt. Über Klimafaktoren wird der erfasste Energieverbrauch für die Heizung hinsichtlich der konkreten örtlichen Wetterdaten auf einen deutschlandweiten Mittelwert umgerechnet. So führen beispielsweise hohe Verbräuche in einem einzelnen harten Winter nicht zu einer schlechteren Beurteilung des Gebäudes. Der Energieverbrauchskennwert gibt Hinweise auf die energetische Qualität des Gebäudes und seiner Heizungsanlage. Kleine Werte signalisieren einen geringen Verbrauch. Ein Rückschluss auf den künftig zu erwartenden Verbrauch ist jedoch nicht möglich; insbesondere können die Verbrauchsdaten einzelner Wohneinheiten stark differieren, weil sie von deren Lage im Gebäude, von der jeweiligen Nutzung und vom individuellen Verhalten abhängen.

Gemischt genutzte Gebäude
Für Energieausweise bei gemischt genutzten Gebäuden enthält die Energieeinsparverordnung besondere Vorga-ben. Danach sind - je nach Fallgestaltung - entweder ein gemeinsamer Energieausweis für alle Nutzungen oder zwei getrennte Energieausweise für Wohnungen und die übrigen Nutzungen auszustellen; dies ist auf Seite 1 der Ausweise erkennbar (ggf. Angabe „Gebäudeteil").

6.3 Feuchteschutz und Tauwasserschutz

Jedes Bauwerk muss durch bauliche Maßnahmen vor dem Eindringen von Wasser und Feuchtigkeit geschützt werden. Ständig feuchte Baustoffe verlieren ihre Festigkeit und Wärmedämmfähigkeit (Wasser leitet die Wärme 25-mal besser als die Luft). Wasser und Feuchtigkeit sammeln sich im Erdreich und fallen im Bauwerksinneren an. Man unterscheidet Außenwasser und Innenwasser.

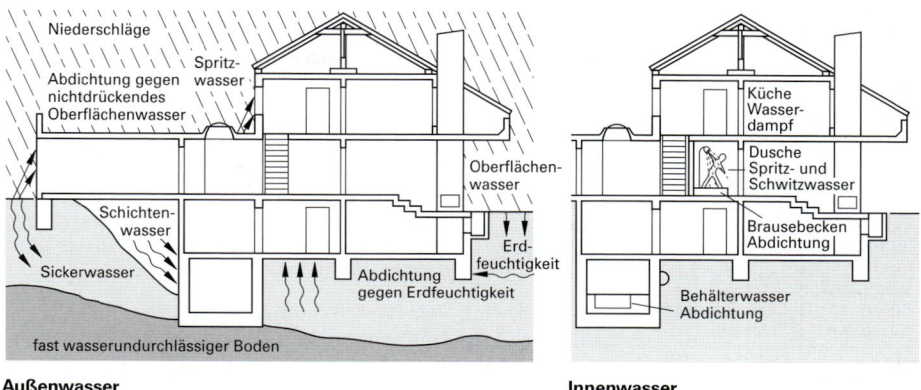

Außenwasser   **Innenwasser**

6.3.1 Klimabedinter Feuchtigkeitsschutz

Aufgrund klimatischer Bedingungen finden Umwandlungen zwischen Wasserdampf und Wasser statt. Aus Wasserdampf entsteht Tauwasser und kapillar aufgenommenes (Regen-)Wasser trocknet unter Dampfbildung ab. Tauwasserbildung kann nur verhindert werden, wenn die Raumtemperatur/Oberflächentemperatur eines Bauteils größer als die Taupunkttemperatur ist. Die Taupunkttemperatur wird von der relativen Luftfeuchtigkeit durch das Wohnverhalten, die Raumtemperatur bzw. Bauteiltemperatur und durch den Wärmeschutz beeinflusst. Bei saugfähigen Baustoffoberflächen setzt Kapillarkondensation früh ein. Schimmelbildung kann auch entstehen, wenn noch kein sichtbares Tauwasser entstanden ist. Die Lufttemperatur im Raum sollte daher mit 1,25-facher Sicherheit angesetzt werden. Feuchte kann auf unterschiedliche Weise ins Bauwerk und Bauteil gelangen:

- **Durchfeuchtung von außen aufgrund von Niederschlag (Schlagregen)**
- **aufsteigende Erdfeuchte**
- **Feuchte von Baumaterialien**
- **Diffusion von Wasserdampf in der Luft ins Innere von Bauteilen**
- **Kondenswasserbildung auf den Oberflächen von Bauteilen im Innenbereich**

Tauwasserbildung

- **ist nur dann unschädlich, wenn die Standsicherheit des Bauwerks und der Wärmeschutz nicht beeinträchtigt wird**
- **ist besonders in Raumecken und hinter Schränken ungünstig, da dort die Durchströmung mit Raumluft gestört ist**
- **ist besonders in Räumen mit niedrigen Temperaturen kritisch, da die warme Luft anderer Räume sich hier niederschlägt**
- **kann durch gezielte Lüftung, bei der die verbrauchte feuchte Raumluft durch frische trockene Luft ausgetauscht wird, teilweise verhindert werden.**

Feuchteschutztechnische Größen			
Größe	Kurz-zeichen	Zusammen-hang	Einheit
Sättigungsdruck Teildruck im Raum Teildruck im Freien	p_s p_i p_e	$p = \dfrac{F}{A}$	$1\ \text{N/m}^2$ $= 1\ \text{Pa}$
Feuchte: Luft, absolut Luft, relativ	φ	$\varphi = \dfrac{W}{W_s} = \dfrac{p}{p_s}$	1%
Wasserdampf-Diffusionsstrom-dichte	g_i	$g_i = \dfrac{p_i - p_e}{Z}$	$\text{kg/(m}^2 \cdot \text{h)}$
Wasserdampf-Diffusions-widerstandszahl	μ	Stoffkenn-wert	1
diffusions-äquivalente Luftschichtdicke	s_d	$s_d = \mu \cdot d$	m
flächenbezogene Wassermasse	m		kg/m
Tauwassermasse	$m_{W,T}$	$m_{W,t} = t_T \cdot (g_i - g_e)$	
verdunstende Wassermasse	$m_{W,V}$	$m_{W,t} = t_V \cdot (g_i + g_e)$	
Dauer der Tauperiode	t_T	1440 Std.	h
Dauer der Verdunstungs-periode	t_V	2160 Std.	h
Wasserdampf-Diffusionsdurch-lasswiderstand	Z Z_i Z_e	gebunden in $\text{m}^2\ \text{hPa/kg}$	

6

6.3 Feuchteschutz und Tauwasserschutz

Luftfeuchtigkeit

Luft enthält Wasser in gasförmigem Zustand in Form von Wasserdampf. Je höher die Temperatur ist, um so mehr können von der Luft Feuchtigkeitsmengen aufgenommen werden.

Absolute Luftfeuchte φ

Die Höchstmasse an Wasserdampf (Sättigungsmenge wird ausgedrückt in g Wasserdampf je kg trockener Luft oder g Wasserdampf je m^3 feuchter Luft. Die tatsächlich vorhandene Wasserdampfmasse in der Luft wird als absolute Luftfeuchte (g/m^3) bezeichnet.

Luft-temperatur ϑ_L in °C	− 20	− 10	0	+ 10	+ 20	+ 30
Sättigungs-dichte c_s in g/m³	0,88	2,14	4,84	9,39	17,29	30,36

Relative Luftfeuchte φ

Die relative Luftfeuchte φ ist das Verhältnis von tatsächlich vorhandener Dampfmasse W zu der bei der Lufttemperatur maximal möglichen Dampfsättigungsmasse W_s.

$$\varphi = \frac{W_{vorh.}}{W_s} \cdot 100\% = \frac{p_{vorh.}}{p_s} \cdot 100\%$$

Wasserdampf

Wasserdampf ist Wasser in gasförmigem Zustand und hat das Bestreben sich gleichmäßig zu verteilen und durch Bauteile zu diffundieren.

Wasserdampfdiffusion

Durch Wasserdampfdruckgefälle bedingte Wanderung von Wasserdampf durch Bauteile.

Diffusionswiderstand

Rechenwert aus der Dicke der Sperrschicht (Dampfsperre, Dampfbremse) mal Diffusionswiderstand μ in Meter.

Wasserdampfdiffusionsäquivalente Luftschichtdicke s_d in m, d in m, μ ohne Einheit

$$s_d = \mu \cdot d$$

Tauwasser W_T ($m_{W,T}$)

Feuchtigkeit, die sich an oder in Bauteilen niederschlägt, wenn sich die Luft unter ihren Taupunkt abkühlt.

Taupunkttemperatur

Temperatur, bei der die Luftfeuchte durch Abkühlung ihren Sättigungsgehalt erreicht (100%). Wird diese Taupunkttemperatur noch unterschritten, dann scheidet sich aus der Luft Feuchtigkeit aus (Tauwasser, Kondenswasser).

6.3.2 Feuchteschutztechnische Rechenwerte

Wasserdampf-Diffusionswiderstandszahlen μ nach DIN 4108-4 und DIN EN 12524

Putz, Estrich, Mörtel

Kalkmörtel, Kalkzementmörtel, Zementmörtel, Leichtmörtel/-Estrich	15/35
Kalkgipsmörtel, Gipsmörtel, Anhydritmörtel/-Estrich	10
Wärmedämmputzsysteme	5/20

Großformatige Bauplatten

Stahlbeton	80/130
Normalbeton	60/100
Leichtbeton	70/150
Mauerwerk	5/10
Vollklinker, Hochlochklinker	50/100
Mauerwerk mit KSV (ab 1600 kg/m³)	15/25
Leichtbeton (haufwerksporiges Gefüge	3/10

Holz

Fichte, Kiefer, Tanne, Buche, Eiche	50
Sperrholz, Flachpressplatten	50/100
Holzfaserplatten, MDF	12/50

Bauplatten

Gipsplatten	4/10
Porenbeton-Bauplatten, Wandbauplatten aus Leichtbeton/aus Gips	5/10
Sperrholz 300	50/150
Sperrholz 700	90/220
OSB-Platte	30/50

Wärmedämmstoffe

Holzwolle-Leichtbauplatten	3/5
Korkdämmstoffe	5/10
Mineralische und pflanzliche Faserdämmstoffe	1
Schaumkunststoffe PUR	30/100

Abdichtungsbahnen

Bitumendachbahnen	10 000/80 000
PVC-Folien d ≥ 0,1 mm	20 000/50 000
PE-C d ≥ 0,1 mm	100 000
Alu-Folie d ≥ 0,05 mm	dampfdicht

Beispiel: Wasserdampfdiffusionsäquivalente Luftschicht

Welches der Materialien Vollholz Kiefer d = 24 mm, Bitumendachbahn d = 1,2 mm, Außenwand aus Stahlbeton d = 18 cm, Gipskartonplatte d = 25 mm hat den größten Wasserdampf-Diffusionswiderstand?

Kiefer	s_d =	50 · 0,024 m	⇒	s_d =	**1,20 m**	Die Bitumendachbahn erzielt den
Stahlbeton	s_d =	80 · 0,180 m	⇒	s_d =	**1,44 m**	größten Wert und setzt dem diffun-
Gipsplatte	s_d =	4 · 0,025 m	⇒	s_d =	**0,10 m**	dierenden Wasserdampf den größ-
Bitumendachbahn	s_d =	10000 · 0,0012 m	⇒	s_d =	**12,00 m**	ten Widerstand entgegen.

6

6.3 Feuchteschutz und Tauwasserschutz

Sättigungsmenge c_s der Luft in Abhängigkeit von der Temperatur ϑ_L

ϑ_L in °C	c_s g/m³	ϑ_L in °C	c_s g/m³	ϑ_L in °C	c_s g/m³	ϑ_L in °C	c_s g/m³	ϑ_L in °C	c_s g/m³
− 20	0,88	− 10	2,14	0	4,84	10	9,4	20	17,3
− 19	0,96	− 9	2,33	1	5,2	11	10,0	21	18,3
− 18	1,05	− 8	2,54	2	5,6	12	10,7	22	19,4
− 17	1,15	− 7	2,76	3	6,0	13	11,4	23	20,8
− 16	1,27	− 6	2,99	4	6,4	14	12,1	24	21,8
− 15	1,38	− 5	3,24	5	6,8	15	12,8	25	23,0
− 14	1,51	− 4	3,51	6	7,3	16	13,6	26	24,4
− 13	1,65	− 3	3,81	7	7,8	17	14,5	27	26,8
− 12	1,80	− 2	4,13	8	8,3	18	15,4	28	27,2
− 11	1,98	− 1	4,47	9	8,8	19	16,3	29	28,7
− 10	2,14	0	4,84	10	9,4	20	17,3	30	30,0

Taupunkttemperatur ϑ_s der Luft in Abhängigkeit von der Lufttemperatur ϑ_L in °C und der relativen Luftfeuchte φ

Lufttemperatur ϑ_L	Taupunkttemperatur ϑ_s in °C bei einer relativen Luftfeuchte von													
	30%	35%	40%	45%	50%	55%	60%	65%	70%	75%	80%	85%	90%	95%
30 °C	10,5	12,9	14,9	16,8	18,4	20,0	21,4	22,7	23,9	25,1	26,2	27,2	28,2	29,1
29 °C	9,7	12,0	14,0	15,9	17,5	19,0	20,4	21,7	23,0	24,1	25,2	26,2	27,2	28,1
28 °C	8,8	11,1	13,1	15,0	16,6	18,1	19,5	20,8	22,0	23,2	24,2	25,2	26,2	27,1
27 °C	8,0	10,2	12,2	14,1	15,7	17,2	18,6	19,9	21,1	22,2	23,3	24,3	25,2	26,1
26 °C	7,1	9,4	11,4	13,2	14,8	16,3	17,6	18,9	20,1	21,2	22,3	23,3	24,2	25,1
25 °C	6,2	8,5	10,5	12,2	13,9	15,3	16,7	18,0	19,1	20,3	21,2	22,3	23,2	24,1
24 °C	5,4	7,6	9,6	11,3	12,9	14,4	15,8	17,0	18,2	19,3	20,3	21,3	22,3	23,1
23 °C	4,5	6,7	8,7	10,4	12,0	13,5	14,8	16,1	17,2	18,3	19,4	20,3	21,3	22,2
22 °C	3,6	5,9	7,8	9,5	11,1	12,5	13,9	15,1	16,3	17,4	18,4	19,4	20,3	21,2
21 °C	2,8	5,0	6,9	8,6	10,2	11,6	12,9	14,2	15,3	16,4	17,4	18,4	19,3	20,2
20 °C	1,9	4,1	6,0	7,7	9,3	10,7	12,0	13,2	14,4	15,4	16,4	17,4	18,3	19,2
19 °C	1,0	3,2	5,1	6,8	8,3	9,8	11,1	12,3	13,4	14,5	15,5	16,4	17,3	18,2
18 °C	0,2	2,3	4,2	5,9	7,4	8,8	10,1	11,3	12,5	13,5	14,5	15,4	16,3	17,2
17 °C	− 0,6	1,4	3,3	5,0	6,5	7,9	9,2	10,4	11,5	12,5	13,5	14,5	15,3	16,2
16 °C	− 1,4	0,5	2,4	4,1	5,6	7,0	8,2	9,4	10,5	11,6	12,6	13,5	14,4	15,2
15 °C	− 2,2	− 0,3	1,5	3,2	4,7	6,1	7,3	8,5	9,6	10,6	11,6	12,5	13,4	14,2
14 °C	− 2,9	− 1,0	0,6	2,3	3,7	5,1	6,4	7,5	8,6	9,6	10,6	11,5	12,4	13,2
13 °C	− 3,7	− 1,9	− 0,1	1,3	2,8	4,2	5,5	6,6	7,7	8,7	9,6	10,5	11,4	12,2
12 °C	− 4,5	− 2,6	− 1,0	0,4	1,9	3,2	4,5	5,7	6,7	7,7	8,7	9,6	10,4	11,2
11 °C	− 5,2	− 3,4	− 1,8	− 0,4	1,0	2,3	3,5	4,7	5,8	6,7	7,7	8,6	9,4	10,2
10 °C	− 6,0	− 4,2	− 2,6	− 1,2	0,1	1,4	2,6	3,7	4,8	5,8	6,7	7,6	8,4	9,2

Zusätzliche Forderungen

An den Berührflächen nicht wasseraufnahmefähiger Schichten dürfen höchstens 0,5 kg Tauwasser je m² auftreten, z. B. zwischen Luftschicht und Klinkervorsatzschale.

Die während der Wintermonate (Tauperiode) anfallende Kondensatmenge darf nur ein bestimmtes Maß erreichen:

- für Wände und Dächer maximal 1 kg/m²
- für Holz, maximale Zunahme um 5 Masse-% nach DIN 68800
- für Holzwerkstoffe (Stabsperrholz-, Furniersperrholz-, Spanplatten) maximale Zunahme um 3 Masse-%.
- Holzwolle-Leichtbauplatten und Mehrschicht-Leichtbauplatte nach DIN 1101 sind von der %-Regelung ausgenommen. Die anrechenbare Wärmeleitfähigkeit wird i.d.R. mit $\lambda = 0{,}15\,W/mK$ angesetzt, wenn die Gesamtdicke zwischen 10 mm und 25 mm beträgt.
- bezüglich der Schimmelbildung ist bei $\varphi \geq 80\%$ Vorsicht geboten; auch ohne Tauwasserbildung.

6

6.3 Feuchteschutz und Tauwasserschutz

6.3.3 Schutzmaßnahmen gegen Tauwasserbildung

Bei unzureichender Ausführung der Wärmedämmung kann es an den Innenseiten der Außenwände oder in der Wandkonstruktion zu Tau- oder Schwitzwasserbildung (Kondenswasser) kommen.

Tauwasserbildung auf Bauteiloberflächen hängt von dem Wasserdampfgehalt der Luft und von der Temperatur der angrenzenden Flächen ab. Je höher die Lufttemperatur, desto mehr Feuchtigkeit kann die Luft aufnehmen. Die Luft kann jedoch bei einer bestimmten Temperatur ϑ_L nur eine bestimmte Wasserdampfmenge f aufnehmen: **100% Wasserdampf** $\hat{=}$ **der Sättigungsmenge** c_S. Die **relative Luftfeuchte** φ errechnet sich aus dem Verhältnis der tatsächlich vorhandenen **(absoluten) Luftfeuchte** zur Sättigungsmenge.

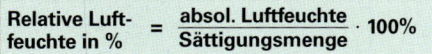

$$\text{Relative Luftfeuchte in \%} = \frac{\text{absol. Luftfeuchte}}{\text{Sättigungsmenge}} \cdot 100\%$$

Kühlt sich die Luft nun so weit ab, dass die relative Luftfeuchte 100% beträgt, dann wird bei weiterer Abkühlung Wasserdampf kondensiert. Er schlägt sich an den kalten Umgebungsflächen als Tauwasser nieder. Die Temperatur, bei der dies geschieht, heißt Taupunkttemperatur ϑ_s, kurz **Taupunkt**.

Entsprechende Wärmedämmung der Außenbauteile verhindert, dass die Oberflächentemperatur der Bauteilinnenseiten unter der Taupunkttemperatur der angrenzenden Luft liegt.

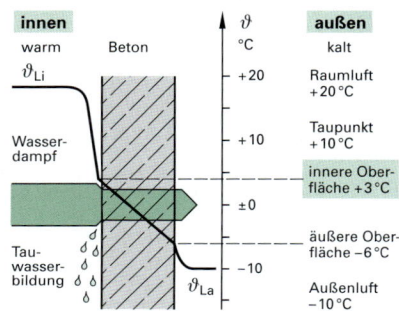

Tauwasserbildung bei 53% relativer Luftfeuchte

Feuchteschutztechnische Berechnungen

Die DIN 4108 unterscheidet zwischen den Normalfällen und den Sonderfällen. Bei den in der Tabelle aufgeführten Normalfällen ist kein Nachweis der Tauwasserbildung erforderlich, da bei üblicher Nutzung der Räume und Einhaltung der Wärmeschutzvorgaben Schäden vermieden werden können.

Bauteile, für die kein Nachweis des Tauwasserausfalles erforderlich ist	
Außenbauteile, Außenwände	**Dächer (Auszug)**

Mauerwerk
 • einschalig, beidseitig verputzt oder verblendet
 • zweischalig nach DIN 1053 mit oder ohne Wärmedämmung
 • einschalig mit raumseitiger Wärmedämmung $s_d \geq 0{,}50$ m
 • einschalig mit außenseitiger Wärmedämmung und Außenputz $s_d \geq 4{,}0$ m
 • einschalig mit außenseitiger Wärmedämmung und hinterlüfteter Bekleidung
 	
 Großformatige Platten
 • Porenbeton, Kunstharzputz außen $s_d \geq 4{,}0$ m
 • Normalbeton, gefügedichter Leichtbeton
 • Beton oder Leichtbeton mit außenseitiger Wärmedämmschicht mit Außenputz oder hinterlüfteter Bekleidung
 	
 Holztafelbauart
 • mit Innendämmung (über Fachwerk und Gefache aus Holzwolleleichtbauplatten nach DIN 1101)
 • mit Außendämmung (über Fachwerk und Gefache) mit $s_d > 2$ m oder hinterlüftete Außenwandverkleidung
	Nichtbelüftete Dächer
	 • einschalige Dächer aus Porenbeton ohne Dampfsperre
	 • Dächer mit Dampfsperre $s_d \geq 100$ m unter oder in der Wärmedämmschicht
	 • Umkehrdächer mit dampfdurchlässiger Auflast, z.B. aus Kies
	
	 Belüftete Dächer
	 • mit einer Dachneigung $< 5°$ und unterhalb der Dämmung eine diffusionshemmende Schicht mit $s_d \geq 100$ m
	 • mit einer Dachneigung $\geq 5°$
	   a) Höhe des freien Zwischenraums über der Wärmedämmung mindestens 2 cm
	   b) Lüftungsquerschnitt bezogen auf die Dachfläche
	      Traufe 2 ‰ mindestens 200 cm²/m
	      First 0,5 ‰ mindestens 50 cm²/m
	   c) Bauteilschichten unterhalb der Belüftungsschicht mit $s_d \geq 2$ m
	
	 • **Hinweis**
	  Bauteilschicht { $s_d \leq 0{,}5$ m diffusionsoffen
	      $0{,}5$ m $< s_d$ diffusionshemmend
	      $s_d \geq 150$ m diffusionsdicht

6

Feuchteschutztechnische Bestimmungen

Wasserdampfsättigungsdruck p_s in Abhängigkeit von der Temperatur ϑ

Wasserdampfsättigungsdruck Pa			
Temperatur °C	,0	,5	,9
25	3169	3266	3343
24	2985	3077	3151
23	2810	2897	2968
22	2645	2727	2794
21	2487	2566	2629
20	2340	2413	2473
19	2197	2268	2324
18	2065	2132	2185
17	1937	2001	2052
16	1818	1878	1926
15	1706	1762	1806
14	1599	1653	1695
13	1498	1548	1588
12	1403	1451	1458
11	1312	1 358	1394
10	1228	1270	1304
9	1148	1187	1218
8	1073	11 10	1140
7	1002	1038	1066
6	935	968	995
5	872	902	925
4	813	843	866
3	759	787	808
2	705	732	753
1	657	682	700
0	611	635	653
− 0	611	587	567
− 1	562	538	522
− 2	517	496	480
− 3	476	456	440
− 4	437	419	405
− 5	401	385	372
− 6	368	353	340
− 7	337	324	312
− 8	310	296	286
− 9	284	272	262
− 10	260	249	239
− 11	237	228	219
− 12	217	208	200
− 13	198	190	182
− 14	181	173	167
− 15	165	158	152
− 16	150	144	138
− 17	137	131	126
− 18	125	120	115
− 19	114	109	104
− 20	103	98	94

Berechnung des Tauwasserausfalls (Glaser-Diagramm, Diffusionsdiagramm)

4 Fälle sind zu unterscheiden (vgl. ▶ S. 322)

Wasserdampf kann wegen der Leitfähigkeit der Baustoffe bei einem Wasserdampfdruckgefälle durch Bauteilschichten durchdringen.

- Wasserdampfdiffusion ohne Tauwasserausfall
- Tauwasserausfall in einer Ebene (vgl. Beispiel)
- Tauwasserausfall in zwei Ebenen
- Tauwasserausfall in einem Bereich

Klimabedingungen nach DIN 4108

- Tauperiode t_T = 1440 Stunden (h)

  $\vartheta_{Li} = -20\,°C$ $\varphi_i = 50\,\%$ $p_{si} = 2340$ Pa $p_i = 1170$ Pa
  $\vartheta_{La} = -10\,°C$ $\varphi_i = 80\,\%$ $p_{se} = 260$ Pa $p_e = 208$ Pa

- Verdunstungsperiode t_V = 2160 Stunden (h)

  $\vartheta_{Li} = -12\,°C$ $\varphi_i = 70\,\%$ $p_{si} = 1403$ Pa $p_i = 982$ Pa
  $\vartheta_{La} = -12\,°C$ $\varphi_i = 70\,\%$ $p_{se} = 1403$ Pa $p_e = 982$ Pa

Berechnungsgang

- Temperaturverlauf für das Bauwerk bestimmen
- dazu gehörende Wasserdampfsättigungsdrücke p_s in Pa gemäß Tabelle ermitteln
- Diffusionswiderstände (▶ S. 318) berechnen
- äquivalente Luftschichten s_d maßstabsgerecht darstellen (vgl. Beispiel ▶ S. 318) berechnen
- Wasserdampfsättigungsdrücke p_s pro Schicht und die außen und innen vorhandenen Wasserdampfteildrücke p_a und p_i antragen

Hauptforderung nach DIN 4108

$$m_{W,V} > m_{W,T}$$

Die zusätzlichen Forderungen (vgl. ▶ S. 319) sind ebenfalls einzuhalten.

Formeln

$$m_{W,T} = t_T\,(g_i - g_e)$$

$$m_{W,V} = t_V\,(g_i + g_e)$$

$$g_i = \frac{p_i - p_{sw}}{Z_i}$$

$$g_e = \frac{p_{sw} - p_e}{Z_e}$$

Für die obenstehenden Formeln g_i und g_e ist bei der Verdunstungsperiode die gegenläufige Diffusionsstromrichtung zu beachten (also zum Raum $p_{sw} - p_i$ bzw. $p_{sw} - p_e$).

$$Z = 1{,}5 \cdot 10^6\,(\mu_1 \cdot d_1 + \mu_2 \cdot d_2 + \ldots + \mu_n \cdot d_n)$$

bei mehrteiligen Bauteilen aus der Dicke der Bauteile und der Wasserdampfdiffusionswiderstandszahl

6

6.3 Feuchteschutz und Tauwasserschutz

Diffusionsberechnung nach DIN 4108-3 (Glaser-Verfahren)

Das dargestellte Berechnungsverfahren und die graphische Auswertung gilt als rechnerische Modellierung der Tauwasserbildung trotz grundsätzlicher Mängel. Einerseits kann bei hinreichendem Nachweis Tauwasser und Schimmelbildung entstehen, andererseits muss bei misslungenem Nachweis nicht automatisch Schaden durch Tauwasser entstehen. Die für das Berechnungsverfahren angenommenen Klimabedingungen gelten bundesweit.

	Tauperiode	Verdunstungsperiode
Bauteil ohne Tauwasser (die Sättigungslinie p_s wird nicht berührt)	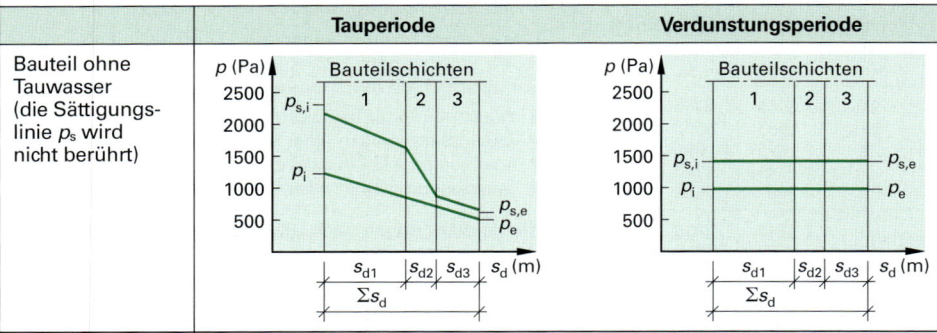	
Bauteil mit Tauwasser	Die p-Linie berührt die Sättigungslinie p_s in einem Punkt. Tauwasser fällt in der Ebene an, die durch den Berührungspunkt gekennzeichnet ist. (▶ Beispiel S. 323)	
Bauteil mit Tauwasser in zwei Ebenen (die p-Linie berührt die Sättigungslinie in der Ebene 1 + 2 und der Ebene 3 + 4)	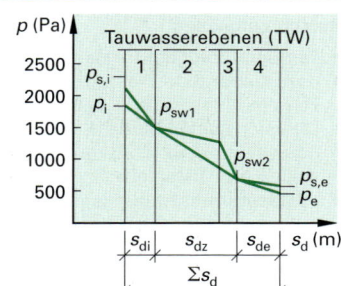	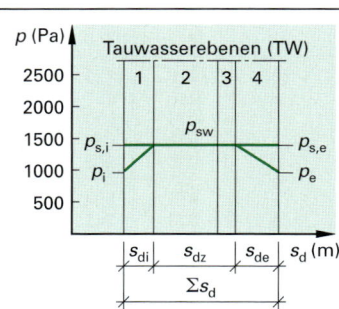
	Für den Tauwasseranfall in zwei Ebenen gelten die Formeln: $$g_z = \frac{p_{sw1} - p_{sw2}}{Z_z} \quad \text{und} \quad m_{W,T1} = t_T \cdot (g_i - g_z), \quad m_{W,T2} = t_T \cdot (g_z - g_e)$$	
Bauteil mit Tauwasser in einem Bereich (die p-Linie berührt die Sättigungslinie in der Ebene 1 + 2 und der Ebene 3 + 4 und ist zwischen diesen Punkten mit der p_s-Linie identisch)	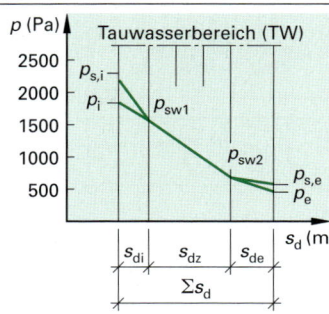	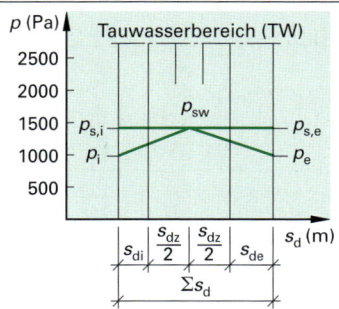
	Für den Tauwasserbereich in einem Bereich gelten die Formeln: $$g_i = \frac{p_i - p_{sw1}}{Z_i} \quad \text{und} \quad g_e = \frac{p_{sw2} - p_e}{Z_e}$$	

6.3 Feuchteschutz und Tauwasserschutz

Beispiel: Feuchteschutztechnische Berechnung für ein zweischaliges Mauerwerk aus Kalksandsteinen mit Dämmung und hinterlüfteter Vorsatzschale

- **Wandaufbau und Temperaturverlauf**

  vgl. Zeichnung; $U \approx 0,35$ W/m² K

  Nach DIN 4108 darf bei zweischaligen Außenwänden nach DIN 1053-1 die Luftschicht (noch ruhende Luftschicht) und die Vorsatzschale wärmetechnisch berücksichtigt werden.

- **Diffusionswiderstände/äquivalente Luftschicht**

Innenputz	$10 \cdot 0,015$ m =	0,15 m
KSL	$5 \cdot 0,240$ m =	1,20 m
Dämmschicht	$1 \cdot 0,080$ m =	0,08 m
Luftschicht	$1 \cdot 0,040$ m =	0,04 m
KSV	$25 \cdot 0,115$ m =	2,885 m

  Von der Innenfläche bis zur Tauwasserebene ist der kleinere μ-Wert einzusetzen, da der trockene Baustoff dem einströmenden Wasserdampf einen geringeren Widerstand entgegensetzt.

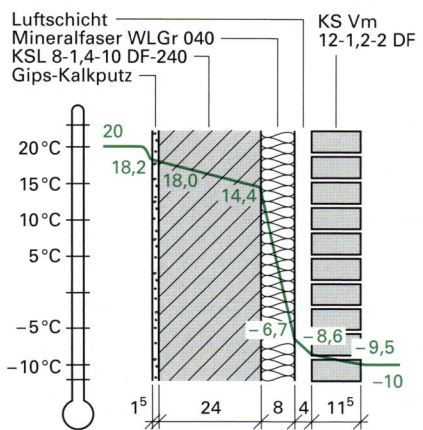

- **Diffusionsberechnung nach DIN 4108-3 (Glaser-Verfahren)**

  Im Glaser-Diagramm für die Tauperiode ist eine direkte Verbindung von $p_i = 1170$ Pa mit $p_e = 208$ Pa ohne Durchkreuzen der Dampfsättigungskurve nicht möglich. Es wird daher eine Tangente von p_i und p_e an die Dampfsättigungskurve gelegt. Der Tangentenpunkt wird mit p_{sw} benannt.

Glaser-Diagramm: Verdunstungsperiode

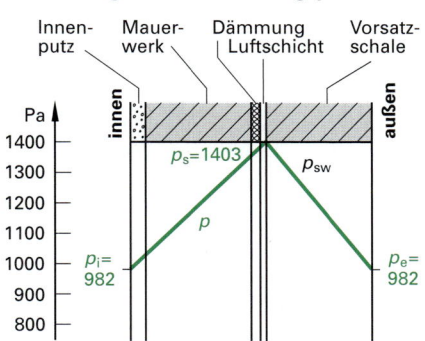

Glaser-Diagramm: Tauperiode

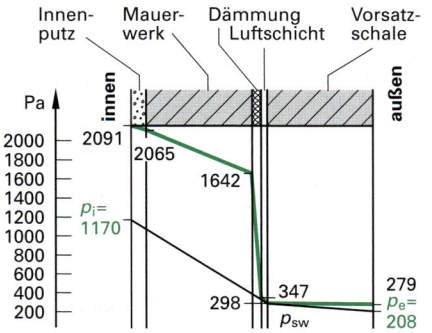

- **Rechenwerte**

	Tauperiode			Verdunstungsperiode	
$Z_i = 2\,205\,000$ m²h Pa/kg	$g_i = 0,40$ g/m²h	$\Big\}\ \oplus$		$g_i = 0,19$ g/m²h	$\Big\}\ \ominus$
$Z_e = 4\,312\,000$ m²h Pa/kg	$g_e = 0,02$ g/m²h			$g_e = 0,08$ g/m²h	
	$m_{W,T} = 0,55$ kg/m²	<		$m_{W,V} = 0,62$ kg/m²	

- **Bautechnische Beurteilung**

  Eine Tauwasseranreicherung ist nicht zu erwarten, da Tauwasser an der Innenseite der kalten Vorsatzschale und nach unten und durch die Belüftungsschlitze ablaufen bzw. in Dampfform durch die Entlüftungsschlitze entweichen kann. Damit das Abtropfen begrenzt bleibt, darf (eigentlich) der Tauwasserwert je m² nicht größer 0,5 kg sein, wenn das Tauwasser an nicht wasseraufnahmefähigen Schichten auftritt. Die Konstruktion ist nach DIN 4108 als Normalform feuchteschutztechnisch ohne Nachweis $m_{W,T} < m_{W,V}$ zulässig.

Hauptforderung nach DIN 4108
Tauwassermenge < austrocknende Wassermenge $m_{W,T} < m_{W,V}$

6

6.4 Schallschutz

Unter Schallschutz versteht man nach **DIN 4109** Maßnahmen gegen die Schallentstehung (Primär-maßnahmen) und gegen die Schallübertragung (Sekundärmaßnahmen). Bei den Sekundärmaß-nahmen wird in Schalldämmung und Schallschluckung unterschieden.

Schalltechnische Grundbegriffe

Schall

Unter Schall versteht man mechanische Schwin-gungen und Wellen, die sich in festen Körpern, Flüssigkeiten oder Gasen ausbreiten.

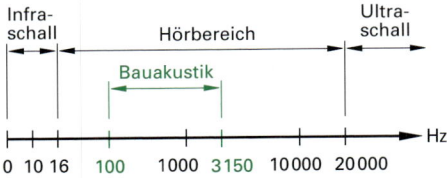

Es werden Längswellen (Longitudinalwellen), Dehnwellen (treten nur in festen Körpern auf, z.B. Platten, Stäben) und Querwellen (Transver-salwellen) unterschieden.

Schallausbreitung

Zur Ausbreitung von Schwingungen ist Materie erforderlich.

Aggregatzustände	Materie	Geschwindigkeit
gasförmig	z.B. Luft	340 m/s
flüssig	z.B. Wasser	1400 m/s
fest	z.B. Eisen	4800 m/s
	z.B. Holz	4100 m/s
	z.B. Beton	3800 m/s

Frequenz

Anzahl der Schwin-gungen in einer Se-kunde in Hz (Hertz)

$$1\ Hz = 1\ Schwingung/s$$

Luftschalldämmung

Schwere Wände, große flächenbezogene Mas-sen (biegesteife Schalen) dämmen den Luft-schall am besten (Bergersches Massengesetz).

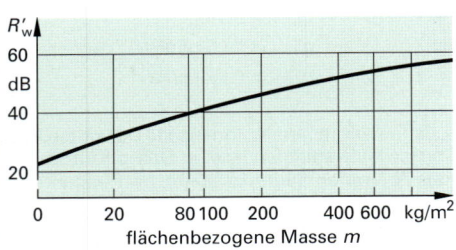

Das bewertete Schalldämm-Maß R'_W kennzeich-net die Luftschalldämmung von Bauteilen.

Schallpegel

Der Schallpegel ist ein logarithmisches Maß des gemessenen Schalldrucks ρ in **Dezibel dB,** bezogen auf einen Ton mit der Frequenz von 1000 Hz.

Schallabsorption

oder Schallschluckung tritt beim Reflexionsvor-gang einer Schallwelle an einer Wand- oder Deckenoberfläche auf. Dabei wird je nach Ober-flächenbeschaffenheit ein Teil der Schallenergie in Wärme umgewandelt. Der Schall wird teil-weise in den Raum zurückgeworfen.

Schalldämmung

Beim Auftreffen von Schallwellen auf ein Bau-teil, wird das Bauteil in Schwingungen versetzt. Der Schall gelangt gedämmt in den Neben-raum.

Schallarten

Luftschall

ist der in Luft sich ausbreitende Schall.

Luftschall

Körperschall

ist der in festen Stoffen sich ausbreitende Schall.

Trittschall

ist der Schall, der beim Begehen oder ähnlicher Anregung als Körperschall entsteht und teil-weise als Luftschall abgestrahlt wird.

Körperschall / Trittschall

6.4 Schallschutz

Schalldämmung bei Fenstern, Fenstertüren und Verglasungen

- Außenfenster haben die wichtige Aufgabe sowohl die Übertragung des Außenlärms wie Verkehrslärm, Fluglärm oder Gewerbelärm von der Straße in die Wohnung zu verhindern, als auch den in Gewerbebetrieben auftretenden Lärm nicht nach außen dringen zu lassen.
- Die Luftschalldämmung eines Fensters ist abhängig von der Glasscheibendicke, vom Glasscheibenabstand, von der Randeinspannung, von der Randausbildung, vom Wandanschluss und von der Fugendichtigkeit.
- Alle schallschutztechnisch wirksamen Konstruktionen sind möglichst dicht auszuführen, da selbst bei geringfügigen Undichtigkeiten sich das Schalldämm-Maß eines Bauteils merklich verringert. Bei schalldämmenden Fenstern sind deshalb sämtliche Fälze mit Gummi- oder Kunststoffprofilen abzudichten und in den Gehrungen zu verkleben oder zu verschweißen.
- Starre Verbindungen zwischen verschiedenen Bauteilen oder zwischen Schalen mehrschichtiger Konstruktionen bewirken eine erhöhte Körperschallübertragung.
- Wandanschlüsse zwischen Blendrahmen und Mauerwerk ermöglichen einen direkten Schalldurchgang und setzen so den Schalldämmwert des Fensters herab. Deshalb sind diese hohlräume mit Mineralwolle gut auszustopfen und zusätzlich mit elastischer Versiegelungsmasse zu schließen. Bei Kastenfenstern kann eine Schalldämmung verbessert werden, wenn das Futter zwischen den Fenstern schallschluckend ausgebildet wird.

▶ Schalldämmende Türen vgl. Seite 247
▶ Schallschutzfensterkonstruktionen vgl. Seite 269
▶ Verglasung vgl. Seite 272

Schalldämm-Maße von Einfachscheiben

Glasdicke in mm	3,0	4,0	6,0	> 8,0	10,0	12,0	15,0
Schalldämm-Maß R_w in dB	28	27	33	≥ 32	35	36	37

Schallschutzglas

Die Schallübertragung wird durch ein hohes Scheibengewicht reduziert. Ungleich dicke Einzelscheiben, ein großer Scheibenzwischenraum und/ oder eine Füllung mit Schwergas wirken schalldämmend.

Schalldämm-Maße R_w für Doppelscheibenverglasungen

Konstruktionsart	Scheibendicke in mm		Scheiben- abstand	Schalldämm-Maß R_w in dB		Konstruktionsart mit umlaufender Dichtung
	d_1	d_2	in mm	Luftfüllung	Gasfüllung	
Doppelscheiben-	4	4	≥ 12	30	35	Einfachfenster
Isolierglas	8	4	≥ 16	36	38	
(luftdicht	10	4	≥ 20	39	39	
abgeschlossener	6	4	≥ 16	35	39	
Hohlraum)	8	4	≥ 16	36	40	
	4	4	≥ 30	32	–	Verbundfenster
Verbundfenster	4	6	≥ 40	37	–	
(mit Falzdichtung)	4	8	≥ 50	40	–	
	6	4 (12) 4	≥ 40	35	–	
	4	4	≥ 100	37	–	Kastenfenster
Kastenfenster mit	4	6	≥ 100	42	–	
Falzdichtung und	6	10	≥ 100	45		
Randdämpfung	4 (12) 4	4	≥ 100	37		
	6 (12) 6	6	≥ 100	40		

Über 48 dB Nachweis nach EN DIN ISO 140-1 und EN DIN 20140-3 erforderlich.

6

6.4 Schallschutz

Kennzeichnende Größen für die Luft- und Trittschalldämmung

	Wände	Decken	Treppen	Türen	Fenster		
Berücksichtigte Schallübertragung	über die trennenden und die flankierenden Bauteile sowie ggf. über Nebenwege			nur über die Türen bzw. über die Fenster		R'_w	Dämm-Maß **mit** flankierenden Bauteilen
						R_w	Dämm-Maß **ohne** flankierende Bauteile
Luftschalldämmung	erf. R'_w	erf. R'_w	–	erf. R'_w	erf. R'_w	$L'_{n,w}$	Norm-Trittschall-Pegel
Trittschalldämmung	–	erf. $L'_{n,w}$	erf. $L'_{n,w}$	–	–	TSM	Trittschall-schutzmaß
	–	(erf. TSM)	(erf. TSM)	–	–	**TSM**	**= 63 dB – $L'_{n,w}$**

Grenzwerte für die Luftschalldämmung R'_w und die Trittschalldämmung $L'_{n,w}$ zum Schutz, gegen Schallübertragung aus einem **fremden** Wohn- oder Arbeitsbereich (nach DIN 4109)

Wohn- und Arbeitsbereich	Decken		Treppen		Wände		Türen	
Mindestanforderung in dB	R'_w	$L'_{n,w}$	R'_w	$L'_{n,w}$	R'_w	$L'_{n,w}$	R'_w	$L'_{n,w}$
Geschosshäuser mit Wohnungen und Arbeitsräumen (mehrere Spezifikationen in der DIN)	52…55	46…53	–	58	52…55	–	27…37	–
Einfamilien-Doppelhäuser Einfamilien-Reihenhäuser	–	48…53	–	53	57	–	–	–
Beherbergungsstätten	54…55	46…53	–	58	47	–	32	–
Krankenanstalten, Sanatorien	54…55	46…53	–	58	37…47	–	32…37	–
Schulen und vergleichbare Bereiche	55	46…53	–	–	47…55	–	32	–

Bewertetes Schalldämm-Maß $R'_{w,R}$ von flachen Dächern

von geneigten Dächern

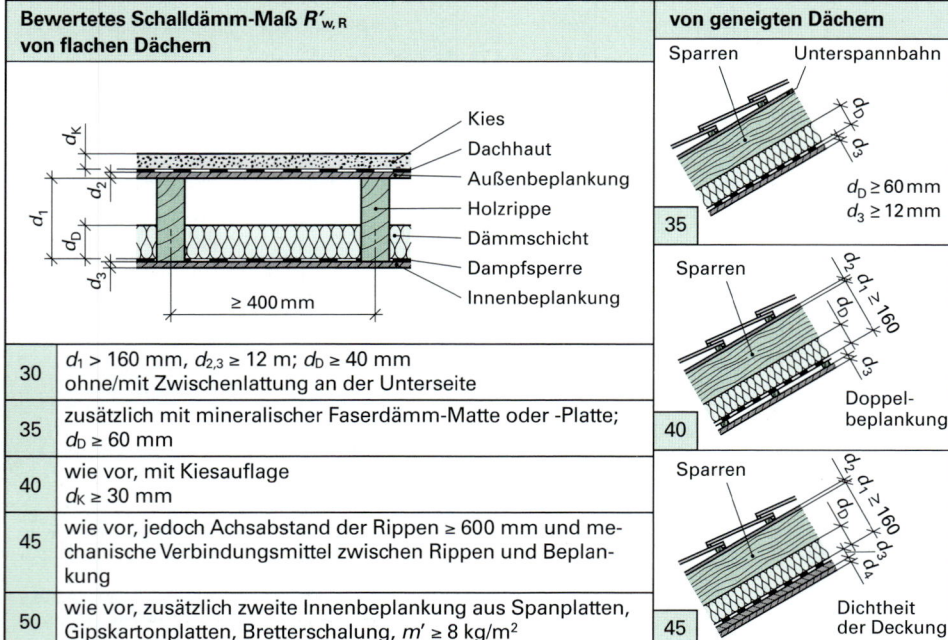

Kies
Dachhaut
Außenbeplankung
Holzrippe
Dämmschicht
Dampfsperre
Innenbeplankung

≥ 400 mm

Sparren Unterspannbahn

d_D ≥ 60 mm
d_3 ≥ 12 mm

35

Sparren

Doppel-beplankung

40

Sparren

Dichtheit der Deckung

45

30	d_1 > 160 mm, $d_{2,3}$ ≥ 12 m; d_D ≥ 40 mm ohne/mit Zwischenlattung an der Unterseite
35	zusätzlich mit mineralischer Faserdämm-Matte oder -Platte; d_D ≥ 60 mm
40	wie vor, mit Kiesauflage d_K ≥ 30 mm
45	wie vor, jedoch Achsabstand der Rippen ≥ 600 mm und mechanische Verbindungsmittel zwischen Rippen und Beplankung
50	wie vor, zusätzlich zweite Innenbeplankung aus Spanplatten, Gipskartonplatten, Bretterschalung, m' ≥ 8 kg/m²

6

6.4 Schallschutz

Schalldämmung bei einschaligen und zweischaligen Bauteilen

Einschalige Wände und Decken sind schalltechnisch **biegesteife Schalen,** wenn ihre Grenzfrequenz $f_g \leq 2000$ Hz beträgt (das entspricht ungefähr einer flächenbezogenen Masse $m' \geq 85$ kg/m²), Bauteile mit $f_g > 2000$ Hz sind **biegeweiche Schalen** ($m' < 85$ kg/m²).

Bewertetes Schalldämm-Maß R'_w von einschaligen, biegesteifen Decken und Wänden

Masse kg/m²	85	150	175	210	250	295	350	410	490	580	680
R'_w in dB	34	41	43	45	47	49	51	53	55	57	59

Vergleich zwischen einer einschaligen und einer zweischaligen Wand

Vergleich zwischen leichten Trennwänden mit und ohne Hohlraumdämpfung

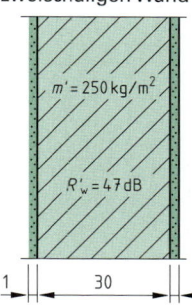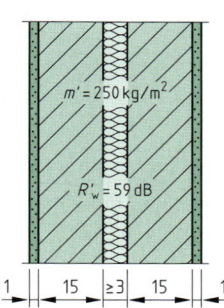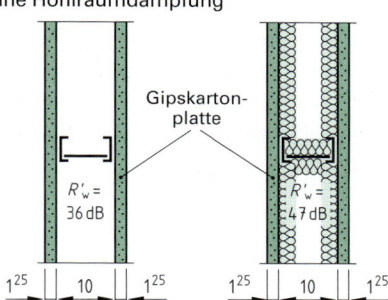

Vergleich verschiedener Deckenaufbauten (nach Gösele)

(a) einschalige Trenndecken

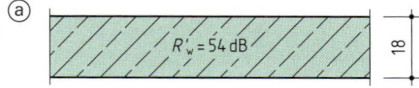

$m'_D = 0{,}18 \text{ m} \cdot 2500 \text{kg/m}^3 \cong 450 \text{ kg/m}^2$

(b) Trenndecken mit schwimmendem Estrich

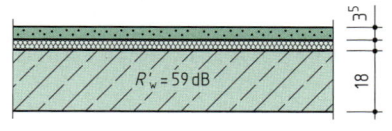

$m'_D = 0{,}18 \text{ m} \cdot 2500 \text{kg/m}^3 \cong 450 \text{ kg/m}^2$
$m'_E = 0{,}035 \text{ m} \cdot 2200 \text{kg/m}^3 \cong \underline{75 \text{ kg/m}^2}$
525 kg/m^2

(c) Trenndecke mit schwimmendem Estrich und biegeweicher Vorsatzschale

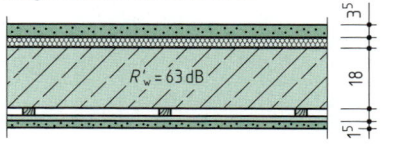

$m'_D = 0{,}18 \text{ m} \cdot 2500 \text{kg/m}^3 \cong 450 \text{ kg/m}^2$
$m'_E = 0{,}035 \text{ m} \cdot 2200 \text{kg/m}^3 \cong 75 \text{ kg/m}^2$
$m_G = 0{,}015 \text{ m} \cdot 900 \text{kg/m}^3 \cong \underline{15 \text{ kg/m}^2}$
540 kg/m^2

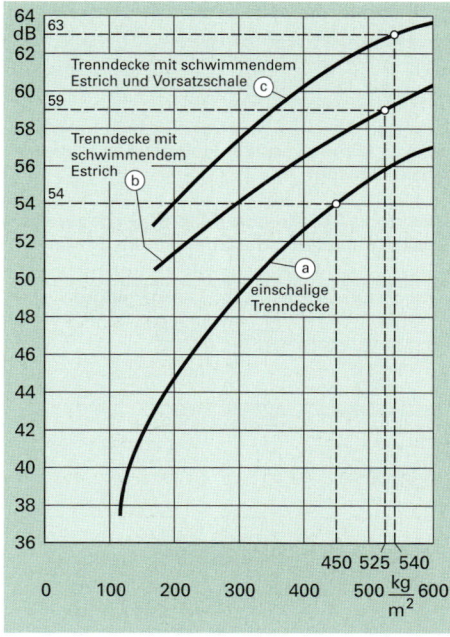

Bewertetes Schalldämm-Maß R'_w in Abhängigkeit von der flächenbezogenen Masse m'

6

327

6.4 Schallschutz

Vergleich verschiedener Wandaufbauten (nach DIN 4109)

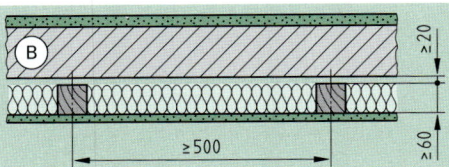

Vorsatzschale aus Holzwolle-Leichtbauplatten, Dicke ≥ 25 mm, verputzt, Holzstiele mit Abstand ≥ 20 mm vor schwerer Schale freistehend

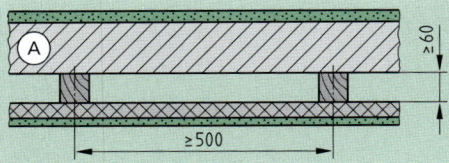

Vorsatzschale aus Gipskartonplatten, Dicke 12,5 mm oder 15 mm, oder aus Spanplatten, Dicke 10 mm bis 16 mm, Holzstiele mit Abstand ≥ 20 mm vor schwerer Schale freistehend mit Hohlraumfüllung zwischen den Holzstielen

Vorsatzschale aus Holzwolle-Leichtbauplatten, Dicke ≥ 25 mm, verputzt, Holzstiele an schwerer Schale befestigt

Bewertetes Schalldämm-Maß $R'_{w,R}$ von einschaligen, biegesteifen Wänden mit einer biegeweichen Vorsatzschale

Flächenbezogene Masse der Massivwand in kg/m²		$R'_{w,R}$ in dB
Tabelle gilt für flankierende Bauteile mit einer Masse von etwa 300 kg/m². Der Korrekturwert ΔK beträgt ± 1dB je 50 kg Masse	100	49
	150	49
	200	50
	250	52
	275	53
	300	54
	350	55
	400	56
	450	57
	500	58

Für die Wandaufbauten nach Bild Ⓑ gilt die Tabelle bezogen auf die flächenbezogene Masse der Massivwand.

Für die Wandaufbauten nach Bild Ⓐ sind die Werte um 1 dB abzumindern.

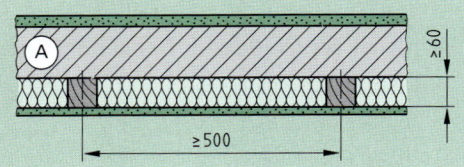

Vorsatzschale aus Gipskartonplatten, Dicke 12,5 mm oder 15 mm, oder aus Spanplatten, Dicke 10 mm bis 16 mm, mit Hohlraumausfüllung, Holzstiele an schwerer Schale befestigt

---

Bewertetes Schalldämm-Maß $R'_{w,R}$ von zweischaligen Wänden aus zwei biegeweichen Schalen aus Gipskartonplatten oder Spanplatten (Maße in mm)

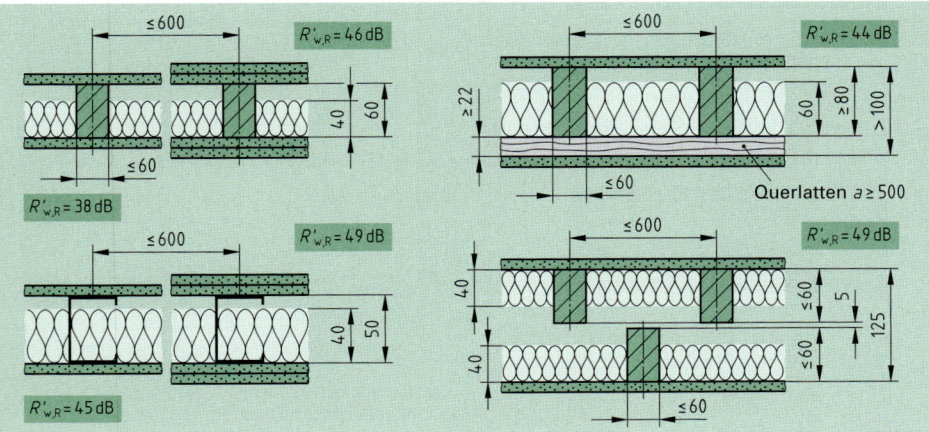

6

6.5 Brandschutz

- Die Hauptnorm für den Brandschutz ist die DIN 4102 über Brandverhalten von Baustoffen und Bauteilen, Begriffe, Anordnungen und Prüfungen.
- Baustoffe werden nach ihrem Brandverhalten in Baustoffklassen eingeteilt.
- Baustoffe, die nicht in der DIN 4102 aufgeführt sind, sind nur zugelassen, wenn sie je nach Brennbarkeit und Einstufung durch ein Prüfungszeugnis oder einen Prüfbescheid mit Prüfzeichen als geeignet ausgewiesen sind.
- Feuerwiderstandsklassen enthalten die Zeitdauer in Minuten, die ein Bauteil beim Brandversuch dem Feuer Widerstand bietet.
- Nach DIN EN 13501 gibt es Hauptklassen und Unterklassen. Die DIN EN 13501 bezieht sich auf die Brennbarkeit eines Baustoffes und klassifiziert die Rauchentwicklung.

Baustoffklassen und Benennungen

Klasse	bauaufsichtliche Benennung
A	nichtbrennbare Baustoffe
A1	
A2	
B	brennbare Baustoffe
B1	schwerentflammbar
B2	normalentflammbar
B3	leichtentflammbar

Nachweisverfahren

Klasse	Zusatzkriterium	Nachweis durch
A1	genormt	DIN 4102
	nicht genormt	Prüfzeugnis
A2	mit brennbaren Bestandteilen < 1%	Prüfbescheid mit Prüfzeichen
B1	genormt	DIN 4102
B2	nicht genormt	Prüfbescheid mit Prüfzeichen
	normal entflammbar	Prüfzeugnis
B3	leicht entflammbar	(nicht zugelassen)

Feuerwiderstandsklassen

Klasse	Zusatz	Bauteil
Feuerwiderstandsdauer in min: 30, 60, 90, 120, 180	F	Wände, Decken, Stützen, Balken, Treppen
	W	nichttragende Außenwände, Brüstungen, Schürzen
	T	Türen, Tore
	G	Verglasungen
	L	Lüftungsleitungen
	K	Klappen für Lüftungsleitungen
	R	Rohrleitungen
	I	Installationsschächte und -kanäle

Beispiel

F30-AB

Bauteil in wesentlichen Teilen aus nichtbrennbaren Stoffen, das mindestens 30 Minuten dem Feuer Widerstand bieten kann. Wesentliche Teile sind alle tragenden Teile.

F180, W30, G90 usw.

Mindestanforderungen des baulichen Brandschutzes[1]

Bauwerk / Bauteil	Frei stehende Wohngebäude mit nicht mehr als einer Wohnung	Wohngebäude geringer Höhe mit nicht mehr als zwei Wohnungen	Gebäude geringerer Höhe (kein Fußboden eines Aufenthaltsraumes über 7 m)	Sonstige Gebäude außer Hochhäuser (alle Fußböden unter 22 m)
Tragende und aussteifende Wände, Pfeiler, Stützen	keine	F30-B	F30-AB	F90-AB
wie vor, jedoch in Kellergeschossen	keine	F30-AB	F90-AB	F90-AB
Nichttragende Außenwände	keine	keine	keine	F30 oder A
Dämmstoffe und Verkleidungen in und an Außenwänden	B2	B2	B2	B1
Wohnungstrennwände	–	F30-B	F30-B	F90-AB
Gebäudetrenn- und -abschlusswände	–	F90-AB	Brandwand	Brandwand
Decken über Dachräumen	keine	keine	keine	keine
Decken über Kellergeschossen	keine	F30-B	F90-AB	F90-AB
sonstige Decken	keine	F30-B	F30-AB	F90-AB

[1] Auszug aus der BauO NW ohne Ergänzungen und Hinweise

- **Brandwände** müssen mindestens der Klasse F90-A angehören. Ihre Standsicherheit muss bei einem Brand gewährleistet sein.
- **Brandwände** sind bei Gebäuden geringer Höhe durchgehend bis unmittelbar unter die Dachhaut zu führen. Bei sonstigen Gebäuden sind sie entweder durchgehend 0,30 m über die Dachhaut zu führen oder in Höhe der Dachhaut mit einer beidseitig je 0,50 m auskragenden Stahlbetonplatte zu versehen. Brennbare Bauteile dürfen Brandwände weder überbrücken noch durchdringen. Durchgehende Leitungen dürfen weder Feuer noch Rauch übertragen können.

6

6.5 Brandschutz

Hauptklassen A bis F und Unterklassen (Auszug DIN EN 13501)

EURO-Klassen für Baustoffe nach DIN EN 13501-1				Baustoffklassen nach DIN 4102		
EURO-Haupt-klassen	EURO-Unterklassen*)			Bau stoff-klasse	Bauaufsichtliche Benennung	Beispiele
A1	A1			A = Nicht brennbare Baustoffe — A1	ohne brennbare Bestandteile	Gips, Kalk, Zement, Steine Beton, Glas, Faserbeton-platten
A2	A2 – s1, d0			A = Nicht brennbare Baustoffe — A2	mit brennbaren Bestandteilen (< 1 %)	bestimmte Mineralfaser-Feuerschutzplatten, Fiber-Silikat-Platten
A2	A2 – s2, d0 / A2 – s3, d0	A2 – s1, d1 / A2 – s2, d1 / A2 – s3, d1	A2 – s1, d2 / A2 – s2, d2 / A2 – s3, d2		mit brennbaren Bestandteilen	Gipsplatten, Mineralfaser-erzeugnisse
B	B – s1, d0 / B – s2, d0 / B – s3, d0	B – s1, d1 / B – s2, d1 / B – s3, d1	B – s1, d2 / B – s2, d2 / B – s3, d2	B = Brennbare Baustoffe — B1	schwer entflamm-bare Baustoffe	Gipsplatten mit gelochter Oberfläche, Holzwolle-Leicht-bauplatten, schwer entflamm-bare Spanplatten, bestimmte Kunststoff-Hartschaumplatten, bestimmte PVC-Erzeugnisse, Eichenparkett, Guss-asphaltestriche
C	C – s1, d0 / C – s2, d0 / C – s3, d0	C – s1, d1 / C – s2, d1 / C – s3, d1	C – s1, d2 / C – s2, d2 / C – s3, d2			
D	D – s1, d0 / D – s2, d0 / D – s3, d0	D – s1, d1 / D – s2, d1 / D – s3, d1	D – s1, d2 / D – s2, d2 / D – s3, d2	B = Brennbare Baustoffe — B2	normal entflamm-bare Baustoffe	Holz und Holzwerkstoffe, $\varrho > 400$ kg/m³ und über 2 mm Dicke, genormte Dachpappen und PVC-Bodenbeläge
E	E – d2					
F	(F), keine Leistung festgestellt			B3	leicht entflamm-bare Baustoffe	Papier, Holzwolle, Holz bis 2 mm Dicke

*) **Unterklassen** für die Rauchentwicklung s1 (gering), s2 (mittel) und s3 (hoch) sowie für das brennende Ab-tropfen oder Abfallen d0 (nicht zutreffend), d1 (gering) und d2 (stark)

Feuerwiderstandsklassen von Bauteile nach DIN 4102 (Auszug) / Bauteile nach DIN EN 13501-2

Feuerwiderstandsklassen für			Bauaufsichtliche Benennungen nach der Landesbauordnung	Feuerwiderstands-dauer in Minuten:
Wände, Decken, Stützen, Unter-züge, Treppen	Nicht tragende Außenwände, Brüstungen	Feuerschutz-abschlüsse, Türen, Tore, Klappen		≥ 15; ≥ 20; ≥ 30, ≥ 45, ≥ 60, ≥ 90, ≥ 120, ≥ 240, ≥ 360
F 30	W 30	T 30	feuerhemmend	Kriterien für Euro-Feuerwiderstands-klassen:
F 60	W 60	T 60	hoch-feuerhemmend	
F 90	W 90	T 90	feuerbeständig	R, I, S, M, E, W, K und C*)
F 120	W 120	T 120	–	
F 180	W 180	T 180	–	

*) R Erhalt der Tragfähigkeit, I Oberflächen-Grenztemperatur, S Rauchdurchtritt, M Erhöhte mechanische Festig-keit, E Raumabschluss, W Wärmestrahlungsdurchtritt, C Selbstschließend, K Brandschutzfunktion

Die deutsche Brandschutznorm DIN 4102 mit dem bisherigen deutschen Klassifizierungssystem ist dem europäischen Klassifizierungssystem DIN EN 13501-1 (Brandverhalten) bzw. DIN EN 13501-2 (Feuerwiderstand) noch anzupassen. Die Anpassung erfolgt mit einer entsprechenden Ergänzung in der nächsten Bauregelliste. In der Übergangszeit kann wahlweise mit der deutschen Norm oder der europäischen Norm gearbeitet werden.

In den Anlage 0.1 und 0.2 zur Bauregelliste A Teil 1 ist die Zuordnung der bauaufsichtlichen Benen-nungen zu den jeweiligen Klassen und Leistungsstufen aufgeführt. Die Zuordnung ist so gewählt, dass bei Anwendung des europäischen Klassifizierungssystems die deutschen Sicherheitsniveaus mindestens erfüllt werden.

6

Brandverhalten klassifizierter Betonbauteile (Auszug DIN 4102-4)

Konstruktionsmerkmale	Feuerwiderstandsklasse-Benennung[3]				
	F 30-A	F 60-A	F 90-A	F 120-A	F 180-A
Mindestdicke d in mm unbekleideter Platten unabhängig von der Anordnung eines Estrichs bei					
statisch bestimmter Lagerung	$60^{1)2)}$	$80^{2)}$	100	120	150
statisch unbestimmter Lagerung	$80^{1)2)}$	$80^{1)2)}$	100	120	150
Mindestdicke d in mm punktförmig gestützter Platten unabhängig von der Anordnung eines Estrichs bei					
Decken mit Stützenkopfverstärkung	150	150	150	150	150
Decken ohne Stützenkopfverstärkung	150	200	200	200	200
Mindestdicke d in mm unbekleideter Platten mit nichtbrennbarem Estrich oder Asphaltestrich	50	50	50	60	75
Mindestdicke D in mm = d + Estrichdicke bei					
statisch bestimmter Lagerung	$60^{1)2)}$	$80^{2)}$	100	120	150
statisch unbestimmter Lagerung	$80^{1)2)}$	$80^{1)2)}$	100	120	150
Mindestdicke d in mm unbekleideter Platten mit schwimmendem Estrich bei einer Dämmschicht bei					
statisch bestimmter Lagerung	$60^{1)2)}$	$60^{1)2)}$	$60^{1)2)}$	$60^{1)2)}$	$80^{2)}$
statisch unbestimmter Lagerung	$80^{1)2)}$	$80^{1)2)}$	$80^{1)2)}$	$80^{1)2)}$	$80^{1)2)}$
Mindestestrichdicke d_1 in mm bei Estrichen aus nichtbrennbaren Baustoffen oder Aspahlt[3]	25	25	25	30	40
Holzwolle-Leichtbauplatten auch ohne Putz bei					
einer Dicke der Holzwolle-Leichtbauplatten ≥ 25 mm	50	50	–	–	–
einer Dicke der Holzwolle-Leichtbauplatten ≥ 50 mm	50	50	50	50	50
Mindestdicke in mm bei Unterdecken	$d \geq 50$				

[1] Bei Betonfeuchtigkeitsgehalten > 4 Gew.-% sowie bei sehr dichter Bewehrungsanordnung (Stababstände < 100 mm) sind die Mindestdicken d sowie die Mindestdicken D um 20 mm zu vergrößern.

[2] Bei Platten mit mehrseitiger Brandbeanspruchung – z.B. bei auskragenden Platten – müssen die Mindestdicken d sowie die Mindestdicken D jeweils ≥ 100 mm sein.

[3] Bei Anordnung von Asphaltestrich, bei Verwendung von schwimmendem Estrich mit einer Dämmschicht der Baustoffklasse B und bei Verwendung von Holzwolle-Leichtbauplatten muss bei Beanspruchung jeweils F 30-AB, F 60-AB, F 90-AB, F 120-AB und F 180-AB lauten.

Brandverhalten klassifizierter Wände aus Mauerwerk (Auszug DIN 4102-4)

Die ( )-Werte gelten für gemauerte Wände mit beidseitigem Putz, der bei Verwendung der Mörtelgruppe P IV eine Dicke d_1 ≥15 mm besitzen muss.

Konstruktionsmerkmale	Feuerwiderstandsklasse-Benennung[3]				
	F 30-A	F 60-A	F 90-A	F 120-A	F 180-A
Mindestdicke d in mm **tragender**[1] **Wände** aus Kalksandsteinen nach DIN 106 Ausnutzungsgrad α_2 = 0,2	115 (115)	115 (115)	115 (115)	115 (115)	175 (140)
Ausnutzungsgrad α_2 = 0,6	115 (115)	115 (115)	140 (115)	175 (140)	200 (175)
Ausnutzungsgrad α_2 = 1,0	115 (115)	115 (115)	140 (115)	190 (175)	240 (190)

[1] Die Angaben gelten für tragende raumabschließende Wände.

Ähnliche Werte gelten für Porenbeton-Steine, Hohlblöcke aus Leichtbeton, Mauerziegel und Leichthochlochziegel (vgl. DIN 4102-4). Klammerwerte gelten für Wände mit beidseitigem Putz PII oder PIVc ≥ 15 mm bzw. PIVa oder PIVb ≥ 10 mm (ohne Fortschreibung auf die neue Putz-Norm).

6

6.5 Brandschutz

Brandverhalten klassifizierter Stahlbauteile
(Auszug DIN 4102-4)

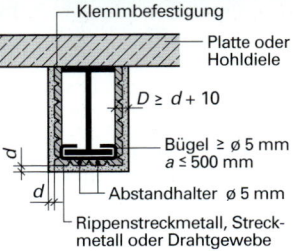

Klemmbefestigung
Platte oder Hohldiele
$D \geq d + 10$
Bügel ≥ ø 5 mm
$a \leq 500$ mm
Abstandhalter ø 5 mm
Rippenstreckmetall, Streckmetall oder Drahtgewebe

geputzter Stahlträger

Konstruktions-merkmale Abmessungen in mm	Profil-verhältnis U/A in m⁻¹	Feuerwiderstandsklasse					
		F 30-A	F 60-A	F 90-A	F 30-A	F 60-A	F 90-A
		Mörtelgruppe P II oder P IVc			Mörtelgruppe P IVa oder P IVb		
Putzdicke d über		Stahlträger			Stahlstützen		
Putzträger aus Rip-	< 90	5	15	–	5	5	15
penstreckmetall,	90 bis 119	5	15	–	5	5	15
Streckmetall oder	120 bis 179	5	15	–	5	15	15
Drahtgewebe bei Stahlträgern.	180 bis 300	5	15	–	5	15	25
Putzdicke d über		Stahlträger			Stahlstützen		
Putzträgern aus	< 90	15	25	45	10	20	35
Rippenstreckmetall,	90 bis 119	15	25	45	10	20	35
Streckmetall oder	120 bis 179	15	25	45	10	20	45
Drahtgewebe bei Stahlstützen.	180 bis 300	15	25	55	10	20	45
Wandbauplatten Dicke d aus Gips nach DIN 18 163	–	60	60	60			
Gipskarton-Bau-platten (GKF) Dicke d als Bekleidung von Stahlträgern	≤ 300	Stahlträger			für F 30-A einschalig		
		12,5	12,5 + 9,5	2 x 15,0			
Gipskarton-Bau-platten (GKF) als Bekleidung von Stahlstützen	≤ 300	Stahlstützen			für F 60-A und F 90-A mehrschalig		
		12,5	12,5 + 9,5	3 x 15,0			

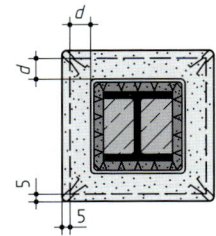

geputzte Stahlstütze

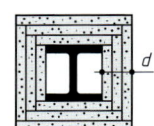

bekleidete Stahlstütze

Brandverhalten von unbekleideten Holzbalken und Holzstützen für F 30-B (Auszug DIN 4102-4)

3-seitig   4-seitig

Holzbalken unter Brandbeanspruchung

	Biegung $\frac{\sigma_B}{\text{zu } \sigma_B^*}$ Druck $\frac{\sigma_{D\|}}{\text{zul } \sigma_k}$	Mindestbreite b in mm									
		bei einem Seitenverhältnis h/b									
		1,0					2,0				
		und einem **Abstützungsabstand** s									
		bzw. einer **Knicklänge** s_k in m									
		2,0	3,0	4,0	5,0	6,0	2,0	3,0	4,0	5,0	6,0
Vollholzbalken											
3seitig	0,2	80	80	80	80	80	80	80	80	80	83
	1,0	114	114	114	114	114	96	103	109	114	120
4seitig	0,2	86	86	86	86	87	80	80	80	82	84
	1,0	160	160	160	160	160	113	113	118	123	128
Brettschichtholzbalken											
3seitig	0,2	80	80	80	80	83	80	80	80	80	83
	1,0	100	100	100	100	100	84	90	95	100	105
4seitig	0,2	80	80	80	80	83	80	80	80	80	83
	1,0	140	140	140	140	140	99	99	103	108	112

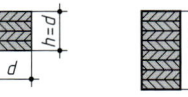

Stütze aus BSH (Brettschichtholz)

1) zul $\sigma_B^* = 1,1 \cdot k_B \cdot$ zul σ_B mit $1,1 \cdot k_B \leq 1,0$;   zul $\sigma_k = \sigma_{D\|}/\omega$

Vollholzstützen											
4seitig	1,0	187	204	219	229	237	161	179	193	202	204
	0,2	102	105	105	105	105	91	92	92	92	92
Brettschichtholzstützen											
4seitig	1,0	169	188	202	202	202	147	167	168	168	168
	0,2	90	90	90	90	90	80	80	80	80	83

Hinweis: Anforderungen an die Bauausführung ergeben sich ausschließlich aus den LBauO. Die Ausführungsbeispiele nach DIN 4102, Teil 4, dürfen ohne zusätzlichen Nachweis verwendet werden. Ansonsten ist ein Prüfzeugnis erforderlich.

6

6.5 Brandschutz

Mindestabmessungen für Decken mit Dämmschicht
für F 30-B (Auszug DIN 4102-4)

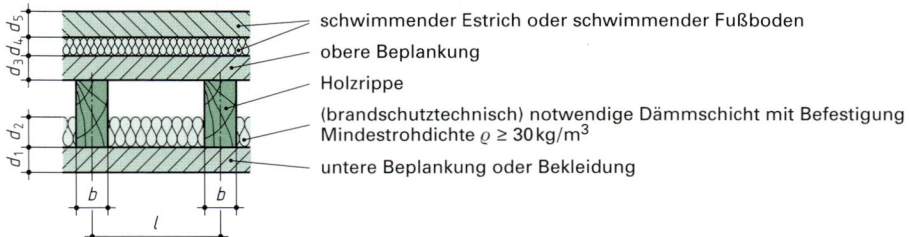

- schwimmender Estrich oder schwimmender Fußboden
- obere Beplankung
- Holzrippe
- (brandschutztechnisch) notwendige Dämmschicht mit Befestigung Mindestrohdichte $\varrho \geq 30\,\text{kg/m}^3$
- untere Beplankung oder Bekleidung

Holz-rippen	untere Beplankung oder Bekleidung		notwendige Dämmschicht	obere Beplankung	Schwimmender Estrich oder schwimmender Fußboden			
	Spanplatten mit $\varrho \geq$ 600 kg/m³	max. zul. Spann-weite	aus Mineral-faser-Platten oder -Matten	aus Holz-werkstoff-platten mit $\varrho \geq$ 600 kg/m³	Dämm-schicht mit ϱ $\geq$ 30 kg/m³	Mörtel, Gips oder Asphalt	Holzwerk-stoffplatten, Brettern oder Parkett	Gips karton-platten
Min-dest-breite in mm	Mindestdicke in mm	in mm	Mindestdicke in mm	Mindestdicke in mm		Mindestdicke		
					in mm	in mm	in mm	in mm
b	d_1	l	d_2	d_3	d_4	d_5	d_5	d_5
	16	625	60	13	15	20		
40	16	625	60	13	15		16	
	16	625	60	13	15			9,5

Die Tabelle gilt für Decken mit notwendiger Dämmschicht. Die Dämmschichten müssen aus mineralischen Fasern nach DIN 18 165 bestehen, der Baustoffklasse A nach DIN 4102 angehören und einen Schmelzpunkt von $T \geq 1000\,°C$ besitzen.

Entfällt die Dämmung oder genügt sie nur der Baustoffklasse B2 ohne weitere Bedingungen, so müsste gelten:
Spanplatten $\quad d_1 \geq 19\,\text{mm}$ $\quad$ und obere Beplankung $\quad d_3 \geq 16\,\text{mm}$

Mindestabmessungen Holzbalkendecken mit vollständig freiliegenden Holzbalken
für F 30-B (Auszug DIN 4102-4)

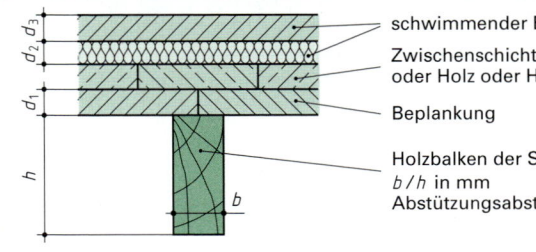

- schwimmender Estrich oder schwimmender Fußboden
- Zwischenschicht aus Betonplatten oder Gipskartonplatten oder Holz oder Holzwerkstoffplatten
- Beplankung
- Holzbalken der Sortierklasse S10 oder MS10
  b/h in mm
  Abstützungsabstand $s \leq 5,00\,\text{m}$

6

Biege-spannung	Holzbalken		Beplankung		Schwimmender Estrich	
	bei Verwendung von		Spanplatten mit $\varrho \geq$ 600 kg/m³	Brettern oder Bohlen	Dämmschicht mit $\varrho \geq$ 30 kg/m³	Spanplatten mit $\varrho \geq$ 600 kg/m³
	Vollholz	Brett-schichtholz				
N/mm²	b/h in mm	b/h in mm	$d_1 \geq 25\,\text{mm}$	$d_1 \geq 28\,\text{mm}$	$d_2 \geq 15\,\text{mm}$	$d_3 \geq 16\,\text{mm}$
≥ 14	–	140/260	Es wird zwischen Decken mit		Bei den ausgewiesenen Decken ist die Anordnung an der Deckenunterseite ohne weitere Nachweise erlaubt (Ausnahme: Stahlblech).	
≥ 14	–	130/240	• verdeckten			
11	130/200	110/200	• teilweise freiliegenden			
10	120/100	85/190	• vollständig freiliegenden			
7	100/160	80/150	Holzbalken unterschieden.			

6.5 Brandschutz

Mindestdicken nichtragender zweischaliger Wände aus Holzwolle-Leichtbauplatten

Konstruktions- merkmale		Feuerwiderstandsklasse	
	Holzwolle-Leichtbauplatte Putz Dämmschicht Drahtverspannung	F 30-B bis F 120-B	F 180-B
Mindestdicke d_1 in mm der Holzwolle-Leichtbauplatten nach DIN 1101		50 mm	50 mm
Mindestdicke d_2 in mm des Putzes, gemessen ab Oberkante Holzwolle-Leichtbauplatten		15 mm	20 mm
Mindestdicke d_3 in mm der Dämmschicht (Rohdichte > 30 kg/m³)		40 mm	40 mm

Mindestdicken ein- oder zweischaliger nichttragender Wände aus Gips-Bauplatten F mit Ständern und/oder Riegeln aus Stahlblechprofilen oder Gipsstreifenbündeln und/oder Riegeln aus Holz sowie Mindestrohdichte der Dämmschicht

Mindestbekleidungsdicke d_2 in mm	12,5[1]	2 × 12,5[2]	15 + 12,5	2 × 18[3]	–
Mindestdämmschichtdicke d_3 in mm	40	40	40	40	–
Mindestrohdichte ϱ in kg/m³ der Dämmschicht	40	40	40	40	–

Holzriegel möglich

Mindestbekleidungsdicke d_2 in mm			2 × 12,5[2]		2 × 15		3 × 12,5[4]	
Mindestdämmschichtdicke d_3 in mm			80	60	80	60	80	60
Mindestrohdichte ϱ in kg/m³ der Dämmschicht			30	50	50	100	50	100
	F 30-A	F 60-A	F 90-A		F 120-A		F 180-A	

[1] Alternativ auch 18 mm GKB oder ≥ 2 × 9,5 mm GKB
[2] Alternativ auch 25 mm
[3] Alternativ auch 3 × 12,5 mm oder 25 + 12,5 mm
[4] Alternativ auch 25 + 12,5 mm

Mindestdicken tragender, nicht raumabschließender Wände aus Holztafeln

Konstruktions- merkmale	Holzrippen		Beplankung(en) und Bekleidung(en)		Feuer-widerstands-klasse
	Mindest-abmessungen in mm	zulässige Spannung in N/mm²	Holzwerkstoffplatten (Mindestrohdichte ϱ = 600 kg/m³)	Gipskarton-Bauplatten F (GKF)	
	$b_1 \times d_1$	σ_D	d_2 in mm	d_3	
	50 × 80	2,5	25 oder 2 × 16		
	100 × 100	1,25	16		
	40 × 80	2,5		18	
	50 × 80	2,5		15	F 30-B
	100 × 100	2,5		12,5	
	40 × 80	2,5	8	12,5	
	40 × 80	2,5	13	9,5	
	40 × 80	2,5		12,5 9,5	
	40 × 80	2,5	22	15	
	50 × 80	2,5		15 12,5	F 60-B

Außenwände in Holztafelbauart F 30-B und F 60-B

Konstruktionsmerkmale:
(MF Mineralfaserplatten)
Holzwerkstoffplatten (Mindestrohdichte $\varrho = 600$ kg/m³)
(HWL Holzwolleleichtbauplatten)

Konstruktionsmerkmale	Innen-Beplankung(en) oder Bekleidung(en)			Dämmschicht			Außen-Beplankung oder -Bekleidung		
	Holzwerkstoffplatten (Mindestrohdichte $\varrho = 600$ kg/m³)	Gipskarton-Feuerschutzplatten (GKF)		Mineralfaser-Platten oder -Matten		Holzwolle-Leichtbauplatten	Bretter oder Holzwerkstoffplatten	Faserzementplatten	Putz auf Holzwolle-Leichtbauplatten $d \geq 25$ mm
	Mindestdicke			dicke	Mindestrohdichte	dicke	Mindestdicke		
	d_2 mm	d_2 mm	d_3 mm	D mm	ϱ kg/m³	D mm	d_4 mm	d_4 mm	d_4 mm
F 30-B (MF) innen / außen	13			80	30		13		
	13			40	50		13		
	13					25	13		
		12,5		80	30		13		
		12,5		40	50		13		
		12,5				25	13		
	16			80	100			6	
	16					50		6	
		15		80	100			6	
		15				50		6	
F 30-B (HWL) innen / außen	13			80	30				15
	13			40	50				15
	13					25			15
		12,5		80	30				15
		12,5		40	50				15
		12,5				25			15
F 60-B (MF) innen / außen	22	12,5		80	100		13		
	22	12,5				50	13		
		12,5	12,5	80	100		13		
		12,5	12,5			50	13		
	22	12,5		80	100			6	
	22	12,5				50		6	
		12,5	12,5	80	100			6	
		12,5	12,5			50		6	
F 60-B (HWL) innen / außen	22	12,5		80	30				15
	22	12,5		40	50				15
	22	12,5				25			15
		12,5	12,5	80	30				15
		12,5	12,5	40	50				15
		12,5	12,5			25			15
Holzrippen $b_1 \times d1 \geq$ 40 mm $\times$ 80 mm $\zeta_D \leq 2,5$ N/mm²	19	12,5		80	100				15
	19	12,5				50			15
	15	9,5		80	100				15
	15	9,5				50			15

6.6 Bauen im Bestand

Im Zuge einer Umnutzung oder einer Modernisierung sowie bei Veränderungen der Eigentumsverhältnisse werden Daten zum Wärmeschutz, zum Brandschutz und zum Schallschutz benötigt, um evtl. den Bestand zu überprüfen bzw. zu verbessern. Dabei ist stets vorab zu klären, ob die vorhandene Bausubstanz Bestandsschutz (Denkmalschutz) genießt. Mit den aktuell vorhandenen Normen lassen sich diese einerseits notwenigen Überprüfungen nicht hinreichend nachweisen, andererseits sind bei baulichen Veränderungen die gültigen Baunormen und Vorschriften anzuwenden.

Gebäude	Baujahr	Energieausweis
Wohngebäude	Neubau	ab 01.10.2007
sonstiges Geb.	Änderung	
Wohngebäude	bis 1965	ab 01.07.2008
Wohngebäude	ab 1965	ab 01.01.2009
öffentliche Geb.		ab 01.07.2009

Beispiel: Alte Holzbalkendecke (geschätzt)

- Holzbalkendecke $R = 0,45$ m²K/W
  mit Lattung/Rohrgewebe,
  Holzwolleleichtbauplatte $L_{n,w,eq,H} = 66$

- Holzbalkendecke
  mit (3) 10 cm Bimsbetonplatten,
  (5) 2,4 cm Leichtbauplatte, (4) Papplage,
  (6) Unterdecke, (1) 10 mm Bodenfliesen,
  (2) Mörtelbett > 15 mm

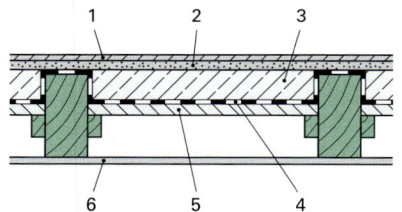

Bei **Holzbalkendecke** ist i.d.R. ein Ersatz durch einen zeitgemäßen Aufbau notwendig. Die Trittschalldämmung kann nur geschätzt werden als Addition der Einzelemente Holzbalkendecke/ Rohdecke + Fußbodenaufbau + fester/ weicher Belag.

Wärmeschutz

Die baulich zu verändernden Bauteile sind nach EnEV nachzuweisen.
Tauwassernachweise sind bei nachträglichem Einbau von Wärmedämmstoffen vorzulegen. Tauwasserbildung ist zu vermeiden oder gemäß der gültigen Norm zu begrenzen.

Brandschutz und Schallschutz

Aufbauten zu bestehenden Schichten verändern, auch bei Verwendung brennbarer Stoffe, die Feuerwiderstandsklasse nicht negativ, können aber die bestehende Feuerwiderstandsklasse auch nicht in eine höhere überführen.

Im **Dachbereich** ist unter dem Aspekt des winterlichen wie sommerlichen Wärmeschutzes die Aufsparrendämmung die bauphysikalisch beste Lösung, kann aber im Bestand zu einem unschönen und statisch bedenklichen Versatz in der Dachfläche (z.B. bei Reihenhäusern) führen.

Risse im Tragwerk sind i.d.R. sowohl Schadensursache wie Schadensbild; Ursache sind Verformungsbehinderungen oder Überschreitung der Gebrauchsfähigkeit des Baustoffes.
Wichtige Merkmale sind:
Rissbewegung (Gipsmarken, die quer über den Riss angebracht werden, lassen erkennen, ob der Riss zur Ruhe gekommen ist),
Tiefe des Risses (Riss an der Oberfläche oder Riss durch das ganze Bauteil),
Verlauf des Risses (Rissränder, geben Hinweis auf die Richtung der wirkenden Kraft).

Bei **Außenfassaden** zeichnen sich vorgehängte hinterlüftete Fassaden durch große Variabilität aus. Neben den Klassikern wie Holzschindeln, Schiefer oder Tonziegeln, können auch Faserzementplatten, Metalltafeln und Holzwerkstoffe verbaut werden. Mit der Unterkonstruktion wird eine Hinterlüftung ausgebildet, die den Feuchtschutz des Gesamtsystems sowie seine Schlagregensicherheit bewirkt. Feuchtigkeit kann sicher aus dem Wandsystem abgeführt werden.
Moderne neue Dämmstoffe (Einblasdämmstoffe,, Silikatleichtschaum SLS20, Calciumsilikat-Platten, Vakuumisolotionspaneele Va-Q-tec, Natur-Zellulose 2BGRATEC) helfen bei der Sanierung.
Hinweise zu Produkt-Spezifikationen:
- www.trockenbau-akustik.de • www.dde.de (eternit) • www.fur.de Fachagentur für Rohstoffe)

Baustoff	Wärmeleitfähigkeit in W/(m · K)	Baustoff	Wärmeleitfähigkeit in W/(m · K)
Strohlehm	0,60, feucht 0,80	Ziegelsplitt	0,40, feucht 0,75
Leichtlehm	0,40, feucht 0,65	Rohrputz	0,45 ... 0,48
Lehm mit Stroh	0,40	Rablitz auf Drahtgewebe	0,58
Sand, lose	0,58	Schlackenbeton 1200	0,47, feucht 0,70
Steinkohlenschlacke	0,20	Schlackenbeton 1800	0,93, feucht 1,2

6

7 Fertigungsmittel

Inhaltsverzeichnis

7

7 Fertigungsmittel

Firmenverzeichnis

Altenloh, Brink & Co GmbH & Co. KG
Kölner Straße 71 – 77 · 58256 Ennepetal
Telefon: 02333 799-0
Fax: 02333 799-304
email: abc@altenloh.com

HOMAG
Holzbearbeitungssysteme AG
Homag Str. 1 – 5 · 72296 Schopfloch
Telefon: 07448 13-0

LEUCO Ledermann GmbH & Co. KG
Ledermannstraße 1 · 72120 Horb
Telefon: 07451 93-0
Fax: 07451 93-270
email: info@leuco.com

Lamello AG
Hauptstraße 149
CH-4416 Bubendorf
Telefon: 0041 61 9353-636
Fax: 0041 61 9353-606
email: info@lamello.com

Robert Bosch GmbH
Geschäftsbereich Elektrowerkzeuge
Max-Lang-Str. 40 – 46
70771 Leinfelden Echterdingen
Telefon: 0711 811-0

Lehrstuhl und Institut
für Werkzeugmaschinen
– Holzbearbeitung
Universität Stuttgart
Holzgartenstraße 17 · 70174 Stuttgart
Telefon: 0711 685-84192
Fax: 0711 685-84193
www.ifw.uni-stuttgart.de

Lehrstuhl und Institut
für Werkzeugmaschinen
und Fertigungstechnik
TU Braunschweig
Langer Kamp 19B · 38106 Braunschweig
Telefon: 0531 391-7601
Fax: 0531 391-5842
www.ifw.ing.tu-bs.de

Verlag und Autoren danken den genannten Firmen und Institutionen für die Unterstützung der aktuellen und praxisnahen Gestaltung des Tabellenbuches.

Literatur und Normen

Häberle, Tabellenbuch Elektrotechnik, Europa-Lehrmittel, Auflage 2005
BGI 578; Betriebsanweisung, Berufsgenossenschaftliche Informationen
DIN 334; 1979-09, Kegelsenker
DIN 338; 2000-09, Kurze Spiralbohrer mit Zylinderschaft
DIN 5109, 2000-09, Schreinerhämmer
DIN 5264; 2006-01, Schraubendreher für Schrauben mit Schlitz
DIN 7235; 1974-08, Handsägen für Holz; Heftsägen, Feinsägen
DIN 7243; 1974-09, Handsägen für Holz; Heftsägen, Rückensägen
DIN 7244; 1974-09, Handsägen für Holz; Heftsägen, Fuchsschwänze
DIN 7261; 1988-12, Werkstattfeilen; Formen, Längen, Querschnitte
DIN 7263; 1988-12, Raspeln und Kabinettfeilen; Formen, Längen, Querschnitte
DIN 7264; 1974-05, Gefräste Feilen; Formen, Längen, Querschnitte
DIN 7487; 1966-11, Holzbohrer; Spiralbohrer mit zwei Spannuten
DIN 8806; 1975-11, Schmale Bandsägeblätter für Holz; Maße
DIN 42961; 1980-06, Leistungsschilder für elektrische Maschinen
DIN 55003; 1981-08, Werkzeugmaschinen; Bildzeichen; Numerisch gesteuerte Werkzeugmaschinen
DIN 66025-2; 1988-09, Programmaufbau für nummerisch gesteuerte Arbeitsmaschinen
DIN EN 847-1; 2005-07, Maschinen-Werkzeuge für Holzbearbeitung
DIN EN 848-1; 1988-11, Sicherheit von Holzbearbeitungsmaschinen – Fräsmaschinen
DIN EN 848-2; 1998-11, Sicherheit von Holzbearbeitungsmaschinen – Oberfräsmaschinen
DIN EN 848-3; 1999-11, Sicherheit von Holzbearbeitungsmaschinen – NC-Bohr- und Fräsmaschinen
DIN EN 859; 1997-10, Sicherheit von Holzbearbeitungsmaschinen – Abrichthobelmaschinen
DIN EN 860; 1997-08, Sicherheit von Holzbearbeitungsmaschinen – Dickenhobelmaschinen
DIN EN 1807; 1999-10, Sicherheit von Holzbearbeitungsmaschinen – Bandsägemaschinen
DIN EN 1870-1; 1999-07, Sicherheit von Holzbearbeitungsmaschinen – Kreissägemaschinen
DIN EN 1870-2; 1999-07, Sicherheit von Holzbearbeitungsmaschinen – Plattenkreissägemaschinen
DIN EN 61131-5; 2011-11, Speicherprogrammierbare Steuerungen – Teil 5: Kommunikation
DIN ISO 1219-1; 1996-03, Fluidtechnik – Graphische Symbole und Schaltpläne
DIN ISO 5745; 2006-09, Greif- und Schneidzangen – Greifzangen
DIN ISO 5746; 2006-09, Greif- und Schneidzangen – Kombinationszangen
DIN ISO 5748; 2006-09, Greif- und Schneidzangen – Vornschneider
DIN ISO 5749; 2006-09, Greif- und Schneidzangen – Seitenschneider
DIN ISO 8764; 2006-01, Schraubendreher für Schrauben mit Kreuzschlitz
DIN ISO 9243; 1994-09, Greif- und Schneidzangen – Kneifzangen
DIN ISO 2351-1; 2006, Bits

7 Fertigungsmittel

7.1 Hobelbank und Bankwerkzeuge

Hobelbank mit Parallel-Vorderzange (DIN 7328)

1. Bankplatte
2. Beilade
3. Hinterzange
4. Schubkasten
5. Zangenspindel
6. Zangenschlüssel
7. Bankhaken
8. Bankhakenloch
9. Vordere Anfassleiste
10. Hintere Anfassleiste
11. Parallel-Vorderzangen-backen
12. Vorderer Gestellfuß
13. Hinterer Gestellfuß
14. Schwinge
15. Gestell-Zugschraube

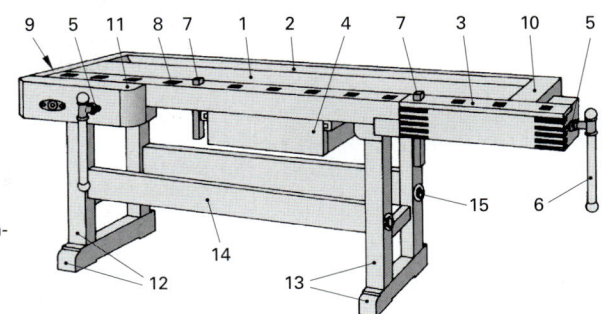

Sägen

Sägen ist eine spangebende Trennung von Holz oder anderen Werkstoffen mittels Hand oder Maschine.

Bezeichnungen am Sägezahn

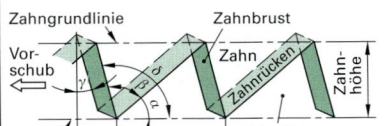

Zahngrundlinie · Zahnbrust · Vor-schub · Zahn · Zahnrücken · Zahn-höhe · Zahn-spitzenlinie · Zahnteilung t · Zahnlücke (Spanraum)

Winkel am Sägezahn

α Freiwinkel
β Keilwinkel
γ Spanwinkel
δ Schnittwinkel

Schnittwinkel an Handsägen

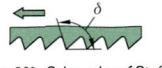 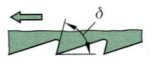

$\delta > 90°$ „Schwach auf Stoß" $\delta < 90°$ „Stark auf Stoß"

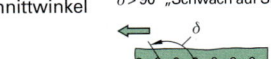 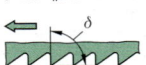

$\delta = 120°$ „Beidseitig wirkend" $\delta = 90°$ „Auf Stoß"

Gestellsägen

Bezeichnung

1. Sägearm
2. Steg
3. Spanndraht
4. Spannschraube mit Mutter
5. Griffe oder Hörnchen
6. Angel

Sägeblatt

Gestellsägen mit Sägeblatt (DIN 7245)

Säge	Säge-blatt Type	Länge l in mm	Breite b in mm	Zahn-teilung t in mm
Spannsäge (Schlitzsäge)	C	700	50	7
Absatzsäge	D	600/700	50	3
Schweifsäge	E	600	6	3

Handsägen (Auswahl)

Säge	Darstellung	Blattlänge l in mm	Säge	Darstellung	Blattlänge l in mm
Fuchs-schwanz DIN 7244	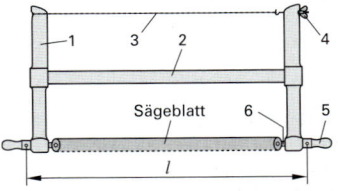	300 350 400 500[1]	Rückensäge DIN 7243		250[1] 300 350
Feinsäge Form A gerade DIN 7235		250 300[1]	Feinsäge Form B/C gekröpft Form E umlegbar		250 300[1]
Gratsäge [1] nicht genormt		150	Furniersäge		75

7

339

7.1 Hobelbank und Bankwerkzeuge

Hobel

Hobeln ist ein spanendes Bearbeitungsverfahren mit gerader Schnittbewegung zur Herstellung von glatten, ebenen, profilierten oder geschweiften Flächen mit Handwerkzeugen oder Maschinen.

Bezeichnungen am Hobel (DIN 7223)

1. Hobelkasten
2. Hobelsohle
3. Nase (Hörnchen)
4. Hobelmaul
5. Schlagknopf
6. Handschutz
7. Hobeleisen
8. Keil
9. Keilwiderlager

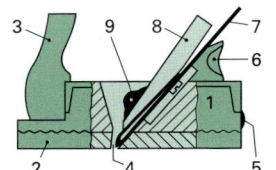

Teile und Winkel am Hobeleisen

1. Hobeleisen
2. Schneide
3. Spiegelseite
4. Rücken
5. Fase
α Freiwinkel
β Keilwinkel
γ Spanwinkel
δ Schnittwinkel

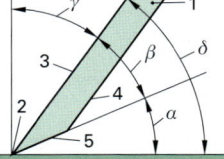

Hobel und Hobeleisen — Benennung der Hobeleisen DIN 5153

Hobelarten		Schnitt-winkel	Hobeleisen DIN	Breite in mm	Hobelarten		Schnitt-winkel	Hobeleisen DIN	Breite in mm
Schrupphobel	DIN 7310	45°	5146 A	33	Putzhobel	DIN 7220	49°	5145 B/C	45, 48, 51
Schlichthobel	DIN 7311	45°	5145 A	45, 48, 51	Reform-Putzhobel	DIN 7305	50°	5149 A/B	48
Doppelhobel	DIN 7219	45°	5145 B/C	45, 48, 51	Simshobel	DIN 7306	47°	7372	10…30
Raubank	DIN 7218	45°	5145 B/C	57, 60	Doppel-Simshobel	DIN 7307	50°	7372	25; 27,5; 30; 33

Beitel (Stecheisen)

Beitel (Stecheisen) — Benennung DIN 5154, DIN 5155

Beitelart	Schneidenbreite b in mm	Stufung	Bemerkung	Darstellung
Stechbeitel DIN 5139	4…32 35…50	2 mm 5 mm	Kanten abgeschrägt	
Hohlbeitel DIN 5142 A/B	4…26, 30, 32	2 mm	Innen- oder Außenschneide	
Lochbeitel DIN 5143	4, 5, 6 …12, 13, 16	2 mm	Blattdicke ca. 13 mm	
Drechselbeitel DIN 5144	6 … 30	2 mm	Form A flach Form B hohl	

Beitelgriffe (DIN 5138)			
Form A	Weißbuche, an den Enden mit Zwingen	Form B	Kunststoff, schlagzäh

Raspel und Feilen

Raspeln und Feilen sind spanende Bearbeitungsverfahren, die Raspel arbeitet grob vor und die Feile arbeitet fein nach. Sie werden verwendet zur Formgebung und zum Glätten.

Raspeln und Kabinetfeilen (DIN 7263)

Bezeichnung	Form-kennzahl	Form-bezeichnung	Darstellung	Hiebnummer	Länge in mm
Holzraspel, flachstumpf	1512	A	▬	1, 2	150, 200, 250, 300
Holzraspel, halbrund	1552	C	◝	1, 2, 3	150, 200, 250, 300
Kabinettraspel	1558	D	◝	2, 3	150, 200, 250, 300
Holzraspel, rund	1562	E	●	2	150, 200, 250, 300
Kabinettfeile	1558	F	◝	1	150, 200, 250, 300

Feilenhefte mit Zwinge (DIN 395) (Maße in mm)

Heftlänge	Feilenlänge bis	Heftlänge	Feilenlänge bis	Heftlänge	Feilenlänge bis
60	Schlüsselfeile	100	175	130	300
80	113	110	200	140	350
90	125	120	250	160	450

7.1 Hobelbank und Bankwerkzeuge

Gefräste Feilen (Handfräserfeilen) (DIN 7264) — Begriffe DIN 7285

Bezeichnung	Form-kennzahl	Form-Nr.	Darstellung	Länge und Zahnung 250 mm	300 mm	350 mm	400 mm
Feile, flachstumpf	290	A	—	1, 2, 3	1, 2, 3	1, 2	1
Feile, Vierkant	292	B	■	1	1	–	–
Feile, rund	293	C	●	1	1	–	–
Feile, halbrund, hohl	295	D	⌒	1, 2	1, 2	–	–
Fräserfeilblatt, flachstumpf	296	E	—	1, 2	1, 2, 3	1, 2, 3	–
Fräserfeilblatt, halbrund, hohl	297	F	⌒	–	1, 2	1, 2	–

Fräsblattfeilen mit 2 Bohrungen, ohne Angel   Zahnung: 1 = grob,   2 = mittel,   3 = fein
Anwendung: weiche Metalle und Kunststoffe

Werkstattfeilen (DIN 7261) Auszug

Bezeichnung	Form-kennzahl	Form-Nr.	Darstellung	Hiebnummern	Länge (ohne Angel) in mm
Werkstattfeilen, flachstumpf	1112	A	—	1, 2, 3	100 … 350
Werkstattfeilen, Dreikant	1132	C	▲	1, 2, 3	100 … 350
Werkstattfeilen, Vierkant	1142	D	■	1, 2, 3	100 … 350
Werkstattfeilen, rund	1162	F	●	1, 2, 3	100 … 350
Messerfeile	1172	G	◀	1, 2, 3	100 … 250

Hiebnummer: 1 = Bastard, grob   2 = Halbschlicht, mittel   3 = Schlicht, fein

Bohrer

Bohren ist ein spanendes Bearbeitungsverfahren zum Herstellen von runden Löchern. Das Bohrwerkzeug, von Hand oder Maschine angetrieben, führt dabei in der Regel eine kreisförmige Hauptschnittbewegung und axiale Vorschubbewegung aus, die Vorschubbewegung ist auch vom Werkstück ausführbar.

Bezeichnungen und Winkel an Bohrern

Schlangenbohrer
1. Schlange
2. Einzugsgewinde
3. Hauptschneide
4. Vorschneider
5. Spannut

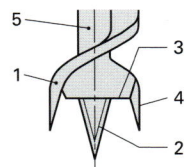

Spiralbohrer
1. Hauptschneide
2. Nebenschneide
3. Vorschneider
4. Zentrierspitze
5. Spitzenwinkel
α Freiwinkel
β Keilwinkel
γ Spanwinkel

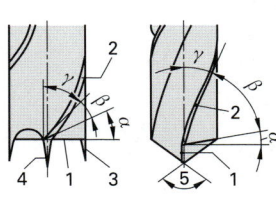

Bohrer für Holz und Holzwerkstoffe

Bohrerart	Form	Durchmesser in mm	Stufung in mm	Darstellung
Zentrumbohrer DIN 6447	C	15 … 25; 25 … 40/45 45 … 75	verstellbare Messer	
Schlangenbohrer DIN 6444	C G	6 … 15 16 … 32	1 2	
Schlangenbohrer DIN 7423		10 … 50	2	
Spiralbohrer DIN 7487	A C D E	10 … 40 4 … 12 10 … 50 4 … 12	1 … 2 1 … 2 1 … 2 … 5 1 … 5	
Schalungs- und Installationsbohrer DIN 7490	A B	8 … 39	2 … 3 … 4	
Langlochfräsbohrer DIN 6442 DIN 6461 kurze Form	A B C	8 … 16 18 … 30 5 … 12 8 … 12	1 2 1 1	

7

Bohrer für Holz und Holzwerkstoffe (Fortsetzung)

Bohrerart	Form	Durchmesser in mm	Stufung in mm	Darstellung
Forstnerbohrer	A	10 … 40	2	
(Ausführung der		10 … 50	5	
Bohrerarten in	C	10 … 40	2	
WS, HSS und		10 … 50	5	
HW bestückt)	G	10 … 40	2	
		10 … 40	5	
Kunstbohrer	E	10 … 40	2	
		10 … 80	5	
	F	10 … 40	2	
DIN 7483		10 … 50	5	
Durchgangs-bohrer (ähnlich DIN 7487)	A/B 60°	5 … 12	1 … 2	
Versenker DIN 6446	A/B	10, 13, 16, 20, 25, 30		Form A Form B
Kegel-Entgrat-senker DIN 334, DIN 335	C 60°	6,3 … 25	2 … 5	
	C 90°	4,3 … 31	0,5 … 2	
Kegelsenker (Senkerbits)	90°	6,3 … 20,5	2 … 4	
Querlochsenker	90°	10 … 64	4 … 11	
Scheiben-schneider DIN 7489	–	10 … 60 (innen)	5	
Aufstecksenker	90°	D 15,5 D 20	Bohrer ⌀ 3 … 12	

Bohrer für Metall und Kunststoff

Bohrerart	Typ	Durchmesser in mm	Stufung in mm	Darstellung	Bemerkung
kurze Spiralbohrer DIN 338	N ∢ 118°	0,2 … 20	0,1 … 0,5		Stahl < 800 N/mm² Festigkeit
kurze Spiralbohrer DIN 338	N ∢ 130°	0,2 … 20	0,1 … 0,1		Stahl < 1000 N/mm² Festigkeit Cr-Ni-Stähle
kurze Spiralbohrer DIN 338	W ∢ 130°	0,2 … 20	0,1 … 1,0		Aluminium Kunststoffe
kurze Spiralbohrer DIN 338	H ∢ 80° …100 °	0,2 … 20	0,1 … 0,5		Messing Kunststoffe
lange Spiralbohrer DIN 340	N ∢ 130°	1,0 … 20	0,1 … 0,5		wie DIN 338 Typ N 130°
Blechschäl-bohrer	Größe 1 … 7	3 … 60	3 … 10		dünne Bleche NE-Metalle Kunststoffe

Bohrertyp	Bearbeitung	Spitzenwinkel	Drall-Spanwinkel	
N	normal: normalspanend	118°	20° … 30°	
H	hart, spröde: kurzspanend	118°	10° … 13°	
W	weich: langspanend	130°	30° … 40°	

7

7.1 Hobelbank und Bankwerkzeuge

Hämmer

Bezeichnung	Nenngröße	Darstellung	Bezeichnung	Nenngröße	Darstellung
Schreiner-hammer DIN 5109	Bahn a in mm 22, 25, 28		Schlosser-hammer DIN 1041	Gewicht in g: 50, 100, 200, 300 500 ... 2000	
Latthammer DIN 7239	570 g		Handfäustel DIN 6475	Gewicht in kg: 1; 1,25; 1,5; 2; 3; 4; 5; 6; 8; 10	
Schreiner-klüpfel DIN 7461	Schlagkopf-länge a in mm 140, 160, 180		Holzhammer DIN 7462	d in mm: 50, 60, 70, 80, 90, 100	

Stiele für Hämmer DIN 5111, DIN 5112, DIN 5135

Zangen

Bezeichnung	Nenngröße l in mm	Darstellung	Bezeichnung	Nenngröße l in mm	Darstellung
Kneifzange DIN ISO 9243	160, 180, 200, 224, 250, 280		Kombinations-zange DIN ISO 5746	160, 180, 200	
Flachzange DIN ISO 5745	kurzer Kopf 124, 140, 160 langer Kopf 140, 160, 180		Flachrund-zange DIN ISO 5745	140, 160, 200	
Vornschneider DIN ISO 5748	140, 160, 180, 200		Seiten-schneider DIN ISO 5749	125, 140, 160, 180, 200	

Schraubendreher

Bezeichnung	Form	Nenngröße in mm DIN 5264 Dicke × Breite	Schraubengröße B in mm Holz-schrauben	Schraubengröße B in mm Metall-schrauben	Darstellung
Handschrauben-dreher Schlitz DIN 5264 Schlitzdreher mit Sechskant Klinge Form B	A B	0,4 × 2 0,4 × 2,5 0,5 × 3 0,6 × 3,5 0,8 × 4 1 × 5,5 1,2 × 6,5 1,2 × 8 1,6 × 8 1,6 × 10 2 × 12 2,5 × 14	1,6 2 2 2,5 3 ... 3,5 4 ... 4,5 5 ... 5,5 5,5 6 7 ... 8 7 ... 8 10	1,6 1,6 2 ... 2,2 2,5 2,9 ... 3,5 3,5 ... 4 4 ... 5 4 ... 5,5 5,5 ... 6,3 5,5 ... 6,3 8 9,5 ... 10	
Maschinen-schraubendreher DIN 5264	C	0,4 × 2 0,4 × 2,5 0,5 × 3 0,5 × 4 0,6 × 3,5 0,6 × 4,5 0,8 × 4 0,8 × 5,5 1 × 5,5 1,2 × 6,5 1,2 × 8 1,6 × 8 1,6 × 10 2 × 12 2,5 × 14	1,6 2 2 2 2,5 2,5 3 ... 3,5 3 ... 3,5 4 ... 4,5 5 ... 5,5 5,5 6 7 ... 8 7 ... 8 10	1,6 1,6 2 ... 2,2 2 ... 2,2 2,5 2,2 ... 2,5 2,9 ... 3,5 2,9 ... 3,5 3,5 ... 4 4 ... 5 4 ... 5,5 5,5 ... 6,3 5,5 ... 6,3 8 9,5 ... 10	
Kreuzschlitz-Schraubendreher DIN ISO 8764-1 Bits DIN ISO 2351-1	PH PZ	0 1 2 3 4	< 2 2,5 ... 3 3,5 ... 5 5,5 ... 7 > 8	PH PZ	Formen B (lang) und D (kurz)

Griffe DIN 5268 oder freie ergonomische Form

7

7.2 Maschinen

Die Holzbearbeitungsmaschinen sind Arbeitsmaschinen und haben eine kraftübertragende, ortsändernde und formändernde Aufgabe. Die Maschinen werden nach der Wirkungsweise ihrer Werkzeuge in drei Gruppen eingeteilt: Oszillierende Werkzeuge: Gattersäge, Stichsäge ...
Umlaufende Werkzeuge: Bandsäge, Bandschleifmaschine ...
Rotierende Werkzeuge: Kreissäge, Fräse, Bohrmaschine ...

Für jede Maschine muss eine Betriebsanweisung erstellt und ausgehändigt werden.

7.2.1 Standmaschinen

Bei den angegebenen Werten handelt es sich um Anhalts- bzw. Richtwerte. Im Einzelfall sind die Daten der Maschine maßgebend. Betriebsanweisung vgl. auch Seite 346.

Standmaschinen (Übersicht)

Maschine Kurzzeichen	Darstellung	Größe maximal in cm Länge/Breite	Platz-bedarf in m²	Nenn-leistung P_N in kW	Beschreibung
Tischkreissäge SK DIN EN 1870-1 BGR 500 K.2.23		190/180	13 ... 25	2 ... 7	Standardmaschine, Massivholz, Plattenmaterial, Längs- und Querschnitte
Formatkreissäge SKF DIN EN 1870-1 BGR 500 K. 2.23		320/150	24 ... 30	4 ... 11	Besäum- und Formatschnitte
Plattenaufteil-säge; vertikal SPLv DIN EN 1870-14 BGR 500 K. 2.23		530/250	3,5 ... 12	2 ... 7	Schnitttiefe bis 80 mm waagerechte und senkrechte Schnitte
Plattenaufteil-säge horizontal SPLh DIN EN 1870-13 BGR 500 K. 2.23		1000/800	30 ... 80	10 ... 20	Schnitttiefe bis 180 mm Untertisch- oder Portalsäge z. T. mit Schnittoptimierungs-programm
Bandsäge SB DIN EN 1807		100/150	5 ... 15	2 ... 4	Trenn- und Schweif-schnitte, der Rollen-durchmesser bestimmt die Maschinengröße
Langlochbohr-maschine BL DIN EN 940		100/100	7 ... 16	1,5 ... 5	Dübel- und Lang-lochbohrungen mit Spezialbohrern DIN 6442 und DIN 6461
Dübelbohr-maschine BD DIN EN 848-3		150/200	9 ... 20	1 ... 4	Einzel- und Reihen-bohrungen Tiefen- oder Durchgangs-bohrungen

BGR: Berufsgenossenschaftliche Regeln

7

7.2 Maschinen

Standmaschinen (Fortsetzung)

Maschine Kurzzeichen	Darstellung	Größe maximal in cm Länge/Breite	Platz- bedarf in m²	Nenn- leistung P_N in kW	Beschreibung
Abrichthobel- maschine HA DIN EN 859 BGR 500 K. 2.23		300/100	12,5 ... 20	2 ... 4	2 oder 4 Messer- welle Spanabnahme durch Verstellen des Aufnahmetisches regulierbar
Dickenhobel- maschine HD DIN EN 860 BGR 500 K. 2.23		100/120	12,5 ... 25	5 ... 10	4 Messerwelle parallel oder spiral- förmig angeordnet Vorschubgeschwin- digkeit in Stufen oder stufenlos einstellbar
Mehrseiten- hobelmaschine Kehlmaschine HV HV/F DIN EN 12750		550/100	12,5 ... 30	14 ... 35	2 ... 10 Spindeln rechts oder links laufend
Tischfräse FT DIN EN 848-1 BGR 500 K. 2.23		120/120	3 ... 7	15 ... 30	Standardmaschine Drehzahl in Stufen oder stufenlos regulierbar; Fräs- dorne z.T. mit Werk- zeug; Codiersystem
Oberfräse FO DIN EN 848-2		120/120	2 ... 4	8 ... 15	Standardmaschine zur Erhöhung der Drehzahl mit Frequenzumformer
Bandschleif- maschine SchB BGR 500 K. 2.23		360/200	3 ... 5	8 ... 25	Standardmaschine Tisch fest oder beweglich
Breitband- schleifmaschine SchBB DIN EN[1] 848 BGR 500 K. 2.23		220/205	10 ... 30	18 ... 30	Ein- oder Mehrband- schleifmaschine mit einem oder mehreren Bandantriebsmoto- ren, z.T. mit automa- tischer Werkstück- stückdickenmessung
Etagenfurnier- presse PF		410/160	6 ... 10	15 ... 30	Ein- oder Mehretagenpresse Elektro, Wasser, Öl oder Dampf beheizt
CNC Stationär Bearbeitungs- zentrum CNC-SB DIN EN 848-3 BGR 500 K. 2.23		500/200	4 ... 20	15 ... 25	Ein- oder Mehr- spindelbearbeitung mechanisch, pneumatisch oder Vakuumspannung 2 ... 5 NC-Achsen

Für Maschinen und Einrichtungen bis Baujahr 1994 gelten die UVV VBG 7i in Verbindung mit der BGV A1.

7

Betriebsanweisung für Maschinen

Arbeitnehmer, die mit Maschinen umgehen, müssen anhand der Betriebsanweisung mündlich und arbeitsplatzbezogen unterwiesen werden. Eine Betriebsanweisung (siehe Muster für eine Tisch- und Formatkreissäge) ist eine gezielte arbeitsplatzorientierte Information.

Nummer 3/02/000-001-98 **Datum** **Bearbeiter** **Verantwortliche** **Arbeitsbereich** **Arbeitsplatz/Tätigkeit**	**BETRIEBSANWEISUNG** **für Maschinen** **Schulleitung / Unterschrift**

ANWENDUNGSBEREICH

Tisch- und Formatkreissägemaschinen

GEFAHREN FÜR MENSCH UND UMWELT

Gefahren bestehen allgemein
* durch das schnell rotierende Sägeblatt (Schnittverletzungen an Fingern und Händen)
* durch den von der Säge ausgehenden Lärm,
* durch nicht enganliegende Kleidung, Handschuhe, Uhr (Einzugsgefahr!)
* durch die Entstehung von Stäuben

SCHUTZMASSNAHMEN UND VERHALTENSREGELN

Beim Umgang mit Tisch und Formatkreissägemaschinen muss Gehörschutz und enganliegende Arbeitskleidung getragen werden.
Der Gefahrenbereich ist abzusichern.
Auf einen sicheren Stand beim Arbeiten achten.
An der Maschine darf erst nach erfolgter Unterweisung gearbeitet werden.
Nur mit Spaltkeil arbeiten. Abstand Spaltkeil zum Sägeblatt max. 10 mm.
Bei jeder Arbeit sind die entsprechenden Schutzvorrichtungen zu verwenden.
Bei Sägearbeiten sind die Einrichtungen, die das Sägeblatt verdecken zu benützen.
Beim Schneiden von Massivholz, Anschlag auf Sägeblattmitte zurückziehen.
Zum Zuführen von Werkstücken, bei einem Abstand zwischen Parallelanschlag und Sägeblatt von weniger als 120 mm Schiebestock bzw. beim Schneiden von Leisten Schiebeholz benützen.
Vor Einschalten der Maschine sicherstellen, dass niemand durch die laufende Maschine gefährdet werden kann.
Nur mit eingeschalteter Absaugung arbeiten.
Bedienungsanleitung des Maschinenherstellers beachten

VERHALTEN BEI STÖRUNG

* Bei Störung die Tisch und Formatkreissägemaschine sofort stillsetzen.
* Maschinenbeauftragten oder nächsten Technischen Lehrer benachrichtigen.

VERHALTEN BEI UNFÄLLEN; ERSTE HILFE

* Melden Sie jeden Unfall unverzüglich Ihrem Technischen Lehrer.
* der nächste Verbandskasten ist im Lehrerzimmer Raum ...
* das nächste stationäre Telefon ist im Lehrerzimmer Raum ...
* **Notruf:**   **Arzt:**   **Erst-Helfer:**

INSTANDHALTUNG UND ENTSORGUNG

Reparaturen dürfen nur von autorisierten Personen durchgeführt werden.

Datum: **Unterschrift Verantwortlicher:**

7

7.2 Maschinen

7.2.2 CNC-Bearbeitungszentren

Diese CNC-Maschinen ermöglichen eine Komplettbearbeitung der Werkstücke und werden deshalb vermehrt in der Holztechnik eingesetzt.

Aggregatausstattung: (Auswahl, weitere Ausstattung möglich)
- Fräsaggregat bzw. Hauptspindel (4 kW ... 12 kW, 1200 min⁻¹ ... 24000 min⁻¹)
- Vertikale und horizontale Bohrspindeln oder -Getriebe (X- und Y-Richtung)
- Sägeaggregat, meist schwenkbar

Fräsaggregat, 4 Spindeln horizontal	Bohrkopf, vertikal	Säge- und Kappaggregat
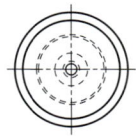	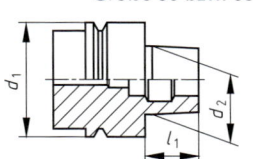	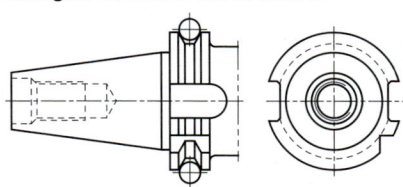

Werkzeugaufnahme (-Schnittstelle)

Hohlschaftkegel DIN 69893: Form F Größe 50 bzw. 63	**Steilkegel** DIN 69891: Nr. 30 bzw. 40

Werkzeugwechsler (gebräuchlich, meist mitfahrend)

Tellerwechsler (12 Werkzeugplätze)	Kettenwechsler (bis zu 70 Werkzeugplätze), auch vertikal möglich

Werkstück-Spannsysteme

Werkstücke werden mit Vakuum oder mit pneumatischen Kraftspannern (Vollholzteile) gespannt. Häufig vorkommende Systeme sind:
- Geschlossener Aufspanntisch
- Konsolentisch mit schlauchlosen Vakuumsaugern
- Nutenrastertisch
- Werkstückkonturangepasste Vakuumschablonen

Konsolentisch mit schlauchlosen Vakuumsaugern 	Vakuumspanner Positionierung mit Hilfe von Laserstrahl möglich 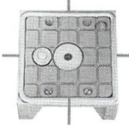

7.2.3 Handmaschinen

Handmaschinen sind kleine, tragbare elektrisch oder pneumatisch betriebene Maschinen für viele Arten von Bearbeitungsverfahren. Sie sind in der Regel nicht für den Dauerbetrieb vorgesehen.

Handmaschinen (Übersicht)

Maschine	Darstellung	Nenn-leistung P_N in W	Beschreibung
Handbohr-maschine DIN EN 60745-2-1		230 ··· 1150	Drehzahl n 1 ... 4000 min^{-1}, Spannweite für 0,5 mm ... 13 mm Bohrer, z.T. elektronische Regelung, Zahnkranz- oder Schnellspann-futter, Gewicht 0,9 kg ... 2,3 kg
Schrauber DIN EN 60745-2-2		230 ··· 540	Drehzahl n 1 ... 4000 min^{-1}, Schrauben-durchmesser bis 8 mm, Tiefenanschlag mit Raste oder stufenlos, Einzel- oder Magazin-schrauber, Rechts- und Linkslauf, Gewicht 1,2 kg ... 2,7 kg
Handkreissäge DIN EN 60745-2-5		800 ··· 2300	Schnitttiefe 0 mm ... 85 mm, schwenkbar bis 45°, z.T. elektronische Regelung, Gewicht 2,5 kg ... 11,5 kg
Stichsäge DIN EN 60745-2-11		240 ··· 700	Schnitttiefe in Holz bis 100 mm, in Metall 20 mm, z.T. mit Pendelhub, z.T. schwenkbar bis 45°, Gewicht 2,5 kg ... 2,7 kg
Oberfräse DIN EN 60745-2-17		900 ··· 1800	Drehzahl n 8000 ... 24000 min^{-1} Fräskorbhub bis 75 mm, stufenweise oder stufenlose Regelung, Gewicht 2,7 kg ... 5,1 kg
Handhobel DIN EN 60745-2-14		800 ··· 1200	Hobelbreite 80/82 mm, 102 mm, 110 mm, 170 mm, Spanabnahme stufenlos 0 mm ... 4,0 mm, Falztiefe stufenlos 0 mm ... 25 mm, Gewicht 2,9 kg ... 8,8 kg
Bandschleif-maschine DIN EN 60745-2-4		600 ··· 1400	Schleifbandbreite 65 mm, 75 mm, 100 mm, 105 mm, Bandgeschwindigkeit/Leerlauf v_c 200 m/min ... 440 m/min, Gewicht 2,2 kg ... 8,0 kg
Schwing-schleifer DIN EN 60745-2-3		150 ··· 300	Schwingzahl/Leerlauf n 8000 ... 27000 min^{-1} Schleifplatte 80 × 130 mm ... 115 × 280 mm, Schleifhub 2,4 mm, 2,6 mm, Gewicht 1,3 kg ... 3,1 kg
AKKU-Bohrschrauber DIN EN 60745-2-1		Betriebs-spannung 7,2/9,6/ 12/14,4 V 18 V	Drehzahl n 0 ... 2300 min^{-1}, Spannweite für 1 mm ... 13 mm Bohrer, Bohrleistung in Holz bis 38 mm, Drehmomentbegrenzung 5 ... 21 Stufen, Gewicht mit Akku 1,1 kg ... 2,45 kg
Klammergerät Nagler/Tacker DIN EN 792-13		Druckluft 3 bar ··· 8 bar	Klammern und/oder Nägel, Impulsfolge 1 ... 60 Schlag/min, Luftverbrauch pro Schlag bei 6 bar 0,23 L ... 1,6 L; Gewicht 0,62 kg ... 3,4 kg

7

7.2 Maschinen

7.2.4 Elektromotoren

Wechselstrom-Motore (Übersicht)   Spannung von 230 V … 380 V

Motorart	Arbeitsweise	Kennzeichen	Wirkungsgrad Drehzahlbereich	Anwendung
Universal-motor	Reihenschlussmotor Gleich- und Wechselstrom	Drehzahlbereich ist steuerbar	50% 7000 min⁻¹ … 28000 min⁻¹	Kleinwerkzeuge
Drehstrom-motor	Motor mit Drehstrom-ständerwicklung und Gleichstromanker	Drehzahlbereich ist steuerbar	50% … 80% … 2800 min⁻¹	Holzbearbei-tungs-Maschinen usw.

Wirkungsgrad: 50%, Drehzahlbereich $7000\ \text{min}^{-1} \dots 28000\ \text{min}^{-1}$; $50\% \dots 80\%$, $\dots 2800\ \text{min}^{-1}$

Leistungsschild für elektrische Maschinen (DIN 42961)

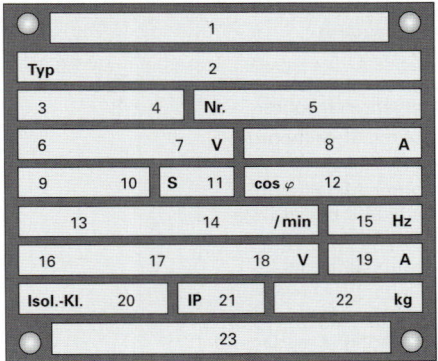

7	Nennspannung
8	Nennstrom
9	Nennleistung
10	Einheit der Leistung, z.B. kW
11	Nennbetriebsart nach VDE 0530
12	Leistungsfaktor
13	Drehrichtung nach VDE 0530
14	Nenndrehzahl in min⁻¹
15	Nennfrequenz
16	Err (Erregung) bei Gleichstom-maschinen und Synchron-maschinen
	Lfr (Läufer) bei Asynchronmaschinen
17	Schaltart der Läuferwicklung (siehe Feld 6)
18	Nennerregerspannung Gleichstrom- und Synchronmaschinen
19	Nennerregerstrom Gleichstrom- und Synchronmaschinen
20	Isolierstoffklasse
21	Schutzart nach DIN 40050
22	Gewicht in kg bzw. t
23	zusätzliche Vermerke

1	Hersteller
2	Typ ergänzt durch Baugröße, -form
3	Stromart
4	Art der Maschine: z.B. Gen.; Mot.; usw.
5	Fertigungsnummer
6	Kennzeichnung der Schaltart der Wicklung

Nenndrehzahl in min^{-1}

Symbole auf Leistungsschildern für elektrische Handmachinen

Symbol	Bedeutung	Symbol	Bedeutung
☐	Schutzisoliert (Schutzklasse II)	⧗	Staubgeschützt
⟨III⟩	Schutzkleinspannung Schutzklasse III)	⧗	Staubdicht
▼	Tropfwassergeschützt	⬦	Für rauen Betrieb
▼	Sprühwassergeschützt (Regenwassergeschützt)	⏚	Schutzleiter
▲	Spritzwassergeschützt	∿	Wechselstrom
CE	Das Gerät entspricht allen euro-päischen Vorschriften, es wurde den vorgeschriebenen Konfor-mitätsverfahren unterzogen.	GS	Freiwillige Baumuster-Prüfung nach dem Geräte- und Produkt-sicherheitsgesetz durch die Berufsgenossenschaft.

Kriterien zur Klassifizierung von ortsveränderlichen elektrischen Betriebsmitteln

Kennzeichnung K 1	Nutzung in Innenräumen und mit Einschränkung im Freien	Kennzeichnung K 2	Nutzung in Innenräumen und im Freien, z.B. Baustellen

7

7.3 Maschinenwerkzeuge

Maschinenwerkzeuge arbeiten nach den gleichen oder ähnlichen Verfahren wie Handwerkzeuge. Unterschieden wird in „spanen mit geometrisch bestimmten Schneiden" wie sägen, hobeln, fräsen und bohren sowie „spanen mit geometrisch unbestimmten Schneiden" wie schleifen.
Für die Auswahl der erforderlichen Werkzeuge mit dem entsprechenden Schneidstoff sind die Werkstoffe und die Schnittrichtung maßgebend.

7.3.1 Schneidstoffe

Schneidstoff ist der Werkstoff aus dem die Schneide eines Werkzeugs besteht. Sie richtet sich nach der Härte der zu bearbeitenden Materialien.

Schneidstoffe

Kurz-zeichen	Werkstoff	Verwendung	Eigenschaften
WS	Werkzeugstahl, unlegiert	ohne Bedeutung	
SP	Werkzeugstahl, < 5% Legierungsanteil	Stecheisen, Hobeleisen, Bandsägen, Holzbohrer	
HL SS	Schnellarbeitsstahl, < 12% Legierungsanteil	Holzbohrer, Metallbohrer	
HS HSS	hochlegierter Schnellarbeitsstahl, > 12% Legierungsanteil	Holzbohrer, Metallbohrer, Schneiden für Fräser, Streifenhobelmesser	
ST	Stellit, geschmolzene Legierung ohne Stahlanteile	Streifenhobelmesser, Bestückung für Fräser und Bandsägen	
HW	Hartmetall, Sintermetall ohne Stahlanteile, Zerspanungsgruppe K 05 … K 20	Bestückung für Kreissägen, Fräser, Bandsägen, Bohrer	
DP	Polykristalliner Diamant mittlere Korngröße 2 µm … 25 µm	Bestückung für Kreissägen, Fräser, Bohrer	

Eigenschaften (Spalte, von oben nach unten): Verschleiß: groß → gering; Härte: elastisch → spröde; + ... –

7.3.2 Schnittrichtungen

Schnittrichtung ist die momentane Richtung der Schnittbewegung. Sie kann parallel, rechtwinklig oder in jedem Winkel zum Faserverlauf erfolgen.

Massivholz (nach Kvimaa)

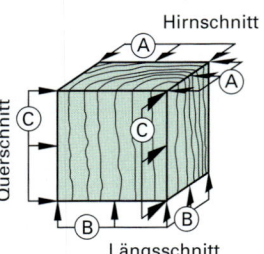

Hirnschnitt
Querschnitt
Längsschnitt

Lagenholz

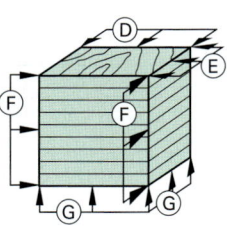

Plattenwerkstoff

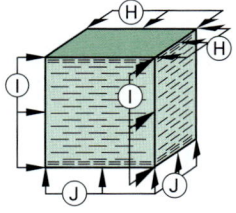

A Schnittrichtung ⊥ zur Faser, Schnittfläche ⊥ zur Faser
B Schnittrichtung = zur Faser, Schnittfläche = zur Faser
C Schnittrichtung ⊥ zur Faser, Schnittfläche = zur Faser
D Schnittrichtung = zur Faser, Schnittfläche = zur Plattenoberfläche
E Schnittrichtung ⊥ zur Faser, Schnittfläche = zur Plattenoberfläche
F Schnittrichtung = zur Plattenkante (ähnlich A + B)
G Schnittrichtung ⊥ zur Plattenkante
H Schnittrichtung = zur Plattenoberfläche
I Schnittrichtung = zur Plattenkante
J Schnittrichtung ⊥ zur Plattenkante

Schneiden mit der Faser

Schneiden gegen die Faser

7

7.3 Maschinenwerkzeuge

7.3.3 Werkzeugbegriffe, Schneidengeometrie, Berechnungen

Werkzeugbegriffe

1. Stammblatt
2. Schneidzahn, Bestückung
3. Spanraum
4. Zahnbrust, Spanfläche
5. Freifläche, Zahnrücken, Fase
6. Schnittbreite
7. Hauptschneide
8. Nebenschneide
9. Schneidendurchmesser Schneidenflugkreis

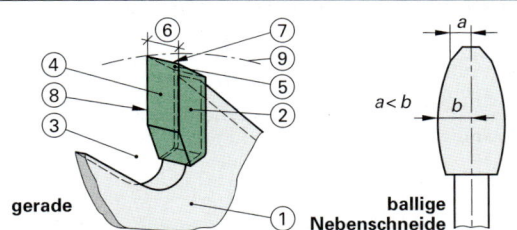

gerade

ballige Nebenschneide

$a < b$

Schneidengeometrie

1. α Freiwinkel
2. β Keilwinkel
3. γ Spanwinkel
4. δ Schnittwinkel
5. λ Achswinkel
6. κ Einstellwinkel
7. κ_F Faseneinstellwinkel
8. α_n Nebenschneidenfreiwinkel
9. κ_r Nebenschneideneinstellwinkel

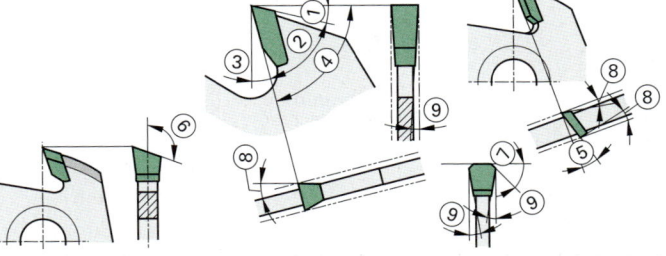

Zerspanung

1. v_c Schnittgeschwindigkeit m/s
2. v_f Vorschubgeschwindigkeit m/min
3. f_z Zahnvorschub mm
4. a_e Eingriffsgröße, Frästiefe mm
5. z Schneidenzahl
6. n Drehfrequenz min^{-1}
7. h_m mittlere Spandicke mm
8. f_z Messerschlaglänge mm
9. t Messerschlagtiefe mm
10. D Schneidendurchmesser mm (Werkzeugdurchmesser, Schneidenflugkreisdurchmesser)
11. d Bohrungsdurchmesser mm
12. s_B Spanbogenlänge mm

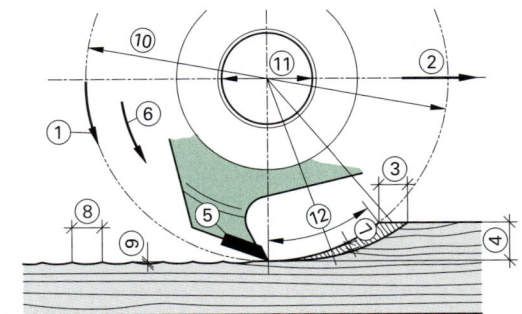

Kennzeichnung für Maschinenwerkzeuge (DIN EN 847-1)

Kennzeichnung	Werkzeuge				
	Kreissäge	Fräswerkzeuge Vorschub		Schaftfräser	Fräswerkzeuge für Abricht- und komb. Maschine
		Hand	Mechanisch		
Name, Zeichen des Herstellers	ja	ja	ja	ja	ja
Drehzahl	n_{max}	$n_{min/max}$	n_{max}	n_{max}	–
Abmessung des Werkzeuges	$D \cdot b \cdot d$	$D \cdot b \cdot d$	$D \cdot b \cdot d$	–	–
Kurzzeichen des Schneidstoffes	ja[1]	ja[1]	ja[1]	ja[1]	–
Vorschubart	–	MAN	MEC	MAN/MEC	MAN/MEC
mindest. Einspannlänge	–	–	–	–	ja l min a

D Schneidendurchmesser b Schneidenbreite, Zahnbreite d Bohrungsdurchmesser
MAN Handvorschub   MEC mechanischer Vorschub a (entsprechende) Messerdicke
[1] bei einteiligen und Verbundwerkzeugen

7

351

7.3 Maschinenwerkzeuge

Berechnungen (Auswahl)

Formel	Beispiel
Schnittgeschwindigkeit $$v_c = \frac{r\,(cm) \cdot n}{1000}\,(m/s) \qquad v_c = \frac{d \cdot \pi \cdot n}{1000 \cdot 60}\,(m/s)$$ (vereinfacht)	$d = 120$ mm $\qquad n = 9000$ min^{-1} $$v_c = \frac{120\text{ mm} \cdot \pi \cdot 9000\text{ n/min}}{1000\text{ mm/m} \cdot 60\text{ s/min}} = 56{,}55\text{ m/s}$$
Vorschubgeschwindigkeit Allgemein $\qquad v_f = \dfrac{s}{t}\,(m/min)$	$s = 120$ m $\qquad\qquad t = 60$ min $$v_f = \frac{120\text{ m}}{60\text{ min}} = 20\text{ m/min}$$
Sägen, Hobeln, Fräsen $$v_f = \frac{z \cdot n \cdot f_z}{1000}\,(m/min)$$	$z = 2$ $\qquad\qquad n = 9000$ min^{-1} $f_z = 0{,}8$ mm $$v_f = \frac{2 \cdot 9000\text{ n/min} \cdot 0{,}8\text{ mm}}{1000\text{ mm/m}} = 14{,}4\text{ m/min}$$
Bohren $$v_f = n \cdot f\,(mm/min)$$ f = Vorschub je Umdrehung in mm	$f = 0{,}08$ mm $\qquad\qquad n = 16\,000$ min^{-1} $v_f = 1600\text{ n/min} \cdot 0{,}08\text{ m} = 128\text{ mm/min}$
Zahnvorschub $$f_z = \frac{v_f \cdot 1000}{z \cdot n}\,(mm)$$	$v_f = 14{,}4$ m/min $\qquad z = 2$ $n = 9000$ min^{-1} $$f_z = \frac{14{,}4\text{ mm} \cdot 1000\text{ mm/m}}{2 \cdot 9000\text{ n/min}} = 0{,}8\text{ mm}$$
Mittlere Spandicke $$h_m = f_z \cdot \sqrt{\frac{a_e}{D}}\,(mm) \qquad (D : a_e < 10 : 1)$$	$f_z = 0{,}8$ mm $\qquad\qquad a_e = 10$ mm $n = 9000$ min^{-1} $$h_m = 0{,}8 \cdot \sqrt{\frac{10\text{ mm}}{120\text{ mm}}} = 0{,}23\text{ mm}$$
Messerschlagtiefe $$t = \frac{f_z^2}{4\,d}\,(mm) \qquad \text{(vereinfacht)}$$ $$t = \frac{f_z}{2} \cdot \tan\frac{\alpha}{4}\,(mm) \qquad \alpha = \text{Zentriwinkel}$$	$f_z = 0{,}8$ mm $\qquad\qquad d = 120$ mm $$t = \frac{0{,}64\text{ mm}}{480\text{ mm}} \approx 0{,}001\text{ mm}$$
Talquotienten (Verhältnis von Messerschlagtiefe t und Zahnvorschub f_z) $$T = \frac{f_z}{4\,d}$$	$f_z = 0{,}8$ mm $\qquad\qquad d = 120$ mm $$T = \frac{0{,}8\text{ mm}}{480\text{ mm}} \approx 0{,}0017\text{ mm}$$
Spezifische Schnittkraft (vereinfacht) $$k_c = 13{,}8 \cdot \frac{1{,}45}{h_m}\,(N/mm^2)$$ $h_m = 0{,}23$ mm $$k_c = 13{,}8 \cdot \frac{1{,}45}{0{,}23} = 87{,}00\text{ N/mm}^2$$ Der k_c Wert gilt nur für scharfe Werkzeuge. Für arbeitsscharfe bis stumpfe Werkzeuge erhöht sich der Wert bis + 50 %.	**Verschleiß am Schneidkeil** 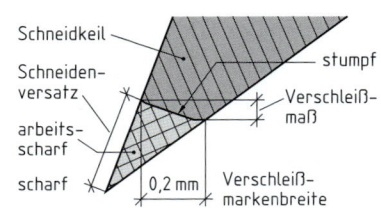 Schneidkeil Schneidenversatz arbeitsscharf scharf — stumpf — Verschleißmaß 0,2 mm — Verschleißmarkenbreite

Berechnungen

Ermittlung Zahnvorschub f_z (Richtwerte für den Werkzeugeinsatz)

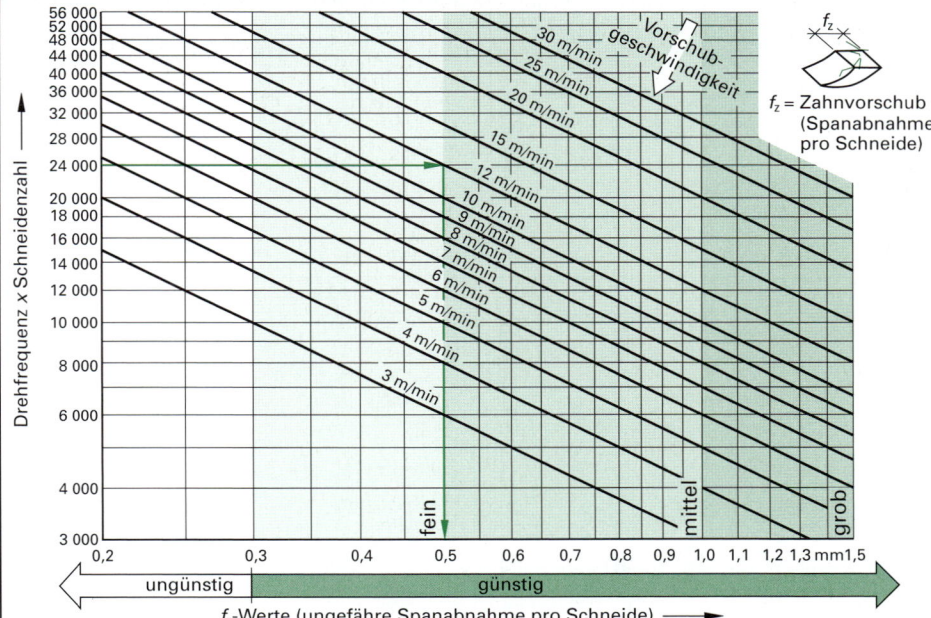

f_z = Zahnvorschub (Spanabnahme pro Schneide)

Drehfrequenz x Schneidenzahl

Vorschubgeschwindigkeit

30 m/min, 25 m/min, 20 m/min, 15 m/min, 12 m/min, 10 m/min, 9 m/min, 8 m/min, 7 m/min, 6 m/min, 5 m/min, 4 m/min, 3 m/min

fein — mittel — grob

ungünstig ◄———— günstig ————►

f_z-Werte (ungefähre Spanabnahme pro Schneide) ——►

Schnittgeschwindigkeit für Fräswerkzeuge

Werkzeugdurchmesser (mm)	2500	2800	3000	3500	4000	4500	5000	5500	6000	6500	7000	7500	8000	9000	10000	12000
450	59	66	71	82												
420	55	62	66	77												
400	52	59	63	73	84											
380	50	56	60	70	80											
350	46	51	55	64	73	82										
320	42	47	50	59	67	75	84									
300	39	44	47	55	63	71	79									
280	37	41	44	51	59	66	73	82								
250		37	39	46	52	59	65	73	79	85						
220			35	40	46	52	58	65	70	75	81					
200				37	42	47	52	59	63	68	73	79	84			
180					37	42	47	53	57	61	66	71	75	85		
160						38	42	47	50	54	59	63	67	75	84	
140							37	41	44	48	51	55	59	66	73	88
120								35	38	41	44	47	50	57	63	75
100										34	37	39	42	47	52	63
80													33	38	42	50
60															31	38

Fräserdorndrehzahl (min⁻¹)

Bruchgefahr, erhöhte Lärmbelästigung (oberer rechter Bereich)

Erhöhte Rückschlaggefahr (unterer linker Bereich)

7

7.3.4 Kreissägeblätter

Kreissägeblätter sind kreisförmige, am Umfang gezahnte und mit einer Bohrung versehene Maschinensägeblätter. Schneidwerkstoff und Zahnform bestimmen den Einsatz der Werkzeuge.

Zahnformen und Schneidengeometrie

Flachzahn
$\lambda = 0°$
$\kappa = 90°$
$\gamma = 15° \dots 20°$

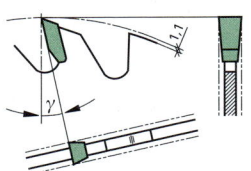

Zahnform Nr. – 1 –

Wechselzahn
– Freifläche –
$\lambda = 0°$
$\kappa \neq 90°$
$= 95° \dots 110°$
$\gamma = 8° \dots 20°$

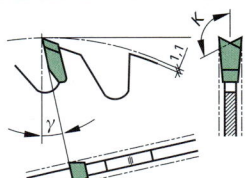

Zahnform Nr. – 2 –

Wechselzahn
– Zahnbrust –
– Freifläche –
$\lambda \neq 0°$
$= 15° \dots 20°$
$\kappa \neq 90°$
$= 95° \dots 110°$
$\gamma = 8° \dots 15°$

Zahnform Nr. – 3 –

Flach-Trapez-Zahn
– im Wechsel –
$\lambda \neq 0°$
$\kappa = 90°$
$\varepsilon \neq 0°$
$\kappa_F = 45°$
$\gamma = 8° \dots 15°$

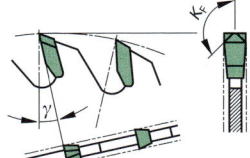

Zahnform Nr. – 4 –

Flach-Dach-Zahn
– im Wechsel –
$\lambda = 0°$
$\kappa = 90°$
$\varepsilon \neq 0°$
$\kappa_F = 45°$
$\gamma = 8° \dots 20°$

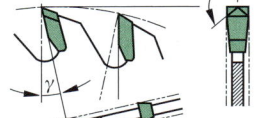

Zahnform Nr. – 5 –

Wechselzahn
– negativ –
$\lambda \neq 0°$
$= 15° \dots 20°$
$\kappa \neq 90°$
$\kappa = 100°$
$\gamma = 5° \dots 10°$

Zahnform Nr. – 6 –

Hohlzahn
– Zahnbrust
  hohl geschliffen –
$\lambda = 0°$
$\kappa = 90°$
$\gamma = 10° \dots 15°$

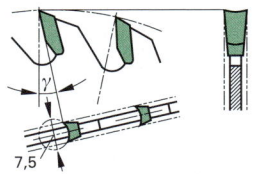

7,5

Zahnform Nr. – 7 –

Hohl-Fase-Zahn
– im Wechsel –
$\lambda = 0°$
$\kappa = 90°$
$\varepsilon \neq 0°$
$\kappa_F = 45°$
$\gamma = 8° \dots 12°$

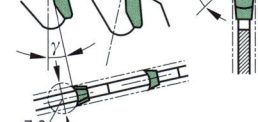

7,0

Zahnform Nr. – 8 –

| Ballige Nebenschneide | Schnittgüte, Fräsgüte f_z |

Diese Schneiden-
form ist für die Bear-
beitung von harten
oder leicht schmie-
renden Werkstoffen
entwickelt. Diese
Schneide hat keine
Zahnspitze, die sich
schnell abarbeitet.

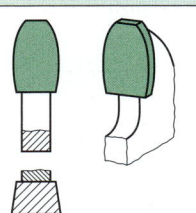

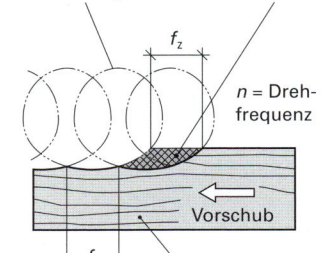

Schneidenflugkreis — Kommaform

f_z

n = Dreh-
frequenz

Vorschub

Werkstück

f_z

Anmerkung zu Seite 355

1) Alternativ die Bearbeitung mit balligen Nebenschneiden
Für die Einteilung in Schnittgüteklassen gibt es zur Zeit keine
eindeutige Klassifizierung.   ZT – Zahnteilung t
G groß: 70 mm ... 40 mm,   M mittel: 35 mm ... 20 mm,
K klein: 15 mm ... 7 mm,   .../...: von ... bis
SP – Spanwinkel γ,   .../...: von ... bis

Schnittwerte (Richtwerte für HW-bestückte Kreissägeblätter)

Werkstoff		Schnittgeschwindigkeit v_c m/s	HW Zerspanungsgruppe K	Grob				Mittel				Fein			
				f_z ≤	ZT t	ZF	SP $\gamma°$	f_z	ZT t	ZF	SP $\gamma°$	f_z ≥	ZT t	ZF	SP $\gamma°$
Weichholz	längs	60 ...	30	0,80	G	1	20	0,50	G/M	1	20	0,20	G/M	1/2	20
	quer	100	30	0,20	G	1	15	0,10	M	2	20	0,05	K	2/3/7	15/10
Hartholz/	längs	60 ... 90	10	0,60	G	1	20	0,25	G/M	1	20	0,15	G/M	1/2	20/15
Exoten	quer		15	0,20	G/M	1/2	20	0,10	M	1/2	20/15	0,02	K	2/3	12/8
Furniere		70 ... 100	05	0,08	M	2	10	0,06	M	2/3	15	0,03	K	2/3	12/8
Vergütete Hölzer		40 ... 65	05	0,08	M	2/3	15	0,06	M	2/3/4	15	0,03	M/K	2/3/4	15/10
Stabsperrholz		50 ... 90	05	0,60	M	2	15	0,30	M	2/3	15/10	0,05	K	2/3	12/8
Furnierte Platten		55 ... 85	05	0,10	M	2	15	0,07	M/K	2/3	15/10	0,05	K	2/3	12/8
Flachpressplatte		50 ... 80	01	0,25	G/M	2	15	0,15	M	2/3	15	0,05	M/K	2/3	15/10
MDF roh		60 ... 90	05	0,20	M	2	15	0,15	M	2/3	15	0,10	K	2/3	10/8
Beschichtete Platten[1]		60 ... 80	05	0,06	M	2	20/15	0,05	M/K	3/4/5	15/10	0,03	M/K	4/5/8	12/8
Mittelharte Faserplatten		50 ... 80	05	0,10	M	1/2	20/15	0,07	M/K	2/3	15/10	0,04	M/K	2/3	12/8
Poröse Faserplatten		60 ... 100	05	0,15	G/M	1/2	20	0,10	M/K	2	15	0,05	M/K	2/3	15/10
Thermoplaste-Platten[1]		30 ... 70	05	0,40	G/M	2	20/15	0,20	M	4/5	15	0,08	M/K	4/8	12/8
Duroplaste-Platten[1]		15 ... 50	05	0,20	G/M	2	20/15	0,10	M	4/5	15	0,04	M/K	4/7	15/10
Hartpapier, Hartgewebe[1]		40 ... 60	05	0,15	M	2	20/15	0,12	M	5	15	0,10	K	5	15/10
Kunststoff-Profile[1]		30 ... 70	05	0,15	M	4	10/8	0,10	M	5	8	0,05	K	5/6	5/–10
Gipsplatten, Kartonplatten		30 ... 60	05 ...20	0,10	G	1/2	20	0,10	M	2	15	0,10	M	2	15
Steinwolleplatten		20 ... 40	05	0,15	M	1/2	20	0,13	M/K	2	15/10	0,10	K	2	15/10
Zementgebundene Platte		40 ... 70	05	0,20	M	2	20/15	0,15	M/K	2	15/10	0,10	K	2	15/10

Schnittgeschwindigkeit Richtwerte für DP-bestückte Kreissägeblätter

Werkstoff	Schnittgeschwindigkeit v_c in m/s	Werkstoff	Schnittgeschwindigkeit v_c in m/s
Flachpressplatte, MDF roh	65 ... 100	Stabsperrholz	60 ... 90
Flachpressplatte	65 ... 100	Mittelharte Faserplatte	60 ... 90
MDF, furniert	65 ... 100	Thermoplaste	60 ... 80
Verdichtete Hölzer	50 ... 80	Duroplaste	50 ... 80

Ermittlung der Einsatzbedingungen für Kreissägeblätter HW-bestückt

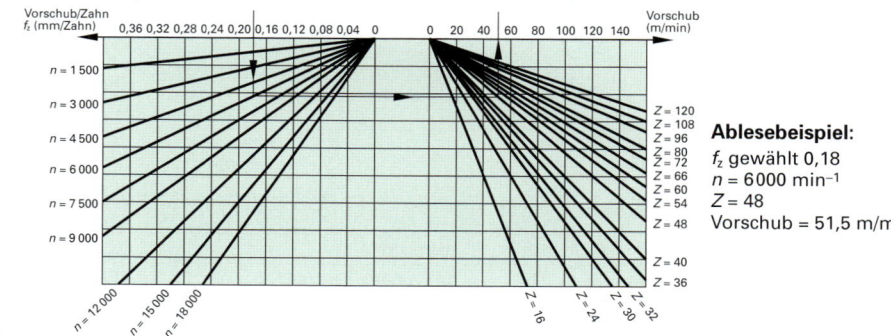

Ablesebeispiel:
f_z gewählt 0,18
$n = 6000$ min^{-1}
$Z = 48$
Vorschub = 51,5 m/min

7

7.3.5 Fräswerkzeuge

Ermittlung der Einsatzbedingungen für Fräswerkzeuge HSS- und HW-bestückt

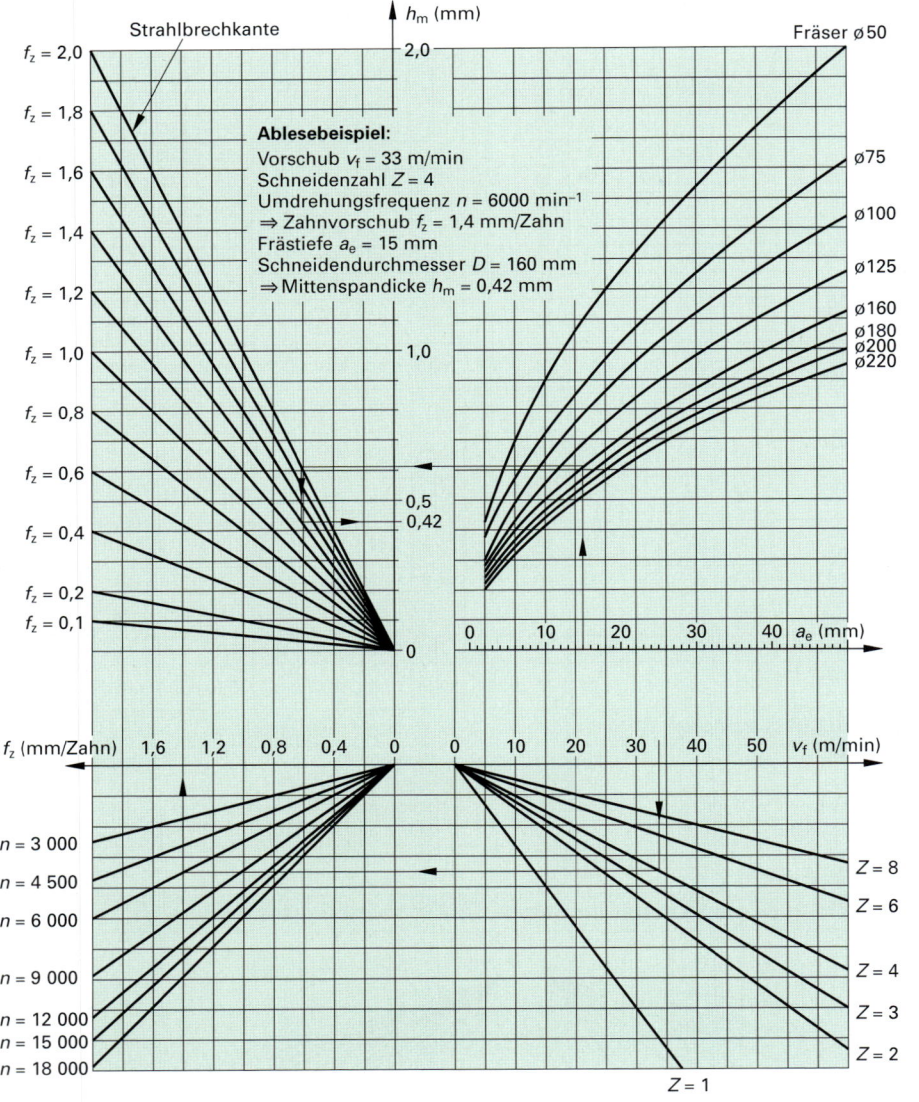

Ablesebeispiel:
Vorschub v_f = 33 m/min
Schneidenzahl Z = 4
Umdrehungsfrequenz n = 6000 min^{-1}
$\Rightarrow$ Zahnvorschub f_z = 1,4 mm/Zahn
Frästiefe a_e = 15 mm
Schneidendurchmesser D = 160 mm
$\Rightarrow$ Mittenspandicke h_m = 0,42 mm

Richtwerte für Fräsarbeiten

Werkstoff	h_m in mm	Werkstoff	h_m in mm
Massivholz	0,20 … 0,80	Mittelharte Faserplatte	0,20 … 0,60
Flachpressplatte	0,35 … 0,80	Thermoplaste	0,10 … 0,40
Furniersperrholz	0,30 … 0,60	Duroplaste	0,05 … 0,20

7.3 Maschinenwerkzeuge

7.3.6 Maschinenbohrer

Kreisförmige Schneidwerkzeuge, die bei axialer Vorschubbewegung Bohrungen bei gleichzeitiger Querschubbewegung Langlöcher herstellen.

Richtwerte für Bohren mit HS-Bohrer und HW-bestückte Bohrer

Werkstoff	Bohrer Typ	Schnittgeschwindigkeit v_c in m/s		Kühlmittel
		HS	HW	
Vollholz parallel zur Faser	Zentrierspitze	1 … 3	2 … 5	L
Vollholz quer zur Faser	Zentrierspitze	3,5 … 8	5 … 10	L
Flachpressplatte	Zentrierspitze, Durchgangsb.	3 … 4	6 … 8,5	L
MDF	Zentrierspitze, Durchgangsb.	6 … 8	8 … 12	L
HPL	N	1,5 … 2,5	2,5 … 4	L
PMMA	H	0,3 … 1	0,6 … 2	L/F
Duroplaste	H	0,5 … 1	1,5 … 2	L/F
Thermoplaste	W	0,5 … 1,2	1,5 … 2,5	L/F
Stahl < 800 N/mm²	N	0,5	1	F
Nicht rostender Stahl	N (Sonderschliff)	0,1 … 0,15	0,3 … 0,5	F
L Luft	F Flüssigkeit (Wasser, Emulsion)			

7.3.7 Bandsägen, Streifenhobelmesser, Fräsketten

Bandsägeblätter DIN 8806, Auszug (Maße in mm)

Blattbreite	b	6,3	10	10	16	16	20	20	25	32	40	50	63
Blattdicke	s	0,5	0,5	0,6	0,5	0,6	0,5	0,7	0,7	0,7	0,8	0,9	0,9
Zahnteilung	t NV	4	6,3	6,3	6,3	6,3	6,3	8	8	10	10	12,5	12,5
Zahnteilung	t NU	–	–	–	–	–	–	–	–	–	–	15	15

Zahnform NV

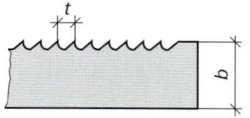

Zahnform NU

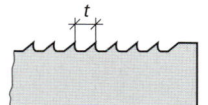

für Trenn- und grobe Querschneidearbeiten

Streifenhobelmesser DIN 8828

Breite b	Stärke s	Arbeitslänge
30 mm, 35 mm, 40 mm	3 mm	250 mm … 1000 mm

Material: HS (HSS), Stellite bestückt, HW bestückt
Kennzeichnung: Hersteller, Größe, Schneidenmaterial

Fräsketten

Kettenbreite	Schlitzlänge	Schlitztiefe	Teilungsgrößen
6 mm … 40 mm	20 mm … 60 mm	0 mm … 175 mm	klein, mittel, groß

Teilung klein   13,7

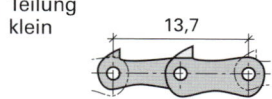

Teilung mittel   15,7

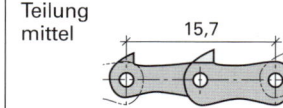

Teilung groß   22,6

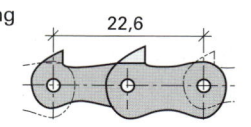

7

7.4 Pneumatik und Hydraulik

Schaltzeichen DIN ISO 1219 (Auswahl)

Funktionszeichen, Energieübertragung

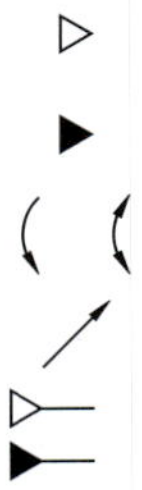

	Druckluftstrom		Arbeitsleitung		Filter oder Sieb
	Hydrostrom		Steuerleitung		Wasser-abscheider
	Drehrichtung		Leitungs-verbindung		Lufttrockner
	Verstellbarkeit		Entlüftung		Öler
	Druckquelle		Druckbehälter		Aufbereitungs-einheit

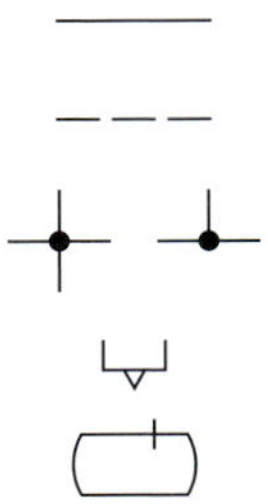

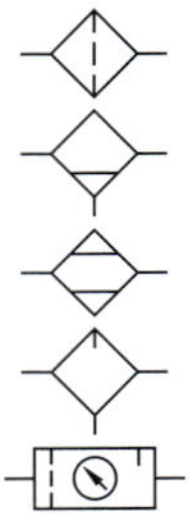

Pumpen, Verdichter, Motoren, Zylinder

	Konstantpumpe eine Drehrichtung		Hydraulik-motor		einfach-wirkender Zylinder
	Verstellpumpe zwei Dreh-richtungen		Pneumatik-motor		doppelt-wirkender Zylinder
	Verdichter eine Drehrichtung				

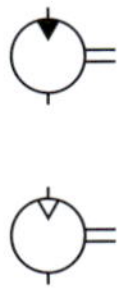

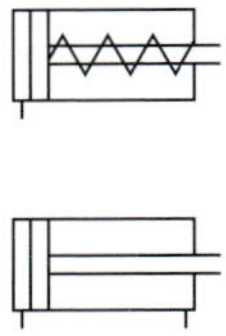

Sperrventile, Stromventile, Druckventile

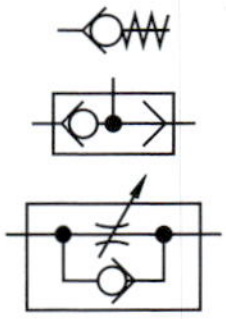

	Rückschlag-ventil		Drosselventil		Druckregel-ventil
	Wechselventil		Stromregel-ventil		Druckbegren-zungsventil
	Drosselrück-schlagventil				

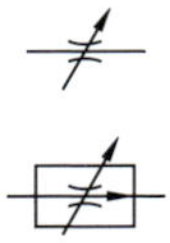

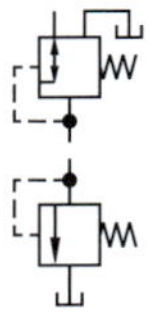

Wegeventile

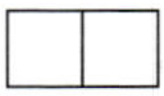

	Anzahl der Quadrate ≙ Anzahl der Schaltstellungen, z.B. Sinnbild für 2 Stellungen	1 oder P 2, 4, 6 / A, B, C 3, 5, 7 / R, S, T 12,14,16 / Z,Y,X	Anschlüsse: kurze Striche Druckanschluss Arbeitsan-schlüsse Abfluss Steuer-anschlüsse

Durchflusswege:

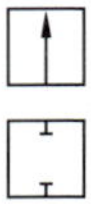

Durchfluss

gesperrt

Beispiel

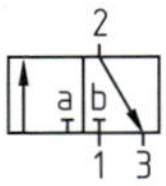

3 / 2 - Wegeventil

————— 2 Schaltstellungen

————————— 3 Anschlüsse

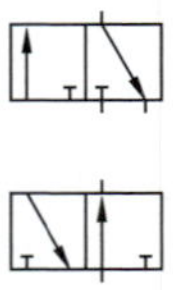

	3/2-Wegeventil Sperr-Ruhestellung		4/2-Wegeventil		5/2-Wegeventil
	3/2-Wegeventil Durchfluss-Ruhestellung	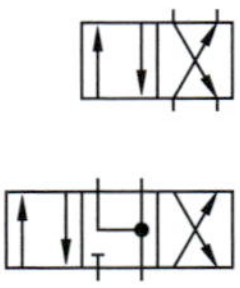	4/3-Wegeventil Schwimm-Mittelstellung		

7.4 Pneumatik und Hydraulik

Betätigung von Ventilen

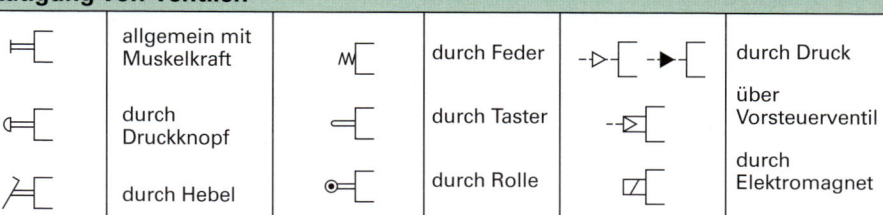

⊢⊏	allgemein mit Muskelkraft	⋀⊏	durch Feder	⊳⊏ ⟶⊏	durch Druck
⊄⊏	durch Druckknopf	⊏	durch Taster	⊸⊏	über Vorsteuerventil
⊅⊏	durch Hebel	⊙⊏	durch Rolle	⊏	durch Elektromagnet

Schaltpläne

Beispiel: Pneumatikschaltung mit zwei Zylindern

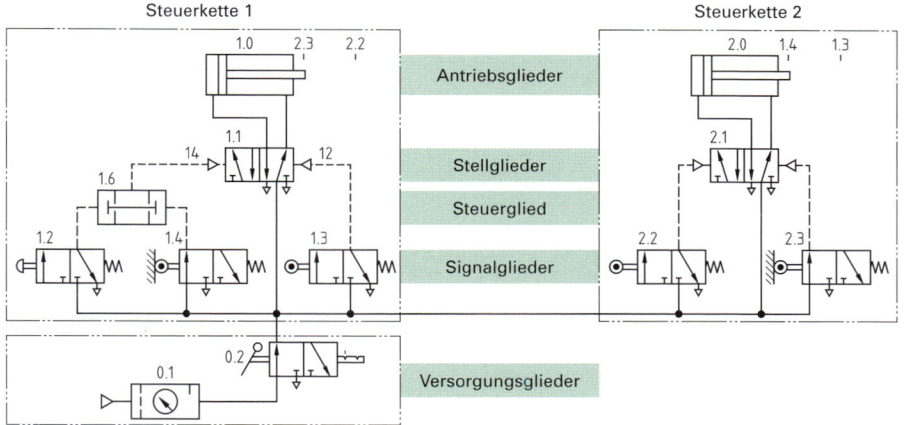

Steuerkette 1 — Steuerkette 2

Antriebsglieder
Stellglieder
Steuerglied
Signalglieder
Versorgungsglieder

Grundsätze beim Erstellen eines Schaltplanes:

- Die Steuerung wird in nebeneinander liegende Steuerketten gegliedert.

- In einer Steuerkette werden ihre Bauglieder in Richtung des Energieflusses angeordnet. Sie werden mit Ordnungsnummern gekennzeichnet.

- Bauglieder sind: Versorgungsglieder – Signalglieder – Steuerglieder – Stellglieder – Antriebsglieder

- Einbaustellen von Signal- und Stellgliedern werden durch einen Markierungstrich und der Gerätenummer gekennzeichnet.

Lageplan	Funktionsdiagramm	Schaltplan

Wirkungsweise und Aufbau von Schaltungen werden durch Schaltpläne, Funktionsdiagramme und eventuell Lagepläne dargestellt.

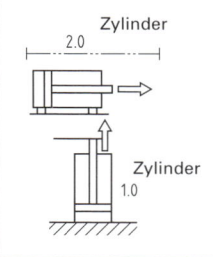

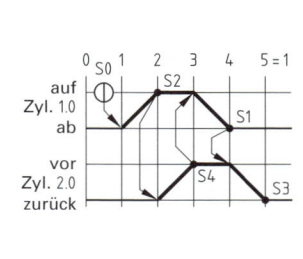

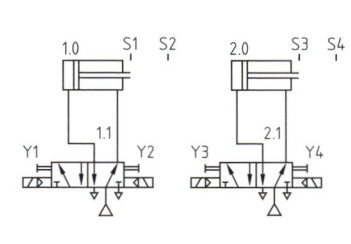

7.4 Pneumatik und Hydraulik

Berechnung der Kolbenkräfte

Einfachwirkender Zylinder

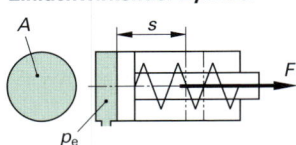

$$F = p_e \cdot A - (F_F + F_R)$$
$$F = p_e \cdot A \cdot \eta$$

Verluste durch Feder- und Reibkräfte 10% ... 15%

F	Kolbenkraft
p_e	Überdruck
A	Kolbenfläche
F_F	Rückzugskraft der Feder
F_R	Reibkräfte
η	Wirkungsgrad

Doppeltwirkender Zylinder

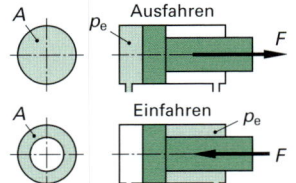

Ausfahren

Einfahren

$$F = p_e \cdot A - F_R$$
$$F = p_e \cdot A \cdot \eta$$

Verluste durch Reibkräfte 3% ... 7%

Beispiel: Zylinder, $d = 80$ mm
$p_e = 6$ bar, $\eta = 0{,}88$

$$F = p_e \cdot A \cdot \eta$$

$$F = 60 \,\frac{N}{cm^2} \cdot \frac{\pi\,(8\,cm)^2}{4} \cdot 0{,}88$$

$$F = 2654 \text{ N}$$

Kolbenkräfte bei $p_e = 6$ bar

Zylinderdurchmesser	(mm)	20	25	32	40	50	63	80	100	125	160	200
Kolbenstangen-durchmesser	(mm)	8	10	12	16	20	20	25	25	32	40	40
Druck-kraft (N)	einfach wirkend[1]	151	241	375	644	968	1560	2530	4010	–	–	–
	doppelt wirkend	164	259	422	665	1040	1650	2660	4150	6480	10600	16600
Zugkraft (N)	doppelt wirkend	137	216	364	560	870	1480	2400	3890	6060	9960	15900

1) Rückzugskraft der Feder wurde berücksichtigt;   Wirkungsgrad $\eta = 0{,}88$

Luftverbrauch bei Pneumatikzylindern

$$Q = A \cdot s \cdot n \cdot \frac{p_e + p_{amb}}{p_{amb}}$$

Q	Luftverbrauch
A	Kolbenfläche
s	Kolbenhub
n	Anzahl der Hübe
p_e	Überdruck
p_{amb}	Luftdruck

gilt für einfach wirkende Zylinder
für doppelt wirkende Zylinder $\approx 2\,Q$

Beispiel: $s = 120$ mm, $d = 60$ mm
$n = 80$/min, $p_e = 6$ bar

$$Q = A \cdot s \cdot n \frac{p_e + p_{amb}}{p_{amb}}$$

$$Q = 28{,}3 \text{ cm}^2 \cdot 12 \text{ cm} \cdot 80/\text{min} \cdot 7$$

$$Q = 190\,176 \text{ cm}^3/\text{min} = 190 \; l/\text{min}$$

Einfach wirkender Zylinder:

$$Q_1 = q \cdot s \cdot n$$

Doppelt wirkender Zylinder:

$$Q_2 = 2 \cdot Q_1$$

q spezifischer Luftverbrauch
aus Diagramm in l/min

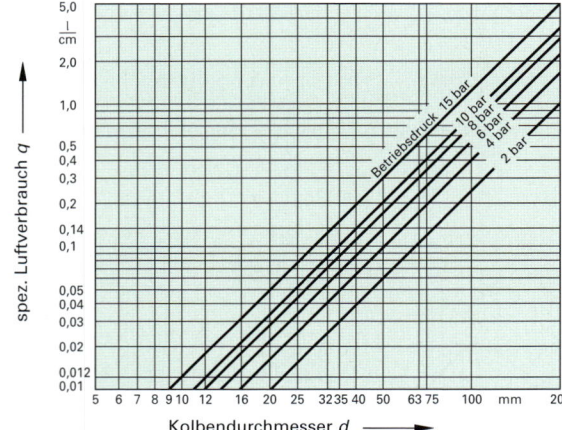

7.4 Pneumatik und Hydraulik

Hydraulische Presse

Prinzip

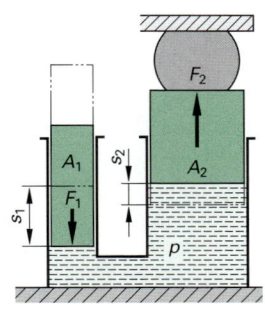

Der Druck p ist innerhalb eingeschlossener Flüssigkeiten oder Gase überall gleich.

$$p = \frac{F_1}{A_1} = \frac{F_2}{A_2}$$

$$\frac{F_1}{F_2} = \frac{A_1}{A_2} = \frac{s_2}{s_1}$$

F_1, F_2 Kolbenkräfte
A_1, A_2 Kolbenflächen
s_1, s_2 Wege

Indize 1 = Druckkolben
Indize 2 = Arbeitskolben

Beispiel: $F_1 = 120$ N
           $A_1 = 8$ cm^2
           $A_2 = 400$ cm^2

$$F_2 = \frac{F_1 \cdot A_2}{A_1} = \frac{120 \text{ N} \cdot 400 \text{ cm}^2}{8 \text{ cm}^2}$$

$F_2 = 6000$ N $= 6$ kN

Furnierpresse

Schema

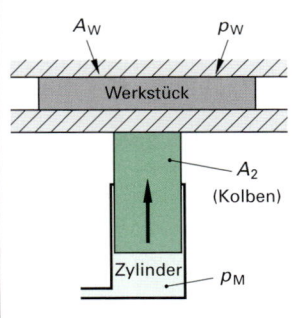

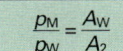

$$\frac{p_M}{p_W} = \frac{A_W}{A_2}$$

p_M Betriebsdruck
p_W Werkstückdruck
A_W Werkstückfläche
A_2 Gesamte Kolbenfläche

Beispiel:
Werkstück 800 mm/450 mm
$p_W = 3$ bar, $A_2 = 200$ cm^2

$$p_M = \frac{p_W \cdot A_W}{A_2}$$

$$p_M = \frac{30 \text{ N/cm}^3 \cdot 3600 \text{ cm}^2}{200 \text{ cm}^2}$$

$p_M = 54$ bar

Drucktabelle einer hydraulischen Furnierpresse

Tabelle gilt für eine 70-t-Presse mit 4 Zylindern, Kolbendurchmesser 90 mm, Presstischfläche 2550 mm/1100mm

Tabellenwerte in **bar**

Breite in cm	Länge in cm												
	20	40	60	80	100	120	140	160	180	200	220	240	250
20	5	10	15	15	20	25	30	30	35	40	40	45	50
	5	10	15	20	30	35	40	45	50	55	60	65	70
40	10	15	25	30	40	50	55	65	75	80	85	95	100
	10	20	35	45	55	65	75	85	100	110	120	135	140
60	15	25	35	45	60	75	80	95	105	115	130	140	155
	15	35	50	65	80	100	110	135	145	170	185	200	210
80	15	30	45	65	80	95	110	125	140	160	170	190	200
	20	40	65	85	110	135	150	180	200	220	240	270	280
100	20	40	60	80	100	115	140	160	175	200	220	230	250
	30	55	80	110	140	170	190	220	250	280	–	–	–
110	20	45	70	85	105	130	155	170	200	220	235	260	280
	30	60	90	120	150	185	210	240	280	–	–	–	–

1	= Werkstückdruck 2,5 bar = 25 N/cm^2
2	= Werkstückdruck 3,5 bar = 35 N/cm^2

7

7.5 Funktionspläne und Funktionsdiagramme

Funktionspläne (DIN 40719)	Funktionsdiagramme
Prozessorientierte Steuerungsabläufe können in Funktionsplänen dargestellt werden und enthalten die einzelnen Schritte, die Verknüpfungen der Signale und die Bedingungen zum Weiterschalten.	Das Zusammenwirken der Bauglieder einer Steuerung und der zeitliche Bewegungsablauf werden im Funktionsdiagramm dargestellt.

Sinnbilder

□	Schritt (Schrittnummer kann zugeordnet sein)
▢	Anfangsschritt

(Übergangssymbol)	Übergangssymbol (mit Bedingung)
	Wirkverbindungen

A	B	C	Grundsymbol für Befehle

Feld A: Befehl/Aktion
Feld B: Beschreibung
Feld C: Rückmeldung

Beispiele für Feld A:
S gespeichert
D verzögert
L zeitbegrenzt
C bedingt
F freigabebedingt

Beispiele für Feld C:
A Befehl ausgegeben
R Befehlswirkung erreicht
X Störmeldung

(Ablaufkette)	Ablaufkette bestehend aus einer Reihe von Schritten Schritt und Übergang folgen abwechselnd

(Ablaufauswahl)	Ablaufauswahl
	Schrittkette verzweigt in mehrere Abläufe

Beispiel:

Schrittsymbol mit der Nummer des Schrittes · Befehlswirkung · Beschreibung des Befehls · Befehlsnummer

1	S	Zylinder 1.0 ausfahren	1

S3 — Übergangsbedingung S3 ist betätigt

Wirkverbindung: Wirkung von oben nach unten

Sinnbilder

	Bewegungen:
→	geradlinig
○	Drehbewegung EIN
⌒	Schwenkbewegung

	Funktionslinien:
—	Ruhe- oder Ausgangsstellung
▬	für von oben abweichende Zustände

Signalglieder

⊕	EIN	⑪⑪	ZWEIHAND-EINRÜCKUNG
⊖	AUS	⊘	WAHL-SCHALTER
⊕	EIN/AUS		
⊗	AUTOMATIK	⊙	GEFAHREN-ABSCHALTUNG

Signallinien mit Signalverknüpfungen

↓↓↑	Signallinien	⋎	UND-Bedingung
↓↓↓	Signalverzweigung	⋎	ODER-Bedingung

Beispiele: Funktionslinien

• **Bewegung eines Zylinders**

Zeit in s 0 1 4 10 11
Zustand ├──┼──┼──┼──┤
Schritt 1 2 3 4 5

ausgefahren 2
eingefahren 1

Ruhestellung / Ausgangsstellung · Eilgang vor · Arbeitsvorschub · Endstellung · Eilgang zurück

• **Ventil mit 2 Schaltstellungen**

Zeit in s 0 1 5 6
Zustand ├──┼──┼──┤
Schritt 1 2 3 4

Schaltstellung a
Schaltstellung b

Ruhestellung b   Schaltstellung a

7

7.5 Funktionspläne und Funktionsdiagramme

Beispiel: Pneumatiksteuerung mit zwei Zylindern

Lageplan und Schaltplan

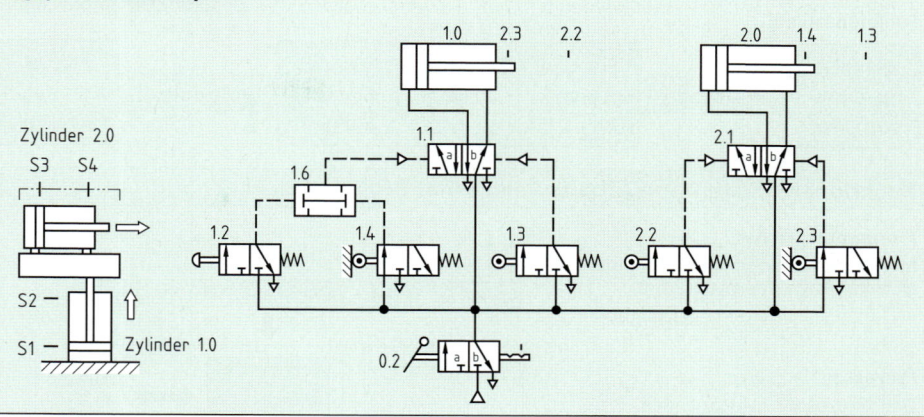

Funktionsplan und Beschreibung

Durch Betätigen des Hauptventils und des Starttasters fährt Zylinder 1.0 aus.

Zylinder 1.0 betätigt in seiner Endstellung den Grenztaster S2.

Zylinder 2.0 fährt aus und betätigt Taster S4.

Zylinder 1.0 fährt in Ausgangsstellung zurück und betätigt Taster S1.

Zylinder 2.0 wird zurückgestellt.

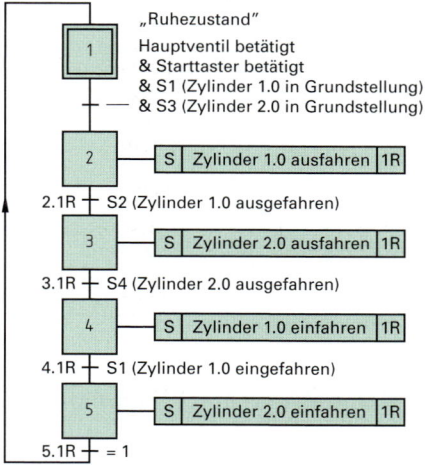

Funktionsdiagramm

Benennung	Nr.	Lage/Zustand	X₁ X₂ X₃	1	2	3	4	5	1
			Bauglieder		Schritt				
Pneumatik-Hauptventil	0.2	b							
		a							
Zylinder	1.0	aus 2		1.4	2.2		2.3		
		ein 1							
5/2-Wegeventil	1.1	a							
		b							
Zylinder	2.0	aus 2				1.3		1.4	
		ein 1							
5/2-Wegeventil	2.1	a							
		b							

7.6 Speicherprogrammierte Steuerungen (SPS)

Eine speicherprogrammierte Steuerung verarbeitet binäre Eingangssignale zu Ausgangsisignalen, mit denen technische Abläufe und Prozesse beeinflusst werden.

Funktionsablauf:

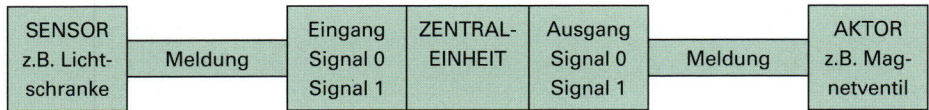

SENSOR z.B. Licht-schranke	Meldung	Eingang Signal 0 Signal 1	ZENTRAL-EINHEIT	Ausgang Signal 0 Signal 1	Meldung	AKTOR z.B. Mag-netventil

Funktionseinheiten und Arbeitsweise einer SPS

Programmspeicher

Im Programmspeicher befindet sich das Anwenderprogramm.

Prozessor

Der Prozessor arbeitet das Programm zyklisch ab.

Die Signalzustände werden an den Eingängen abgelesen und ein Prozessabbild (PAE) gebildet. Danach wird das Programm schrittweise abgearbeitet.

Die ermittelten Signalzustände hinterlegt der Prozessor im Prozessabbild (PAA).

Das Prozessabbild wird am Zyklusende in die Ausgänge geschrieben.

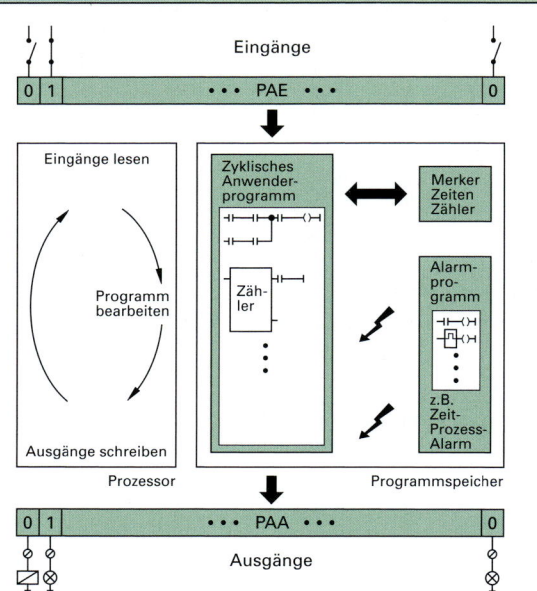

Programmierung und Programmiersprachen

Programmiersprachen

- Anweisungsliste (AWL)
- Kontaktplan (KOP)
- Funktionsplan (FPU)

(Zusätzlich kann bei manchen Systemen das Programm für die Ablaufsteuerung grafisch als Ablaufplan eingegeben werden).

SPS können auch in Hochsprachen, z.B. C, Pascal usw. programmiert werden (nach IEC 1131).

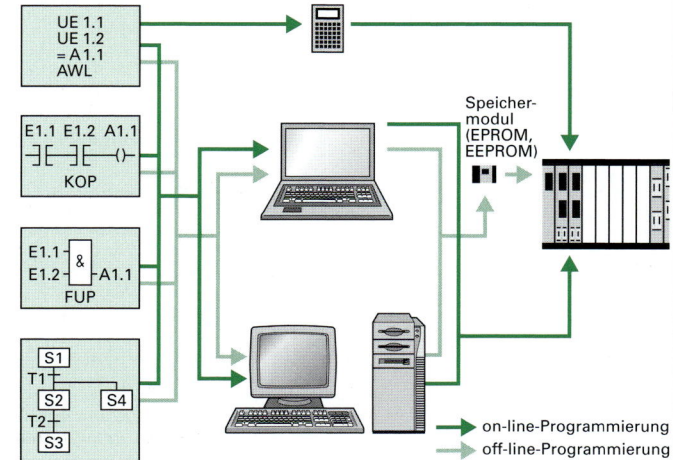

7

7.6 Speicherprogrammierte Steuerungen (SPS)

SPS – Programmiersprachen (DIN 19 239)

Kontaktplan (KOP)	Anweisungsliste (AWL)
Symbole für Kontakte	Steueranweisung

—] [—	Eingang, der das Eingangssignal nicht umkehrt (Kontakt, Schließer)	**Beispiel:**	**O E 10**
—]/[—	Eingang, der das Eingangssignal umkehrt (negierter Kontakt, Öffner)	Operationsteil / Binäre oder organisatorische Operationen	Operandenteil / Parameter / Kennzeichen
—( )—	Ausgang, der bei Ansteuerung mit einem 1-Signal ein 1-Signal ausgibt	U UND O ODER N NICHT ON ODER-NICHT UN UND-NICHT XO EXKLUSIV ODER S Setzen R Rücksetzen ZV Vorwärtszählen ZR Rückwärtszählen = Zuweisung () Klammern L Laden SPA Sprung absolut SPU Sprung bedingt PE Progammende	E Eingang A Ausgang M Merker T Zeitgeber Z Zähler
—(/)—	Negierter Ausgang		
—(S)—	„Ausgang setzen"		
—(R)—	„Ausgang rücksetzten"		
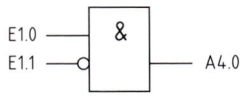	Ausgang zuweisen / Ausgang speichernd setzen		
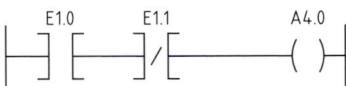	Merker werden wie Ein- und Ausgänge behandelt		

Funktionsplan – Darstellung

Beispiel:

E1.0 ——┐
          & —— A4.0
E1.1 ——o┘

Die programmierten Funktionen werden als Kästchen dargestellt. An den links liegenden Eingängen stehen die Operanden (Eingänge, Merker), deren Signalzustände verknüpft werden.

Signalzustand „1" durchgezogene Linie; Signalzustand „0" mit Kreis

Ergebnis wird an rechts stehenden Operanden gegeben.

Kontaktplan – Darstellung

Beispiel:

E1.0   E1.1   A4.0
—] [——]/[——( )—

Die Verknüpfungen werden durch die Anordnung der Kontaktsymbole realisiert. UND-Verknüpfung: Reihenschaltung; ODER-Verknüpfung: Parallelschaltung. Abfrage der Operanden erfolgt über eckige Klammer, eine runde Klammer schließt „Pfad" ab.

Signalzustand „1" – eckige Klammer; Signalzustand „0" – eckige Klammer mit Schrägstrich

Anweisungsliste

Beispiel:

0000 U   E 1.0 Abfrage aus „1"

0002 UN E 1.1 Abfrage aus „0" und

0004 =   A 4.0 Verknüpfung nach UND

Auszuführende Funktionen werden als Befehlsfolge dargestellt, die in der Reihenfolge vom Prozessor abgearbeitet werden. Nach der links stehenden Operation wird der zu verknüpfende Operand dargestellt.

Das Ergebnis wird einem Operanden zugewiesen. Jede Anweisungszeile kann einen Kommentar erhalten.

7

7.6 Speicherprogrammierte Steuerungen (SPS)

Operationen in SPS-Schaltungen (Auswahl)

Operation	Funktionsplan (FUP)	Kontaktplan (KOP)	Anweisungsliste (AWL)
UND U	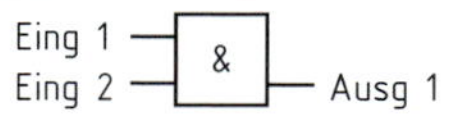 Eing 1, Eing 2 — & — Ausg 1	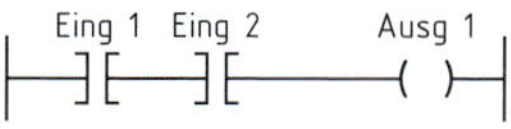 Eing 1 Eing 2 — Ausg 1	U Eing1 U Eing2 = Ausg1
ODER O	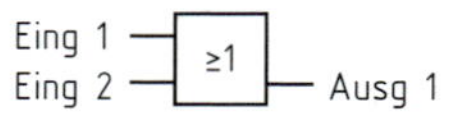 Eing 1, Eing 2 — ≥1 — Ausg 1	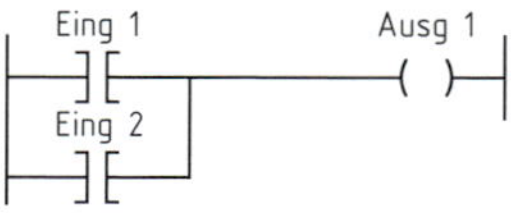 Eing 1 — Ausg 1 Eing 2	O Eing1 O Eing2 = Ausg1
NICHT N	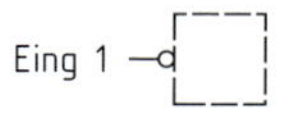 Eing 1 —o⌐ ⌐	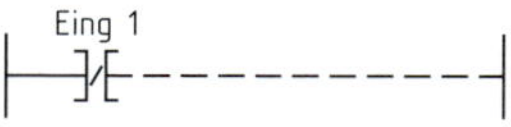 Eing 1	UN Eing1 = Ausg1
UND vor ODER	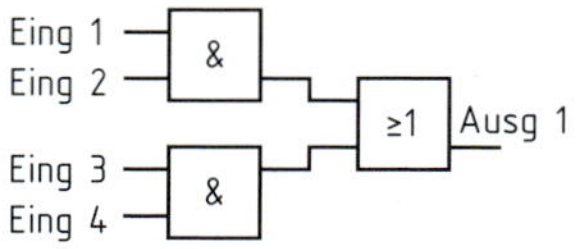 Eing 1, Eing 2 — & ≥1 — Ausg 1 Eing 3, Eing 4 — &	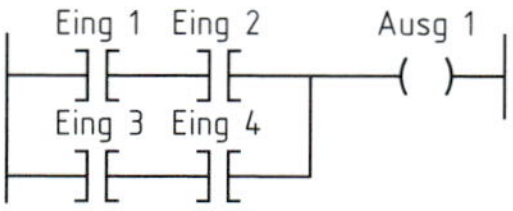 Eing 1 Eing 2 — Ausg 1 Eing 3 Eing 4	U Eing1 U Eing2 O U Eing3 U Eing4 = Ausg1
EXKLUSIV ODER XO	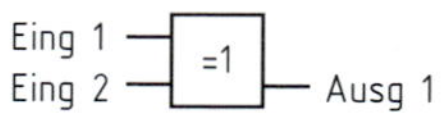 Eing 1, Eing 2 — =1 — Ausg 1	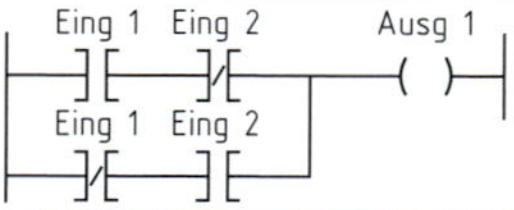 Eing 1 Eing 2 — Ausg 1 Eing 1 Eing 2	XO Eing1 XO Eing2 = Ausg1
Zuweisung =	 — Ausg 1	 Ausg 1 —( )—	= Ausg1
Setzen S	 —S— Ausg 1	 Ausg 1 —(S)—	S Ausg1
Rücksetzen R	 —R— Ausg 1	 Ausg 1 —(R)—	R Ausg1
RS-SPEICHER dominierend rücksetzend	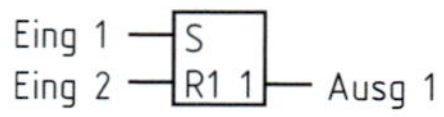 Eing 1 —S Eing 2 —R1 1— Ausg 1	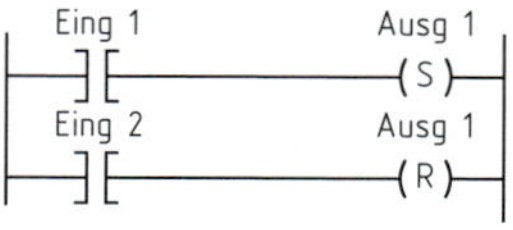 Eing 1 — Ausg 1 —(S)— Eing 2 — Ausg 1 —(R)—	U Eing1 S Ausg1 U Eing2 R Ausg1
Einschaltverzögerung	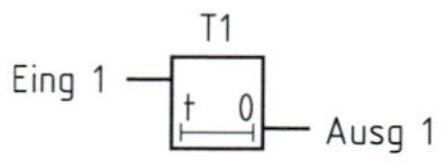 T1 Eing 1 — t 0 — Ausg 1	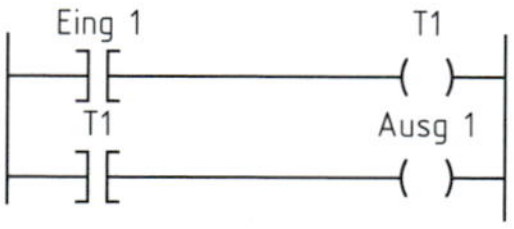 Eing 1 — T1 —( )— T1 — Ausg 1 —( )—	U Eing1 = T1 U T1 = Ausg1
Ausschaltverzögerung	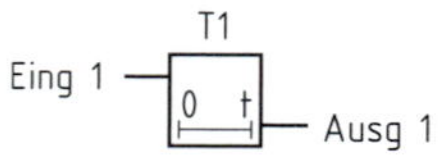 T1 Eing 1 — 0 t — Ausg 1	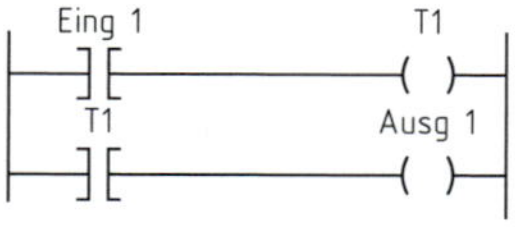 Eing 1 — T1 —( )— T1 — Ausg 1 —( )—	U Eing1 = T1 U T1 = Ausg1

7

366

7.6 Speicherprogrammierte Steuerungen (SPS)

Beispiel: Steuerung von zwei Pneumatikzylindern mit SPS

Schaltplan mit Belegungsliste

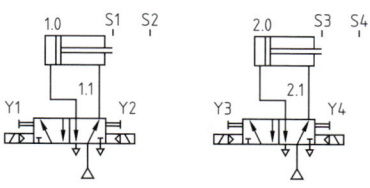 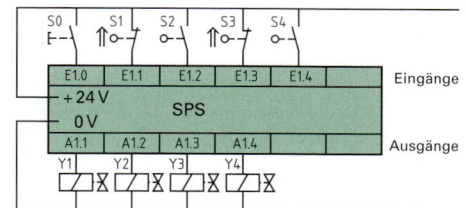

Bauteil	Signal-glied	Eingang	Bauteil	Magnet-ventil	Ausgang
Starttaster Vorgang wird ausgelöst	S0	E1.0	Magnetventil Zylinder 1 vor	Y1	A1.1
Grenztaster Zylinder 1 Ausgangsstellung	S1	E 1.1	Magnetventil Zylinder 1 zurück	Y2	A1.2
Grenztaster Zylinder 1 Endstellung	S2	E1.2	Magnetventil Zylinder 2 vor	Y3	A1.3
Grenztaster Zylinder 2 Ausgangsstellung	S3	E 1.3	Magnetventil Zylinder 2 zurück	Y4	A1.4
Grenztaster Zylinder 2 Endstellung	S4	E1.4			

Anweisungsliste (AWL)

U	E1.0	Starttaster S0 betätigt
U	E1.1	Grenztaster S1 betätigt
U	E1.3	Grenztaster S3 betätigt
S	A1.1	Setze Elektromagnet Y1
U	A1.3	Elektromagnet Y3 betätigt
R	A1.1	Setze Elektromagnet Y1 zurück
U	E1.2	Grenztaster S2 betätigt
U	A1.1	Elektromagnet Y1 betätigt
S	A1.3	Setze Elektromagnet Y3
U	A1.2	Elektromagnet Y2 betätigt
R	A1.3	Setze Elektromagnet Y3 zurück
U	E1.4	Grenztaster S4 betätigt
U	A1.3	Elektromagnet Y3 betätigt
S	A1.2	Setze Elektromagnet Y2
U	A1.4	Elektromagnet Y4 betätigt
R	A1.2	Setze Elektromagnet Y2 zurück
U	E1.1	Grenztaster S1 betätigt
U	A1.2	Elektromagnet Y2 betätigt
S	A1.4	Setze Elektromagnet Y4
U	A1.1	Elektromagnet Y1 betätigt
R	A1.4	Setze Elektromagnet Y4 zurück
PE		Programmende

Kontaktplan (KOP)

7.7 CNC-Technik

NC:	„**N**umerical **C**ontrol"	numerische Steuerung
CNC:	„**C**omputerized **N**umerical **C**ontrol"	rechnerunterstützte numerische Steuerung
DNC:	„**D**irect **N**umerical **C**ontrol"	direkt an einen Fertigungsleitrechner angeschlossene numerische Steuerung
CAD:	„**C**omputer **A**ided **D**esign"	rechnerunterstütztes Konstruieren

Koordinaten

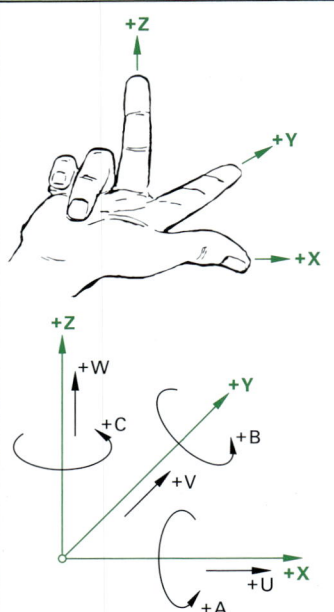

Den Bewegungen der Maschinen liegt ein Koordinatensystem zugrunde, das den Bewegungsachsen zugeordnet ist:
Rechtwinkliges, dreiachsiges Koordinatensystem DIN 66217

Die drei Hauptachsen X, Y und Z stehen senkrecht aufeinander und können mit der rechten Hand untereinander zugeordnet werden.

Z-Achse: verläuft parallel zur Werkzeugachse oder liegt senkrecht zur Aufspannfläche des Werkstücks, positive Richtung verläuft vom Werkstück zum Werkzeug

X-Achse: verläuft meist horizontal und liegt parallel zur Aufspannfläche des Werkstücks, positive Richtung ist beim Blick von der Maschinenvorderkante nach rechts

Y-Achse: ergibt sich durch das rechtshändige Koordinatensystem

Zusatzachsen: Zusätzliche Linearachsen, die parallel zu den Hauptachsen liegen, werden sinngemäß mit **U, V** und **W** bezeichnet.

Drehungen um die Koordinatenachsen:
Die Drehungen **A, B** und **C** werden sinngemäß den Hauptachsen X, Y und Z oder einer dazu parallelen Achse zugeordnet.

Programmier-Grundsatz: Das Werkzeug bewegt sich, während das Werkstück stillsteht.

Bezugspunkte

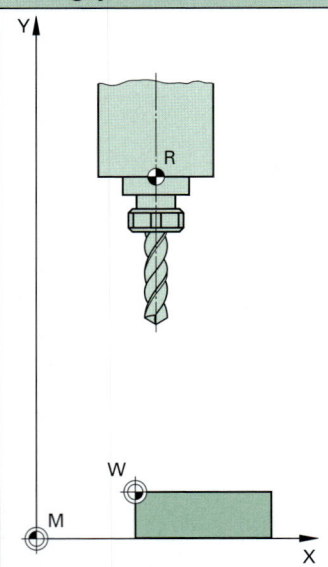

Maschinennullpunkt M

vom Maschinenhersteller festgelegter Nullpunkt des Maschinen-Koordinatensystems.

Er ist der Ausgangspunkt für alle Bezugspunkte in der Maschine.

Referenzpunkt R

vom Maschinenhersteller festgelegter Punkt im Koordinatensystem. Dieser Punkt wird nach dem Einschalten oder Stromausfall angefahren um die Messsysteme zu normieren.

Er ist im Normalfall für die X- und Y-Achse mit dem Maschinennullpunkt identisch und liegt beim positiven Ende der Z-Achse.

Werkstücknullpunkt W

vom Programmierer frei gewählt.
Er wird allgemein so gewählt, dass möglichst viele Maßangaben aus der Zeichnung als Koordinatenwerte ohne Umrechnung übernommen werden können. Bei symmetrischen Werkstücken liegt er z.B. in den Symmetrieachsen.

7

Programmaufbau (DIN 66025)

Ein Teileprogramm (Programm für ein Werkstück) besteht aus
- Programmanfang
- einer Anzahl von Sätzen
- Programmende

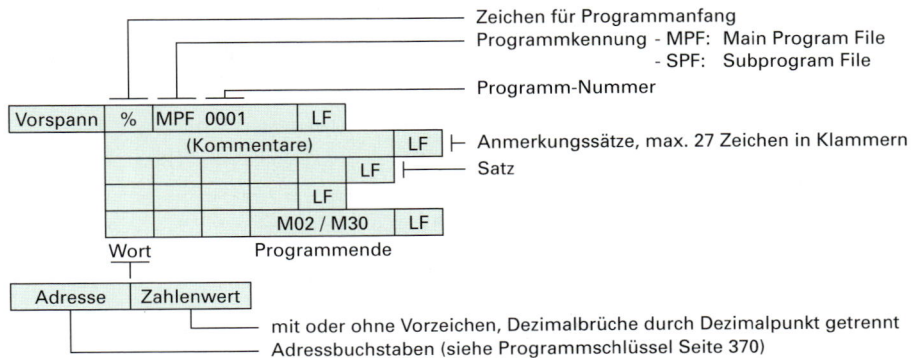

Satzaufbau:

Satz-Nummer	Weginformationen			Schaltinformationen			
	Weg-bedingung	Koordinaten-achsen	Interpolations-parameter	Vorschub	Drehzahl	Werkzeug	Hilfs-funktionen
N	**G**	**X; Y; Z**	**I; J; K**	**F**	**S**	**T**	**M**

Grundschema der CNC-Programmierung	
% MPF …	Programmanfang
(………………)	Kommentar
N10 G40 G64 G54 M51 N20 G0 G90 D0 Z…	Löschstellungen
N30 G59 X…	Fräsaggregate in oberster Stellung/Motorabstand
N40 X… Y…	Startposition
N50 T…	Vorwahl Motor/Werkzeug
N60 G91 D… Z…	Aufbau Längenkorrektur
N70 G1 G41 X… Y… F3000	Aufbau Radiuskorrektur
N80 X… Y…	Fahren zur Kontur
N90 N…	Geometrie
N… G1 X… Y… F3000	Wegfahren von Kontur
N… G9 G40 X… Y…	Abbau Radiuskorrektur
N… G0 G90 D0 Z…	Abbau Längenkorrektur
N… M30	Programmende

7

7.7 CNC-Technik

Programmschlüssel (DIN 66025, Auswahl)

Anweisung/ Adresse	Funktion und Bedeutung	Anweisung/ Adresse	Funktion und Bedeutung
%	Programmanfang	M00	Programmierbarer Halt
N	Satznummer	M01	Wahlweiser Halt
/N	Ausblendbarer Satz	M02	Programmende ohne Rücksprung
G00	Positionieren im Eilgang	M03	Spindel, Uhrzeigersinn
G01	Geraden-Interpolation	M04	Spindel, Gegenuhrzeigersinn
G02	Kreis-Interpolation, Uhrzeigersinn	M05	Spindel-Halt
G03	Kreis-Interpolation, Gegenuhrzeigersinn	M06	Werkzeugwechsel
		M17	Unterprogrammende
G04	Verweilzeit, satzweise	M30	Programmende mit Rücksprung
G09	Genauhalt, satzweise		
G17	Ebenen-Anwahl XY	R	Parameter
G18	Ebenen-Anwahl XZ	F	Vorschub in mm/min (1 ... 20 000)
G19	Ebenen-Anwahl YZ	S	Spindeldrehzahl (1 ... 9999)
G40	Aufheben der Fräserradiuskorrektur	T	Werkzeug-Auswahl (1 ... 9999)
G41	Fräserradiuskorrektur, links		
G42	Fräserradiuskorrektur, rechts	X	Weginformation
G53	Aufhebung der Nullpunktverschiebung	Y	Weginformation
G54	Einstellbare Nullpunktverschiebung 1	Z	Weginformation
G55	Einstellbare Nullpunktverschiebung 2	I	Kreisinterpolationsparameter für X-Achse
G56	Einstellbare Nullpunktverschiebung 3	J	Kreisinterpolationsparameter für Y-Achse
G57	Einstellbare Nullpunktverschiebung 4	K	Kreisinterpolationsparameter für Z-Achse (Werte in mm von 0 bis ± 99999.999)
G58	Programmierbare Nullpunktverschiebung		
G59	Programmierbare Nullpunktverschiebung	D0	Abwahl der Werkzeugkorrektur
G60	Genauhalt, Grundstellung	D1 ... 64	Werkzeugkorrektur-Nummer
G62	Bahnsteuerbetrieb mit Reduzierung des Vorschubs zum Satzende	L	Unterprogramm-Nummer (1. bis 3. Dekade)
G64	Bahnsteuerbetrieb ohne Geschwindig-keitsreduzierung		Anzahl der Durchläufe (4. bis 5. Dekade)
G70	Eingabesystem Zoll		
G71	Eingabesystem metrisch	@00	Unbedingter Sprung
G74	Referenz-Fahrt	@01	Bedingter Sprung gleich
		@02	Bedingter Sprung größer
G90	Absolute Maßangaben	@03	Bedingter Sprung größer oder gleich
G91	Inkrementale Maßangaben		
G94	Vorschub in mm/min	@10	Quadratwurzel
G95	Vorschub in mm	@15	Sinus
G96	Konstante Schnittgeschwindigkeit		
G96	Spindeldrehzahl in 1/min	@31	Zwischenspeicher leeren

Bemaßungsarten G90/91

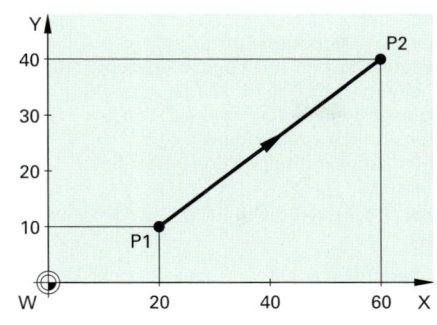

G90 Bezugsmaßeingabe (Absolutmaßeingabe)
Maßangaben beziehen sich auf einen festgelegten Nullpunkt, meist Werkstücknullpunkt. Zahlenwert der zugehörigen Weginformation gibt Zielposition an.

G91 Relative Bemaßung (Inkrementalmaßeingabe oder Kettenmaßeingabe).
Der Zahlenwert der Weginformation bezieht sich auf den Endpunkt des letzten Satzes.

Beispiele: N... G00 G90 X60 Y40
oder
N... G00 G91 X40 Y30

Nullpunktverschiebung

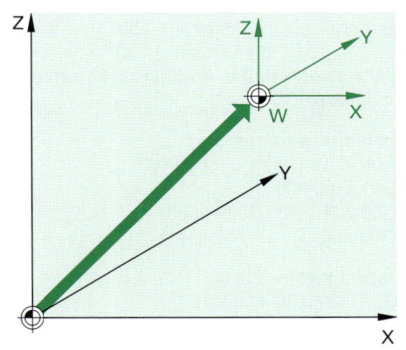

Die Nullpunktverschiebung ist der Abstand vom Maschinennullpunkt zum Werkstücknullpunkt.

G54 ... G57 Einstellbare Nullpunktverschiebung.
Diese Nullpunktverschiebungen sind Speicherplätze in der Steuerung und werden beim Einrichten eingegeben. Sie sind unabhängig von der Bemaßungsart.

G58/G59 Programmierbare Nullpunktverschiebung.
Zusätzliche (additive) Verschiebung, die ins Programm geschrieben wird.

G53 Satzweise Unterdrückung der Nullpunktverschiebung

Achsbewegung ohne Bearbeitung

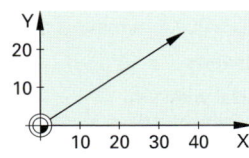

G00 Eilgangbewegung
Der programmierte Weg wird mit der größtmöglichen Geschwindigkeit (maschinenabhängig) ohne Bearbeitung auf einer Geraden verfahren.

Beispiel: N... G00 G90 X30 Y20

Geradeninterpolation

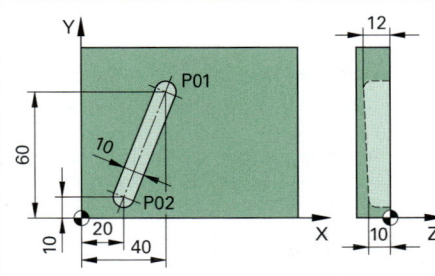

G01 Mit der zuletzt programmierten Vorschubgeschwindigkeit wird zu dem im Bezugs- oder Kettenmaß programmierten Zielpunkt auf einer Geraden gefahren. Die Gerade kann beliebig in der Ebene oder im Raum liegen.

Beispiel: Geradeninterpolation im Raum
N... G00 G90 X40 Y 60 Z3 S800 M3
N... G01 Z-12 F400
N... X20 Y10 Z-10
N... G00 Z80

7

Kreisinterpolation

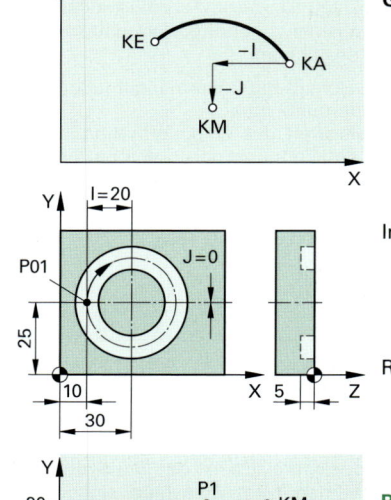

G02	im Uhrzeigersinn
G03	gegen den Uhrzeigersinn

Bewegung erfolgt mit Vorschubgeschwindigkeit auf einem Kreisbogen. Durch das Programm festgelegt wird:
- Drehsinn des Kreisbogens
- Anfangspunkt (Endposition letzter Satz)
- Zielpunkt
- Lage des Kreismittelpunktes oder der Kreisradius

Interpolationsparameter **I, J, K**

Die Interpolationsparameter werden relativ vom Anfangspunkt zum Mittelpunkt des Kreisbogens angegeben. Die Vorzeichen ergeben sich aus der Koordinatenrichtung.

Radiusangabe **U, P** oder **R**

Vorzeichen: U+ bei Winkel $\leq 180°$
  U– bei Winkel $> 180°$

Bei Vollkreisen ist die Radiusprogrammierung nicht zulässig!

Beispiel: Interpolationsparameter
  N ... G00 X10 Y25 Z1 S1500 M03
  N ... G01 Z-5 F400
  N ... G02 X10 Y25 I20 J0 F600
  N ... G00 Z80

Beispiel: Radiusprogrammierung
  N ... G03 G90 X60 Y15 U15

Bahngeschwindigkeit, Satzübergangsgeschwindigkeit

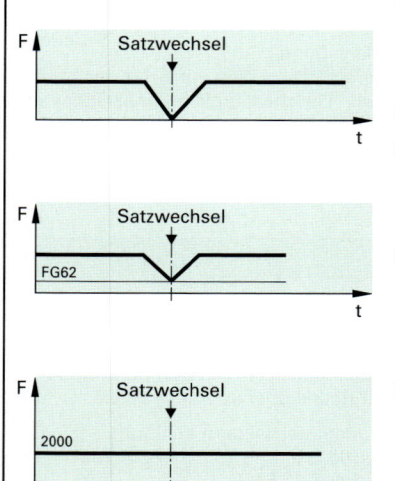

F-Wort Bei der Geraden- und Kreisinterpolation muss eine Vorschubgeschwindigkeit unter der Adresse **F** programmiert werden.
Beispiel: F8000 = 8000 mm/min = 8 m/min

G09 Genauhalt, satzweise

G60 Genauhalt, modal wirksam
Die Vorschubgeschwindigkeit wird bis zum Stillstand abgebremst und bei folgendem Satz wieder auf den programmierten Wert beschleunigt.

G62 Bahnsteuerbetrieb mit Reduziergeschwindigkeit, speziell für Holzbearbeitung.
Bei Satzende wird auf eine im Maschinendatum festgelegte Geschwindigkeit abgebremst und nachher wieder beschleunigt.

G64 Bahnsteuerbetrieb mit stetigem Geschwindigkeitsübergang
- gleiche Vorschubgeschwindigkeit bis Satzende, wenn gleiche oder höhere Geschwindigkeit folgt
- abbremsen auf Vorschubgeschwindigkeit des folgenden Satzes, wenn eine niedrige Geschwindigkeit folgt.

7

7.7 CNC-Technik

Werkzeugkorrekturen

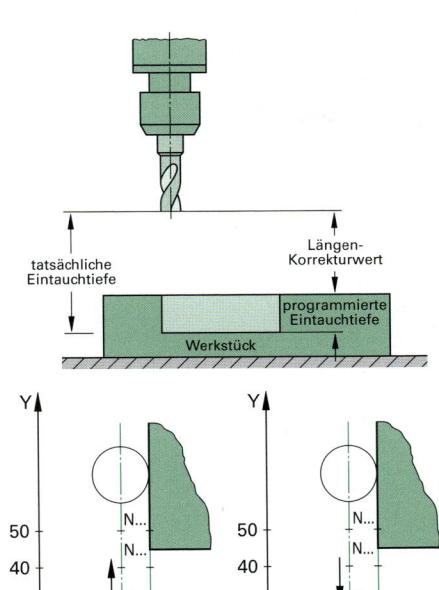

tatsächliche Eintauchtiefe

Längen-Korrekturwert

programmierte Eintauchtiefe

Werkstück

Anwahl der Korrektur

Abwahl der Korrektur

Unter einer Werkzeugkorrekturnummer **D** sind die geometrischen Werkzeugdaten abgelegt:

Länge ± 999.999 mm
Radius ± 999.999 mm

Anwahl und Abwahl nur wenn G00 oder G01 wirksam

Längenkorrektur

Anwahl: Angabe des Korrekturspeichers
D1 ... D..
Weginformation **Z...**
Beispiel: N.. G00 D1 Z120

Abwahl: Löschen mit **D0**
Weginformation **Z...**
Beispiel: N.. G00 D0 Z120

Werkzeugradiuskorrektur

G40 keine Radiuskorrektur
G41 Radiuskorrektur links vom Werkstück
G42 Radiuskorrektur rechts vom Werkstück

Der Korrekturaufbau sowohl der Korrekturabbau erfolgt auf zwei Geraden.

Beispiel: Korrekturaufbau:
N.. G91D1Z2
N.. G01 G41 Y15 F3000
N.. Y15 Z-15
N.. Y10 F5000

Beispiel: Korrekturabbau
N.. G90 G01 F5000
N.. Y40 F3000
N.. Y25 Z120
N.. G40 Y10

Unterprogramme

Unterprogramm-Schachtelung

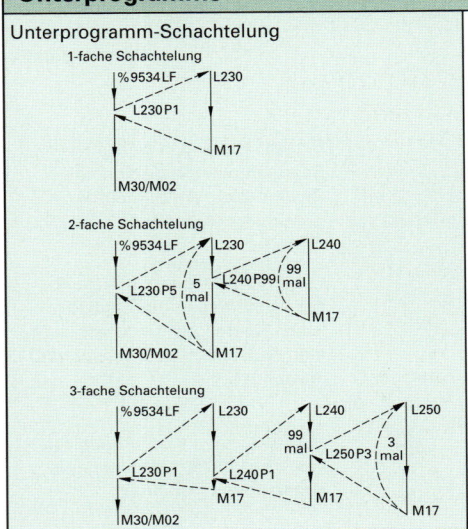

1-fache Schachtelung

2-fache Schachtelung

3-fache Schachtelung

Sich wiederholende Arbeitsgänge beim Bearbeiten eines Werkstückes können als Unterprogramme geschrieben werden. Sie werden vorzugsweise im Kettenmaß programmiert.

Aufbau:

- Unterprogrammanfang
  %SP (subprogram = Unterprogramm)
  Adresse **L...**

- Sätze des Unterprogramms

- Unterprogrammende
  Schlusszeichen **M17**

7

7.7 CNC-Technik

Werkstattorientierte Programmierung (WOP)

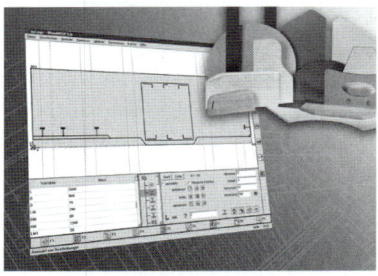

Beschreibung:
- CNC-Programm mit grafischer Oberfläche (Windows)
- Erstellen der Werkstückgeometrie mit Zeichenfunktion
- Makros erleichtern die Eingabe der Bearbeitungsschritte
- CNC-Bearbeitungen werden als Liste oder Struktur verwaltet und können geändert oder gelöscht werden
- CAD-Daten werden über Schnittstelle eingelesen
- Postprozessor erzeugt ein lauffähiges CNC-Programm im G-Code

Programmierumgebung (Beispiel WoodWOP, Fa. Homag)

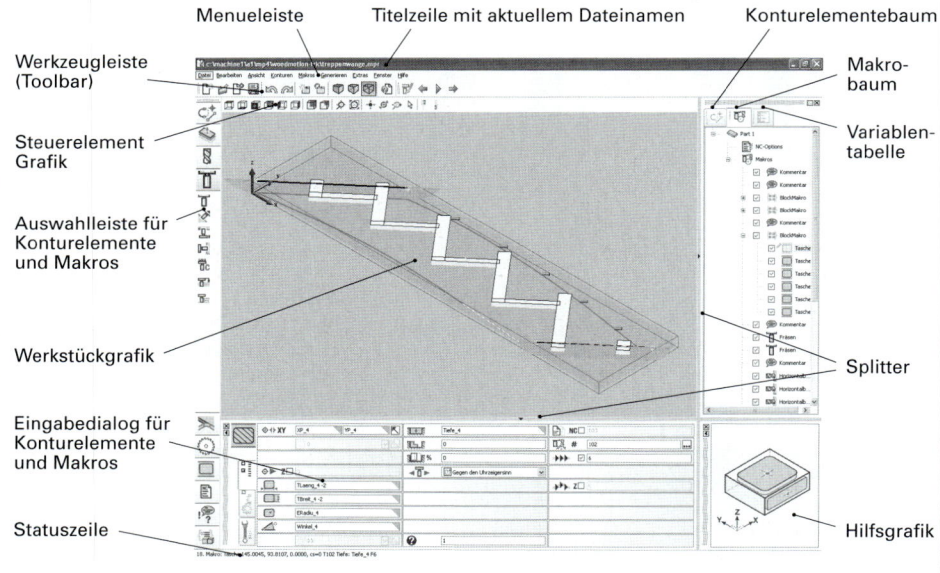

Menueleiste — Titelzeile mit aktuellem Dateinamen — Konturelementebaum

Werkzeugleiste (Toolbar)

Steuerelement Grafik

Auswahlleiste für Konturelemente und Makros

Werkstückgrafik

Eingabedialog für Konturelemente und Makros

Statuszeile

Makro-baum

Variablen-tabelle

Splitter

Hilfsgrafik

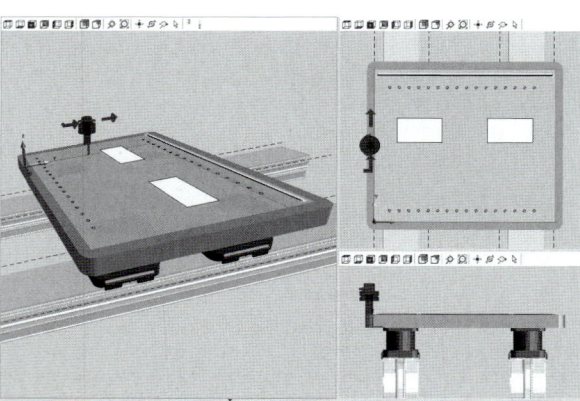

Eine 3D-Grafik von Werkstücken, Bearbeitungen, Konsolen und Spannmitteln ergibt mehr Programmiersicherheit.

Es ist möglich, bis zu drei Werkstückansichten in unterschiedlicher Darstellung (undurchsichtig, halb transparent und transparent) anzuzeigen.

Die Werkzeugansicht ermöglicht eine 3D-Darstellung von konturabhängigen Fräsbahnen.

7

7.7 CNC-Technik

Nach dem **Programmstart** kann eine neue Datei angelegt oder eine bestehende Datei bearbeitet werden.

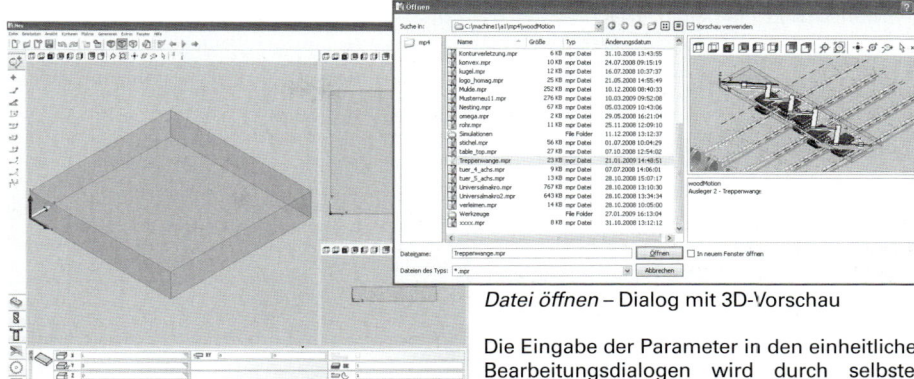

Datei öffnen – Dialog mit 3D-Vorschau

Die Eingabe der Parameter in den einheitlichen Bearbeitungsdialogen wird durch selbsterklärende Symbole in den Eingabemasken und durch zusätzliche Hilfsgrafiken wesentlich vereinfacht.

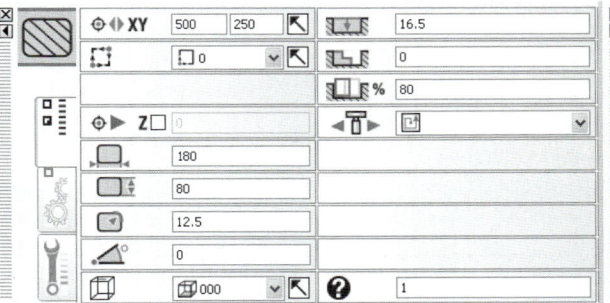

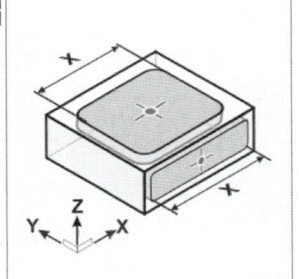

Schnittstelle für CAD-Datenimport

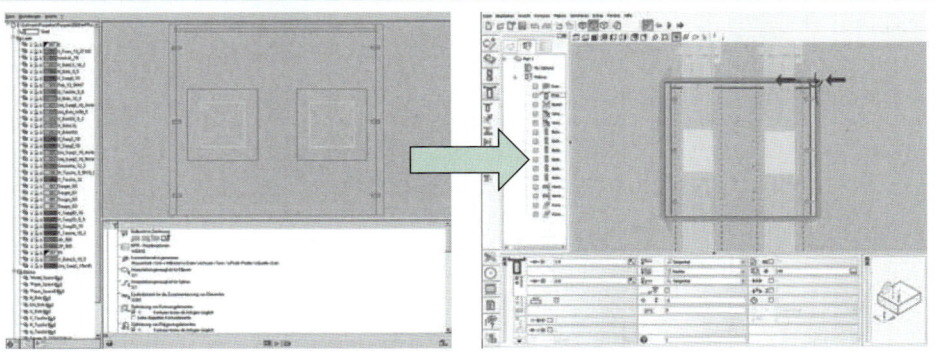

CAD-Zeichnung   **WOP-Zeichnung**

Das systemneutrale **DXF**-Format für den Austausch von CAD-Zeichnungen dient als Grundlage für die Erzeugung von WOP-Programmen. Einmal gezeichnete Werkstücke können direkt in WOP importiert und an die Maschine übertragen werden. Bei der Datenübernahme werden die Bearbeitungen dann automatisch generiert.

7.8 EDV-Grundlagen

EDV (Elektronische Datenverarbeitung) bedeutet Einsatz von Hardware und Software zur Lösung von Aufgaben.

Hardware (Datenverarbeitungsanlage)		Software	
Zentraleinheit	**Peripherie**	**Betriebssoftware**	**Anwendersoftware**
CPU (Central Processing Unit): Mikroprozessor mit Rechen- und Steuerwerk Arbeitsspeicher mit RAM und ROM Ein-/Ausgabesteuerung	**Eingabegeräte:** Tastatur, Maus, Grafiktablett, Lightpen, Scanner **Ausgabegeräte:** Monitor, Drucker, Plotter **Ein- und Ausgabegeräte:** Disketten- und Festplattenlaufwerke, Bandlaufwerke, CD-Rom-Laufwerke	**Betriebssysteme:** z.B. MD-DOS, UNIX, OS/2 **Übersetzerprogramme:** Interpreter, Compiler **Dienstprogramme:** z.B. Editor **Organisationsprogramme:** z.B. Treiber, Linker, Programme zur Datenfernübertragung	**Programmiersprachen:** z.B. Basic, Pascal, C, Fortran **Standardsoftware:** Textverarbeitung, Datenbank, Tabellenkalkulation, CAD-Programme **Branchensoftware:** z.B. Schreinerprogramme, CAD-Programm

EVA – Prinzip der Datenverarbeitung

Eingabe ⟶	**Verarbeitung** ⟶	**Ausgabe**
Eingabegeräte	Zentraleinheit	Ausgabegeräte

Codierung

Informationseinheit 1 Bit	Ein Bit besteht aus der Ziffer **0** und **1** (Dualsystem Seite 9)
Strom fließt nicht = 0 oder Strom fließt = 1	1 Byte = 8 Bit 1 kB = 2^{10} Byte = 1 024 Byte 1 MB = 2^{10} kB = 1 048 576 Byte 1 GB = 2^{10} MB = 1 073 741 824 Byte Mit einem Byte können 256 Zeichen codiert werden (siehe ASCII-Code)

ASCII-Code[1] (Genormter 7-Bit-Code) DIN 66 003

Dez	Hex	Zch	Dez	Hex	Zch	Dez	Hex	Zch	Dez	Hex	Zch	Dez	Hex	Zch	Dez	Hex	Zch
0	0		22	16	■	44	2C	,	65	41	A	86	56	V	107	6B	k
1	1	☺	23	17	↕	45	2D	-	66	42	B	87	57	W	108	6C	l
2	2	☻	24	18	↑	46	2E	.	67	43	C	88	58	X	109	6D	m
3	3	♥	25	19	↓	47	2F	/	68	44	D	89	59	Y	110	6E	n
4	4	♦	26	1A	→	48	30	0	69	45	E	90	5A	Z	111	6F	o
5	5	♣	27	1B	←	49	31	1	70	46	F	91	5B	[	112	70	p
6	6	♠	28	1C	∟	50	32	2	71	47	G	92	5C	\	113	71	q
7	7	●	29	1D	↔	51	33	3	72	48	H	93	5D	]	114	72	r
8	8	☎	30	1E	▲	52	34	4	73	49	I	94	5E	^	115	73	s
9	9	○	31	1F	▼	53	35	5	74	4A	J	95	5F	_	116	74	t
10	A	■	32	20		54	36	6	75	4B	K	96	60	‾	117	75	u
11	B	♂	33	21	!	55	37	7	76	4C	L	97	61	a	118	76	v
12	C	♀	34	22	"	56	38	8	77	4D	M	98	62	b	119	77	w
13	D	⊗	35	23	#	57	39	9	78	4E	N	99	63	c	120	78	x
14	E	⊕	36	24	$	58	3A	:	79	4F	O	100	64	d	121	78	y
15	F	□	37	25	%	59	3B	;	80	50	P	101	65	e	122	7A	z
16	10	►	38	26	&	60	3C	<	81	51	Q	102	66	f	123	7B	{
17	11	◄	39	27	'	61	3D	=	82	52	R	103	67	g	124	7C		
18	12	∅	40	28	(	62	3E	>	83	53	S	104	68	h	125	7D	}
19	13	±	41	29	)	63	3F	?	84	54	T	105	69	i	126	7E	~
20	14	¶	42	2A	*	64	40	@	85	55	U	106	6A	j	127	7F	Δ
21	15	§	43	2B	+												

[1] **A**merican **S**tandard **C**ode for **I**nformation **I**nterchange (Amerikanischer Standardcode für Informationsaustausch)

Die Zeichen 128 … 256 (dezimal) sind mit Sonderzeichen oder grafischen Symbolen belegt.
0 … 32 und 127 (dezimal) sind Steuerzeichen und nicht darstellbar.

Sinnbilder für Programmablaufpläne (DIN 66 001)

Bild	Erklärung	Bild	Erklärung	Bild	Erklärung
	Verarbeitung, Verarbeitungseinheit,		Daten allgemein Datenträger, allgemein		Daten im Zentralspeicher Zentralspeicher
	Manuelle Verarbeitung, Manuelle Verarbeitungsstelle		Maschinell zu verarbeitende Daten; Datenträger für maschinell zu verarbeitende Daten		Optische oder akustische Daten, Optische oder akustische Ausgabeeinheit,
	Verzweigung, Auswahleinheit,		Manuell zu verarbeitende Daten Manuelle Ablage,		Manuelle optische oder akustische Daten Eingabeeinheit,
	Schleifenanfang, Beginn eines sich wiederholenden Programmteiles		Daten auf Schriftstück, Ein-/Ausgabeeinheit für Schriftstück,		Verarbeitungsfolge Zugriffsweg — Datenübertragungsweg
	Schleifenende, Ende eines sich wiederholenden Programmteiles		Daten auf Karte, Lochkarteneinheit Leser, Stanzer		Grenzstelle zur Umwelt, Verbindungsstelle, verbindet Darstellungsteile
||	Synchronisierung bei paralleler Verarbeitung; Synchronisiereinheit		Daten auf Lochstreifen Lochstreifeneinheit Leser, Stanzer		Verfeinerung, entspricht Ausschnittvergrößerung Bemerkung zur Anfügung erläuternder Texte
▷	Sprung mit Rückkehr		Daten oder Gerät: Speicher mit nur sequentiellem Zugriff,	Darstellung von Verbindungslinien	
⏐▷	Sprung ohne Rückkehr				Wirkungsrichtung
⋈	Unterbrechung von außen		Daten oder Gerät: Speicher auch mit direktem Zugriff,		Anschluss an Sinnbild Auffächerung
⋈	Steuerung von außen				

Struktogramm – Elemente (DIN 66 261)

Folgeblock	Wiederholungsblock mit Anfangsbedingung	Wiederholungsblock mit Endbedingung
	Anfangsbedingung Wiederhole, solange …	Anweisung 1
Anweisung 1	Anweisung 1	Anweisung 1
Anweisung 2	Anweisung 2	Anweisung 1
Anweisung 3	Anweisung 3	Endbedingung Wenn … dann wiederhole

Verzweigungsblock, einseitig	Verzweigungsblock, zweiseitig	Verzweigungsblock, mehrfach
Bedingung / erfüllt / nicht erfüllt	Bedingung / erfüllt / nicht erfüllt	Bedingung 1 / Bedingung 2 / Bedingung 3 / Bedingung
Anweisung / keine Anweisung (leer)	Anweisung / Anweisung	Anweisung / Anweisung / Anweisung

7

7.8 EDV-Grundlagen

Aufbau eines Computers

Begriffe:

Zentraleinheit	Zentrale Verarbeitungseinheit mit (CPU) verschiedenen Funktionsgruppen
Mikroprozessor	Hochintegrierte Schaltung mit Rechenwerk und Steuerwerk
Taktgeber	Erzeugt für den Prozessor die Taktfrequenz
Interne Speicher	Arbeitsspeicher und Festwertspeicher
Arbeitsspeicher	RAM (Random Access Memory) Schreib-Lese-Speicher, der Daten und Programme speichern kann. Im stromlosen Zustand gelöscht.
Festwertspeicher	ROM (Read Only Memory) Nur-Lese-Speicher enthält nicht veränderbare Daten
Bus	Datensammelleitungen zwischen Funktionseinheiten
Interface	Schnittstellen dienen als Anpassbausteine
Peripherie	Sammelbegriff für externe Geräte, die zur Ausgabe, Eingabe und Speicherung von Daten dienen

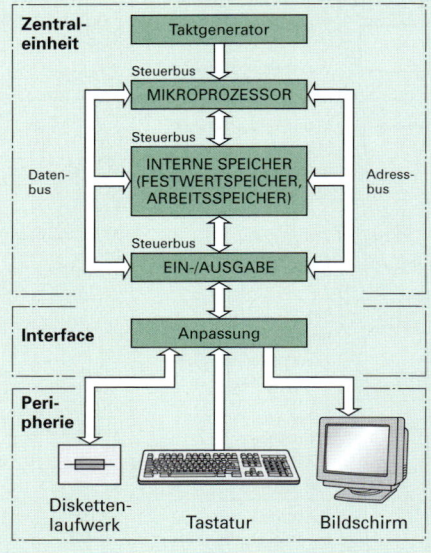

Weitere Begriffe

Adresse	Bezeichnungsschlüssel für eine Speicherstelle
Adressbus	Leitung für die Anwahl der Speicherplätze
Cache-Speicher	Pufferspeicher mit kurzer Zugriffszeit
CD-ROM	Compact-Disk, vorwiegend als Nur-Lese-Speicher verwendet, mit großer Speicherkapazität
Datenbus	Datentransport innerhalb der Bauteile der Zentraleinheit und zu den Peripheriegeräten.
Decoder	Zum Entschlüsseln von einem oder mehreren Bytes zu einem auszuführenden Befehl
Diskette	(FD = Floppy Disk) Speicher aus magnetisch beschichteten Folienscheiben, meist verwendet 3,5-Zoll-Diskette bis 2,88 MB
Ein- und Ausgabe-Tore	I/O-Ports, Bausteine zur Datenübertragung vom Prozessor zu den Peripheriegeräten und umgekehrt
Festplatte	(HD = Harddisk) Speicher mit kurzer Zugriffszeit und großer Kapazität (im Gigabyte-Bereich)
Festwertspeicher	(ROM, PROM, EPROM) Nur-Lese-Speicher deren Daten nicht oder nur mit einem Spezialgerät geändert werden können.
Hardware	Sammelbegriff für Geräte und Bauteile
Interrupt	Ereignisgesteuerte Unterbrechung eines Programmablaufs beim Datentransfer
Mikrocomputer	Rechner mit einem Mikroprozessor
Modem	Schnittstelle einer Datenverarbeitungsanlage zur Datenfernübertragung (Telefonnetz)
Programm	Befehlsfolge, die in bestimmter Reihenfolge abgearbeitet wird
Register	Schneller, kleiner Zwischenspeicher
Schnittstelle	Genormter Anschluss zwischen zwei Geräten (parallel oder seriell)
Software	Sammelbegriff für Programme und Dateien
Steuerbus	Leitung für Steuersignale der Prozessoreinheiten

7

7.8 EDV-Grundlagen

Wichtige MS-DOS-Befehle (Disk Operating System)

Befehl	Beispiel	Zweck, Bedeutung
backup	backup c:\holz a:	Legt eine Sicherungskopie einer oder mehrerer Dateien eines Datenträgers auf einem anderen Datenträger an.
cd	cd daten	Bewirkt den Wechsel von einem Verzeichnis in ein anderes oder zeigt das momentane Verzeichnis an.
comp	comp z.doc w.doc	Vergleicht Dateien miteinander
copy	copy a:*.* b:	Eine oder mehrere Dateien können auf die gleiche oder eine andere Diskette kopiert werden.
date	date TT.MM.JJ	Ermöglicht die Eingabe und Änderung des vom System geführten Datums.
del	del b:text.text	Damit werden Dateien gelöscht und sind damit endgültig verloren.
dir	dir	Eine Liste aller Dateien, die im aktuellen Verzeichnis stehen, wird angezeigt.
	dir/p	Anzeige erfolgt seitenweise am Bildschirm.
diskcomp	diskcomp b: a:	Vergleicht den Inhalt der Diskette im Quelllaufwerk mit dem Inhalt der Diskette im Ziellaufwerk
diskcopy	diskcopy a: b:	Kopiert den Inhalt einer Diskette im Quelllaufwerk auf eine formatierte oder nicht formatierte Diskette im Ziellaufwerk.
format	format b:	Formatiert Disketten, dabei werden alle Informationen auf der Diskette gelöscht.
label	label a:daten1997	Dient zum Anlegen, Ändern oder Löschen der Datenträgerbezeichnung einer Diskette bzw. Festplatte.
md	md \daten	Legt ein neues Verzeichnis an.
print	print holz.xls	Dateien können auf einem am Computer angeschlossenen Drucker ausgedruckt werden.
prompt	prompt $P	Die DOS-Eingabeaufforderung kann geändert werden; standardmäßig A> oder C>. Damit können wichtige Informationen angezeigt werden.
rd	rd \daten	Damit wird ein Verzeichnis aus der Verzeichnisstruktur gelöscht.
rename	ren a:z.doc x.doc	Namen von Dateien können geändert werden.
sys	sys a:	Die DOS-Systemdateien werden von Diskette bzw. Festplatte auf die Diskette im angegebenen Laufwerk übertragen.
time	time 14:30:15	Uhrzeit anzeigen oder ändern.
tree	tree c:	Zeigt in einer grafischen Struktur den vollständigen Pfad jedes einzelnen Verzeichnisses und Unterverzeichnisses im aktuellen Laufwerk.
type	type a:Holz.doc	Textdateien können am Bildschirm angezeigt werden.
ver	ver	Zeigt die Versions-Nummer der verwendeten DOS-Version am Bildschirm an.
vol	vol c:	Zeigt die Datenträgerbezeichnung einer Diskette oder Festplatte an.

DOS-Befehlssyntax (Schreibweise für Befehle)

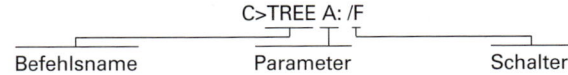

C>TREE A: /F

Befehlsname   Parameter   Schalter

Weitere Vorgaben:
- Befehl direkt hinter dem Prompt schreiben, wahlweise Groß- oder Kleinbuchstaben
- Befehl und Parameter durch Leerzeichen trennen
- Schalter werden mit Schrägstrich eingeleitet

7

7.8 EDV-Grundlagen

Tastatur und Tastenübersicht (deutsche Multifunktionstastatur)

Funktionstasten

Leertaste

normale Schreibmaschinentasten   nummerisches Tastenfeld mit Sondertasten

Taste	Bezeichnung/Funktion	Taste	Bezeichnung/Funktion
Alt	Alternativtaste wird in Kombination mit anderen Tasten verwendet	⇥	Tab-Taste, zur Ansteuerung des Tabulators, auch zum Aussuchen in Menüleisten
Alt Gr	„Alternierende Grafikzeichen" ruft die Drittbelegung auf einzelne Tasten ab	⇩	Arretierung der Umschalttaste
Druck	Druckausgabe (Hardcopy) des Bildschirmes	⇧	Umschalttaste (Shift), zur Umstellung auf Großschreibung oder Doppelbelegung
Einfg	Wechsel zwischen Einfüge- und Überschreibmodus	Strg	Steuerungstaste wird in Kombination mit anderen Tasten verwendet
Entf	Zeichen, unter dem der Cursor steht oder die markiert sind, werden gelöscht	Bild ↑	Bildschirminhalt oder Textseite nach oben/ vorne/aufwärts bzw. nach unten durch- blättern, in Verbindung mit <Strg> bei Anwenderprogrammen weitere Funktionen
Esc	Abbruch eines Kommandos oder Verlassen einer Programmfunktion	Bild ↓	
Pause	Die Ausführung von DOS-Befehlen kann angehalten werden	Pos 1	Setzt den Cursor an den Zeilenanfang, mit <Strg> an die linke obere Bildschirmecke
↵	Befehl oder Eingabe abschließen und bestätigen	Ende	Setzt den Cursor an das Ende einer Zeile
Rollen ⇩	Feststelltaste, in DOS keine Bedeutung	Num ⇩	Umschalttaste für das numerische Tastenfeld
←	Rück-Taste (Backspace) löscht Zeichen links vom Cursor	F1	Funktionstasten F1 … F12, Bedeutung meist abhängig vom Anwenderprogramm

Schnittstellen (Interface)

Parallele Schnittstelle (Centronics)	Serielle Schnittstelle V.24 (RS-232)
Acht Bits (1 Byte) = 1 Zeichen werden gleichzeitig (parallel) in acht Datenleitungen übertragen Anwendung: Anschluss von Drucker, Plotter Name: LPT1 … oder PRN	Datentransfer erfolgt Bit für Bit hintereinander mit großer Reichweite Anwendung: Anschluss von Tastatur, Maus, usw. Name: COM1 …
25polige Buchse am Computer 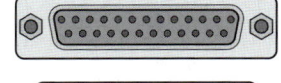	Buchse, 25polig 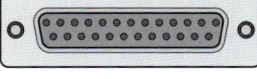
36poliger Stecker am Druckerkabel 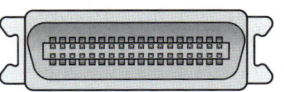	Buchse, 9polig 

8 Betriebsorganisation

Inhaltsverzeichnis

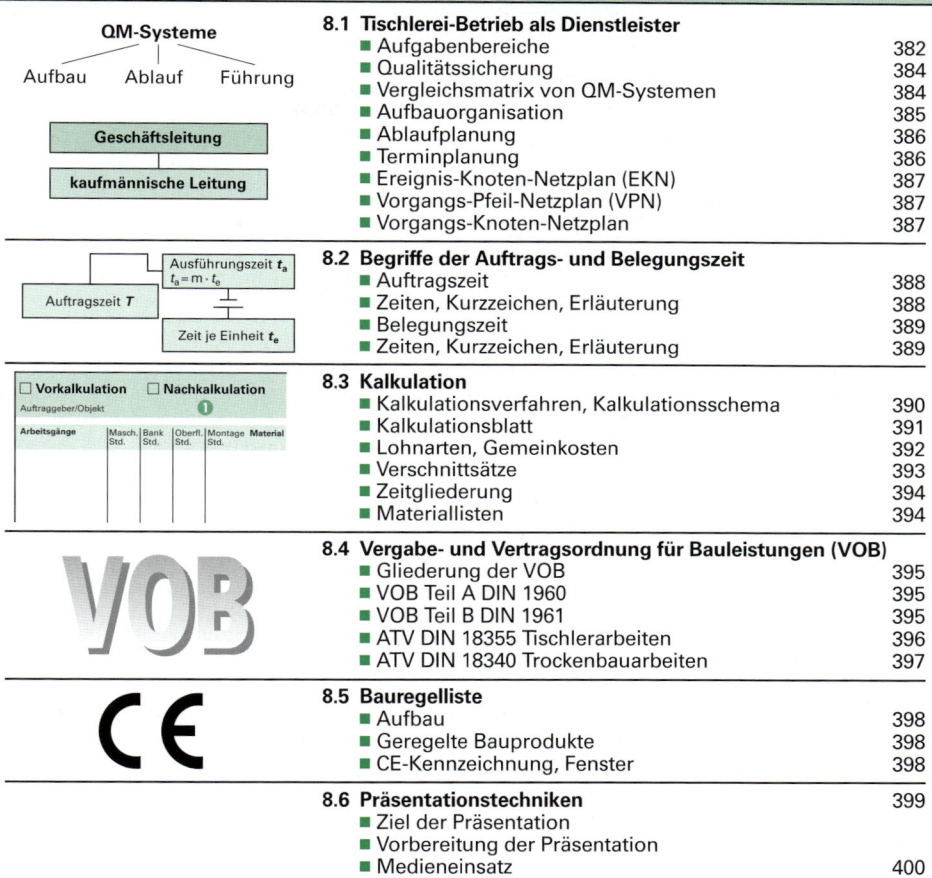

Literatur und Normen

REFA Datenermittlung; REFA Bundesverband e.V.
Bau-Regelliste, 2005, DIBT, Deutsches Institut für Bautechnik
DIN 1960; 2006, VOB Vergabe- und Vertragsordnung für Bauleistungen, Vergabe
DIN 1961; 2006, VOB Vergabe- und Vertragsordnung für Bauleistungen, Ausführung
DIN 4108-4; 2004, Wärmeschutz und Energie-Einsparung in Gebäuden
DIN 4109; 1989, Schallschutz im Hochbau
DIN 18299; 2006, VOB Allgemeine Regelungen für Bauarbeiten jeder Art
DIN 18355; 2006, VOB Tischlerarbeiten
DIN 18340; 2006, VOB Trockenbauarbeiten
DIN 69900; 1987, Projektwirtschaft, Netzplantechnik, Begriffe, Darstellungstechnik
DIN EN 9000; 2005, Qualitätsmanagementsysteme – Grundlagen und Begriffe
DIN EN 9001; 2000, Qualitätsmanagementsysteme – Anforderungen
DIN EN 9004; 2000, Qualitätsmanagementsysteme – Leitfaden zur Leistungsverbesserung
DIN ISO 10002; 2005, Qualitätsmanagement – Kundenzufriedenheit
DIN EN ISO 10077; 1996, Wärmetechnisches Verhalten von Fenstern, Türen und Abschlüssen
DIN EN ISO 19011; 2002, Leitfaden für Audits von Qualitäts- u./o. Umweltmanagementsystemen

Verlag und Autoren danken den genannten Firmen und Institutionen für die Unterstützung der aktuellen und praxisnahen Gestaltung des Tabellenbuches.

8

8　Betriebsorganisation

8.1　Tischlerei-Betrieb als Dienstleister

Aufgabe und Ausführung

Die Arbeiten in der Tischlerei haben sich im Laufe der Zeit stark verändert. Nicht nur im technischen Bereich sondern auch in der Art der Aufträge und in ihrem Umfang. Es werden heute auch Arbeiten aus angrenzenden Gewerken wie Leichtbau-Wände, Laminatboden usw. angeboten und ausgeführt.

Aufgabe	Ausführung
Außen-Darstellung des Betriebes	Firmenschild mit Logo ausreichend groß am Eingang, Beschriftung und Zustand der Firmenfahrzeuge, einheitliche Arbeitskleidung mit Firmenname und Name des Mitarbeiters, freundlicher Empfang und Umgang
Produktionsschwerpunkte	Hinweise auf dem Firmenschild, Fahrzeug, Telefonbuch, Briefkopf usw. deutlich darstellen, auch farbig
■ Innenausbau	Beratung in Form und Farbe, Entwurf, Materialien präsentieren, auf bereits ausgeführte Arbeiten hinweisen; Hinweis auf befreundete Firmen zu einer direkten und zeitlichen Zusammenarbeit (alles aus einer Hand)
■ Treppenbau	Beratung in Form und Farbe, Entwurf, statische Berechnungen, falls erforderlich
■ Baubereich	Beratung in Form, Farbe und Funktion, Entwurf; Funktionsmuster für Fenster, Beschläge zeigen, Sicherheitsaspekt; auf bereits ausgeführte Arbeiten hinweisen; Hinweis auf befreundete Firmen zu einer direkten und zeitlichen Zusammenarbeit (alles aus einer Hand)
Angebotspalette	Darstellung des betrieblichen Schwerpunktes und der ergänzenden Produktionsbereiche; Muster, Bilder, Hinweis auf „alles aus einer Hand"
Randbereiche	Hinweise auf Messebau, Modellbau, Übernahme von Auftragsteilen, Auftragsteilung bei Großprojekten
Marketing	Planung neuer Produkte, Preisgestaltung, Zielgruppe
Werbung	Hinweis auf die guten Produkte, Leistungsfähigkeit, Kompetenz, welche Zielgruppe will ich ansprechen; welchen Einzugsbereich möchte ich haben (Fahrtzeiten)
Kundenwünsche	Wünsche und Probleme kennen lernen und verstehen; was meint der Kunde „verstehe ich, was der Kunde meint, was war der Anstoß für den Wunsch; Beratung im Betrieb oder zu Hause in Form und Farbe; evtl. auch Statik; Muster zeigen, farbige Zeichnungen; alternative Lösungen preislich und gestalterisch anbieten; zeitliche Möglichkeiten oder Vorstellungen
Kundenverhalten	Unklare Wünsche; Vorstellungen; gezielte Nachfrage; warum dieser Betrieb; auf Empfehlung; Gegenangebot zu Angeboten anderer Firmen; Liefermöglichkeiten
Angebot	Persönliche Anrede; Bezug zum Beratungsgespräch; Kundennummer; Angebotsnummer; übersichtliche Aufstellung; was ist für den Kunden wichtig; für den Leistungsumfang; Liefermöglichkeit bei Bestellung bis; Gewährleistungsfristen; zusätzliches Angebot für einen Wartungsvertrag; hoffen, dass das Angebot seine Zustimmung findet; nachfragen, ob noch Interesse an dem Angebot besteht

Aufgabe (Fortsetzung)	Ausführung
Betriebsorganisation ▶ Seite 385	**Aufbauorganisation;** die Zuständigkeiten, die Zusammenarbeit und Kompetenzen sind klar geregelt; zweckmäßig, wirtschaftlich, gleichgewichtig und koordinieren; Mitarbeiterführung; Informationsaustausch; Wertschöpfung
	Ablauforganisation; Planen, Gestaltung, Steuern; Humanisierung, Wirtschaftlichkeit, Entwicklung, Beschaffung, Fertigung, Qualitätswesen; Arbeitssysteme; Steuerung der Durchführung; Mitarbeiterführung; Informationsaustausch; Wertschöpfung
Auftrag	Bestätigung; bedanken für den Auftrag; Kundennummer; Angebotsnummer; übersichtliche Aufstellung; den Leistungsumfang beschreiben; Liefertermin; Absprache zur Lieferung; Gütevorschriften; Gewährleistungsfristen
Auftragsbearbeitung	Auftragserfassung, Materialmenge, Arbeitszeit; Bedarfsplanung, wann wird was wo benötigt an Mitarbeitern, Material und Betriebsmittel; Ablaufplanung für den Einkauf und den Durchlauf; Werkstattzeichnungen
Arbeitsvorbereitung ▶ Seite 385 … 389	Detailzeichnungen; Ablaufplan für den Auftrag in der Fertigung; Terminplan oder Fristenplan für den Auftrag; Arbeitszettel; Arbeitsplan wer (Lohngruppe) macht welche Arbeit in welcher Zeit; Zusammenstellung von Auftragsteilen; Prüflisten; Listen zur Qualitätskontrolle; Mitarbeiterschulung
Ausführung	Durchführung der Arbeiten; laufende Qualitätskontrollen; Nutzungs- und Rüstzeiten; optimale Werkzeuge; Vermeidung von Nacharbeiten; Arbeitsplatzgestaltung
Qualitätssicherung ▶ Seite 384	Qualitätsmanagement; Dokumentation des Betriebssystems; Lenkung der Daten; des Wareneinganges; der weiteren Bearbeitung von Werkstoffen und Beschlägen; der Mitarbeiterschulung; laufende Verbesserungen; Ausgangskontrolle; Endabnahme bei dem Kunden; Abnahmeprotokoll; hohe Kundenzufriedenheit
Rechnungsstellung	Persönliches Anschreiben; Kundennummer; Rechnungsnummer; übersichtliche Aufstellung über den Leistungsumfang; Gewährleistungsfristen; ein zusätzliches Angebot für einen Wartungsvertrag; Zahlungsfristen für die Rechnung; Wünsche, das der Auftrag zufrieden ausgeführt wurde; Bitte um Weiterempfehlung
Zertifizierung	**DIN 9001** und andere; durch Zertifizierungsstellen; Qualitätsmanagement im Ganzen oder für Teilbereiche (Leistungsverbesserung, Kundenzufriedenheit)
	RAL; für bestimmte Produkte (Fenster, Haustüren, Wintergärten usw.); Mitgliedschaft in der Gütegemeinschaft; Aufbau der Güte- und Prüfbestimmungen, Systembeschreibung und -prüfung, Baumusterprüfung; Leistungsüberwachung
	CE; durch Zertifizierungsstellen; Konformität mit nationalen Normen, die den harmonisierten EN-Normen entsprechen; Leistungsnachweis für ganz Europa; für Fenster und Haustüren Pflicht (DIN EN 14351-1); Erstprüfung zur Bestimmung der Leistungsmerkmale; Konformitätserklärung und Begleitdokumente

8

8.1 Tischlerei-Betrieb als Dienstleister

Qualitätssicherung

Der Betrieb hat mehrere Möglichkeiten sich zu organisieren. Eine einheitliche Betriebsorganisation kann es daher nicht geben; die betrieblichen Gegebenheiten sind zu unterschiedlich. Um eine gleichbleibende und nachvollziehbare Leistung zu erreichen, wurde das QM-System eingeführt. In dem neuen Prozessmodell wird der Kunde bzw. Interessenpartner mit eingeschlossen.

Qualitätsmangement; derjenige Aspekt der Gesamtführungsaufgabe, welcher die Qualitätspolitik festlegt und verwirklicht.

Qualitätspolitik; die umfassenden Absichten und Zielsetzungen einer Organisation betreffend der Qualität, wie sie durch die oberste Leitung formell ausgedrückt wird.

Qualitätssicherungssystem (Qualitätssystem); die Aufbauorganisation, Verantwortlichkeiten, Abläufe, Verfahren und Mittel zur Verwirklichung des Qualitätsmanagements.

Qualitätslenkung; die operationellen Techniken und Tätigkeiten, welche angewendet werden, um die Qualitätsanforderungen zu erfüllen.

Qualitätssicherung; alle geplanten und systematischen Tätigkeiten, die notwendig sind, um ein angemessenes Verfahren zu schaffen, sodass ein Produkt oder eine Dienstleistung die gegebene Qualitätsanforderung erfüllen kann.

Inhalte der DIN EN ISO		
	9000	– Qualitätsmanagement – Grundlagen und Begriffe. Es werden Grundlagen erläutert und Begriffe für ein betriebliches QM-System definiert.
	9001	– QM-Systeme – Anforderungen. Das Management legt fest, welcher Kundenkreis mit den Unternehmungsleistungen bedient werden soll.
	9004	– QM-System – Leitfaden zur Leistungsverbesserung
	10002	– QM – Kundenzufriedenheit – Leitfaden zur Behandlung von Reklamationen
	19011	– Leitfaden für Audits von Qualitätsmanagement- und/oder Umweltmanagementsystemen

DIN EN ISO 9000 (Inhalt)

2.1 Begründung für QM-Systeme
2.2 Anforderungen an QM-Systeme und Produkte
2.3 Ansatz für QM-Systeme
2.4 Prozessorientierter Ansatz
2.5 Qualitätspolitik und Qualitätsziele
2.6 Rolle der obersten Leitung im QM-System
2.7 Dokumentation
2.8 Beurteilen von QM-Systemen
2.9 Ständige Verbesserungen
2.10 Rolle statistischer Methoden
2.11 QM-System und andere Schwerpunkte im Management-System
2.12 Beziehung zwischen QM-System – Exzellenzmodellen

3.1 Qualitätsbezogene Begriffe
3.2 Managementbezogene Begriffe
3.3 Organisationsbezogene Begriffe
3.4 Prozess- und produktbezogene Begriffe
3.5 Merkmalsbezogene Begriffe
3.6 Konformitätsbezogene Begriffe
3.7 Dokumentationsbezogene Begriffe
3.8 Untersuchungsbezogene Begriffe
3.9 Auditbezogene Begriffe
3.10 Auf QM bei Messprozessen bezogene Begriffe

DIN EN ISO 9001 (Inhalt)

4.1 Allgemeine Anforderungen
4.2 Dokumentationsanforderungen
5.1 Verpflichtung der Leitung
5.2 Kundenorientierung
5.3 Qualitätspolitik
5.4 Planung
5.5 Verantwortung, Befugnisse und Kommunikation
5.6 Managementbewertung
6.1 Bereitstellen von Ressourcen
6.2 Personelle Ressourcen
6.3 Infrastruktur
6.4 Arbeitsumgebung
7.1 Planung der Produktrealisierung
7.2 Kundenbezogene Prozesse
7.3 Entwicklung
7.4 Beschaffung
7.5 Produktion und Dienstleistungserbringung
7.6 Lenkung von Überwachungs- und Messmittel
8.1 Allgemeines zur Messung, Analyse und Verbesserung
8.2 Überwachung und Messung
8.3 Lenkung fehlerhafter Produkte
8.4 Datenanalyse
8.5 Verbesserung

8

8.1 Tischlerei-Betrieb als Dienstleister

Aufbauorganisation

Die Aufbauorganisation regelt die Aufteilung der Aufgaben eines Unternehmens (Betriebes) auf verschiedene Stellen (Abteilungen) und ihre störungsfreie Zusammenarbeit untereinander. Durch die Aufgabenanalyse und Aufgabensynthese gelangt man zur Stellenbildung, Stellenbeschreibung und Festlegung der Weisungslinien mit ihren Kompetenzen.

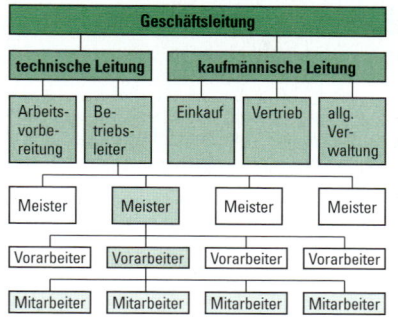

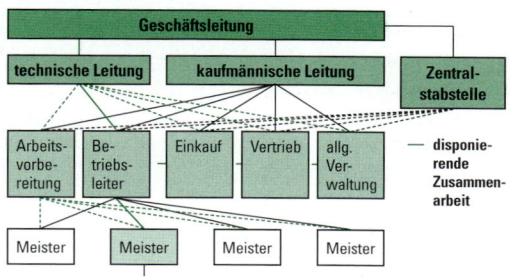

Einliniensystem (Hierarchiesystem)

Die untergeordnete Instanz ist hier nur mit einer übergeodneten weisungsberechtigten Stelle verbunden.

Mehrliniensystem mit Zentralstabstelle

Die untergeordnete Instanz ist mit mehreren übergeordneten Stellen verbunden. Es wird hierbei zwischen der persönlichen (disziplinären) und der fachlichen Unterstellung unterschieden. Die Grundidee ist hier „Der kürzeste Weg". Die Zuständigkeiten sind sehr genau festgelegt. Die Zentralstabstelle nimmt nicht nur Aufgaben für die Geschäftsleitung war.

Eine Ergänzung zu der Aufbauorganisation ist das Konzept von Projektgruppen. Sie dienen dem schnellen Austausch von Informationen zu bestimmten Aufgaben/Projekten. Die Zusammensetzung richtet sich nach den Aufgaben. Es gibt hierbei drei Gruppen bzw. drei Ebenen.

Ablauforganisation

Die Ablauforganisation umfasst die Bereiche Planen, Gestalten, Steuern und Datenerfassung. Ihre Aufgabe ist das Betriebsgeschehen human und wirtschaftlich zu gestalten. Sie wird im wesentlichen von der Arbeitsvorbereitung bestimmt. Um den Aufwand der Arbeitsvorbereitung zu reduzieren, werden im Handwerk auch Formen der „Fraktalen Fabrik" angewandt.

Die Produktorganisation umfasst die Bereiche Entwicklung, Beschaffung, Fertigung und das Qualitätswesen und für die Durchführung die erforderlichen Datenermittlung. Die Fertigungsorganisation umfasst die Teilefertigung und die Montage mit dem Ziel der Wirtschaftlichkeit und der Termintreue. Die Fertigungsorganisation wird meistens als *AV* Arbeitsvorbereitung bezeichnet.

Bei der Auftragsbearbeitung werden auftragsunabhängige und auftragsabhängige Arbeitspläne mit ihren Formularen und Listen erstellt.

auftragsunabhängige Arbeitspläne (Auswahl)		auftragsabhängige Arbeitspläne (Auswahl)	
Fertigungsprogramm	Grundkonstruktion	Ablaufplan, Auftrag	Ablaufplan, Material
Betriebsnormung	Standardmaterialien	Zeichnungen	Stücklisten
Betriebsmittel	Hilfsmittel	Terminplan	Auslastung
Eingangskontrolle	Mitarbeiterqualifikation	Beschaffung	Bereitstellung
Schlussprüfung		Abnahme	

Ablaufplanung

Ablauf- und Terminplanung ist für die Planung, Überwachung und Steuerung von Projekten wichtig. In ihr sind alle Daten erfasst. Für die Darstellung von Projektabläufen wurden verschiedene Methoden entwickelt. Die **Netzplantechnik (NPT)** (DIN 69900-T1) besteht im wesentlichsten aus den beiden Darstellungselementen, dem **Pfeil** (je nach Verfahren symbolisiert er einen Vorgang und/oder eine Anordnungsbeziehung, die Beschreibung des Sachverhaltes zwischen zwei Knoten) und dem **Knoten** (je nach Verfahren stellt er ein Ereignis oder einen Vorgang dar, die Beschreibung eines Verknüpfungspunktes).

8

8.1 Tischlerei-Betrieb als Dienstleister

Ablaufplanung ist die Darstellung von Vorgängen/Ereignissen und ihre Abhängigkeit – Anordnungsbeziehung (AOB) – voneinander in einem Projekt. Die Grundelemente der Beschreibung sind:

Vorgang	Ablaufelement, das ein bestimmtes Geschehen beschreibt, mit einem definierten Anfang und Ende, z.B. Einbau der Fenster
Ereignis	Ablaufelement, das das Eintreten eines bestimmten Zustandes beschreibt, z.B. Beginn des Einbaues der Fenster

Bei der Darstellung kann zwischen drei verschiedenen Verfahren gewählt werden.

● Ereignis-Knoten-Netzplan (EKN)

Beginnend mit dem Startereignis werden dann alle folgenden Projektereignisse beschrieben und durch einen Knoten dargestellt. Der Pfeil zeigt den Zeitabstand zwischen den einzelnen Knoten an.

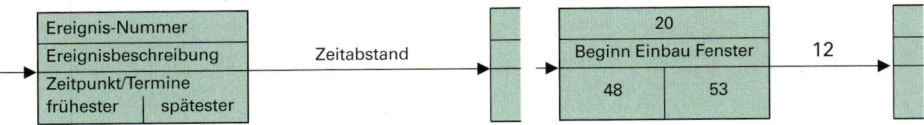

● Vorgangs-Pfeil-Netzplan (VPN)

Dem Startvorgang folgen dann die einzelnen Vorgänge und es endet mit dem Zielvorgang. Die Vorgänge werden durch Pfeile dargestellt.

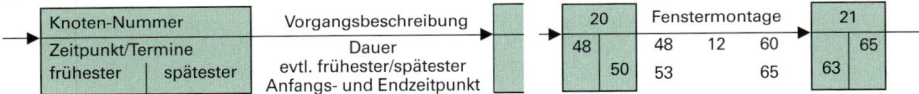

● Vorgangs-Knoten-Netzplan (VKN)

Die Wirklichkeitsnähe wird durch die größere Anzahl der Zeit-Daten erreicht.
NF – Normalfolge: wird nicht gekennzeichnet;   AF – Anfangsfolge;   SF – Sprungfolge
EF – Endfolge: die Vorgänge werden durch ihre Anfangs- oder Endereignisse zugeordnet

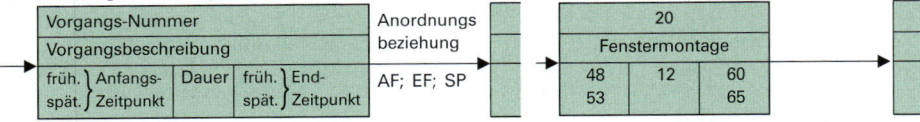

Ablaufschema für das Einholen und Ausführen eines Auftrages (Auswahl)

lfd. Nr.	Kostenstelle Vorgang	Verwal-tung	Arbeitsvorbereitung			Lager	Werk-statt	Mon-tage
			Planen	Steuern	Kontrolle			
1	Kundenanfrage	x						
	Vorkalkulation		x					
	Material bereitstellen			x		x		
	Auftrag fertigen						x	
	Lieferung/Montage							x
	Abnahme			x				x
	Zahlungseingang	x						

Fertigungsablauf – Plattenbearbeitung

Arbeitsgang		Fertigungsstelle					Datum: 10.04	
		Platten-lager	Platten-säge	Kanten-automat	Dickenschleif-maschine	Furnier-presse	Doppel-abkürzsäge	Weiterbe-arbeitung
1	Entnahme							
2	Zuschnitt							
3	Kante anleimen							
4	Schleifen							

8.1 Tischlerei-Betrieb als Dienstleister

Ablaufplan der Fertigung

Der Ablaufplan beschreibt die einzelnen Arbeitsgänge bzw. den Materialfluss und ihre zeitliche und räumliche Folge. Beispiel: Plattenbearbeitung (Seite 386 unten).

Materialflussbogen

Untersuchungsbereich: Platten | Bearbeiter-Nr.: | Datum: 10.04

Nr.	Ablaufart des Ablaufabschnitt	Arbeitsgegenstandes					Fördermenge		Förderweg in mm		Förder-zeit in min
							Zahl	Einh.	↔	↕	
1	Entnahme	○	▸	□	D	▽	1	St.	5		
2	Zuschnitt	○	◊	□	▸	▽	1	St.			
3	Platten, ablegen	○	▸	□	D	▽	1	St.	1,5	0,5	
4	Platten, transportieren	○	▸	□	D	▽	1	St.	4		

Terminplanung

Als Grundlage dienen alle ermittelten Daten von Vorgängen und ihre zeitlichen Abstände zueinander. Bei der gemischt- und vorgangsorientierten Planung werden zuerst die frühest möglichen und dann die spätest zulässigen Anfangs- und Endzeitpunkte für Vorgänge errechnet. Genauso werden bei ereignisorientierten Plänen die zulässigen Eintrittszeitpunkte ermittelt und dargestellt.

Die Arbeitsvorbereitung erstellt anhand von Listen die möglichen Kapazitäten für den Monat, die Woche, den Arbeitstag. Aus der Auftragsbestätigung/Vorkalkulation erhält sie den Umfang an Arbeitsstunden. Aus diesen Daten werden nun die Arbeitspläne, Maschinenbelegungspläne und Fristenpläne erstellt.

Betriebskalender

Monat	Juni							
Tag	Mo	Di	Mi	Do	Fr	Sa	So	Mo
	1	2	3	4	5	6	7	8
Arbeitstag	112	113	114	115	116			117
Std/ges.	96	96	88	88	66			88

Arbeitstag: laufende Zählung ab 01. Januar

Betriebskalender

Monat	Juni							
Mit-arbeiter	Mo	Di	Mi	Do	Fr	Sa	So	Mo
	1	2	3	4	5	6	7	8
Arbeitstag	8	8	8	8	6			8
Std/ges.	8	8	U	U	U			K

U: Urlaub   K: Krank

Maschinenbelegungsplan

Tischfräse		Kostenstelle:		Mitarbeiter:			Woche; 01.06. … 05.06		
		Stunden							
Datum		7 – 8	8 – 9	9 – 9,45	10 – 11	11 – 12	12 – 12,5	13 – 14	15 – 15	15 – 15,45	16
Mo	1		8/05/225				8/03/201				—
Di	2		8/05/214				8/04/220			8/02/187	—
Fr	5		8/04/218		Wartung		—	—	—	—	—

Fristenplan als Balkendiagramm

Vorgangs-Nummer	Vorgangs-Beschreibung	Dauer T/W	Projekttage/Projektwochen (Kalendertage/Kalenderwochen) 47 48 49 50 51 52 53 54 55 56 57 58 59 60 61 62 63 64 65 66
19	Anliefern, Verteilen	1	
20	Fenstermontage	12	
21	Fenster verleisten	4	

▭ Dauer des Vorganges   ⬚ Pufferzeit

8

8.2 Begriffe der Auftrags- und Belegungszeit

Auftragszeit[1]

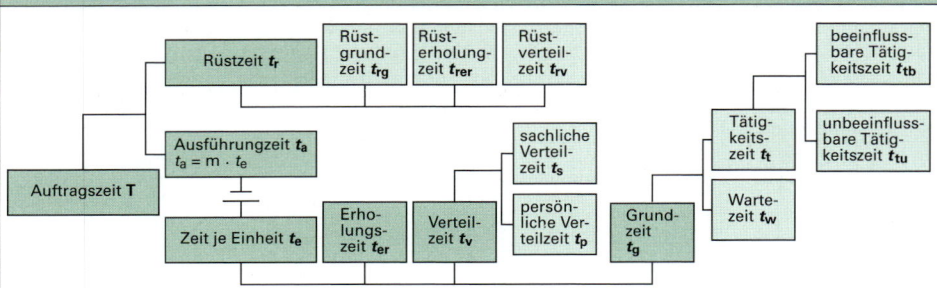

Zeiten	Zeichen	Erläuterung
Auftrags-zeit	T	Ist die Vorgabezeit bestehend aus Rüsten und Ausführen für das Ausführen des Auftrages mit einer Menge m (Anzahl der Einheiten).
Rüst-zeit	t	Es ist die Vorgabezeit für das Rüsten (Auf- und Abrüsten von Werkzeugen und Maschinen), sie besteht aus t_{rg}, t_{rer}, t_{rw}.
	t_{rg}	Die eigentliche Rüstzeit wie Zeichnung und Auftrag lesen, Maschinen um- und einstellen usw. Sie richtet sich nach Werkstoff, Werkzeug und Auftragsmenge (Werkzeugwechsel).
	t_{rer}	Die Erholungszeit nach anstrengender Umrüstung, anteilig in % von t_{rg}.
	t_{rw}	Die anteilige Zeit für Betriebsstörungen in % von t_{rg}.
Ausführungs-zeit	t_a	Es ist die berechnete Zeit für die Ausführung für die Menge m. Sie besteht aus der Zeit $m \times t_e$.
Grundzeit	t_g	Sie ist die planmäßige Ausführungszeit für die Mengeneinheit 1. Sie errechnet sich aus t_t ($t_{tb} + t_{tu}$) + t_w.
	t_t	Die tatsächliche Ausführungszeit für einen Auftrag.
	t_{tb}	Die unmittelbare Arbeitszeit, wie Montage von Beschlägen usw. – ebenso Arbeiten die direkt damit zusammen hängen, wie auspacken, spannen usw.
	t_{tu}	Die nicht beeinflussbare Arbeitszeit wie Vorschubgeschwindigkeit oder Programmablauf.
Wartezeit	t_w	Es ist die Zeit, die durch ablaufbedingte Unterbrechungen entstehen.
Erholungs-zeit	t_{er}	In ihr sind die Zeiten erfasst, in denen die Arbeit planmäßig unterbrochen wird, zur Erholung nach Spritz- oder Überkopfarbeit usw., anteilig in % von t_g.
Verteil-zeit	t_v	Es sind unregelmäßig anfallende Zeiten (z.B. Ausfallzeiten), die bei einer Arbeitsausführung anfallen können, anteilig in % von t_g, sie setzt sich aus t_s und t_p zusammen
	t_s	Es sind die Zeiten für unvorhergesehene Unterbrechungen wie Betriebs-störungen usw.
	t_p	Hier werden die Zeiten erfasst (z.B. Unterbrechungszeiten), die im persönlichen Bereich liegen.

Beispiel: Fräsen von 2 Tischplatten

Rüstzeit:		min	Ausführungszeit:			min
Auftrag rüsten		2,5	Tätigkeitszeit	t_t		4,5
Maschine rüsten		10,5	Wartezeit	t_w		0,5
Werkzeug rüsten		2,5	Grundzeit	$t_g = t_t + t_w$		5,0
Rüstgrundzeit	t_{rg}	15,0	Erholungszeit	t_{er} = 4% von t_g		0,2
Rüsterholungszeit	t_{rer} = 4% von t_{rg}	0,6	Verteilzeit	t_v = 8% von t_g		0,4
Rüstverteilzeit	t_{rv} = 14% von t_{rer}	2,1	Zeit je Einheit	$t_e = t_g + t_{er} + t_v$		5,6
Rüstzeit	$t_r = t_{rg} + t_{rer} + t_{rv}$	**17,7**	**Ausführungszeit**	$t_a = m \times t_e$		**11,2**
Auftragszeit	$T = t_r + t_a$ = 17,7 min + 11,2 min = 28,9 min ≈ 29 min					

[1] REFA, Verband für Arbeitsstudien und Betriebsorganisation e.V. München

8.2 Begriffe der Auftrags- und Belegungszeit

Belegungszeit [1]

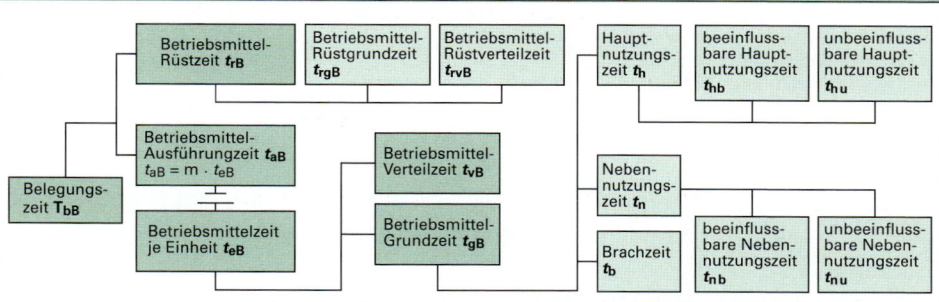

Zeiten	Zeichen	Erläuterung
Belegungszeit-Betriebsmittel	T_{bB}	Es ist die Vorgabezeit für die Betriebsmittel durch einen Auftrag. Sie besteht aus der Rüst- und Ausführungszeit.
Rüstzeit-Betriebsmittel	t_{rB}	Sie ist die geplante Zeit für das Auf- und Abrüsten der Maschine. Sie besteht aus $t_{rgB} + t_{rvB}$.
	t_{rgB}	Die tatsächliche Rüstzeit an der Maschine.
	t_{rvB}	Die anteilige Zeit für Unterbrechungen in % von t_{rgB}.
Ausführungszeit-Betriebsmittel	t_{aB}	Die Vorgabezeit für das Ausführen der Menge m an der Maschine. Sie berechnet sich aus $t_{eB} \times m$.
Betriebsmittelzeit	t_{eB}	Es ist die geplante Belegungszeit für ein Stück, und setzt sich aus den Zeiten $t_{eB} + t_{vB}$ zusammen.
Grundzeit-Betriebsmittel	t_{gB}	In dieser Zeit ist das Betriebsmittel für die Ausführung der Menge 1 belegt. Sie besteht aus $t_h + t_n + t_b$.
Verteilzeit-Betriebsmittel	t_{vB}	Die Zeiten treten während der Belegung mit unterschiedliche Dauer und Häufigkeit auf und liegen im persönlichen oder sachlichem Bereich. Sie wird anteilig in % von t_{gB} gerechnet.
Hauptnutzungszeit	t_{eB}	Es ist die planmäßige Nutzung des Betriebsmittels und teilt sich in $t_{hb} + t_{hu}$ auf.
	t_{hb}	Bearbeiten des Werkstoffes mit Handvorschub und ähnlich.
	t_{hu}	Bearbeiten des Werkstoffes mit maschinellem Vorschub usw.
Nebennutzungszeit	t_n	Es sind allgemeine, planmäßige Verrichtungen, die zur Hauptnutzung erforderlich sind. Sie gliedern sich in $t_{nb} + t_{nu}$ auf.
	t_{nb}	Während dieser Zeit wird das Betriebsmittel manuell beschickt, entleert usw.
	t_{nu}	Die Beschickung, die Entleerung und der Werkzeugwechsel erfolgt automatisch.
Brachzeit	t_b	Sie unterbrechen die Nutzung und sind ablauf- oder erholungsbedingt, wie persönliche Erholungszeit oder Material heranholen oder wegbringen.

Beispiel: Sägen von 20 Schrankseiten

Rüstzeit:		min	Ausführungszeit:		min
Auftrag und Zeichnung lesen		1,5	Sägen = Hauptnutzungszeit	t_h	0,5
Bereitstellen und ablegen vom Sägeblatt		1,0	Seiten auflegen/ ablegen = Nebennutzungszeit	t_n	0,1
Sägeblatt ein- und ausspannen		2,5	Seiten abtransportieren = Brachzeit	t_g	0,4
Maschine einstellen		0,5	Betriebsmittel-Grundzeit	$t_{gB} = t_h + t_n + t_b$	1,0
Betriebsmittel-Rüstgrundzeit	t_{rgb}	5,5	Betriebsmittel-Verteilzeit	$t_{vB} = 10\,\%$ von t_{gB}	0,1
Betriebsmittel-Rüstverteilzeit	$t_{rvB} = 10\,\%$ von t_{rgB}	0,6	Betriebsmittelzeit je Einheit	$t_{eB} = t_{gB} + t_{vB}$	1,1
Betriebsmittel-Rüstzeit	$t_{rB} = t_{rgB} + t_{rvB}$	**6,1**	**Betriebsmittel-Ausführungszeit**	$t_{aB} = m \times t_{eB}$	**22,0**
Belegungszeitzeit	$T_{bB} = t_{rB} + t_{aB} = 6\ \text{min} + 22\ \text{min} = 28\ \text{min}$				

[1] REFA, Verband für Arbeitsstudien und Betriebsorganisation e.V. München

8

8.3 Kalkulation

Die Kalkulation, auch Kostenträgerrechnung genannt, hat die Aufgabe alle direkt und indirekt entstehenden Kosten für ein Produkt oder eine Leistung zu erfassen um damit den Preis zu ermitteln. Es wird zwischen drei Kalkulationen unterschieden:

- Vorkalkulation (Angebotskalkulation)
- Zwischenkalkulation (Ermittlung eines Zwischenergebnisses)
- Nachkalkulation (interne Endabrechnung, Erfolgsrechnung)

Kalkulationsverfahren

Es kommen je nach Art der Fertigung verschiedene Verfahren zur Anwendung.

Divisions-kalkulation	für die Serien- und Massenfertigung (einförmiger oder gleichartiger Erzeugnisse) $\dfrac{\text{Gesamtkosten/Jahr}}{\text{Einheiten/Jahr}} = \text{Kosten/Einheit}$
Zuschlags-kalkulation	für die Einzel- oder Kleinserienfertigung, den Einzelkosten werden die Gemeinkosten prozentual zugeschlagen.

Kalkulationsschema

Summarische Zuschlagskalkulation · · · · · · · · · Differenzierte Zuschlagskalkulation

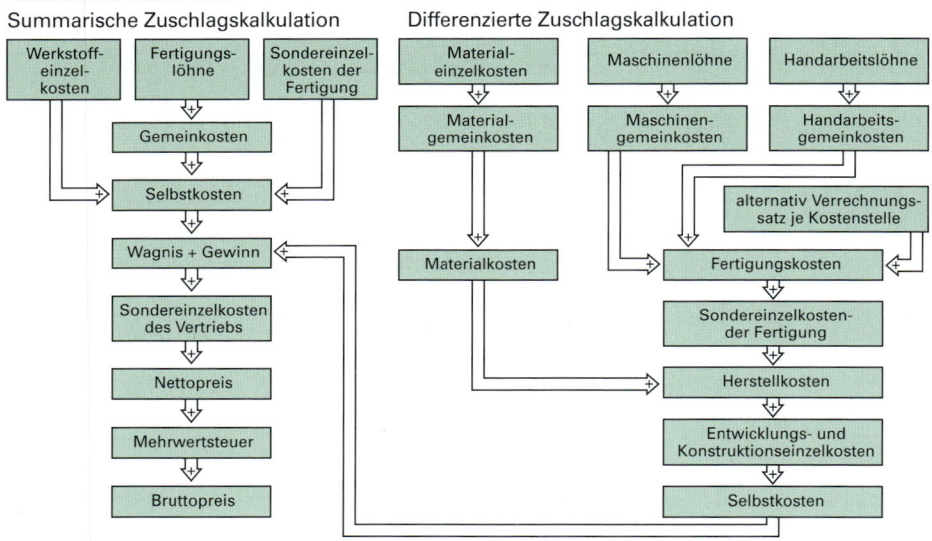

Erläuterungen zum Kalkulationsblatt von Seite 391

Nummer	Beschreibung	Nummer	Beschreibung
1	Die obere Spalte vollständig ausfüllen	11	Die Kosten für Marmor, Gläser, Einbaulampen, Einbauteile und den Fremdleistungen von bezogenen Fertig- oder Halbfertigteilen anderer Firmen
2	Fertigungszeiten den Arbeitsgängen zuordnen		
3	Summe der Gesamtstunden in die Spalte Stunden übertragen	12	Den Materialgemeinkostenzuschlag in % dem Gemeinkostenbogen entnehmen und die Materialkosten errechnen.
4	Sonderkosten der Fertigung wie Überstunden- und Feiertagszuschläge		
5	Werte für Fertigungslohn, Gemeinkostenzuschlag in % oder den Verrechnungssatz dem Betriebsabrechnungsbogen oder dem Gemeinkostenbogen entnehmen	13	Aus den Fertigungskosten und den Materialkosten die Selbstkosten ermitteln
		14	Zuschlag für Wagnis und Gewinn
6	Fertigungskosten ermitteln	15	Kosten für Baustelleneinrichtung, Gerüste, Spezialwerkzeuge, Leihgaben usw.
7	Menge oder den Gesamtpreis von der Holzliste übernehmen		
8	Auflisten der benötigten Beschläge mit Einzelpreis oder Übernahme des Gesamtpreises aus der Materialliste.	16	Hierzu zählt auch Fracht, Verpackung und deren Entsorgung
9	Materialmenge nach Verbrauch je m² ermitteln und den Gesamtpreis ermitteln	17	Aus der Addition ergibt sich der Nettopreis (Selbstkosten, Wagnis und Gewinn, Sondereinzelkosten, Transportkosten und Provision).
10	Leim nach m² oder je Verbindung in kg errechnen, Verbindungsmittel (Dübel, Formfeder, Nägel, Schrauben, Klammern usw.) erfassen, Schleifmittelverbrauch, Dichtstoffe und Dichtungen soweit sie nicht schon unter Punkt 7 erfasst sind	18	Die Mehrwertsteuer nach dem aktuellen Steuersatz ermitteln.
		19	Die Kalkulation ist mit Datum und Unterschrift zu versehen

8

8.3 Kalkulation

☐ **Vorkalkulation**   ☐ **Nachkalkulation**

Pos.-Nr. | Angebots-Nr. / Auftrags-Nr.

Auftraggeber/Objekt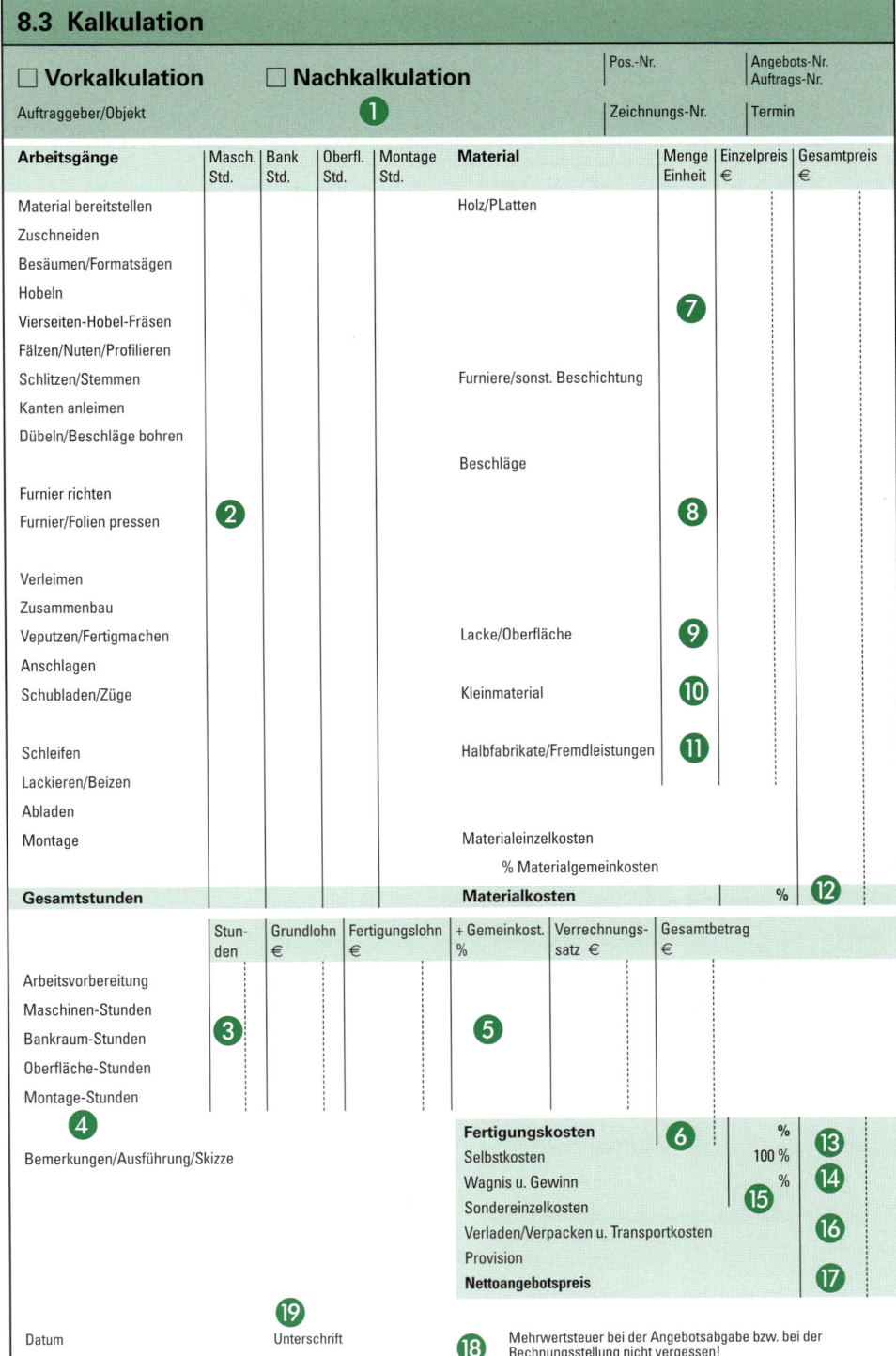

Zeichnungs-Nr. | Termin

Arbeitsgänge	Masch. Std.	Bank Std.	Oberfl. Std.	Montage Std.	Material	Menge Einheit	Einzelpreis €	Gesamtpreis €
Material bereitstellen					Holz/PLatten			
Zuschneiden								
Besäumen/Formatsägen								
Hobeln						❼		
Vierseiten-Hobel-Fräsen								
Fälzen/Nuten/Profilieren								
Schlitzen/Stemmen					Furniere/sonst. Beschichtung			
Kanten anleimen								
Dübeln/Beschläge bohren					Beschläge			
Furnier richten								
Furnier/Folien pressen	❷					❽		
Verleimen								
Zusammenbau								
Veputzen/Fertigmachen					Lacke/Oberfläche	❾		
Anschlagen								
Schubladen/Züge					Kleinmaterial	❿		
Schleifen					Halbfabrikate/Fremdleistungen	⓫		
Lackieren/Beizen								
Abladen								
Montage					Materialeinzelkosten			
					% Materialgemeinkosten			
Gesamtstunden					**Materialkosten**		%	⓬

	Stunden	Grundlohn €	Fertigungslohn €	+ Gemeinkost. %	Verrechnungssatz €	Gesamtbetrag €		
Arbeitsvorbereitung								
Maschinen-Stunden								
Bankraum-Stunden	❸			❺				
Oberfläche-Stunden								
Montage-Stunden								
❹								
Bemerkungen/Ausführung/Skizze				**Fertigungskosten**	❻		%	⓭
				Selbstkosten		100 %	⓮	
				Wagnis u. Gewinn		⓯	%	
				Sondereinzelkosten			⓰	
				Verladen/Verpacken u. Transportkosten				
				Provision			⓱	
				Nettoangebotspreis				

Datum   Unterschrift ⓳

⓲ Mehrwertsteuer bei der Angebotsabgabe bzw. bei der Rechnungsstellung nicht vergessen!

8

391

8.3 Kalkulation

Lohnarten

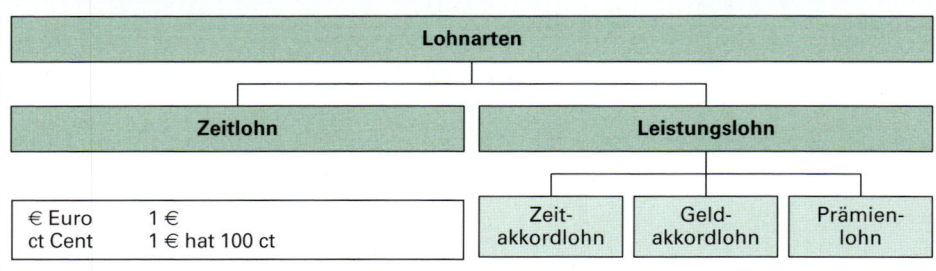

Zeitlohn	Zeitakkord
Zeitlohn (€) =	Zeitakkord (€) =
Stundenzahl (h) × Stundenlohn (€/h)	$\dfrac{\text{Einzelvorgabezeit} \times \text{Geldfaktor} \times \text{Produktionsmenge}}{\text{(100 ct/€)}}$ (min/Stück) (ct/min) (Stück, m, m²)

Zeitlohn

Zeitlohn (€) =

Stundenzahl (h) × Stundenlohn (€/h)

Zeitakkord

Zeitakkord (€) =

$$\frac{\underset{\text{(min/Stück)}}{\text{Einzelvorgabezeit}} \times \underset{\text{(ct/min)}}{\text{Geldfaktor}} \times \underset{\text{(Stück, m, m}^2)}{\text{Produktionsmenge}}}{\text{(100 ct/€)}}$$

Geldfaktor (ct/min) =

$$\frac{\text{Tariflohn (€/h)} + 15\,\% \text{ Zuschlag}}{60 \text{ (min/h)}} \times 100 \text{ ct/€}$$

Lohnzuschläge

Lohnzuschlag (€/h) =

$$\frac{\text{Stundenlohn (€/h)} \times \text{Zuschlagsatz (\%)}}{100\,\%}$$

Geldakkordlohn

Geldakkordlohn (€) =

Mengenleistung (Einheit) × Geldakkordsatz (€/Einheit)

$$\frac{\text{Geldakkordsatz}}{\text{(€/Einheit)}} = \frac{\text{Tariflohn (€/h)} + 15\,\% \text{ Zuschlag}}{\text{Einheit/h}}$$

Zeitgrad

Zeitgrad (%) =

$$\frac{\text{Vorgabezeit je Einheit (min/Stück)} \times 100\,\%}{\text{gebrauchte Zeit je Einheit (min/Stück)}}$$

Prämienlohn

Prämienlohn (€/h) = Zeit- oder Akkordlohn (€/h) + Prämie (€/h)

Gemeinkosten

Allgemeiner Gemeinkostensatz

$$\text{Gemeinkostensatz \%} = \frac{\text{Jahresgemeinkosten (€)} \times 100\,\%}{\text{Jahresfertigungslöhne (€)}}$$

Fertigungslohn-Gemeinkosten

$$\text{Fertigungslohn-Gemeinkosten (€/h)} = \frac{\text{Fertigungslohn(einzel)kosten (€/h)} \times \text{Gemeinkostensatz \%}}{100\,\%}$$

Fertigungskosten (€/h) = Fertigungslohneinzelkosten (€/h) + Gemeinkosten (€/h)

Gemeinkostensätze gestrennt nach Kostenstellen

$$\text{Gemeinkostensatz Bankraum (\%)} = \frac{\text{Jahresgemeinkosten Bankraum (€)} \times 100\,\%}{\text{Jahresfertigungslöhne Bankraum (€)}}$$

$$\text{Gemeinkostensatz Maschinenraum (\%)} = \frac{\text{Jahresgemeinkosten Maschinenraum (€)} \times 100\,\%}{\text{Jahresfertigungslöhne Maschinenraum (€)}}$$

$$\text{Gemeinkostensatz Montagearbeiten (\%)} = \frac{\text{Jahresgemeinkosten Montagearbeiten (€)} \times 100\,\%}{\text{Jahresfertigungslöhne Montagearbeiten (€)}}$$

Stundenverrechnungssatz zur Vollkostendeckung

$$\text{Verrechnungssatz (€)} = \frac{\text{Jahresfertigungkosten (€)}}{\text{Jahresfertigungszeiten (h)}}$$

Bei den Betriebsmitteln ergibt sich die Jahresfertigungszeit aus der möglichen Belegungszeit/Jahr und der durchschnittlichen Belegung.

$$\text{Jahresbelegungszeit (h)} = \frac{\text{mögliche Jahresbelegung} \times \text{Auslastung \%}}{100\,\%}$$

8

8.3 Kalkulation

Verschnittsätze (Zuschlag in Prozent)

Holzart	Vollholz	Furnier	Holzart	Vollholz	Furnier
Abachi Wawa	35	–	Limba	25	40
Afzelia	30	–	Makore	35	30
Ahorn	50	50	Meranti (Dark Red)	35	–
Azobe	40	–	Nussbaum	55	80
Birke	60	55	Pappel	35	45
Birnbaum	50	55	Palisander, ostindisch	–	80
Buche	35 ... 50	30 ... 40	Palisander, Rio	–	100
Carolina-Pine	35	40	Pockholz	40	–
Douglasie (Origon Pine)	35	40	Ramin	30	–
Eiche	45	60	Robinie	40	–
Roteiche	40	50	Rüster	40	80
Erle	35	45	Sapelli	30	40
Esche	45	60	Sipo-Utile	30	40
Fichte	30	40	Tanne	30	40
Gabun	30	25	Teak	40	55
Hainbuche	45	50	Red Cedar, Western	35	–
Khaja	40	–	Wenge	40	55
Hemlock	30	–	Whitewood	40	50
Kiefer	30 ... 40	40 ... 50	Zirbelkiefer	75	80
Kirschbaum	50	70	Absperrfurnier	–	25 ... 20
Koto	50	40	Blind-Gegenfurnier	–	20
Lärche	35 ... 50	50	Innenfurnier	–	35

Die Verschnittsätze sind nur allgemeingültig, im Einzelfall sind sie durch Anfragen beim Holzhändler zu überprüfen.

Verschnittsätze für Holzwerkstoffe in % (Lagermaße)

Furniersperrholz	FU	20	Faserplatte, mittelhart	HB	15
Stabsperrholz	ST	15	Faserplatte, mitteldicht	MDF	15
Stäbchensperrholz	STAE	15	Faserplatte, porös	SB	10
Flachpressplatte	FPY/FPO	10 ... 15	OSB-Platten		10 ... 15

Verschnittsätze für Beschichtete Platte in % (Lagermaße)

Dekorative Hochdruck-Schichtpressstoffplatten, uni	20	Dekorative Hochdruck-Schichtpressstoffplatten, Dekor	20
Beschichtete Platten, uni	30	Beschichtete Platten, Dekor	30

Verschnittsätze für Massivholzleisten, Anleimer in %

Breite < 5 mm	175	Breite < 15 mm	125
< 15 mm	150	< 20 mm	90

Umrechnung von m³, m², Bretterzahl und lfd. m

Umrechnung von m³ in m²

$$\frac{\text{Volumen (in m}^3)}{\text{Dicke (in m)}} \Rightarrow m^2$$

Umrechnung von m² in m³

$$\text{Fläche (in m}^2) \times \text{Dicke (in m)} \Rightarrow m^3$$

Umrechnung m² auf Bretterzahl

$$\frac{m^2}{\text{Brettdeckfläche (in m}^2)} = \Rightarrow \text{Brettanzahl}$$

Umrechnung von m² in lfd. m (bei gleicher Breite)

$$\frac{m^2}{\text{Breite (in m)}} = \text{lfd. m}$$

Wagnis- und Gewinnzuschlag in %

Werkstoffanteil an den Selbstkosten	Zuschlag für Wagnis und Gewinn
≤ 10%	20%
11% ... 30%	16%
31% ... 50%	12%
≥ 51 %	10%

8

8.3 Kalkulation

Zeitgliederung für die Vorkalkulation (Auswahl)

Arbeitsgänge Maschinenarbeit	Arbeitsgänge Bankarbeit	Arbeitsgänge Montage
Arbeit vorbereiten	Arbeit vorbereiten	Arbeit vorbereiten
Massivholz zuschneiden	Verleimen, Umleimen	Liefern
Platten zuschneiden	Furnier zurichten	Aufstellen von Einzelmöbeln
Abrichten	Furnieren	Verladen
Dickehobeln	Beläge aufbringen	Transportzeit
Formatsägen	Rahmen, Korpus verleimen	Abladen
Kanten anleimen, bündig fräsen	Zusammenbauen	Verteilen
Furnier fügen, pressen	Beschläge einlassen	Montagestelle vorbereiten
Schlitzen, Stemmen	Anschlagen	Montieren
Dübeln, Zinken	Schubkästen, Züge einbauen	Beschläge anbringen
Profilieren, Fälzen, Nuten	Innenausstattung	Nacharbeiten
Oberfräsen	Putzen, schleifen	Fahrzeiten des Monteuers
Kehlen	Leisten einsetzen	Aufmaß nehmen
Maschinell verleimen	Oberfläche innen, außen	
Schleifen	Fertigmachen	

Materialliste Massivholz

Auftraggeber							Datum		Auftrags-Nr.	
Gegenstand/Bezeichnung/Ausführung			Pos. Nr.				Zeichnungs-Nr.	Blatt-Nr.		von

Lfd Nr.	Bezeichnung	Holz-art	Stück	Fertigmaß Länge mm	Breite mm	Dicke mm	Roh-Dicke mm	Zuschnittmaß Länge mm	Breite mm	Bemerkungen erhalten Stückzahl
1	Sockel v	Fi	1	980	100	20	24	1000	110	
2	Sockel h	Fi	1	940	100	20	24	950	110	
3	Sockel gu	Fi	2	480	100	20	24	500	110	

Materialliste (Standard)

Lfd. Nr.	Bezeichnung	Holzart/Platte	Länge mm	Breite mm	Dicke mm	Bemerkung

Materialliste Platten

Auftraggeber							Datum		Auftrags-Nr.	
Gegenstand/Bezeichnung/Ausführung			Pos. Nr.				Zeichnungs-Nr.	Blatt-Nr.		von

Lfd Nr.	Verwendung	Holzart Trägermaterial Flächenmat.	Stück	Fertigmaß Länge mm	Breite mm	Dicke mm	Stück	Zuschnittmaß Länge mm	Breite mm	Dicke mm	Kante Mat.-Art. wo	Nr.
1	Seite	Ei/FPU/Ei	2	1980	500	20	Fertigungsschnitt				Ei 1 x L	
2	Boden o	FPU	2	960	500	20	2	970	510	19	Ei 1 x L	
	Boden u	Ei/ABA					je 2	1000	540			

Materialliste Beschläge

Auftraggeber							Datum		Auftrags-Nr.	
Gegenstand/Bezeichnung/Ausführung			Pos. Nr.				Zeichnungs-Nr.	Blatt-Nr.		von

Lfd Nr.	Artikel/Bezeichnung Maße/Lieferant	am Lager	bereit-gestellt	bestellt	Bestell-Nr.								Menge	ME	Einzel-preis €	Gesamt-preis €
1	Topfscharnier	x			3	2	6	0	2	6	6	6		8	St	
	Montageplatte	x			3	2	6	3	6	5	5	5		8	"	
2	Schubriegel 40 mm	x					1	0	3	3	3			2	St	

8

8.4 Vergabe- und Vertragsordnung für Bauleistungen (VOB)

Das Vertragsrecht zwischen einem Unternehmer und einem Auftraggeber (privat oder öffentlich) unterliegt der gesetzlichen und vertraglichen Regelung. Sind keine Abmachungen getroffen, gelten das Werkvertragsrecht des Bürgerlichen Gesetzbuches (BGB). Als Ergänzung zu der gesetzlichen Regelung werden die Verdingungsordnungen für Bauleistungen (VOB) herangezogen. Sie sind gesondert zu vereinbaren, um gültig zu werden. Die Vergabe öffentlicher Aufträge werden durch EU-Richtlinien und EU-Verordnungen geregelt. Sie sind in der DIN 1960 im Abschnitt 2 und 3 beschrieben.

Gliederung der Vergabe- und Vertragsordnung für Bauleistungen

VOB Teil A DIN 1960: Allgemeine Bestimmungen für die Vergabe von Bauleistungen

Arten der Ausschreibungen und Vergabe (Auszug)

Öffentliche Ausschreibung	Öffentliche Ankündigung der Ausschreibung, Anforderung der Unterlagen durch den Unternehmer, Übersendung der Unterlagen, Abgabe des Angebotes, Öffnung der Angebote (Submissionstermin), Prüfung und Wertung der Angebote, Auftragserteilung innerhalb der Zuschlagsfrist
Beschränkte Ausschreibung	Aufforderung einer beschränkten Anzahl (3 – 8) von fachkundigen, leistungsfähigen und zuverlässigen Unternehmen durch Zusendung (gleichen Termin) der Ausschreibungsunterlagen, Abgabe des Angebotes, Öffnung der Angebote (Submissionstermin), Prüfung und Wertung der Angebote, Auftragserteilung innerhalb der Zuschlagsfrist
Freihändige Vergabe	Aufforderung eines Unternehmers zur Abgabe eines Angebotes, Erteilung des Auftrags

Vertragsarten (Auszug)

Leistungsvertrag (Regelvertrag)	Pauschalvertrag	Pauschalsumme für die gesamte Leistung
	Einheitspreisvertrag	Preis pro Einheit (Stück, m² usw.) × ausgeführter Menge
Stundenlohnvertrag	für Leistungen mit geringem Umfang und überwiegedem Lohnkostenanteil	
Selbstkostenerstattungsvertrag	für Leistungen, für die vorher keine eindeutige Mengenbestimmung erfolgen kann, so dass keine eindeutige Preisermittlung möglich ist	

VOB Teil B DIN 1961: Allgemeine Vertragsbedingungen für die Ausführung von Bauleistungen

Vergütung

Mengenabweichung bis ± 10 %	es gilt der vertragliche Einheitspreis
Mengenabweichung über ± 10%	auf Verlangen ist ein Mehr- oder Minderpreis zu vereinbaren

Mängelansprüche

Bei vorsätzlich oder grob fahrlässig verursachten Mängeln haftet der Auftragnehmer für alle Schäden.

VOB Teil C: Allgemeine technische Vertragsbedingungen (ATV)
Die Ausführungen von Bauleistungen haben nach den **„anerkannten Regeln der Technik"** zu erfolgen.

DIN 18299	Allgemeine Regelungen für Bauarbeiten jeder Art	
DIN 18334	Zimmer- und Holzbauarbeiten (Auszug)	Fußböden; Fußleisten; Trockenbau; Treppen nicht tragende Wände
DIN 18340	Trockenbauarbeiten (Auszug)	Verspachtelung; Deckenbekleidung, Unterdecken; Trenn- und Montagewände, Fertigteilestriche, Systemböden; Trockenunterböden; Doppelböden; Dämmung; Zargen und Einbauteile
DIN 18355	Tischlerarbeiten (Auszug) (Holz- oder Kunststoff Holz-Metallkonstuktion)	Türen; Tore; Fenster; Fensterwände; Klappläden Trennwände; Schrankwände; Innenausbau Einbaumöbel; Wand- und Deckenbekleidung
DIN 18356	Parkettarbeiten (Auszug)	Fuß- und Deckleisten
DIN 18357	Beschlagarbeiten (Auszug)	Anbringen von Beschlägen für Fenster; Türen; Tore; Einbaumöbel
DIN 18358	Rolladenarbeiten (Auszug)	Rolläden; Rolltore; Rollgitter
DIN 18361	Verglasungsarbeiten (Auszug)	Verglasung von Fenstern und Türen Dichtstoffe; Vorlageband Glashalteleisten; Scheibendicke
DIN 18363	Maler- und Lackiererarbeiten (Auszug)	Oberflächenbehandlung von Bauten und Bauteilen Fenster/Türen: Imprägnierung, Grundbeschichtung, Zwischenbeschichtung, Endbeschichtung; Anzahl der Beschichtungen je nach Beschichtungssystem
DIN 18451	Gerüstarbeiten	Ausführung und Gebrauchsüberlassung

8

8.4 Vergabe- und Vertragsordnung für Bauleistungen (VOB)

ATV DIN 18355 Tischlerarbeiten

0. Hinweise für die Leistungsbeschreibung	kein Vertragsbestandteil
1. Geltungsbereich	Herstellung und Einbau von Bauteilen aus Holz und Kunststoff oder Holz-Metallkonstruktionen; z.B.: Türen, Tore, Fenster, Fensterelemente, Klappläden, Trennwände, Wand- und Deckenbekleidung, Schrankwände, Innenausbauten, Einbaumöbel; nicht gültig für: Außenwandbekleidungen mit Unterkonstruktion; Beschläge; Verglasungsarbeiten
2. Stoffe und Bauteile	Ergänzung zu ATV DIN 18299 die gebräuchlisten genormten Stoffe und Bauteile mit ihren entsprechenden Normen; Vollholz einschließlich Profilholz, Anforderungen und Holzqualität- und -feuchte; Holzwerkstoffe, Sperrholz, Spanplatten, Holzfaserplatten, Paneele, Furniere, Dämmstoffe, Beschichtungsplatten und Beschichtungsfolien aus Kunststoff, Klebstoffe und Leime, Dichtstoffe, Verbindungs- und Befestigungsmittel, Holzbeizen, Holzschutzmittel und Grundanstriche, Fenster und Türen, Möbelbeschläge
3. Ausführung	Ergänzung zu ATV DIN 18299 Ausführungsbeschreibungen mit den bestehenden Normen; Allgemeines; Bauteile aus Vollhölzer; Absperren, Furnieren, Beschichten; Verleimen; Einbau; Fenster; Fensterbänke und Zwischenfutter; Fenster- und Türläden; Türen und Tore; Futter und Zargen; Bekleidungen, Unterdecken, Vorsatzschalen, nichttragende Trennwände; Einbauschränke; Oberflächenbehandlung; konstruktiver und chemischer Holzschutz
4. Nebenleistungen (Leistungen, die ohne Erwähnung zu den Vertragsleistungen gehören)	Ergänzung zu ATV DIN 18299 Nebenleistungen: Unterlagskeile und Ausfütterung; Auf- und Abbau und Vorhalten von Gerüsten bis 2 m Höhe bis Belag; Einbau der erforderlichen Verankerungs-, Verbindungs- und Befestigungselemente; Berücksichtigung von Abweichungen der Fertigmaße gegenüber der Leistungsbeschreibung oder Zeichnung bis 5 % höchsten 50 mm; Vorkehrungen für das Arbeiten mit Ortschaum
Besondere Leistungen (Leistungen, die in der Leistungsbeschreibung besonders erwähnt werden, keine Nebenleistungen)	Ergänzung zu ATV DIN 18299 besondere Leistungen: Vorhalten von Aufenthalts- und Lagerräumen; Auf- und Abbauen und Vorhalten von Gerüsten von über 2 m Höhe bis Belag; Reinigen des Untergrundes von grober Verschmutzung soweit diese nicht durch den Auftragnehmer verursacht wurden; Einbauen von statisch oder konstruktiv nachzuweisenden Verankerungs-, Verbindungs- und Befestigungs- und Verbindungselementen sowie Befestigung aus Stahl; nachträgliches Abdichten von Anschlussfugen; Einbau von Deckleisten; Herstellen von Musterstücken, die nicht am Bau verwendet werden; Entfernen und Wiedereinsetzen von Falzdichtungen; Liefern bauphysikalischer Nachweise; Maßnahmen für den Brand-, Schall-, Wärme-, Feuchte- und Strahlenschutz
5. Abrechnung	Ergänzung zu ATV DIN 18299, Ermittlung der anzurechnenden Flächen und Längenmaße der herzustellenden Bauteile
Beispiel für eine Abrechnung	Es ist ein Einbauschrank geliefert worden. Die Schrankbreite wird von den seitlichen Wandflächen begrenzt, die Schrankhöhe ist zwischen dem Fußboden und der Decke. Die Leistung wird grundsätzlich nach der Zeichnung abgerechnet. Als Abrechnungsmaß gilt für die Breite das Konstruktionsmaß des Gebäudes (Rohbaumaß), für die Höhe gilt das lichte Konstruktionsmaß von der Oberkante Rohdecke bis zur Unterkante Rohdecke (Rohbaumaß). Die Putz- und Estrichmaße bleiben unberücksichtigt. Die einzelnen Gewerke sind dadurch in der Abrechnung identisch. Die Maßdifferenz ist im Angebot zu berücksichtigen. Die Deckleisten sind gesondert zu vergüten, wenn sie nicht mit der Hauptleistung ausgeschrieben sind.

8.4 Vergabe- und Vertragsordnung für Bauleistungen (VOB)

ATV DIN 18340 Trockenbauarbeiten

0. Hinweise für die Leistungsbeschreibung	kein Vertragsbestandteil
1. Geltungsbereich	Herstellung von raumbildenden Bauteilen des Ausbaus, die in trockener Bauweise hergestellt werden; offene und geschlossene Deckenbekleidungen, Unterdecken, Trockenputz und Vorsatzschalen, Trenn-, und Montage- und Systemwände, Fertigteileestrich, Trockenunter- und Systemböden, Montage von Zargen, Türen und andere Einbauteile; nicht gültig für: Konstruktionen des Holzbaues, Putz und Stuckarbeiten, Estrich-, Tischler-, Metallbau-, Bodenbelagarbeiten, Maler- und Lackierarbeiten
2. Stoffe und Bauteile	Ergänzung zu ATV DIN 18299 die gebräuchlisten genormten Stoffe und Bauteile mit ihren entsprechenden Normen: Decken- und Wandbauplatten, Fertigteilestrich, Trockenunterböden, Systemböden, Unterkonstruktionen, Dämmstoffe, Zargen und Türen, Verbindungs- und Befestigungselemente, Korrosions- und Holzschutz, Wärme-, Schall- und Feuchteschutz
3. Ausführung	Ergänzung zu ATV DIN 18299 Ausführungsbeschreibung mit den bestehenden Normen; Allgemeines; seine Bedenken geltend zu machen bei ungeeignetem Untergrund, klimatischen Bedingungen, Abweichungen von Toleranzen; Ausführung; Verspachtelung, Deckenbekleidungen und Unterdecken, Trenn-, Montagewände, Fertigteilestrich, Trockenunterböden und Systemböden, Doppelböden, Dämmung, Zargen und Einbauteile
4. Nebenleistungen (Leistungen, die ohne Erwähnung zu den Vertragsleistungen gehören)	Ergänzung zu ATV DIN 18299 Nebenleistungen: Auf- und Abbau sowie Vorhalten von Gerüsten bis 2 m Höhe bis Belag; Reinigen des Untergrundes, Vorlegen vorgefertigter Oberflächen- und Farbmuster, Fertigstellen von Trenn- und Montageschalen und Vorsatzschalen in zwei Arbeitsgängen zur Montage von Installationen andere Unternehmer
Besondere Leistungen (Leistungen, die in der Leistungsbeschreibung besonders erwähnt werden, keine Nebenleistungen)	Ergänzung zu ATV DIN 18299 besondere Leistungen: Vorhalten von Aufenthalts- und Lagerräumen; Auf- und Abbauen und Vorhalten von Gerüsten höher als 2 m Höhe bis Belag; Umbau von Gerüsten für anderer Unternehmer; Schutz durch Beheizen und Abkleben; Reinigen des Untergrundes von grober Verschmutzung soweit diese nicht durch den Auftragnehmer verursacht wurden; Erfüllung erhöhter Anforderungen und Qualitäten; Herstellen vollflächiger Bewehrungen; Versuche zum Nachweis der Standsicherheit; Verlege- und Montagepläne; Herstellen, Anarbeiten und Anpassen sowie Schließen von Aussparungen; Einbau von Elementen, Schienen, Bändern, Leisten und Dichtungsprofilen; Nachträgliches Anarbeiten; Fertigstellen nach Unterbrechungen; Nachträgliches Schließen von Konstruktionen; Arbeiten für Leistungen anderer Unternehmer; Herstellen von besonderen Unterkonstruktionen; Nachbehandeln angeschnittener Elemente; Einbau von An- und Abschlussprofilen; Herstellen von Bewegungs- und Scheinfugen; Grundieren und Imprägnieren von Oberflächen; Maßnahmen für den Brand-, Schall-, Wärme-, Feuchte- und Strahlenschutz; Einmessen fehlender Bezugspunkte
5. Abrechnung	Ergänzung zu ATV DIN 18299, Ermittlung der anzurechnenden Flächen und Längenmaße der herzustellenden Bauteile
Beispiel für eine Abrechnung	Es soll eine Trennwand geliefert werden. Für die Ermittlung der Leistung sind für alle Teile wie Unterkonstruktion, Dampfbremsen, Dämmung, Trenn- und Schutzschichten, Oberflächenbehandlung, Schutzfolien und Haftbrücken und dergleichen die Maße der Bekleidung zugrunde zu legen. Bei Flächen mit begrenzenden Bauteilen werden die Maße bis zu den sie begrenzenden, ungedämmten, unbekleideten Bauteilen zugrunde gelegt.

8.5 Bauregelliste

Die Bauregelliste enthält geregelte und bauaufsichtlich zugelassene Bauprodukte. Sie wird vom Deutschen Institut für Bautechnik (DIBt) erstellt und mit den obersten Bauaufsichtsbehörden herausgegeben. Grundlage sind die Landesbauordnungen. Die Verwendbarkeit von Produkten ergibt sich aus der Übereinstimmung mit den bekannt gemachten technischen Regeln, der bauaufsichtlichen Zulassung, den bauaufsichtlichen Prüfzeugnissen und der Prüfung im Einzelfall. Die Verwendbarkeit wird durch den Übereinstimmungsnachweis (Übereinstimmungszeichen – Ü-Zeichen) bestätigt. Die Bauregelliste besteht aus drei Teilen.

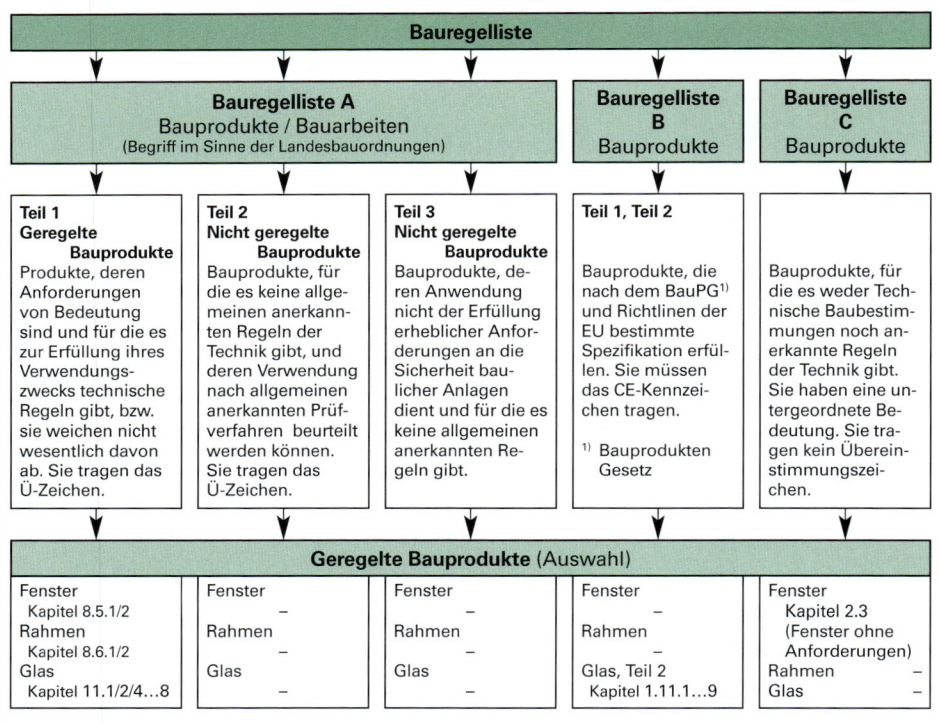

Geregelt wird in der Bauregelliste A Teil 1 für die Fenster, Fensterrahmen und Glas der Mindestwärme- und Schallschutz durch die „Richtlinie über Fenster und Fenstertüren", durch die „Richtlinie über Rahmen für Fenster und Türen" und durch die „Richtlinie über Mehrscheiben-Isolierglas". Grundlage der Richtlinien sind die entsprechenden DIN-Normen mit ergänzenden Hinweisen.

Beispiel einer CE-Kennzeichnung für ein Fenster

Die Kennzeichnung kann auf dem Fenster, dem Lieferschein oder den Wartungs- und Gebrauchsanweisungen erfolgen.

Musterbau GmbH Fensterstraße 12 D-98765 Neudorf **Deutschland**	ϵ	Eigenschaften	Klasse
		Widerstand gegen Windlast	5 B
		Schlagregendichtigkeit	9A
		Gefährliche Substanzen	keine
EN 14351-1: 2004 Dreh-Kipp-Fenster　　Typ Holz Super Plus Geeignet für den Einsatz bei Wohn- und Geschäftsgebäuden		Tragfähigkeit Sicherheitsvorrichtungen	von erfüllt
		Schallschutz R_W (C, C_{tr})	npd
		Wärmedurchgang U_W	1,4 W/(m²K)
		Luftdurchlässigkeit	4

Das CE-Zeichen bedeutet die Übereinstimmung (Konformität) mit den wesentlichen Anforderungen der Bauproduktrichtlinie oder dem Baurecht. Die Regelungen einzelner Staaten sind zu berücksichtigen.

8.6 Präsentationstechniken

Ziele einer Präsentation

- Weitergabe von Informationen und erarbeiteten Ergebnissen
- Motivation und Überzeugung der Teilnehmer
- Dokumentation der Arbeitsergebnisse

Regeln zum Erfolg:
- ↙ Gute Vorbereitung
- ↙ Ausgearbeiteter Aufbau
- ↙ Gelungene Visualisierung
- ↙ Gekonntes Präsentationsverhalten

Vorbereitung einer Präsentation

Präsentationsdauer

↓

Inhalte auswählen und den Vortragenden zuordnen

↓

Präsentationsformen wählen

↓

Präsentation gliedern:
- Vorstellung der Gruppe und der Projektaufgabe
- Präsentation der ausgewählten Ergebnisse
- Hinweise auf weitere Ergebnisse
- Zeit für Fragen

↓

Unterlagen und Medien vorbereiten

↓

Präsentation proben, Zeit messen, korrigieren

Kernpunkte einer Präsentation

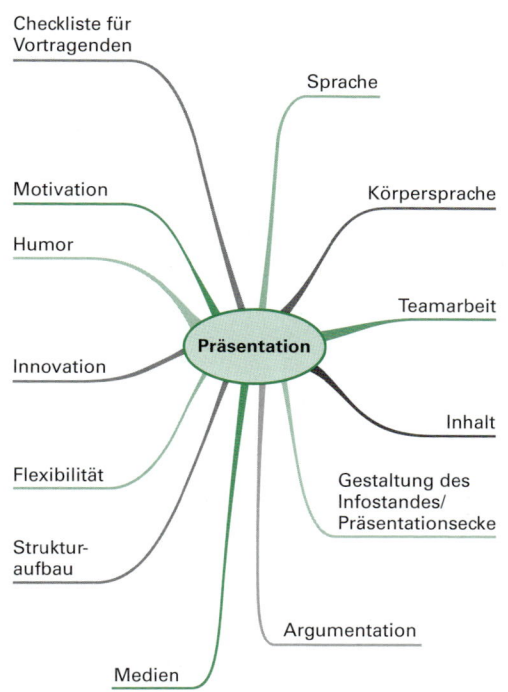

Checkliste für Vortragenden · Sprache · Motivation · Körpersprache · Humor · Teamarbeit · Innovation · **Präsentation** · Inhalt · Flexibilität · Gestaltung des Infostandes/Präsentationsecke · Strukturaufbau · Argumentation · Medien

Eine Präsentation dauert so lange wie nötig aber ist so kurz wie möglich. Längere Präsentationen sollten in kürzere Einheiten mit entsprechenden Pausen – spätestens nach 45 Minuten- eingeteilt werden.

Die inhaltliche Vorbereitung erfolgt in Abhängigkeit von Thema, Zielen und Teilnehmer:
1. Stoff sammeln und auswählen
2. Reduzieren der Inhalte auf das Wesentliche
3. Darstellen der Inhalte (Visualisieren)

Kriterien für die Wahl der Präsentationsformen sind:
- Erwünschte Wirkung auf Teilnehmer und deren Erwartungen
- Umfang und Dauer der Präsentation
- Vorbereitungszeit
- Verfügbare Medien

Gliederung der Präsentation:
Eröffnung – Hauptteil – Schluss

Die Organisation einer Präsentation beinhaltet die sorgfältige Auswahl und Planung der Medien und Unterlagen.

Für Ungeübte ist ein Probelauf der Präsentation sinnvoll.

8

8.6 Präsentationstechniken

Durchführung einer Präsentation

Eröffnung	• Begrüßung • Persönliche Vorstellung • Anlass, Ziel, Thema • Fahrplan, Spielregeln
Hauptteil	→ **Roter Faden!** • Situationsbeschreibung • Perspektive, Argumente • Folgerungen, Wertungen
Schluss	• Zusammenfassung • Ausblick • Dank für Aufmerksamkeit • Offene Fragen?

Hauptteil:

- **Systematisch vorgehen:**
  Gliederung in Haupt- und Unterpunkte, nachvollziehbar argumentieren

- **Beispiele** und anschauliche **Bilder:**
  Verknüpfungen mit bereits bekannten Fakten herstellen

- **Erholungspausen** planen

- **Spannung** und Abwechslung bieten:
  Fragen stellen, Medienwechsel, wirkungsvoller Medieneinsatz, Thema entwickeln, Dramatik aufbauen

Präsentationsformen und Medieneinsatz

Präsentation	Bemerkungen	Einsatz
Mündlicher Vortrag	Geringer Aufwand für die Vorbereitung Kurze und längere Vorträge möglich Bei ungeübten Rednern langweilig	Wirkungsvoll bei geübten Rednern Zwischenberichte; Ergänzung zu anderen Präsentationsformen
Overhead-projektor	Visualisierung mit Folien (DIN A 4) Folien können gut vorbereitet und am Projektor ergänzt werden Erstellung der Folien am PC	Effektive Ergänzung zu mündlichen Vorträgen Umfangreiche Informationen Gemeinsames Ausfüllen von Vorlagen
Tafel-anschrieb	Flexibel und leicht veränderbar Teilnehmer können miteinbezogen werden Wenig Übung erforderlich	Darstellung von Zusammenhängen und Vorgängen Für Schwerpunkte und Überblicke Skizzen
Pinn-wand	Sehr gutes Visualisierungsmedium Plakate und Karten mit verschiedenen Formen und Farben möglich Einfache Beschaffung der Medien	Geeignet für Arbeit in kleinen Gruppen Präsentation von vorbereiteten Darstellungen und Entwicklung von Inhalten
Flip-Chart	Papier (ca. 100 cm x 70 cm) mit Filzstiften beschriften Darstellungen können vorbereitet oder situativ entwickelt werden	Eignet sich besonders zur Arbeit in Kleingruppen Visualisierungen während der Arbeit sichtbar halten
PC-Präsentation	Perfekte Technik wirkt professionell Einfache Vorbereitung für erfahrene PC-Nutzer Ausdruck zur Dokumentation möglich	Dynamische Visualisierung mit Grafiken, Texten, Filmsequenzen usw. Mit Präsentationssoftware, Beamer und digitaler Tafel
Modelle, Materialien	Sehr gute Veranschaulichung Wirklichkeitsnah und leicht nachvoll- ziehbar, betastbar	Zur Präsentation von Konstruktionen Materialien und Baustoffeigenschaften geeignet
Versuche	Räumlichkeiten und Vorbereitung not- wendig; Risiko des Gelingens Oft zeitaufwändige Durchführung	Ergebnisse, die Eigenschaften oder Reaktionen beweisen sollen

Präsentationssoftware (Auswahl)

PowerPoint	schnell und leicht zu erlernen, vorgefertigte Foliendesigns und Layouts
Impress	Freeware von Open Office, ähnlich wie PowerPoint
Folien Director Pro	Erstellung digitaler Foliensätze, beschränkt sich auf Grundfunktionen

8

Sachwortverzeichnis